# PM職涯發展成功手冊

## 卓越產品經理的技能、框架與實踐法

致 *James* — 我永遠愛你

*- Jackie*

致 *Davis* 與 *Tobin* 還有他們數不清問題

*- Gayle*

# 目錄

# Marissa Mayer 推薦序

# PART A

CHAPTER 0

# Marissa Mayer 推薦序

**產品管理**是現代科技公司最核心和最關鍵的職能之一。諷刺的是，PM 也是最難被理解的角色之一。PM 的職責是什麼？如何衡量他們的成就？PM 最重要的技能是什麼？你想在面試中問出什麼？他們的升遷途徑是什麼？在 *Cracking the PM Career* 一書中，Gayle McDowell 和 Jackie Bavaro 詳細地介紹了 PM 角色、需求、如何發展並脫穎而出，以及在踏上 PM 職涯時應該期待什麼。

我在 Google 工作了 13 年，在 1999 年就成為 Google 最早期的員工，在我任職期間，該公司取得長足的發展，在 2002 年，我成為 PM 組織的創始成員之一。我總共花了 10 年多的時間扮演 PM 和領導者的角色。從我的親身經歷來看，我認為 PM 是有趣、多樣且富有挑戰性的角色，他們的每一天都是全新的開始，每一個產品都是獨特的，而且每一位 PM 的具體做法以及他們如何扮演這個角色皆各異其趣。此外，PM 的角色因公司而異。

PM 最關鍵的技能之一就是透過影響力進行管理。PM 通常無權管理負責建構產品的工程師。身為 PM，你的職責當然是產品，以及滿足市場需求。然而，為了滿足市場需求，你要說服工程團隊建構產品，這要依靠你的影響力，不是權威，PM 必須運用自己的手段來做到這一點，例如發揮說服力、提供支援資料、用戶研究、設計原則、建立關係…等。透過影響力進行管理是 PM 必須掌握的技能之一，也是最微妙的技能。

當我創造 Google 的 Associate Product Manager 專案時，我們的願景是聘請大學畢業生，按照 Google 的特定方式，將他們培養成優秀的 PM。這意味著我們要搞清楚這個角色的哪些層面最重要，以及如何支持新人學習這些層面。正如 *Cracking the PM Career* 所述，這個角色的技能很多：溝通、聆聽、組織、決定優先排序、研究用戶和市場、有同理心…等。

在 APM 專案中，我們發現教導這些技能的最佳方法就是培養人才（聰明的、強大的技術人員），給他們真正的實踐經驗，再加上大量的回饋和指導。雖然 *Cracking the PM Career* 的章節都很有價值，並提供了深度的視角，但我認為很多讀者會發現**產品領導人** ***Q&A*** 是最有幫助的單元，它們是備受尊敬的產品領導者分享的真實故事。

*Cracking the PM Career* 可以當成了解產品管理以及發展成功的 PM 職業生涯的路線圖。我很欣賞 Jackie（Google APM 校友）和 Gayle 寫了一本深入的手冊來幫助那些剛接觸和已掌握產品管理領域的人。

**Marissa Mayer** 是消費科技初創公司 Sunshine 的聯合創始人兼 CEO，該公司的目標是讓日常瑣事更加輕鬆。此前，她曾經擔任 Yahoo 的 CEO 兼總裁（自 2012 年至 2017 年）。在 Yahoo 任職期間，她改變了 Yahoo 的文化，讓 Yahoo 的用戶增加到 10 億，聘請了超過 5000 人，並監督了近 50 宗收購。

在加入 Yahoo 之前，Marissa 是 Google 的早期員工，以及該公司的第一位女工程師。她協助公司成立了產品管理機構。身為搜尋產品（Search Products）和用戶體驗（User Experience）的 VP，她領導了搜尋、地圖、新聞和其他消費產品的產品管理。她也創辦並帶領 Google 的 Associate Product Manager 專案。Google 的 APM 專案是一項業界首創的精英輪調專案，該專業旨在聘請大學畢業生，並將他們訓練為 PM。

# PM 的角色

# PART B

# THE PRODUCT MANAGER ROLE

CHAPTER 1

# 入門

我從來沒有想過，我會在職業生涯的這個階段試圖為獨角獸的存在辯護，但是擔任 PM 就是這麼有趣。有時你的產品需要一頭神獸——至少當時我是這樣想的。

容我解釋一下。

在 Asana，我們製作了一個彩蛋，讓用戶可以選擇在完成一項工作之後跑出獨角獸慶祝特效。用戶很喜歡這個功能。誰不喜歡在螢幕上有一頭獨角獸一飛而過呢？

但是事實上，那些誤以為這種效果是病毒的人並不欣賞這種看起來不太正常的野獸。而且，對我們的商業客戶來說，這個功能有點無厘頭。

我陷入困境，從邏輯上講，他們的觀點也不無道理，它可能讓正經八百的用戶不舒服。我也可以理解，不太懂技術的人可能會以為獨角獸是電腦出問題的症狀。

但是與此同時，我看好這種功能。它為「漂亮地完工」提供一個小小的獎勵。我們收到的回饋相當正面，我們認為這個功能可以提升口碑。

但單憑我的相信還不夠，我不能要求每個人都做我想做的事情。

正如我在指導學徒時一再重述的，PM 不能只會下指令。他們必須開發框架、收集資料、考慮風險，並激勵大家根據某些願景、目標或任務進行協調。

這就是產品管理這項工作如此麻煩的根本原因，這項工作涉及很多利益關係人以及各種面向的問題。沒錯，隨著事業的發展，PM 會越來越熟練他的技能，但是接下來還會面臨更複雜的問題，和更大的目標。這很像你在黑暗中不斷地尋找電燈開關，卻只能找到一隻小手電筒。

## 本書希望闡明的觀念。

優秀的 PM 會設定目標，本書（本身是一種產品）也不例外。我們的目標如下。

### 我們的目標是把這本書寫成前所未見的指南。

身為一位在微軟起步的新 PM，很多人指導過我，也有很多人給我建議，但那些建議並不全面。沒有人坐下來好好教我擔任 PM 意味著什麼，以及如何做一位出色的 PM。我不是說他們連試都沒試過，而是要教的東西實在太多了。我甚至無法想像問題的複雜度如何隨著職業發展路徑而演變。

當我在 Google 時（始於 APM 專案），我繼續學習很多關於建構優秀產品的知識，但是，決策的複雜性亦隨之增加，當時，我的工作再也沒有清晰的架構——沒有明確的專案以及預設的期限。我必須和團隊一起決定接下來要解決哪些專案，以及何時交付它們。大家期望我管理利害關係人（stakeholder）與策略——還有我自己的職涯。雖然我吸收了導師傳授的所有知識，但是我仍然覺得我把事情搞砸與把事情做好的頻率不相上下。

### 我們的目標是讓這本書成為學徒前所未見的指南。

我是第 13 位加入 Asana 的員工，也是這家公司的第 1 位 PM，當時我真的覺得自己肩負了所有的重擔，我沒有現成的啟動清單（launch checklist）和規格模板（spec template），也沒有非常資深的 PM 看著我是否走在正軌上，我只能自己摸索。

在 8 年之間，隨著 Asana 的員工增至 500 多人，我升遷為產品管理負責人，負責產品路線圖和一個由 20 名 PM 組成的團隊。我啟動了 Asana 的 APM 專案，立志把我的導師們做對的每一件事都做對，並且不做他們曾經做錯的事，也加入一些了不起的東西。

雖然這是一個崇高得極其荒謬的目標，根本不可能實現，但沒關係，我想我已經很接近了。

這些年來，我學到了很多，也成長了很多。有很多了不起的人指導和支持我。我犯過錯，也從中吸取了教訓，我獲得重大的成功，並從中得到經驗。我寫過職業階梯，也聘請過 PM。我用那些經驗來輔導和支持 PM，包括剛從大學畢業的 APM，以及準備升遷為更高階的角色的 PM，現在我用這本書來傳授那些經驗。

**這本書的目標是幫助更多的人成為偉大的 PM。**

這本書分享了我和我的同事們多年來辛苦學習和磨練的技能、框架和實踐，讓 PM 不用花那麼多時間重造輪子。這本書探究了圍繞著職涯的神秘性和不明確性，讓 PM 能夠把注意力放在正確的領域，並發揮潛力，它也連接了關於如何發展 PM 技能的每個細節，協助導師為學徒提供可操作的回饋。

當然，世上沒有完美的 PM，也沒有完美的導師。但是我們希望這本書能讓事情變得簡單一點。你可以從頭讀到尾，也可以選擇你喜歡的部分，或是把它當成參考書放在桌子上，在需要時翻閱它，亦或讓你的學徒視需要翻閱，你可以自己決定如何使用它。

## 我的神獸

至於那個獨角獸慶祝畫面，它最終還是推出了。我們的團隊在測試和測量客戶的反應之後，取得廣泛的共識。有一位設計師把它設計成符合我們的品牌，並且在第一頭獨角獸出現時加上說明，以免它被誤認為是病毒。最初我們只是將它當成個人用例（use case）來推出，後來它被推廣到整個組織。它讓內部的利害關係人和客戶皆大歡喜。

多年以後的現在，當我寫這本書時，我扮演另一端的角色——使用 Asana 來檢查工作，並且看著獨角獸在螢幕上一躍而過。也許我有點偏心，但是每次牠出現時，都會讓我露出一絲微笑。

## 如何使用本書

這本書適合立志成為偉大產品領導者的人。也許你決定從頭到尾讀一遍，但是你也可以用跳的，我們在第 12 頁提供一些建議。

Anders Ericsson 與 Robert Pool 在 *Peak: Secrets from the New Science of Expertise* 這本書中研究了人們如何開發潛能並取得成就，他們的重要結論是，專業是由心智表徵（mental representation）的品質所驅動的。例如，當西洋棋大師看著棋盤時，他們眼中看到的不是分散各處的棋子，而是一場進行中的棋局，例如白棋下了「后翼棄兵」，黑棋下了「拒后翼棄兵」。

為了從這本書獲得最大的收穫，你應該專心發展「圍繞著產品、商業活動和人類的心智表徵」，建構並改善你自己的框架。你要刻意地練習，比較你的直覺行為與最優秀的 PM 有何不同。一旦你做到這一點，當你面對新狀況時，你就不會一片茫然了，你會覺得它們都很像你已經認識的某種模式的變體。

透過實踐，當你聽到工程師抱怨技術債務時，你會說出：「啊，這是典型的路線圖衝突，原因就是在同一張排序表裡面排列不同目標的優先順序，處理它很簡單，只要使用平衡投資組合路線圖就好了。」[1] 雖然這聽起來不像「拒后翼棄兵」那麼經典，但它是有效的做法。

## PM 的技能

每一家公司都使用不同的最高階類別來描述優秀 PM 的技能和屬性。幸運的是，它們的底層元素非常一致。所有的公司都希望你高效地交付高品質的產品，在不造成問題的情況下，對客戶和公司發揮影響力。

本書將優秀的產品領導者應具備的技能分成五類：

- **產品技能**可幫助你設計出高品質的產品，讓客戶滿意，並解決他們的需求。
- **執行技能**可讓你快速、順利、有效地運行和交付專案。
- **策略技能**可提升「設定方向」以及「優化長期影響力」的能力。
- **領導技能**可讓你和他人良好地合作，並改善你的團隊。
- **人事管理技能**會在你要負責聘請和培養人員時發揮作用。

如果你的公司用不同的方式來對技能進行分類，這個圖表可以幫助你找到相關的部分。

| 技能領域 | 包括 |
| --- | --- |
| 產品技能 | ・用戶見解<br>・資料見解<br>・分析性問題解決能力<br>・技術技能<br>・產品與設計感 |

1 如果你很想知道這個解決方案，請翻到第 232 頁的「使用平衡的投資組合來決定互相競爭的目標的優先順序」。

| 技能領域 | 包括 |
| --- | --- |
| 執行技能 | • 專案管理<br>• 最簡可行產品（MVP）<br>• 確認範圍與漸進式開發<br>• 產品發表<br>• 時間管理<br>• 把事情做完 |
| 策略技能 | • 策略<br>• 願景<br>• 路線圖<br>• 商業模型<br>• 目標設定<br>• 目標和關鍵成果（OKR） |
| 領導技能 | • 溝通<br>• 協作<br>• 個人心態<br>• 輔導力 |
| 人事管理技能 | • 你真的想當主管嗎？<br>• 怎麼當主管？<br>• 招聘<br>• 教導<br>• 績效考核<br>• 產品流程<br>• 團隊組織 |

針對每一種技能，我們也會特別介紹：

- **職責**：公司期望你做的事情。
- **成長實踐**：隨著時間而提高技能的心態與工作。
- **框架**：心智模型、工具與參考資料。如果框架是了解職責的先決條件，我會把這個部分放在前面。

我們用 ⚡ 來代表僅在較高級別發揮作用的職責與成長實踐。

你可以按順序閱讀 PM 技能，也可以跳到你關注的領域。它們也可以當成你和主管談話時的開場白，例如「當你說我必須更重視用戶時，是不是想到這些事情？」

## 職涯技能

成為傑出的 PM 並推出優秀的產品不一定可以讓事業蒸蒸日上。

在 H 部分：職涯，我們將討論管理你的職涯必須知道的所有知識，讓你可以將你的努力轉換成你應得的認可。

該部分的主題包括：

- PM 職業階梯
- 晉昇機制如何運作
- 設定職涯目標
- 和你的主管共事
- 優化考核週期
- 建立人際網路
- 除了 PM 之外的職涯選項
- 成功的產品領導人的 Q&A

### PM 職業階梯

與大多數階級框架和 PM 職業階梯不同的是，這本書不使用評分標準（rubric）來說明每一個工作階段的每一項技能。

為什麼？

這種評分標準要嘛模糊得毫無用處，要嘛具體得有誤導性。它們要嘛使用主觀的限定詞，要嘛列出無法一體適用的要點。它們通常只不過是自指性地（self-referentially）描述公司已經分配給你的範圍。

事實上，PM 技能無法直接轉換成職等。你的職等是由你的影響範圍、自主性和影響力決定的。PM 的升遷之道是在當下的工作範圍內展現出你的自主性和影響力，並且讓公司相信你可以在更大的範圍發揮出色的表現[2]。

PM 技能對成為更好的 PM 和推出偉大的產品來說非常重要，但是我們無法用它們來製作一份指南，教你如何升遷。

2 若要升遷至更高職位（例如 VP），你也要具備該職位所需的商務需求。

我們在第 32 章：職業階梯（第 399 頁）用一張圖來描繪每一個職等的樣貌，以及如何升至每一個職等。我們涵蓋的職等從助理 PM 到產品負責人，並描述每一個職等的範圍、自主性，以及影響力。

## 如果你的時間沒那麼多⋯

如果你沒有時間從頭到尾看完這本書，以下是你的起點：

### 我是 PM 菜鳥

如果你是 PM 菜鳥，恭喜你，也歡迎你！

- 先從第 2 章看起：看 **PM 的角色**（第 14 頁）來了解產品生命週期的基本概念，以及 PM 在每一個階段該做什麼。
- 看第 3 章：**最初的 90 天**（第 23 頁），把焦點放在介紹性會議上。每個團隊的 PM 角色略有不同，為了了解團隊成員對你的期望，這些溝通非常重要。
- 瀏覽每一個 PM 技能的「職責」，以更深入地理解該角色。

### 我的升遷不順利

別擔心，很多事業成功的 PM 也遇過這種事。

- 從第 32 章：**職業階梯**（第 399 頁）看起，以了解每一個職等之間的差異，以及關於如何升遷的具體建議。
- 閱讀第 34 章：**與你的主管共事**（第 442 頁）（與同一章的其他內容）。
- 請你的主管或信任的導師告訴你應該注意的專案管理技能。

### 我是高級產品領導者

你可以跳過基本知識，我們同樣有許多資訊供你參考。

- 閱讀第 32 章：職業階梯（第 399 頁）來了解在高階的產品領導職等中，角色如何變化。
- 瀏覽每一項 PM 技能的職責，以及標上 ⚡ 的成長實踐。隨著你的升遷，策略技能（第 192 頁）會越來越重要。

- 閱讀 G 部分：「人事管理技能」（第 328 頁），以尋求關於產品領導力的卓越經營面的幫助。

### 我想要提升 PM 技能

你可以把焦點放在你想要提升的領域。

- 閱讀「成長實踐」以學習各種 PM 技能。
- 瀏覽「職責」與「框架」來了解各種不熟悉的事項。
- 看一下「從回饋中學習」（第 451 頁）來充分利用個人化的回饋。

### 我想找一份 PM 工作

這不是我們的核心用例，但這不代表你來錯地方了。

- 閱讀產品技能（第 34 頁）、執行技能（第 126 頁）、策略技能（第 192 頁）與領導技能（第 248 頁）之中的核心技能
- 看第 49 章：獲得一份 PM 工作（第 560 頁）來稍微了解面試問題。
- 閱讀我們的第一本書，Cracking the PM Interview，這本書專門介紹面試的準備。

## 希望你喜歡！

希望你喜歡這本書。這本書很厚，你可以跳過比較不重要的部分，以後再回來閱讀。

歡迎你寫 email 給我們：gayleandjackie@careercup.com，或是在網路上與我們聯繫：

- twitter.com/jackiebo
- facebook.com/jackie.bavaro
- https://medium.com/@jackiebo
- twitter.com/gayle
- facebook.com/gayle
- https://medium.com/@gayle

CHAPTER 2

# PM 的角色

如果你問五個人 PM 是什麼，你可能會聽到六種不同的答案。

有人說 PM 是迷你 CEO，有人說他們是消費者的代言人，有人說他們是凝聚團隊的膠水，有人說他們是樂團的指揮，有人說他們負責謀劃策略，有人則專門研究用戶與執行。

為什麼有這麼多答案？一方面，這個角色是複雜且多面的，另一方面，這個角色在不同的公司裡的確各有不同。PM 是一個「空白（whitespace）」角色，他負責處理未被別人處理的所有事情。有一些 PM 會與研究人員、資料科學家、產品行銷員和文案撰寫員一起工作，有些 PM 則不會接觸那些人，或是只接觸其中一位。

對於「什麼是 PM？」這個問題，我們的答案是：

> PM 是在產品團隊中，負責選擇正確的問題來解決、定義成功是什麼，並引導團隊獲得成功結果的人。

因為 PM 是決定產品團隊實際工作內容的主角，他們負責產品的整體成功，這是一個很有影響力的角色。

這個角色只與**結果**（*outcome*）有關，而不是**輸出**（*output*）。要成為偉大的 PM，你不能只是按照步驟做事，而是要可靠地建構和發表成功的產品。

## 產品三劍客

為了了解 PM 這個角色，最好的方法就是觀察他和公司的其他角色之間的關係。身為 PM，你會和許多團隊成員一起工作，他們有各自負責的工作。你要負責確保所有人都有一致的願景，所有的零件都可以互相配合，不遺漏任何事項。如果出現問題，你要確保它被解決（透過外交手腕），你不能用權威來領導，而是要用願景、分析和研究結果來影響別人。

大多數現代科技公司的核心產品團隊稱為**三劍客**（**triad**）：工程師（或技術主管）、設計師和 PM。

- **工程師**負責技術方面的解決方案。他們負責設計資料結構與演算法，讓產品快速運行、容易擴展和維護。他們會寫程式與進行測試。
- **設計師**負責使用者體驗方面的解決方案。產品長怎樣？流程、畫面與按鈕怎麼設計？他們會製作模型或雛型來展示功能如何運行。
- **PM** 負責選擇與定義團隊該解決**哪些**問題，接著確保團隊能夠解決它們。他們定義成功的樣貌，並規劃如何成功。

三劍客的工作有很多劃分方式。工作的劃分取決於每個人的經驗、進入公司的時間、技能、興趣，與工作量。例如，初級設計師可能希望 PM 完整地定義問題與解決方案的限制，但高級設計師可能深度參與問題的定義。當你開始與新人共事時，詳細地討論如何劃分工作很有幫助，可以避免彼此間的期望有不相符的情況。

在最好的團隊裡，三劍客會緊密合作，這三種角色從一開始就緊密配合，他們共享環境、互相回饋、一起解決問題。他們經常一致同意某項決定，萬一不是如此，他們也充分信任彼此，尊重該問題的主要負責人。他們會互助合作。

## 產品生命週期

PM 的日常工作隨著產品生命週期的不同而異。雖然現代產品開發不是嚴格的線性結構，但是將活動按照階段來分組可以幫你了解 PM 角色。

事實上，這些階段互相重疊、沒有一定的順序，而且會在迭代周期裡面發生。每一個公司都有它自己的版本，這是常見的模式[1]：

1 這些階段是根據 UK Design Council 的「Double Diamond」模型延伸的：*https://www.designcouncil.org.uk/news-opinion/what-framework-innovation-design-councils-evolved-double-diamond*。

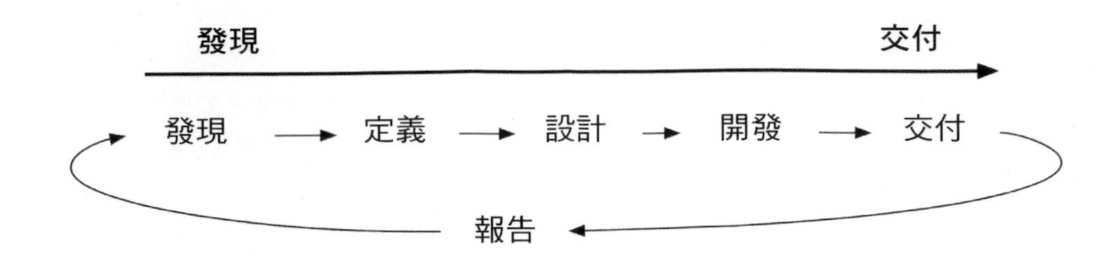


PM 經常同時進行兩個工作流程：一個比較接近「發現」，一個比較接近「交付」[2]。這可以確保「工程師完成眼前的工作」和「PM 決定下一步要做的事情」之間沒有空窗期。

請注意，所有階段都要「找出關鍵假設」、「建立假設」，以及「驗證假設」。

早期的假設主要集中在問題、客戶需求、商業需求和市場規模上面。稍後的假設集中在解決方案、易用性、可行性和發表計畫上。

## 發現

假如你的 VP 在大廳攔住你，告訴你這一季要在你的產品裡加入「匯出至 PDF」功能。雖然這是一個簡單的想法，但是在既有的基礎程式（codebase）中建構這個功能需要幾週的時間。你叫團隊開發它，並且讓它在推出時沒有任何 bug，卻沒有人使用它。在年度考核，你因為這個功能的失敗而被主管指責，而不是真正下命令的 VP。

哪裡錯了？

因為你跳過產品發現階段，將 VP 的解決方案照單全收。比較好的做法是更加深入地理解他們試圖解決的潛在問題。

這個程序稱為產品發現——找出你應該解決的問題。

所有的產品都始於最初的想法。它可能是你注意到的問題、一個功能請求、一個表現不佳的指標、一個需要追求的新市場，或任何其他靈感來源。在發現階段，你要用最初的想法來延伸你對客戶需求、問題和目標的理解。

2 Marty Cagan 稱之為「Continuous Discovery and Delivery（持續發現與交付）」或「Dual Track Agile（雙軌敏捷）」：*https://svpg.com/continuousdiscovery/*。

> 你要找出一個大到值得解決的問題，而且它有足夠的可行性，可以讓你的團隊獲得成功。

很多產品失敗的原因是團隊把焦點放在錯誤的問題上。他們誤解了客戶提出的關鍵細節，或是問題給客戶帶來的痛苦不足以讓他們克服慣性，或是團隊只想解決問題的一部分，卻忽視大局。

1970 年代的 VHS vs. Betamax 錄影帶格式之爭是一個很好的例子。Betamax 顯然有更好的畫質，但事實證明，消費者更關心的是有沒有能力購買，以及能否錄製完整的 2 小時電影。Betamax 只能錄製 1 小時的影片。如果當時 Betamax 把「產品發現」做得更好，應該可以引導它朝著正確的方向發展。

**產品發現**階段常見的工作包括：

- 完整地閱讀功能請求
- 分析漏斗指標
- 與客戶面談
- 測試概念 mock
- 舉行設計衝刺[3]
- 討論長期策略
- 研究競爭對手
- 進行市場分析
- 舉行腦力激盪會議

發現階段是可靠地創造成功產品的神奇工具。沒有發現階段的話，你只是在賭你的第一個想法（或是你的主管要求你建立的東西）可以解決重要的客戶問題。

## 定義

假如你已經在產品發現階段投入大量的時間，並帶領你的團隊進行了多次客戶訪問。每個人都對客戶的問題有很好的感覺。然而，當你開始和設計師一起討論解決方案時，你們有不同的意見。你的設計師想出一個漂亮的解決方案，需要 6 個月的時間才能完成，他認為刪除任何東西就代表你不重視客戶。

哪裡錯了？

3 設計衝刺（design sprint）是一種很棒的循序漸進程序，可將發現階段的所有元素整合起來：*https://www.gv.com/sprint/*。

問題在於你在**定義階段**做得不夠清楚，你們並未針對「問題的範圍」和「成功究竟長怎樣」取得共識。也許你想在第一版先解決一小部分問題，但你的設計師不知道這件事。

> 定義階段是將問題空間縮小到特定的、可行的部分，並劃定它的範圍，為團隊做好準備。此時你可能為解決方案做出一個假設，但它只是一個例證（illustration），不是你下定決心做的事情。在這個階段，你要形塑你要追求的結果，並概述大局，讓你的團隊了解這個專案適用於何處。

**定義**階段常見的工作包括：

- 決定你已經在發現階段中找到的問題的順序
- 選擇目標客戶
- 繪製客戶旅程圖
- 定義成功的標準
- 建立產品願景
- 提出高階路線圖
- 起草初步時間表

**定義階段**的高潮通常是某種類型的審核，讓團隊得以進行工作，並將人員分配給團隊。

## 設計

假設你的團隊已經準備處理一個定義好的問題了，這個問題是在註冊流程中取得用戶的照片，你的設計師也迅速地描繪出一個解決方案。它看起來很不錯，所以你核准它，讓團隊開始建造它。不幸的是，這個流程讓客戶一頭霧水，不斷寫信給客服。你意識到你們必須採取不同的方法，於是只能重寫所有的東西。哪裡錯了？

Betamax vs. VHS

這件事的錯誤在於，你沒有在**設計階段**考慮多個解決方案，以及測試紙上雛型。

> 設計階段不僅僅是把想法變成圖片而已，它也包括擴展思維，以及用真人來驗證想法。這包括用戶體驗（例如模型和視覺雛型）和技術解決方案（設計文件和技術雛型）。

設計階段的工作包括：

- 撰寫 spec（規格）
- 決定加入或排除哪些功能
- 使用白板與設計師和工程師進行討論
- 與其他團隊協商依賴項目
- 針對設計提供回饋
- 執行易用性研究

設計活動通常在**開發階段**之前就開始了，但是在較大的專案中，它們往往是重疊的。例如，工程師實作解決方案的一部分，設計師則繼續處理另一部分。或者，工程師先建立基本設計雛型，然後與設計師攜手合作，釐清它的外觀和行為應該如何。

## 開發

開發是將想法轉換成可運作的程式（working code）的階段。根據團隊的不同，PM 在這個階段可能有很多專案管理的責任，技術主管可能也會承擔這些責任，無論是哪一種情況，意外都難免出現，PM 必須處理它們，讓團隊保持在正軌上。

開發階段的常見工作包括：

- 編寫故事或工程申請
- 確定要測量和追蹤的指標
- 對 bug 進行分類
- 與同事定期進行簽入（check in），並解開它們的封鎖
- 在每一項功能完成時試用它，並提供回饋
- 讓利害關係人與核准者掌握近況

你帶領團隊做出反應的速度越快，他們開發產品的速度就越快。

## 交付

交付是推出解決方案的階段，有些改動是悄無聲息地發表的，有些則會進行上市活動。

在交付階段中，可能出錯的事情很多，PM 要確保它們不會出錯。你一定不希望產品有很多 bug，或是伺服器在發表日離線了。你也不想讓業務和支援團隊遇到無法向客戶解釋的變動。你更不想要寄 email 給成千上萬位用戶，讓他們下載 app 商店裡面不存在（之前還在！）的 app！

**交付**階段常見的工作包括：

- 安排驗證階段，例如內部的狗糧測試（dogfooding）[譯註]、beta 測試、A/B 測試和穩定性測試
- 安排品保（QA）程序
- 與發表伙伴合作，確保一切就緒（包括收集批准）
- 與行銷部門合作，進行市場推廣計畫
- 訓練銷售員與客服
- 與團隊一起慶功

產品交付需要進行大量的協調和風險降低（risk mitigation）。成功的發表是產品、基礎設施、行銷、經營和許多部門合作的結果。

## 報告

雖然很多人在發表產品之後，就急著投入新產品，但此時舊的工作還沒有結束。在發表之後，你一定要評量專案是如何進行的，並且從專案中學習。在發表產品的過程中得到的見解往往可以推動下一輪產品的創新。

在**報告**階段常見的工作包括：

- 回顧哪些事情做得好，哪些做得不好
- 分析發表指標
- 閱讀客戶對於產品發表的回饋
- 根據客戶的回饋，決定「快速跟進」優先順序
- 評估發表是否成功
- 與公司分享發表結果
- 規劃下一次迭代

你投入報告階段的時間和精力，有助於你這位 PM 的個人成長，並建立你的聲望。

---

[譯註] 關於 dogfooding，詳見 *https://zh.wikipedia.org/wiki/%E5%90%83%E8%87%AA%E5%B7%B1%E7%9A%84%E7%8B%97%E7%B2%AE*。

### 其他的活動

除了開發產品之外，PM 也被期望投資個人成長，並對 PM 團隊和公司的其他成員做出貢獻。

這些工作包括：

- 遊說並面試求職者
- 輔導其他 PM
- 撰寫高品質的同儕回饋
- 參與公司流程，例如目標設定和狀態報告
- 審核其他 PM 撰寫的 spec
- 回答來自其他團隊的問題
- 向重要客戶介紹產品
- 定期與客戶會面
- 分享最佳實踐和經驗教訓
- 運行全公司流程
- 向所有人報告
- 參與策略討論
- 參加產業會議
- 學習最新的 PM 最佳實踐

## 如何成為優秀的 PM？

偉大的 PM 是能夠可靠地發表偉大產品的人。在你的職涯早期，你可以藉著發展技能和展示潛力來獲得讚許，但最終，你的偉大與否，是用你所發表的產品的影響力來衡量的[4]。

幸運的是，你不需要成為一位在淋浴時靈光乍現的創意天才就可以發表偉大的產品了。

> 目前有許多可靠的框架和最佳實踐可以提高你發表成功產品的機會。這些框架無法在一夜之間把你變成一位偉大的 PM，或保證你的產品永遠不會失敗，但它們可以幫助你避免最常見的問題，並提供一些結構來讓你開始實驗、反省和改善。它們無法取代你的判斷力。

成為一名優秀的 PM 需要多年的實踐和經驗。

最初，你可能會覺得框架和最佳實踐實在太多了，根本不可能在任何特定的時間知道

4 世上沒有科學的方法可以將 PM 的影響力與其他團隊成員的能力分開。在實務上，主管非常重視同儕考核，主管會用它來了解 PM 對成果的貢獻程度。

該使用哪一種。你可能會陷入「尋找正確的模板」或「使用最佳的敏捷方法」的表層陷阱中。管理團隊需要花費大量時間，因為你無法單憑直覺決定哪些步驟可以跳過，或如何讓人們快速地加入計畫。你也會在開發的晚期發現一些問題，此時修復問題成本更高。有時，產品主管會把事情搞砸，讓團隊需要進行大量的修改。

你可能會誤解部分的客戶問題，或是搞砸執行的部分，導致產品的發表無法實現目標。

> 隨著時間過去，你會建立強大的心智表徵，幫助你在看到任何問題時快速地想出正確的方法。

你將發現，隨著你把注意力放在關鍵的工作上，每一個功能的工作時間會少很多，需要迭代的次數也會減少。你可以更早發現問題，並學會驗證想法，以提高發表的品質與速度。你開始能夠準確地預測產品主管在乎什麼，以及了解如何及早展示你的作品，以避免浪費精力。你會更善於挖掘客戶的問題，並且順利地執行，從而實現發表目標。

> 然後，當你覺得閉著眼睛都可以發行功能時，你的角色就會改變，再次成為一位新手。

公司會期待你承擔更多策略責任，策略責任很像預測水果市場，評估究竟該選擇蘋果還是橘子。你將同時負責多項專案，其中許多專案都需要進行大量的權衡取捨。你無法取悅所有的利害關係人。人們會要求路線圖與願景。當上級要求你的團隊負責一個荒謬的大目標時，你會開始懷疑哪裡有時間做完所有的事情。

你可以藉著適應不明確性、棘手的問題和權衡取捨，來度過適應期。你將了解公司的商業策略，從而推動產品策略。當你學會授權給團隊成員，以及贏得信任走捷徑時，你將在專案上花更少的時間。利害關係人會覺得你理解他們，因此可以接受你不得不做出的取捨。你會將「我執」從等式中移除，願意為了挪出更多時間來擬定策略和願景，而交付低於你的一般標準的成果。你會明白如何發揮重大的影響力，並讓對話朝著最好的方向發展。

> 在這個時候，你會開始覺得自己是一位很棒的 PM。

你可以放鬆自己，享受成功，或是進入領導的角色。祝你一切順利！

CHAPTER 3

# 最初的 90 天

Claire 進入新公司，準備大顯身手。她知道最初幾個月有多重要，所以她想要讓大家知道，她可以立刻發揮影響力。她想快速致勝（quick win）。

在 Claire 工作的第一週，她要求工程團隊把他們正在進行的工作都交給她審核。她知道 CEO 關心產品的品質，所以她仔細地試用了產品，列出幾十個 bug，並提出了一些易用性建議。「太好了！」她想「我已經開始造成改變了。」

Claire 繼續進行接下來的工作。她走到設計師的桌旁，拍拍他的肩膀。「可以讓我看一下你正在製作的 mock 嗎？」她問道。她快速地看一下它們，說道：「看起來還不錯！能不能在星期五給我最後一版的 mock？」這個團隊一定會欣賞她這種嚴格的管理作風的。

在下一週，她準備提出一項新的客戶推薦方案的規格，這是她在之前的公司已經做過兩次的事情。但人們向她提出一個又一個問題。當匿名用戶使用那個方案時，它會怎麼動作？它在英國合法嗎？它不會損害我們的利潤嗎？我們的超級用戶（power user）喜歡這種做法嗎？客戶怎麼說？坦白說，她一無所知。

30 天後，當 Claire 收到第一份同事和主管的回饋時，她發現她的「嚴格管理」簡直一團糟。她的團隊成員覺得新流程不尊重他們，她沒有保護他們不被公司不斷改變的要求影響，這讓他們覺得很沮喪——她甚至沒有注意到這件事。她的設計師很討厭經常被打斷，也不喜歡她很愛片面宣布截止日期。她的主管對她沒有和任何客戶交談感到失望，並擔心她還沒有提交路線圖——這是另一項她沒有注意到的工作。

糟糕，她熱切的心態過於衝動，把前 30 天搞砸了。幸好，她還有 60 天可讓一切回歸正軌。

她為自己的魯莽向同事們道歉。「我們可以重新開始嗎？很高興認識你。你可以介紹一下自己嗎？」她向隊友們詢問他們希望他做什麼。她與主管面談，寫下明確的展望、可交付品和日期。然後，她花了一週的時間拜訪客戶，用空閒時間來了解策略文件和使用儀表板（usage dashboard）。

藉著從「做這個、做那個、做這個！」模式切換成學習模式，她開始了解如何協助她的團隊，以及公司需要什麼。她的團隊把之前的反對意見拋在腦後（道歉一定會有幫助的），她重新獲得失去的聲望。

隨著關係的修復，她與團隊一起開發了一個路線圖，並開始使用它來對抗不斷變化的需求。在她的第一個 90 天結束的時候，她已經進行了幾次實驗來驗證團隊的方向，並且將成果交付給客戶。

> 前 90 天對新團隊來說非常重要。無論你是加入一間大公司，還是一家小型初創公司，這一章都可以幫助你充分利用你的前三個月。

總之，在前 90 天中，你的目標是為你在新團隊中的長期成功做好準備。雖然快速提升產量和盡早交付價值可以獲得利益，但你不能在很短的時間之內過度優化。有些人錯誤地投入所有時間去快速地完成他的第一個專案，而不是創造空間去了解公司，並建立穩固的關係。

花點時間為你在團隊中的其餘時間打好基礎：

- 了解公司、團隊和文化。
- 了解你的產品和客戶。
- 符合別人對你的角色的期望。
- 與主管和同事一起擬定你的入職計畫和時間表。
- 與同事建立牢固的關係。
- 贏得聲望。
- 快速致勝。

另一方面，在你了解團隊的動態之前，不要製造麻煩。你需要穩固的人際關係來完成工作，所以不要在一開始就疏遠任何人。急於求成的新 PM 在無意間冒犯別人是很常見的情況。

## 「我是新來的」的優勢

剛加入團隊有巨大的優勢。

當你還是新人時，你可以問很多問題。請充分利用「對不起，我是新來的，可以告訴我這是什麼意思嗎？」或者「我不了解完整的背景，可以告訴我為什麼要這樣做嗎？」發問不僅可以提出真正的問題，它也是在早期提出建議的雙贏技巧。

新人的另一種優勢是你可以在正確的基礎上發展人際關係。很多關於「認識你」的問題在以後問會很尷尬。如果有人脾氣不好，而且他和之前的 PM 有過節，你可以和他有個很好的開始。

當然，新人也有缺點，因為你還沒有贏得信任，所以你的工作比較難以進行。但是別擔心，你會贏回它！

## 30/60/90 日入職計畫

在你入職的一到兩週，你要準備一份前 90 天的入職計畫，並且和主管討論。

> 這個計畫就算很簡單也無妨，當你是新手時，製作一些書面文件很有幫助。這是很關鍵的時期，因為誤解或期望不相符會經常發生。如果沒有書面計畫，你可能會在加速發展時覺得不舒服，或者，你可能會讓主管認為你的速度提升得太慢了。

在擬定入職計畫時，你要詢問有哪些人是你必須認識的。你要詢問是不是有特定的話題需要和他們討論，而且你一定要詢問有沒有任何需要注意的衝突、痛點或緊張關係。你可以先認識下面的人物：

- 直接團隊：設計師、工程師、資料科學家和用戶研究員
- 你的團隊的其他 PM
- 你的主管的同事
- 關鍵的利害關係人
- 跨部門合作伙伴：業務、行銷、經營、基礎設施、品保、業務開發、內容撰寫、法律…等。
- 其他應該認識的人

下面是一個入職計畫的案例。

## 前 30 天

### HR & 公司入職

- 就業表格、必修培訓…等
- 閱讀關於公司策略和價值的文件

**PM & 功能團隊**

- 學習流程
- 取得工具
- 了解團隊目前的計畫與需求
- 觀察目前的 PM 如何工作（貼身實習）

**與入職伙伴進行貼身實習**

- 坐在他們旁邊
- 觀察他們開會
- 關注他們的溝通過程

**認識同事**

- 寄出自我介紹訊息
- 在一對一面談中自我介紹
- 與入職伙伴進行日常檢查
- 每週與主管進行一對一面談

**成為客戶與產品的專家**

- 參加業務拜訪、現場拜訪，以及研究訪談
- 閱讀或回覆支援申請（support ticket）
- 使用產品，寫下第一印象，瀏覽使用指南

**可交付品**

- 完成新人專案：在第三週進行 A/B 測試

## 前 60 天

**功能團隊**

- 擔任主 PM，讓舊 PM 觀察你如何執行工作（反向貼身實習）

**與同事見面**

- 繼續與同事見面

**成為客戶與產品的專家**

- 繼續與客戶見面

**可交付品**

- 執行 9 月 10 日的發表會
- 在 9 月 12 日之前為團隊建立季度路線圖

## 前 90 天

### 功能團隊

- 在不進行反向貼身實習的情況下獨立領導團隊

### 成為客戶與產品的專家

- 繼續與客戶見面

### 可交付品

- 達成團隊目標與關鍵成果（OKR）

## 介紹性會議

介紹性會議可以讓你和同事建立關係，並且和他們有一個好的開始。

若要成為成功的 PM，人際關係非常重要。如果你讓別人知道你了解他們的目標，並且將他們當成活生生的人來關心，那麼你就更容易用影響力來領導他們。有時這很簡單，你只要問問他們的興趣，分享一些你的興趣——如果你們有共同的興趣，那就更好了！也許你也可以分享一些你的經驗，以迅速贏得一些信任。

這些會議的第二項重要目標是協調你們共事和分工的方式。每一個團隊的 PM 角色略有不同，所以你要進行對話，來了解這個團隊對你的期望。

### 你的主管

你的主管是在你的職涯中最有影響力的人之一，所以你一定要有一個好的開始。你越了解他們，以及越了解他們在乎什麼，你就可以過得越好。

在你了解主管之前，與他們共事時，保持友善、好奇心、尊重和熱情絕對錯不了。

你們要有完全一致的期望，彼此間的期望不相符是入職失敗的主因之一。如果你不知道怎麼提出問題，你可以把問題列出來，在接下來的 1:1 面談時詢問。如果你的主管沒有定期安排 1:1 會議，那你就自行安排吧！

你可以詢問他們：

- 你的工作方式是什麼？
- 你希望我們如何合作？
- 你喜歡哪一種溝通方式？比較喜歡透過書面，還是面對面？

- 你有任何禁忌嗎？你喜歡什麼？
- 你今年的主要目標是什麼？
- 我怎樣才能幫助你實現目標？
- 關於你，還有什麼是我應該知道的嗎？

關於角色與期望：

- 你怎麼看待我的角色？
- 何謂偉大的 PM？
- 你眼中的成功是什麼？
- 你認為我在入職後的前 90 天應該做什麼？
- 有沒有任何重要的可交付品？
- 有沒有應該先開始進行的專案？
- 你希望我先進行大調整，還是執行當前的計畫？
- 有沒有需要避免的地雷或爭議？
- 你有快速致勝的方法可以讓我幫助團隊嗎？
- 我的第一次回饋或考核週期是什麼時候？屆時，我要完成什麼具體的事情嗎？
- 有沒有職業階梯框架可讓我參考？
- 你有沒有其他的期望？

> 你可以從主管的特別強調的地方更了解他。特別注意他們使用的關鍵敘述或重複的想法。

有些人強調數字結果，有些人強調團隊合作或學習，有些人喜歡自動自發的態度，有些人想要掌握細節，直到你被信任為止。有些人比較關心你與銷售團隊的關係，有些人更關心你與客戶的第一手互動。

在談到職位升遷時要小心，如果你談太多這方面的事，他們可能會誤以為你只考慮到自己，而不是以用戶為中心，或注重團隊合作。

## 你的入職伙伴

有些公司會幫你指派入職伙伴。如果沒有，你可以請主管推薦一位，甚至直接找一個人。在理想情況下，你的入職伙伴是已經在你的團隊工作了一段時間的另一位 PM。你要找一位知道事情如何運作，而且不會對你問的問題不耐煩的人。你可以找多位入職伙伴，例如，一位在公司工作很久的，一位 PM 團隊裡的，以及一位願意熱心回答你的所有問題的。

和你的入職伙伴（尤其是 PM 伙伴）共事的好方法是與他們形影不離，坐在他們旁邊，拜託他們讓你參加他們的會議，請他們把相關的交流情況都告訴你。請他們在工作時，順便大聲地說明——例如，解釋為何以某種方式回答問題、分享他們與某些人共事的技巧，或解釋關於產品的歷史背景。以這種方式貼身觀察他們可讓你掌握背景、流程與文化規範。

除了之前的**主管**小節裡面的任何問題之外，你也可以問：

- 關於主管，有沒有什麼需要知道的？他們有沒有任何禁忌？如何快速地討他們歡心？
- 這裡是怎麼分配和啟動工作的？誰決定做哪些事情？我們需要獲得哪種批准？
- 大家真的遵守官方流程嗎？如果沒有，何時如此？為什麼？
- 有沒有什麼潛規則或文化規範？
- 誰是好榜樣？
- 你有沒有參加公司的興趣團體或社團？能不能推薦一下？

## 高層

在入職期間與一些高層見面是很好的事情。在大公司裡，他可能是你的跨級主管。在小公司裡，他可能是共同創始人。

一般來說，這次會面可能是你與他們少數幾次一對一面談的機會之一，所以留下好印象是最重要的事情。你可以揣測他們的思考模式，以便在將來預測他們關心什麼。

為了給對方留下好印象，你要珍惜他們的時間。不要詢問你可以查到，或是應該知道的資訊性問題。

以下是一些在自介面談中，比較安全的問題：

- 你覺得公司的目標怎麼樣？

- 什麼事情會讓你夜不能寐？
- 你現在面臨的最大挑戰是什麼？
- 你希望我這個職位做哪些具體的事情？
- 你認為 PM 在這家公司如何獲得成功？

## 親近的隊友

對於你最親密的隊友，例如你的設計師和工程主管，你要先建立關係，然後確保你們有一致的期望，最後，找機會幫助團隊。

與親密的隊友取得一致的期望特別重要，因為在各個團隊中，PM 這個角色的邊界都不一樣。你絕對不想花幾個月的時間才意識到設計師希望你提供冗長的書面文件，或你的工程主管想要自己寫申請單（ticket）。

認識對方的問題：

- 介紹一下你自己。（你住公司附近嗎？除了工作之外有什麼有趣的事情嗎？你有什麼興趣？你喜歡旅遊嗎？…等。）
- 你為什麼來這間公司？
- 你現在的工作是什麼？在以前的專案中，你喜歡什麼？你期待將來有什麼工作？
- 你今年的主要目標是什麼？

取得一致的期望：

- 你希望我們怎麼共事？你對我有什麼期望？
- 你和我這個職位的人共事時，有沒有你喜歡的或不喜歡的事情？你有任何禁忌嗎？
- 你希望多久見一次面？
- 你喜歡怎樣提供回饋和接收回饋？
- 你認為我的 30/60/90 計畫有沒有什麼需要修改的地方？

機會：

- 你覺得這個團隊怎樣？工作順利嗎？
- 你覺得團隊的工作方式有沒有需要改變的地方？

- 你可以告訴我如何用快速致勝的方法幫助團隊嗎？

### 其他人

對於其他人，你要專心建立關係，了解對他們來說重要的事情。

一般問題：

- 介紹一下你自己。
- 你的工作是什麼？在以前的專案中，你喜歡的有哪些？你想要做什麼工作？
- 你今年的主要目標是什麼？
- 你希望我們怎麼共事？你以前和我這個職位的人共事時，有沒有喜歡的或不喜歡的事情？
- 有什麼事情是我可以做的，而且對你有幫助的？

## 該做什麼

### 利用你這位初學者的眼睛

產品 VP Bryan Jowers 說過：

> 初次使用產品的人只會經歷一次購買和用戶引導流程。務必記下你的感受、你了解什麼，以及你不了解什麼。

你的紀錄有助於改善產品，甚至可以改善下一次聘請來的新人的入職流程。

### 成為你的產品和用戶的專家

盡量接觸用戶與客戶。與他們見面，或是進行視訊通話。如果你的公司有用戶，參加銷售員電話訪談與用戶研究訪談。回覆支援申請單。在社交媒體了解大眾的意見。自行進行採訪，以了解人們為何選擇你的產品，以及他們在使用時遇到什麼麻煩。你早期的聲望有很大一部分來自你對客戶的直接了解。

成為專家的另一個關鍵領域是你自己的產品和技術。你不僅要了解自己的功能領域，也要了解更廣泛的產品，以及它的各個部分如何互動。不深入了解產品就無法發現機會、陷阱或重要的限制。

### 建立聲望

讓隊友信任你本人和你的判斷需要一些時間。有一種加速的方法是分享你的思考過程與框架，以解釋你的直覺從何而來。

### 盡早快速致勝

樂於助人可以幫助你踏出正確的第一步。通常你可以幫隊友分擔一些繁重的工作，或是幫他們完成他們一直在拖延或掙扎的重要事情。

身為團隊的新成員，你可能要花額外的時間在乏味的工作上。也許別人不願意做的事情對你來說很棒的學習經驗。你也可以叫入職伙伴給你一些你可以做的工作，也許那是他們正在處理的 bug、一個小功能，或可讓你對團隊做出貢獻，並且在一個小環境中習慣運作流程的工作。

### 設法讓自己對公司有歸屬感

加入員工資源小組、社交群組、球隊…等。邀請同事出去喝杯咖啡或吃頓午餐。你越覺得自己在公司裡有人緣，你就越有歸屬感，從長遠來看，你待在這個職位就越開心。

### 讓同事更容易向你提供回饋

沒有人期望新人第一次就有完美的表現。明確地請別人提供回饋可以讓大家更願意告訴你哪裡做錯了，並分享他們對於「優秀」的看法，避免對你不利。

你可以問：「我打算改成這樣，你覺得這樣做還可以嗎？還是我漏掉了什麼？」你可以在會議結束之後，詢問你的朋友或伙伴是否有任何回饋，或他們認為出色的工作應該是怎樣。你可以在第一週之後召開一次回顧會議，討論你想要為團隊改變什麼，或繼續做什麼。

## 不要做的事情

### 不要在第一時間就告訴別人他們全部做錯了。

這是疏遠別人的捷徑。你應該問一下他們為什麼那樣做，並真誠地對他們的回答感到好奇。你可以繼續問：「你有沒有考慮過用另一種方式來做這件事？」

### 不要讓別人閉嘴，應該說「對，而且…」

當你是新人時，你可能對別人的請求應接不暇，或是收到很多人的建議，其中有許多想法不太好，或不是優先事項。不要對他們說「不，這個解決方案不好。」，而是說「嗯，這個問題確實值得解決。」，如此一來，即使你接著說那件事不是你的優先事項，他們也會覺得有被聆聽，將來更願意與你合作。

### 不要試圖立刻做出重大的改變

務必在改變事情之前，先傾聽，並了解前因後果。接下來，當你準備做出改變時，有意識地考慮如何讓其他的隊友們參與進來。你應該試著在早期階段埋下想法的種子，而不是一下子提出一個巨大的方案。

### 不要預設你必須維持所有之前的決定

新 PM 通常會在產品生命週期的中途承接專案，你可能不同意上一任 PM 做出的決定，卻又必須依靠你推出的產品來生存。謹慎地處理這種情況，你可以和主管和隊友溝通，以了解早期決策能否改變。有時候你會發現團隊非常樂意改變方向，有時候你會發現他們只是希望你幫助他們快點完成專案。

## 重點提要

- **三思而後行**：為了充分利用最初的 90 天，最好的做法是盡量了解團隊、公司、產品和客戶。利用你的行程表的額外時間來取得可以協助你成功的資訊。除非你掌握相當程度的資訊，否則同事們將難以信任你的建議。
- **快速致勝**：雖然你要學的東西還有很多，但也許有一些小型的、沒有爭議性的專案可在你完成之後讓同事們覺得「有你真好」。
- **經營人際關係**：好的人際關係會讓你的工作更輕鬆、更有趣。花點時間去認識公司的人。
- **釐清期望**：每一位 PM 的工作都有些不同，在最初的 90 天裡，誤解是很常見的事。了解別人喜歡如何與你共事，如此一來，你就不會不小心觸犯他們的禁忌，或無法承擔他們希望你承擔的責任。一定要和主管確認你的首要任務是什麼，以及何時完成可交付品。把你的計畫寫下來並和大家分享，好讓所有人的想法取得一致。

# 產品技能

用戶見解

資料見解

分析性問題解決能力

產品與設計技能

技術技能

撰寫產品文件

# PART C

PRODUCT SKILLS

# C 產品技能

產品技能是設計高品質產品以取悅用戶和解決需求的基礎。本節教你如何做出更好的產品決策。

- **用戶見解**（第 37 頁）教你如何理解大眾的需求，以及了解他們想用產品來處理的問題。我們將學習如何從用戶收集資訊，並往下挖出關鍵的見解。最後，我們將探討幾種用戶研究。
- **資料見解**（第 55 頁）將教你如何審核資料、分析資料，並用它來做出更好的決策。我們將討論如何檢視公司指標，並探討 A/B 測試和統計數據。
- **分析性問題解決能力**（第 70 頁）將提供一種框架，幫助你做出更好的決策。我們將討論系統思維等主題，以及解決複雜問題的技術。
- **產品與設計技能**（第 85 頁）將發展你的產品思維，以及推動產品決策的能力。我們將學習雛型塑造和腦力激盪，以及如何決定產品決策的優先順序。
- **技術技能**（第 105 頁）將教你如何與工程師合作，以及如何估計開發成本。這個單元也有一些技術的速成課程，包括 API、部署、SQL、演算法…等。
- **撰寫產品文件**（第 120 頁）正如其名。本章將教你如何編寫規格，並使用它們來改善你的產品。

產品技能在產品生命週期的早期階段最常使用（第 15 頁），但它們也可以在任何時候發揮作用。

CHAPTER 4

# 用戶見解

我曾經在我的第一個產品團隊裡看過一些支援申請單，也透過電話與一些客戶交談。然而，在多數情況下，我都是在沒有和真正的客戶交談的情況下做出決策的。當時我會研究產品的人物誌（persona），它是一組虛構的人，用來代表各種類型的客戶。雖然這種做法在 2004 年被視為最佳實踐，但是基本上，當時的我只是在猜測客戶想要什麼。

後來，在我的假設裡有一些小錯誤變成了客戶的大問題。

有一次，為了節省工程時間，我決定壓縮功能，不選擇自訂顏色。我以為這不會造成太大的麻煩，但是在拜訪客戶後，我發現他們拒絕使用那項功能，除非它和他們的品牌顏色相符。為了解決這個問題，我不得不修改他們的伺服器來提供他們自訂的顏色。

另一次更糟糕的情況，我發現我費盡苦心加入的功能（為其他用戶設定通知）完全無法被發現，用戶抱怨找不到那個功能！雖然我們完成了這項工作，卻白費工夫，因為大家不知道它在那裡。

這些失敗讓我開始意識到我的直覺可能是錯的，並且讓我開始堅信，我必須再三確認我的假設。我以為我了解用戶，其實還不夠了解他們。

這就是用戶見解，身為一位 PM，這是你要培養的核心技能。你要利用深刻的理解和同理心來辨識產品機會，以及確保解決方案能夠滿足用戶的需求[1]。

1 有些人不喜歡「用戶（user）」這個詞，因為它令人覺得失去人性，但我們在這本書中使用它，因為「客戶」、「讀者」或「成員」等替代詞無法一體適用於所有的產品。

# 責任

## 與用戶和潛在用戶交談

用戶都是人，我們是怎麼認識別人的？透過交談！

當你開始開發一項新產品時，應該設定目標，至少與 5 至 10 人交談，並且在每個專案中增加 5 至 10 人。如果你的產品有不同類型的用戶（例如作者 + 讀者，或乘客 + 司機），那就和每一種類型的 5 到 10 位用戶交談。

即時會談（尤其是面對面會談）比電子郵件和市調等非同步媒介還要好。即時會談可以提供書面或預錄（pre-recorded）資源無法提供的深度見解。在即時會談中，你可以學到全新的資訊。你可以感受情感衝擊，也可以提出後續的問題。雖然閱讀公司既有的用戶研究也很重要，但是它無法取代你親自與別人交談。

你的目標是成為熟悉用戶的專家。產品管理不像在學校那樣，可用既定的答案來解決問題，與之相反，為了管理產品（至少是*有效地*管理產品），你要學習關於你的領域的新見解、獨特的見解。

當你和別人交談時，將重點放在見解上（包括意料中的，和意外的），以便揣摩用戶的想法，試著預測他們會說什麼，並注意你的哪些直覺是對的，哪些是錯的。隨著時間的過去，你不僅可讓直覺更敏銳，也可以更了解你的直覺何時是可靠的，何時會讓你偏離正軌。

### 挖掘表面需求之外的東西

假如你的公司的產品是雷射設備，你的用戶（醫生）經常抱怨該設備的機械手臂太重了，他們用雷射設備來進行複雜的手術，但是材料的重量帶來嚴重的挑戰。

這正是 Xanar 及其競爭對手所面臨的處境。其他公司聽了用戶的要求之後，決定使用昂貴的輕金屬和材料。但是 Xanar 有更深的見解，雖然醫生*要求*更輕的手臂，但是潛在的*問題*其實與操縱性能有關。

了解這一點之後，Xanar 僅僅對手臂進行一些平衡配重，雖然手臂的重量沒有比較輕（事實上，技術上來說，它*更重了*），但是它更容易操縱了。

事實上，用戶不一定知道他們想要什麼，他們只是感受到「痛苦」，並想出特定的解決辦法。從某種意義上說，你的工作是「還原」痛苦，你要聆聽功能請求，然後找出潛在的問題。這個問題也許可以成為「待辦工作」的一部分（第 44 頁）。

身為 PM，你探索得越深，你就越理解你的客戶，也越能夠引導團隊邁向可行的解決方案。

為了更深入地探索，你可以試著問這些問題：

- 能否告訴我你將如何使用你要求的功能？在你使用它之前發生什麼事？接下來會發生什麼事？
- 那項工作是更大型目標的一部分嗎？
- 你在完成這項工作時遇到了哪些挑戰？
- 你以前有試著解決這個問題嗎？為何無效？現在你是怎麼解決這個問題的？
- 如果我們做出這個功能，你會轉而使用它嗎？或者，你還需要其他的東西？
- 我是這樣理解這個問題的：[……]，有沒有漏掉什麼？

別忘了，雖然我們要傾聽客戶的意見，但是他們提出來的解決方案不一定是正確的。

## 驗證你的假設

沒有經過驗證的假設是很危險的東西，菜鳥 PM 往往對自己的想法或設計過度自信，沒辦法預料哪裡可能出錯。

你應該將你的想法和設計視為假設，並設法用簡便的方法來評估它們，你可以透過用戶研究、客戶訪談，或者，有時只要與朋友或同事的簡單地聊天。

Algolia 的產品負責人 Louis Lecat 分享了他用雛型來驗證假設，造成截然不同的結果的經歷：

> 我們建構了一個產品來重新排序搜尋結果，我們假設用戶想要看到價格、利潤或折扣等屬性。
>
> 但是令我們意想不到的是，他們會根據相鄰商品的外觀來重新排序結果。他們優化的是網頁整體的外觀與感覺，而不僅僅是個別項目。

這導致我們徹底重新設計了我們的路線圖，讓我們比預期更快速地推出一款成功的產品。

如果你把事情做對，也許可以透過早期的用戶測試來證明你的想法是錯誤的，若真的成功了，就把它當成一場勝利！因為你不但避免在錯誤的道路上投入更多時間和精力，也證明你的用戶測試是成功的。

以下是一些值得驗證且常見的假設領域：

- 為什麼用戶選擇你的產品而不是其他產品？
- 哪些功能是必備的？哪些功能是可有可無的？
- 用戶投入多少時間和注意力來學習產品？
- 「次要」的易用性問題造成的影響。
- 功能是否容易被發現。
- 需要克服多少惰性才會開始使用產品。

關於驗證假設的方法，見第 47 頁的「用戶研究」。

## 規劃策略性用戶研究，來尋找新機會 ⚡

隨著職涯的發展，你會扮演一位更具前瞻性和策略性的角色。你的 PM 工作再也不僅僅是上級交辦的產品領域。現在，你要展望地平線：你的產品要解決哪些相鄰客戶問題（adjacent customer problem）？這將如何影響你的產品及其潛力？外部趨勢開啟哪些新契機？哪一種研究可以驗證或擴展這些機會？

這種策略性用戶研究通常是探索性質的——你沒辦法百分之百確定你會發現什麼。你並不是在尋求某項特定的功能，而是在試著了解用戶的生活和工作流程的情況。你可以問一些開放式的問題，例如：「告訴我你上一次⋯」或「告訴我你是怎麼做這個決定的」。

在進行策略性用戶研究時，你可以採取幾種不同的方法。你可以去客戶旁邊，整天觀察他們。你可以進行一項持續幾週的日記研究（diary study），提供報酬給參與者，在他們進行你想研究的活動的時候（例如每次他們計畫用餐的時候）做筆記並記錄具體資訊。或者，更簡單的做法，你可以在易用性訪談或客戶訪問中加入一些開放性的策略問題。

## 建立以用戶為中心的文化 ⚡⚡

在更高階的產品領導中，你不僅要對自己的用戶見解（user insight）技能負責，也要對整個團隊的用戶見解技能負責。

Twilio 發現，讓員工做一些客服工作可以大大地提升他們的同理心。Jason Nassi 寫道[2]：

> 當新員工完成支援申請訓練之後，他們更了解為什麼有些客戶如此熱愛 Twilio，以及如何為需要協助以獲得同樣成功的客戶做出改變。

以下是一些讓你的文化更重視用戶的方法：

- 偶爾要求所有 PM 回覆支援申請單。
- 建立一個團隊排行榜來追蹤客戶造訪次數。
- 每週帶客戶到辦公室與團隊交談。
- 在你的團隊會議上，設定一個固定的話題，來分享新的客戶見解。
- 在規格模板中加入客戶見解。
- 在產品評論中詢問關於客戶見解的問題。
- 以身作則，親自拜訪客戶，分享你學到的見解。

請注意，這適用於整個團隊。是的，你的 PM 們都是客戶的代言人，但如果你的開發人員、測試人員和其他團隊成員也是如此的話，那就再好不過了。

## 成長實踐

### 培養空杯心態

精通一款產品的關鍵在於…你很了解它。當你可以輕鬆且熟練地使用一項產品（對該產品的 PM 來說幾乎都會如此）之後，你往往會忘記當你還不熟悉產品時是什麼情況。

試著揣摩剛開始使用它的人的想法。從頭到尾瀏覽完整的產品流程，假裝你不熟悉產品，它的哪些地方令你一頭霧水？你看不懂哪些敘述或圖示？如果你可以有效地做到，你就可以快速地找出新用戶可能面臨的問題。

為了發展這項技能，你要密切關注你必須了解的東西，以及當你剛使用時，會讓你一頭霧水的東西。觀察新用戶的用戶訪談，看看當他們掙扎地使用超級用戶才了解的功能時，為什麼會被卡住。

---

2 Jason 在 *https://www.zendesk.com/blog/new-employees-answer-support-tickets/* 進一步說明這個觀點。

## 將產品選擇與客戶見解聯繫起來

如果你不善用你掌握的事情來做出好的產品選擇，那麼了解客戶只是一項學術練習罷了。

你要清楚地知道客戶見解會怎麼推動產品決策。掌握它的關鍵特徵是**意向性**（*intentionality*）。不是把你夢到的瘋狂想法設計出來，而是要讓解決方案的每一個部分都有存在的理由。

PM 新手通常不懂得建立這種聯繫，他們很容易忘記工程師或高層不像他那麼重視客戶意見。工程師或高層可能會忘記一項重要的研究發現，或是無法像 PM 一樣注意到相同的聯繫。

我們曾經在一個案例中，看到 PM 為產品的設計進行逐行註釋，將每一個決策與用戶見解聯繫起來，讓每一個人都可以理解設計的意向性。這種「強迫性」的做法非常成功，它不僅讓大家快速地接受她的設計，也為她贏得「以客戶為主」的 PM 聲望。她的團隊開始相信她的建議都有很好的理由，而不僅僅只是她「感覺對了」。

## 發展以用戶為主的直覺

隨著時間的過去，在取得用戶見解時，你需要從一個緩慢且詳盡的標準化流程變成一個更快速的流程，僅憑直覺就能知道應該關注哪些領域。

這種直覺來自觀察大量的用戶研究和注意模式（noticing pattern）。將你或其他 PM 經歷過的錯誤做成一份清單，在工作不順利或是得到意外的收穫時，進行反省與報告。與你的團隊討論用戶見解也有助於將它植入腦海並形成模式。

## 按照優先順序來對用戶見解進行分類 ⚡

該不該修正你發現的所有易用性問題？這是個麻煩的問題。它的答案與生活中（與產品管理中）的許多事情一樣：視情況而定。

當你經驗不足時，你應該無法修正你找到的所有易用性問題，你的品質標準還需要建立信賴感，而且你面對很多問題和工作，使得你手忙腳亂。萬一你讓團隊認為你行事草率，你就陷入麻煩了，所以，沒錯，此時即使是微小的易用性問題，你也要關注它。

但是，當你進入更高階的角色時，同樣的關注可能會適得其反。你必須讓別人看到你確實很重視品質，但同時，你對於輕重緩急有很強的判斷力。你要好好地評估後續的影響和機會成本，並謹慎地決定哪些見解值得投資，在執行時，不要輕易忽略低優先順序的見解，而是要把你擺在後面的工作記錄下來。

我要澄清一下，我的意思並不是品質不重要，它很重要！問題的關鍵在於**平衡**。優秀的 PM 知道何時該延遲三週上市，因為新發現的易用性問題**太**重要了。

## 宣傳你的客戶見解 ⚡

資深的 PM 與菜鳥有一個不一樣的習慣：他們會持續展示客戶的資訊。

他們可能會這樣做：

- 在會議中介紹現實生活中的例子。
- 將相關的用戶研究告訴其他的 PM。
- 對全公司說明關鍵見解。
- 向主管提出見解及其策略意義。

請分享你的知識，來幫助你的團隊與公司做出更好的決策。

## 揭示關鍵見解來解決問題 ⚡⚡

**關於發電機的笑話**

有一家公司的大型發電機出問題了，所有工程師都無法診斷出問題。

有一位承包商聽了聽機器的聲音，用粉筆在一個零件上面做記號。「你的問題在這裡」承包商説。工程師們看著粉筆記號，很快就知道問題出在哪，並且修復它。當公司收到承包商寄來的 1 萬美元的帳單時，主管不想立刻付錢，要求承包商提供詳細的帳單。承包商開心地照辦了：

粉筆：$1

做記號的知識：$9,999

傑出的用戶見解就像這樣，它可以看出事實之間的關聯，並意識到哪些資訊是相關的。

有個辦法可以讓你做得更好：每次你發現一個新見解的時候，就提前思考它的影響。它會改變過去的哪些決定？它可能影響哪些未來的決策？提前思考可以讓你在出現相關的情況時，更有機會想起它來。

## 概念與框架

### 待辦工作

雖然你可能知道用戶的年齡、地點和職業，但是這些資訊都不能告訴你**真正**重要的事情是什麼，也就是他們想要用你的產品完成什麼「工作」？

Clay Christensen 提倡的框架既簡單且複雜。Christensen 解釋道：

> 客戶不會為了購買產品或服務而購買它們，而是為了改善特定的情況而「聘請」它們。他們購買某個東西通常是因為發現自己有一個問題需要解決。

例如，想一下音樂應用程式的客戶，他們想要完成什麼事情？

最直接的答案是他們想要聽音樂（廢話！），但如果只是如此的話，你只要播放任何舊音樂，或是讓他們可以選擇歌曲加入播放清單就好了。

比較複雜的答案可能是（取決於 app 與你的用戶）：「我想要在聚會中營造良好的氛圍，播放一些讓朋友開心的音樂。」**這個**答案讓我們提出新的解決方案：「如何為特定的心情提供令人滿意的播放清單？」

Jobs To Be Done（JTBD）框架是一種綜觀客戶動機與行為的方法[3]。

你可以使用這個模板，在 JTBD 框架中編寫用戶故事與用例：

> 當我 < 情況 > 時，我想要 < 動機 >，如此一來，我就可以 < 期望的結果 >。

例如：「當我舉辦聚會時，我想播放愉快的音樂，讓我和朋友們玩得開心。」

當你和潛在客戶交談時，試著了解他們打算使用你的軟體來做什麼「工作」。要問的深入一點，問他們**為什麼**？

3 關於 Jobs to be Done 的詳情，見 *https://medium.com/make-us-proud/jobs-to-be-done-framework-748c761797a8*。

## 客戶旅程

Customer Journey（客戶旅程）是用戶使用產品的生命週期之中的階段。我們可以直覺地知道這些階段的存在，但許多 PM 只關注後期階段。

以下用一個簡單的例子來說明它在 Netflix 這種 app 中會是什麼樣子。

- **察覺**：我發現有 Netflix 這個服務（可能是幾年前）。
- **考慮**：我發現 Netflix 有我喜歡的節目，但要為了那個節目訂閱它嗎？值得嗎？還是乾脆在 Amazon 買電影就好了？
- **購買**：我決定付費訂閱 Netflix。
- **持有**：我繼續付費訂閱 Netflix（因為我喜歡它…或因為我忘記了我有訂閱）。
**推廣**：當我的朋友問我在看什麼節目時，我提到我會在 Netflix 上觀賞喜歡的節目。我告訴他們，那裡還有很多其他節目可以選擇。

任何一個階段的改善都會影響產品的成功。因此，你可以向客戶（目前的，和潛在的）詢問與這個旅程的各個階段有關的問題：你是怎樣察覺的？你是怎麼從察覺變成考慮的？怎麼從考慮變成購買的？…等。找出影響每一個階段的因素。

## 易用性原則

PM 必須知道一些常見的易用性原則，把它們記住就不會犯下菜鳥常見的錯誤。

易用性原則的黃金標準來自 Nielsen Norman Group。

### 設計使用者介面的 10 項易用性經驗法則 [4]

以下是 Jakob Nielsen 提出的 10 條互動設計原則。它們之所以稱為「heuristic」，是因為它們是廣泛的經驗法則（rules of thumb），而不是具體的使用指南。

4 經授權轉載自 *https://www.nngroup.com/articles/ten-usability-heuristics*。

### #1：系統狀態的能見度

系統要在合理的時間內，透過適當的回饋，讓用戶知道正在發生的事情。

### #2：比對系統與真實世界

系統必須使用用戶的語言、用戶熟悉的字眼、句子和概念，而不是系統術語。系統要依循真實世界的習慣，以自然且符合邏輯的順序顯示資訊。

### #3：用戶控制與自由

用戶經常選錯系統功能，所以你要提供明確的「緊急出口」讓他們脫離想要離開的狀態，讓他們免於經歷延伸對話（extended dialogue）。你要提供取消（undo）與重作（redo）功能。

### #4：一致性與標準

不要讓用戶猜測不同的說詞、情況或動作是否代表同一件事。讓系統符合平台規範。

### #5：錯誤預防

精心的設計可以在第一時間防止問題的發生，它比優秀的錯誤訊息還要好。你要嘛，排除容易出錯的情況，要嘛，檢查容易出錯的情況，並且在用戶提出操作之前提供確認選項來防止錯誤發生。

### #6：讓用戶辨認，而不是記憶

將物件、動作與選項視覺化，來減少用戶需要記住的事情。不要讓用戶在對話中還必須記得上一次對話中的資訊。在適當的情況下，你要顯示系統的使用說明，或讓用戶容易取得它。

### #7：使用的靈活性和效率

加速機制（新手無法見到）通常可以提升熟練的用戶的互動速度，讓系統可以同時滿足新手和熟練的用戶的需求。你也要讓用戶自訂常見的動作。

### #8：美學和極簡主義設計

對話不應該包含無關或通常不需要的資訊。對話中的每一個資訊元素都會與相關的資訊元素競爭，降低彼此的相對能見度。

#### #9：協助用戶辨認、診斷錯誤，並從中恢復

用通俗易懂的語言來表達錯誤訊息（沒有錯誤碼），準確指出問題，並提出建設性的解決方案。

#### #10：說明和文件

雖然讓使用者在不需要文件的情況之下就能使用系統是更好的做法，但也許你也要提供說明和文件。讓用戶可以輕易地找到這類資訊，讓它把焦點放在用戶的工作上，列出具體的執行步驟，並且避免太多內容。

除了這 10 條經驗法則之外，以下是需要記住的常見準則：

- **注意力是有限的**：真正的用戶對產品 UI 的注意力比你想像的要低得多。一般人都會下意識地忽略華麗的大橫幅，以及很像廣告的任何東西，他們懶得閱讀長段落甚至句子，他們的注意力隨時都會被打斷和分心。如果你的主要行動呼籲（call-to-action）不清不楚，他們就不會關注。
- **空白區域和比例很重要**：空白區域和比例會對人們的反應產生巨大的、發自內心的影響。如果它們太小，你的 app 會讓用戶覺得擁擠、難讀，如果太大，用戶會覺得 app 過於簡單且緩慢。如果這些細節沒有到位，你幾乎不可能得到有用的設計回饋，因為它們會造成強烈的負面反應。
- **協助工具**：大約有 4% 的人口有部分色盲，大約 2% 的人口有另一種視覺障礙[5]。用螢幕閱讀器和邀請色盲人士來測試產品可避免你將某些用戶拒於門外。在設計 UI 的重要部分時，除了使用顏色或圖像之外，你也要提供替代文字。設計協助工具（accessibility）也可以讓非殘疾用戶從設計中獲益，這是一種稱為「universal design（通用設計）」的概念[6]。

用這些準則來檢查你的既有產品，你在哪裡遵守它們？在哪裡違背它們？

## 用戶研究

用戶研究涉及廣泛的方法，它不僅包含易用性測試，也包括情境訪談（contextual interview）、市調、卡片分類法（card sorting）、日記研究（diary studies）、beta 程式…等。

---

5 具體而言，大約有 8% 的男性和 0.5% 的女性是紅綠色盲（難以分辨紅色和綠色）。這種性狀（trait）是 X 染色體的一種隱性性狀。

6 著名例子是 OXO 製造的一種蔬菜削皮器，它有寬大且舒適的手把。這種手把最初是為關節炎患者設計的，但是 OXO 很快就發現所有人都喜歡舒適的手把。

大多數的用戶研究都是定性（qualitative）的而不是定量（quantitative）的（除了一些調查之外）[7]。也就是說，你要讓對方回答開放性問題，例如「當客戶決定是否購買時，他會考慮哪些標準？」，但不適合提出數字問題，例如「有多少百分比的人在乎價格？」

用戶研究可以產生發現、建議與新模式。

## 用戶研究的類型

用戶研究有數不清的類型。以下列出比較常見的幾種方法[8]。

### 實地考察

- **它是什麼：**實地考察就是在用戶的自然環境中訪問他們，例如他們的工作場所（對商業軟體而言）或他們家裡（對於個人軟體而言）。在實地考察期間，你會在用戶的環境中觀察他們。例如，你會看到他們是怎樣設置電腦的，以及他們被中斷的頻率。
- **何時適合：**實地研究非常適合在產品生命週期的早期階段進行，甚至可以在你還沒有產品時完成。它可以幫助你辨別和驗證機會，尤其是，它可讓你發現用戶根本沒有注意到，而且根深蒂固的問題。
- **留意：**很多團隊在他們的辦公室附近進行實地考察，這會導致位置偏見。如果你的產品是全球性的，你可能要前往其他城市和國家 / 地區拜訪客戶。

### 日記研究

- **它是什麼：**日記研究是讓參與者在一段時間內記錄他們的想法和行為。例如，你可以進行日記研究，記錄人們每次點餐的時間，以及他們是怎樣決定要點什麼餐點的。
- **何時適合：**日記研究非常適合研究難以在訪談時創造的情況，或是在事後難以準確記住的情況。它也非常適合用來揭示指標背後的意義，例如，你可能會看到人們經常訪問產品的儀表板網頁，從日記研究可以發現，大多數人訪問該網頁是為了抓取幻燈片的螢幕截圖。

---

7 定性研究會產生描述性資料，而定量研究會產生數值資料。

8 注意，這裡沒有焦點小組（focus group），因為他們不適合參加產品研究。

- **留意**：進行日記研究需要細心地鼓勵參與者，防止他們中途退出，定期與他們聯繫，並且獎勵他們持續參與。

## 用戶訪談

- **它是什麼**：訪談就是直接問用戶問題，你可以問他們過去的行為、他們的偏好、他們關心什麼、他們如何做決定，或你想了解的任何事情。你要提前設計問題，並且盡量設計開放性的問題。這種訪談可以透過視訊通話，在遠端分享螢幕畫面來完成。
- **何時有用**：用戶訪談很適合用來了解與你不同類型的用戶。它很適合在產品生命週期的早期，在你有具體的東西可以展示之前進行。它也可以用來驗證你想要送出去的市調，如果用戶誤解任何問題或出現新問題，你可以即時提問並跟進。
- **留意**：人們在訪談時往往會很樂觀（例如「我當然會使用那個功能」），解方是詢問他的具體案例（例如「你上一次是怎麼建立儀表板的？」）。

## 市調

- **它是什麼**：市調就是讓目前的或潛在的客戶回答一系列的問題。當你調查潛在客戶時，你可以使用 SurveyMonkey Audience 或 Google Surveys 等服務，這些服務可以接觸各式各樣的人，讓你可以提出簡單的篩選問題，在對方接受調查之前，先確保他是你的目標群體。
- **何時有用**：市調可以收集關於大量用戶的資訊，很適合用來回答「有多少…」問題。例如，你可以使用市調來了解定期觀看 YouTube 的客戶的百分比。
- **留意**：措辭不當或選項混亂的市調很容易扭曲結果。你可以先用少量的受訪者來測試你的市調，以確保能獲得有用的資訊。

## 易用性測試與概念測試

- **它是什麼**：易用性測試或概念測試就是讓用戶使用雛型或實際的產品，並告訴他們一些背景資訊，讓他們「大聲思考（think out loud）」，然後觀察他們的行為。你可以指定工作來讓他們完成，或是讓他們自己探索。
- **何時有用**：易用性測試可讓你看到他們被卡住的細節，而概念測試可讓你看到整體的概念能不能讓他們產生共鳴。這兩種測試很適合在設計階段使用。

- **留意**：有些產品很難用假資料進行測試。例如，電子郵件用戶端需要依靠用戶來辨認寄件人的姓名，在這些情況下，你可以事先請他們提供資料來建立自訂的 mock，或建立使用即時資料的雛型。

為了找到這些測試的參與者，你可以使用 Ethnio 之類的工具，在你的網站上放置一個攔截快顯（intercept pop-up），你也可以使用 UserTesting.com 來招募參與者，並讓他們非同步地進行測試。這兩種方法都可以幫助你快速招募參與者，進而更快獲得結果。

在調查消費產品時，另一種流行的方法是在咖啡店、美食街或酒吧隨機詢問人們是否願意嘗試雛型，這種方法可能不夠嚴謹（而且會產生一些偏見，尤其是在你不小心的情況下），但是能夠獲得一些關於產品的回饋總比完全沒有好。

### 參與式設計（協同設計）

- **它是什麼**：參與式設計就是讓用戶繪製或描述他們的理想解決方案，而不僅僅是向用戶展示概念 mock。例如，你可能會要求參與者勾勒出理想首頁的概念，或描繪出他們自己希望特定的整合如何運作。
- **何時有用**：參與式設計不僅可以徵求解決方案的點子，也可以在用戶使用模糊的術語時，徹底了解用戶的需求。例如，有人可能會要求「與通訊軟體整合」，但是他的意思可能是不一樣的事情。當你讓他們畫出來時，你會更理解他：「哦，你想要將兩個工具並排，並在它們之間拖曳檔案。」如果你只是為了向用戶展示預先建立的設計，這種方法也可以幫你發現可能錯過的潛在機會。
- **留意**：不要期望客戶為你建立整個解決方案。他們選擇的設計雖然可以描述他們的思考過程，但他們可能不會考慮所有的限制和用例。

### 卡片分類法

- **它是什麼**：卡片分類法就是把需要組織的物品畫在卡片上，讓參與者先將它們分組，再為組別命名。例如，造訪大學網站的人認為校園地圖應該在「校園生活」網頁裡面，還是「造訪我們」網頁裡面？卡片分類法可以親自進行，也可以使用線上工具遠端進行。
- **何時有用**：卡片分類法是一種專門為了理解用戶心智模型而設計的研究法，它經常被用來決定如何組織出最好的網站導覽。
- **留意**：限制卡片的數量，以免讓用戶不知所措。

## beta 程式

- **它是什麼：**beta 程式就是讓少數用戶提前使用新功能，以換取真實的回饋。beta 程式可以讓你在正式發表之前驗證想法並獲得回饋。
- **何時有用：**beta 程式是支持漸進式開發的好方法，因為你可以早在功能全部完成前，就把它交給 beta 客戶。例如，你可以讓客戶使用自訂腳本來進行設定，並且為他們分別運行程式，而不是使用應用程式內建的 UI。beta 用戶通常樂意使用略為粗糙的 UI，以及閱讀「入門」文件。
- **留意：**參與者獲得使用權限之後，通常會熱情地嘗試新功能，但是這種熱情會隨著時間而削減。如果你過早提供使用權限，你的回饋可能只是明顯缺少的功能，而不是你真正想要知道的詳細回饋。

### 如何啟動 *beta* 程式

首先，釐清你的目標和問題。你想要了解客戶是否使用新功能？是否喜歡它？還是會不會因為失去它而失望（產品市場媒合度問題）？你可能也想知道關於 UI 或需求的問題。

> **產品市場媒合度（product-market fit）問題：**如果你再也不能使用一項產品，你會多麼失望？

盡量招募符合目標市場的 beta 參與者。一項 beta 計畫通常會有 10 到 100 位用戶。你可以透過銷售和客服管道、透過 email，或藉著在產品中加入一個連結來尋找 beta 參與者。你可以清楚地告訴他們，他們將會獲得早期使用權，以換取真實的回饋，並讓他們知道任何潛在的風險。

### 取得回饋

你希望用戶以多種方式提供回饋——包括臨時性的和結構化的。你可以在產品的新功能的旁邊，為參與者提供 email 地址、回饋表單或回饋連結。也許你也可以在他們使用一段時間之後做個調查。你可以透過調查來找出你想要進行長時間互動的對象，或是適合在發表會上現身的代言人。

最後，與測試參與者積極地溝通。讓他們知道你已經更新了功能，並在接近發表日期時感謝他們。另外，一定要通知他們何時關閉會 beta。

## 招募用戶研究參與者

在理想情況下，你應該與客戶或潛在客戶交談。如果理想客戶群難以觸及，你也可以尋找目標市場的代表群體，例如，詢問退休的護士而不是在職的護士，或是詢問中型公司的銷售員而不是大型公司的銷售員。你也可以隨便找一個人徵求回饋，但你要仔細考慮他們的回饋與你的目標受眾的回饋是否接近。

如果你想與自己的客戶或潛在客戶交談，有一個好方法是在你的網站使用 Ethnio 或 Intercom 等工具放入提示。如果你想要從隨機的人選得到回饋，你可以使用 UserTesting 之類的網站，或是在咖啡店設一個攤子。

很多人喜歡參加免費的短期訪談，但如果你沒有召募到夠多的參與者，你可以考慮提供禮品或折扣等獎勵措施。

## 在用戶研究中應避免的錯誤

雖然用戶研究是強大的工具，但它也有可能浪費時間，甚至讓你偏離正軌，在最初的幾次產品研究中更是如此。為了讓研究有最好的效果，請特別注意以下幾項問題。

### 問錯誤的問題

在完成研究之後才發現問錯問題是非常掃興的事情。為了提出*正確的*問題，有一個訣竅是事先確認你會*怎麼*使用答案。

對此，決策樹（第 81 頁）是一種很好的框架，它列出了潛在的答案，以及每個答案會導致什麼事情發生。如果你的利害關係人抱持懷疑的態度，你甚至可以在開始研究之前先讓他們看決策樹，以確保你提出了正確的問題。

當你繪製決策樹時，可能會看到所有的答案都導致同一個決策。例如，假設你用紙上雛型來測試一項產品，並製作了這個小型決策樹：

- **如果它表現不錯**：你會製作一個擬真度更高的雛型。
- **如果它表現不好**：也許是因為雛型不夠擬真。使用更高擬真度的雛型來進行更好的測試。

這個簡單的雛型可以讓你得到什麼？無論如何，你都會改用高擬真度的雛型。也許你為了找出明顯的問題，而仍然選擇向同事隨意地展示紙上雛型，並將高擬真度的雛型保留在較正式的招募工作使用。

你可能也會發現你的問題無法提供足夠的資訊來讓你做出決定。你可能想問他們每天花多少小時使用你的 app，但你意識到，為了做出決定，你也必須知道他們在理想情況下，想要花多少時間使用你的 app。

你可能以為你的決策樹看起來很棒，後來卻發現利害關係人不認為如此。例如，假設你的用戶研究指出，人們不需要你支援舊瀏覽器，行銷負責人卻解釋說，他們希望你支援舊瀏覽器，不是為了終端用戶，而是為了獲得產業分析師的支持。在這種情況下，你要重新考慮決策樹，看看能不能提出不同的問題，來讓行銷負責人同意放棄舊瀏覽器。

### 引導證人

你的措辭很容易意外地扭曲資料，或是不經意地提出引導性問題。

如果你問：「你會怎麼分享這件事？」，人們會立刻發現一顆標示著「分享」的按鈕。但是，如果你問：「你會怎麼把它寄給朋友？」也許他們不會那麼快發現。

引導證人的另一個版本是詢問他們想不想要某項功能，但是所有人都喜歡新功能，你應該問他們願意為某項功能付多少錢、多久使用它一次，或是願意為它放棄什麼。

### 讓太多人參與易用性研究

易用性研究的經驗法則是讓大約五個人參加[9]。如果超過這個人數，發現新問題的報酬會開始遞減，而且你仍然沒有足夠的人數可以回答定量問題。

如果你和太多參與者面談，你不僅會將時間浪費在當前的專案上，也可能讓你的團隊以後不敢進行易用性研究，因為他們認為花太多時間了。

### 沒有將用戶研究人員當成合作伙伴

有些 PM 認為用戶研究人員的存在只是為了執行易用性研究，或證明 PM 的想法是對的。但是，如果你讓用戶研究人員在產品生命週期剛開始時就參與進來，他們可能會成為寶貴的策略合作伙伴，可幫助你提出更成功的產品。

---

9 詳情見 *https://www.nngroup.com/articles/how-many-test-users/*。

不要將你的研究人員視為可隨便丟出要求的對象，或隨便丟出結果的人。良好的伙伴關係需要健康且平衡的交流。你可以討論各種方法、招募標準和時機之間的權衡取捨。你可以在用戶訪談中，討論你發現的模式。務必確保你了解每一項發現的輕重緩急，並留出時間來執行高優先順序的建議。

## 重點提要

- **與用戶交談**：取得真人提供的第一手知識是成為優秀 PM 的基本要求。這些交談可以讓你建立專業知識、獲得聲望，以及為你的團隊增加獨特的價值。安排你的時間，定期與用戶和潛在用戶交流。
- **將所見所聞轉化為深刻見解**：不要把客戶說的每句話都當真。你要檢查你的觀察，並將它們轉換成有用的見解。人們可能要求只能解決一小部分問題的功能，他們可能會在看到價格之前過度樂觀地認為自己會購買產品。你要使用適當的用戶研究技術來避免常見的陷阱。
- **用戶研究很便宜**：現實世界的客戶行為充滿意外，用戶研究比較便宜。不要把好幾個月的工程時間花在你原本可以進行驗證的假設上。除了易用性訪談之外，研究用戶的方法還有很多種。在認定你的問題無法透過研究來回答之前，先和研究人員討論一下。
- **優秀的產品能夠滿足真正的客戶需求**。客戶或許會提出不正確的解決方案（例如，使用更快的馬，而不是使用汽車），但是他們可以引導你了解真正的需求（例如，更快速地移動）。Jobs to Be Done 之類的框架可以幫助你找出真正的需求。

CHAPTER 5

# 資料見解

**毫無疑問**，與用戶交流是極有價值的行為。他們可以提供關於體驗以及動機的深刻見解，不僅包含他們*做了什麼*，還有他們的*動機*。

但是與用戶交流時可能有陷阱，事實上，有很多陷阱。

用戶研究中的定性（描述性）資料只是從少數人抽樣的，通常那些人只能粗略地代表真正的用戶：他們說你的語言，住你附近，而且每天中午都有空閒時間參與研究。一個被監視的人說他會做的事情，以及他的行為，往往與他*實際*做的有巨大的差距。

這就是*定量*（*數字*）資料發揮作用的地方。身為一位 PM，你要使用定量資料和各種指標來了解人們實際的行為、發現新機會，以及如何衡量成功。

## 責任

### 了解公司的關鍵成功指標

成功對你來說是什麼意思？對個人來說，這是一個有趣的問題，對公司來說也是如此。事實上，不同的公司（和團隊）可能用不同的方式來定義它。

當你剛加入一個團隊時（無論是初級還是高級的職位）你都要了解相關的指標。你的公司如何衡量成功？你的產品表現如何？善用它時會怎樣？

在理想情況下，你的公司已經決定了這些指標的優先順序了，你可以知道在戰略上，哪些指標是最重要的。對某些公司來說，最重要的事情是增加用戶，對其他公司來說，最重要的指標是客戶保留率、收入、花在網站上的時間，或者贏得關鍵產業的客戶。

你的公司應該有一個儀表板，可以隨著時間展示各種指標，如果沒有，請和你的團隊一起建立一個！無法輕鬆地掌握參數就很難優化它（見第 56 頁的「為你的團隊建立儀表板」）。

想一下有哪些產品工作可以推動這些指標。如果你是新手，和你的團隊討論這個問題很有幫助。過去的哪些改變移動了這些指標？它的影響是正面的還是負面的？如果這個問題很難回答，你就要小心了，這代表團隊不夠關注指標。

你也要想一下你的團隊的工作和指標與公司的指標有什麼關係，並確保你的團隊了解這種關係。例如，如果你正在開發 email 系統的垃圾郵件檢測工具，你的團隊負責優化偽陰性與陽性結果，而較大型的產品則優化客戶保留率，它們之間有什麼關係？改善其中一個指標可以改善另一個嗎？

## 學習如何為自己提取資料

在資料分析中，週期速度非常重要。你要提出假設，測試它，提出一個新的假設，然後再測試新假設，並持續迭代。如果你需要等別人送資料給你，這個過程可能要 15 分鐘到幾天的時間，這就是為什麼學習如何自己提取資料如此重要。

具體怎麼做取決於你的公司。有些公司有可自訂的儀表板，讓每位 PM 都可以建立自己的儀表板，這很好！有些公司的 PM 只能使用 SQL，這也行。

事實上，即使你有可自訂的儀表板，也許你也會認為 SQL 非常方便，它可以讓你更仔細地控制資料分析，最終為你節省大量的時間。即使你沒有技術背景也不用怕，先花一兩天的時間來初步學習，接下來你就可以邊做邊學了。

## 為你的團隊建立儀表板

每一個產品都應該有一個可讓 PM 和非 PM 使用的儀表板。如果你正在從零開始設計儀表板，或者只是想修改它，以下幾點是你必須牢記的：

- **顯示成功指標**：加入圖表來顯示產品最重要的成功指標，它們通常是不太會變動的指標，例如客戶保留率。你應該不會在每次進入儀表板時看到它有所變化，但是你可以觀察它隨著時間而改變的趨勢。
- **尋找前驅因素**：什麼因素推動了成功指標？例如，如果你的核心成功指標是花在網路上的時間，但它是由用戶數量和每一位用戶發表的文章驅動的，你也要追蹤那些指標。如果產品的一項改變帶來特別好或特別糟的影響，這種指標可以發出早期的警告。

- **展示人們如何使用它**：有時團隊會忘記用戶實際上是怎麼使用產品的，以及對用戶來說，最重要的是什麼。加入可以說明用戶如何使用產品的指標，例如各種功能的相對使用情況。即使這些指標不常改變，它們也可以幫助你和團隊了解產品是怎麼被使用的。它們可以當成一種穩定的提醒機制，提醒團隊：他們正在處理產品中最有影響力的部分。
- **降低雜訊**：考慮切割或過濾指標，以減少變異度和雜訊。例如查看發表評論的用戶量，而不是評論的原始數量。如果你每天獲得的新用戶數量和品質有很大的差異（例如，因為新聞報導或 app 商店的推薦），你可以在大多數的圖表中，將沒有到達品質標準的用戶濾除。你可能會認為已經完成設定的用戶，或是至少在不同的三天用過 app 的人，才是合格的用戶。
- **將指標正規化**：將指標正規化就是將它除以活躍用戶數量，來讓圖表在沒有真正的變化時呈水平線。例如，如果用戶群持續成長，每天的評論數量也會隨之持續增加，這讓你很難單憑圖表判斷人們是否增加評論量。如果你將評論量除以活躍用戶數量，你就可以一眼看出人們是否發表了更多評論。
- **季節性因素**：有些產品在一週或一年之中的某個區間有較高的使用量。如果你不考慮這一點，你就很難理解一段下降或上升趨勢是否有意義。有一種簡單的解決方法是同時顯示一年前（或一週前）的虛線，讓你可以快速地看到季節性的起伏。
- **顯示 7 日平均值**：有些產品天生有「高峰期」，它們可能會因為熱門的貼文或其他事件而出現短暫的使用高峰。為了掌握趨勢，你可以查看 7 日（或 14、28 日…等）平均線。如果產品的使用量在一週的某幾日特別不同，你也可以採取這種調整方式。

## 定期檢查團隊的指標

定期檢查產品指標可以幫助你快速看出指標的任何突發狀況，並迅速修復任何問題。以下是幾個關鍵問題：

- 有沒有指標比以前的趨勢高或低？如果有，調查一下導致這種變化的原因。
- 你可以從指標看出產品或行銷方法的改變造成的影響嗎？
- 有沒有指標突破值得慶祝的門檻[1]？
- 有沒有什麼有趣的長期趨勢？特別注意支持或反駁產品策略的指標。

1 雖然門檻本身可能沒有意義，但慶祝里程碑的達成可以提高團隊士氣。

有些團隊發現建立指標檢查輪班制很有幫助，他們每週指派一個人來檢查指標，並追蹤不尋常的任何變化，這個制度可以確保團隊成員熟悉指標，以及確實進行檢查。

## 探索資料

探索性用戶研究可以發現新見解，也可以探索產品收集到的資料，藉以發現新契機。資料往往可以用創意的方式來使用——但你要先了解有哪些資料可用。舉個例子。

在 Google 的時候，我的團隊想要使用用戶的 IP 位址來產生「披薩餐廳」等搜尋的在地結果。我的直覺是這種 IP 位址有足夠的準確度，但如何證明？我們不太想立刻做實驗，因為實驗無法真的告訴我們用 IP 位址預測出來的位置多麼準確，而且猜出許多「糟糕的地點」可能會讓用戶非常生氣。

**暫停一下，自己考慮一下這個場景。**

假如你在 Google 工作，如何在不知道用戶的位置的情況下，證明 IP 位址接近他的實際位置？

做法有很多，我的解決方法如下。

首先，我發現有些用戶有時會在搜尋電影放映時間或天氣預報時輸入郵遞區號（應該是他們自己的），所以我可以確認他們的 IP 位址的位置和郵遞區號大致吻合，到目前為止都很順利。

但是 IP 位址仍然可能離他們的所在地很遠，即使兩地的郵遞區號是同一個。該如何判定 IP 位址是否優於郵遞區號？再次假設你在 Google 處理同樣的問題，哪些資料可能有幫助？

我發現同樣的用戶也會定期搜尋特定的餐廳或商店，所以問題變成：當他們搜尋特定地點時，那個地點符合郵遞區號的機會比較大，還是符合 IP 位址的機會比較大？

結果顯示，IP 位址比郵遞區號好多了，這意味著它應該相當準確。現在我有信心做實驗了，因為我知道，我們幾乎不會猜錯它們的位置。實驗成功了，於是我們做了這個修改。

這一切之所以發生，是因為我知道有哪些資料可以使用。

保持好奇心，探索你公司的各種資料。那些資料可能是 Google Analytics 儀表板、原始用戶 log、NPS 報告、搜尋 log，或你可以接觸的任何內容。從你能想到的問題開始，無論那個問題和你的專案有直接的關係，或是只是你有興趣的事情。尋找出乎意外的事情，然後試著深入挖掘，找出它的意義或原因。如果你發現有趣的見解，一定要和別人分享。

## 決定公司的關鍵成功指標 ⚡⚡

指標不是一成不變的。隨著職涯的發展，你可能要幫助整個公司專注於最重要的指標。如果同事都在追逐錯誤的指標，或不清楚哪個指標是最優先的，你就要挺身而出幫助他們。

為了決定公司的成功指標，你要領導一個跨部門合作的流程。獲得廣泛的認同非常重要。找出目前的成功指標的所有問題，並邀請公司內部的人員分享他們看到的問題，或他們擔心改變指標造成的問題。

本章結尾的框架提供一些關於如何選擇指標的準則。

亦見第 62 頁的「好的指標 vs. 虛華的指標」及「海盜指標」

## 損益責任 ⚡⚡

在一些公司裡，最資深的 PM 要負責他們的業務單位的損益（profits and losses，P&L），也就是說，他們有額外的責任，不僅要負責產品團隊，也要負責銷售和行銷等業務團隊。他們不但要負責推出優秀的產品，也要負責確保那些產品在沒有太多成本的情況下帶來足夠的收入。

當你肩負損益責任時，你要和財務部門一起擬定團隊預算，這個預算涵蓋了一整年的計畫和目標，通常會按季或按月編列。預算包括成本，例如你想要為每個職位聘請多少人，以及你準備在廣告或其他費用上花多少錢。它也包含你根據過去的收入、季節性、銷售人員數量、行銷和產品發表來預測的收入[2]。

做出正確的預測看起來是不可能的任務，但幸運的是，你不必這樣做。在 Yelp 負責 P&L 的 Ely Lerner 分享了自己的觀點：

---

2 季節性是建立模型的重要元素。例如，許多產業的成長率會在夏季下降，或是在假期大幅下降。你要拿現在的指標與去年進行比較，這樣才不會將季節性的變化和比較可以控制的指標變化混為一談。

> 你應該不可能正確地做出預測，所以訣竅是永遠提前一步意識到計畫出錯了，如此一來，你就有更多時間可以修正它，以及更多時間進行溝通。你要和華爾街分享保守的財務計畫，在內部提出比較有積極的目標，讓你的團隊團結起來，努力伸展並實現它。

當你提出預算時，你要說明為何如此投資，尤其是在一家上市公司裡。例如，你的策略可能是將利潤最大化，也可能是增加支出以提升市佔率。這兩種方法可能都有效，但你要讓投資者相信你的選擇是正確的。

你的預測能力很重要，因為你擬定的計畫和執行計畫的能力會直接影響股價，進而影響報酬，甚至可能提升激進型投資客控制公司的風險[3]。

你要每個月或每週針對預測提出報告，並分析驅動因素。如果收入下降或成本上升，你就要深入研究，找出真正的原因。久而久之，你會建立儀表板和模型來幫你快速找出漏斗的哪個部分不如預期。

驅動因素分析乍看之下需要大量的工作，但正如在 LinkedIn 負責 P&L 的 Sachin Rekhi 所分享的，它可以提高你對產品的直覺，讓你成為更好的 PM：

> 當你提倡一項行動時，你要想一下那個行動會提升哪一個驅動因素，以及提升的程度。你絕對不可能完全準確，但是在季末，你會檢討你實際做了什麼，並直覺地知道產品的哪些功能以及哪些變化可以有意義地影響指標。

如果事情沒有步入正軌，你將與團隊合作，看看你可以採取哪些手段來讓事情回到正軌。也許你可以把預算從長期投資轉移到短期驅動因素，例如廣告。也許你會請工程師製作工具，來提升銷售人員的工作效率。

## 成長實踐

### 使用標杆來理解資料

在我的職涯早期，大家都認為 PM 必須記得產品的各種指標，這嚇壞我了，我不明白為什麼要背誦各種資訊，例如產品有多少用戶，或是成長率是多少，這讓我想起上歷史課時，必須記住重要日期的情形，有時這會讓我懷疑自己是否真的適合做 PM。

3 激進型投資客是購買大量的股份以影響公司經營的外人。他們會迫使公司做出他們認為可以抬高股價的改變。

我突破這種困境的方法是使用標杆來加入背景，並賦予資料意義。標杆是參考點，它要嘛，是業界標準，要嘛，是基於過去的發表情況的內部參考資訊。

例如，創投公司有營收和成長標杆，用來確定產品賣得好不好。這種標杆可以幫你評估你的產品的表現。

當你審核資料時，你要尋找一個參考點，如此一來，你就知道如何解釋你看到的數字。

## 建立你的資料直覺

隨著時間過去，你會越來越擅長在充滿雜訊的資料中認出訊號。雖然這個能力看起來很神奇，但認出訊號其實只是認出你看過的模式。

你可以藉著觀察別人如何分析資料和辨認模式，來加快建立直覺的過程。你可以參加實驗分析會議，或閱讀過去的實驗報告，並且試著將數字和事實轉變成一個合理的故事。

## 執行更好的實驗 ⚡

實驗也許有幫助，但是這不代表你要用實驗來檢驗每一個想法，或解決每一個爭論。如果有一些實驗失敗也沒關係，甚至是件好事。但實驗需要時間，如果失敗的實驗太多，可能代表你沒有明智地運用團隊的時間。

Uber 的乘客體驗產品總監 Nundu Janakiram 分享了提高實驗成功率的重要性：

> 優秀的 PM 會從失敗中學習…但優秀的 PM 也很少失敗。
>
> 能夠產生見解的用戶研究可以讓你更常做對的事情。一旦你更深刻地了解客戶與產品之間的關係，你就可以更有效地進行實驗。
>
> 實驗可能帶來許多隱藏成本，過度實驗可能會阻礙你做出決策，以及拖慢你前進的動力。不要在每次遇到內部爭論時，就用「何不測試一下它？」來解決爭論。
>
> 將你的實驗精力集中在最重要的問題上，這可以讓你在產品開發過程中，充滿信心地前進。優秀的 PM 很少失敗，因為他們的學習效率很高，隨著時間的過去，這些 PM 對他們的產品有更直觀的理解，可以進行更少的實驗來獲得成功的結果。

如果你有一個實驗失敗了，花點時間反省一下如何更早發現問題。這個實驗的設計好嗎？有合理地執行嗎？在進行測試之前，可以先用雛型來驗證想法嗎？

# 概念與框架

## 好的指標 vs. 虛華的指標

好的指標可以提供實際的、可操作[譯註]的見解，讓你了解產品的表現如何，以及它是否正在改善。不好的指標有誤導性，可能只是「虛華的指標」，這種指標或許令人開心，但是對公司的成功沒有幫助。

例如，考慮「總註冊用戶」或「每日瀏覽量」等指標，乍看之下，這些指標好像很有用，我們可能真的在乎有多少用戶、得到多少流量。

但它們是否可操作呢？它們的增加是否意味著產品更成功了？（請先自己想一下「總註冊用戶」與「每日瀏覽量」指標的意義。）

- **用戶總數**：它會隨著時間而增加，它其實不會減少。所以，它的提高當然不代表產品更成功。
- **每日瀏覽量**：這個指標**可能**有意義，但也可能被誇大，例如將一篇文章拆成多個網頁時。

這些指標都是虛華的指標，因為即使情況很糟糕，它們也可能會上升。它們不一定能幫助團隊了解哪些更改對公司有益或有害。

> 好的指標是與「策略和長期成功」有關的指標。它們代表產品以客戶和企業希望的方式運作。好的指標應該夠具體，具有可操作性。

它們通常是按週或按月分組（例如第一週的客戶保留率），而且通常是用每位客戶來計算的指標（例如每用戶平均收入，ARPU）。這些指標的改善可以讓你更確信它們代表實際的改善。

## 海盜指標

Dave McClure 口中的「海盜指標」是最令人印象深刻的優秀指標之一，因為它的縮寫很有趣——AARRR[4]。這些客戶生命週期指標被稱為「漏斗指標」，用漏斗來比喻。其概念為，我們先讓大量客戶進入頂部，接下來的每一步都會失去一些客戶，最終到達底部而沒有「漏掉」的客戶則會產生實際的收入。

4 請情見 *https://www.slideshare.net/dmc500hats/startup-metrics-for-pirates-long-version*。

[譯註] 原文為 actionable，意思是可當成依據來做某些事情。本書直譯為「可操作」。

- **獲得新用戶（Acquisition）**：有新用戶進入你的產品，例如每月註冊或下載量。
- **活化用戶（Activation）**：快樂或成功的用戶，用產品專用指標來表示。例如，Facebook 可能會追蹤「至少增加 7 位好友」。SurveyMonkey 可能會追蹤「發出了一個獲得至少 5 個回應的調查」。通常每個月都要檢查有多少比率的新用戶到達他的「活化」階段。
- **提高客戶保留率（Retention）**：回來使用產品的用戶，用每日活躍用戶數量（DAU）、每月活躍用戶數量（MAU），或 DAU/MAU 比率來追蹤。你也可以注意「使用狀況指標」，例如用戶在 YouTube 上觀看影片的分鐘數。
- **用戶推廣（Referral）**：用戶推薦產品給其他用戶，例如送出邀請。很多公司也會追蹤淨推廣分數（NPS），它是用「你推薦這個產品的可能性有多大」這種調查的答案算出來的，這個問題可以代表口頭推薦的意願。
- **獲得收入（Revenue）**：創造收入，例如，訂閱費、購買產品或產生廣告收入。追蹤客戶的終身價值（LTV）非常重要，這樣你才可以拿它與客戶獲取成本（CAC）進行比較。根據經驗法則，LTV:CAC 至少要 3:1。付費客戶取消訂閱稱為「流失（churn）」。

請注意，這些指標與 Customer Journey 框架有密切的關係（第 45 頁）。這些指標適用於各式各樣的產品，但是為了更符合你的業務，它們可能要稍作調整。

## A/B 測試與統計數據

A/B 測試也稱為「分割測試（split testing）」或「線上實驗（online experiment）」，它是用你的用戶群來進行的即時實驗。在這種測試中，你會讓隨機用戶群看到一個版本，稱為「變體（variant）」，讓其他人看到另一個變體，然後比較哪一種變體更能夠實現目標，例如增加點閱率或轉化率。測試結束後，通常會讓表現最好的變體的用戶增加至 100%。

同時用兩組隨機用戶來進行測試，可以讓你確定兩組之間的差異完全是你所做的變更造成的。如果你採取另一種做法，讓所有用戶都使用你的變更，然後比較本月的儀表板數據與上個月的，你就無法知道哪些變更來自外部因素，例如季節性因素，或競爭對手的廣告活動…等。

有些 A/B 測試會比較兩種替代方案，例如該使用藍色還是綠色的按鈕。有些則是比較現今的情況（控制組，control）與變更的情況（試驗組，treatment），例如在網頁的最上面加入搜尋方塊。

> A/B 測試非常有用，因為它可以讓你知道關於「人們真正在做什麼」的真實資訊，而不是「他們嘴裡說的他們在做什麼」。它可以更準確地描繪你發表的產品真正產生的影響。

有時只要做一些小小的改變就會對註冊等重要指標產生巨大影響，例如改變註冊按鈕上面的文字。另一方面，A/B 測試會延長專案的時間，而且當用戶發現他們在使用不同的版本時，可能會覺得疑惑和不開心。千萬不要隨便使用 A/B 測試，你應該用它來測試主要帶來短期影響的高流量、敏感部分的變動[5]。

## 你要知道的統計學知識

A/B 測試背後的原理非常簡單：嘗試兩件不同的事情，選出比較好的那一個。很簡單吧！

比較複雜的問題在於：這個實驗要進行多久？何時能**確信**第二種方案比第一種方案更好？此時就要了解統計學了。

假設你要確定一枚硬幣是不是「公平的」，也就是說，它出現正面和反面的機率是否相等。如果你丟擲它 20 次之後，發現正面朝上的機率是 60%，這代表這枚硬幣不公平嗎？很難說。但是，如果你丟擲 1000 次，有 60% 次正面朝上，你可以得出結論，這枚硬幣可能是不公平的。

實驗得越久，你就對結果越有信心。然而，這也涉及輕重緩急。實驗需要時間，所以我們不想在沒必要的情況下執行它。

執行 A/B 測試也一樣。我們要執行「A」和「B」變體夠久的時間，才可以對自己的答案有信心，但又不能執行得太久，以免永遠無法做出決定、無法前進和嘗試其他事情。

那麼，實驗該執行多久？我們要讓多少人看過「A」和「B」變體才能做出決定？我們希望執行實驗到成功指標具有「統計意義」為止，也就是指標的差異**不太可能**是隨機造成的。

你可以用兩種計算方式之一來得出統計意義：信賴區間或 p 值。這兩種算法都會產生同一個答案，說明結果是否具備統計意義，但信賴區間提供了關於「可能出現的值在哪個範圍之內」這個額外資訊。

---

5 用户引導和現金化（monetization）流程很適合做 A/B 測試，因為它們非常敏感，能夠讓你快速地了解它們的效果。旨在提高客户保留率或品牌觀感的變更很難用 A/B 測試來衡量。

## 信賴區間

假設我們想了解一所學校的學生平均身高。我們測量的孩子越多，計算的結果就越接近實際平均值。假設我們隨機測量 50 位學生，回報 95% 的信賴區間（這是大多數公司使用的標準信賴區間）在 121 公分到 132 公分之間。這大致可視為實際的平均身高（如果測量每一位學生的話）有 95% 的機率落在 121 公分到 132 公分之間[6]。然而，我們仍然有 5% 的機率是錯的，也就是平均身高比這個範圍更高或更矮。

當然，PM 通常不會處理身高，他們會改變 app 的幾個部分，想知道：「這樣做到底有益還是有害？程度多大？」

如果你的實驗結果是註冊率的 95% 信賴區間在 10% 到 12% 之間，這意味著變體 B 有 95% 的機率可以增加 10% 到 12% 的註冊率，這個結果很成功！如果相反，它顯示變體 B 的註冊率是 -12% 到 -10%，這就是失敗的。

我們的信賴區間通常會涵蓋負數和正數，例如 -4% 到 3%。在信賴區間裡面有 0 是什麼意思？它意味著我們不知道這個變動究竟會讓指標增加還是減少。由於信賴區間包含 0，所以變動可能是負面的（高達 4% 的損失），也可能是正面的（高達 3% 的收益）。

如果你因為某種無法從資料中看出來的理由而相信你的更改是好的（例如，你的 beta 用戶喜歡它），你也許認為高達 4% 的損失是可接受的，並且決定進行更改。

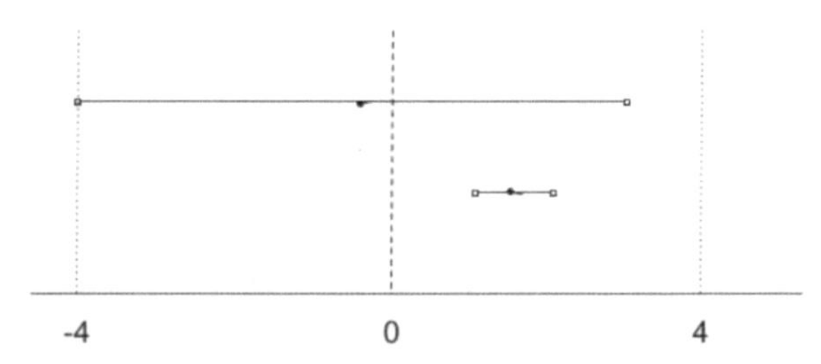


**最上面的信賴區間可能是成功、失敗或中立的。信賴區間會隨著實驗收集到更多資料而縮小，我們可以看到這個實驗可能有 1-2% 的勝算。**

實驗運行得越久，信賴區間就縮得越小（也就是範圍會縮小，我們可以更明確地了解預期的影響）。如果結果是 1% 到 2%，這就意味著你的實驗有 95% 的可能性可改善指標 1% 到 2% 之間。你可以將它視為成功的結果。

6 從技術上講，這意味著用相同數量的樣本來獲得到一個信賴區間之後，實際值會落在它的 95% 的區域之內。在實際的環境中，較粗略的定義比較好用。

## P 值

另一種算法是 p 值，也就是如果指標不成功的話（也就是當指標是失敗或中性時），你在實驗中看到這種結果的可能性。大多數的公司都將截止點設為 0.05（5%），這相當於 95% 的信賴區間。

p 值與信賴區間有直接的關係。若 p 值低於 0.05，則 95% 信賴區間的下限大於零。大多數的 PM 比較喜歡觀察信賴區間，因為它提供了更多關於最好和最壞情況的資訊。

## 小心 p-hacking

如果你不夠謹慎，使用 5% 臨界值可能讓你陷入麻煩。

假設我們對 app 的一項新設計進行 A/B 測試，發現聊天功能的使用率有所提升的信心程度有 95%，這幾乎是有意義的數據了，對吧？

事實上，答案是對，也不對。就算我們有 95% 的信心認為這個影響是「真的」，但是該影響仍然有 5% 的可能性是隨機的，也就是與新設計無關。

假設我們檢查資料，看一下**幾十種**功能的潛在影響，那些功能包括聊天、用戶檔案、搜尋、群組、活動、匯出…等。如果我們允許 5% 的機率會出錯，那麼「幾十種功能裡面有一個功能有 95% 的信心水準有影響力」的可能性就相當大了[7]。

這就是所謂的 p-hacking，也就是在資料裡面捕撈影響力或相關性，當你撈得夠久，你可能會發現某些事情，但它只是隨機的（見第 68 頁的「關於 P-HACKING 的 XKCD 漫畫」）。

怎麼避免？答案是更有條理地評估。

首先，預先決定你要評估什麼——記下那些「變數」——不要找尋太多可能的作用。

第二，如果你**確實**發現了你沒有記錄下來的作用，那就把資料扔掉。這不是叫你**忽略**你看到的事情，只是叫你扔掉它。從頭開始進行實驗，測量那個東西，如果它依然成立，代表你做對了（可能！）。

---

7 如果你還是不太懂，想一下丟一顆 20 面骰子的情況，骰子的上面刻有 1 到 20。我猜你會丟出 13，萬一我猜對，是不是很酷？但是如果我重複猜幾十次，卻只猜對一兩次，我準確的預測顯然就沒那麼特別了。

### 統計數據與實驗

現在你了解統計數據了，那麼統計數據對實驗有什麼意義？

- 進行更久的實驗可以更準確地了解影響作用。如果你想要檢測出 1% 的改善，你可能要進行很久的實驗。你會比較快看到 50% 的改善。請和資料科學家合作，以確定你確實地偵測到你尋求的改變程度。
- 忽略在統計上不明顯的指標變化，尤其是在沒有預先記錄（pre-register）它們時。有些指標乍看之下有所改善或變差，其實只是隨機的結果。
- 你做的實驗越多，或你查看的指標越多，你看到異常結果的機率就越高；有些指標看起來是有統計意義的成功或失敗，實際上卻是中立的。這意味著，不要只為了檢查哪些改變有效，而執行大量的隨機實驗，否則你就無法有信心地知道哪些事情有效。
- 區域性指標（例如按下按鈕）比關鍵成功指標（例如客戶保留率）更容易改變。好好設計實驗，讓你即使在「關鍵成功指標是中立的」時，也可以發現有價值的事情。

## 重點提要

- **產品的關鍵成功指標是執行策略的結果**：有些產品優先考慮贏得市佔率，有些則以盈利為目標。有一些產品的成功使用率是每個月一次，有一些則是一天多次。確保你所關心的指標與你想採取的策略是匹配的。
- **利用資料來補充用戶見解**：雖然用戶研究可以提供豐富且詳細的視角，但它可能無法揭露現實世界中很少發生的問題，或是在人們分心時發生的問題。指標和用戶資料很適合用來了解人們在現實世界的實際行為。
- **動手處理資料**：確保你的產品有記錄（logging）機制，這樣你就可以收集人們如何使用它的資料，然後定期查看這些資料。探索資料來發現產品機會。提出問題，跟隨你的好奇心。
- **使用實驗，但不要濫用它**：實驗很適合檢測大型且預期的變化，但你不能把成千上萬個想法丟入實驗，企圖證明你的想法是成功的。當你進行太多隨機實驗時，偽陽性的機率就會大大增加。

## 關於 P-HACKING 的 XKCD 漫畫

獲親切的 xkcd 授權轉載（https://xkcd.com/882/）。

我們發現灰色
軟糖與青春痘
沒有關係
(p > 0.05)。

我們發現棕褐色
軟糖與青春痘
沒有關係
(p > 0.05)。

我們發現綠藍色
軟糖與青春痘
沒有關係
(p > 0.05)。

我們發現綠色
軟糖與青春痘
有關係
(p < 0.05)。
哇！

我們發現紫紅色
軟糖與青春痘
沒有關係
(p > 0.05)。

我們發現米色
軟糖與青春痘
沒有關係
(p > 0.05)。

我們發現紫丁香色
軟糖與青春痘
沒有關係
(p > 0.05)。

我們發現洋黑色
軟糖與青春痘
沒有關係
(p > 0.05)。

我們發現桃紅色
軟糖與青春痘
沒有關係
(p > 0.05)。

我們發現橘色
軟糖與青春痘
沒有關係
(p > 0.05)。

新聞
綠色軟糖
會導致
青春痘！
95% 信心水準
巧合的機率只有 5%
科學家

CHAPTER 6

# 分析性問題解決能力

對我來說，Google APM 計畫的好處是讓我可以抓住在我的舒適圈之外的機會，它的壞處是，嗯，我**必須**在舒適圈之外抓住機會。

我即將到來的輪值也是如此。搜尋團隊需要具備強大的分析能力，但我不確定自己是否具備這種能力。我很不擅長處理分析性質的面試問題。事實上，最近的一次洽詢面試讓我覺得有點像被架在火上烤，對方要求我從一堆試算表裡面找出新的收入機會，我只能說那次面試不太順利。

儘管如此，我還是輪值了，唯有不願嘗試才是真正的失敗，不是嗎？但願一切順利！

事實證明，我的擔心是多餘的。我不僅在搜尋團隊中表現出色，**我的**分析能力也聲名遠播，原因不是我變成一位試算表高手，也不是我能立刻解讀數字的意義。

而是因為我對**理解**的執著和追求。我追隨好奇心，在對專案有了堅固的心智模型之前，我不會停下來。我隨機瀏覽了幾千個搜尋查詢，查看原本應該顯示圖片的地方，然後發展出一個理解原因和方法的框架。我使用日記研究來釐清用戶在搜尋餐館時到底想要什麼。當我發現，即使網址是對的，電話號碼或實際地址也會出錯的時候，我反覆檢查了數百個本地清單的準確性。

這些心智模型的建立過程不一定是快速的或單獨進行的行動；它是一個過程，通常是涵蓋整個團隊的。在 Asana，我曾經建立許多巨型的試算表，列出每一個解決方案的優劣，它們在一開始往往令人覺得一團亂。但是在隊友的幫助下，我很努力地整理這些試算表，從中提煉出決定因素。

> 分析能力不是在面對問題時突然出現的靈機一動，也不是在你的腦中算出數學方程式，它絕對不是 PM 熱切地衝進房間解決問題。它是結構化地解決問題。

優秀的 PM 都有這些技能，並且知道如何有效地使用它們。當團隊陷入困境時，他們可以發現問題，排除干擾，提出正確的問題，想出決策框架，收集資訊來運用這個結構，並做出正確的決策。這就是透過分析來解決問題的真諦。

## 責任

### 辨識不明確的問題，並運用結構

#### 把不明確的事情變清晰

究竟要先翻譯法語還是德語？Asana 為了這個問題爭論不休。這個問題究竟要考慮使用該語言的全球人口？還是只考慮公司的用戶群？還是公司最想要在哪裡成長？

Lili Rachowin 是在 Asana 負責決策過程的 PM 主管。她帶著一張表，出席一場長達一個小時的檢討會，在那張表裡面有所有可能的考慮因素，包括所有預期的因素和數據，以及一些沒有被考慮的新因素。她認為，因為這是第一次翻譯，所以最重要的因素，就是這兩個客戶群對於翻譯錯誤的容忍程度。團隊從來沒有想到這個因素，但同意她的意見。她的建議當場獲得批准。

Rachowin 把這個不明確的問題明確化了。

PM 會不斷面臨不明確的問題。他們必須意識到當他們遇到一個不明確的問題，必須學會如何利用結構來處理它。如果沒有這種技能，他們可能會試著依靠自己的直覺來解決問題，或是被問題卡住，於是把它推給別人。

考慮這些不明確的問題：

- 我們要不要把發表時間往後延，來加入新功能或精修產品？
- 我們要改善哪些指標？
- 我們要關注哪一個用戶問題？
- 我們如何增加收入？
- 我們如何增加某個功能的使用率？

- 我們要建立自己的解決方案，還是買一套解決方案？
- 數據為什麼在某一天下降了？

以上的這些問題和其他的不明確問題可以分成兩種核心類型：

- **探索性問題**：我們遇到一個疑問或問題，但不知道潛在的答案。例如：如何提高收入？
- **決策問題**：我們知道有哪些可能的解決方案，但不知道哪一個是最好的。例如：我們應該先發表哪些功能？

我們來討論兩者。

## 探索性問題

雖然在定義上，探索性問題是開放性的問題，但你仍然可以套用結構，使用結構化的腦力激盪法。

你可以想出劃分問題空間的方法，然後在每個問題空間內進行腦力激盪，想出解決方案。身為 PM，建立結構通常是你的責任。你可以讓更多人加入，讓他們分享他們對於目前空間的想法、加入其他的空間，或提供任何其他相關的想法。

例如，「如何提高收入？」這個問題的空間有：

- **新的 vs. 既有的客戶**：考慮如何增加付費客戶的數量 vs. 如何鼓勵既有的客戶支付更多費用。
- **押注規模**：考慮你可以進行哪些小型的優化和大型的新舉措。
- **收入來源**：考慮如何增加訂閱收入 vs. 如何增加廣告收入。
- **客戶類型**：考慮改善每一種角色（persona）或用戶個人檔案（user profile）的收入。

對於「指標為什麼在這一天突然下降？」這個問題，劃分的方法如下：

- **內部和外部變化**：我們是不是做了什麼事，例如發表一項功能，或改變廣告支出？還是外界發生了什麼事，例如國際性的假日，或競爭對手發表新產品？
- **地域性**：在不同的國家也有變化嗎？
- **產品線 / 產品區域**：所有產品（或產品的所有部分）都下降了，或者它是區域性的？

- **漏斗**：下降只發生在漏斗的一部分嗎？
- **來源**：我們看到的下降來自特定的轉介來源嗎？
- **客戶類型**：有沒有特定的客戶類型受影響的程度比其他的更大？

有時簡單的腦力激盪就可以解決問題了。例如，在指標問題中，你可以檢查每一個空間，找到罪魁禍首。在其他情況下，你只要將探索性問題轉換成決策問題。

### 決策問題

一旦你想出一些可供選擇的解決方案之後，你面臨的就是決策問題。與探索性問題相同的是，你要嘗試幾種不同的方法來將問題結構化，然後評估哪種方法看起來最有幫助。

> 在處理不明確的決策問題時，你的目標是將問題簡化成重要且核心的取捨。

不明確的問題麻煩的地方在於資訊超載，由於潛在的事實和需要取捨的事情太多了，讓你很難釐清最重要的事情是什麼。

有一種解決方法是將選項分成許多類別，然後在類別層面上評估決策，而不是評估個別的解決方案。

- 低風險 vs. 高風險
- 低投資 vs. 高投資
- 短期利益 vs. 長期利益
- 關注成長 vs. 關注收入
- 建構 vs. 購買
- …或任何問題專屬的分類

如果你的選項只有兩個，這種方法通常可以讓你發現你可能錯過的第三種中間選項。

關於將問題結構化的更多方法，請參考第 80 頁的「概念與框架」。

## 自己研究資料

偉大的 PM 都願意親自動手，他們想要親眼看到原始資料。他們的分析能力越強，就越有機會發現別人漏掉的事情。所以優秀的 PM 不會把收集事實的工作委託給別人，他們會自己做這件事。

在 Lili Rachowin 解決語言問題（見第 71 頁的「辨識不明確的問題，並運用結構」）的前一年，她藉著自己檢查資料來解決另一個問題。當時她在一款產品準備發表時，擔任該產品的 PM。當時有十幾個人為了發表日期而爭論了好幾週，於是她走到財務部門，打開了一個試算表，計算每延遲一週發表會造成多少損失，大家看了結果之後就沒有異議了。

## 協助分類和重現 bug

一旦你的產品發表之後，bug 報告就會開始湧入。有一些報告指出嚴重的問題，有些比較一般。有些 bug 會影響很多用戶，有些只會影響少數用戶。有些 bug 很容易修復，有些需要更多工作。有一些 bug 很容易發現，有一些則很難診斷。

身為 PM，你要考慮所有的因素，並決定該如何處理 bug。有些 bug 不值得花時間修復，所以你要將它設為「不必修復」並關閉。許多 bug 會在接下來幾週或幾月之內出現，等待解決。在最糟糕的情況下，你可能會要求工程師停止手上的工作來修復 bug。決定優先修復哪些 bug 以及修復它們的速度稱為「bug triage」。

在排序 bug 時，你要考慮以下因素：

- **對用戶的損害**：這個 bug 會對用戶造成嚴重的或持久性的損害嗎？這會給他們帶來安全或隱私問題嗎？他們會不會失去資料？
- **對公司的損害**：這個 bug 會對公司造成任何嚴重的或持久的損害嗎？它會嚴重傷害公司的聲望嗎？
- **對指標的影響**：這個 bug 對公司的關鍵指標有重大的影響嗎？它會影響成本或收入嗎？它會影響用戶的活化、採用、收益、客戶保留或推薦嗎？它會造成大量的支援申請嗎？
- **影響的規模**：有多少用戶被那個 bug 影響或暴露在那個 bug 之下？該 bug 會不會嚴重地影響重要客戶（例如付費客戶或大客戶）？它未來會影響更多用戶，還是更少用戶？
- **變通方法**：有沒有變通方法？用戶可以自己發現變通方法嗎？
- **修正的難易度**：bug 容易修正嗎？修正它要多久？
- **現在 vs. 稍候**：現在是適合修正這個 bug 的時間嗎？現在修正 bug 會不會比以後再修正更便宜？有沒有針對該部分的行銷計畫？
- **與其他工作相較之下的成本 / 收益**：修復 bug 的成本和收益與專注於新功能的成本和收益相較之下如何？

在分類過程中，優秀的 PM 會先看一下 bug，以了解它們，釐清它們，並儘快解決它們。這就是分析性問題解決能力的用武之地。

也許你曾經看過類似的錯誤，並且能夠猜出問題出在哪裡，以及用戶如何解決它（例如，藉著關閉特定的 chrome 外掛，或要求提供新密碼）。你也可以試著重現 bug 並縮小發生的條件（例如，只會在一個瀏覽器上出現，或只會在購物車沒有東西的時候出現）。你甚至可以查看 log 來找出錯誤或當機，取決於你的技術技能。

重現 bug 的步驟越詳細、越具體，工程師修復問題的速度就越快。

## 系統思維

假設你在開發一種新型的 UGC（user-generated content，用戶產生的內容），有一位工程師問你，在搜尋結果中顯示這種內容是否重要，因為省略這種功能可以節省幾天的時間。

這聽起來只是個簡單的優先順序決策，但它的實際意義可能大得多。工程師沒有提到的是，如果搜尋結果不顯示 UGC，這項功能的建構方式會完全不同，導致以後在搜尋結果中加入 UGC 的成本更昂貴，並且無法將內容顯示在任何儀表板上，或挑選任何白金方案（premium）功能。在理想情況下，工程師會解釋決策的影響，但在這個案例中，他們以為你已經知道其影響了。

> 系統思維是觀察系統（例如產品或公司）的各個部分如何互相聯結、提出正確的問題、考慮互相聯結的部分會受到什麼影響，並做出決定。

擅長系統思維的人會在腦海中想像各種情況，預見所有影響，然後調整計畫，優化整體的成功。

以下是一些需要思考的聯結類型：

- **回饋迴路**：這個結果也是下一輪的輸入嗎？
- **侵蝕效應**（**Cannibalization**）：一種產品的成功會減少另一種產品的使用率嗎？
- **漏斗階段**：如果你擴大漏斗的頂部來增加註冊量，那些用戶在漏斗的後續階段的行為會不會改變？
- **產品組件和功能**：這個新功能對其他組件（如搜尋、通知、權限或用戶引導）有什麼影響？有沒有做法會影響免費的「可有可無（nice-to-have）」行為？
- **誘因**：某部分的成功會不會改變用戶在其他部分的行為？
- **UI 元件**：更改一個地方，會讓使用該元件的每一個地方都生效嗎？

- **平台**：這個新功能可以在手機、桌面和開發者 API 上都正常運作嗎？
- **彈性**：哪些更改在將來會變得更容易做或更難做？你會不會把自己綁死在某些決策裡？
- **資源要求**：它會造成後端或客服的擴展性問題嗎？
- **用戶生命週期**：如果你做了一個改變，例如給新用戶無限的空間，從長遠來看會有什麼影響？

如果這是你需要改善的地方，最好的方法是取得盡可能多的例子。請一位導師或教練指出可以使用更多系統思維的機會。

改善系統思維通常意味著加深對底層基礎架構的理解，例如，藉著與基礎架構團隊的工程師交流，向他們詢問關於各種選項及其結果的問題。繪製圖表或建立視覺化的模型，來幫助你理解所有事情之間的關係。這可以幫助你認出看似簡單，其實有重大副作用的產品決策。當你發展理解能力時，你可以明確地詢問你的選擇造成的影響，以建立安全網。

另一個建立系統思維的方法是提升你從經驗中學習的能力。與其預測在互聯的系統中可能發生的所有事情，不如管理一份你和團隊成員犯過的錯誤的清單，並在建構新功能時瀏覽它。你可以參加實驗分析會議，閱讀其他 PM 的部落格文章，將可供考慮的選項放入你的知識庫。

## 成長實踐

### 保持好奇心：預測和探索

好奇心是解決問題的關鍵因素，它不僅能幫你注意問題，也能指引你找出解決問題所需的細節。

首先，你要預測接下來會看到的事情：

- 如果你準備查看實驗結果，先簡單地預估數字可能是多少。
- 如果你要參加會議，先猜一下每個人會說什麼。
- 如果你要參加一個訓練課程，先假設你會聽到什麼建議。

這可以幫助你注意到有趣的事情和意想不到的事情。

> 如果你不事先做出這些預測，你的大腦就會欺騙你，讓你以為真正的答案與你猜的一樣。人們很容易在事後將「這說得通」當成「我也這麼想」。

當你注意到沒有想到的事情時，花一點時間去探索它。想一些問題並設法回答。這是你開始擴展知識的時刻，可幫助你解決將來的問題。

## 不要只是指出問題

有些 PM 的「建設性批評」做得有點過頭了，這不一定是因為他們太苛刻，有時是因為他們太欣賞自己發現問題的能力了，以至於認為指出所有可能出錯的地方（尤其是別人的工作）是很有幫助的做法。這當然是不對的做法。

雖然發現問題很重要，但 PM 要找到解決問題的方案，以及找出讓團隊繼續前進的方法。另外，別忘了，如果你無法說服別人採取「正確」的解決方案，你就無法因此得到好聲望。這在很大程度上涉及心態的轉變。

> 不要將發現問題視為有價值的工作，而是要將促成好的結果視為有價值的工作。說：「這是無法運作的原因」很容易，卻沒有什麼價值；說：「我可以設法讓它運作」比較難，但會更有幫助。

但是切記，一旦你晉升到領導職位，並且開始考核別人的工作，上述的建議就失效了。你可能想要指出問題，以鼓勵團隊尋找他們自己的解決方案。

## 明確地表達你的框架 ⚡

框架是 PM 的秘密武器。你已經在建立和使用框架了，它們其實是你用來做出決定的邏輯，但是你可能還沒有將它們表達出來。

如果我問你，為什麼你會用某種特殊的方式來安排團隊的路線，或是為什麼你做了某個產品決策，你可能會想一下，然後給我一個答案。也許你只考慮了一個因素，例如工程師最想要做什麼，或者，你可能用臨機應變的框架來做出不同的決策。儘管如此，儘管它們不完美，你仍然**建立了**框架。

> 表達你的框架很重要，因為它可以讓別人知道你的決策背後的邏輯和一致性。把它們寫下來可以讓你有一些具體的事項可以改善。

這會帶來很多好處，包括：

- **建立聲望**：你會建立聲望，因為你讓別人理解你的決策背後的知識和審辨式思維（critical thinking）[譯註]，他們會更相信你做出正確的決定，因為他們可以理解每一個決定的背景脈絡。
- **減少團隊的挫折**：當改變決策的新資訊出現時，你的隊友比較不會不開心。如果他們只看到決策的改變，他們可能會認為你最初的決定沒有經過充分的考慮。但是當他們看到一致的框架，他們就可以預測可能出現的變化，並且更能理解為什麼最初的決定必須改變。
- **更具建設性的回饋**：你會從別人那裡得到更有建設性的回饋，因為他們能夠在你的框架中發現遺漏的資訊，或不正確的假設。
- **更高的效率**：你可以節省更多時間，因為你的隊友可以用你的框架來回答他們自己的問題，而不是一直向你要答案。有時，你甚至可以為自己節省時間，因為你可以重複使用既有的框架，而不是重新建立框架。
- **改善決策**：你的框架會隨著你的闡明而改善。例如，你可能認為你的新團隊需要從一個簡單的專案開始，於是，你解釋道，在不需要大量高層參與的情況下，進行一次嘗試性的合作（PM、工程師和設計師）是很有用的，如此一來，大家可以互相了解，也可以認識新的基礎程式。這些額外的細節都有助於縮小何謂最佳「簡單」專案的範圍。如果你不花時間闡明你的框架，你可能無法想出它。

有一個簡單的方法可幫你闡明框架：有人詢問你的意見或你的決定時，除了分享答案之外，你也要說明可能讓你做出不同決定的因素。例如，如果有人問你要將哪個隱私設定設為預設值，你可以說：

> 我們預設分享完整的個人資訊，因為這個功能只能在我們的企業層（enterprise tier）使用，個人資訊在公司內部不是敏感資料。

如果你之後決定將功能轉移到另一層（tier），或是你發現個人資訊在公司內部是敏感的資料，你的團隊就可以理解為什麼要更改那一個決定。

除了傳達自己的框架之外，你也要了解別人正在使用的框架。你可以試對他們的框架進行逆向工程，或者直接問他們是怎麼做決定的，這可以提升你的技能，以及擴展解決問題的方法。

---

譯註 根據維基，critical thinking 是透過事實來形成判斷的思考方式，很多人譯為「批判性思維」，在此譯為「審辨式思維」。

## 在不同的產品之間進行優化與長時間進行優化 ⚡⚡

考慮這個場景：你的公司提供了一系列的產品，你是其中一項產品的領銜 PM。在這個產品組合裡面的每一個產品都提供了一致的內建儀表板，但是你想到一個更適合產品的特殊儀表板。你要不要把它做出來？

有時，答案是肯定的，但你要謹慎行事。這種「對你的產品來說比較好」的心態是有問題的，你要考慮怎樣做對公司最有利，而不僅僅是你的產品。不一致的儀表板會讓用戶一頭霧水嗎？不一樣的東西會影響行銷策略嗎？

你也要做長遠的考慮。要讓誰來維護這個「特殊」的儀表板？當產品有不同的運行方式時，你會不會花更長的時間來培養團隊的新人？

PM 新手只顧著優化自己的產品是很正常的現象，然而，隨著他們獲得更多的經驗，他們也要擴展視角，來優化*許多*產品——包括不在他們「掌控下」的產品。他們也要想到未來，考慮從短期和長期來看，怎樣做對公司最有利。

## 想像它是怎麼建構的 ⚡⚡

有一天，我發現了一個令人驚訝的漏洞：用戶的通知剛抵達的時候就被歸檔（archived）了。值班工程師檢查了一下，覺得很奇怪，那些通知看起來沒有被標成「已歸檔」。我回想了一下通知系統是怎麼建構的，想到我們用兩種方式來將通知歸檔——個別歸檔，以及藉著按下「全部歸檔」。我懷疑在資料庫中，用戶上一次歸檔的日期被設成未來的時間。經過檢查，我們發現原因正是如此！我們修正日期，解決問題。

解決問題感覺起來很像猜謎遊戲。如何預測哪些決策可能會產生令人驚訝的副作用？如何猜出 bug 的原因？最可靠的方法是深入了解底層系統，並自己想像解決方案如何建構。

熟悉資料庫的主要物件的記錄長怎樣。哪些資訊可以直接從記錄取得，哪些需要單獨尋找，哪些根本不存在？可以直接取得的資訊很容易使用，其他資訊用起來可能比較困難或比較慢。你可能會發現各種有用的細節都是預先計算好的，並且隨時可以使用，例如，關於用戶的活躍程度或他們的位置的資料。

你要了解框架裡面的組件，這可能涉及 UI 組件（例如顏色選擇器或按鈕）和基礎設施（例如 Amazon 的 Elastic Search）。每一個組件都能夠輕鬆地完成一些事情，有一些事情需要較昂貴的客製化，有一些事情則完全不需要。一旦你可以想像你能夠使用某些組件來建構一種功能，你就可以預測它的優點和限制。

# 概念與框架

## 2X2 矩陣

2X2 矩陣是非常流行的框架。雖然它非常簡單，但是很適合用來評估選項或組織資訊。

2x2 就是一個被分成四個象限的正方形，裡面的每一個軸代表一個你關心的維度。你要將潛在的解決方案填入適當的象限。這個圖表突顯了各種取捨，可以幫助你將對話從特定的解決方案升級到更高級的決策標準。有時 2x2 甚至可以幫你找到「兩全其美」的解決方案。

假設你的產品是一個線上藝廊，你想要讓用戶更容易找到他們喜歡的藝術品。設計師想出一個漂亮的設計，裡面有九個預設類別（當代、流行藝術、印象派…），每一個類別都指向一個主題類別網頁。工程師覺得預先定義的類別太僵化了，為了增加靈活性和擴展性，他希望製作「搜尋所有作品評論」的功能。設計師反對說，比起讓用戶自己想出搜尋關鍵字，提供易懂的類別清單可讓更多用戶受益。

如果你從特定的解決方案抽離出來，基本上，你的決策標準就是圍繞著：你希望藝廊可供瀏覽還是可供搜尋？你想要提供比較侷限的功能，還是可擴展的功能？

你可以在 2x2 表格中寫下這些標準和選項，來讓你更容易推理問題。

| | 可供瀏覽 | 可供搜尋 |
|---|---|---|
| 有限的 | 目前的類別 | |
| 可擴展的 | | 搜尋所有評論 |

這張圖突顯了衝突點，你可以引導大家討論，究竟是可瀏覽的解決方案比較重要，還是可擴展的解決方案比較重要。但是，這張圖也提示你考慮兩全其美的解決方案。用戶產生的標籤不但是可瀏覽的，也是可擴展的！

| | 可供瀏覽 | 可供搜尋 |
|---|---|---|
| 有限的 | 目前的類別 | |
| 可擴展的 | 標籤 | 搜尋所有評論 |

## 紅 / 黃 / 綠表格

如果你有三種或更多種決策標準，你可以畫一張表，表的直欄是標準，橫列是選項，根據每一個選項在每一個類別的表現如何，將表中的格子標為紅色、黃色或綠色（或打勾與打叉，如果你沒有顏色的話）。你可能會發現只有一個選項沒有紅色格子，或是對成本有利的選項，對長期利益都是不利的。

| | 可供瀏覽 | 可供搜尋 | 便宜的 |
|---|---|---|---|
| 預設的類別 | ✓ | ✗ | ✓ |
| 搜尋 | ✗ | ✓ | ✗ |
| 標籤 | ✓ | ✓ | ✓ |

## 如果要將…優化

將問題結構化的另一種方法是找出哪一個選項對每一個潛在的優化而言都是最好的。這可以幫助大家根據自己的價值觀和目標做出決定，而不需要了解每一個選項。

| 如果要將…優化 | 最好的選擇是… |
|---|---|
| 盡快發表 | 預設的類別 |
| 可擴展的易發現性 | 標籤 |
| 漸進學習 | 預設的類別，然後標籤 |
| 尋找個別的項目 | 搜尋 |

## 決策樹

當你遇到複雜的問題時，你可以用決策樹把問題畫出來，決策樹的各個節點代表各個問題，分支代表可能的答案。這可以幫助別人們理解你的思維過程，並且相信你已經提前為各種情況擬定計畫。

使用文字時，你可以用縮排的項目符號清單來代表決策樹：

- 如果 A/B 測試的結果是…
    - 正面

        - 如果有顧客抱怨…
            - 訪問客戶並迭代
        - 如果沒有顧客抱怨…
            - 發表它
    - 負面
        - 不發表它
    - 中性
        - 如果有客戶喜歡它…
            - 如果沒有抱怨…
                - 發表它
        - 否則…
            - 不發表它

## 特徵問題

當 Shishir Mehrotra（現在是 Coda 的共同創始人和 CEO）還在 YouTube 擔任 PM 時，曾經經歷一場激烈的辯論，卻沒有任何進展。工程師想要在用戶在 YouTube 上找不到電視節目時，提供連到其他網站的連結。商務人員不同意這種做法。他們到底該不該提供連結？

當 Mehrotra 設法解決問題時，發現圍繞著不同的問題展開辯論可能有所幫助。他曾經在幾週之前旁聽 Google Product Search 的產品審核，目睹高層們從一致性 vs. 全面性的角度來討論產品的選擇。他意識到那個框架或許也可以用在他的產品上。

在下一次領導團隊異地辦公時，他提出一個新問題來開始討論程序：線上影片市場是獎勵一致性的市場，還是獎勵完整性的市場？與之前的問題不同的是，這個新問題是可以回答的。經過多次討論，他們解決了這個問題：一致性比完整性更重要。

令人驚訝的是，這個決定不僅回答了最初的問題，也解決了幾個之前看似無關的問題。他們最終決定不提供連接 YouTube 之外的網站的搜索結果。他們也取消了創作者從不同的設備中選擇內容的能力，並移除了所有第三方嵌入式播放器。他們甚至決定從蘋果手中取回 YouTube iOS app 的控制權。

Mehrotra 將這種根本問題稱為「特徵問題（eigenquestion）」，這種問題的答案可能也能回答許多後續的問題[1]。

使用特徵問題方法時，你要遵循以下步驟：

1. 與你的團隊一起用圖表寫下問題和選項。多花一點時間來確保你已經提出所有的重要問題。尋找其他團隊或產業的替代框架。
2. 討論每一個問題，並提問：「如果我們決定這個問題的答案，它也可以解決哪些其他問題？」找出能解決最多其他問題的問題，它就是你的特徵問題。
3. 與你的團隊一起列出可以回答特徵問題的選項，並確認每一個選項的優點和缺點。
4. 做出一致的決定。確認你的隊友對這些選項的看法。如果有人不滿意你提出的選項，花點時間充分了解原因。
5. 承諾並確認責任。你一定要知道誰負責傳達決策並實現它。

你可能會覺得這種方法是一個漫長的、甚至是繁瑣的過程，但是從長遠來看，它可以幫助你做出更可靠的決策，進而節省時間。如果你從特徵問題開始解決，你不僅可以回答那個問題，也可以回答接下來的十幾個問題。

## Five Whys

「Five Whys（五問法）」是對問題進行回顧分析的框架。如果你針對一系列的問題練習「Five Whys」，你就可以磨練解決問題的能力，並學會如何從表面因素找出根本原因[2]。

你可以用 Five Whys 來處理許多不同的問題。例如網站停機時間、沒有達成的 OKR、失敗的發表、跨功能協作問題，或導致問題或挫折的其他問題。Five Whys 的問題通常是簡短的一句話，例如：「網站當機了三個小時」、「銷售團隊沒有通知這一週要發表」，或「我們沒有達成提升 30% 採用率的 OKR」。

1 關於特徵問題的詳情，可參考 *https://coda.io/d/Eigenquestions-The-Art-of-Framing-Problems_dQnxKKTYZ4r*。

2 關於 5 Whys 的詳情，可參考 *https://wavelength.asana.com/workstyle-ask-5-whys-to-get-to-the-root-of-any-problem/*。

執行 Five Whys 的方法是：

1. 安排時間與涉及這個問題的人開會。
2. 解釋開會的目的是了解更深層的系統問題，不是為了推卸責任。
3. 為所發生的事情建立一個詳細的時間表。時間表很有啟發性，因為它可以讓大家了解發生了什麼事。
4. 敘述問題，並提問：「為什麼會發生這種問題？」寫下所有第一級答案。
5. 回到每一個第一級答案，詢問為什麼會發生那些情況，或是詢問關於該問題為什麼沒有被及早發現或解決的問題。例如，如果答案是開發人員提交的程式碼造成當機，那就問：為什麼它沒有被測試用例（test case）抓到？
6. 繼續深入發問，直到發現根本原因為止。通常你會發現底層的問題是操作過程發生的錯誤。
7. 記錄你吸取的教訓，並決定適當的行動項目，以防止類似的問題再次發生。

注意，不要提出反應過度的解決方案，如果問題只發生過一次，對你的團隊來說，加入繁重的流程來防止問題，可能比什麼都不做更糟糕。

## 重點提要

- **用有效的決策來領導團隊**：身為 PM，你不需要親自解決每一個問題，但是在將問題結構化的過程中，你扮演的是關鍵的角色。如果你的問題結構化可以突顯底層的問題，你的團隊就可以提出更好、更穩健的解決方案。
- **畫出來**：表格和圖表很適合用來分析問題。如果你卡住了，試著把優點和缺點寫成另一種格式，直到你找出一個可以引起共鳴的格式為止。
- **關注整個系統**：大多數有趣的問題都會互相影響，需要系統思維。務必了解更廣泛的背景。不要把問題過度簡化成一個獨立的決定，而是要列出可能的影響，並用它們來檢查你的解決方案。
- **明確地表達你的框架**：分享你解決問題的思維過程和結構，而不是只提出解決方案。這可以幫助別人信任你提出的解決方案，並且讓他們將來可以做出一致的決定。

CHAPTER 7

# 產品與設計技能

我用過一個無法在黑暗中找到電源按鈕的電視遙控器（為什麼那個按鈕不放在右上角？），也用過一個經常掉到沙發椅墊下面的小型遙控器（真謝謝你，Apple TV ！）。我的圖書館用 app 來提供電子書，那個 app 每次翻頁都會停頓一秒。在繳稅季，為了找到銀行把我的繳稅表格放在哪裡，我必須一一按下網站的每一個標籤和選單。有些防毒軟體每週都會打斷你，讓你知道沒有任何問題。

> 這些決策提醒我優秀的 product sense（產品意識）有多麼重要，以及沒有這種 sense 帶來的痛苦。

有時，產品問題可能會更加嚴重，令人摸不著頭緒的用戶介面會讓用戶將他們的搜索查詢（或更糟的資訊！）發送給全世界。社交媒體演算法可能會推廣極端內容。Galaxy Note 7 手機很容易出現一種稱為「自燃」的問題。

更常見的是，糟糕的產品決策會讓用戶完全不想使用那項產品。當視訊串流媒體 app Quibi 剛發表時，它既不能在電視上觀賞，也不能在社交媒體上分享影片。Google Glass 是一個無法克服「令人毛骨悚然」的感覺的智慧型眼鏡品牌。

有產品意識和設計感不僅僅是讓產品看起來漂亮，為了建構偉大的產品，你要將見解轉換成好的產品決策，你要關注最重要的成功因素。

# 責任

## 進行產品發現

有時你只是想要**把事情做完**，而且很想要立刻開始設計解決方案，我了解這種感受。你的高層或銷售人員可能認為他們知道缺少什麼功能。你的工程師可能正在急切地等待工作。

但是，在沒有徹底了解問題的情況下就倉促地解決它，可能會讓你偏離正軌。你可能會做出沒人想用的東西，而不是做出大家**真正想要的**東西。

產品發現階段是防止這些錯誤的關鍵。在產品發現階段，你要確定，你所認為的「用戶的問題」真的是他們的問題，而且他們真的會重視你的團隊提出來的解決方案。

雖然進行產品發現的方法有很多種，但 GV Design Sprint 是很棒的做法[1]。設計衝刺是為期 5 天的結構化產品發現過程。

- **了解（準備衝刺）**：從公司各處的專家那裡收集關於問題、機會和目標的資訊。
- **定義（第 1 天）**：選擇你的問題或機會、目標和成功指標。
- **起草（第 2 天）**：想出廣泛的潛在解決方案。
- **決定（第 3 天）**：選擇一個概念來建立雛型。
- **製作雛型（第 4 天）**：準備可測試的雛型。
- **驗證（第 5 天）**：讓用戶使用雛型並取得回饋，以驗證或推翻那個概念。

你可以看到，團隊會花一整天的時間來思考哪些問題或機會最能夠幫助他們實現目標。

若要了解產品發現的詳情，Marty Cagan 的 *Inspired* 是一本很好的指南。

## 隨時讓工作回到目標上

重新建立工作與目標的關係是 PM 最重要的工作之一。

你可以將團隊的工作想成從一根水管噴出來，試圖裝滿一個水桶的水柱。有些人噴得太寬，將一些水噴到外面，他們花時間做的很多工作並沒有用來裝滿水桶。

1 關於 GV Design Sprint 的詳情，請參考 *https://www.gv.com/sprint/*。

有些人甚至噴入錯誤的水桶。即使他們在一開始朝著正確的方向噴水，但是隨著時間過去，水柱也可能移動。

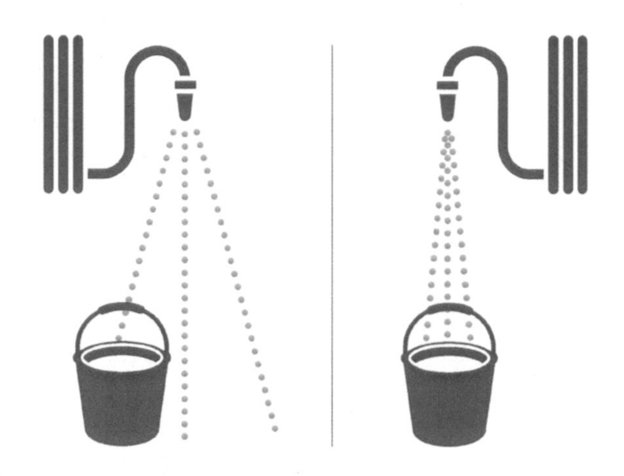

讓人們重新關注目標可以節省他們的時間，並實現更好、更可靠的結果。

以下是一些需要釐清的目標：

- 獲得新用戶、提高黏著度或現金化的關鍵成功指標是什麼？
- 你的新功能有沒有幫用戶節省時間，或是幫他們獲得更好的結果？
- 你有沒有試圖從競爭對手那裡吸引客戶？
- 你有沒有想要啟用的特定用例？
- 你的目標是快速驗證一個想法，還是發表充分精修過的東西？
- 你預期並願意容忍多大程度的用戶反彈？

如果你沒有答對這些問題，你可能會得到錯誤的細節，以及優化錯誤的東西。

## 不要隱藏內部目標和限制

Hank 提出的路線圖得到嚴厲的回饋：專案太小了，不符合團隊遠大的目標。

他覺得這些回饋不公平，在面臨好幾個限制的情況下，他已經盡力了。工程部門有一位工程師是實習生，只有三個月的工作資歷，另一位工程師正在放長假，況且，團隊正在改用新的技術層（technology stack），指望他在那個季度處理目標遠大的專案是不是不太合理？

雖然 Hank 沒錯，但也不是完全正確，他錯在提出目標時，沒有說出內部目標和限制。他要分享這個路線的決策背景，如果他隱瞞那些事情，別人就會認為他的判斷力不及格。

我們有時不得不做出妥協，這是可以理解的，而且不會讓你變成一位糟糕的 PM。但是，正如你會提出用戶資料來支持某些決策，你也要解釋做出這些妥協的背景脈絡。

## 展示你的見解和思路來推動產品決策

這是一個常見的面試問題，也是一個常見的實際問題：當別人不同意你的意見時，你會怎麼做？如果他們比你資深，甚至比你更有知識和經驗呢？你會堅持你認為正確的事情，據理力爭，還是向「專家」（甚至是你的老闆）妥協？

這是一個棘手的問題，有時涉及政治面和人際關係。但幸運的是，你通常不需要在「堅持己見」和「輕易退讓」之間做出選擇，你可以展示論點背後的思考過程來推動產品決策。

當你清晰地表達你的框架，並展示選擇背後的意向性時，別人要嘛同意你，要嘛將對話提升到更高層次，開始討論你的見解和思路。如果你不同意別人的觀點，你通常可以快速地了解或檢測哪一個思路是正確的。

## 與你的設計師合作，想出優秀的解決方案

Asana 的 PM 主管 Katie Guzman 是在一項重要的重新設計過程中加入團隊的。當時她幾乎同意所有的設計選擇，但覺得有一個地方有點奇怪：標題占了太多空間了。設計師同意她的看法，但是他提出的解決方案都沒有通過審核，她問他可否自己試試，然後稍微調整一下，做出一個所有人都認同的設計。

設計師通常負責從用戶體驗的角度設計解決方案，但是這不代表 PM 不需要精通產品設計。PM 是設計師的主要合作伙伴，經常提出解決方案的關鍵元素，或能夠帶來更佳方案的關鍵回饋。

> PM 不應該向設計師指點該採取哪一種解決方案，而是要以尊重設計師的方式分享自己的想法[2]。

2 注意 Guzman 是怎麼要求嘗試的。她的做法除了表現出對設計師的尊重之外，也讓設計師更願意接受她的建議。

身為 PM，你要負責定義什麼是成功，並確保解決方案可以滿足那些標準，這意味著你不能坐等設計師提出解決方案。設計產品需要團隊合作，就像 PM 希望團隊成員有時可以在 spec 審核中抓到遺漏的邊角案例或不理想的決策一樣，設計師也希望團隊成員可以在設計審核抓到遺漏的步驟或不理想的設計。

培養設計感很重要，這樣你就可以成為設計師的強力合作伙伴。

若要了解如何與設計師合作，包括向他們提問，而不是告訴他們解決方案，請參考第 315 頁的「與其他部門共事」。

## 設計符合道德的產品

身為 PM，你是確保團隊和公司的行為符合道德規範的主要人物。如果你要求建構的產品可能傷害別人，你必須意識到這一點，並且毫不妥協地修改產品。

但有時這不容易做到，Mikal Lewis 從職涯和產品的角度，與我們分享了他所面臨的挑戰[3]：

> 身為一位非裔美國人產品主管，我曾經面臨這種挑戰。現代的工作文化比較重視卓越的表現，而不是當一個好人。但是，具備好品行以及做出有道德的產品意味著，對你而言，很多事情比成功更重要，而且你要清醒地做出選擇。在你面臨道德困境之前，先自問有哪些價值觀是你不能妥協的，即使它會讓你丟掉工作。
>
> 在漫長的職業生涯中，你幾乎一定會面臨道德困境。對少數群體來說更是如此。

他挑戰我們思考自己的價值觀，以及有哪些價值觀是我們不能違背的，即使這意味著可能會丟掉工作。

善意的選擇可能導致意想不到的結果。Facebook 消息來源（news feed）的設計師原本想要推廣有趣的內容，卻不小心做出支持偏激或極端主義內容的演算法。

Sharon Lo 是微軟的 Ethics and Society PM，她針對如何建構以意向性為中心的道德產品提出一個觀點。

> 在過去的十年裡，我們都看到科技快速地影響了這個社會。身為 PM，我們是塑造產品的人，我們正在創造我們想要生活的世界嗎？

3 Mikal 在 *https://community.praxisproduct.com/2020/07/03/good-is-greater-than-great/* 詳述這件事。

身為一位 PM，你如何有意識地考慮哪些人或哪些事會被影響，以及它們是怎麼被影響的？你可以考慮直接、間接和被排除的用戶。間接用戶可能有旁觀者，和會被產品影響工作的人。被排除的用戶是不能使用你的產品的人，例如因為缺乏協助工具。

要了解你對這些群體造成的影響，可參考 Microsoft 的 Harms Framework[4]。這可以幫助你考慮產品可能產生的各種意外危害，並減輕那些危害。

| 種類 | 傷害的類型 |
|---|---|
| 受傷的風險 | 物理或基礎設施的損害 |
| | 情緒或心理痛苦 |
| 無法接受後續服務 | 機會損失 |
| | 經濟損失 |
| 侵犯人權 | 失去尊嚴 |
| | 失去自由 |
| | 失去隱私 |
| | 環境影響 |
| 侵蝕社會和民主結構 | 操縱 |
| | 社會危害 |

## 提倡平衡的解決方案 ⚡

在你的職涯早期，你可能會陷入這種陷阱：將 PM 和設計視為蹺蹺板的兩端。你不斷與設計師談判，他們希望有更多時間來精修他們的設計，但是你要求縮短時間以及更快出貨。最終，你們會在中間的某個地方達成共識，甚至你會以為這是健康的平衡。

有人甚至提出一種**談判策略**：先提出極端的條件。「先開出比你想要的結果還要嚴苛的條件，這樣你才會得到比較符合預期的結果。」，他們這麼說。

但是這種態度最終會阻礙你的前進。設計師會開始不相信你的判斷力，可能也會覺得你一直在爭吵，站在優秀設計的對立面。

4 關於 Harms Framework 的詳情，見 *https://docs.microsoft.com/en-us/azure/architecture/guide/responsible-innovation/harms-modeling/*。

你應該換一種方式，讓自己代表你認為對整體最好的事情。如果你之前一直在走極端，你可以讓團隊成員知道你正在改變做法，你要讓他們看到你具備判斷力，知道什麼時候該在設計上投入更多時間，如此一來，當你提出相反的建議時，你的團隊才會相信你。

這些行動都在告訴設計師，你能夠代表他們所關心的問題，而且你和他們站在同一邊，設計師應該把你當成合作伙伴，而不是對手。

## 給予很好的產品回饋 ⚡⚡

隨著職涯的發展，審核別人的產品決策會變成你的工作中更重要的部分。

你的目標是幫助團隊做出最好的產品，並取得最好的平衡。你要分享並解釋你的回饋，這樣團隊才能真的懂你的意思，並根據你的回饋採取行動，以後他們向你尋求建議時，也會比較開心。

以下這些事情可以幫助你提出良好的產品回饋：

- **時機**：確保你提供的回饋對團隊當時的階段來說是有幫助的。如果你的回饋是要求他們放棄很多工作並重頭開始，你要審慎地想一下該怎麼說。
- **他們想要聽的回饋類型**：如果團隊說他們想要知道關於互動設計的回饋，而不是視覺設計的，那就只提供他們想要聽的回饋。如果你真的需要提供不同類型的回饋，務必讓團隊理解你為什麼要這樣。
- **框架與理由**：不要只告訴別人該做什麼，而是要向他們解釋修改背後的思路，讓他們下次可以自行釐清。
- **更廣泛的觀點**：提供來自他們不知道的背景的回饋，例如，分享在主管會議中討論的關於產品選擇的見解。
- **舊的想法往往是最好的想法**：告訴團隊「我們做過了，但沒有成功」是非常令人氣餒的事情。以前行不通的想法不代表現在也行不通，那個想法也許是領先時代的想法。你可以從過去的嘗試中吸取教訓，但是不要放棄整個想法。
- **尊重他們的專業知識**：身為一位局外人，你要謙虛地認識到，你知道的事情沒有你的直屬團隊知道的那麼多，你可以提出問題並提供資訊，但是接下來，你就要相信他們會盡可能地做出正確的決定。

提供良好的產品回饋是協助做出優秀產品且最有效的方式之一。

### 建立產品（與設計）原則 ⚡⚡

產品原則是公司用來引導設計、評估解決方案和解決困難的取捨的一套價值觀，它需要廣泛的合作和認同才能創造出來，但是一旦你擁有了它們，它們可以簡化許多決策。

當團隊反覆陷入有挑戰性的哲學分歧，或是有一些看起來很明顯的事情（例如一致性）遭受反對時，你就會領悟原則的重要性。

在你創造自己的原則之前，你可以先看看其他公司創造的設計與產品原則。設計原則通常包括通用設計、一致性、語氣和愉悅感[5]。至於產品的共同原則，則是圍繞用戶信任、創新和精實開發（lean development）建立的[6]。

在一開始，你可以舉許多例子來說明你的原則可以幫助團隊做出選擇，用這些例子來突顯你想要解決，而且很困難的權衡取捨。建立一系列無法改變團隊設計產品的方式的通用原則沒有太大的價值。

有了這些例子之後，你要確定核心的權衡取捨是什麼，大家對哪些事情的價值有不同的看法，進而讓它們做出不同的選擇？

雖然讓大家一起完成整個過程是件好事，但最後，你要確保關鍵的利害關係人完全接受原則，他們將鞏固這些原則，並確保這些原則會被用來引導決策。

## 成長實踐

### 選擇最快且最好的方法來檢驗假設

驗證想法與檢驗假設不一定要花很多成本。你的測試越快、越輕盈，你就能夠執行越多測試，進而從糟糕的想法快速地迭代成具有影響力的想法。

以下是加快假設檢驗速度的方法：

- **用你周圍的人來進行測試。你通常可以用周圍的人來進行簡單的測試，不需要召募真的用戶**：你的同事、朋友、友好客戶，或是公司附近的路人。這種做法很適合用來測試易用性或是產品裡面的文字，但是你要特別注意他們與目標用戶不一樣的地方。

---

5 關於設計原則的詳情，見 *https://medium.muz.li/design-principles-behind-great-products-6ef13cd74ccf*。

6 關於產品原則的詳情，見 *https://www.productplan.com/product-principles/*。

- **使用 usertesting.com 之類的網站來招募參與者**。如果你打算親自招募參與者，你可能至少要花一週的時間來安排所有的行程，而且你可能會收到一些令人挫折的取消。使用線上測試網站可以在當天晚上獲得測試結果。你要仔細準備你的測試，因為你不能在不同的參與者之間修改測試。

- **在你的產品網站設置一個招募攔截點**。你可以使用 Ethn.io 之類的產品在你的網站加入程式，然後輕鬆地打開或關閉召募快顯，來抓到在網站上很活躍的用戶。無論何時，只要你想要與真正的用戶交談，你都可以打開攔截，並在幾分鐘之內與他們交談。

- **使用低擬真度的雛型**。大多數的概念都可以用簡單的草圖來進行測試。你當然無法用草圖得到太多有用的易用性回饋，但是令人驚訝的是，你可以了解想法的可行性。

- **使用高擬真度的雛型**。如果你想要測試產品的運作細節，你不需要先建構產品，你可以建立一個看起來很像真的應用程式的高擬真度雛型，但是它不是用真正的產品程式做出來的。這種雛型可能是靜態的點閱（click-through）雛型，或是修改自真正的 app 的 chrome extension。

- **與真的用戶進行開放式對話**。與其設計東西，有時只要與別人討論他們的問題，以及了解他們對解決方案的反應，你就可以學到很多東西。試著深入挖掘，找出任何潛在的障礙。你甚至可以讓他們畫出自己的理想產品。這是一種最棒的早期方法，但接下來要進行更結構化的研究，以防止過度樂觀的反應。

- **邀請利害關係人參加用戶訪談**。不要連續舉行幾週的會議，再將正式的結果送給你的利害關係人，而是要邀請他們一起參加會議。他們會親眼看到測試結果，如果他們認為測試的假設不正確，他們也可以迅速修正測試的方向。

- **執行 A/B 測試**。對於簡單的文字和設計變更，有時修改程式比進行用戶測試更快。當你想測試的變動可以立刻得到回饋時，這種做法特別好用，例如測試不同的 email 主旨會不會增加 email 被打開的次數，或是移動一個按鈕會不會讓它被按下更多次。

- **執行假門（fake door）測試**。假門測試就是建立新功能的入口，但不建構那個功能本身。這可以讓你評估用戶對那個功能有沒有興趣。例如，當用戶按下「儀表板」時，就讓他前往另一個網頁，上面寫著「感謝你的關注，我們會在儀表板可用時通知你」。因為假門測試可能讓用戶不開心，所以最好不要執行太久，或者，你可以使用精心設計的靜態網頁。

- **為一些客戶建立禮賓 MVP**。在建構完整的準生產功能之前，你可以為少數用戶設計比較手動的、幕後的方法，例如，你可以為一些客戶手動建立具備自訂腳本的儀表板，來了解用戶是否願意付費使用它們。
- **分析既有的資料**。你通常可以使用既有的資料來測試假設，而不需要進行實驗。例如，如果你想要建構一個只能讓擁有個人照片的用戶使用的功能，你可以先計算有多少用戶擁有個人照片，如果數量很少，它也許不是值得建構的功能。

用最快、最便宜的方法來驗證你的假設，這樣你就可以在投入許多時間之前，先測試大多數有風險的假設。把比較昂貴的方法留給需要額外的準確度和信心的「大賭注」使用。

## 提升黏著度的設計

如果人們都會直接使用他們喜歡的產品就好了，但事實上，多數人都不會主動使用你的產品。你要仔細想一下如何提醒人們回來使用產品。這是必須特別注意道德規範的領域：過度使用產品不一定對使用者有益。

以下的方法可以幫助用戶在適當的時候回來使用你的產品：

- **通知**。最好的通知就是讓人們知道他們期待已久的東西好了，也許是他們等待同事完成的工作，或是他們的食物被送到家門口，在這些情況下，如果你*沒有*通知他們，他們會很難過。有些用戶也希望你每天提醒他們使用你的產品，例如靜坐或飲食記錄 app 的用戶。
- **產品更新**。有時人們會因為你的產品缺少他們需要的一些功能而不使用它。每月寄出更新 email（帶有取消訂閱選項）可以提醒用戶關於產品的事情，以及吸引他們再次嘗試。
- **能見度**。視覺提醒是讓用戶重新使用產品的好方法。你可以在用戶的主畫面顯示可供下載的 app，或是在其他產品提供入口。進行整合是提供能見度的妙方。
- **遊戲化**。使用「streaks」這種令人忍不住連續使用產品好幾天的技術可以鼓勵人們養成習慣，只是這種做法也會在人們中斷記錄時造成反效果。

仔細想想，你的產品將如何融入用戶的生活，然後設法讓他們想要使用產品時，可以輕鬆地使用它。如果你沒有很多觸發機制可以提醒用戶使用你的 app，那就想一下能不能再加入更多機制。

## 建立產品思維

產品思維是一種習慣性的做法，它的出發點是問題、目標和人們的需求。

你要問自己：「我們想要解決什麼問題？」和「我們應該解決什麼問題？」有了產品思維之後，你就能夠到處發現問題，然後將那些問題與更大的目標聯繫起來，進而釐清問題是否真的重要。你會不斷地分析目標是什麼，並相應地優先考慮它。

身為 PM，產品思維是一種很重要的素質，因為你每天都要做很多小決定。如果你的大腦不能自動提醒你找到自己的目標，你可能會做出糟糕的決定。如果你沒有深入思考接下來要解決哪些問題，你就會設定糟糕的目標。

如果你還沒有認真考慮和評估目標就倉促執行工作，那就代表你沒有展現產品思維。如果你很專注地進行一項令人期待的解決方案或技術，卻沒有把它與它要解決的問題聯繫起來，你也沒有展現產品思維。

如果你不習慣進行產品思維，你就要努力養成這種習慣。

1. **檢查可能阻礙你有產品思維的假設**。你是否認為老闆設定的目標無法拒絕？你認為真正的創新來自創造力的火花，而不是深思熟慮的過程嗎？這些假設有沒有阻礙你？

2. **為自己設置提醒機制**。在建立文件模板與會議議程時，將目標放在開頭。你可以做個練習，在一週內，每次遇到問題時就問自己：「這個問題值得解決嗎？」。在便利貼寫下「我們想解決的問題是什麼？」，把它貼在螢幕上，以便經常看到它。經過足夠的重複次數之後，你就會養成自然的習慣。

發展產品思維可以幫助你做出更好的決定。

## 練習確定目標並設定優先順序

針對幾種技術性和非技術性的產品進行接下來的練習。選擇一個你不是其目標受眾的產品，因為它可以讓你學到更多東西。使用你自己的產品和競爭對手的產品。產品的變化越多，你學到的就越多。

如果你想要提高團隊的產品思維，你也可以和他們一起進行這種練習。同樣的，你可以使用自己的產品，但使用其他產品也很有幫助。

### 寫下你能想到的所有商業和客戶目標

產品可以幫人們做哪些**真正**的工作？

Praxis Product Leadership 的創始人 Mikal Lewis 要求人們想一下在辦公室裡面戴耳機的真正目的，他們不僅僅是為了聽音樂，也希望用一種禮貌的方式來提醒別人不要打擾他們。你可以幫你的產品找出隱性的目標嗎？

目標會不會因為產品的建構者而改變？例如，當地方政府提供一項服務時，他們的目標往往是為社區的每個人提供平等的機會，但營利性公司可能沒有這種目標。

產品有沒有多種具有不同目標的用戶或客戶？父母想買玩具，孩子想玩玩具。在賣場產品中，你要同時吸引買家和賣家。

找出所有的目標之後，你可以看一下產品的行銷資料，看看它們有沒有提到你漏掉的目標。

### 決定目標的優先順序

哪些目標對公司的使命和成功而言非常重要？不同的目標之間有沒有衝突？如果有，它們應如何互相平衡？

我們很容易認為所有目標都一樣重要，但是如此一來就會忽略重要的權衡取捨和策略選擇。

例如，影片串流平台可能關心愉快的用戶體驗，但是想要成功的話，提供引人注目的內容重要多了。如果沒有好看的影片，用戶就不會使用它。

## 跟上優秀設計的腳步

早期的網頁和應用程式的設計讓現在的我們敬謝不敏。試想：3D 文字、Comic Sans 字體、閃爍的橫幅、雜亂的排版，有的網站還會發出難聽的嗶嗶聲，迫使你迅速地關掉喇叭。

我們已經走了很長的一段路——大多是朝著更好的方向，但總會有一些例外。

有時，產品的設計就像時尚潮流一樣發展，在某種風格進入市場的同時，另一種風格也會退出市場。

在其他情況下，技術創新為更好的設計清除一切阻礙。現在隨打即搜（search-as-you-type）與連續捲動功能很流行，但是這些功能在撥號上網的時代是做不出來的。

有時，設計模式的演變，是因為少數的關鍵玩家採用了某種方法，導致業界的其他玩家跟隨其腳步。現在到處都用心形圖案來表示喜愛的東西，採用相同的圖案通常符合所有人的最佳利益。

全世界的偉大設計師都會持續地發明新的設計模式和更好的 UI 元素，你可以將它們整合到你自己的產品中。藉著使用各種產品，你可以感受什麼是最好的模式，以及哪裡可能會形成標準。你也會看到有些地方經常出現特定的選項，並且知道哪種選項比較好。

要做出優秀的設計幾乎都不需要重頭做起。一般來說，重複使用熟悉的模式是最好的選擇。

## 發展你的品質標準

PM 要負責定義什麼是成功，其中有很大一部分是決定品質標準。

如果你將標準設得太低，你就會發表有漏洞或粗糙的產品，讓用戶失去信心。也許你可以在指標中發現品質問題，但品質問題也可能會隨著時間慢慢堆疊。除了產品之外，如果你的團隊提供的產品無法讓團隊成員引以為傲，他們將不想和你共事。

如果你將標準設得太高，你就會投入太多精力去尋求「完美」的解決方案，進而導致不佳的投資報酬率。用戶等待你推出完美的產品的過程中無法使用重要的功能，你的整體產品改善速度也會比競爭對手更慢。你的團隊也可能不願意根據經驗進行迭代，因為他們已經投入了太多時間，產品卻遲遲沒有發表。

> 用戶的期望是品質標準的底線。如果你的產品與競品相較之下不夠精緻，或是有更多 bug，它就令人覺得品質低劣。產品的品質標準也會隨著其他產品品質的改善而提高。

設定品質標準包括兩個部分：

1. **注意品質問題**：這包括 UI 元素差一個像素、有易用性問題的設計、新用戶難以理解的流程，以及在邊緣情況下失效的功能。如果你不容易發現品質問題，那就試著找眼力更敏銳的人幫你，例如設計師或用戶研究員。

2. **選擇準備修正的問題，但注意成本**：如果所有的品質問題都可以不受限制地修復，你當然會修復所有的問題。當你決定品質問題的優先順序時，你不想跳過容易修正的問題，也不希望團隊花兩週的時間修復你認為只需要花幾分鐘的東西。你要與你的設計師和工程師密切合作，大聲說出你假設的成本。

這是溝通的範例：

> Okay，我們剛剛做了全面性的團隊審核，發現這十個問題。我們來檢查一下，決定在發表之前需要解決的問題。
>
> 我們應該修正所有錯字，因為我認為這種工作只要花幾分鐘，你覺得呢？
>
> 放置目標（drop target）太小會讓人不耐煩，有沒有辦法在一天之內修好它？不如我們花一個小時確認一下，如果它需要花更長的時間，我們就不修了？你覺得怎樣，設計師？
>
> 通知檔案太大的錯誤訊息不太實用，但我知道我們無法控制這個對話方塊，而且我認為沒有多少用戶會看到它。我會在發表的幾週之後檢查記錄和客戶支援申請，到時候就可以知道它是不是問題。

有關優先順序的更多資訊，請參考第 17 章：路線圖和優先順序（第 224 頁）。

## 擴大你的觀點：考慮更激進的解決方案

在你的職涯早期，許多解決方案的空間是有限的，你的團隊規模是固定的，時間是上級指定的，你可以提議的解決方案類型有明顯的界限。然而，隨著職涯的發展，你要把這些事情視為有彈性的，而不是固定的。

你要考慮的問題有：

- 如果你擴大團隊規模，你也許可以提出哪種解決方案？
- 如果你能改變最後期限呢？
- 如果你可以與另一家公司建立合作關係，或是購買現成的解決方案，會怎麼樣？
- 你的問題能不能不在產品內解決，例如透過客服或銷售團隊？
- 改變商業模式的運作方式會怎麼樣？
- 如果你可以揮舞魔杖，變出你想要的任何東西，你想變出什麼？

當你成為產品領導者時，有一件重要的事情是，你不但要在限制之下做最好的產品，也要挑戰那些限制，看看哪些限制值得做出取捨。

## 概念與框架

### 線框圖、雛型和流程

線框圖和雛型是分享想法和進行早期概念測試的好方法。高擬真度的雛型可用來進行易用性測試。線框圖是一部分的產品的靜態圖，而雛型是互動式產品模型。大多數產品都可以（也應該）在投入大量的工程時間之前，用雛型來進行測試。

線框圖的主要概念是「低擬真度」，低擬真度意味著你不必精確地實作 mock，它只是用來代表實際的設計。雛型可以很簡單，例如在紙上畫一個標記，然後藉著換成一張新紙來模擬「按下按鍵」。在繪製低擬真度的線框圖時，你只要畫上用戶需要看到而且最重要的元件就可以了。你的目標是快速地畫出線框圖，以便輕鬆地測試和迭代想法。

你一定要讓 mock 就像它們應該呈現的那麼低擬真度，否則你可能會讓工程師從 mock 複製顏色和間距，或是在本該使用既有元件時建立新元件。這就是為什麼有些雛型設計工具故意採用手工繪製風格。

> 請注意：你可以用線框圖來說明一個想法，但是，不要強迫設計師接受你的解決方案，或是指望他們「美化」你的線框圖。也不要在設計師自行探索之前就拿出線框圖，獨占所有有趣的工作（除非他們需要你的幫助）。

另一個關鍵概念是「流程」，你不但要考慮靜態截圖，也要考慮用戶經歷的所有步驟，從最開始（包括空的狀態）到設定和組態配置，再到實際使用。你可以使用流程圖（由箭頭連接的螢幕截圖）或互動式雛型來表示流程。

使用 Balsamiq、Framer、Sketch、InVision 或 Figma 之類的工具來繪製線框圖和雛型很有幫助，這些工具都有一些程式庫或工具包，可以用來繪製標準組件，所以你不需要親自繪製它們。線框圖和雛型的工具正在迅速發展，請稍微研究一下，找出最新的和最好的工具。

## 機會決策樹（Opportunity Solution Tree）

如果我還是 PM 菜鳥，而且有人要求我建構一個非常具體的解決方案，我可能會覺得很氣餒。一方面，我知道自己還很菜，不該指望有太多改變的餘地，另一方面，我覺得我的「產品」工作被剝奪了，變成只不過是在執行別人的計畫而已。

事實上，這是錯誤的想法，即使有人要求你建構特定的解決方案，產品發現也是必不可少的步驟。

Teresa Torres 的機會決策樹是很適合進行產品發現的心智模型 [7]。這種視覺化可以幫助你拓寬視野，以及想出其他方案，幫助你找出更好的方法來實現目標。

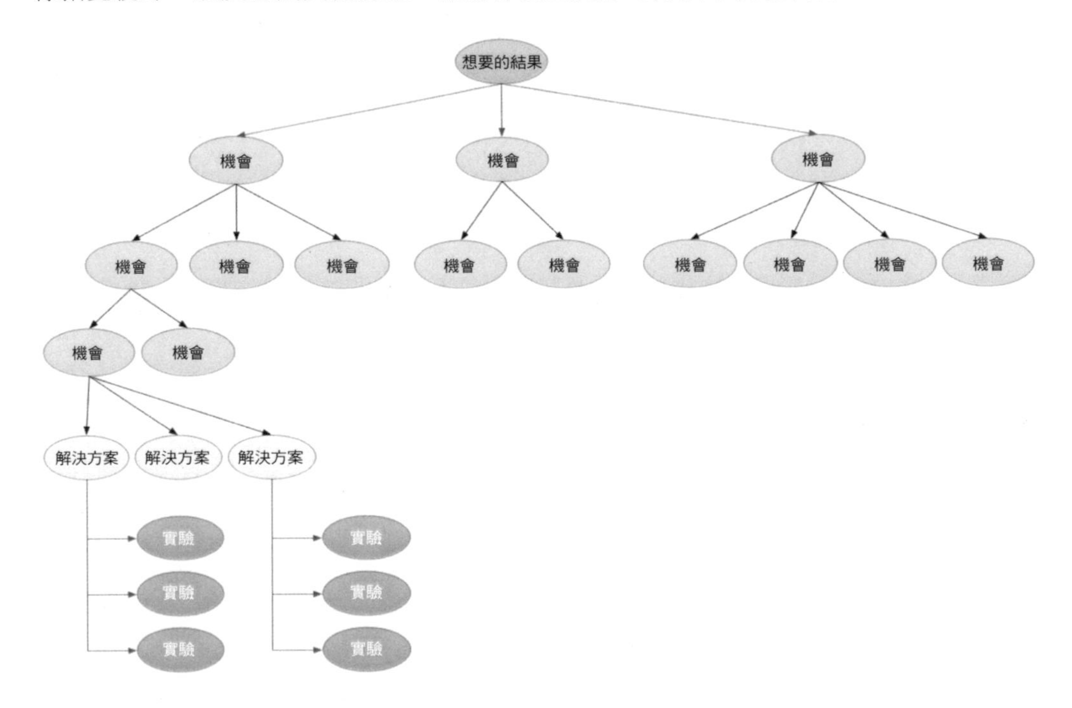


例如，當你的老闆要求你建構試算表匯出功能時，你可以訪談內部的利害關係人（以了解他們對於這個功能的目標）和客戶（以了解他們如何使用這個功能）。你可能會發現，你的目標是藉著處理請求來完成更多交易，也可能是藉著將摘要寄給客戶的公司的高階經理，來讓他們更願意使用產品。這些機會都帶來不同的解決方案，例如直接在產品中內建報告、建構 PDF 摘要，或整合報告軟體。

7 要了解 Torres 機會決策樹更多資訊，請參考 *https://www.producttalk.org/opportunity-solution-tree/*。

## 產品拆解

產品拆解有很多好處，包括培養你的領域知識、設計感和創造力。在進行產品拆解時，你會和幾個人一起審核另一個產品。Jens-Fabian Goetzmann 解釋道[8]：

> 在每週五下午，PM 團隊會和設計師、研究人員和分析人員一起，用一個小時「拆解」一台有趣的手機或網頁 app，「拆解」不是為了「批評」，而是進行逆向工程，調查產品背後的思維和經歷，這可以帶來靈感，讓我們改善自己的產品。

試著注意在產品中有意為之的決定，以從中學習。

根據你的目標，你可以用幾種不同的方法來進行會議。

- **領域知識**：當你試著建構自己的領域知識時，拆解產品是了解競爭對手的好方法。你可以看到他們提供的功能與你的產品之間的差異，或是另一種解決方法。接下來，你可以試著根據這些差異，找出最有效的方法。你可以預測顧客喜不喜歡他們的產品，再瀏覽他們的產品評論，以驗證你猜得對不對。
- **設計感**：當你試著培養自己的設計感時，請特別注意設計模式，看看產品如何處理導覽、錯誤案例、空狀態、警告和資訊架構。他們使用什麼圖示和標籤？拆解你的客戶群已經在使用而且熟悉的產品特別有幫助，因為它們讓你的客戶有個期望的標準。
- **創造力**：當你試著培養創造力時，你可以觀察各式各樣的產品，並進行腦力激盪，想想如何在你的產品中使用他們的模式。他們是否在用戶引導或機器學習方面做了一些聰明的事情？如果你試著將產品重建為 Spotify、Slack 或 Waze 的樣子，它會是怎樣？

我們很容易注意產品不好的部分，但是專注**好的部分**並尋找靈感可以讓你獲得更多收獲。

---

8 Jens-Fabian 在 *https://www.jefago.com/product-management/product-teardowns-at-yammer/* 提到這件事。

## 腦力激盪

很多人認為腦力激盪就是一群人圍著桌子大聲說出自己的想法，不幸的是，根據研究，這種方法會降低解決方案的創造性和多樣性[9]。一旦有人大聲說出一個想法，其他的想法往往會圍繞著那個想法展開。

這不是腦力激盪——至少不是它該有的樣子。腦力激盪是一個結構化的過程，有助於產生創造性的解決方案，而且會讓利害關係人參與。

### 你應該先進行個人的腦力激盪，再進行小組分享

為了產生各種不同的想法，你要在會議開始時給大家一段時間寫下和畫出自己的想法，再與小組的其他成員分享。可以的話，在開會之前先分享背景，並讓大家思考「我們如何能夠…」，讓有意願的人可以提前想出點子。並非所有人都喜歡在壓力下進行腦力激盪！

在進行個人的腦力激盪之後，請大家分享他們的想法，並留下討論的時間。此時，大家才會開始在彼此的想法之上發展。

### 邀請其他團隊的人員和角色

當你安排腦力激盪會議時，不能只邀請 PM 和你的功能團隊。你也要考慮一下設計師、工程師、銷售人員、產品行銷人員、客服代表、高層，以及其他任何利害關係人，或可能對這個問題有不同看法的人。

邀請各式各樣的人有以下幾點好處：

1. **創造力**：持不同觀點的人通常會提出創造性的、立即可用的想法，從而改善整體解決方案。
2. **聆聽**：腦力激盪可以讓你同時聽取多人的意見，讓你的利害關係人和合作伙伴都有機會說出他們認為你該怎麼做，你也可以避免獨自一個人解釋他們的想法為何行不通的壓力。更重要的是，他們提出來的解決方案通常可以幫助你更理解他們在想什麼、他們關心什麼。
3. **士氣**：腦力激盪很有趣，大家都喜歡被接納，腦力激盪可以創造團隊凝聚體驗。

9 詳情見 Harvard Business Review 的文章：*https://hbr.org/2017/05/your-team-is-brainstorming-all-wrong*。

### 為腦力激盪設定一些架構

雖然無架構的腦力激盪有好處，但它也會令人緊張。很多人不知道從哪裡開始，甚至可能會因為自己的想法「不夠好」而先行否決自己的想法。提供一點架構或方向可以讓會議更歡樂，幫助你獲得更有趣的結果。

- **Crazy Eights**：將一張紙折成八等分，將計時器設為八分鐘，在時間結束前，試著在每個方格填入不同的想法。
- **Brain Writing**：讓每個人在一張紙上寫下或畫出一個想法，然後將紙傳給右邊的人，在下一回合，根據紙上既有的內容進行創作。
- **Different Hats**：讓大家針對各種類別或限制想出不同的點子，例如一個普通的、一個無厘頭的、一個造價不高的，還有一個奇幻的。你也可以根據客戶類型或用例來劃分腦力激盪。
- **隨機組合**：在閃示卡（flashcard）上面寫下主題或限制條件，讓每個人或小組抽出兩張卡片，想出符合該組合的點子，例如「email」與「高級用戶」。

Lab Zero 的產品總監 Kate Bennet 為一項衝刺回顧會議提供了一些模板，讓會議有一些腦力激盪活動：

> 在一些回顧中，我在白板上畫了一艘帆船，我用風來代表幫助我們的東西，用錨來代表阻礙，用鯊魚來代表團隊的恐懼，用熱帶島嶼來代表團隊的希望或目標。我發給每人一疊便利貼（或一個網路白板的連結），給他們五分鐘的時間，在圖像的每個部分貼上便利貼。我們發現，藉著混合與改變格式來滿足團隊的需求，可以讓大家對回顧更有興趣，也更有活力，讓他們更有機會分享對他們來說重要的事情。

務必表現出你樂意接受好的想法、壞的想法和古怪想法的態度。你要讓每個人都自在地提出想法，即使是愚蠢的想法也有機會啟發偉大的想法。

## 重點提要

- **一定先說明目標**：在開始進行每項工作的時候花幾分鐘讓所有人都知道你為什麼要做這件事，以及你希望完成什麼，這會讓成功的機會大大的不同。經常回顧目標不僅可讓大家保持在正確的軌道上，也可以鼓舞士氣！
- **不要跳過產品發現**：大量的失敗或令人失望的發表都可以追溯到未經測試的產品假設（假設用戶想要某樣東西）。即使你在進行上級要求建構的某個東西，至少你要在開始工作時執行一些低成本的驗證。

- **優先處理重要的事情**：你總會有一長串的潛在功能需要完成，但它們有不同的重要性。利用你發現的用戶和資料見解，讓團隊專注在對產品的成功非常重要的工作上。
- **考慮潛在的有害後果**：身為 PM，你要對產品的正面和負面影響負責。雖然增加保護和限制看起來不太「有趣」，但你一定要確保產品不會造成傷害。
- **使用優秀的產品**：提高產品意識最好的方法是使用大量的優秀產品，並關注它們。即使你的產品意識很強，你也要持續使用優秀的產品來了解最新的模式和最佳實踐。
- **創造力是可以培養的**：許多創新的產品靈感都是來自交叉應用不同領域的概念。你的研究範圍越廣，你就越有可能找到靈感。與不同群體的人進行腦力激盪是另一種拓寬思路的方法。

CHAPTER 8

# 技術技能

PM 與技術技能有敏感的關係。具備工程背景的 PM 必須學會不冒犯工程師。沒有寫過任何程式的 PM 則害怕發問會顯得自己很蠢。

總的來說，PM 必須足夠了解產品背後的技術，這樣才能在腦力激盪、成本計算、問題解決和代表團隊等方面成為工程師的得力伙伴。除此之外，如果 PM 願意並能夠承擔一些簡單或乏味的程式設計工作，工程師通常會很喜歡他，這可以幫助團隊在截止日期之前完成任務、進行更多精修，以及建立起團隊情誼。

## 責任

### 與工程師一起進行產品決策

有些 PM 認為他們的工作是提出所有的想法，以及進行所有的產品思維，他們會與設計師一起想出宏偉的願景，並交給開發者去執行。要是有工程師提出建議，他們會快速地駁回——要嘛是缺乏尊重，要嘛是因為他們的領土意識。但是，你應該主動與工程師分享你的產品思維。你要讓他們參加腦力激盪會議，並徵求他們的意見。工程師經常是創新想法的來源，因為他們知道技術面的可能性。

Lumiata 的 AI 平台產品管理部門高級總監 Laika Kayani 分享了她如何與工程師一起創造偉大的解決方案：

> 身為 PM，我很清楚我想為客戶實現什麼結果。當我們建立一個新的機器學習模型時，我們會討論是否針對速度、成本或性能進行優化，並探討各種選項。有一次，有一位客戶遇到 ML 模型太大的問題，解決這種問題的做法之一是簡化模型的所有 ML 特徵。我與工程師討論客戶的目標之後，我們提出一個更好的解決方案，也就是由我們的公司管理基礎設施，免得讓客戶請他們的內部 IT 團隊配置額外的空間。

大家合作想出來的解決方案通常會比單獨一個人想出來的更好。

## 了解技術基礎架構如何影響產品

也許你沒有技術背景，但你應該具備了一般的才智，要在職涯早期獲得成功，你只要有一般的才智加上一點勇氣就夠了。

找一位你覺得好相處的工程師，問他們系統是怎麼運作的。他們會使用你聽不懂的字眼，問那些字眼是什麼意思。問他們：系統對產品有什麼影響、哪種東西很容易建構、哪種東西很難。

身為一位 PM，你以後一定會假設哪些東西可以做出來，以及大概需要多久。如果你聽到意外的答案，可能他們會告訴你：「這太難了，做不出來」那就請他解釋一下，以便理解細節。

關於「太難做」之類的事情，第 117 頁會介紹更多處理辦法。你的目標通常可以用其他的解決方案來實現。

## 如果你會寫程式，考慮幫助解決問題

這個建議有點像一把雙刃劍，你不想在職業生涯承擔寫程式的責任，因為它會占用你進行策略規劃的時間，但是，在職業生涯的早期寫一些程式可以快速獲得工程師的信任，並幫助你的團隊。

最好的工作就是工程師不想做的工作。例如，很多工程師不想做簡單的前端工作，例如編寫 CSS。他們不想做的工作通常很枯燥，這是好事，因為他們只要教你一次，你就可以一遍又一遍地編寫，並從中學習。

不要碰工程師不希望你幫忙的程式，不要因為你懂程式而忘了謙遜。如果你的幫助無法獲得感激，你應該把時間花在更好的事情上。

# 成長實踐

## 和你的主管和工程師確認一下

不同的角色和不同的公司需要與重視的技能數量和類型各不相同。

問一下你的主管和工程伙伴：他們認為哪些技能可能對你有幫助。你可以從中得知他們是否認為程式課程有幫助，如果有，該學習哪種語言。他們可能希望你熟悉團隊使用的某項技術，或是跳過技術技能，把時間放在其他地方，而不是寫程式上。

## 培養你的成本直覺 ⚡

在職業生涯的早期，你要盡量避免估算工程成本。工程師對 PM 建議「工作應該可以更快完成」非常敏感，所以，你最好直接詢問他們，而不是做出假設。

當你建立了名聲，並且和工程師建立穩固的關係之後，你就可以藉著了解工程成本，以及自行進行粗略的成本估算，來獲得很多利益。

在繼續討論下去之前，我想要重申一下：

> 你可以為了你自己的目的而估算時間，但絕對不要讓團隊承諾任何事情。如果你不是為了自己而估算時間，就必須由工程師估算時間。

那麼，你可以用你自己的估計來做什麼？以下有幾個選項：

- **檢查解決方案空間，找出哪些解決方案的成本可能太高，或不太可能太高**。這種做法很適合在你和設計師或利害關係人合作時使用，因為它可以讓你快速地辨識出成本可能很昂貴的想法，並立即想出替代方案。這種快速的回饋可以節省大量的迭代週期。如果你採取這種做法，最好在事後與工程師重新確認原始想法的成本，以免太快放棄一個想法。
- **儘早發現誤解或遺漏的資訊**。如果你預計一項修改需要幾個小時完成，但是工程師認為它需要兩個星期，那就代表你們之中有一個人知道另一個人不知道的事情。也許你知道有既有的元件或預先算好的值可以重複使用。如果你已經在公司工作了一段時間，或是你從上一家公司帶來相關的資訊，你應該知道一些可以提升技術實作速度的東西。

- **先確定優先順序（在比較小範圍內）和規劃路線（在比較大範圍內）**。設定路線和優先順序與成本和收益有很大的關係，所以你對成本的直覺越好，你的第一個版本就越合理。當你讓工程師看你的草稿時，你可以在小 / 中 / 大等級的細膩程度（通常稱為 T 恤尺寸）上，加入你的成本估計。務必詢問你的估計是否有誤。

### 如何建立成本直覺

要培養成本直覺，你要了解如何將工作拆成各個部分，再看看與它們類似的部分需要花多少時間來建構。用同一家公司內部的工作來比較非常重要，因為基礎設施、測試框架和部署時程之類的事情可能對工作時間造成很大的影響。

影響成本的兩大因素通常是：

- **有多少解決方案可以重複使用，有多少解決方案需要從頭建構**。例如，假如你要在一個對話方塊裡面加入表單，而且你要幫它加入一個日曆選擇器與一個顏色選擇器，如果你的產品已經有這些選擇器了，它們的製作成本可能會很低，否則，它們會花費更多時間和更高成本。
- **績效**。如果你要做一些涉及大量資料的東西，例如計算數百萬筆記錄，那麼以低成本且直接的方式來製作通常會慢得令人無法忍受，甚至可能造成穩定性的問題。需要依序尋找大量資料的設計也是如此，例如找到電影中的所有演員，然後尋找那些演員曾經演過的所有其他電影。有一些工程技術可以讓這種設計執行起來非常快速，但建構它們需要更長的時間和更昂貴的成本。

## 概念與框架

### 技術術語與概念

我無法教你關於技術的所有知識，但這裡有一個速成課程。了解這些術語可以大大地幫助你和工程師交流。

#### API

**API** 是 Application Programming Interface（應用程式開發介面）的縮寫。它相當於讓電腦互相溝通的 UI。

公司的各種產品和系統會使用內部的 API 來溝通，公司外的開發者可以使用外部 API 來連接你的產品，或是用你的產品來建構其他產品。就像用戶會受到 UI 的限制（例如，app 的手機版本可能沒有網頁版本的功能），電腦也會被可用的 API 限制。

擁有很多產品的公司通常會改用**服務導向架構**（**service-oriented architecture**），也就是將組件與基礎架構的元素劃分到獨立的**服務**裡面，並且讓不同的服務透過 API 來溝通，而不是使用一堆糾纏不清的程式碼。

### 實作 *API*

說到 API，你可能聽過 **CRUD**（發音類似單字「CRUD」），它代表建立（Create）、讀取（Read）、更新（Update）和刪除（Delete），它們是你可以對著資料執行的四種基本操作。例如，Twitter 用來處理 tweet 的 CRUD API 可讓你建立新 tweet、取出 tweet 的文字（如果你知道它的數字 ID）、編輯 tweet，或刪除 tweet[1]。CRUD API 通常是產品提供的第一個 API，接下來會建構其他特殊用途的 API，例如將一條 tweet 固定在你的個人檔案中。

許多 API 使用 **XML** 或 **JSON**（**JavaScript Object Notation**）作為分享資訊的格式。它們都是基於文字的格式，可讓電腦輕鬆地解析和了解。如果你聽到別人談到 **JSON 物件**或 **JSON Blob**，他們指的是以容易分享和使用的結構來格式化的資料。

在進行**身分驗證**（**auth**）時，API 通常使用**訪問權杖**（**access token**），而不是隨著每一個請求發送使用者名稱和密碼。你可以將訪問權杖想成你出示門票進入博物館之後，蓋在手上的印章。

## 用戶端（也稱為前端）和伺服器（也稱為後端）

用戶端與伺服器都是產品的一部分。**用戶端**（**client**）是在用戶設備上運行的部分——例如行動 app，或是網頁載入後顯示的網站。**伺服器**（**service**）是在公司的電腦或雲端服務（例如 Amazon Web Services (AWS)）上運行的部分。可從多台設備讀取的資料都放在伺服器，用戶端只會得到一個臨時副本。

可以在用戶端獨立完成的事情都可以即時處理，需要**往返伺服器**的事情（用戶端向伺服器發送訊息，告知它想要某樣東西，伺服器回傳一個回應）通常會延遲四分之一秒以上。

1 沒錯，我知道你無法編輯 tweet，這只是舉例說明。

### 行動 *vs. web app*

在行動 app 中，手機的用戶端裡面通常有大量的內容，這就是為什麼你要花一些時間下載它們，並且要定期更新 app。圖像，尤其是影片，下載時間會特別久，文字則沒有多大差異。當你打開 app 之後，有時會看到一個緩慢的進度條，上面寫著「正在下載新內容」。在飛行模式下使用 app 代表你在沒有伺服器的情況下使用它。如果你修正了行動 app 的一個 bug，你就要將它重新提交至 app 商店，讓人們下載更新內容。

在 web app 中，每次你重新載入網頁時，你都會從伺服器重新下載用戶端程式碼。這就是為什麼你不需要更新 web app。在 web app 中，當你發現問題時，你通常可以在幾分鐘之內為客戶修正它。

### 優化

想要加快速度嗎？下面是常見的方法：

- 伺服器通常有**背景工作**（**background job**）或 **cron 工作**在運行。工作（job）是一段獨立的程式，它與伺服器程式的其他部分是分開執行，而且不會直接回應用戶端的請求。cron 工作是每隔一段固定的時間運行一次的工作（例如每 10 分鐘或每晚運行一次），可以用來（舉例）發送每日摘要 email。背景工作是在背景運行的，它以**非同步**（**asynchronously**）的方式執行任務，因為那些任務對用戶端來說太慢了，無法等待。背景工作可為用戶執行任務，例如產生一個龐大的匯出檔案，或是為系統執行任務，例如個人名稱被修改後，需要花幾分鐘在系統中傳播。
- 在系統的某個地方可能有一個或多個**快取**（**cache，念成 "cash"**）。**memcache** 是一種流行的快取系統。快取藉著儲存昂貴的計算結果來提高速度。雖然它們很好用，但是它們有時會引入 bug，而且會迅速提高某些伺服器的成本。
- **延遲載入**（**lazy loading**）是一種程式設計模式，它將昂貴的計算延遲到需要的時候才執行。例如，假設你已經擁有一個產品好幾年了，現在你想要將 UGC 裡面的髒話刪除，你不需要執行背景工作來更新所有內容（這可能需要好幾個月的時間），只要在有人試圖查看內容時，再刪除裡面的髒話就可以了。

你可以繼續閱讀關於優化資料庫的內容（第 114 頁）。

## 部署和開發、測試、預備、beta，與生產伺服器

工程師整天都在寫程式，但那些程式不會一寫出來就讓客戶使用。他們會在一系列獨立的開發環境中測試程式，以確保程式能夠按照預期執行、與其他工程師最近做的所有修改一起執行時沒有任何問題，並且能夠處理真實的資料。**部署**（**deployment**）是讓客戶使用新程式的過程。

工程師會先使用在他們自己電腦上運行的**本地沙箱**（**local sandbox**）（也稱為**開發伺服器**（**development server**）或 **dev**）[2]。沙箱環境與真實環境可能有很多不同（例如，只有少量的假資料），但使用它可以快速地查看程式的運作情況，並反覆迭代。每一位工程師都有自己的沙箱，所以大家可以同時寫程式。工程師輸入程式之後需要**組建**（**build**）或**編譯**（**compile**）程式，這可能要花一段時間，取決於電腦語言與基礎程式的架構。加快編譯時間可以大幅提高開發速度，因為這可讓開發人員更快速地測試他們的程式。

編寫程式包括編寫新的**測試**（**test**），用來驗證程式是否按預期工作。如果團隊使用**測試驅動開發**（**test-driven development，TDD**），他們要在寫程式*之前*先寫好每一項測試，將測試視為一種規範或驗收標準。對大多數的團隊來說，寫出測試主要不是為了抓到 bug，而是為了防止將來的程式不小心破壞這段程式。

### 管理程式碼

工程師寫程式會使用 **git** 或 **github** 等版本控制系統（**version control system**）來追蹤他們的更改，以及取得其他工程師寫好的新程式。將所有程式集中在一起的版本稱為**主分支**（**master branch**）。

每一位工程師都有一個**本地版本庫**（**local repository**），它是在本地機器上的所有程式碼的副本。當工程師處理新功能時，通常會建立一個新的、有名字的**功能分支**（**feature branch**）。每一個分支都有自己的更改和版本歷史。分支很好用，因為如果工程師在完成一項新功能的過程中，有人要求他在另一個部分修復一個 bug，他可以切換到新分支去進行小修改，同時可以保留他的所有其他工作。

2 「沙箱」也可以代表獨立的實驗環境，可讓客户在裡面把玩與測試產品。

### 提交程式碼

工程師會在工作時**提交**（**commit**）變更，基本上，它是將變更存入版本控制系統，並更新版本記錄。一切就緒之後，他們會將他們的分支併入主分支，此時會建立 **Pull Request (PR)** 或 **change list**。PR 會顯示所有的差異或修改（加入、刪除或更改的程式碼）。如果你會閱讀程式，有時看一下 PR 很有幫助，例如，你可以了解某個事件在 log 裡面的名稱。

PR 可能會被送去進行**程式碼復審**（**code review**），也就是讓另一位工程師檢查程式，以找出 bug 或樣式錯誤。很多公司在 check in 程式碼之前會進行程式碼復審。如果你的團隊還沒有採取這一種做法，你可以研究一下它，它可以幫你抓到 bug、確保採取好的做法、培訓新人，以及幫助團隊的每個人更全面地了解基礎程式。

一旦 PR 被接受，別人在主分支上做的修改都會**被合併**（**merged**）到本地分支。如果所有人都編輯不一樣程式碼行數，合併後的程式會自動合併所有人的更改。如果有兩個人試圖編輯同一行，它會回傳一個**合併衝突**（**merge conflict**），工程師必須檢查它，並手動修復它。

### 在部署之前驗證程式碼

接下來，PR 會**被推送**（**pushed**）到**測試伺服器**（**testing server**）以進行測試。測試伺服器工程師共享的，所以如果有很多工程師同時提交程式，他們可能會花很長的時間等待測試運行。

測試伺服器通常運行**單元測試**（**unit test**）和**整合測試**（**integration test**）。單元測試是一種小型的獨立測試，它會自動執行組件的所有功能，並檢查程式回傳的結果是否正確。單元測試的重點不是檢查你剛寫好的程式是否正確，而是確保別人沒有做出破壞程式的修改。整合測試是更大型的測試，它會執行許多流程，以確保完整的用例正常運作。

如果公司採取**持續部署**（**continuous deployment**），測試成功的程式會被自動併入共享的主分支，並依序部署到下一個伺服器。它可能會被直接送到真正的客戶使用的**生產伺服器**（**production server，prod**）、或內部員工或一小部分客戶使用的 beta 伺服器，或完全複製生產伺服器的**驗收伺服器**（**staging server**）來進行**負載測試**（**load test**）。每一間公司都會用一套規則來規定何時可將程式送到下一個伺服器（例如，在幾個小時之後，或在生產工程師說一切就緒時）。

### 當程式停止編寫時

如果有人提交的程式碼害共享的主分支無法編譯，這種情況稱為**破壞版本**（**breaking the build**），這種情況通常會在工程師為了節省時間而跳過測試步驟時發生。在版本被修復之前，任何人都不能提交新程式碼。

程式上線不一定代表客戶可以看到新功能。修改的東西或新功能可能被**功能旗標**（**feature flag**）擋住，功能旗標是一種組態設定，可讓你開啟或關閉功能。旗標通常被當成 A /B 測試的一部分來使用，測試時，你會幫每一位用戶隨機打開或關閉旗標。使用旗標的程式很簡單，只要寫：「如果旗標是打開的，執行這段程式，否則執行那段程式。」

有時，公司會**凍結程式**（**code freeze**），此時會停止將程式自動部署到下一個伺服器。這樣做是為了防止在重要的時刻出現新 bug，例如當多數人都去渡假時，或者有重大的發表時。在程式凍結期間，工程師可以自己手動提交（也稱為 **cherry-picked**），例如為了修正一個 bug。

## 產品分析和記錄

現代的 app 有豐富的**產品分析**（**product analytics**），並且幾乎會**記錄**（**log**）用戶做過的所有事情。

被記錄下來的東西（例如一個人打開 app，把滑鼠移到搜尋按鈕上面，按下搜尋按鈕，或按下搜尋結果）稱為**事件**（**event**）。事件不會被自動記錄，工程師必須為他們想要記錄的任何操作加入一些程式，這也稱為加入**檢測程式**（**instrumentation**）。

在記錄事件時，你可以記錄很多資訊，例如事件的名稱、事件發生的時間、執行該事件的用戶 ID、他的設備類型、你想要分析的其他**中繼資料**（**metadata**）。例如，有人按下搜尋按鈕時，你可以記錄他們在搜尋方塊中輸入多少單字。

事件被記錄之後通常需要做一些處理才能查看，處理的時間通常是在晚上（使用 cron 工作），如此一來，你就可以在早上上班查看到昨天的資料了。查看原始紀錄涉及隱私問題，所以資料通常會先做匿名化與聚合（aggregate），才讓人查看。

## SQL 與資料庫

**資料庫**（**database**）是儲存資料的系統，就像供電腦使用的增壓（supercharged）試算表[3]。試算表裡面有多個工作表，資料庫裡面也有多個表。各種資料庫類型是為了快速完成各種事情而優化的。

你的產品可能會使用通用的資料庫，例如 **MySQL**、**Postgres** 或 **MongoDB** 來處理產品的所有重要資料，例如用戶資訊和 UGC。

為了儲存事件紀錄和商務分析，你的公司會使用 **Redshift** 之類的特殊用途的**資料倉儲**（**data warehouse**）。資料會藉由一種稱為 **ETL**（提取（Extract）、轉換（Transform）、載入（Load））的流程移入資料倉儲。

如果你的產品提供搜尋功能，你也許會使用 **ElasticSearch**。

### SQL

**SQL**（讀成「sequel」）就是結構化查詢語言（Structured Query Language）。它是一種計算機語言，可在大多數的資料庫中加入、編輯和檢索資料。以個人的身分，你可以使用 SQL 直接與資料庫互動，但通常，你只能對著記錄資料庫做這種事，不能對著生產資料庫這樣做。在與生產資料庫互動時，伺服器程式會製作 SQL 查詢，再將它送到生產資料庫。

通常，使用 SQL 來做事的速度比使用伺服器程式快得多，但是 SQL 可以做的事情種類有限。

### 優化資料庫

資料庫裡面的資訊通常會被拆到多張表裡面，以避免重複，產品必須將資訊重新組合才能顯示它。例如，用來儲存貼文和評論的資料庫可能用一張表來儲存帶有父（貼文）ID 的評論，用另一張表來儲存實際的貼文。當程式想要顯示貼文 1234 有多少評論時，它可能要執行一個相對緩慢的操作，來計算貼文 1234 的所有評論。

為了加快 app 的速度，你可以在貼文表裡面儲存算好的評論數量的**反正規化**（**denormalized**）副本，並試著讓它與正確的數量保持一致。反正規化就是以較慢的**寫入速度**（加入或更新資料所花費的時間）來換取更快的**讀取速度**（查看資料所花費的時間）。雖然它已被廣泛使用，但可能會導致 bug 和更長的開發時間。

---

3 你可能也會聽到 datastore 這個術語。這是範圍更廣泛的術語，指的是任何一種儲存資料的系統。資料庫是一種 datastore，但 datastore 也可以代表存放檔案的空間或其他非資料庫儲存系統。

## 演算法與資料結構

**雜湊表**（**hash table**）或**雜湊對應**（**hash map**）是一種常見的編碼技術（一種資料結構），它可以非常快速地將**索引鍵**（**key**）（獨一無二的數字、單字或短語）對應到一個**值**（**value**）。工程師會想出各種聰明的方法來使用雜湊表來解決問題。例如，當你問工程師某個想法會不會太慢時，他們可能會回答：「沒問題，我可以使用雜湊表。」但是，不要建議你的工程師使用雜湊表，如果你不知道自己在說什麼，你的建議會顯得很外行。

**執行時間**（**running time**）或**大 O 表示法**（**big O notation**）是描述演算法效率（與資料量的關係）的一種方式。它不提供確切的時間，它本質上是一個數學函數，用來描述當資料變大時，演算法的速度會降低多少。例如，如果你將地址簿裡面的聯絡人的數量翻倍，你的過濾演算法能不能保持相同的速度？還是需要兩倍的時間，甚至更糟？常見的執行時間有[4]：

- **O(1)**（**常數時間**）：無論你有多少資料，演算法都會保持大致相同的速度。
- **O(log n)**（**log n 時間**）：資料組的增加會讓演算法變慢一些，但即使是將資料增加一倍，也不會造成多大的不同。例如，資料組增加 10 倍可能會讓執行時間增加 1 倍。
- **O(n)**（**線性時間**）：演算法按照資料組的大小呈比例增加。因此，如果你的資料組增加 10 倍，執行時間也可能會增加 10 倍。
- **O(n log n)**（**n log n 時間**）：這個演算法比線性演算法稍差。例如，資料組增加 10 倍可能會讓執行時間增加 11 倍。在處理真正的問題時，這種演算法是可以容忍的，這通常也是排序法花費的時間。
- **O(n^2)**（**n 平方**）：這種演算法比線性演算法差得多。如果資料組增加了 10 倍，執行時間可能會增加 100 倍。這對軟體來說通常是不可接受的，除非你知道它只會處理極少量的資料。
- **O(2^n)**（**指數**）：哎呀！這個演算法比線性演算法差多了，資料增加 10 倍可能導致執行時間增加 1000 倍。資料增加 20 倍意味著執行時間增加 100 萬倍。有沒有發現問題？很少人在生產軟體中製作這種演算法，它真的太慢了。

---

4 這些說法有點簡化。假設有一個演算法需要（100 + n）秒來運行 n 筆資料，它處理 5 筆資料需要 105 秒，處理 10 筆資料需要 110 秒。所以它的時間其實沒有翻倍，即使輸入的大小翻倍了！但是，斜率是線性的。當 n 非常大時，資料翻倍時，時間也會翻倍。

O(n) 有沒有比 O(n^2) 快？有，也沒有。當資料很少時，可能沒有。但是當資料夠大時，答案是肯定的。然而，某種 O(n) 演算法可能比另一種 O(n) 演算法快得多。數學家應該不喜歡這種說法，但你可以把大 O 簡單地想成：當你有大量資料時，演算法會變得多慢。O(1) 和 O(log N) 演算法通常很棒，O(N) 和 O(N log N) 通常也不錯。O(n^2) 或更慢的速度通常是無法使用的。但是這完全取決於你要做什麼[5]！

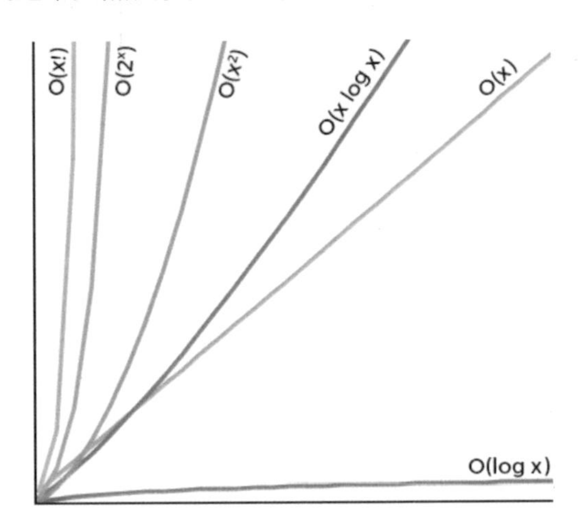


在上圖中，當資料很少的時候，時間看起來有點相似。但是，當資料變多時，較慢的執行時間就會變得非常非常慢。

## 其他術語

- 因為用戶端與伺服器可能位於世界各地，所以時區會讓日期和時間混淆不清。為了解決這個問題，程式通常使用 **UTC 時間**（Coordinated Universal Time，世界協調時間）來進行儲存和計算，在顯示給用戶看之前，再根據當地時區進行調整。UTC 時間幾乎與格林威治標準時間（GMT，英國倫敦所屬的時區）相符，但它不會因日光節約時間而改變。
- **swag** 是 Scientific Wild-Ass Guess 的縮寫，它是成本估計的另一種說法。使用 swag 這個詞是為了表達該估計只是一種猜測。當你用 swag 來建立時間表時，通常至少要將時間翻倍——甚至四倍——以計入評估的誤差，以及計入需要用一整天的時間來完成的其他事情，例如進行代碼復審和編寫測試程式。

5　我使用**通常**這個字眼。那麼，用 O(log N) 時間來尋找一位連絡人會怎樣？如果你要在手機的連絡人名單裡面用 O(log N) 時間（N 代表你有多少位連絡人）來尋找一個人，應該沒問題，但是如果你要在整個網路上搜尋一個人（N 是網路的網頁數），你會等很久。

- **UUID 或 GUID**（用雙音節發音：goo ihd）是 Universally Unique Identifier（通用唯一辨識碼）或 Globally Unique Identifier 的縮寫，它們是非常大的隨機生成字串（例如「712f58d0-0208-4fc4-b80f-fc4e960bfac2」），通常被當成資料庫裡面的物件的「ID 號碼」來使用。它們很方便，因為你可以假設它們都是唯一的，不必檢查以前是否用過該 ID。（為什麼不需要檢查？因為重複的機率太低了。）
- **技術債務**（**technical debt**）的意思是倉促地工作會寫出 bug，導致未來的工作需要花更多的時間，或在未來需要做額外的工程。雖然借錢（金融債務）可以讓你立刻擁有購物的能力，但你必須在未來償還（包括利息！）。技術債務也是如此，雖然你現在就可以發表，但以後你要付出代價。而且，就像金融債務，技術債務也要經過一段時間才要償還。但你要小心行事，因為它不會放過你。

## 「它太難做了」到底是什麼意思？

在你的職業生涯中，你會經常聽到工程師說：你的想法太難實現了。別就此結束談話，你要深入挖掘並釐清他們到底是什麼意思，問問為什麼它太難了，以及哪些部分讓它那麼難。

工程師有三種常見的答案：高成本、低性能 / 擴展性，和增加技術債務。

### 建構的成本太高了

「困難」通常代表需要很長的時間才能完成。

- 也許工程師使用的現成組件不支援你想要的功能，所以必須從頭建構自己的組件，來支持你的想法。
- 你可能低估了實現你的想法所需的元件數量。
- 這可能意味著他們必須接觸他們不熟悉的基礎程式，通常會花更多時間。
- 它可能需要進行為期數週的資料遷移才能運行。

了解哪些元件的成本很高之後，或許你可以找到便宜很多的替代品，那些元件提供的功能也許略有不同，但仍然可以接受。也許你不需要你想到的每一個部分。也許熟悉基礎程式的工程師可以幫上忙。或許你決定不必遷移舊資料。

在這種情況下，另一個很好的後續問題是：「你認為需要多久？」如果工作夠重要，你可能決定花額外的時間，或是讓更多工程師來幫忙。

## 性能會非常緩慢，或擴展性會很差

「困難」有時代表你要求的功能需要花很長時間，或執行占用大量電腦資源的計算。例如，你有一個包含數百萬個項目的清單，你希望計算其中的一個子集合。或者，也許你有一個上千個項目的清單，你想要拿每一個項目與其他的每一個項目進行比較。

以下是處理性能問題的幾種方法：

- 加入限制。例如，當數量超過 99 時，顯示「99+」。
- 減少產品每次需要的計算次數，例如，先將範圍縮小成一個項目，再進行比較。
- 投入更多的工程時間來建構一個可以更快速地顯示結果的系統。例如，你可以使用反正規化（第 114 頁）、快取（第 110 頁）或預先計算資訊。

性能非常重要，所以如果你無法找到替代方案，你可能要拿掉緩慢的功能。

## 它會引入技術債務，讓未來的專案需要更久才能建成

「困難」有時意味著解決方案會增加沒必要的複雜性，或變脆弱且容易出錯。例如，它可能意味著無法使用標準元件、導入新的後端系統，或者增加將來必須記得的極端情況。

處理技術債務是一項挑戰，它會讓工程師的工作更加困難，並減緩未來的開發速度。與工程師爭辯這個主題不是好事，何況這件事往往是最難理解的。所以，雖然你仍然可以詢問哪個部分會增加技術債務，但你可能無法理解工程師在說什麼，因而無法想出替代方案。

和往常一樣，你可以問問工程師，可否設計出沒有技術債務的替代方案。如果他們了解問題所在，他們可能會想出一些驚人的點子。

如果你仍然認為那個功能很重要，那就先看看團隊能不能先製作它，以後再解決工程債務。除非你以後真的可以再投入時間，否則不要採用這種方法。

## 重點提要

- **合作很重要**：最重要的技術技能是與工程部門建立強有力的合作關係。如果你願意提出問題，而且在產品生命週期的早期就讓工程師參與，你幾乎都能學到工作所需要的技術細節。
- **了解產品的技術不需要技術背景**：培養你對產品技術基礎架構的理解能力，使用那個能力來進行與用戶有關的決策。不要因為缺乏自信或尷尬，而不去理解不知道的事情。你要勇敢地發問。
- **深究「這太難了」**：當工程師告訴你某個東西很難做出來的時候，他可能有幾種不同的意思，了解他是哪一個意思，再採取適當的行動。
- **成本估計是需要時間來培養的技能**：隨著時間的過去，你要培養判斷各種功能的建構時間的能力，以及哪些細節會讓專案更遲或更快完成。利用這種判斷力來思考並提出替代方案，但務必與工程師一起檢查，以避免遺漏了什麼。

CHAPTER 9

# 撰寫產品文件

最後，我們要進入產品的文件部分！它是 PM 實際負責的交付品。

但是，你要很小心。

PM 往往高估文件本身的效果，卻又低估編寫文件時需要的思考和協作。

無論你使用的是產品規格書（spec）、產品需求文件（Product Requirements Doc，PRD），精實產品畫布（lean product canvas），還是產品概要（它們的目的都是一樣的），它都不是神奇的文件。它只是一個工具，用途是讓你思考重要的細節、分享你的想法、詢求回饋，和改善計畫。而且，和任何工具一樣，它也會被亂用。

這就是為什麼你一定要注意程序和演變過程，而不僅僅是最終結果。你要將你在整個產品生命週期中進行的產品工作都寫入文件，把想法寫成文字可以讓你在問題出現之前找到遺漏的部分，以及發現不同的假設。撰寫產品文件不是為了把完美的計畫交給團隊，而是為了讓計畫更妥善！

## 用文件的製作過程來釐清你的想法

不要以為 spec 只是幫別人準備的東西。你應該利用寫作的過程來組織你的想法、提前計畫、預測風險，並釐清你的整體思路。

spec 模板非常實用，它可以提醒你應該考慮的所有領域。但是，當你使用模板時，務必刪除無關的部分和樣板，否則它們會讓你的 spec 難以閱讀。此外，當你在編寫 spec 模板時，你要非常注意模板的長度，以及填寫它時需要的工作。如果模板太龐大，別人就不想使用它。

## 進行優化，來讓文件容易閱讀和理解

spec 的重點在於，它是讓人閱讀和理解的。但是，這可能是個重大的挑戰。事實上，多數人都不喜歡閱讀 spec。

給你一些建議：

- 使用圖表和圖片來說明概念。
- 使用項目符號，如此一來，重要的資訊就不會被一整段略過。
- 維持簡短，盡量像附錄一樣短。
- 加入關於你想過的替代方案的資訊，以及你的思路。
- 突顯有爭議的部分 / 你最需要回饋和取得共識的地方。
- 請你的主要合作伙伴提供關於 spec 格式的回饋，以及他們是不是想修改哪些地方。

如果這些方法都沒有效，你可能要與團隊成員開會討論重要的部分，而不是假設他們都已經閱讀文件了。

## 將 spec 當成回饋的焦點

在 spec 定稿之前，你要取得所有重要利害關係人的回饋。你要立刻知道他們的任何問題。

在理想情況下，你要先讓你最親密的伙伴（例如你的設計師和工程師）閱讀 spec。如果你還在職涯的早期階段，你甚至要更早讓你的導師或主管審查。取得核心合作伙伴的建議之後，你就可以讓更多人閱讀了。

根據你的公司和個人偏好，你可能希望大家用文件非同步地提供回饋，或是希望他們在會議中提出問題。如果你有選擇的話，採取非同步的方式是不錯的選擇，因為它可以預先收集所有回饋再開始回應。你可能會發現兩個回饋互相衝突，或是有個有爭議的領域需要進一步討論。花時間閱讀回饋可以為下一步做出更好的準備。

## 清楚說明何時 spec 不是真相來源

spec 有一段時間是真相來源（source of truth）。在這段期間，有人做出任何更改時，spec 就應該相應地自動更新。

到了某個階段，將「真相來源」移到其他地方比較合理，例如設計師的 mock、已歸檔的工單（ticket），或 working code。若是如此，務必清楚地標記你的 spec 不會更新了，並確認所有的關係人都知道這個變更。

維持一個明確的真相來源需要付出相當的心力。通常舊的 spec 有許多與他連結的地方，或者，spec 可能會被分成幾個更小的 spec。你付出的心力是有回報的，因為你可以避免有人不小心按照過時的指示行事，進而導致令人氣餒的情況。

## 關注結果

產品文件是 PM 實際負責的少數可交付品之一，但請勿搞錯目標：交付 spec 不是你的工作。PM 有時會花太多時間做出完美的 spec，因為只有這件事完全在他們的控制之下。確保你關注的是**結果**（outcome），而不是**產出**（output），例如，自問：「我們有沒有認出風險並妥善地處理它？大家都同意這個計畫了嗎？這次的發表成功嗎？」

## spec 範例

書籍是一種產品，這本書剛好是（根據定義）我們的讀者熟悉的書。那麼，我們來想一下這本書的 spec 應該長怎樣。

遵循下面的模板可以幫助你突顯重要的細節，以及確保你解決的是大家真正關心的問題。

注意我經常使用標題和項目符號，以方便讀者瀏覽。「用例」部分列出產品的重要場景，或產品應提供的功用。「關鍵的取捨與決策」部分 PM 為了幫助讀者明白而考慮的其他方案。

### 問題

- 公司經常開發出糟糕的產品，但是如果我們能改善 PM 的做法，那些產品其實可以更好。
- PM 不一定知道如何成為好 PM。
- 最好的 PM 不一定能有效地管理自己的職業生涯，所以他們不一定能擁有應有的影響力。
- 導師沒有發揮該有的工作效率，因為他們花太多時間來回答基本的問題。

## 目標

- 在這個世界中更好的產品
    - **成功的樣貌**：人們說這本書幫助他們打造了更好的產品。
- 讓 PM 更優秀
    - **成功的樣貌**：這本書賣得很好，也獲得 PM 和 PM 經理的好評。
- PM 得到他們應得的認可和升遷
    - **成功的樣貌**：Amazon 的評論說，這本書幫助他們升遷了。
- 導師有更多時間進行個人化輔導
    - **成功的樣貌**：PM 導師推薦這本書。
- 關於國際化
    - **成功的樣貌**：讀者不會說這本書說的都是美國的情況。

## 用例

按照 *Jobs To Be Done* 格式（見第 *46* 頁的「*Jobs To Be Done*」）

- 當我在 PM 生涯的早期，我想
    - 學習 PM 技能、技巧和訣竅，這樣我就可以
        - » 做好我的工作
        - » 不會犯錯而讓自己丟臉
    - 了解 PM 的職業階梯，所以我就可以
        - » 專注於最重要的技能
        - » 快速進步
    - 學會設定職業生涯目標，這樣我才能
        - » 確保我得到正確的經驗
        - » 確定我是否真的想成為主管
        - » 避免激烈的競爭

- 當無法升遷時，我想要
  - 清楚地了解公司對職等的期望，這讓我可以
    - 診斷出哪裡出了問題
    - 關注最重要的活動
- 當我晉升為產品主管時，我想
  - 學習管理 PM 團隊的最佳實踐，這樣我就可以
    - 組織團隊來獲得成功
    - 幫助我的團隊的 PM 成長
  - 寫下優秀的 PM 是什麼樣子之後，我可以
    - 告訴團隊的 PM：他們要注意哪些地方才能成長
    - 在我的 1:1 時間專心進行個人指導

## 時間表

1. 目錄（1 天）
2. 完成草稿（4 個月）
3. 深入訪談（2 個月）
4. 定稿（3 個月）
5. 聽取 beta 讀者與文編的回饋（2 個月）
6. 出版（1 個月）

## 詳細提案

### PM 技能

- 占全書的 80%
- 拆解所有的 PM 技能、它們的含義，以及在早期、中期和高階職業生涯中應該關注什麼。

- 分成產品、執行、策略、領導和管理
- 盡量引用別人說過的話

#### 管理你的職業生涯

- 占全書的 20%
- 能讓你成功的所有事情，而不僅僅是做好你的工作。
- 加入成功的 PM 的採訪，他們可以透過各種不同的途徑幫助人們確定自己的職業目標，並展示什麼是成功。

### 關鍵的取捨與決策

#### 如何對 PM 技能進行分組

每家公司都以不同的方式來幫技能分組，我選擇對我來說最有意義的分組方式，為了降低風險，我會確保目錄裡面有讀者想要尋找的關鍵字。我們會在試讀期間徵詢這種分組方式的回饋。

#### 如何突顯與資深的 PM 和更高階的 PM 有關的資訊

我們想要確保這本書可以幫助資深 PM，我們原本考慮將所有資深 PM 技巧都放在單獨的章節中，而不是將它們穿插在探討各種技能的章節中。我認為穿插可讓初階 PM 了解他們以後要發展哪些技能，也可以鼓勵資深的 PM 瀏覽一下早期的職業技能，看看有沒有對他們有幫助的東西。我們將在試讀期間徵詢回饋。

## 重點提要

- **過程比結果重要**：產品文件只是用來思考重要細節、分享關鍵決策、徵求回饋和改善計畫的工具。最終文件的價值比不上文件撰寫過程的價值。
- **不要讓模板取代你的判斷力**：模板可以幫助你喚醒記憶，可讓你知道該考慮哪些領域，但模板無法取代你的判斷力。不要太專注於選擇正確的模板，而是要理解模板每個部分的目的，以及它對你期望的結果有什麼貢獻。

# 執行技能

專案管理

確定範圍和漸進式開發

產品發表

把事情做完

# PART D

# EXECUTION SKILLS

# 執行技能

執行技能可以幫助你快速、順利、有效地運行和交付專案，它們可以幫助你完成工作。在本書的這個部分，你將培養運行產品開發團隊和發表產品的技能。

- **專案管理技能**（第 129 頁）將教你如何規劃專案，並讓它保持在正軌上。你將學習 Agile（敏捷）和提高團隊速度的最佳實踐。
- **界定範圍和漸進式開發**（第 144 頁）教你如何將工作拆成多個發行版本（launch），從而更快速且更成功地發行。你將學習最簡可行產品（MVP），以及讓真正的用戶使用產品的重要性。
- **產品發表**（第 155 頁）將教你如何準備發表日。你將學習如何選擇發表日期，發表檢查清單應納入的細節，並討論各種發表策略。
- **把事情做完**（第 171 頁）將教你如何管理時間和克服障礙。我們將學習 4 D 框架，以及如何與遠端團隊高效地工作。

執行技能在產品生命週期的中期和末期特別有用。

CHAPTER 10

# 專案管理技能

很多 PM 對專案管理很感冒，一直以來，我們不斷向朋友和家人解釋我們是**產品**經理，不是**專案**經理，我們可能已經累積一些負面的感受了。幸運的是，有一些現代的專案管理方法很簡單，不像傳統的專案管理那樣繁瑣。不過，無論你採取哪一種做法，正確地管理專案都非常重要。

如果沒有做好專案管理，產品就會因為重複的工作、依賴關係、糟糕的時間規劃、人們沒事可做、分心和誤解而延遲。

PM 的專案管理責任因團隊而異，有時專案管理是由 PM 負責帶領，有時是由工程師或專門的專案管理者主導。

## 概念與框架

Agile（敏捷）、Lean（精實）、Kanban 與 Scrum 是影響大多數科技公司軟體開發的現代框架和哲學。如果你聽說過 Sprints、Product Backlog 或 Daily Standups，你應該已經熟悉其中的一些概念了。大多數的現代團隊都會使用這些元素之中的一些[1]。

以下簡介這些方法，以及你可能聽過的術語。要注意的是，很多人在使用這些術語時不太嚴謹，有時會交互使用它們。

1 在本書的大部分內容中，我們將「概念與框架」放在「責任」與「成長實踐」之後的第三部分。但是我們認為在這一章應該先介紹框架，因為你要用這些術語來了解責任和成長實踐。這種安排方式會導致不一致的情況，但可以幫助你更容易了解。

## 哲學

### Lean（精實）

Lean 是一種用將客戶價值最大化，同時將浪費最小化的哲學。它來自於 Toyota 的開發實踐，它是敏捷（agile）的哲學基礎。如今，它大多與敏捷交互使用，或用來援引較新的概念，例如 Lean MVP，其重點是先與客戶一起驗證產品，再對產品進行大量的投資。

### Agile（敏捷）

Agile 是一種**靈活**且**迭代式**的理念與高階方法。Agile 與舊的 Waterfall 方法形成鮮明的對比。在 Waterfall 方法中，每個階段的決策和可交付品都會被鎖定（locked in），並且「被扔進瀑布」，送到下一個階段。

在 Waterfall 中，PM 要編寫冗長的 spec 文件，詳細說明產品的每個部分如何運作，並審核它，這會產生嚴格的審核與批准週期。接著將文件送給設計師，由他們設計流程的每一個細節，且不能對初始要求做任何改變。然後將這些設計送給工程師，讓他們將設計與需求精確地寫成程式。在數個月或數年之後，客戶才會拿到產品。Waterfall 有很多前期工作，而且不太鼓勵人們改變早期階段做出來的東西。

AGILE vs WATERFALL

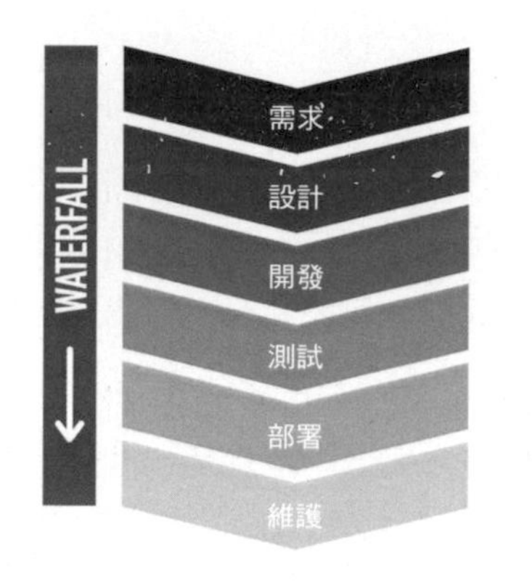


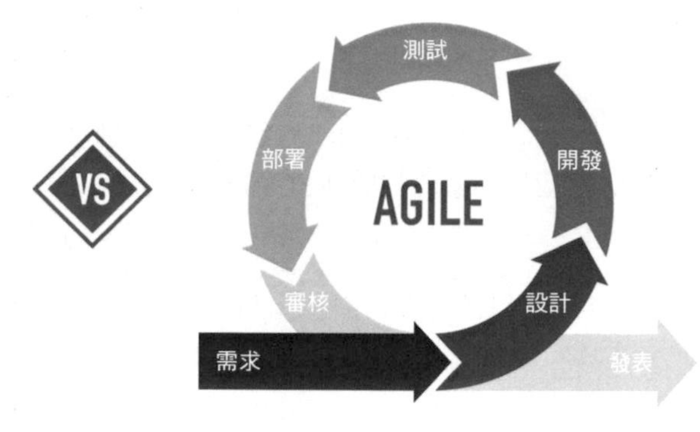


Agile 程序的各個階段與 Waterfall 相同，但是它的週期比較短，而且階段之間的分界比較模糊。在 Agile 中，PM 不需要寫出產品如何運作的所有細節，他們會針對需求進行討論，或製作一份簡短的文件。設計師可能會製作輕巧的 mock 來讓真正的用戶測試，從測試的結果發現哪裡需要修改。工程師或許會在設計還沒完成時就開始寫程式，並且和設計師一起嘗試一些替代方案。產品會被分解成多個小型的發表版本，每一個版本都會儘早與客戶分享，以便用他們的回饋來引導未來的工作。

Agile 可以視為一段頻譜，大多數的團隊自稱他們是「微敏捷（agile-ish）」，團隊可以藉著減少週期的規模（例如，將工作分解為更多漸進里程碑，與發表版本）並使用即時協作來取代冗長的正式文件，從而變得「更敏捷」。

### Scrum

Scrum 是一種流行的敏捷框架，具有特定的角色、工具和流程。Scrum 引入 Backlog、Sprint、Daily Standups 與 Retrospectives 的概念並將它們形式化。許多團隊使用這些概念中的一部分或全部，但不一定將它稱為 Scrum。

在 Scrum 中，團隊會進行一到四週的**衝刺**工作。在每一次衝刺的開始，團隊執行**衝刺規劃**（**sprint planning**），將**產品待辦事項**（**product backlog**）的工作拉到**衝刺待辦事項**（**sprint backlog**），並估計在下一次衝刺中可以完成多少工作。

在衝刺期間，團隊成員會從 backlog（待辦事項）中挑選工作，每天舉行 15 分鐘的**站立會議**，在裡面分享進度，並幫助彼此解決障礙。在每次衝刺結束時，團隊會針對已經完成的工作進行一次**衝刺審核**（**sprint review**），並進行**衝刺回顧會議**（**sprint retrospective**），以了解事情的進展，以及可以改善的地方。

**產品負責人**和 **Scrum 主持人**（**Scrum master**）是 Scrum 的兩個關鍵角色。很多公司讓 PM 扮演產品負責人的角色。如果這兩個職位是由不同人擔綱，PM 比較注重策略，產品負責人處理日常戰術。技術主管通常會扮演 Scrum 主持人的角色。

產品負責人負責管理 backlog、利害關係人，以及在工作完成時接收工作。Scrum 主持人負責確保 Scrum 順利完成，他會安排與舉行會議、疏通（unblocking）人員、與產品負責人一起確保所有事情在衝刺開始前就緒。

很多團隊都會挑選 Scrum 的一些元素來採用，或者自行對框架進行調整。幾乎沒有團隊完全按照 The Scrum Guide™ 的介紹來執行 Scrum。幸運的是，這種調整正是 Scrum 的原創者期望的[2]！

### Kanban

Kanban 是另一個敏捷框架，它最有名的是看板（Kanban board）的概念。

2 詳情見 *https://www.scrumguides.org/*。

**Kanban** 板是一種視覺化的方法，它的用途是組織工作與工作流程。在使用它時，你要將工作寫在卡片上，並將它放在第一行，然後隨著工作的進度而移動卡片。板子的每一行都代表一個工作流程階段，例如 Not Started（未開始）、In Progress（進行中）、In Review（審核中）與 Done（完成）。

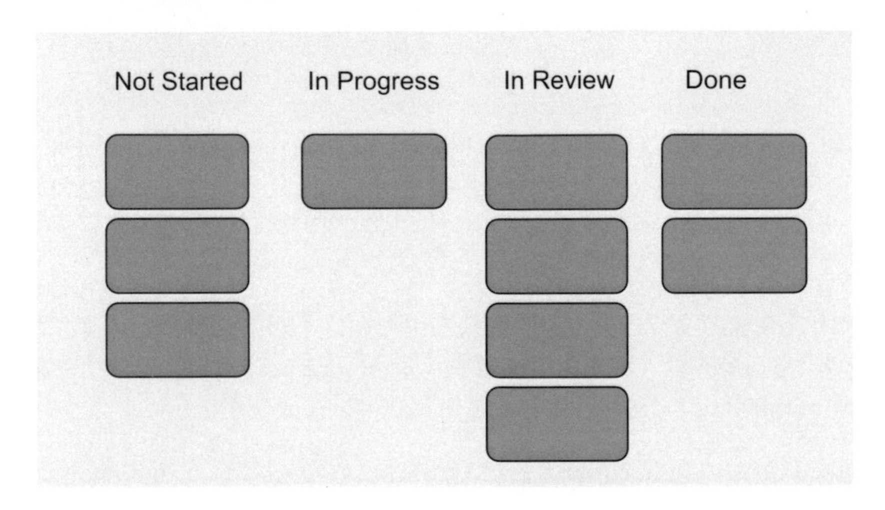


Kanban 板可讓你一眼看到每一行有多少工作，讓你可以確保工作不會卡在一個階段中。在嚴格版本的 Kanban 中，每個階段都有一個卡片數量限制，如果你到達上限，你就要先專心把卡片移到下一個階段，才能放入更多工作。

## 產品 backlog

產品 backlog 是產品開發團隊的工作順序清單，它包括規劃的功能、詳細的需求、bug 修復情況、基礎結構工作，以及需要完成的研究。

工作可以寫成簡單的任務，也可以用一種稱為 **User Story** 的格式來表示。User Story 的典型模板是：「身為一位 < 誰 >，我想要 < 幹嘛 >，這樣就可以 < 為何 >。」例如，「身為管理員，我想要雙重身分驗證，以便提高安全性。」這種格式可幫助 PM 在傳達背景脈絡時提出問題和需求，而不僅僅是解決方案。

User Story 可以組在一起，成為稱為 **epic** 的大型工作主體，epic 又可以組成稱為 **initiative** 的組織層，initiative 又可以組成稱為 **theme** 的階層。例如，上一段內容的故事可能是「發表改良的管理員工具」這個 epic 的一部分，它又是「為企業做好準備」這個 initiative 的一部分，它又是「每個財星前 500 大公司都在使用我們的產品」這個 theme 的一部分。

任務或 story 通常有**成本估計**——例如採取 **story point** 的格式。story point 是一種抽象的成本單位，1 分（point）是最簡單的工作，2 分是需要用 1 分的任務的兩倍時間來完成的工作。成本估計是由工程師設定的（不是 PM）。

**但是，什麼是「分（point）」呢？**

團隊很難理解或接受一種本質上全新的「貨幣」，畢竟，天曉得 1 分、2 分和 3 分到底是什麼意思？如果你遇到這種問題，可以使用一種有趣的技巧：**planning poker**。在玩 planning poker 時，你要讓每一位工程師自己估計一個 story，然後讓所有人同時展示他估計的分數（例如舉起適當數量的手指頭），然後讓大家討論他們做出不同估計的原因，直到團隊都同意一個分數為止。

正如同歐元和美元之間的匯率會隨時間變化，分數和天數之間的匯率也會變化。在每一個衝刺結束時，團隊要將完成的分數加起來，以計算**速度**，然後用計算的結果來估計在下一次衝刺可以完成的分數。如果你知道團隊有一半的人會在下一次衝刺時渡假，你大概可以預期下一次會完成一半的分數。如果團隊完成的分數比預期的少很多，你就要在衝刺回顧會議中檢討。

你應該和工程師一起工作，將任務保持在很小的規模內。有時，因為 PM 經常思考全局，導致他們的任務也變得太大了。如果任務的成本超過八分（或超過兩週），工程師的估計可能會非常不準確。有一種簡單的解決辦法是把任務分成更小的任務。

PM 的職責是建構與維護 backlog。**backlog grooming**（梳理）（或 **backlog refinement**）的意思是保持 backlog 的最新狀態、優先順序和可操作性。例如，PM 要確保在 backlog 最上面的項目已經完成必要的設計工作與足夠的細節，讓工作可被處理。

## 設計和發現如何配合

Agile 是一種很棒的、輕量級的工作安排方法，但是它缺少一個環節：設計師要在什麼時候開始工作？幾乎可以肯定的是，設計比工程早，但該早多久？

答案依團隊而定，主要有兩種做法，它們各有利弊：

### 設計師比工程師提前一次衝刺。

當某樣東西的設計時間比建構時間還要短時，這是可行的做法。它可以鼓勵工程師和設計師緊密合作，也可以讓團隊輕易地改變方向，而不會浪費大量的設計工作。這種方法的缺點是它將設計工作的時間限制在一次衝刺之內，這不一定可取或可行。

**等到發現階段與設計階段都領先一段距離之後，再開始進行工程。**

如果你需要更多時間來進行發想和設計，這是可行的方法，但如果你讓設計工作大幅提前完成，你的團隊可能會變得沒那麼靈活。設計師會在未深入了解工程成本的情況下，用他們的工具來做出許多的決定，而不是透過操作 working code 並進行迭代來做出決定。此外，你也要知道當工程師在等待時，他們在做什麼事。

如果你正在建立一個全新的團隊，工程師們可能會留在原先的團隊中，直到你做好準備，或是他們可以進行工程發現工作為止，例如建立新技術的雛型。他們也可以開始做不依賴設計的後端工作。

如果你已經有一個團隊，你要讓 PM 與設計師雙軌處理他們的工作。這意味著他們要在支援工程師建構當前專案的同時，為下一個專案進行發現。PM 要確保時程一致，讓每個人都有重要的、可操作的工作。例如，你可以讓工程師開發一個額外版本，在裡面製作低優先順序的功能，並進行精修，或是給他們時間減少技術債務。

## 責任

### 針對你的專案管理職責進行明確的溝通

PM、工程師和設計師在軟體開發過程中，經常對 PM 的角色有不同的期望，或是對流程感到困惑。你可能期望工程主管執行大部分的專案管理工作，但他們認為那是你的事情。當你加入新團隊時，你要在開始工作之前先確立期望。即使是同一家公司的不同團隊也可能以不同的方式分配工作。

當你在一個團隊中工作了幾週後，你要詢問你的隊友：從他們的角度來看，你的專案管理做得如何。你應該不想從你的主管口中，或是在同儕考核期間，驚訝地聽到你不符合他們的期待。

### 梳理並排列 backlog 的順序

確保你的團隊總是被分配 backlog 的高順位工作，以免他們無事可做。

工程師不知道有哪些工作可以著手進行有時會帶來困擾。例如，他們可能認為他的其中一項任務還有不知如何解決的問題，或者，工程師正在等待設計師，想和他討論一下設計，但與此同時，設計師也在等待開發者著手進行工作，以便與他們進一步討論。若要解決這個問題，你可以制定一個標準，清楚地定義每一項工作的狀態，例如「可進入工程階段了」。

## 建立里程碑與檢查點

大專案必須拆解成里程碑和檢查點，以評估工作的進展，並在需要時進行調整。除此之外，里程碑對提升士氣和創造成就感都很重要。

一般來說，你很難估計一項大型工作已完成多少百分比。柏拉圖法則說，最後 20% 的程式碼需要 80% 的時間。這就是為什麼里程碑如此重要，在團隊達成一個定義良好的里程碑之前，你無法知道還有多少工作要做。

雖然你可以按照你喜歡的方式設置里程碑，但它們在理論上要明確地代表內部、客戶或商業價值的成長。例如，你可以將「作品可在內部進行狗糧測試」或「讓第一位外部客戶使用程式碼」設為里程碑。

設定里程碑之後，用它們來激勵團隊。提醒大家接下來的里程碑，並在他們完成時慶祝一下。

## 撰寫優質的狀態報告

狀態報告很重要，因為它們是直屬團隊之外的人了解團隊正在做什麼的主要管道。寫得好的報告可以幫你贏得支持和肯定。

好的狀態報告會考慮讀者：他們需要知道什麼？他們對什麼感興趣？如何提供實用的資訊、讓它易懂且有趣？

一般的狀態報告包括：

1. **專案有沒有在正軌上？**雖然回報專案正處於黃燈或紅燈狀態令人恐懼，但如果你說一切都很順利，事實卻非如此，情況會更糟糕，你會顯得不誠實，並失去信任。

2. **最近發生了什麼？**重點說明關鍵成就和重要改變。這是慶祝團隊迄今已完成的工作的好時機。

3. **接下來要做什麼？**討論即將到來的里程碑或下一件要處理的工作。

4. **有任何問題或風險嗎？**這可以預先警告利害關係人哪些地方可能出錯，並且讓他們有機會協助解決問題，如果他們可以的話。

在理想情況下，狀態報告不應該花太多時間來撰寫。看看能不能將狀態報告與其他團隊程序結合，這樣就不會產生太多額外的工作。狀態報告通常每週送出去一次。在發送狀態報告時，大膽地將它發送給可能對專案感興趣的所有人，特別是產品負責人和跨部門合作伙伴。

## 和你的團隊成員確認

工作量超乎預期不是人們進度落後的唯一原因，甚至不是最常見的原因。人們可能會因為這些因素而落後進度

- 他們被困在原地不動。
- 他們不認同這份工作，而且不想做。
- 他們開始進行新的工作，而不是完成之前分配的任務。
- 他們正在改善和精修工作，而不是儘早分享工作成果。
- 他們有其他的義務必須比你關心的工作先完成。
- 這項工作比他們原先評估的要複雜得多。

在任何情況下，身為 PM，你都有責任確保你的團隊保持在正確的軌道上。對此，最好的工具之一，就是定期與每位團隊成員確認。有人落後時，找出原因，不要用猜的。大多數問題都可以透過對話，或一些額外的釐清來解決。

**一起解決問題**

Sair Buckle 在擔任高級 PM 時曾經遇到這個問題，當時她發現有一位高級工程師的速度明顯放慢，她沒有假設他只是工作進度落後，而是寄給他一份非正式的訊息，想要進一步了解他規劃的方法。

這種做法提供一個開放且安全的空間，讓她提出她對整體遷移方向的關心。他一直拖延工作的原因是他需要一個論壇來表達他的疑慮，而且他不想要獨自向他的新開發經理提出那些問題。於是他們一起將他的建議送給開發經理，並且討論有沒有改善的機會。

就像 Buckle 一樣，處理這種問題時，你要展現出對隊友的尊重和關心，這件事非常重要。你可以推薦另一個人，讓他在遇到困難時，可以一起進行腦力激盪，或是提醒他完成工作和分享工作的重要性，或是幫助他決定優先順序，或是幫助他重新界定工作範圍。

雖然儘早且經常確認有時很有用，但是它不是一體適用的策略。有些人喜歡每天進行確認，希望你幫助他保持正軌，有些人則不喜歡被管太細。你可以問他們哪一種做法最適合他們。

## 根據情況的變化調整計畫

回想一下著名的面試問題：如果你的團隊進度落後了，你會怎麼做？

在較高層面上，無論是在面試中還是在現實生活中，你可以調整三件事：

- 讓更多人參與專案
- 削減範圍
- 調整發表日期

當然，這沒有正確或錯誤的答案。在合適的情境下，它們都是可能解決問題的選擇，但是在錯誤的情境下，它們可能都是糟糕的選擇。

PM 菜鳥經常忽略「增加人手」這個選項，因為採取這種做法時，必須向產品領導人解釋原因。如果你的工作對公司來說非常重要，而且你能夠儘早發現問題，那就不要忽視這個選項。如果你有獨立的、可平行處理的、不需要花很長時間的工作，那麼增加人手是可行的選項。如果你們還有一週就要發表了，增加人手可能會更延遲工作。

改變發表日期可能會造成重大的影響。公司的財務計畫可能取決於某個特定的發表日期。改變發表日期會增加專案的成本，導致專案更難獲得良好的投資報酬。而且，如果你延遲發表，用戶就要花更多時間等待你的偉大作品。

削減範圍通常是首選的辦法。你的產品 backlog 應該已經排好優先順序了，所以，你應該可以將較低的項目刪除，並安排重要工作的優先順序。大多數的專案都有一些可以削減的範圍，但是，你不能因為削減範圍而導致專案失敗。

## 在整個組織中分享你的最佳實踐 ⚡⚡

當你的產品管理技巧到達高級水準之後，即使你不是人力經理，高層也會期望你在整個組織中發揮影響力，因為你有很多管理團隊的經驗，現在你可以藉著觀察其他團隊的情況來發現機會。

你可以用很多不同的方法來分享你的最佳實踐，衡量成功的標準是別人是不是真的能從你身上學習，並採納你的建議。如果別人不認為你的經驗是有價值的，即使你發表再多演講和寫了再多指南都只是白費工夫。

> 分享最佳實踐的最佳手段通常是分享對你而言行之有效的方法（尤其是身為 IC（個人貢獻者）），但你要用合作的態度分享，而不是用說教的口氣。即使你比其他 PM 資深，如果你讓他們覺得高高在上，他們就會產生抗拒心態，不太容易接受你的建議。

舉例來說，你可以分享你的模板，或者你為自己撰寫的建議清單。你可以舉辦「最佳實踐分享」座談會，讓大家都有機會分享他們的建議。你也可以提供指導，讓他們問你問題。

## 成長實踐

### 隨時可回答問題

如果你的工程師卡住了，而且需要問你問題，他就會停止工作，直到你回答他為止。如果你經常很忙，並且需要一段時間才能回覆，你的工程師會覺得很沮喪。反過來說，如果你經常有空，你就有更多機會幫助團隊。

在理想情況下，PM、設計師和工程師應該坐在附近，這樣他們就可以隨時互相聯絡。你會發現，比起讓某人寄 email 或走一段路來找你，坐在那個人的旁邊會收到更多問題。

如果你不是坐在團隊成員附近，那就偶爾去他們的辦公桌，詢問他們近況如何（小心不要打斷他們的工作流程）。如果你在遠端工作，你可以在你認為他們有空的時候，與他們友善地閒聊。他們有時會有一些心事，有時你會發現他們被某件事困住了，而且不知道原來你可以幫助他們。

除此之外，試著及時回應任何人，尤其是你的功能團隊隊員。採用「inbox zero」或其他系統，這樣你就不會讓別人等待幾天才得到回覆。

### 減少依賴性

依賴性是指某項工作必須等待另一項工作完成之後才能開始進行。大多數的專案計畫都有許多依賴性，例如先建構後端，再建構前端。

有時依賴是一種策略。例如，當蘋果發表帶有新 API 功能的新版 iOS 時，他們也想同時發表幾款有那些功能的產品。

別忘了，每一個依賴性都會增加另一種拖延專案的方式。依賴另一個團隊會增加你無法控制的風險和額外的溝通成本。

在許多專案中，你只要做一點額外的工作就可以減少或移除依賴性。例如，如果前端的建構依賴後端的建構，或許你可以先快速地建構一個假後端，如此一來，你就可以讓前端團隊開始進行他們的工作，讓另一個團隊建構真的後端。或者，如果你的功能與另一個團隊的工作重疊，你可以讓你的功能既可以採納其他團隊的變更，也可以不採納其他團隊的變更，雖然這會增加一些工作量，但可以讓一個團隊比另一個團隊先啟動。

## 優化團隊資源

團隊通常應該處理最高順位的專案，但有時你可以根據「有哪些人員有空」來進行優化並取得更好的結果。

試著找出哪些人在關鍵路徑（critical path）上，並圍繞他們進行規劃。

舉幾個例子：

- **設計有限**：選擇工程量大的專案，例如在性能和可擴展性方面進行投資。執行介紹過的 A/B 測試。
- **PM 有限**：選擇不需要做太多發現且直截了當的專案。
- **工程有限**：注重策略規劃。在產品 backlog 中保留一些關於這類專案的想法，如此一來，當你需要它們時就可以使用。

## 改善團隊的流程

團隊流程對團隊的執行效果有巨大的影響。

運用你的產品技能來評估你的流程是如何執行的。大家是否覺得他們已經全力以赴了？他們對自己的工作品質滿意嗎？他們最大的挫折是什麼？要怎樣才能讓產品出貨速度提高 50%？

一旦你知道機會在哪裡，你就可以選擇你要添加或更改的流程。衝刺回顧會議與每日站立會議是很好的開始。與工程和設計負責人密切合作，以推出變更。

下面是一些需要考慮的流程。

## 設定專案管理軟體

如果你的整個公司只有三個人，而且你們在同一間房間裡工作，或許你只要在白板貼便利貼就可以了，這可以降低成本，並將房間裝飾得更有趣。

一旦你的公司開始成長，你就要開始使用專案管理工具來追蹤誰在做什麼，以及他們的截止日期是何時。我已經使用這種產品 8 年了，顯然不夠客觀，但我很喜歡 Asana 這個專案管理工具。

專案管理軟體之所以重要的原因有：

- **明確**：它可以讓團隊的每個人都知道他們負責什麼，以及什麼時候應該完成。這可以減少誤傳，省去提醒（也稱為嘮叨）隊友的麻煩。
- **把所有資訊放在同一個地方**：它可以將對話內容、澄清說明、設計連結至任務，避免大家根據舊計畫來執行工作。如果你忘了為什麼要做一個決定，你可以回頭看一下談話的內容。
- **下放工作**：團隊成員可以隨時更新自己的任務，免得讓你親自追蹤每一個任務的執行情況。這可以節省大家的時間。
- **減少關於工作的勞動**：每個人都能更新自己的任務就不需要進行狀態更新會議了。大家不會收到大量的 email，因為他們可以自己查詢資訊，或是把焦點放在工作上進行對話。
- **方便遠端工作**：近年來，遠端工作已經越來越普遍了。專案管理軟體的優點是它本質上是線上的，因此任何遠端工作者都可以使用它，無論是暫時性的，還是永久性的。相較之下，老式的便利貼會讓遠端工作的員工處於黑暗之中。

## 利用 demo 來作為強制手段

做好專案管理的訣竅之一是以有效的方式催促人們。大家都不喜歡被管太細，但大多數人都喜歡展現他們的好成果。

demo（演示）一種很好的強制手段。為了進行 demo，你的團隊必須寫出可運作的程式（設計師必須做出相當完整的設計）。如果大家都知道週五要 demo，他們就有動力做出可 demo 的成果。在週四晚上，為了完成拖了一週的工作，大家通常會努力加班。

你可以藉著加入一些額外的規定來加強 demo 的強制性。例如，你可以讓所有的 demo 都在一個共享的 beta 伺服器上運行，如此一來，要 demo 的人就要將他的程式 check in 至 beta（而不是只在他自己的電腦上運行）。

#### 利用特殊的日子來投資被忽視的領域

高效率的團隊通常把注意力放在交付產品上，雖然這通常是件好事，但它也意味著可能有些重要的維護領域被忽視了：

- **Bug**：雖然每一個 bug 都是低優先順序的，但是全部的 bug 會一起造成糟糕的體驗。
- **精修**：針對易用性和設計進行一些精修能夠提高產品的整體品質，同時也能夠確保所有人都為自己開發的產品感到自豪，進而提高士氣。
- **內部工具**：改善內部工具和流程可以加倍提升團隊的速度。

安排一些特別的日子來處理這些領域是獲得進步的好方法。為你的團隊或整個部門安排一個 Bug Bash、Polish Week 或 Grease Week[3]。

為了充分利用這些特殊日子，你可以將它們變成一場有趣的競賽。製作一個排行榜，在上面記錄每個人修復了多少 bug，並提供各種小獎品：修復最多 bug 獎、修復最老 bug 獎、修復最多客戶回報的 bug 獎…等。你也可以考慮帶一些零食，放點音樂，或舉辦一些有趣的活動，提振大家的情緒。

### 嗅出風險並減輕風險

當你學習一般經驗和領域經驗時，特別注意哪些事情會導致問題。基礎程式有沒有容易產生 bug 的老舊部分？動畫往往在不同的瀏覽器中出現性能問題嗎？如果你是一個領域的菜鳥，你可以找一位擁有更多專業知識的導師，詢問他該特別注意哪些風險。在理想情況下，導師會告訴你關於出錯的故事，那些故事可以幫助你記住風險，讓你在它再次出現時想起它。

3 Polish Week 是讓團隊針對第一線（customer-facing）的功能進行小改善的一週，Grease Week（上油週）是團隊專心「幫輪子上油（greasing the wheels）」，改善內部工具的一週。詳情見 *https://blog. asana.com/2012/10/polish-week/* 與 *https://blog.asana.com/2013/07/grease-week-at-asana/*。

為每一種風險，想出一個減災策略：

- 你可以做一些事情來確定那個風險是不是問題嗎？也許你可以進行一項概念或易用性測試。
- 你能擬定計畫來應對風險嗎？例如，如果穩定性是風險，你可能要減緩推出的速度，以便在問題還小的時候捕獲它們。
- 你能制定一個備用計畫嗎？提前制定決策樹，以便掌握在問題出現時該做什麼。例如，如果你擔心客戶的反感，你可以準備一份適當的問答要點。

及早發現風險可以提高產品品質，以及專案時間表的準確性。

## 改善整個產品團隊的品質與速度 ⚡⚡

你的產品團隊的進度是否夠快、產生的影響是否夠大？產品負責人可以做很多事情來加快團隊的速度和提高產品的品質。

首先，收集資訊。看一下團隊檢討報告，比較預估的時間與實際花費的時間，比較上市目標與實際成果，並調查人們的回饋。

你可能會發現這些問題。

- **雖然有按照原訂日期發表，但未能實現目標**：是格局不夠大嗎？是不是團隊搞錯方向，或過早放棄？是品質不夠高嗎？這些問題都可以當成將來的前車之鑑。
- **沒有按照原訂日期發表**：是因為估計有誤嗎？還是有什麼事延誤團隊？更好的評估流程、更大的團隊或投資基礎設施可能會有幫助。
- **團隊花很多時間在其他優先事項上，而不是他們的主要專案上**：你能不能改變文化，用時間表來安排所有工作，並且幫工作指定目標或 OKR ？身為產品領導者，你可以引導他們減少投入的工作，並釐清哪些工作是最優先的。如果技術債務這類的事情經常被其他事情排擠，那就要求團隊先解決那些事情，再做其他工作。
- **團隊的速度被流程會拖慢**：如果團隊往錯誤的方向走太久，你可能要加入更早期的檢查點。如果團隊正在浪費時間準備和等待大量的審查，你可能要取消早期的審查，以後再抓出問題。如果團隊花太久的時間進行迭代，你可能要明確地規定預期的迭代次數。

- **你對團隊的期望與團隊的技術水準不符：**你可以投資在培訓和指導上、聘請更多熟練的人、進行更容易處理的專案，採取較務實的方法，或接受較低的品質或速度。你在這裡的投資將對你的團隊產生乘數效應。

### 考慮合作和收購 ⚡⚡

身處職業生涯早期和中期的 PM 通常不會將合作和收購當成潛在的問題解決方案，他們反而會在內部直接建構新的解決方案。藉著拓展你的視野，有時你會找到更好的解決方案。

曾經在 Yelp 負責整合兩家被收購的公司的 Ely Lerner 建議大家與企業開發團隊合作，讓他們即時了解你正在考慮的各種問題空間。與潛在的合作伙伴見面很有價值，即使最終沒有成功合作也是如此，因為他們可以提供你的產業新的視角。

收購是出了名的高風險和高回報。大多數的收購都以失敗告終，但有一些非常成功的品牌是在收購之後蓬勃發展的，例如 PayPal、YouTube 與 Instagram，僅舉數例。

關於如何成功地整合一家被收購的公司，Lerner 分享了兩項建議：

> 首先，在完全整合各家公司之前，看看能不能先以合作伙伴的角色實作一些東西。其次，在一開始就將既有公司的一群資深工程師當成文化大使，送到被收購的團隊是很有價值的。他們在新團隊裡面工作可以協助慢慢改變文化，避免群體對立之類的事情。

## 重點提要

- **選擇適合你的團隊的做法：**敏捷專案管理實踐法令人望而生畏，但你不需要一次採用它們全部。你可以從你的團隊感興趣的開始。當團隊遇到問題時，應該有一種敏捷實踐法可以提供幫助。
- **不要預設專案是別人負責管理的：**雖然工程主管可能主導大量的專案管理，但情況不一定都是如此。你要清楚地知道團隊希望你負責哪些部分。如果沒有別人負責主導，你就要負責帶頭。
- **讓你的團隊做好準備：**確保隨時都有重要且可操作的工作可讓團隊執行。你要提前計畫，確保你已經針對設計做了足夠的研究，並且已經完成了足夠的設計可讓工程開始進行。與你的隊友交流，確保你們一致同意工作是否可以開始進行。

CHAPTER 11

# 界定範圍和漸進式開發

當我剛開始做 PM 時，我想要做出完美的產品，於是我研究了客戶的問題，列出一長串的功能和細節，足以滿足每一個需求。當我知道我只有 40 天的開發時間可以完成清單的工作時，美夢很快就幻滅，讓我回到現實。完成清單上的所有工作需要超過 100 個工作天！

我認為範圍界定就是謹慎地決定該加入哪些東西、不加入哪些東西的過程。對一項功能說「yes」意味著對另一項功能說「no」，例如，我要在每一篇部落格文章顯示評論的數量，還是花時間讓用戶更容易上傳圖片？我們要讓維基網頁可供訂製，還是抄近路，並且用那段時間來改善網頁載入時間？

> 這些決定感覺起來很困難，但後來我發現，我可以輕鬆地做出決定。因為時間是固定的，我只要決定如何填滿它即可。

在我的下一個職位，我不但要決定該加入與排除哪些工作，也要選擇專案在交付之前需要花多久的時間。我沒有硬性規定 40 天的期限，而是請團隊做出完美的產品，並讓他們告訴我希望何時推出。雖然有一些專案快速地推出了，但也有一個專案進行了好幾個季度。

我讓工程師決定節奏，他們也用很好的速度前進——或者，這只是我的感受。起先，我沒有意識到漫長的開發生命週期是一個問題，事實上，一直到績效考核時，我才意識到我必須讓這個專案…*發表*。

現在回想起來，發表是合理的前提，如果團隊不發表作品，團隊就沒有貢獻任何價值。當我和團隊設定了「如何在下一季發表？」這個問題之後，我們很快就想出一個新方法，並迅速發表產品。一旦確定日期，新的解決方案就顯而易見了。

我的意思不是說我們的方法（設定日期，然後選擇可以發表什麼東西）也可以在其他的情況下使用。當我加入 Asana 時，那個產品已經開發多年，卻還沒有公開發表，立刻發表是錯誤的決策，發表好的產品會（或可能）掀起需求熱潮，產品在發表當日的品質，比它是否在 1 個月或 2 個月之後發表更重要。

我們仍然需要盡快發表，但我們優先考慮一旦出錯就會傷害名聲的東西。我們決定修正視覺設計，並建立一個行動 app。我們知道大眾將會要求很多功能，但如果大眾在充分使用產品之後才提出要求，那些問題就是好問題。

> 切割發行版本的方法有很多種，有些方法比其他方法好得多。最好的方法可讓你邊做邊學，邊學邊改，最終做出一個完全解決端對端（end-to-end）用戶需求的產品。把這件事做好可以為專案時間表節省好幾個月的時間。更重要的是，這可能會導致「用戶喜愛你的產品」和「他們不會使用你的產品」的區別。

身為 PM，你要負責界定範圍，也就是確定該在發表版本中加入和排除哪些東西。你要決定有哪些想法需要先測試。你要根據哪些工作可以跳過、哪些工作非常重要來進行判斷。你也要根據你從早期版本學到的東西，說服團隊改變計畫。

## 概念與框架

### 漸進式開發

漸進式開發就是將一個巨大的發行版本分解成許多版本，然後從每一個版本得到經驗教訓，用它來引導下一個版本。它可以讓你更頻繁地向客戶展示作品，並儘早獲得最重要的回饋，而不是花三年處理一個產品，到發表日才知道大眾是否喜歡它。

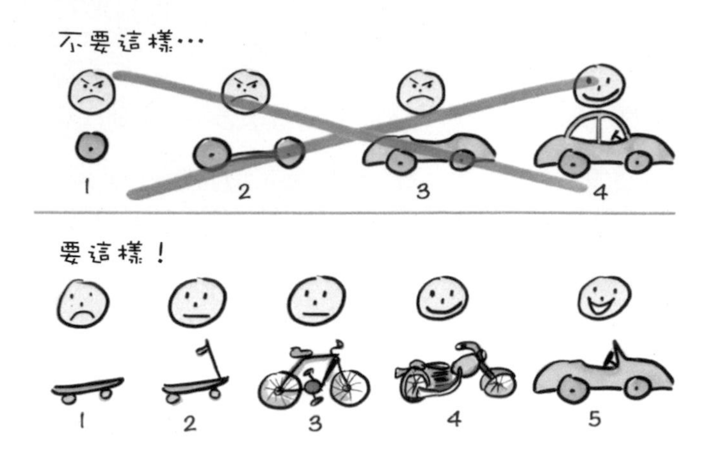


Henrik Kniberg 有一個著名的比喻，他以滑板為例[1]，說明這種做法：

- 在第一個例子中，雖然團隊將工作分解成多個版本，但輪胎的早期版本與汽車的早期版本都是無法使用的。逐漸加入零件的作品並未交付任何客戶價值，也無法幫助團隊學習。
- 在第二個例子中，團隊在每一個版本都交付了一些可使用的東西。雖然滑板的第一個版本無法讓客戶滿意，但團隊可以開始獲得關於客戶價值的實用資訊。團隊在下一個版本開始交付客戶價值，並向團隊提供有益的資訊，關於「客戶喜歡什麼」以及「他們其實不需要哪些規劃中的功能」。最後，他們打造出來成品不是原本預期的普通汽車，而是消費者喜愛的敞篷車。

許多產品概念在最初的時候並沒有交付客戶或商業價值。Marty Cagan 在 *Inspired* 一書中提到：「我們有一半的想法都是行不通的。」即使是最優秀的 PM 也有很多想法最終沒有產生預期的影響，優秀 PM 的不同之處在於，他們會在早期驗證他們的想法，所以他們可以迅速捨棄糟糕的想法，並且花更多的時間來建構真正可行的東西。

## 最簡可行產品（MVP）

Eric Ries 在 *The Lean Startup* 一書中如此定義最簡可行產品：一種新產品的版本，可讓團隊以最小的精力，收集最大量且經過驗證的客戶相關知識[2]。

---

1 Henrik Kniberg 在此詳述這種做法：*https://blog.crisp.se/2016/01/25/henrikkniberg/making-senseof-MVP*。

2 關於最簡可行產品，詳見 *http://www.startuplessonslearned.com/2009/08/minimum-viableproduct-guide.html*。

MVP 可能是產品的早期可用雛型，但不一定如此。你可以在產品中加入一個 AdWords 活動或一個按鈕，讓用戶進入「即將推出」登入網頁來評估他們的興趣。你也可以讓人類手動進行工作來製造偽後端。

### 關於 MVP 的常見錯誤

MVP 的概念剛出現就立刻風靡業界了。不幸的是，因為有人錯誤使用 MVP，這個概念也引起很多強烈的反對。

#### 低品質的實驗：烤焦披薩 *MVP*

Intercom 的聯合創始人 Des Traynor 分享了一個思維實驗：有一個團隊想要了解披薩有沒有市場，為了節省試驗成本，他們使用一台破舊的披薩烤箱，結果把披薩烤焦了。那塊披薩沒人願意購買可以證明披薩沒有市場嗎？當然不行！這只能證明烤焦的披薩沒有市場。

當團隊以低成本且降低產品性能的方式加入新功能時，也會出現同一個問題：他們只能知道用戶喜歡快速推出的產品，卻無法知道關於新功能的任何事情。

請確保你的 MVP 具備夠高的品質和足夠完整性，可滿足你的研究目標。

#### 讓產品處於粗糙或不可持續的狀態

有些團隊設計了一個精實的 MVP 來進行研究，但沒有投入額外的工作來將它做成可銷售且可持續的產品，這很快就會讓你的跨部門伙伴感到沮喪。

例如，Google 的短命產品 Inbox 證明，雖然消費者喜歡這種新 UI，但如果他們不重複建構 Gmail 的許多高級功能，就無法將 Gmail 的企業用戶遷移過來，因此，Inbox 不是一種可銷售和可持續發展的產品。後來他們決定捨棄這個產品，並將一些 UI 整合到 Gmail 中，而不是管理兩個基礎程式。如果 Google 團隊從一開始就關注可持續性，他們可能會採取基於 Gmail 功能的方法。

## 時間與價值

產品的改善要在它交付之後才有價值。

假設你開發了一款新產品，每天可以為人們節省幾小時的繁瑣工作。在發表之前，當你還在建構和迭代它時，它可以為人們節省的時間是零。

當然，你花在建構和迭代產品的時間可以讓它更好。

你可以用這張圖表來考慮何時發表：

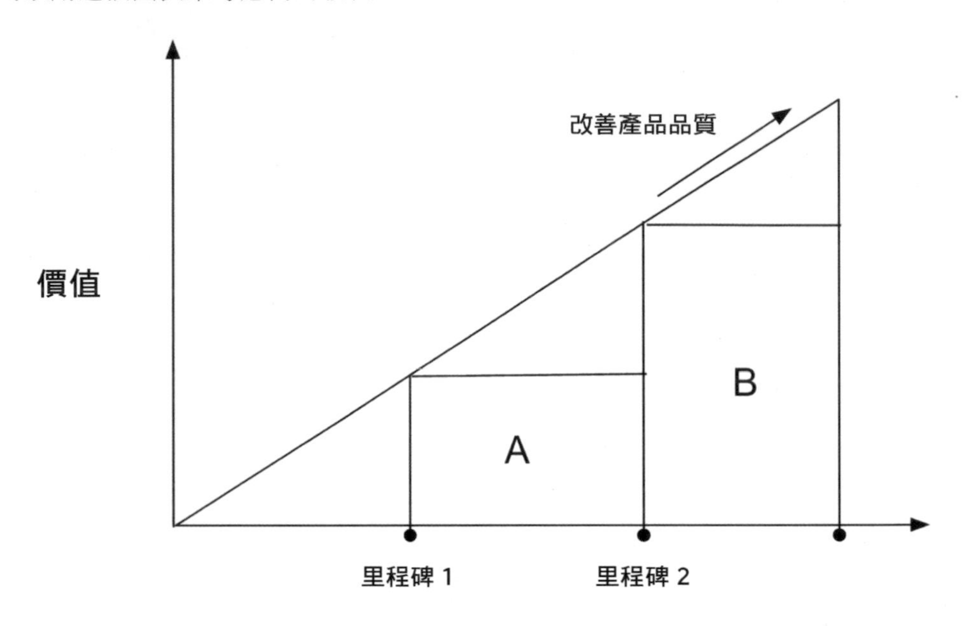


如果你在里程碑 1 和 2 發表，用戶可以獲得 A 區 + B 區的價值。如果你等到里程碑 2 才發表，他們就只能獲得 B 區的價值。A 的面積越大，儘早交付就越值得考慮。如果產品在里程碑 1 已經可以提供很多價值，或是它距離里程碑 2 還有很長的一段時間，你應該儘早發表並迭代。

## 責任

### 將工作分解為漸進式的發表，並儘早驗證

身為一位 PM，你一定希望你的發表範圍恰到好處。如果你加入太多功能，大眾需要等待更久才能使用你的成果。如果你遺漏重要的功能，你的發表可能會失敗，你可能也會錯誤地理解整體的可行性。

以下是將產品分解成多個版本的各種方法：

- **根據風險容忍度與友善程度**：先讓能夠容忍最多 bug、功能的缺失和 UI 不順暢的用戶使用產品，如此一來，你就可以在進行精修之前得到回饋。例如，你可以將版本分成團隊狗糧測試、內部狗糧測試、給友善客戶使用的 beta 程式、讓新用戶進行試驗、讓所有用戶進行試驗，以及全面發表。你可以先用新用戶進行試驗，再開始建構「用戶引導」與「白金方案促銷」等功能。

- **根據需求的複雜性**：從需求最簡單的用戶開始服務，再逐漸滿足更複雜的需求。例如，不會使用競爭對手的工具的人、會進行比較購物的人，最後是目前使用競爭對手工具的人。你可以在第一次發表只納入基本功能，在以後的版本加入進階用戶需要的功能。
- **根據能否定製**：先加入滿足部分用例的固定選項，再加入定製選項。例如，先加入預先產生的報告，再加入可定製的報告。
- **根據客戶類型或用例**：列出各類用戶的需求，然後列出高優先順序的用例所需要的元素的清單，從最短的清單開始做起。例如，你可以先開發一個適合業餘愛好者的產品，再將它擴展成適合專業人士的產品。
- **根據黏著時間長短**：先在第一週做出大眾需要的東西，如果使用率夠高，再建造他們以後需要的東西。例如，在第一次發表之後，再建造摘要 email 或流失狀態。
- **根據成本**：檢查成本估計表，仔細研究特別昂貴的東西。檢查有沒有替代功能可以避免昂貴的工作，特別是在早期版本中。例如，用簡單的經驗法則來取代機器學習演算法，或是先使用既有的元件，而不是自己做一個。

有一件事是你絕**不該**做的，就是**排除精修程序**。

> 如果你想要和設計師吵架，最快的方法就是把精修程序排除在外，或是把它留到以後的版本再做。精修和愉悅感對用戶的第一印象來說很重要。不精修會降低產品品質。與其隨便處理許多用例，不如妥善地處理一個用例。

你可以和設計師公開討論精修的價值，但不要承諾你會加入精修程序，卻在時間緊迫時刪減它。

## 不要把範圍設得太小

雖然維持低開發成本並儘早發表版本以驗證客戶需求很重要，但這些成本必須與潛在的收益互相平衡。範圍太小也會導致一系列問題。有時，多幾天或幾週的工作可在易用性、客戶滿意度和產品的成功等方面產生完全不同的效果。有時讓工程師在熟悉程式碼的情況下建構完整的功能，比讓他們在一年之後才建構那些功能便宜得多。

與其只納入發表時絕對需要的功能，不如和你的設計團隊和工程團隊一起檢討「可有可無」的功能清單，評估你在發表時沒有納入它們時的成本、效益與風險，以及之後再建構它時，成本會怎麼改變。如果你在規劃專案時間表時，已經加入適當的緩衝時間了，也許可以加入一些額外的「愉悅因素」來取悅客戶，並增加你成功的機會。

**關於界定範圍的問題**

Noa Ganot 在決定該讓企業產品支援哪一種資料庫版本時，發現界定範圍的成本實在太低了。原本她的產品只支援最流行的版本，因為她認為，她可以在客戶需要時，再迅速地加入更多支援。

不幸的是，這意味著銷售團隊必須向每一位客戶詢問他們的組態設置，並且無法自信地說他們支援了所有的組態設置。雖然這種情況在早期是可以接受的，但是到了某種程度，它就不太理想了。有一些客戶甚至不知道他們使用哪個資料庫版本。聽取銷售團隊的意見之後，Ganot 知道這個落差帶來的問題，她意識到，在這種情況下，超出客戶直接需求（支援所有的資料庫版本，甚至客戶還沒有請求的版本）的範圍才是值得投資的。她的團隊做出了改變，她也看到改善銷售轉換率的結果。

## 圍繞著精實 MVP 推動團隊調整

如果你的團隊還沒有接受精實 MVP 的理念，你可以和他們一起合作，引入這個理念。為了說服團隊從範圍較小的版本開始做起，或說服他們為了測試而撰寫一次性的程式，你們通常需要學習、聆聽和信任。

你可以根據團隊擔心的問題來處理它們。

- **擔心程式可能處於半成品狀態**：找到讓他們致力完成程式的方法。根據你的組織，該方法可能是由你設定 OKR、傳達「完成」長怎樣、分享發表日期，或你要向多少百分比的用戶發表更改。最好可以在團隊轉而進行新工作之前，儘早列出需要完成的額外工作。
- **擔心在 MVP 完成之後，領導層可能會把人調離專案**：如果你的領導層有太早把人調離專案的歷史，你可能要先和那些領導層合作，讓他們相信 MVP 開發法的價值，並讓他們同意保留你的團隊，直到工作進入穩定生產化的狀態，或是被完全移除為止。
- **擔心他們浪費時間撰寫一次性的程式**：讓他們習慣沒有程式或程式碼很少的 MVP。你也可以用幾個可能的情況來展示拋棄式的作品將如何節省他們的時間。

如果團隊在理論上認同精實 MVP，卻出現沒必要的範圍蔓延（scope creep），這可能代表你還沒有清楚地表達你想從 MVP 了解什麼事情。你要說明你的假設以及你試圖用 MVP 減輕的風險，你可以畫出決策樹，讓團隊知道何時可以增加他們想要的額外範圍。

### 對支援漸進式開發的系統進行投資 ⚡⚡

如果你已經可以用基礎設施和組件來創造快速雛型和低廉的早期版本，你可以讓漸進式開發發揮最好的效果。如果你想要測試的每一個小想法都需要創造許多新組件、資料遷移和大量的設計審核，那麼你將很難說服團隊建構雛型和 MVP。

如果你的瓶頸是設計，那就在設計系統和可重複使用的組件上面進行投資。從流程面來看，你可能要制定「快速通道」規則，例如，你可以制定一條規則：使用既有元件的 A/B 測試都可以跳過設計審核，或只需要獲得較低等級的批准。

在工程面，你可能要改善資料模型，或是進行框架投資，以支援你想要做的實驗類型。與工程團隊合作，看看要怎樣做才能進行快速測試。

## 成長實踐

### 接受「你不知道該建構什麼」的事實

自行車頭盔是個好點子，對吧？如果你在騎自行車摔倒時撞到頭部，頭盔至少可以將死亡風險降低 50%。那麼，頭盔除了弄亂你的頭髮之外，還有什麼壞處？

事實證明，現實世界複雜多了。人一戴上頭盔，行為就會改變，他們會騎得更快，或是在更惡劣的天氣或繁忙的馬路上做出更急促的轉彎動作，他們旁邊的汽車也比較不會保持足夠的距離。

他們可能寧可開車也不願意帶著頭盔去開會——因此汽車數量增加，自行車減少，污染加劇，運動量減少，大家更不知道**如何**在馬路上騎自行車…等。事實上，澳大利亞制定頭盔法的主要影響就是騎自行車的人數明顯減少[3]。真糟糕。

**你的意思是，頭盔不是好東西？！？**

不是！我們不排斥頭盔。幾年前，我丈夫可能被頭盔救了一命，至少救了他的大腦[4]。

然而，單獨來看說得通的事情在真實世界不一定如此。人類很複雜，現實世界也是如此。

3 摘自 John Adams 在 1995 年出版的 *Risk* 一書。

4 或是說，如果我丈夫沒有戴著頭盔，他就不會在騎自行車時快速地轉彎，所以也不會摔斷那些骨頭，和摔壞他的頭盔。

對產品開發而言，這是什麼意思？意思是你要有謙卑的心態，願意相信最初看起來很棒的想法在實務上有時不太理想，你要把你的想法視為一種假設。

> 你很容易認為你真的知道客戶需要什麼，尤其是在最初的產品發現階段做得很好時。但是，人和產品都很複雜，你在用戶研究的有限環境中得到的回饋不一定與現實世界中人們使用（或不使用）產品的方式相符。

我們在 Asana 開發自定欄位（custom field）的過程中，曾經看到這一點。當時我們已經做了大量的用戶研究，列出了一系列必備的功能，但是，在 beta 版本中，有一個請求一而再、再而三地出現：採用顏色編碼的欄位。早期的用戶研究不知道這件事，因為用戶在真正體驗這項功能之後才知道自己需要它。幸好這種功能很容易加入，於是我們加入它，並成功推出產品。

當你將產品分解成更小的發表版本時，你就能夠及早獲得回饋，從而做出更成功的產品。

## 用你的判斷力來優化正確的時間範圍

從 MVP 開始做起或儘量縮小工作範圍不一定是合適的做法。

例如，在處理部分程式碼的同時進行更改，可能會比幾個月之後再進行更改的成本還要低。當工作還在進行時，你可以充分地了解它的脈絡，但是幾個月後，你可能要重新理解，或重新設定開發環境。漸進式發表也會帶來一些開銷，所以有時不要將工作分得太細比較好。此外，有時候將專案的長度增加 5% 或 10% 不是什麼大不了的事情。

隨著你的職涯發展，你要打破「應該將哪些東西納入發表內容」的僵化規則，你要制定一個框架，用來決定何時該進行更多精修或加入更多功能。你可以考慮以下的因素：

- 工作的成本，包括它會讓專案增加多少時間、占總時間多少百分比，以及它如何影響你的里程碑。如果工作的成本很低，而且你依然能在截止日期前完成任務，它就值得考慮。
- 工作帶來的客戶利益和商業利益。如果利益很大，尤其是它可能對專案的成功有很大的影響，它就值得考慮。

- 工作對團隊士氣的影響。如果團隊中有人對這項工作很有興趣，而且這項工作的成本夠低，那就有必要這麼做。
- 你想優化的時間範圍（可能是半年或一年）。為了 18 個月之後還無法回收的利益而延遲眼前的工作是有風險的決策。
- 你的假設獲得驗證的可能性。如果發表極可能成功，那麼加入額外的功能可以讓你贏在起跑點，但是如果整個專案可能被放棄，你就會浪費更多沒必要的工作。

## 精煉與簡化你的假設 ⚡

糾纏不清的問題和疑問會阻礙你縮小範圍，這些彼此競爭的問題會互相牽制，讓你難以有信心地削減任何東西。

解開互相糾纏的問題，找出關鍵的問題，可以有效地縮小範圍。

**精煉假設**

當 Sam Goertler 在 Asana 擔任 PM 時，上級叫她解決這個問題：「客戶說產品不夠容易使用。」她和她的團隊將這個不明確、難以行動的問題精煉成一個假設：「如果我們將專案管理用例的明確度最大化，新用戶的成長率就會提升。」然後她將這個假設精煉成一句口號「將明確度最大化」，讓每個人都可以輕鬆地記憶、應用和分享。

這種精煉指導團隊完成許多艱難的任務，例如為了優化專案管理而變更設計，而不是為了優化其他用例。很快地，所有團隊成員都開始使用「哪一種做法能夠將明確度最大化？」來回答彼此的問題。

## 在你的組織中鼓勵 MVP 思維，並抵製完美主義 ⚡⚡

大多數人都不認為完美主義是個問題，所以當你說自己的缺點是過於追求完美時，別人會認為你在開玩笑或自吹自擂。

然而，在大多數產品團隊中，完美主義是如假包換的問題。任務關鍵型軟體必須追求完美，例如火箭發射器或醫療設備，但對大多數產品來說，比起在工作上過度投資，在發表時有一些漏洞或 bug 好太多了。

花太多時間在工作上有很多問題：

- 開發時間是有成本的，也就是所有人的薪水。如果你正在創業，這會阻礙你的前途，降低公司成功的機會。
- 延遲發表有機會成本。在發表產品之前，客戶無法獲得價值，或是為價值付費。
- 如果你沒有從真正的客戶那裡得到回饋，你所追求的完美可能是錯的。你可能會調整 UI 的對齊方式，但它其實必須全面翻新。或者，你可能修復一個幾乎不會被用戶看到的 bug。

身為領導者，你要負責讓決策的失敗是安全的。慶祝學到教訓，推崇範圍的縮小。不要讓人們因為做出明智的範圍選擇而批評彼此，在 MVP 發表之後留下迭代的時間，讓團隊有時間運用他們學到的事情。確保團隊的目標或 OKR 支持漸進式開發。指出人們可以少花點工作時間的地方。

## 重點提要

- **儘早交付與學習：**你的產品假設有可能是錯的，所以不要在第一個版本中加入太多內容。從有價值的最小產品子集合開始做起，把它交給真人（也許是 beta 程式），以便獲得真實的回饋，這些回饋可以防止你製作沒必要的功能，並引導你做真正能夠驅使產品成功的工作。另外，你越早發表，客戶和企業就越早獲益。
- **不要發表太簡單或低品質的物品：**限制範圍很重要，但別做過頭了。不要發表燒焦的披薩，然後宣稱沒人喜歡披薩。寧可削減功能或用例也不要推出粗糙的產品。
- **界定範圍需要謙卑和勇氣：**你要足夠謙卑，相信真實的客戶回饋可以改善你的產品，你也要有足夠的勇氣發表一個你明知不夠完美的產品。在情感上，建立和精修每一個功能之後再發行比較容易做到，但漸進式地發表通常可以創造更好的結果。

CHAPTER 12

# 產品發表

**發表**給人帶來的感覺介於美妙的交響樂和孩子們在派對中開心地撿拾彩罐糖果的那一刻，但你只希望別出現持久性的傷害。

一方面，你有一系列的伙伴關係，裡面有很多主動的溝通與合作。公司的團隊同步工作，由一個團隊接手另一個團隊的工作，行銷人員著手準備部落格文章，設計人員精修最終的截圖，工程師努力解決最後幾個嚴重的 bug。

但與此同時，發表也讓人陷入瘋狂和忙亂，外加好幾次的熬夜。每個團隊都在努力做好自己的工作，不讓彼此失望，但削減功能幾乎一定會發生，也許是工程師無法完成那個功能，所以行銷和銷售人員必須調整他們的作品。你可能會在最後一分鐘發現一個重大問題，被迫面對更改發表日期的痛苦決定。

總得有人確保沒有任何東西被遺漏[1]。

發表是你展現執行能力的高潮時刻，所有人的目光都集中在你身上，看你能不能做出什麼驚人之舉。你的第一款產品可能只要用一篇部落格文章和一篇協助文章就可以問世。在你提升發表技能的同時，「發表產品」也越來越複雜，有一天你可能要站在台上，對著一群客戶、合作伙伴和記者，宣布你的最新產品。

1 「有人」指的是你。

## 概念與框架

### 召開發表審核會議

在你的團隊工作了好幾個月，終於完成程式之後，你可以繼續將新功能交付給客戶嗎？對大多數規模可觀的功能和產品而言，你還有一個步驟要走：與高層一起開一個稱為發表審核（launch review）的會議。

發表審核會議是高層批准（但願）你發表產品的會議。你要在發表日的前幾天召開會議，好讓你有時間解決難免出現的問題。通常你可以在產品 100% 完成之前，帶著它參加發表審核會議，只要你清楚地讓評審知道哪些部分還在開發即可。

如果你一直以來都與評審密切合作，並在過程中分享 demo 和資料，那麼這場會議可能只是簡單地看一下產品、快速回顧發表計畫和行銷素材，評審可能會發現一些小錯誤，並指出改善的機會，然後由你和你的團隊一起決定在發表前解決哪些 bug 和想法。

如果你的工作風格比較獨立，在這場會議上可能有較多意外。如果你執行過 A/B 測試，你可能要在這場會議中展示結果，並讓評審決定結果是否夠好，可以發表。如果你的公司有一群來自不同部門的評審，你可能會在晚期才發現其中一位評審對發表有疑慮，有時你會沮喪地聽到他們質疑產品的整個假設和方法。

> 無論發生什麼事，保持冷靜，不要把它當成個人的問題。別忘了，評審和你有相同的目標——只不過他們也有自己的觀點。每個人都想快速推出偉大的產品，沒有人想浪費工作，一旦你清楚地認知所有人都有相同的客戶和商業目標，你就可以針對如何處理受關注的問題和所涉及的取捨進行合理的討論。

對高層的回饋過度反應或反應不足是常見的錯誤，所以你要花點時間了解他們的回饋究竟只是一個想法、一個強烈的建議，還是一個命令。即使回饋很像命令，你依然可以靈活地解釋你的權衡取捨（也許他們沒有意識到他們的想法會再拖延三週的時間），並提出替代的解決方案。

### 發表工作檢查表

發表失敗最常見的原因就是遺漏了一些事情，發表工作檢查表可能是你的救星。你可以從這些領域開始考慮：

- **推廣計畫**：發表日期和時間是何時？它是用 A/B 測試、beta 程式開始進行，還是分階段緩慢推出[2]？哪些系統需要推出，按照什麼順序？每次部署需要多久？在時間表上，行銷何時開始？為了讓所有人處理任何問題，你可以在發表日預訂一間會議室（戰情室）嗎？
- **產品**：產品是否被徹底測試並進行了必要的 QA？產品是否內建用戶引導？它能否在所有平台上運行？它是國際化的版本嗎？它完成所有的發表審核了嗎？你可能也要製作一個單獨的測試檢查表，以確保你已經考慮了所有的重要流程和邊緣案例。
- **記錄機制（logging）**：logging 可以讓你分析發表成功與否，並了解人們如何使用新功能，它是否就緒？你是否測試了 logging 以確保它能按預期工作？
- **基礎設施**：你是否與所有相關的基礎設施團隊（安全、穩定、網站可靠性工程師…等）一起審核了更改？要不要進行暗發表（dark launch）來測試穩定性[3]？
- **其他審核**：需要其他審核嗎？例如讓法律或財務團隊審核？
- **行銷**：上市素材都準備好了嗎？如何讓潛在用戶知道發表？會不會有部落格文章、新聞稿、電子郵件活動或更大型的發表活動？app 商店的畫面要不要更新？產品定位是否與發表目標一致？
- **銷售團隊和客服團隊的支持**：他們是否接受了必要的培訓？文件有沒有更新？他們需要新的宣傳品或影片嗎？他們需要新的內部工具嗎？
- **其他系統**：有其他的內部系統需要更新嗎？例如計費系統？
- **公司通訊**：你會寄出發表公告嗎？會不會舉辦發表派對？

在理想情況下，你的團隊已經有一個可供使用的標準發表清單了，如果沒有，和你的團隊一起製作自己的清單。

## 進入市場策略（GO-TO-MARKET，GTM）

發表產品不是只要將 app 送到 app 商店就可以了。如何讓大眾知道它在那裡？為什麼大眾要選擇它，而不是其他的 app？

GTM 策略是向客戶推出產品的計畫，通常由產品行銷部門負責。它特別關注如何接觸客戶，以及如何獲得競爭優勢。大多數 GTM 策略都是在實際發表之前很久擬定的，使用的是第 16 章的技巧：策略框架（第 213 頁）。

2 分階段推出就是在幾小時或幾天的時間內逐漸增加獲得新程式的用戶比例。

3 dark launch（暗發表）的意思是平行運行一個新後端，但不將它連接到前端。

隨著發表日的逼近，你和產品行銷人員將努力敲定最終的訊息傳遞方案和計畫。

## 定位宣言

你應該聽過這些宣言：「它是攝影的 Uber」、「它是冥想的 Pinterest」、「它是貓咪的可汗學院（Khan Academy）」。這些都是定位宣言。

對需要協調產品、行銷和品牌的產品團隊來說，定位宣言就是一種電梯遊說（elevator pitch），闡明你希望客戶如何看待你的產品。與使命宣言不同的是，定位宣言是針對競爭環境，將產品框定在一個已知的類別之內[4]。

這是 Geoffrey Moore 在 *Crossing the Chasm* 中創造的流行模板：

> **對**（目標客戶）
>
> **不滿意**（目前的市場競品）**者** / 誰（說明需求或機會），
>
> **我們的產品是一種**（新產品類別）
>
> **它提供了**（關鍵的問題解決能力）。
>
> **不像**（競品）
>
> **我們已經整合了**（具體應用的關鍵產品功能 / 關鍵差異）。

定位宣言非常重要，因為潛在客戶和使用者不會花時間了解完整的產品願景。你要在每一個客戶接觸點強化同一個訊息，從線上廣告到產品內部教育（in-product education）到主題演講。你要完美地萃取這條訊息，讓聽到的人會忍不住說「對啊！我的確有那個問題，好想獲得那個解決方案！」

在製作任何發行素材之前，花時間與你的擴展團隊一起擬定一則定位宣言。其他的 GTM 素材都要依循這個宣言，從廣告文案到銷售談話要點。

## 推廣活動

大眾如何知道新產品的存在？如果你在 Google 或 Facebook 工作，媒體會渴望知道你的每一次發表，你通常可以在不同的產品之間進行交叉推廣。對不屬於那些公司的我們來說，我們要特別注意推廣策略。

推廣產品的方法（管道）有很多種。以下是一些值得考慮的方法：

4　你看看！我們為定位宣言寫了一個定位宣言！。

- **線上廣告**，例如搜尋廣告（搜尋引擎行銷或 SEM）或社交媒體廣告。線上廣告的成本和效果很容易追蹤，因為你可以知道有沒有人按下廣告，以及他們最終是否成為客戶。你的目標是哪些關鍵字？
- **公共關係**（PR）。你能讓媒體寫一篇關於你的發表的文章嗎？你的受眾會閱讀哪些刊物？
- **搜尋引擎優化**（SEO）。許多公司藉著提供廣泛實用的內容，試圖讓自己的網頁出現在搜尋結果的前幾名，例如 StitchFix 的時尚部落格。
- **部落格文章、電子郵件活動和社交媒體**。這些管道可以幫助你接觸既有的用戶群，向他們介紹新功能或產品。為了得到最好的結果，你可以開發快樂的參考客戶（reference customer）。
- **活動、會議和貿易展覽**。為大型的發表舉辦一場活動可以將媒體和客戶聚在一起，獲得更多關注，引起更大的轟動。
- **伙伴**。與合作伙伴一起發表產品可以產生很大的影響力，尤其是平台產品，除非客戶看到你的合作伙伴在平台上建立的東西，否則他們很難想像你的平台如何幫助他們。
- **發表**。你的產品會不會被其他公司推廣，或是預先安裝在其他的產品中？雖然這是高成本的做法，但可以帶來巨大的影響。
- **銷售員**。你有沒有一個追蹤銷售線索（潛在客戶）或接觸潛在客戶的銷售團隊？他們需要什麼素材來支援銷售？你如何創造線索？

對大多數發表而言，你會根據目標客戶、管道的成本和管道的有效性來混合使用各種管道。

**參考客戶**

參考客戶是提前接觸你的新產品，並願意公開介紹它有多棒的滿意客戶。這些客戶可能被你的新聞稿引用，被案例研究提出，甚至在發表活動中被邀請上台。他們是證明產品有效的社會證人。

若要開發參考客戶，你可以邀請潛在的參考客戶使用新產品發表前的 beta 版，並密切關注他們的回饋。經常與他們溝通，並且投資這段關係。你要讓多位潛在的參考客戶參與，以免其中一位提出特殊需求，讓你無法在發表之前解決它。

# 責任

## 在產品準備好之前不要發表

隨著發表日期的臨近，你的壓力會越來越大。特別注意，不要倉促地推出產品而導致產品失敗。

產品領導力顧問和曾經擔任 CPO 的 Drew Dillon 分享道：

> 成功的產品發表活動需要滿意客戶的推薦。執行測試計畫，並且特別安排衝刺活動，讓產品達到目標受眾滿意的水準。

執行 A/B 測試或 beta 程式可讓你獲得大量資訊，你可以從這些資訊來預測成功與否。如果用戶似乎不喜歡你的產品，或是更改好像會帶來損失，那就再花一點時間進行迭代與改善，與其發表明知道不會成功的東西，不如把發表日延遲幾週。

## 確保沒有任何遺漏

在發表的過程中有太多動態，很難全部記在腦海裡。當你和其他人一起完成發表清單時，要採取「信任，但是要加以驗證」的做法。務必讓大家都知道每一個部分的負責人，以及它必須何時就緒。你可能要定期舉行會議來檢查每個人的進度，以確保沒有任何遺漏。RACI/DACI 框架（第 276 頁）可讓角色更明確。

## 品質保證

即使你有 QA 或測試團隊（並非所有公司都有），你也要參與測試計畫的擬定過程，並且親自執行最重要的流程。你不只要檢查軟體 bug，也要找出可能破壞用戶體驗的任何東西。

**事情可能比想像中糟糕！**

Natalia Baryshnikova 是 SmartRecruiters 的前產品管理負責人，她曾經為一家澳州大公司推廣自己的產品。當時所有的事物都通過 QA 了，但她發現最終的畫面顯示：「Congratulations, we're rooting for you!」

因為她在各種不同的文化環境之間工作，所以她知道口語化的文字可能會有問題，於是與客戶進行再次確認。事實證明，這句話在澳州當地是不入流的説法，好在她發現了！

以下是一些品質保證的方法：

- **團隊檢查**：與設計師和工程師慢慢地瀏覽整個產品和每個邊緣案例的情況。讓工程師協助引導檢查，確保所有的程式路徑都被測試過了。
- **內部狗糧測試**：名稱來自「吃你自己的狗糧（Eat your own dogfood）」，意思是讓團隊在開發時使用自己的產品。如果那個產品是他們通常不會使用的，有時你要發揮創意來讓人們吃狗糧，例如，一般的 Google 員工沒有什麼打廣告的動機，所以 Google 會在各種情況下發給員工少量的金錢，讓他們花在 AdWords 上。你要提供一個明確的地方來讓他們分享 bug 或回饋。
- **測試 bash**：邀請一群同事來幫你測試。你可以為每個人分配一個特定的區域進行測試，例如特定的瀏覽器或 app 的某個部分。或許你可以帶點零食，並且準備獎品給找到最多 bug 的人。
- **測試腳本**：按部就班地針對每個流程和邊緣案例進行測試。你可以邀請整個團隊一起進行腦力激盪，想一下要納入哪些案例。
- **自己全部測試一遍**：你一定要自己測試過產品。你是最熟悉產品該如何運作的人，所以可以發現別人忽略的問題。

特別注意：

- **用初學者的思維來執行完整的流程**：在開發過程中，你經常單獨嘗試每一個部分，但有時，當你將它們全部整合在一起時，有一些東西仍然會遺漏或出錯，特別是從易用性的角度來看。試著想像你是一位對產品不熟悉的初學者，從頭到尾從操作一遍。
- **每一個不同的流程**：如果產品對登入的用戶和登出的用戶採取不同的運作方式，或是對白金方案用戶和免費用戶採取不同的運作方式，務必測試每一個流程。
- **狗糧測試無法測試到的案例**：考慮狗糧測試可能錯過哪些部分（例如新用戶註冊、空狀態、升級流程，或用戶引導）。
- **邊緣案例**：每一個產品的邊緣案例都是獨特的。考慮用戶可能遇到並讓他們驚訝的狀態，比如讓姓名欄位是空的，或是將大量資料放入系統。此外，考慮各種錯誤狀況，例如輸入無效的資訊，或網路斷線。
- **設計細節**：對齊方式和間距是否正確？圖像是否清晰？所有的懸浮（hover）狀態與動畫都正常運作嗎？設計和 mock 相符嗎？

- **設備**：對於 web app，要在不同的瀏覽器和不同的螢幕尺寸下進行測試；對於行動 app，要在每一個支援的平台和尺寸上進行測試。很多科技公司的員工會在 Mac 電腦上使用 Chrome 瀏覽器，但並非所有用戶或客戶都是如此，務必使用 Safari、Firefox 和 Edge 來測試。
- **國際化**：使用德文（以確保長單字不會太難看）、日文（確保 2 bytes 字元可以顯示）和阿拉伯文（以確保由右往左的語言能夠正確顯示）來進行測試。你也要輸入重音符號和表情符號，以確保它們被正確地儲存和顯示。

在尋找和修復 bug 時，營造「同舟共濟」的氣氛非常重要。即使你有一個專門的測試團隊，越多人注意依然越好。

## 處理任何發表問題

想像一下，發表日期到了，但是有事情出錯了！ app 當機、下載按鈕跳到空網頁、用戶開始撰寫憤怒的推文，完蛋了！

以下是一些處理發表問題的最佳實踐：

- 深呼吸。務必用正確的心態來解決問題，而不是怪罪別人。你要讓團隊專心解決問題，而不是產生抵抗心態。
- 把關鍵人物召集到房間裡，或是透過視訊來討論問題和潛在的解決方案。讓別人和你一起思考問題可以幫助你避免草率的錯誤。在同一間房間裡可以減少誤解，並幫助你快速行動。
- 讓你的主管知道。積極主動地溝通可以建立信任感，且他們或許可以幫助你。
- 考慮要不要復原修改的部分。你的問題有多嚴重？你可以在不傷害客戶的情況下將它復原嗎？行銷素材是不是已經發給盼望新變更的客戶？如果你要復原更改，務必暫停未來的所有推廣活動，例如在產品裡面顯示公告，或是 email 群發。
- 你可以用「cherry pick」來快速修復嗎？與工程師合作，看看能不能繞過一些標準流程來快速修復。但是，請注意，為了快速修復一個小 bug 而跳過測試，往往會導致更大的 bug。如果你的 app 在 app 商店裡，也許你可以要求商店快一點批准你的新版本。

- 與行銷團隊一起研究如何回應客戶。確保客服代表和社交媒體經理獲得新消息。
- 一旦所有問題都解決了，舉行一次檢討會，或「5 Whys」（第 83 頁），以釐清問題的根本原因，以及如何防止將來出現類似的問題。

發表是高壓力的活動，你要保持冷靜，並指引團隊處理任何問題。

## 慶祝並回報公司

在好幾個星期或好幾個月的產品開發和發表準備工作之後，每個人都想知道投資會得到什麼回報，即使是沒有直接參與的人也想知道事情的進展，以及這一切對公司有什麼意義。

以下是一些慶祝和通知別人的方法：

- **宣布發表**：在發表產品當天，向全公司發送訊息，讓大家知道將要發表什麼內容（加入螢幕截圖很有幫助），並感謝為這次發表做出貢獻的每個人（包括跨部門合作伙伴）。如果你不確定該感謝誰，詢問與你合作過的每個團隊的負責人，來收集對象名單。如果你有關於發表的早期資料或花絮，你也要與他們分享。
- **發表派對**：你可以簡單地買一些紙杯蛋糕並邀請大家到會議室同歡（或是寄餅乾給在家工作的人）。對於較大規模的發表，你可以舉辦更大型的活動，與你的團隊管理員或設備人員討論如何安排。你可以讓活動特別一些，向團隊發表一篇乾杯文，或簡短的演說。
- **提供發表之後的最新狀況**：在拿到成功發表的實際資料並且舉辦檢討會之後，再寄一篇公告給大家。如果結果是好消息，務必讓所有人知道，如果是壞消息，你可以歸納一下你學到的主要收獲，以及它對未來有什麼意義。

這些慶祝和交流的重點在於，除非你主動告知，否則大多數人都不知道發表產品的感受。適當地慶祝可以提高整個公司的士氣。透過誠實地分享發表結果，你可以防止大家以訛傳訛，或做出錯誤的結論。

# 成長實踐

## 儘早與發表關係人合作

發表活動的合作伙伴最常抱怨 PM 的事情是 PM 沒有提早讓他們參與這個過程。合作伙伴需要了解即將發表的產品，這樣他們才可以規劃自己的時間表，並儘早提出建議。在理想情況下，一旦你將產品工作列入你的行程表，你就要告訴他們即將到來的發表。

與發表關係人合作最有效的方式，就是將他們視為真正的合作伙伴，而不是服務你的人。讓他們成為發表團隊的一分子，而不是把他們當成障礙，或一個被你檢查的項目。讓他們加入會增加溝通成本，但是會讓他們對產品發表更有參與感。

### 我沒有儘早讓發表關係人加入，現在他們發現了一個會阻礙我發表的問題！

深呼吸，不要慌，這種情況可能發生在任何人身上，先讓他們知道你感謝他們的關心。

解決這個問題方法是：

1. 讓關係人及時掌握發表的目標、背景和優先順序。
2. 一起寫下低風險到高風險的選擇，以及每種選擇的利弊。找出降低風險的方法。
3. 如果你不同意某個選項，把它的順序往上調，不要情緒化或產生抵抗心態。專心找出對用戶和公司最有利的選項。
4. 一旦你決定了一個計畫，讓關係人知道最新的狀況，讓他們知道有哪些新資訊被發現、新計畫是什麼，以及你會想辦法在下一次提早注意那些問題。

請注意，假設你的公司有健康的文化，「阻擋你」的關係人有和你相同的最終目標：成功的發表，成功的產品，成功的公司。他們應該只是對實踐方法有不同的看法。

## 將發表審核會議當成贏得信譽的方式

到了最終的發表審核會議時，你可能已經迫不及待地想要發表產品了。

但你要小心，因為發表審核會議可能對你的信譽造成重大影響。如果你帶來一個有缺陷或粗糙的產品，它會對你造成負面影響。

如果你準備充分，你可以讓發表審核會議對你有利。與其隱藏 bug、捷徑（shortcut）和其他問題，不如主動分享它們。告訴評審你打算如何處理每一個問題，如果你有不打算解決的問題，解釋其原因。如果審核過程出現新問題，告訴他們你會研究它，並適當地安排優先順序。

## 妥善地考慮發表日期

身為 PM，你會經常被詢問發表日期，這件事沒那麼容易處理，因為你不可能 100% 確定發表日期。

如果程式已經寫好了，而且你計劃在週二發表，那麼大多數情況下，你會在一兩天之內發表，多出來的天數可能是因為推送失敗，或其他團隊發生問題，阻礙了你的發表，有時你會發現嚴重的 bug，需要超過一週才能修復。

如果產品計畫在三個月之後發表，你就有更多的不確定性。

我曾經看過這些問題：

- 專案延遲了好幾個月，因為工程師接觸到的舊程式比他們預期的更複雜。
- 產品在設計審核中看起來很棒，但是用真實的用戶資料來進行測試時，卻發現該設計令人困惑，多花了一個多月來改善它。
- 有一次，我們在一個從未發表的新基礎架構上建構新功能，最後不得不改寫一半的程式碼。
- 還有一次，我們暫停工作，把幾位工程師調去處理緊急的垃圾郵件問題。
- 在發表前一週，我們發現有一個功能有資料損壞的問題，並花了幾週的時間來修復。

在上述每一種情況下，具體的延遲都讓人感到意外。但是從大局來看，全部的案例都能準時發表反而更令人驚訝。軟體發表是出了名的難以估計。

> 不要把發表日期視為單獨的一天，而要將它視為一段期間，從可能發表的最早日期到最晚日期。

確保你的團隊在這個範圍的每一天都能完全支持你。不要在沒有完全取得工程師的同意的情況下幫他們壓日期。

這個範圍的最早日期是在沒有出現任何問題之下的最好情況。在設定這個日期時，你要考慮：

- 加入開始進行工程之前的時間，例如，設計時間和學習新技術的時間。
- 在估計工程時間時，乘以某個乘數（例如，理想的一天 = 實際的兩天）。詢問你的工程師和其他 PM，看看他們推薦哪一個乘數。
- 檢查有沒有任何規劃中的假期、異地活動或其他非工作日。
- 加入 A/B 測試或 beta 程式的執行時間。你也要在分享日期時，分享 A/B 測試在何時開始。
- 加入部署時間，和完成程式之後，進行其他工作所需的時間（例如翻譯）。
- 考慮在所有工作之外加入 10 至 20% 的緩衝時間，沒錯，即使是在日期範圍之中的最早日期，優秀的 PM 總是假設會有事情出錯。

這個範圍的中間日期應該根據你估計的平均出錯數量來設定。考慮：

- 你可以從用戶測試、A/B 測試或 beta 程式中學到什麼？解決這些問題需要多久？
- 工程團隊可能遇到哪些問題，它們會增加多少時間？
- 其他風險是什麼，它們會讓專案增加多少時間？

關於範圍的上限：

- 試著找出你有 90% 或 95% 的把握可以發表的日期。
- 對一個持續幾個月的專案來說，它通常是最快日期的至少兩個月之後。
- 團隊的每個人都應該同意：萬一超過那個日期，那就是真的出問題了。

當人們詢問發表日期時，你可以試著分享日期範圍，以及專案可能超出最佳日期的一些情況。好好地溝通可以幫助你建立信任感和名聲，這代表你的團隊正在儘可能地快速前進，也代表你已經提前準備應對可能出現的錯誤。

> 如果一切順利，我們會在 5 月初發表，但是 beta 程式可能告訴我們：我們要建立新的用戶引導流程，這可能會讓日期延到 6 月。

有些人會堅持得到一個日期，而不是一個範圍。行銷團隊可能要了解該範圍的最快日期，以便在發表日準備好 GTM 素材（儘管你應該要分享整個範圍，好讓他們規劃整年的行銷活動）。財務模型應該保守一點，所以你要告訴財務團隊日期範圍的上限。

## 對完整的用戶體驗承擔責任

April Underwood 喜歡說：「將程式碼交出去不是發表，發表是讓客戶真正了解產品是什麼，以及他們為什麼需要它。」[5]

身為 PM，你應該不會主導產品之外的領域，但你仍然可以成為一位發揮影響力的合作伙伴。

以下是一些需要考慮的層面：

- 行銷策略和定位
- 定價和包裝
- 用戶引導素材
- 說明中心（help center）文件
- 銷售輔助素材，例如談話要點和 demo 環境
- 客戶成功（customer success）資料
- 外部發表合作伙伴
- 外部顧問和承包商
- 打廣告
- 分銷管道

這些因素都會影響你的產品，因此對你來說很重要，即使它們不在你的管轄範圍內。就像你會讓行銷和銷售等團隊了解你的工作那樣，你也想知道他們的進展。

5 完整的 Q&A 在第 537 頁。

要成為一位優秀的、有影響力的合作伙伴，你要先與推動決策的人會面，以了解他們的方法和框架。有些人會擬定流程和時間表，有些人會採取更特別的方法。如果他們已經有流程了，找到對你最有幫助的地方，看一下工作進展，並找出何時提供回饋對你來說最有幫助。如果他們採取量身打造的方法，你可能要把時間表整合起來，以確保你有機會適時提供回饋。

在提供回饋時，請尊重合作伙伴的專業知識，同時不要貶低你自己在產品和問題領域的專業知識。

你要檢查的事情包括簡單的缺陷或錯誤，例如：

- 行銷策略有沒有假設一些在發表時不會納入的功能？
- 定價和包裝是否涵蓋所有類型的用戶？
- 有沒有應該在說明文件中解釋的極端情況？
- 銷售談話要點有沒有顧客說過他們很在乎的關鍵事項？
- 網站有沒有需要視產品的變化而更新的網頁？
- 所有客戶接觸點的體驗是否一致，並使用相同的措辭和圖像？

除了這些基礎之外，你也可以尋求改善完整客戶體驗的機會。例如：

- 你有沒有從用戶訪談得出什麼行銷見解？
- 如何利用發表合作伙伴或分銷管道來接觸更廣泛的用戶？
- 能不能讓產品更容易向客戶展示？

與你的合作伙伴分享你的想法，利用你對於他們的方法和框架的了解，找出適合他們的方法。如果你的想法會徹底改變他們的做法，你就要儘早播下這個想法的種子。

## 擬定正確的發表策略 ⚡⚡

當 Nate Abbott 發表 Airbnb Experiences 時，他親身經歷了圍繞著發表策略的取捨。

Airbnb Experiences 是他的公司要推出的重要產品。當時他們打算從家庭分享領域擴展到旅遊領域，需要重新定位市場。為了實現這個目標，舉辦一場大型的公開發表活動是最好的策略，於是他們與記者們舉行了盛大的聚會，並在屋頂上發表他們的訊息。

身為產品負責人，Abbott 知道，在這個行銷導向的發表會中，他的角色將有所不同。他把注意力放在兩件事上面：

1. 優化產品，盡量讓產品協助發表會實現其目標。
2. 完美地支援每一項後勤工作。

要成為偉大的 PM 必須先拋開自我，這場活動的焦點是行銷訊息，而不是產品市場媒合度。製作檢查表並執行嚴格的管理無法展現魅力，事實上，有時令人極不舒服。

Abbott 分享了這些優先順序是如何影響產品的：

> 我們不只為 Experiences 推出一個全新的預訂系統，其實我們重新設計了整個首頁，以及用戶與 Airbnb 的搜尋功能互動的方式。
>
> 稍早，我們曾辯論要不要把 Experiences 做成一個完全獨立的 app，但最後，我們投入大量的產品和工程資源來創造一個整合式的搜尋體驗。我每天都和團隊進行站立會議，並將讓我徹夜難眠的問題做成試算表，裡面有一個問題是我們無法在標題列裡面正確地顯示動畫，我告訴團隊「如果我們在週日之前沒辦法解決這個問題，我就要叫停整個活動。」有一位卓越的工程師在失蹤了四天之後，帶著完美的標題出現了。
>
> 這些細節對**產品**來說沒那麼重要，但是對產品**發表**來說卻至關重要，它們代表公司的形象。CEO 可能會走上台，捲動 app 來展示住房與體驗。這款 app 講述了一個我們真心想要完成的、圍繞著我們的旅行平台的轉型故事。

然而，行銷導向的發表活動確實有很多缺點。正如 Abbott 所分享的：

> 我們對整個專案進行保密，在發表之前沒有在核心市場進行太多市場測試。
>
> 因此，我們錯過一些關鍵的訊號——例如，大家不喜歡三天的旅行，而是想要在他們既有的行程中加入一個小型的下午體驗，在產品發表後，我們花了兩個月的時間來調整它。
>
> 從產品的角度來看，我希望當時我們可以在既有的用戶基礎上，慢慢地推出和測試產品，但是，從更宏觀的角度來看，這次發表的成功取決於我們是否改變了市場的看法。在這個案例中，即使產品不完美，但較宏觀的故事發揮了作用，對公司來說，這是一次成功的轉型。

當你決定究竟要採取大型的行銷導向的發表會（提前決定日期，產品祕而不宣）還是產品導向的緩慢發表（逐漸發表產品，沒有任何重大的公告，在產品團隊說產品就緒之後，才發布行銷素材）時，關鍵的考慮因素是你的目標，以及目標用戶。當你的目標是加深與既有客戶群的黏著度時，你不太需要進行大型的發表。當你的目標是進入新市場，或改變公司的市場反應時，舉辦一次大型發表會可能是值得的。

## 重點提要

- **發表是一個複雜的、跨部門的過程**：身為 PM，你要確保每個團隊都保持協調，並且在正軌上工作。模板非常有用，可以確保你不會忘記某個步驟。
- **將發表日期視為一個範圍**：你不可能準確地預測一個功能何時發表，而且錯誤的猜測可能導致很多問題。有些團隊需要知道最早的發表時間，以便準備支援素材，有些團隊需要知道最晚的發表時間，以便建立保守的財務模型。讓大家知道最好的情況與最壞的情況可以準確地傳達資訊，幫助你建立信譽。
- **對發表的品質承擔直接的責任**：即使你有 QA 團隊，你也要試用產品，找出漏洞，並確保所有功能都能夠有效運行。即使你有行銷團隊，你也要檢查發表素材，確保它們有吸引力。即使你信任工程師，你也要再次檢查基礎架構中可能出現的任何問題。不要找藉口。
- **將跨部門合作伙伴視為團隊的一分子**：若要成功地發表，你需要的不僅僅是產品、設計和工程。儘早讓其他團隊參與進來，對他們的影響力保持開放的態度，幫助他們在發表的過程中有參與感，並且肯定他們的工作。

CHAPTER 13

# 把事情做完

PICTURE JAKE 是新上任的 PM，他剛從頂尖大學畢業，平均分數很高，也做過很棒的專案，也許他還在你的公司成功實習過。

他的起步很順利，做了他該做的所有事情。你開始想像他步步高升，能夠承擔越來越多的責任。

但是接下來，也許是在 6 到 12 個月之後，他就開始搖搖欲墜了，這位超級負責任的 PM 的進度開始落後了，雖然他完成的工作都做得很好，但是他還有很多該做的事情沒有做。

問題在哪？簡單地說，他不擅長**把事情做完**（*get things done*）。幸運的是，這是一種可以培養的技能。

## 概念與框架

### 成為一位能夠把事情做完的人是什麼意思？

把事情做完與加班或是在週末工作無關，而是與你*怎麼*工作有關。你怎麼管理你所做的事情，以及你周圍的人所做的事情？你如何與他人合作？這意味著你要避開那些會阻礙你把事情做完的陷阱。能夠把事情做完的人往往具備這些特質。

### 行動導向

- **缺乏這個特質**：因為過度分析而導致行動癱瘓。因為害怕風險而退縮。等待別人的回覆。
- **具備這個特質**：知道「把事情完成，勝過追求完美」。熱情，但略顯急躁。激勵團隊前進，即使面對不完整的資訊亦然。

### 高能力

- **缺乏這個特質**：無法為重要的工作騰出時間。成為團隊的瓶頸。
- **具備這個特質**：知道如何管理自己的時間。會安排工作順序。能快速地工作。提早分擔工作。投入足夠的時間（大約每週 50 個小時）來完成重要的工作。能夠有效地為多個團隊進行專案管理。

### 可靠

- **缺乏這個特質**：需要同事提醒你做事。需要別人要求更新狀態。
- **具備這個特質**：說到做到。密切關注收件箱。遵守承諾，在無法實現承諾時重新協商。在進行長期的專案時，可以保持一致的進度，而且會主動地溝通狀態、風險與挫折。

### 結果導向

- **缺乏**：把注意力放在編寫 spec 或檢查工作等程序上。做的大都是別人要求做的事情。對其他的機能過度順從，例如「法律不允許這樣做」。
- **具備這個特質**：直到得到想要的結果才認為工作完成。設法用 scrappy 的方法來繞過阻礙他的程序或障礙[1]。

有時加班是必要的，而且上班更久在某種程度上可以彌補這些特質中的一些弱點。但是，如果你不是行動導向的、可靠的、高能力的、結果導向的，你就很難把事情做完，即使你花了很長的時間。

1 科技公司使用「scrappy」這個字來代表快速且機智，例如，找出巧妙的替代方案來繞過限制。

## 個人生產力系統

「把事情做完」不僅僅是一種本能或自動的行為，即使你基本上已經可以有生產力地工作了，你也可以採取一些策略來最大限度地提高工作效率。記錄工作並按照優先順序來選擇工作，通常是每一種生產力系統的關鍵元素。

### 把事情做完

David Allen 的 *Getting Things Done*（GTD）是組織工作的好方法[2]。它有很多元素，可以單獨或一起採用。

1. **把你的待辦事項和想法都寫下來**。我們的大腦很不擅長記憶，且進行嘗試有很大的壓力。盡量減少你捕捉靈感的地方。

2. **處理你寫下來的事項，並確定「下一步行動（Next Actions）」**。如果完成一件事需要不到兩分鐘的時間，那就馬上去做，否則，決定下一個具體步驟，並將它移到「Next Actions」清單中。你也可以在行事曆安排後續的工作，或是將工作委託給別人。其他的任何事情都要列入「Someday/Maybe」清單。

3. **逐一處理你的 Next Actions**。當你有時間工作時，看看你的 Next Actions 清單，然後根據優先順序和你的精神狀態來選擇工作。

4. **每週回顧**。檢查你的清單，確保每件事都是明確的、可操作的，而且被寫在正確的地方。

我們強烈鼓勵你閱讀 *Getting Things Done*，以了解更多細節，它在 PM 界如此流行不是沒有原因的。

### 為重要但不緊急的事情設定時間

如果有一件事明天就到期了，我們相對容易騰出一些時間來完成它。

另一方面，雖然修正註冊流程裡面的小 bug 很重要，而且一再拖延似乎是沒什麼大不了的事情。不幸的是，這些日子會累積起來，等到你意識到 bug 已經存在好幾個月時，累積起來的影響就已經不是微不足道的了。

2 關於 Getting Things Done 的詳情，見 *https://gettingthingsdone.com/*。

為了擺脫這種困境，試著想一下：多久時間內沒有完成這個工作就太久了？

想出多久之後，將截止日期設在「絕對太久了」的前一天。你當然要早點完成，但如果不行，一旦你到了那個日期，就把它當成緊急事件。

## 時間管理

每一位 PM 都覺得自己的時間不夠用，他們每天都會想辦法讓團隊執行當前的工作、為接下來的工作做準備、規劃策略，順便執行一些額外的專案或程序。

時間管理是 PM 的成長過程中最大的障礙，除非你學會如何擠出時間來制定策略，否則你的領導能力無法進入更高水準。身為一位人事管理者，你甚至有更多時間被一對一面談和其他會議占用。

那麼，秘訣是什麼呢？

> 一言以蔽之，你要接受你需要做的事情比實際能夠做的還要多，然後有意識地做你選擇做的事情。

### 接受你要做的事情比實際可以做的還要多

「接受」是時間管理的第一步。如果你堅持相信，只要你夠努力，夠聰明，你就可以完成清單裡面的每一件事情，那麼排列待辦事項的優先順序對你來說未免也太痛苦了。

許多 PM 的在校成績都是 A，所以很難轉換心態，無法認為把一些工作視為 B 級或 C 級是正確的做法，但是當你把行程排滿之後，每次你接受一項工作，其實就意味著拒絕另一項工作。

### 分析理想的 vs. 實際的時間分配狀況

在進行時間管理時，你可以從目標著手（正如我們在產品管理中面對的每一個問題那樣）。一旦你知道如何善用時間，你就可以評估你是如何運用時間的，然後想出一個理想的計畫 [3]。

---

3 我在 *https://wavelength.asana.com/workstyle-time-management/* 進一步說明。

考慮這些類別：

- **客戶研究**：與客戶會面、觀察用戶訪談、閱讀支援 email、查看使用數據。
- **工程師和設計師合作**：腦力激盪、解決問題、給出回饋。
- **專案責任**：撰寫 spec、提出 OKR、分析實驗數據、排序 backlog、專案管理。
- **規劃策略**：努力實現願景、規劃路線圖、探索策略理念。
- **招聘**：面試求職者、尋找人選、和潛在人選進行咖啡面談、開發新的面試問題。
- **個人發展**：閱讀書籍和部落格文章、參加會議或是在會議上演說、和教練一起工作。
- **管理和輔導**：一對一、撰寫評論、帶領培訓課程。
- **公司承諾**：全員參與、產品團隊會議、展示和講述。
- **隨時待命**：積極回應隊友、疏通人際關係、救火、幫助他人。

這些類別可能會隨著時間而改變，這沒什麼問題。

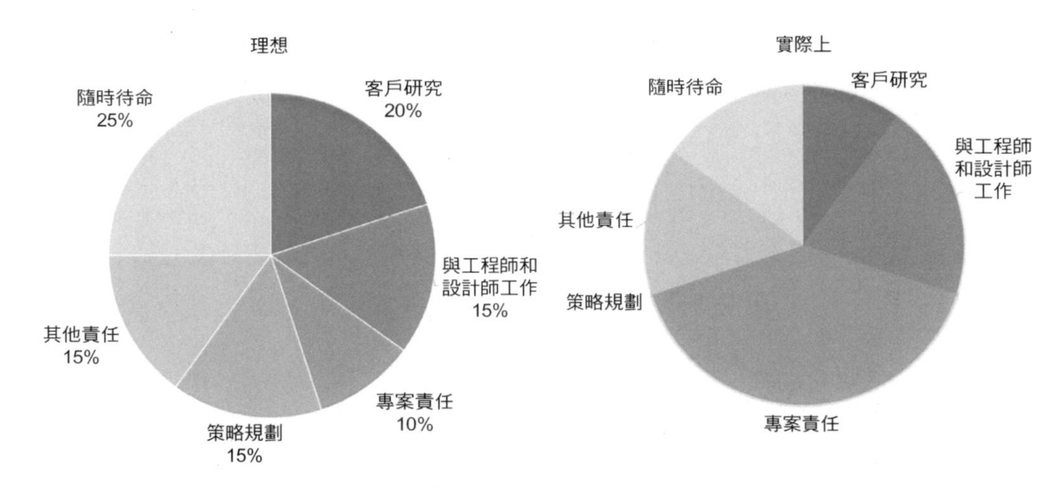


一旦你決定了想要追蹤的類別，看看你打算如何花費時間，以及你實際是怎麼使用時間的：

1. **將理想的時間規畫畫成圓餅圖**。至少留下 25% 的時間，以備處理難免出現的事情。如果你是高級 PM 以上，留下 15% 來進行策略規劃。

2. **評估你的時間都用在哪裡了**。你可以花一週的時間，在日曆上標出時間，並粗略地統計你是怎麼使用那些時間的。你也要注意常態的會議。

3. **比較**。將理想的和實際的圓餅圖視覺化之後，比較它們，看看你需要在哪裡進行調整。

當你計算理想時間分配比率時，你往往會發現你的百分比加起來超過 100%。這就是為什麼你要接受你無法完成所有事情。你必須做出一些妥協，才能設計出一個符合現實的計畫。調整時間分配，直到你滿意圓餅圖為止。

#### 4D：delete、defer、delegate 與 diminish

當你沒有足夠的時間承擔一項工作時，你可以用四種方法來減少花在它上面的時間。

- **Delete（排除）**：拒絕那項工作。如果你被分配了這項工作，務必先討論一下，而不是默默地放棄工作。
- **Defer（延後）**：設定提醒，在將來的某一天完成工作。如果你一直延遲同一份工作，誠實地檢討那份工作是不是你的優先事項。
- **Delegate（委託）**：把責任交給別人，你可以和你的主管一起找一位合適的人選。
- **Diminish（減少）**：減少你花在那個工作上的時間。縮短會議或將它合併。在可以接受的情況下，做到可接受的程度就好，不必做到完美。

因為你的時間太少而無法完成所有的事情，所以這是很自然且必要的決定。仔細考慮並做出選擇，但不要有罪惡感，

### 先放入大石頭

假如你有各種大小的石頭，你要把它們塞進一個罐子裡。如果你先把小石塊放進去，讓它們填滿底部，大石塊就放不進去了，但是如果你先把大石塊放進去，小石塊就能填滿大石塊之間的縫隙，這樣你就可以把它們都放進去了。

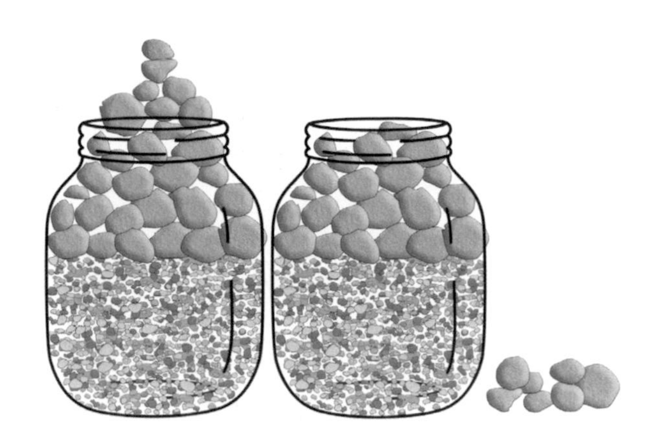

你的責任和工作也是如此。如果你每天都從五分鐘的小工作開始做起，並加入一些會議，你將很難找到可以專心工作的連續三個小時。

反之，當你規劃你的一週時，你要從最重要的工作開始安排時間。身為 PM，在行事曆上面畫出一段時間很有幫助，這樣它就不會被塞入會議了，這也會增加了一些內部壓力，讓你真的把時間用在重要的工作上。安排好大型的工作之後，你就可以在它們之間安排小工作。

主動在行事曆上為最重要的工作留下時間可以幫助你獲得不受干擾的時間來進入工作狀態，並掌控你的一天。

### 離開辦公室，為不能被中斷的工作創造空間

如果在行事曆上畫出一段時間無法奏效，創造更多物理空間可能有幫助。你可以去咖啡廳工作，或者躲在辦公室的另一個角落。試著封鎖你的通知，假裝你在離線工作，或者邀請你的團隊到樹林裡舉行一個異地策略會議[4]。將你的狀態設成「離開辦公室」。

如果忽視團隊一整天會讓你內疚，你可以試著這樣想：如果你的朋友要結婚了，你會在週五請一天假嗎？如果你的團隊可以接受你休假或請病假，他們當然也可以接受你用策略日來投資團隊的未來。

4　詳情見 *https://medium.com/building-asana/working-from-woods-35236950d100*。

### 戰勝拖延症

Asana 的共同創始人之一 Justin Rosenstein 寫了他戰勝拖延症的三步法[5]：

1. 面對我拖延的事情。
2. 誠實地告訴自己或朋友，為什麼它讓我不舒服。
3. 想出簡單的下一步。

當你遵循這些步驟時，你會發現，下一步往往是一些簡單的事情，包括問別人一個問題或尋找一些東西。例如，如果你不想要撰寫 spec，下一步可能是「找出模板」或「查看既有的研究」。

這種方法有效的原因是，人之所以拖延，通常是因為有些不太明確的部分可能會造成很大的壓力。如果可以先看一下工作，不需要立刻行動，將它分解成沒那麼可怕的幾個部分，應該就容易多了。

## 責任

### 有主見

新任 PM 有時認為他們的工作就是找合適的人去會議室，然後讓他們做決定，或是認為每一個重要的決定都應該交給上級決定。這兩種做法都不是有效的方法。身為 PM，你有責任成為你的領域的專家、分析優劣、形成觀點。

> 你的觀點是身為 PM 的你帶來的寶貴價值。你已經花了時間、進行了投資，可讓別人不必做那些事。如果你沒有強而有力的觀點，你就是把研究和思考的責任推卸給別人，然而，他們也許可以用那些時間來做更好的事情。

無論你的同事多麼有主見，他們其實都不想幫你做決定，他們只是想讓你了解他們的觀點，希望你可以做出對整體而言最好的決定。此時，最好的結果是你能有效地解釋所有不同的觀點，以及為什麼你會得出那個的結論。

你的觀點不一定都是對的，但是這沒關係。當你的決定被推翻時，或是你的建議沒有被採納時，你會從中學到東西。

---

5 Rosenstein 對此進行詳述：*https://www.linkedin.com/pulse/20140121123613-25056271-tasks-down-how-toovercome- procrastination-by-facing-discomfort/*。

## 設法繞過阻礙

新任 PM 經常遇到阻礙就裹足不前，也許是他聽到工程師說這不可能做到，也許是研究小組說他們沒有時間幫忙，也許是行銷部門說發生了更重要的事。你可能習慣死守規則，沒有想到還有其他策略可以完成工作。

在現實中，PM 可以做很多事情來繞過阻礙。那些方法常常讓人覺得：「你竟然做到了？原來可以這樣做！」

### 設法解決

名為 Victor 的 PM 在建立一個新內部工具之後遇到阻礙了。當初要求建立新工具的團隊很緊張，希望可以將新工具的試用日期往延遲一段時間。Victor 並未延遲日期，而是與公司的幾十個團隊溝通，找到另一個願意嘗試新工具的團隊。那個團隊很喜歡新工具，他們的推薦也説服最初的團隊一起試用。

為了繞過阻礙，你可以考慮這些方法：

- 你可以說服他們把「不要」改成「好」嗎？試著和他們進行一次面對面的溝通，有時，你只要解釋它為什麼那麼重要就夠了。也許你可以幫助他們重新安排優先順序。如果結果還是不行，你可以問一下你的主管，看看能不能請更資深的人來幫忙，讓他為你的要求背書，增加一些可信度和壓力。
- 有沒有不需要他們也能完成任務的方法？也許你可以自己做，或是找其他團隊幫忙，也許有外部資源可以幫助你。
- 有沒有其他方法可以實現這個目標？也許特定的技術解決方案行不通，但工程師可以幫你找到另一個可行的解決方案。
- 你有沒有幫得上忙的私人關係？也許你認識拒絕你的團隊裡面的某個人，你可以和他溝通一下，以獲得關於下一步怎麼做的建議。
- 次佳選項是什麼？能不能讓次佳選項與最佳選項一樣好？
- 你能不能做一些研究或驗證，來讓你繼續前進？也許一旦你獲得更多的資訊，你就可以改變別人的想法，或想出一個新點子。
- **你可以向老闆求助嗎？**雖然自己解決問題是最好的做法，但是向老闆尋求幫助總比完全陷入困境好得多。

一旦你克服了障礙，你就可以幫助團隊前進，讓你們都可以實現自己的目標。

## 遵守你的承諾，或重新協商承諾

跟別人說你會完成一件事就是一個承諾。說到做到是獲得信任的主因。

如果你信守承諾，別人就會認為你是可靠的，你所做的一切都會被重視。如果你不信守承諾，你就會給確認你的工作狀況的人帶來額外的工作，而且你會失去信任。

在你的生產力系統裡面寫下你的承諾，幫它加上日期或提醒，這樣你就不會忘記了。如果你落後進度，儘快讓別人知道，並且和他們一起制定新計畫。不要默默地任由截止日期過去。

## 積極交流

一旦有重要的變化，或是你達到重要的里程碑，你就要讓利害關係人知道。即使一切都按照計畫進行，你也要定期發送最新資訊，免得他們擔心或詢問你。

積極主動地溝通對你的主管而言特別重要，因為這是他們評估你的自主性的主要管道之一。如果你覺得自己被管太細，原因通常是你不夠積極主動地溝通。

## 一次管理多個團隊 ⚡

管理多個團隊可以增加你的範圍，你會負責更多的人，而且管理更多團隊可以讓你推出更多產品。

當你用這種方式來擴展範圍時，最大的障礙通常是情感面的。你可能會擔心，如果你承接更多的工作而變得沒那麼有空，你會讓現在的隊友失望。你可以和你信任的 PM 談談你的擔憂。

## 不要變成障礙 ⚡⚡

你是否曾經和拖慢你的速度的產品主管共事？也許他們一直叫你收集更多資料，或是在工作已經做得夠好的情況下，強迫你花更多時間進行迭代，也許他們讓你一直等待決策，使得你無法前進，或是他們非常忙碌，但仍然想要批准每一個細節。

不要做那種產品主管。

一旦你成為主管，你就要負責讓團隊快速前進。注意你的回饋和要求會不會拖慢團隊。鼓勵大家在他們被阻礙時告訴你，並優先排除他們的障礙。

## 成長實踐

### 不要把工作當作學校

「顯然我搞砸了，我找不到好辦法。」一位新 PM 向 Dropbox 的前 GPM Josh Kaplan 抱怨道。「沒關係」Josh 答：「你沒有失敗，現在只要做好權衡取捨就好了。」

身為一位 PM，你不會接到分散的工作，你要自己釐清需要做什麼，以及怎麼做。當你和別人溝通時，不要假設他們可以理解你的任務或背景脈絡。正確的解決方案不只一個，你要仔細思考權衡取捨，並且意識到，你面對的是全新的問題。

#### 專注於結果（outcome），而不是可交付品（deliverable）

在學校裡，你的成績取決於你交出去的東西，如果你做了你應該做的，你就能得到 A，但是在 PM 的世界裡，事情不是這樣運作的。

如果你寫好一個 spec，別人卻不閱讀和遵守它，你寫出再好的 spec 都沒有意義。如果你的團隊在截止日期之前發表產品，但是你沒有達成成功指標，你的工作就沒有完成。要達到預期的結果可能要做很多工作，而不僅僅是交出成品。

### 盡早分享工作

幾乎每一位 PM 都是透過慘痛的教訓來學習這件事的。

在完成工作和對它進行精修之前就將它分享出去需要很大的勇氣，自認為最初的做法可能大錯特錯也需要相當程度的謙卑。但是，如果你不盡早分享你的工作，你可能會浪費好幾天甚至好幾週的工作時間。

為了讓你更容易盡早分享工作：

- **將它稱為草案**。你可以加入很多修飾詞，來強調你所分享的工作不是最終的版本。使用「這是粗略的草圖」、「剛才只是做一些筆記」、「你可以快速地看一下這份早期草稿嗎？」
- **找一位親切的導師，讓他先看一下**。也許你不想讓整個團隊看到凌亂的草稿，但你可以請經理或朋友看一下，以確定你是否走在正確的軌道上。

- **詢問它是否在正確的軌道上**。有時別人害怕告訴你嚴重的問題，因為他們不想傷害你的感情，或打擊你的士氣。明確地詢問別人可以讓他們更願意告訴你。
- **幫自己定下規則**。如果有幫助的話，告訴自己，你會在三天內分享你的一切成果，即使它沒有完成。切記，你等待的時間越長，交付最終結果的壓力就越大，出現明顯偏差的機會也就越大。

## 優先回應你的團隊

如果你擔任其他的職位，你可以整天戴著耳機進入工作狀態並無視他人。PM 沒有這種奢侈的權利，如果你那樣做，你就會拖慢你的團隊，別人通常無法在沒有 PM 引導的情況下前進。

如果你的收件箱經常爆掉，想辦法篩出需要你回覆的重要通知。

- **Email**：過濾郵寄清單，把特定人物直接寄給你的信件篩選出來。
- **工作管理**：使用 at（@）、篩出你的工作、用到期日來篩選。
- **聊天**：使用頻道通知、使用 at（@）、使用關鍵字。

如果重要的通知很難自動過濾出來，你可以讓你的團隊知道聯繫你的最佳方式，並鼓勵他們在需要你的時候聯繫你。有時，隊友們會注意到你很忙，並且盡量不打擾你，即使你歡迎他們的打擾。你一定要強調他們是你最重要的對象，而且你會把時間留給他們。

## 注意如何使用即時溝通和非同步溝通

即時溝通就是所有人都在同一時間進行對話，比如面對面的對話或會議。非同步溝通就是有人發出訊息，但不確定別人何時會閱讀和回覆它，例如聊天室或 email。這兩種溝通方式在正確使用的情況下都很有價值。

即時溝通的好處有：

- **比較簡單**：你不需要仔細規劃你要說什麼。
- **減少誤解**：你可以傳達語氣，並從對方得到回饋，以避免誤解。
- **更快解決**：不用花時間等待別人閱讀和回覆。

非同步的好處：

- **免除安排行程的麻煩**：尤其是有很多人參與的時候，有時你完全找不到一段所有人都有空的時間進行討論。這種方法可讓每個人在最方便的時候閱讀和回覆。
- **書面參考**：非同步溝通能自動記錄大家說了什麼，很適合用來追蹤他們曾經做出什麼決定，以及為什麼做出那些決定。
- **通常更有效率**：比起被拉入 30 分鐘的會議，閱讀 email 和打字回應快得多。
- **不會打斷流程**：大家都可以在他們做好準備時進行回應，但會議、電話或速聊（quick chat）等即時溝通往往會打斷一個人的流程。

你可以藉著將即時討論轉換成非同步討論來增加很多價值，反之亦然。反覆開會可能比非同步聊天好，但一連串的 email 討論也許可以用速聊來迅速解決。

## 當你需要平衡在某件事上花多久時間時，使用「時間框」

時間框（timeboxing）是一種簡單的技巧，做法是在你開始做一項工作之前，先決定你願意花在那項工作上多久，一旦超過那段時間就停止那項工作。你可以用它來處理任何類型的任務，從工程到決策。

時間框很有效，因為它可以讓你控制工作成本，從而控制你的投資回報。在工作開始之前，我們比較容易理性地評估應該投資多久的時間，它也可以避免沉沒成本謬誤，也有助於遵守「如果工作成本不高，我們就動手做」的共同目標。

例如，在處理不容易發現的瀏覽器 bug 時，你可以將它的修正時間限制成 3 小時，讓工程師花 3 小時去修復那個 bug，超過 3 小時之後，他們就可以處理其他的事情，即使那個 bug 沒有被修復。時間框可以避免你震驚地發現工程師在一週之後還在處理那個「簡單」的 bug。

## 更快速地行動

特別注意你行動遲緩的時刻，並找出根本原因。

以下是一些常見的機會，在這些機會中，PM 可以更積極地行動。

#### 似乎沒有人在等待你的決定

在實務上，不確定的事情往往會讓人放慢腳步，即使它不會直接影響他們當時的工作。當你擔心事情可能生變或搞不清楚自己的方向時，你就難以全力以赴地工作。所以，即使你沒有阻礙別人，你也要快速地釐清方向。

#### 在簡單的判斷就可以做到的情況下，建立花俏的框架

我看過 PM 為了安排工作的優先順序而建立一個複雜的公式，然後在結果不合理的時候，又花一週的時間修改它。我也看過一些團隊花了幾天的時間選出精確的數字來當成發表標準。

在很多情況下，你可以運用判斷力來節省大量的時間。如果工作順序不太對，調整它們位置就好了。你只要為產品的發表標準設計一個粗略的指引，如果結果處於及格邊緣，討論一下就好了。把框架做得寬鬆一點，把最重要的情況納入其中，同時避免在處理其他情況時做得太細。

#### 太多迭代

有些專案在設計階段就卡住了，設計師可能會讓其他的設計師看一下自己的作品，然後花好幾週時間處理每一項內部回饋。

在設計師展示他們的作品之後，你要與設計師一起決定哪些回饋需要處理。幫助他們在「進行迭代」與「快點把作品送到客戶面前」之前取得平衡，支持他們往前邁進。

### 在跨部門合作期間，「信任，但是要驗證」

跨部門合作是進行產品管理時很麻煩的部分，此時，你試著完成任務，卻必須依賴別人。

如果你把工作交給其他團隊了，卻一直到發表日才與他們進行確認，你可能會遇到一些問題，也許是他們誤解你的目標了，或是工作進度落後了，或是他們遇到一些緊急的事情，所以忘記了你的產品發表。

如果你認為其他團隊辦事不力，試著對他們管細一點，他們可能再也不想和你共事。

你應該從相互信任和尊重的地方開始著手，但是要設定一些檢查點，用來驗證工作一如預期地進行。

## 學習如何做好委託

如果做得好，委託可以雙贏。你覺得乏味的工作可能是別人期待的成長機會。你可以把責任委託給較資淺的 PM，甚至設計師和工程師。

### 交出全部責任的所有權

你要移交所有責任的所有權，而不是把個別的任務交給別人。

例如，與其要求別人在儀表板加入某些特定的圖表，不如告訴他們，儀表板的目標是什麼，以及目前的儀表板有什麼問題，然後讓他們全權負責儀表板。你可以分享你的想法，但是要保留空間，讓他們可以想出更好的方法。商定一些檢查點，讓你可以確保他們走在正確的道路上。

如此一來，他們就會得到擁有儀表板的滿足感，而非只是你的打工仔。你會得到更好的結果和更好的士氣。

### 了解你為何不想委託工作

有時，PM 在委託工作時，最大障礙不是說服別人接手一項工作，而是說服**自己**可以而且應該委託一項工作。如果你不願意委託工作，考慮一下原因。不願意委託的常見原因包括：

- **好像沒有人想做這項工作**。想一下這項工作為何如此重要，以及它需要什麼技能，這些都可以成為你「推銷」這項工作的誘因。觀察整個公司的人，而不僅僅是產品團隊的人，看看誰似乎樂意做出貢獻，或想要培養這些技能。問一下經理，他們的團隊有沒有適合的人選。
- **沒有人可以做得夠好**。這件事真的需要做好嗎？如果你不做這件事，把時間花在其他事情上會不會更好？如果你確定這件事需要做好，你可以考慮訓練別人該項技能，或是聘請擁有合適技能的人。
- **你不想放棄它**。如果你真的喜歡這份工作或這份責任帶來的聲望，你就要做出選擇。如果你喜歡這份工作，而且有足夠的時間，你就不需要把工作委託給別人。

並非所有事情都必須委託，但是大多數人委託出去的工作量都比他們可以或應該委託的工作量還要少。想想為什麼本該委託的事情沒有被委託出去。

### 負責定義什麼是成功，並且把解決方案委託給你的設計師和工程師

如果工程師要求你想出產品的每一條錯誤訊息怎麼寫，你將很難完成許多工作。許多 PM 都陷入這種戰術性的工作，這根本是亂用所有人的時間，它浪費了你的時間，因為你要記錄不相干的、重複的資訊，它也浪費了你的隊友的時間，因為他們必須停止工作，等待你的回覆，而不是做出合理的猜測。

身為一位 PM，最好的委託方式就是承擔定義（和評估）成功的責任，然後讓隊友負責想出解決方案。你可以將成功的錯誤訊息定義成：讓所有的錯誤訊息都使用 UI 程式庫的特定組件，並且根據既有的錯誤訊息句子結構來撰寫內容。

教你的團隊成員如何自己找出答案，包括在哪裡尋找樣式指南和公用組件…等。如果你還沒有樣式指南和設計原則的清單，也許是時候建立它們了。如果你把所有規則都記在腦子裡，你就是讓自己變成瓶頸。

最後，設置檢查點來檢查工作，以確保它符合你對成功的定義。例如，你可能會要求他們在每週的 demo 中展示所有的新成果，或是在 check in 新程式碼時告訴你。如果成果不符合你的成功定義，反省你要不要更明確地定義成功是什麼，或是安排更好的訓練，或是兩者都做。

## 不要將規則視為固定不變的東西

許多 PM 有一個迷思，他們潛意識裡認為自己應該遵守所有的規則和流程，畢竟，規則就是用來遵守的，不是嗎？事實不一定如此。

**感謝你打破規則**

Slack 的產品 VP Noah Weiss 想要提供免費試用的白金方案版產品，但是他發現自己陷入了困境。他的團隊的第一次嘗試失敗了：在第一天讓用戶免費試用不僅沒有帶來更多收入，反而讓那些知道產品免費的用戶感到困惑，並且把他們嚇跑了。他們的第二次嘗試也失敗了：讓所有用戶試用的確創造了巨大的收入，但是在活化用戶（activation）方面，卻造成難以承受的負面影響。CEO 明確地要求 Weiss 取消這個專案，不要再浪費更多的資源了。

Weiss 考慮了他的處境，想出一個很有希望的解決方案。他們可以在用戶免費使用產品一週之後，才提供免費的白金方案試用。他認為這種方式可以減輕前兩次試驗的缺點，同時保留收益。他知道一種快速進行試驗的方法，而且他與 CEO 有很好的關係和信任感。Weiss 認為值得冒險，因為他對其他產品所做的研究都表明，試用可以帶來很多價值。

Weiss 成立了一個小團隊來進行第三個試驗，成果非常的好。CEO 在公司面前感謝他：「謝謝你的堅持。即使我說過這種做法行不通，並且叫你別做了，但是你的勇氣和鬥志，才是我們長期成功的關鍵。」

別人會用你創造的成果來衡量身為 PM 的你。如果你打破規則，並且造成一些問題，別人可能會告訴你不要再做了。就像很多人說的，請求寬恕比獲得許可更容易。

運用你的判斷力，並詢問你的同事，以了解哪些規則是可以變通的，除非你相信變通帶來的好處值得冒險一搏，否則不要這樣做[6]。

## 讓你的團隊期待接下來要發生的事情 ⚡

當人們只專注於他們眼前的工作時，他們通常很想花時間把它做到恰到好處。多花一週的時間來微調邊緣案例，或花時間進行更多研究看起來沒有任何壞處。此時，你很難讓他們願意採取進一步的行動，因為這看起來充滿風險，卻沒有回報。

當你面對這種情況時，你可以花一點時間和你的團隊一起展望你正在建構的美妙未來，這可以幫助你為接下來的工作創造一些熱情。當你的隊友滿心期待下一個專案時，他們會開始和你一樣渴望快速地行動，他們也會看到採取進一步的行動的好處。

## 與你的團隊分享每月優先事項 ⚡⚡

隨著你的職業生涯的發展，你旁邊的人將越來越難知道你在做什麼。

你可以和你的團隊成員、主管、跨部門伙伴分享最新的每月優先事項概要（以及你上個月處理優先事項的表現），這可以達成幾個目標：

- 它可以讓別人了解你有多忙，如此一來，他們就可以務實地預期你可以在他們關心的事情上花多少時間。
- 它可以讓你的團隊知道你現在的工作的背景脈絡。
- 它可以讓你成為團隊中其他人的榜樣，他們可以看到你在做哪些類型的工作，以及工作量。
- 它可以避免當別人認為你做得不夠時產生怨恨，或讓你失去信用。
- 它可以為你提供空間來認可你做的工作，以提高你自己的士氣。

---

6 顯然，不要違反道德、法律和安全規則。

有一些 PM 會一邊工作，一邊寄出最新的優先事項資訊，有些人會在月底撰寫一份總結。

### 定期設定研討會時間，來優化你的行程安排 ⚡⚡

身為一個產品領導者，你可能會發現一對一和臨時會議不足以幫助你的團隊。

有一種擴大規模的方法是預定每週的「研討會」時間，讓團隊報名並準備產品主題，向你和工程與設計負責人報告。這可以確保在房間裡進行產品討論的人是合適的，並省去你的一對一會議的時間，讓你投入更多時間在個人發展上。

你通常要舉辦幾次研討會之後，才能讓它對你和你的團隊發揮效果。請確認該讓誰參加，以及團隊大概需要準備多久才能帶來工作成果。考慮使用 Do/Try/Consider 框架來讓你的回饋更明確[7]。

### 為你的團隊清除障礙 ⚡⚡

一旦你在整個組織建立了關係並贏得了信任，你就可以利用這些關係為你的團隊清除障礙。

當跨部門合作似乎被卡住時，試著向該部門的主管半開玩笑地提出這個情況，看看他們是否意識到這個問題。他們也許可以知道問題出在哪，並幫助你解決問題。

例如，有一位 PM 覺得不開心，因為他的資料科學家花了很長的時間來分析實驗結果，於是 PM 的經理與資料科學負責人進行溝通，向他說明快速獲得結果的重要性。資料科學部門的負責人重新分配了一些工作，第二天 PM 就得到他們的分析。

為了做好這件事，你要確保講話的口氣讓人覺得你想合作解決問題、互相幫忙，而不是告狀。如果你讓人覺得你在責怪另一個團隊的人，你可能會因為製造敵意，反而讓事情變得更糟。

## 遠端工作

在 2020 年 3 月，由於新冠肺炎大流行，許多企業突然間改成在家辦公，很多 PM 發現自己面臨新的情境。對 Gojek 產品管理高級 VP Dian Rosanti 來說，遠端領導團隊不是什麼新鮮事。Rosanti 在過去的 7 年裡一直與分散各地的團隊共事，並建立了一個

7 詳情見第 348 頁

最佳實踐的知識庫。她藉著適應疫情和社會隔離的新壓力，幫助她的團隊和自己保持高效率，並和其他 PM 分享她學到的東西[8]。

這是 Rosanti 的遠端工作最佳實踐法：

- **管理期望**：使用 RACI（第 276 頁）之類的關係人管理框架，讓大家知道他們如何為專案做出貢獻。讓大家分享他們的工作時間，以及聯繫他們以進行各種對話或提出請求的最佳方式。讓團隊和個人就他們針對問題的反應速度取得共識（例如，在 48 小時之內）。
- **使用工作追蹤軟體**：Rosanti 使用 Asana 來記錄目標、會議記錄、關鍵決策、跨部門溝通和產品組合追蹤，它可以讓跨部門的人員保持同步、查看目前的狀態，並回顧過去的決策，它也讓大家更容易欣賞隊友的工作，必要時，也可以糾正錯誤，因為 Asana 可以展示工作狀況。
- **保護你的時間**：在遠端工作很容易讓你沒有私人空間，會議可能會悄悄地到來，讓你沒有足夠的時間持續專注在創造性的工作上。你可以合併會議、召開非同步會議（讓大家把他們的最新狀況送到聊天室），以及安排「無會議」時間。
- **減少溝通負擔**：當團隊變成遠端工作時，email 和聊天的數量會讓人難以承受。制定社交規範，鼓勵大家注意你的訊息如何影響別人：為了降低「回覆所有人（reply-all）」造成的雜訊，你可以預設以 BCC 寄出 FYI email。如果沒有重要的事情需要補充，別人就不需要回信給你。用可預測的時程寄出最新資訊。
- **問一下大家在工作之餘的情況**：遠端工作會減少大家在茶水間裡自然地交談的機會。你可以在團隊會議的前幾分鐘留出時間閒聊，並要求大家在進入聊天室時，分享一些個人的事情。你甚至可以舉辦一個開放的 zoom meeting，讓所有人都可以在會議上聊天和閒逛。談論工作之外的生活也許很奇怪，但是這是促進人際關係的好方法。
- **創造空間，進行隨興的交流和凝聚**：無厘頭的聊天頻道[9]是促進團隊團結的好方法，例如讓大家在頻道裡貼出貓咪的照片、網路迷因，或是用大寫的字母隨便打字。它可以增加了解同事的機會，並建立社群。

8 你可以到 *https://www.youtube.com/watch?v=4MmJ1w3Z_yY* 觀看 GoTalk 的 "Product Management in the Time of Corona"

9 #capital_hill 是 Asana 的一個令人愉快的、超現實主義的聊天室，我們在那裡辯論墨西哥卷是不是三明治，以及其他天馬行空的想法。

- **如果可以的話，每一季見面一次**：雖然遠端團隊凝聚做得越來越好了，但每一季讓整個團隊聚在一起一次是很好的做法（如果沒有世界級的傳染病）。透過一些簡單的事情，比如一起吃午飯或出去喝杯咖啡，可以幫助你們將彼此視為活生生的人，讓未來的工作更容易。你也可以考慮一些有趣的線上團隊建立活動，例如虛擬烹飪課程。

即使有了各種最佳實踐，但是在大流行病時，工作的方式也與一般的遠端工作有所不同。Rosanti 發現，她的團隊需要重新審視目標，並壓縮優先順序安排週期來幫助公司適應這種工作方式。從個人的角度來看，她也強調了管理時間和精力的重要性：靈活的時間表、頻率目標（frequency goal）、把每件事都寫在行事曆上，以及學會感恩，這些做法都幫助她適應了隔離狀態[10]。

## 重點提要

- **設定一個追蹤工作的系統**：不要只依靠 email 收件匣或你的記憶來過活。如果你只會根據最近的或最緊急的要求來選擇工作，那麼你就無法投資太多資源在重要的工作上。
- **誠實告訴自己，你實際上有多少時間**：一旦你接受「你無法完成所有的事情」這個事實，你就更容易排除、推遲、委託或減少額外的工作。當你分享早期工作以及製作「簡陋（quick and dirty）」版本時，你的心情會更好。
- **為重要的工作留出時間**：在你的行事曆上挪出時間來處理最重要的工作。不要讓那些小型、緊急的工作排擠你真正該做的事情。你很難拒絕其他的工作，但關鍵是把時間花在對你的團隊、公司和你自己最有幫助的地方。
- **PM 是積極的角色**：擔任 PM 不是叫合適的人來會議室，叫他們做出選擇。身為 PM，你必須對於「何謂正確」有自己的主見，然後克服路上的任何障礙。如果有人不同意或阻礙你的進程，你有責任找到前進的方法。你要釐清需要做什麼，然後動手做。
- **在別人發問之前告訴他們**：僅僅做正確的事情是不夠的，你也要讓你周圍的人知道一切都在你的掌握之中，這樣他們就可以放鬆心情，讓你處理問題。快速地回應他們，即使你只是告訴他們你會在週末之前回覆他們。

10 頻率目標的例子：承諾每週健身三次，但不設定固定時間。

# 策略技能

產品策略概述

願景

策略框架

路線圖和優先順序

團隊目標

# PART E

# STRATEGIC SKILLS

# E 策略技能

對 PM 來說，策略性工作是很重要的投資領域，因為它決定了團隊的前進方向。它可以確保產品和執行工作（execution work）符合大局，進而保護它們的價值。了解長期願景可以幫助團隊定下更好的產品決策。

如果沒有策略思維和願景，團隊往往就會陷入局部最大值（local maxima），他們會持續改變最初的想法，卻沒有意識到，漸進的改變永遠不會帶來足夠的改善。

在這一節，我們要學習如何引導團隊往正確的方向發展。

- **產品策略概述**（**第 195 頁**）告訴你什麼是策略，以及策略的含義。你將學習產品策略的三個元素，以及制定策略的框架。
- **願景**（**第 207 頁**）教你如何為產品建立一個令人嚮往的願景。你將學習「逆向工作」框架，看看遠大的願景如何協助團隊成功。
- **策略框架**（**第 213 頁**）教你如何將願景與商業活動和市場聯繫起來，創造成功的產品。你將學習 4 P、5 C 和 Porter 五力分析等框架。
- **路線圖和優先順序**（**第 224 頁**）教你如何建立長期的路線圖來實現願景。你將學習如何為互相衝突的目標設定優先順序、如何從第一線的團隊中收集回饋，以及如何說「不」。
- **團隊目標**（**第 239 頁**）教你如何建立有效的目標來激勵團隊。你將學習 OKR、衡量指標，以及設定目標。

策略技能主要是在計畫週期中使用的，例如在年初的準備工作，或是在開始一項新的舉措之前。

CHAPTER 14

# 產品策略概述

公司的資源是有限的，「最好」的產品不一定可以帶來勝利。如果你的方向錯了，你的速度再快都沒用。如果大眾不使用你的產品，它設計得再好也是枉然。

這就是為什麼到了你的職涯的某個階段，別人可能會要求你更有策略性，聽到別人這樣說，你可能會想「我該怎麼辦」？

對我來說，第一次聽到這種回饋是沉重的打擊。如果我不擅長謀略，我怎麼可能當一位出色的 PM？

但是，我其實誤解了一些非常非常重要的事情。

謀略技能不是天生的，我可以後天學習補強。我可以解析關鍵元素，包括願景、策略框架和路線圖，並學習具體的做法來改善它們。我可以向關鍵來源徵求意見、追蹤趨勢、評估風險，並將這些資訊結合起來，為產品定出明確的方向。

別人叫你「要更有策略性」並不是說「你的數學太差勁了，永遠都沒救了」，它比較像是：「你不太懂幾何，你要學學」。這是一種可以學習的技能，這也是這一章和這一部分的內容。

## 有策略性是什麼意思？

策略性就是決定產品的發展方向，並制定一個計畫來實現目標。你要了解行業、市場和趨勢，並預測未來有哪些東西是重要的。策略性是關於創造願景，設定遠大的目標，並且讓團隊相信你正在朝著正確的方向前進。策略性是關於評估各種方法，並選擇最好的一個。策略性是分享你的團隊接下來該如何實現重要的機會。策略性是擬定步驟，帶領團隊從開始到完成。

在職業生涯早期，你通常只是在執行產品主管制定的策略。關於如何選擇專案和排序工作，也許你已經有某種框架了，但是你還沒有自己提出那一個框架，或是描繪出大膽的長期目標，讓團隊努力實現。雖然你協助規劃團隊目標的細節，但你並未決定方向。

隨著你的職涯發展，你也要擴展策略技能。你要學會辨識和研究新的策略性機會，公司會期望你建立願景來利用這些機會，並且突破既有的計畫，定義成功的樣貌。你必須學會建立長期的路線圖，以展示如何將所有工作結合在一起，以取得偉大的成果。你也要學會明確地溝通，讓大家一致執行策略，並確保團隊成員都了解他們的工作目標。

## 有策略 vs. 沒有策略

因為策略的含義不太容易理解，所以我用幾個例子來說明。

### 願景

- **沒策略**：根據客戶請求的數量或銷售團隊的排行榜來決定專案的優先順序。
- **有策略**：描繪一幅激勵人心的願景，告訴大家兩年後的產品長怎樣，並且選擇專案來實現那個願景。讓利害關係人知道每一個小專案都可以對他們重視的大型目標做出什麼貢獻。

### 競爭框架

- **沒策略**：分析競爭對手擁有的功能，並且用它來指引你的路線。
- **有策略**：找出競爭對手沒有做好服務而且有價值的客戶群，然後決定必須執行的專案及其優先順序，以贏得那些客戶。

### 策略框架

- **沒策略**：別人不太確定你為什麼接受或拒絕各種工作，或是你在優化什麼。有些人反覆提出受歡迎的想法卻備感挫折，因為你沒有解釋為何團隊不執行它們。
- **有策略**：你已經寫好一個明確的、有主見的框架，指出你要下哪個賭注，以及為什麼。

## 與公司的戰略保持一致

- **沒策略**：根據你自己從客戶那裡得到的資訊來選擇方向。
- **有策略**：了解公司的戰略方向，以及產品和商務團隊的目標，並利用它們來選擇支援大局的方向。

## 系統思維

- **沒策略**：沒有留意長期或全面性的影響並做出短視的決定。將短期利益置於長期利益之上。將團隊置於公司之上。關注小地方而不是整體。
- **有策略**：發現趨勢和關聯，擬定更好的解決方案。會想到決策將如何影響大局。

## 長期路線規劃

- **沒策略**：只會畫出含糊的大餅，卻沒有實現它的計畫。
- **有策略**：每季寫一份計畫，列出為了實現願景需要做哪些工作，以及按照什麼順序。提醒團隊必須發展哪些新技能，以及更大的團隊規模何時可以發揮最大的價值。

## 執行

- **沒策略**：團隊似乎總是在趕進度，找不到時間做策略性工作。堅持做漸進式工作。在長期路線上沒有任何進展。
- **有策略**：為策略工作保留空間，即使涉及艱難的優先順序要求。與主管合作，確保團隊得到它需要的東西，無論是更多的人員配置，還是獲得上級批准放棄非策略性工作。

## 目標設定

- **沒策略**：啟動已決定的解決方案，根據該解決方案可達成的目標來設定目標。
- **有策略**：將團隊凝聚在一個關鍵的成功指標上。設定遠大的目標，改變團隊看待問題的方式，尋找新的解決方案。

## 提前規劃

- **沒策略**：100% 專注在即將到來的產品發表以及完美地交付產品上面。
- **有策略**：當工程師開始著手進行當前的產品發表時，就馬上找時間研究接下來的工作，草擬並提出建議。

自主性

- **沒策略**：執行經理叫你做的專案。
- **有策略**：向主管建議團隊接下來的專案。建議成立新的團隊。

推廣

- **沒策略**：雖然你知道自己的策略是什麼，甚至把它寫在某處，但是你的團隊的工程師和設計師（還有你的主管）說不出它是什麼。
- **有策略**：團隊的每個人都可以大致說出策略和目標。整個公司的主管都知道你的策略，以及為什麼它很重要。

如果別人說你的策略性不夠，但你不知道為什麼，你可以把這份清單拿給你的主管看，問他需要注意哪些領域。

## 產品策略是什麼？

產品策略沒有標準的定義。

你可以想像，這會造成很多困擾，很多 PM 以為他們已經提出策略了，他們的經理卻一直叫他們擬定策略。為何如此？

策略是由三個元素組成的。如果你覺得困擾，原因通常是你缺少其中一個元素。

產品策略的三個元素是產品願景、策略框架和路線圖。

一般情況下，產品負責人或 CEO 會制定整個公司的策略，總監（director）會幫他們的團隊制定更有針對性的策略，而個別的 PM 會幫他們的團隊制定更有針對性的策略。本節將介紹每一個元素的重點，以及如何制定自己的產品策略。

### 產品願景

**產品願景**就是以鼓舞人心的方式來描述我們想要追求的未來。它可能採取高擬真的方式，例如 demo 影片，或是低擬真的方式，例如分鏡圖，甚至只是一句簡單的願景敘述。

優秀的產品願景都有一些實現願景的具體細節、見解或觀點。細節會隨著時間而改變，但願景就是激勵團隊和客戶的北極星。

為什麼要有產品願景？因為產品願景可以激勵人心，幫助大家快速地了解他們正在努力實現的目標。它可以讓大家了解所有的工作是怎麼累積成有意義的東西的。一旦大家接受這個願景，他們就會努力去實現它。

第 15 章：願景（第 207 頁）會更詳細說明。

### 策略框架

**策略框架**就像是策略的 spec。

它包含策略的高階框架、目標和原則。它描述了目標市場，描述你下了什麼注，以及為什麼。

框架可以讓大家用一致的方法來實現願景。如果策略框架寫得好，它可以幫助大家記住策略的重要成分，例如，使用簡潔的口號和令人難忘的名字來講述重要的概念。

為什麼要有策略框架？當人們了解這個框架之後，他們就能自己快速地做出優質的決定。此外，如果你明確地定義框架，你們將更容易識別和修正每一個錯誤的假設。

第 16 章：策略框架（第 213 頁）會詳細說明。

### 路線圖

**路線圖**是有輕重緩急、有順序、有大致成本的工作計畫，可帶領大家實現願景。路線圖展示了哪些步驟排在前面、接下來有哪些關鍵里程碑。路線圖可以讓大家對問題的規模有粗略的概念（例如，實現這個願景需要一年還是十年？）。

為什麼需要路線圖？路線圖可以讓大家以一致的步驟來實現遠景。路線圖的細節會隨著時間而改變，但是路線圖的具體性可以幫助人們了解需要多少工作，以及需要聘用多少人。路線圖也提供了追蹤進度的基準，讓團隊可以評估當前計畫是否可行、是否需要改變。

第十七章：路線圖和優先順序（第 224 頁）會詳細說明。

## 制定產品策略

建立產品策略不需要擁有全部的產品。你可以（也應該）為包含多次發表的任何範圍制定策略。你要從較小的策略逐步上升到較廣泛的策略。

建立產品策略是一個合作的過程，你的重點是獲得所有重要關係人的認同。畢竟，策略的意義是讓大家朝著共同的方向前進。話雖如此，大多數的關係人都不會深入參與日常的策略制定。

### 擠出時間

許多 PM 都覺得沒有足夠的時間規劃策略，因為他們有一大堆緊急的工作，甚至已經覺得落後進度了。

如果你還沒讀過第 13 章時間管理（第 174 頁），現在就去看那一章。

#### 心態的轉變

為了挪出時間來進行策略性工作，PM 的心態應該從「對我的團隊來說，我是一位優秀的 PM」變成「對我的公司來說，我是一位優秀的 PM」。

當你在平衡團隊成員的需求時，你就已經具備這種心態的小型版本了。沒有 PM 不願意為他的設計師挪出時間，因為他們太需要 PM 了，反之亦然。大家都不想讓個別的隊友失望，但 PM 必須支援的是整個團隊。

假設你的直屬團隊是你的一位隊友，公司是另一位隊友，你不可能只站在團隊那一邊，卻不站在對公司最有利的那一邊，你兩邊都要支持。

一旦你的心態從優秀的團隊 PM 變成優秀的公司 PM，挪出時間就容易得多。你依然不會放棄對團隊有幫助的工作，只是它會變成可以取捨的選項。

## 了解策略性工作的重要性

因為挪出時間是一種取捨，你必須先了解策略和願景工作有多麼重要。

願景對許多團隊來說非常重要。想像一下，如果 Apple 的團隊整天沉浸在設計新 iPod 上面，而沒有退一步看，意識到他們應該設計 iPhone 才對…

你當然可以繼續沿著目前的路徑找到漸進式工作，你一定有更多的客戶需求需要滿足，有更多的功能需要開發，但是，也許新方向可以帶來更大的影響。

等到眼前的專案結束再尋找下一個週期的創新方向就太晚了，如果你想要重新思考策略，你就要盡早開始。

## 如果工程主管不允許你抽出時間來做策略性工作的話，該怎麼辦？

告訴你一個關於你的執行工作（execution work）的真相：它一定會耗盡你安排給它的時間。

有時你需要專心執行工作，例如在大型的產品發表即將到來時，但是，在絕大多數的情況下，花一些時間進行策略思考對你的團隊和公司更好。

與工程主管溝通，聽聽他們擔心什麼事，知道問題之後，你就可以正確地處理它們了。

你可能會遇到這些情境：

- **他們不知道策略工作的重要性**。如果你不能用你的邏輯說服他們，或許你要多花幾個小時來快速製作一個策略草案，讓他們看到價值。
- **他們想要保持由工程師來主導，而不是由 PM 告訴他們該做什麼**。讓工程師參與策略工作。你可以將策略定義成「它們都是你的想法，我只是幫你將它們整合起來，讓公司的其他部門知道我們的工作的重要性。」
- **他們認為你這位 PM 目前的表現還不夠好**。先解決這個問題。你可以額外規劃幾個小時來制定一個輕量級的策略，在不占用團隊時間的情況下。
- **他們想要專案經理，不是產品經理**。這是很麻煩的情況。與你的主管一起取得一致的期望。雖然在你的職業生涯早期，這個職位仍然是個很好的機會，但是你可能要尋找其他的角色來持續成長。

別忘了，策略是成為有效率的 PM 的重要元素，你一定要妥善地排定它的優先順序。

### 考慮快速的做法

制定策略通常不像一般人所擔心的那麼耗時。

當你有一個不太有爭議，或非任務關鍵型的小領域時，你可以使用這些快速有效的方法：

- **草稿與回饋**：快速寫下包含三個策略元素的草稿，並且和你的隊友分享。書面資料可讓別人提供具體的回饋，並且讓計畫開始運行。刻意維持內容的簡短且不加修飾，可以避免人們熱烈期待盡早進行的情況。
- **全日或半日的非正式策略會議**：將團隊成員和關係人聚在一起，和他們分享想法和討論方向。
- **30% 的時間**：在一到三週的時間裡，花三分之一的時間進行研究和腦力激盪。屆時，你會對可能的方向有一或多個想法，並且能夠決定還要投入多少時間。

下一節要介紹處理更大範圍，而且比較重要或比較有爭議的事情的方法。

## 建立大規模的策略

當你的團隊規模較小時，你通常可以單獨起草一個策略，然後徵求團隊的回饋。

當賭注越來越大、團隊規模越來越大，或者爭議越來越大時，你就必須和別人一起制定策略。

以下是 Asana 產品負責人 Alex Hood 提供的策略制定過程。

### 第一步：深入研究大量的回饋

制定策略不能閉門造車。

檢查你的策略可以協助的策略與願景（例如，公司策略）。你的策略是建立在已宣告的產品策略之上的嗎？或是為了強化它的嗎？它們至少要有直接的關係，最好可以加速整體的產品策略。

回顧來自客戶、測試、競爭分析或任何其他來源的相關見解。在不浪費太多時間的前提下，廣泛地獲得資訊。

### 第二步：開球

開球（kickoff）奠定了整個流程的基調。大家在制定新策略時可能會很緊張，但你可以幫他們放鬆心情。

讓正確的關係人參加會議。你可以製作一張 DACI 圖（第 276 頁）。分享你從新的見解得到的結論。分享新策略如何插入既有的高階願景或策略下面，以免別人認為你在重造輪子。人們比較支持「加強既有技術的策略工作」。

在開球時，你可以提出的問題包括：

- 哪些策略問題是首要的？
- 哪些決策案例如果採取更好的策略會有幫助？
- 有沒有與策略有關的事情會應時出現（例如重要的里程碑或決策）？
- 策略的哪些部分是每個人都想要參與的？

建立一個時間表，在裡面寫上關鍵目標與檢查點。

### 第三步：檢查點 1 — 關鍵假設

產品策略包含幾個關鍵假設，包括驅動產品決策的假設或推論。例如，你可能有關於建構 vs. 購買、定價策略、市場研究、資料分析或工程框架的假設。

將這些假設分解成不同的工作流（workstream）（包括負責人和參與者），好讓個別的團隊可以處理它們，並提供回饋。

你可以在第一個檢查點讓每一個團隊提出他們的假設，和他們相信它可行的原因。然後提出證明或否決這些假設的關鍵問題，並討論如何找出答案，問題不需要太多（最多兩個到七個）。在檢查時，詢問利害關係人的想法，確保他們同意你問的是正確的問題。

### 第四步：檢查點 2 — 起草策略 / 賭注

讓團隊研究每一個工作流之後，建立一個整體策略草案。例如，將關於免費定價的假設變成一個策略：免費提供基本的照片編輯服務，但是進階的照片濾鏡必須付費使用。

寫下有力的推論。表明立場，進行辯論，想出幾個候選策略。讓大家一起創造、一起編輯、一起分解、一起建構。

最後，進行一項縮小清單的活動。例如，你可以讓大家投票選出他們最喜歡的前 30% 的策略。但是你要說明背景——這不是選舉投票，他們的投票結果是你做出決定的參考因素。

除了制定策略的核心人員之外，你也要得到將被決策影響的群體的回饋。請每一位利害關係人擔任他們團隊的代表，向他們的團隊徵求回饋，以及確認接受度。千萬不要在流程結束時，才發現工程主管沒有讓其他的工程師知道發生了什麼事。

## 第五步：檢查點三 一 宣告

在最後一個檢查點，與利害關係人合作宣布你的最終策略。現在是確保策略被充分理解，並決定最終措辭的時候。

然後，用你剩下來的時間來確認「所以會怎樣？」。列出團隊因為這些針對性的策略決定，可能 / 將會採取哪些不同工作方式。他們會開展哪些新工作？用你的最終調查來宣布並開始執行。你要讓策略在開始執行的第一時間就有牽引力（traction），立刻執行可以讓團隊相信他們投入心力創造的策略是有意義的，也可以讓你毫無停頓地快速啟動各項舉措。

你們可能有一組負責審核和批准新策略的人員，他們可能沒有參與整個過程，這些人至少包括你的主管和你主管的主管，但也可能包括更廣泛的執行委員會。你可以讓他們參加這個檢查點，或是在這個檢查點之後讓他們看你的策略。

## 第六步：建立工件

即使你的團隊已經根據策略開始進行新工作了，但是策略在你完全溝通它之前還不算真正完成。

為組織的上級、下級和跨組織建立並推出一個溝通策略。建立可以讓大家了解和參考的強大視覺效果、平台、錄音或文件。經常重複說明策略，確保每一位應該關心這個策略的人都聽到它不止一次。

這些工具可以幫助你在將來有效地進行溝通。它們會被放入每一個團隊的可交付成果，或被腦力激盪會議使用並影響你的工作。將它們設計成可引用和可重複使用的東西。

## 第七步：建立記分板

告訴別人你會做什麼、你會怎樣記分，並隨時更新。這是負責的榜樣。

**求救！高層想要指導策略，但他們不想參加我的會議。**

高層都是大忙人（見第 321 頁的「與高層共事」），他們不一定認為大型的團隊會議可以善用他們的時間。你可以專門安排時間來讓他們分享他們的想法。

有些高層願意在你開始說之前，告訴你他們的所有策略想法。你可以用 email 詢問他們、安排會議，或是參加他們的交流時間。

有些高層比較喜歡針對你的策略草案提供回饋。這種方法的效果通常比較好，因為重要的分歧可能被隱藏在未說出的假設的背後。當你採用這種方法時，你要衡量草稿在你分享時的完成程度，以及萬一高層提供的回饋導致你必須從繪圖板開始重來一遍的話，你的團隊會有多少工作被浪費掉。

你可以先送出草案，然後安排 1:1 會議。有些高層會以書面來回應草案，避免開會，這是很好的結果。

## 分享你的策略並傳播它

在你的策略被批准時，你的工作只完成了一半。你要想出一個溝通計畫來分享並不斷強化你的策略。你要宣傳策略，讓大家對它滿心期待。

科技界通常將這種宣傳稱為「布道（evangelism）」，因為你是在「宣揚」自己的想法。

以下是一些傳達策略，並讓大家充滿期待的做法：

- 製作類似節目型廣告（infomercial）的展示影片。
- 在團隊會議上分享你的願景和策略。
- 在全體員工會議上向公司展示你的願景。
- 張貼印有關鍵策略要點的海報，或印出願景。
- 在發表談話和在書面報告中，明確地敘述各種決定及回饋與策略的關係。
- 在回答問題時，引用策略的應用部分。

PM 和產品負責人幾乎都會低估「提醒人們注意策略」的必要性。如果你認為自己已經充分地溝通了策略，你可以隨機詢問一些團隊成員，你可能會驚訝地發現，你還要更努力才能讓大家記得策略。如果你覺得自己一直重複說同樣的話，那就代表你應該找到正確的方向了！

## 重點提要

- **策略比功能更重要**：如果產品失敗了，功能再好也是枉然。如果團隊朝著錯誤的方向前進，他們再努力也是白費工夫。很多團隊浪費了好幾年在不能產生重大影響的漸進式工作上。如果團隊沒有好策略，你的首要任務應該是制定一個。
- **完整的產品策略包括願景、框架和路線圖**：它們共同描繪出一幅你要去哪裡、為什麼要去那裡，以及如何到達的圖畫。願景可以啟發團隊，框架可以解釋細節，路線圖可以展示你們將交付什麼。
- **溝通你的策略，直到它被記住為止**：你要透過大量的溝通和反覆叮嚀，才可以幫助大家了解和記住策略。不要假設大家都會記住策略的元素。你要在你和團隊的日常對話中談到策略的關鍵元素。

CHAPTER 15

# 願景

當 Lenny Rachitsky 加入 Airbnb 時，試圖預訂 Airbnb 的訪客幾乎有 50% 都失敗了，雖然他們找到想住的地方了，但他們往往不是被房東拒絕，就是被忽視。這顯然是個問題。

一年來，他和他的團隊試圖逐步解決這個問題。他們試著利用提醒和獎勵來說服房東接受更多預訂，他們也做了一些實驗，例如，如果房東的反應不夠快，就警告它們。雖然很多實驗都成功了，但是整體來說，50% 的失敗率沒有顯著的改善。

Rachitsky 說明接下來發生了什麼事：

> 有一段時間，我們把劇本反過來想，想知道：「如果我們從理想的 Airbnb 開始往回做會怎樣？如果今天是 Airbnb 成立的第一天，我們會做什麼？」
>
> 我們意識到，理想的體驗是找到一間房子，訂房，然後結束。一旦你找到房子，你就可以訂到那間房子。
>
> 其實，Instant Book 功能很早就有了，有些房東不需要使用「批准客人」的功能，他們只想接客。但是當時只有 5% 的房東使用 Instant。
>
> 所以我們決定把重注押在 Instant Book 上面，並試圖改變整個市場的面貌，從原本的情況（少於 5% 使用 Instant Book）變成全部都使用 Instant Book。我們設定了一個偉大的目標：100% 的 Instant Book 使用率。我們要讓所有人都立即預訂，我們認為這就是 Airbnb 的未來。

這個偉大的的願景取得了令人難以置信的成功。它讓團隊知道，當初他們打算逐漸提高接受率是錯誤的方向。這個 100% 的目標讓團隊不需要考慮「當房東改用 Instant Book 之後」就不必做的工作。

雖然實現 100% 的 Instant Book 是偉大的目標，但就其本身而言，它只是一個抽象的願望。Rachitsky 也將這個願景具體化了：「我畫出一張圖，裡面有一個人正在穿越一片地雷區，裡面的地雷就是「當房東收到出乎他們意料之外的 Instant Book 時，可能出錯的小事情」（因此讓他們不再使用 Instant Book）。例如，客人臨時預訂，或是打算舉辦聚會，或是想要帶著狗入住。我們的策略和路線圖就是拆除每一顆地雷。這幅圖畫確實深深地印在大家的腦海裡。」

## 責任

### 集思廣益，制定遠大的願景

召集你的團隊，問他們「如果我們揮舞魔杖就能實現，那麼最理想的體驗是什麼？」

偉大的願景通常是在跳出框框時發現的，因為這會破除所有人認為牢不可破的限制。有時，它們會移除顧客旅程裡面的一個步驟，例如 Airbnb 的 Instant Book，有時，它們需要技術創新，例如 Apple 的語音郵件轉錄，有時，它們需要在一個新領域投入巨資，例如 Google 的街景車，有時，它們需要改變社會規範，比如 Lyft 讓你和陌生人一起搭車。

下面這些問題可以幫助你建立一個更有抱負、更理想的願景：

- 如果我們要從頭創辦一家新公司，「理想」是什麼樣子？
- 最慢的部分是什麼？如何將它的速度提高兩倍甚至十倍？
- 最令人沮喪的步驟是什麼？怎麼移除它？
- 愉快的體驗是什麼？
- 如果客戶不知道任何技術限制，他們想要什麼神奇的功能？
- 在我們公司內部或外部，有哪些新的前沿（cutting-edge）技術？我們可以利用它們來開啟新的可能性嗎？
- 如果我們公司願意在這個專案投入任何數量的資金，我們可以做出哪些新東西？
- 哪些人不使用我們的產品？為什麼不？怎樣才能讓他們使用？

- 如何讓產品為客戶帶來雙倍的影響力？
- 市場趨勢如何，我們認為十年後的市場會是什麼樣子？
- 用戶的期望和習慣是如何變化的？這是否開啟了新的可能性？

有了更大的願景之後，你可以進行反向工作來創建一個路線圖，然後決定第一步。你仍然可以做下一個漸進式工作，但是你可能會發現一種聰明的方法，用相同的精力產生更高的影響力，並且讓你更接近遠景。

## 將願景具體化，讓它鼓舞人心 ⚡

一旦你知道你想要創造的未來，你就要用一種可以讓其他人了解並受到啟發的格式來撰寫它。你要分享它，看看它能不能和你的團隊和潛在客戶產生共鳴。

一般來說，好的願景就像節目型廣告。

節目型廣告的開頭都是一個抱怨原本的狀態有多糟糕的故事：罐子很難打開、衣櫃裡面的衣服既普通且無趣，果汁機太難清理了。在看到那種廣告之前，我們可能沒有意識到我們有那些問題。

接下來，節目型廣告會告訴我們有個好方法可以解決問題。我可以自己開罐子、用萊茵石裝飾我的 T 恤、每天早上打冰沙。銷售員很興奮地介紹這些神奇的產品的好處，讓我躍躍欲試！

一旦我們被問題和好處吸引住了，節目型廣告就會進入細節，讓我們相信產品真的有用。它會讓一位使用那項產品的普通人現身說法，分享他有多麼滿意那項產品。他們會解釋讓產品那麼好用的技術。他們會介紹一些不同的用法，讓你知道你全家都可以受益。

用這種方式分享願景可能會讓人充滿期待，也可能會讓人覺得有夠蠢，依你的性格而定。你可以觀察許多產品主管如何介紹他們的願景，直到你找到適合你的風格。有些人傾向愚蠢的做法，有點無厘頭，有些人則保持冷靜與自信。重點是讓大家感受足夠的啟發[1]。

---

1 你可以在 YouTube 搜尋「<產品名稱>keynote」來尋找各種產品推銷影片。

# 成長實踐

## 支持你的範圍之外的新機會

更高級的 PM 要在公司層面上發揮影響力，而不僅僅是在他們自己的團隊上。為了發揮更大的影響力，你要發現並提倡新機會。

Microsoft 的合作伙伴小組計畫經理 Dare Obasanjo 在設法增加 Bing 的廣告時，在瀏覽器策略中找到一個機會。他發現廣告收入的最大驅動力是搜尋量，而搜尋量的最大驅動力是瀏覽器市占率。大眾傾向使用瀏覽器的預設搜索引擎。

擁有流行的瀏覽器的確很重要，但是當時 Microsoft 的瀏覽器有相容性問題，而且核心引擎的開發成本太高，以至於團隊沒有指派足夠的工程師改善用戶體驗。Obasanjo 意識到，Microsoft 可以藉著使用開放原始碼的 Chromium 瀏覽器引擎來解決以上的所有問題。

Obasanjo 開始提倡改變瀏覽器策略：

> 我意識到，我應該和瀏覽器團隊談談。我們開始進行這些對話，我也花了很多時間向公司主管宣傳。
>
> Microsoft 有深厚的 email 文化，所以我會在各種討論中提倡，那些討論會被轉發給 VP 和工程師主管。當公司的主管開始討論這個話題時，我就會邀請他見面談一談。我會在見面時解釋我的理由。

這一個主張影響了一些主管的觀點，並成為決策過程的一部分，最終導致 Microsoft 在 Edge 瀏覽器中採用了 Chromium。

可帶來新機會的見解可能來自任何地方，但它們往往來自與你的日常工作沒什麼關係的想法，Obasanjo 就是如此。他從自己的專業領域開始，跟隨線索，找到了一個他範圍之外的機會。他描繪一個願景，說明策略的改變如何解決問題以及協助公司實現目標。然後，他投入工作，與公司主管一起提倡這個願景，並堅持到底，影響變革。

除了幫助公司之外，倡導新的機會也是將你自己的職涯發展掌握在自己手裡的方法。當你發現新機會時，你通常會被指派為那項計畫的領導人。比起在既有的計畫中等待升遷，這可以讓你更快進入領導角色。

### 舉辦全公司的願景腦力激盪日 ⚡⚡

願景腦力激盪日是一個特殊的日子，有點像黑客松，可讓大家分享他們對產品願景的想法。但是它不像黑客松需要寫程式—— 人們可以用任何形式分享他們的願景。

你可以調整舉辦的時間。以下是一些基於過往經驗的建議：

- 邀請組織內具有創新觀點的人。通常，直屬產品組織以外的人比較容易看出過往的侷限。
- 根據你想要鼓勵的方向設定獎項。你可以設定整體最佳、最具未來性、最賺錢、最受顧客歡迎等類別。
- 如果你不容易讓同事參與，你可以考慮幫大家的行程劃定一個時間來做準備，而不是只要 demo 就好。或者，你可以規定一部分的人參與。
- 讓大家將他們的願景插入共用的 demo 投影片中，並在每一張簡介投影片標示「下一個」人是誰，這可以大幅減少每一場 demo 之間的過場時間。
- 事後跟進，看看你是否想在路線圖中添加任何新想法，或者組建任何新團隊。

儘管願景腦力激盪日的主要目標是找出創新的想法和方向，但它也有其他好處。它是一種創意的出口、一種團隊凝聚活動，也是一種策略實踐會議。它也可以幫助鞏固願景思維文化，以及讓團隊成員看到許多願景的好案例。

## 框架

### 逆向工作

Amazon 的「始於新聞稿」的做法讓逆向工作框架風靡一時。這種方法可以擴展到任何規模的工作，從個別的功能，到團隊章程（team charter），再到完整的產品。

逆向工作看起來似乎違反直覺，但比起順向工作，它可以幫助你想出更好的解決方案。當你順向工作的時候，你的看法往往會被既有的、看似簡單的，或能夠幫助你實現季度目標的事情左右，進而產生偏見。

的確，你理想的願景可能需要好幾年才能實現，但偉大的公司會堅持幾十年。如果你開始一步一腳印地努力實現理想，幾年後，你的情況會比你一季又一季地朝著錯誤的方向前進好得多。

## 重點提要

- **志向遠大，激勵人心：**實用主義有適合的時間和地點，但它不適合願景。你可以從願景開始逆向工作，之後再擬出一個比較務實的計畫。為了想出較好的願景，你要拋開所有的限制因素和困難的理由，並釐清真正理想的體驗是什麼。如果你對自己的願景沒有熱情，那就代表你還沒有準備好。
- **優秀的願景就像節目型廣告**。先行銷痛苦，再行銷解決方案，加入關鍵的細節和見解，讓大家相信那個解決方案真的有用。
- **尋找嶄新的機會來支持：**找出公司裡還沒有人著手進行的新機會，並且為這些機會創造願景，這可以加速你的職業發展。這種願景可能影響公司的發展方向，甚至讓你領導新的計畫。

CHAPTER 16

# 策略框架

你想出願景了，也許對客戶和團隊來說，你銷售的是一個世界，裡面的藥物都是安全的、值得信賴的、可靠的。在這個世界裡面的人不會因為藥物不良反應而進醫院，不必擔心可以忽略不計的副作用。當人們服用藥物時，醫生會開給他們適當的劑量，適當的服藥間隔時間，不會讓他們在不需要服藥的時候服藥。

這是你的願景，激勵且鼓舞人心，但是這還不夠，你要了解這個願景如何實現。

策略框架就是用來解釋這個願景背後的原則的，它可以將功能點子、團隊策略與公司策略連在一起。

每一種策略的策略框架可能非常不同。你要先釐清策略的關鍵驅動因素是哪些原則、見解或決策，然後根據策略的複雜性和爭議性，決定你要花多少工夫來解釋它。

有時，你只要簡單地用幾段話來解釋一下方法即可，例如「發現並排除客戶在這個流程中面臨的每一個障礙」，有時，你要在框架加入幾頁說明和圖表，解釋各個部分如何組合在一起。

Slack 的 CEO 寄給團隊的備忘錄 *We Don't Sell Saddles Here* 是很棒的策略框架。Stewart Butterfield 在裡面闡述了他們的願景是組織轉型，以及大幅改善溝通。但是，他們的策略並不是吹噓他們的功能將如何幫助企業，這種做法完全沒用，因為人們不知道他們需要 Slack，所以他們根本不會在乎細節。

他們的策略是銷售創新，也就是 Slack 帶來的轉型，以及「出色的、近乎完美地執行工作」。他指出，既然大眾不知道自己需要 Slack，所以任何瑕疵都無法容忍。他們必須非常傑出。

藉著讓團隊共同支持一個願景和策略，團隊不僅更有動力，也更有能力做出更有效的決策。這個策略可以確保團隊不光只是快速行動，他們也會朝著一個極有可能成功的方向前進。而且，如果你的策略剛好有缺陷，當你有具體的東西可以讓隊友審核時，缺陷將更容易被發現和修正。

## 責任

### 了解你的業務、市場和產業，從而發現機會和障礙 ⚡

最好的產品不一定都可以勝出。

TiVo 創造了第一個流行的 DVR（數位錄影機），而且它的產品比有線電視公司的 DVR 要好得多，但是有線電視公司將它們的 DVR 與有線電視訂閱捆綁銷售，導致 TiVo 無法與這種分銷模式競爭。

產品需要強大的分銷管道、強大的商業模式、強大的品牌和強大的競爭定位才能勝出。你的策略必須包含這些層面。

以下是在制定產品策略時需要考慮的問題。

公司：

- 公司的整體使命、願景和策略是什麼？競爭定位？首要任務？
- 公司有什麼新的或正在變化的優先事項嗎？
- 公司是否即將迎來重要的里程碑事件，例如大型會議或籌資？
- 公司認為自己的優勢、劣勢、機會和威脅是什麼？（見第 218 頁的「SWOT 分析」）
- 公司內部有哪些不同的業務團隊，他們的目標是什麼？
- 公司的商業模式是什麼？
- 你的團隊如何勝任以上幾點？

市場和產業：

- 誰是你的目標用戶？如何識別他們？他們有什麼行為？他們如何選擇產品？
- 你的領域的競爭對手是誰？他們和你有什麼相似或不同之處？他們擅長什麼？他們在哪裡留下機會？

- 你的產品目前在市場上的評價如何？
- 你可以用哪些不同的方式來劃分市場？每一塊區域有多大？不同的區域有哪些需求？
- 哪些趨勢會影響你的業務？
- 以上的研究帶來什麼機會或障礙？

如果你的團隊有產品行銷員，與他們一起探索公司、市場和產業。否則，你就要自己探索。

## 清楚地了解你的目標客戶和痛點

你要徹底了解誰是你的目標客戶，以及他們最大的痛點是什麼。在了解目標客戶時的微小偏差可能在將來造成重大的問題。

Mckenzie Lock 在一家直接面對客戶的初創公司擔任產品負責人時看到這一點。在她加入的時候，有些人認為，他們的客戶最頭痛的問題是找到他們想要的產品時花掉的時間。Lock 和團隊的策略直覺是，「省錢」這個價值主張比「省時間」更合理。這一個論點有數據支持：「即時通知價格」是他們最受歡迎的功能之一。

為了驗證他們的直覺，她和她的團隊針對用戶研究進行投資。他們嘗試以不同的價值主張來發表 Facebook 廣告。他們發現，強調省錢的廣告的轉換率比其他廣告更好。那次調查給她信心，讓她為了客戶的最大利益而重新設計公司的產品策略。

令人驚訝的是，許多公司並未準確地知道客戶**為什麼**選擇他們的產品。他們也許知道客戶正在使用哪些功能，卻不知道該功能與產品為客戶解決的深層問題之間的關係。

為了釐清重要的細節有哪些，你可以考慮造成影響的因素：

- 廣告目標
- 定位和訊息傳播
- 銷售拓展
- 客戶培訓
- 潛在客戶群的規模
- 功能的優先順序

例如，你會從高級用戶開始，還是從基本用戶開始？你要對既有的客戶進行追加銷售（upselling），還是要贏得新的客戶？你認為你能從哪些競爭對手那裡贏得客戶？哪些用例很適合，哪些超出範圍？

你訴求的痛點有多痛？你的解決方案有沒有讓目標客戶感覺好 10 倍？如果你不能讓客戶相信你的產品值得跳槽，追求龐大的市場也是枉然。有一個很好的策略是先從一個你確定可以勝出的小市場開始做起，再從那裡開始往外擴展。

你可以透過與行銷、銷售、客戶成功、解決方案工程師、用戶研究、用戶經營和任何其他第一線團隊合作，來縮小你的目標客戶和他們的痛點。

## 成長實踐

### 在你的策略框架中解決問題和權衡取捨

策略框架的目標是創造一致性。它必須回答人們可能質疑的問題，它要提供背景和護欄，以確保你的團隊不會偏離軌道。

認真聆聽可以幫你輕鬆地找出需要解決的問題。

- 你的主管是否經常詢問他最喜歡的專案？你的策略必須解釋為什麼加入或排除它。
- 銷售負責人會一直問擴充（expansion）的事情嗎？若是如此，加入一節關於擴充的內容。
- 大家是否反覆爭論優化順序？確保你的策略框架能夠解決這個問題。
- 團隊有其他可能的發展方向嗎？解釋一下你為什麼選擇了那個。
- 你的團隊在考慮哪些解決方案？策略應該提供一個哲學框架，引導人們邁向最好的結果。

一旦你完成了第一份草稿，花一點時間來簡化和闡明策略。如果它令人覺得很複雜，那就不斷改善，直到達到基本要求為止。釐清每一個項目的原因，將原因相同的項目放在一起。

### 將你的策略與大局整合起來

大多數公司都有一個與組織結構圖大致相符的策略層次結構。每一個功能領域都有一個符合更大產品策略的策略，該策略又可能符合產品線策略，產品線策略符合部門策略，最終符合公司策略。

你的策略必須與它上面的所有策略保持一致，並且與公司的其他策略保持一致。如果公司的策略是留在國內，那麼讓你的團隊贏得國際市場不是好事。

務必找出公司的其他策略。有些公司會將這些資訊集中保存，如果你的公司不是如此，你要聯繫別人，詢問有沒有策略文件或簡報可以參考。並不是每一個團隊都有願景、策略框架和路線圖，但大多數團隊至少有一兩個。你也可以在安排「認識你（getting to know you）」的會議時，直接向不同的主管詢問他們的策略。

當你寫下你的策略時，不要假設別人都能了解你的策略如何融入大局，你要說明它們的關聯性，精確地使用高層次策略所使用的詞彙，以逐步推理的方式，解釋你的策略如何為更高級的策略目標服務。如果公司的重點是增加收入，但你希望優先考慮增加用戶，你就要規劃確切的路徑，將用戶成長轉換成收入。

## 概念與框架

### 客戶購買決策流程

目前有許多建構決策流程的框架，最常見的兩種是 AIDA 和 REAN。

AIDA 客戶決策模式是注意（Attention 或 Awareness）→興趣（Interest）→慾望（Desire）→行動（Action）。

- **注意**：你要設法引起客戶的注意力。也許使用簡要的 email 標題？時髦的廣告？或是透過值得他們信任的朋友或網站來介紹？
- **興趣**：吸引客戶的注意力之後，你要讓他們對你的產品感興趣。你的產品有什麼優勢或好處？
- **慾望**：引起客戶的興趣之後，你要說服客戶：他們需要你的產品。
- **行動**：最後，當客戶想要得到你的產品時，他們就會採取行動購買產品。

REAN 延伸 AIDA，加入購買後的行為。

- **接觸（Reach）**：客戶知道你的產品。
- **參與（Engage）**：客戶被吸引與並考慮你的產品。
- **行動（Activate）**：客戶採取行動購買產品。
- **培養（Nurture）**：客戶購買產品，接下來你要負責培養這段關係了。

你可以使用這些框架來考慮你想要追求的市場，和你需要關注的地方。你可能會發現吸引客戶的注意力相當容易，但「行動」部分（將客戶從競爭對手那裡挖到你這裡）比較困難。

## 行銷組合（4 P）

「行銷組合（Marketing Mix）」（也稱為 4 P）是一種理解產品行銷的各種層面的方法。

- **產品（Product）**：當然，這是你要實際提供的項目。它要迎合顧客的需求。
- **價格（Price）**：價格決定了購買產品的客戶數量和類型。與實體產品相比，網路產品和服務的定價可能比較複雜。例如，網路儲存服務可以讓客戶免費試用一個月，然後按月或按年訂閱（非營利組織可享受打折優惠），再加上可讓客戶額外「點菜」，購買自動備份工具。
- **推廣（Promotion）**：推廣包括各類廣告、公關、口碑和銷售人員。例如，在推廣兒童產品時，可以贈送贈品給有影響力的部落客。
- **通路（或地點，Place）**：實體產品的分銷（地點）可能包括：透過 Amazon 進行網路銷售、像 Apple 一樣開設自己的商店、在零售店銷售、透過自己的網站銷售。較大規模的分銷不一定是最好的選擇，很多公司喜歡藉著限制銷售管道來控制銷售體驗。對網路產品來說，「通路」可能只是單一網站，或許會與其他公司的產品同捆銷售。

對網路產品來說，推廣可能會非常複雜。很多產品都在爭奪客戶的注意力，廣告通常不足以推動銷售。

## SWOT 分析

SWOT 分析是分析公司和產品的結構。

- **優勢（Strengths）**：優勢是有利於產品的*內在*因素。它可能包含成本、產品功能、公司文化、聲譽、基礎設施或其他方面。例如，當 Amazon 考慮推出 Kindle 時，它有一個優勢是，Amazon 已經是客戶在網路上購買書籍的地方了。
- **劣勢（Weaknesses）**：劣勢是給產品帶來挑戰的*內在*因素。例如，由於 Amazon 在推出 Kindle 之前沒有賣過實體設備，它的劣勢可能包括沒有製造經驗。

- **機會（Opportunities）**：機會的焦點是**外部**，與市場成長、技術變化、競爭和法律規範等因素有關。例如，大眾越來越習慣在網路購買音樂，這也讓他們有機會在網路購買電子書。
- **威脅（Threats）**：威脅是指產品面臨的**外部**挑戰。例如，出版商的數位版權合約對 Kindle 的內容授權構成威脅。

這是代表 SWOT 結構的矩陣：

| | 好 | 壞 |
|---|---|---|
| 內部 | 優勢 | 劣勢 |
| 外部 | 機會 | 威脅 |

這個框架不但可以幫助你決定要不要追求一個機會，也可以幫助你決定該採取什麼策略來促進追求。

## 五 C（形勢分析）

五 C 提供了產品或決策的環境概覽。

- **公司（Company）**：包含一個公司的所有層面，包括它的產品、文化、策略、品牌聲譽、優勢、劣勢和基礎設施。
- **競爭者（Competitors）**：競爭者包括直接競爭者、潛在競爭者和替代產品。針對每一個對象，你可能要討論市占率、權衡取捨、定位、使命和潛在的未來決策。
- **客戶（Customers）**：包括人口統計、購買行為、市場規模、分銷管道和客戶需求等方面。
- **合作者（Collaborators）**：合作者包括供應商、分銷商和合作伙伴。你可能要討論特定的合作者為什麼有價值，以及他們如何讓你成功。
- **氛圍（Climate）**：氛圍包括法規、技術變化、經濟環境和文化趨勢等方面。不友善的氛圍可能扼殺一個商業決策，而正面的氛圍可以大大地促進成功。

當你想要知道是否推出一項產品，以及該採取什麼策略時，你可以用這個框架來討論。

## 波特五力

波特五力是用來進行產業分析的框架。這種產業分析對了解公司的決策來說非常好用。

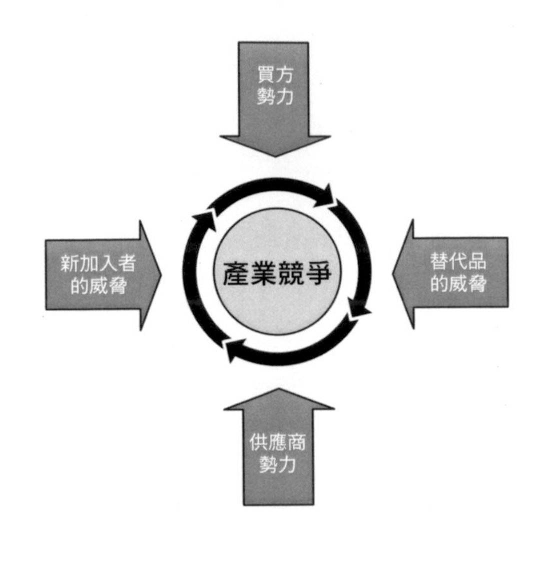


- **產業競爭（來自既有競爭者的競爭）**：更多競爭者通常會導致更激烈的競爭，以及更多直接的競爭。如果很多公司都生產相同的產品，而且它們沒有很強的差異性，通常所有公司的價格都會被壓低。可能影響競爭的因素很多，例如市場成長（如果市場不斷成長，彼此競爭的對手不需要互相爭奪市占率就可以擴展）和退出市場的高昂成本（公司不願意離開）。
- **買方勢力**：如果一家公司或一個產業有相對較少的買家（例如，只有政府和大銀行），或是有一些買家占了絕大多數的營收比率，那些買家就會有很大的影響力。這種影響力可讓他們影響價格、功能、交付時間和其他方面。
- **供應商勢力**：與買方一樣，如果一家公司嚴重依賴供應商，供應商也會對該公司產生影響。當一家公司只從一個來源（或幾乎只從一個來源）購買零組件時，通常會發生這種情況。
- **替代品的威脅**：競爭不僅來自直接競爭者，也來自替代品。例如，即使 Amazon 是唯一的電子書銷售商（因此沒有直接競爭者），但是電子書的價格仍然需要與實體書「競爭」，並且會被它影響。
- **新加入者的威脅**：如果進入一個產業的門檻很低，公司就會經常受到競爭的影響。如果他們把產品的價格訂太高，另一家公司就會進入市場搶市佔率。提高門檻的方法包括專利技術、規模經濟、強大的品牌，或是任何對手非常難以做到的事情。

例如，在 PC 市場裡面，買家有相當大的力量，因為許多銷售額都來自少數幾個零售商。供應商也有相當大的力量，因為有些零件的製造商有限，而且改變製造商的轉換成本很高。從積極面來看，競爭者之間和有限的替代品之間有一定的差異性。這個市場的進入門檻是中等的（品牌…等）。雖然有比較不好的市場，但是也有很多比較好的市場。

如果你想要討論是否要進入某個特定市場，你可以使用這個框架，確定產業的狀況如何，如果它競爭激烈，你可能要選擇避開它。

## 定價模型

人們通常使用以下的任何一種或全部的因素來為產品定價：

- **成本加成定價法**：仔細確認產品的成本，然後把價格定得高一點。這種做法很麻煩，因為產品通常有固定成本和邊際成本，所以評估一個單位的成本很難。此外，很多線上服務都沒有直接成本，而且成本無法決定價格是否**合理**。然而，你的產品成本確實可以提出一個最低價格（假設你想要盈利），並點出一些關於競爭對手價格的事情。
- **價值定價法**：有些產品對客戶有明確的和直接的價值，在這些情況下，或許你可以估計你為客戶節省（或獲得）多少錢 / 時間，並相應地提出價格。這會提出一個最高價格。
- **競爭定價法**：很多產品的價格都只是藉著查看競爭對手的價格來決定的。這種做法有一部分是基於理性（因為你的客戶可能會選擇你的競爭對手），有一部分是因為懶惰（因為他們不知道如何為產品定價）。讓價格低於競爭對手不一定是件好事，它可能會向客戶發出品質較低的訊號，也有可能引起削價競爭。但是，如果你的產品的定位是高端產品，你仍然可以將競爭定價法當成起點，用它來決定更高的價格。
- **實驗定價法**：在某些情況下，公司可以嘗試各種不同的價格，然後建立價格與銷售量的關係。不過，採取這種做法要很謹慎，不一致的價格會讓客戶感覺不舒服或憤怒。

周到的公司可能會先使用成本定價法、價值定價法，以及競爭定價法來找出一個好的價格，再透過實驗來微調價格。

知道這些通用的方法之後，你可以考慮以下幾種定價模式：

- **免費、有廣告支持的**：很多初創公司都嘗試這種方法，但成功率很低。單靠廣告不足以支撐一家公司，除非你的產品有獨特之處，使得廣告特別有效。
- **免費增值**（**freemium**）：在免費增值模式中，產品的基本版本是免費的，但白金方案版本是付費的，這有助於吸引客戶。但是，你必須密切關注支援免費用戶的成本，以及轉換率。

- **分級**：提供多個等級的定價，按照數量、客戶類型或功能來劃分。不過，你也不能做得太過分，太多等級會讓用戶無所適從。
- **單點**：公司可以為每一項功能或服務單獨定價，讓客戶選擇他們想要加入的「升級」。採取這種做法時，客戶付出的費用通常比購買一整套功能還要多。有些客戶喜歡這種彈性，但有些客戶會覺得很麻煩。處理這麼多功能套裝的成本也很有挑戰性。手機 app 通常都是朝著這個方向發展：付費下載最初的版本，並且（或）付費購買附加功能。
- **訂閱**：許多服務都提供產品或服務的訂閱，特別是在 web app 中。有些產品可以用買的，也可以用訂閱的，這可以吸引只想暫時使用產品的客戶，以及不想先購買完整版本的客戶。
- **免費試用**：短期試用可以讓客戶在購買產品之前先體驗它，可以讓客戶「上鉤」。試用可以限制時間、使用次數或特定功能（例如，只能匯入，但不能匯出）。你要小心地提供好的體驗，讓客戶愛上產品，但又不能好到讓他們不想升級。
- **刮鬍刀片模式**：公司可以用接近成本或低於成本的價格銷售一個零件（例如刮鬍刀），並期望用附加零件（例如刮鬍刀片）來創造額外的收入。如果客戶只能從你這裡購買附加零件，這種做法非常有效。如果有其他的競爭對手提供相容的附加零件，你就會面臨一種風險：客戶用較低的價格向你購買產品，再向你的競爭對手購買附加零件。

定價模式可以使用以上許多屬性的組合。例如，公司可以提供訂閱服務，根據客戶的業務規模提出不同的價格，並提供額外升級的單點。

如果你在建立定價模型時遇到困難，你也可以找定價顧問公司。這些顧問有豐富的定價經驗，可以幫助你選擇正確的包裝、定價和折扣模式，以優化你的收入。ForUsAll 的產品 VP Neeraj Mathur 分享了特別適合聘請定價顧問的兩種情況：

> 如果你在一家沒有人做過定價的小公司工作，顧問可以讓你更廣泛地了解市場和選項。如果你在一家大公司工作，顧問可以提供「不遺餘力」的謀略，幫助你找到優化價格和成本的機會，例如幫你介紹更便宜的原料來源。

## 重點提要

- **最好的產品不一定可以勝出**：僅僅專心打造客戶喜愛的產品是不夠的。為了成功，你也要考慮市場、價格、競爭環境、宏觀環境、公司目標和其他商業因素。這就是你的商業技能發揮作用的地方。
- **注重取捨和原則**：許多策略最有用的部分是：它們可讓你在面對權衡取捨時，採取有主見的立場。策略必須強調它選擇的路徑與潛在選項之間的差異。在理想情況下，大多數艱難的產品選擇都可以透過回顧策略來決定。
- **把每一項工作連接起來**：策略框架說明了團隊的工作如何與大局整合。如果人們了解自己的工作是策略性的、重要的，而且與公司的使命有關，他們就會更有動力，做得更好。

CHAPTER 17

# 路線圖和優先順序

你打算進行一次跨越全國的長途旅行，於是收拾好行李，準備一些零食和飲料，讓家人和朋友上車，然後出發…但，你會這樣就出發嗎？

在可以使用 Google Maps、Waze 和其他地圖 app 的時代，你的確不需要規劃路線，你只要輸入遙遠的目的地，它就會把你送到那裡，而且效率很高。

但是這種方法忽略了**你的**目標和優先事項，它只想要讓你盡快到達終點，不會考慮你想要順便在國家公園露營幾天，或看看海，或拜訪芝加哥的朋友。

它也忽略了你的限制。因為你會經常使用手機和 WiFi，所以你不能開車去太偏僻的地方。你每晚也要在某個地方停下來睡覺，其中一些住所可能要先預訂。

事實上，盲目地朝著最終目標（或你**認為的**最終目標）前進，根本無法處理好你的優先事項。雖然短途旅行不需要路線圖，但是在長途旅行中，你需要一張考慮你的目標、限制條件和優先順序的**路線圖**。

> 產品路線圖也大致相同。朝著最終產品前進也許終究會到達，但「那裡」也許根本不是正確的地方。而且，沿途進行一些「停留」往往是必要的，特別是對一些大規模的專案來說。

身為一位 PM，你要負責決定團隊應該承接哪些工作，以及按照什麼順序。你要平衡相互競爭的優先事項，建立計畫與策略和願景的關聯，確保你朝著正確的方向前進，而且能夠實現你的目標。這就是路線圖的作用。

# 責任

## 對工作進行優先排序

建立路線圖基本上就是在一個大範圍裡面劃定一個小範圍（pg 126），你會在一段較長的時間裡面安排多個專案的工作，而不是規劃一個專案的版本演變。

儘管優先順序框架層出不窮，但是世上沒有單一客觀且正確的方法可以決定任何工作的優先順序。優先順序與權衡取捨有關，需要合理的判斷。

將你所考慮的因素做成表格很有幫助，你甚至可以為每一個因素指定一個權重。但不要盲目地依賴分數，在採取這種做法時，你可能會誤入歧途，或是浪費時間去改善你的計算方法，直到它提供你想要的結果為止。在各種選項之間進行取捨是一定會發生的，只依靠定量計算可能會忽略它。

知道這些注意事項之後，以下是你要考慮的因素，它們可以進一步細分，或組合起來，以幫助你突顯差異。最簡單的方法是查看成本 / 效益分析。

估計的好處：

- **不滿意者 / 滿意者 / 快樂者（狩野模型）**：人們會因為缺少一項功能而多不開心？又會因為有那項功能而多開心？你要先提供必備功能，並且在遇到報酬遞減之前進行更多投資。
- **客戶利益的規模**：有時你可以直接測量客戶的利益，例如「節省的時間」或「賺到的錢」。有時，你可以根據客戶的要求，以及你從面對面訪談中得知的情況，來估計客戶利益規模是小、中還是大。
- **受益的用戶數量**：用戶受益的百分比是多少？為了估計受影響的用戶數量，你可以測量即將成為新入口的部分已經被多少用戶造訪了，你測量到的數量可能比你想像的要少得多。
- **受益的用戶類型**：受益的用戶多麼重要？有時，一小部分用戶會對收入和成長做出不成比例的貢獻。
- **用例的完整性**：「完全滿足一種用例」比「幾乎滿足一個用例」有價值得多。如果你的產品可以出色地處理一個用例，相較於只能平庸地處理許多用例的產品，用戶會更頻繁地使用前者。
- **企業效益規模**：它預計能賺多少錢？它會減少支援成本嗎？它有助於完成一個行銷故事嗎？

- **內部利益的規模**：它會降低未來的工程成本嗎？它會提高團隊士氣嗎？它會幫助團隊學到重要的東西嗎？
- **實現願景的進展**：這是長期願景的重要成分嗎？
- **風險 / 成功的把握程度**：這是冒險的賭注嗎？或者，它是否經過良好的驗證，並且有機會造成預期的影響？

估計成本及限制條件：

- **工程（及設計、產品、研究）工作的規模**：完成這項工作預估需要幾天或幾週？
- **團隊能力與技術**：團隊做過這種工作嗎？你有合適的人選可以做好這項工作嗎？
- **團隊內部的依賴關係**：有其他工作需要先完成嗎？有沒有工作需要同時完成，以避免轉移成本（switching cost）？
- **成本風險**：這項工作的成本有多大機率比原本估計的還要高很多？有重大的未知因素嗎？有跨團隊的依賴關係嗎？
- **其他風險**：這項工作會不會帶來安全性、可擴展性、性能或品牌風險？它是可能出錯的複雜專案嗎？

在你檢查最終的優先順序時，確保你正在處理足夠重要的工作，而非只在低成本 / 低效益的工作上「吃零食（snacking）」[1]。

## 確保你的工作與策略保持一致

### 退一步

Adriana 曾經是一家企業的高級 PM，當時有一位客戶要求一些新的 API。API 的建構成本很低，而且可以加強客戶關係，但是 Adriana 先後退一步，想要看一下這項工作與策略之間的關聯。

她知道收入是最重要的策略目標，並且發現這個 API 無法提高收入。經過更深入地研究之後，她發現它其實會損害收入，因為它會與即將推出的新產品競爭。所以她沒有建構 API，而是向客戶展示新產品，客戶都很喜歡它。藉著把注意力放在策略上，Adriana 避免 API 對新產品的銷售造成的傷害。

1 關於使用吃零食（snacking）來代表簡單、低影響力的工作，以及它帶來的風險，請參考 *https://www.intercom.com/blog/first-rule-prioritization-no-snacking/*。

在規劃工作時，明確地找出每一個專案與策略之間的關聯。

> 如果你的工作中有一部分沒有關聯，你要認真地看待它。不要魯莽地進行與策略沒有關聯的部分，否則你會將精力投入公司認為沒有價值的事情上，進而阻礙你的職業發展。

你要看看能不能找出你關心的目標與策略目標之間的關聯。如果沒有，和你的主管討論一下，看看策略是否需要更新。

## 為你的團隊建立長期路線圖

在科技界有大量關於長期路線圖的爭論。有一些人擔心他們會被綁死在沒有意義的日期、功能組合或解決方案裡面，擔心它會妨礙他們隨機應變和學習。

這些擔憂不無道理，因為這些問題會在不當使用路線圖時發生。幸運的是，有一些方法可以幫助你建立和使用路線圖，並且避免這些問題，創造巨大的利益。

路線圖很重要的原因有很多：

- **看清大局**：路線圖提供了更大的圖景，讓你再次確認，將所有的小決策累積起來可能變成重要而且有影響力的事情。例如，你或許會意識到，以你目前的速度，在你的初創公司耗盡資金之前，你無法趕上競爭對手。
- **規劃**：路線圖可以讓你提前規劃所需的資源。例如，你可能意識到，你需要在未來的 6 個之月內聘請另一位資料科學家。
- **要求資源**：有說服力的路線圖可以幫助你主張並建立一個夠大的團隊。當你要求增加人手時，主管想要知道你將和他們一起達成什麼目標。
- **支援合作伙伴團隊**：市場行銷等團隊通常要在大型發表之前工作。銷售團隊必須根據他們所預期的產品發表活動設定目標。如果你不讓合作伙伴知道路線圖，他們將自行猜測，可能不準確。
- **啟動重要的討論**：例如，你可能認為，在產品中使用機器學習的優先順序比較低，所以將它放在路線圖的遠處。但是當團隊查看路線圖時，他們可以指出為什麼盡早開始投資機器學習非常重要。
- **有利於未來的決定**：展示即將發生的變化，可讓大家在當前的工作中考慮那些變化。例如，如果你預計很快就會重寫部分的 app，大家就可以知道不要投入太多時間去修整舊版本。

- **激勵團隊**：當人們滿心期待即將到來的事物時，他們的行動就會加快。
- **招聘**：當人們非常期待自己將要做的事情時，他們就想要加入團隊。當你可以說明路線圖的內容時，你就更容易讓人選加入。

以下是一些避免路線圖陷阱的建議：

- **不要將路線圖視為固定不變的。務必在文件中反映這種不確定性**。提前設定期望，這樣你就可以避免以後的過度壓力。例如，你的時間段可以使用「現在、接下來、以後」，或「一季、接下來的六個月、明年」，以反映時間的不確定性。你可以將項目寫成需要處理的問題，而不是具體的解決方案。當你期望進一步研究並鞏固未來的計畫時，你可以指出里程碑。在路線圖上說明那些內容都只是估計，不是已經確定的承諾，以及計畫可能會隨著你了解新資訊而改變。
- **定期回顧路線圖，特別是在有新資訊出現時**。就算你已經設定了 GPS，你也不能在道路被封閉時悶著頭繼續前進。取決於環境變化的速度，你可能要每隔三到六個月，以及有重要的新資訊出現時（可能是沒有實現目標的產品發表，也可能是競爭對手發出的重大聲明）回顧路線圖。
- **再次確認別人究竟如何使用你的路線圖，以確保它符合你預期的確定性**。許多公司的員工都知道路線圖不是固定不變的，如果你的公司不屬於這一種，你可能要隱藏細節，以防止銷售人員預售你沒有承諾的功能。在設計路線圖時，你要考慮使用它的人。
- **將路線圖按主題、舉措或目標分組**。你可以用文字行或顏色來分組，這可以讓大家用各種詳細程度來理解路線圖，並且突顯開展工作的理由。
- **與經驗豐富的工程師一起粗略估計投資規模**。你不需要知道詳細的成本，但是你必須討論對成本影響最大的取捨和選擇。團隊將來可能選擇不同的做法，但是如果他們期望花更多的時間在一項投資上，他們應該要與你討論才對。
- **根據策略調整路線圖**。計畫中的工作與目標是否相符？你的策略是否有遺漏的部分？這個路線圖能不能讓你的團隊夠快速地到達你期望的目標？如果你不確定什麼是「夠快速」，你可以和你的主管和業務團隊合作，了解更廣泛的公司限制。
- **拿你的衝刺 backlog 與你的路線圖進行比較**。如果它們有分歧，此時就是反省的好時機，確定你是不是要改變什麼，並溝通事情的進展。

路線圖是強大的工具——如果你正確地使用的話。

# 成長實踐

## 不要忽視明顯的勝利

PM 往往被浮誇的新功能吸引，但最大的勝利通常是顯而易見的，甚至是無趣的。如果你可以用很低的代價獲得巨大的成功，你很快就會成為一流的 PM。

我看過一些 PM 透過簡單的改善獲得巨大的成功，例如：

- 把預設值從 off 改成 on。
- 修正用戶引導流程中的 bug。
- 優化漏斗的最頂端，例如，用 A/B 測試來選擇註冊網頁的文字和圖像。
- 優化現金化網頁。
- 優化 email 與通知。
- 國際化。

或許這些修正看起來不「酷」，但是提升你的指標與幫助客戶才是真正重要的事情。

## 學會如何說「不」

說「不」很難，我們大多數人在成為 PM 之前不常練習這種技能。我們通常被權威人士（我們的父母、老師、老闆）要求做某些事，實際上沒有對他們說不的自由。

文化上的期望更是讓說「不」變得更加困難。

Chegg 的高級 PM Kunwardeep Singh 是在新德里出生與成長的。他說：

> 我們的文化告訴我們，拒絕長輩是非常沒有禮貌或冷酷的事情。在我開發產品的早期，我認為業務人員知道的事情比我多，所以我要答應他們提出的產品要求，但是這會導致許多範圍蔓延和團隊之間的不協調。我必須學會，拒絕不代表無禮，它不是一件壞事。於是我在會議後會問自己為什麼當初我會答應，並找出適合我的拒絕方法。

以下是關於如何說「不」的提示：

- **讓你的路線圖幫你說「不」**。為下一季或明年建立一個視覺化的路線圖，並在裡面填入已經規劃的專案。一旦有人要求新工作，你就可以展示路線圖，與他討論需要刪除哪些專案來騰出空間。路線圖的視覺效果可以幫助你和他們明白：讓你說「好」是有代價的。

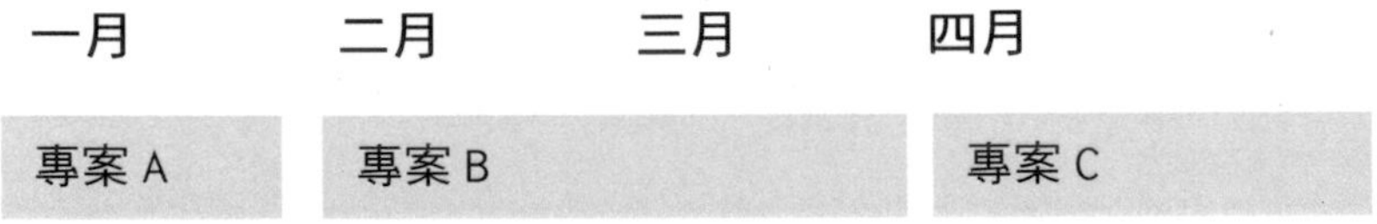

| 一月 | 二月 | 三月 | 四月 |
|---|---|---|---|
| 專案 A | 專案 B | | 專案 C |

- **把「不」重新定義成一件好事**。當你拒絕別人的請求時，不要認為你會讓別人失望，而是要把它想成你在幫助別人。你在幫助你的團隊，因為你沒有讓他們承接太多工作。你在幫助請求者，因為你讓他們尋找替代方案，並相應地進行規劃。你做出的決定符合客戶和公司的最大利益。

- **讓人們對你的「不」有好感。擅長說「不」並不代表你會讓別人覺得你拒絕溝通**。通常，當你對一個特定的產品要求說「不」時，你可以對很多部分說「好」。你可以同意並同情他們指出的問題，然後分享你的備用解決方案。你可以感謝他們的好主意，同時讓他們看一下需要先執行的工作路線圖。你可以讓他們解釋他們的理由，然後說：「我是這樣想的…」

- **向善於說「不」的人學習**。每家公司的說「不」方式都有細微的差別。觀察人們是以直率的方式，還是溫和的方式說不。問問他們怎麼知道該說什麼。注意哪些方法有效，哪些方法無效。

- **回想一下你本該說「不」的時刻**。自問為什麼當初你會答應，如果時光倒流，你會說什麼。如何讓你更容易說「不」？你可能會發現，如果你對客戶研究更有信心，或是你為團隊制定更具體的計畫，說「不」會變得更容易。

- **設立原則，來讓說「不」更容易**。如果你可以指出一個全公司都適用的原則來解釋你的決定，那麼說「不」就會容易許多。對企業來說，如果公司有一條明確的指引，指出何時產品團隊可以建構只有一位顧客要求的功能，它將對你很有幫助。

Nava Public Benefit Corporation 的高級 PM Michelle Thong 發現，在政府服務領域說「不」特別困難。雖然公司可以挑選他們的目標客戶，但政府必須服務每一個人。Thong 注意到，政府部門會簽下許多他們根本沒有時間完成的專案。

為了幫助他們接受排定優先順序的必要性，以及減少一些工作，她讓他們把所有的專案、產品和服務寫在牆上，好讓他們可以看到工作還有多少。當他們看到被寫下來的工作時，終於意識到他們無法完成所有的事情。然後，她讓他們把專案安排在接下來的四個季度，這樣部門就可以專心處理一年之內可以完成的工作。

## 當高層破壞你的路線圖時，不要驚慌

### 針對路線圖的更改

Tara 花了幾個月的時間研究客戶的問題，並擬定了一個路線圖，想為客戶帶來最佳利益。突然間，行銷負責人介入其中，堅持加入一些引人注目的功能，來完善行銷故事。

Tara 拿出客戶報價、工單數量和指標來證明她的路線圖裡面的功能更有影響力，但行銷負責人不肯讓步。高層為什麼這麼不講道理？

很多 PM 都面臨類似的情況，但是高層幾乎都不是真的不講道理，更有可能的情況是，PM 太過自以為是，沒有完全理解或尊重高層的觀點。

在上面的例子裡面，你有沒有看到 Tara 如何狹隘地從「客戶利益」這個角度出發，並且低估了完整的行銷故事的價值？

我不是說高層一定是對的，我想說的是，如果你希望控制你自己的路線圖，你就要讓高層看到你了解更廣泛的情況。

- 首先，**回到共同目標上**。如果有必要，你可以回頭看看公司的使命宣言，試著找出你們都同意且更具體的目標。Tara 和她的行銷負責人都認同成功發表產品的重要性，這會帶來 20% 以上的白金方案客戶。

- 然後，**找出你不同意的最高級別目標或假設**。提出問題，讓高層解釋他們的觀點。他們通常有額外的背景脈絡或不同的觀點，不知道你不知道。你要採取謙卑的態度——如果你先入為主地認為主管不講道理，你就很難接受他們的觀點。

在這個案例中，行銷負責人有一份 Tara 沒有看過的市場分析草案，他認為目前的產品無法吸引足夠的新客戶。Tara 明白這一點之後，決定與行銷部門一起進行測試，研究加入與不加入華麗功能的行銷訊息，以評估其影響。當他們得到更好的資料之後，他們就可以繼續前進了。

如果仍然有分歧，你有幾個選擇：

- **討論每一個目標應該占路線圖的多少比率**。你可能會發現，所有人都認為花10% 的時間在引人注目的行銷功能上是合理的做法。
- **突顯取捨**。你可以將一些路線圖選項擺在一起，以突顯當你承接額外的工作時，哪些東西會被排擠掉。當他們看到另一種選擇時，也許會意識到不值得這麼做。
- **把觀點相左的主管請到房間裡**。讓主管直接對話（同時引導對話，形成觀點），直接了解雙方在乎的事情，不要充當中間人。這樣可以讓他們有更多共同的背景，並且獲得更多在那個層面上解決衝突的經驗。
- **測試假設**。通常你可以用一種快速的測試法或資料分析法來解決分歧。
- **建立檢查里程碑**。如果沒有快速測試可用，而且你需要承接高層的專案，你仍然可以設定中間里程碑，在過程中驗證工作。

在進行討論和辯論時，你要假設對方的行為是善意的。你們的最高目標是相同的，現在你要釐清你們的分歧究竟是來自不一樣的資訊、不一樣的優先順序，還是其他原因。

## 使用平衡的投資組合來決定互相競爭的目標的優先順序

在我職業生涯的早期，我會按照優先順序，把工作由上到下列在一張清單中。它裡面有能夠實現願景的新功能，針對過去的功能進行迭代的想法，客戶的小要求，以及我想要進行的長期工程投資 backlog。我會計算每一項工作的成本與收益…但是每次勝出的都是新功能。

雖然每一個優先事項都很合理，但是一塊執行卻讓產品的品質下降。

每一位 PM 在制定策略的時候，都會在某個時間點面臨這種情況。

> 管理這些權衡的技巧，就是把你的策略和路線圖當成一個平衡的投資組合，在更高的視角決定你打算在每一個目標進行投資的百分比。

你可能決定讓團隊將 80% 的心力放在用戶成長，將 20% 的心力放在收益上。或者，你可以將路線圖分成 30% 客戶需求，50% 大賭注，20% 工程債務。70/20/10 是 Google 採用並且因而聞名的分割法：用 70% 來支持核心業務，用 20% 來處理周邊專案，用 10% 來執行天馬行空的大賭注。

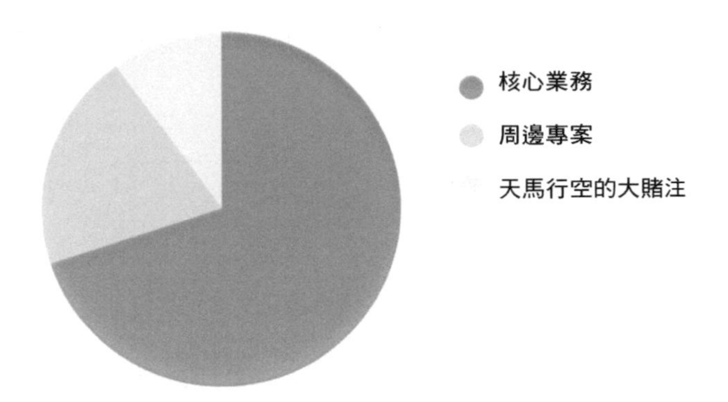


決定比率之後，你就可以考慮每一塊區域的潛在工作的優先順序了，你不需要比較不同區塊的項目。當你選擇百分比時，不需要使用太精確的數字。你將發現，當你向利害關係人提出百分比時，他們會立刻反應某些百分比似乎太大或太小。在你迭代的過程中，你會發現你和合作伙伴有一些分歧，對於工作的相對重要性和可行的最低投資額有不一致的看法，如果你不同意他們，這通常意味著，在相對優先順序方面，你們有深層的策略性不一致。

以下是一些實現百分比的方法：

- **團隊規模**：根據百分比來分配團隊的人數，讓每一個團隊負責一個區域。這種方法的好處是，每一個團隊都會被授與一個優先順序，如果一個區域的工作花費的時間比預期還要長，它不會排擠另一個區域的工作。這種方法的缺點是，如果其中一個區域比較無趣（例如工程債務），負責它的團隊可能會士氣低落。
- **用路線圖 / backlog 來估計成本**：把專案放在路線圖上，讓各個區域內的專案的估計成本符合期望的百分比。這種方法的好處是，它適用於任何規模的團隊，而且可以讓團隊靈活地安排工作。它的缺點是，團隊可能會把不好玩的工作拖到行程表的最後，導致沒有時間完成它。
- **在路線圖上固定順序**：這種方法與上面的方法很像，但要求團隊先選擇高優順序而且不好玩的工作。這個方法的授權少一些，但如果團隊有不履行承諾的紀錄，或是有別的團隊依賴這項工作，這個方法就有不錯的效果。
- **目標**：要求團隊為每一個區域設定目標；審核它們，以確保它們大致符合你對每塊區域進行的投資、它們是你想要的，而且是可以實現的。這種做法可以也應該與其他方法結合，以加強策略、目標和實際工作之間的聯繫。

你要找到適合每一個團隊的解決方案，它可能因團隊而異，或隨時間而異。

## 概念與框架

### 投資回報率

這是一個簡單的概念，但是 PM 有時會忘記使用它。

> 在建立路線圖時，你要同時考慮工作的預期收益和預期成本，它們之間的比率稱為投資回報率。

如果你有一個專案可以帶來 100 萬美元的收益，另一個專案可以帶來 500 萬美元的收益，那麼第二個專案看起來是明確的選擇。但是，如果 100 萬美元的專案需要一週的時間，而 500 萬美元的專案需要幾個月的時間，那麼原本顯而易見的答案可能就不正確了。

同樣地，如果你非常有信心有個專案用一個月的時間就能帶來 100 萬美元的收益，它可能比一個月就能帶來 200 萬美元收益，但是也可能需要六個月才能完成的專案還要好。這就是評估成本和時間表很重要的原因之一。

許多專案不做收入預測，但同樣的思考方式也可以用在那些專案上面。如果一個專案花費的時間是你預期的 5 倍，你還覺得它值得做嗎？軟體預估是出了名的不準確，但是隨著時間的過去，你會培養出直覺，可以猜出哪些專案有較高的不確定性。

### 結果導向的路線圖

「結果導向的路線圖」是用路線圖來說明你會在每一段時間實現什麼結果，而不是用路線圖來說明你會在每一段時間建構哪些功能。例如，這種路線圖不是說「建構新的日曆畫面」，而是說「將設定活動的時間減少 20%」，或是「建構新的日曆畫面，來將設定活動的時間減少 20%」。

結果導向路線圖很棒的地方在於，它可以讓團隊專注於重要的結果，並且可以防止利害關係人認為產品團隊正在致力於實現某個特定的解決方案。它們強調的是工作背後的理由和目標，如果你的團隊沒有策略框架或 OKR（第 246 頁），這一點特別重要。

> 結果導向路線圖是朝著正確方向前進的一種方式，它可以幫助團隊不會錯誤地認為只要發表功能，就可以獲得成功。

結果導向路線圖往往讓人疑惑究竟能不能或應不應該參考解決方案。

## 忽略解決方案

你可以採取極端的做法，忽略解決方案，只專注於你想要實現的目標製作路線圖。

如果你所製作的路線圖是由別人負責交付的，你可以只在裡面列入目標，只要他們可以先和工程師一起考慮解決方案和成本之後再同意即可。這可讓他們有最大的自主權去決定該創造什麼。

如果公司的合作伙伴和公司不需要比「現在 / 接下來 / 以後」更細的時間範圍，你也可以使用這種方法。

但是這個極端有一些很大的缺點。如果你不思考解決方案，你就很難知道目標能否實現，更不用說在指定的時間範圍之內了。它也不能讓合作伙伴規劃他們自己的工作負擔。

## 考慮解決方案，但是不將它們放入路線圖

比較沒那麼極端的方法是讓產品團隊思考他們可以幫每一個結果建構什麼功能，但不將解決方案寫在路線圖上。在團隊以外的人不太重視具體的解決方案，如果路線圖是讓整個公司參考用的，它的裡面只有結果。團隊可以受益於計畫，而且有更大的機會實現成果。

如果你的團隊已被信任有交付的能力，或是如果利害關係人對細節不太感興趣，這應該是一種有效的方法。這種方法特別適合成長團隊或現金化團隊，因為在這些團隊中，具體的優化並不重要，而且，解決方案極可能會根據每次實驗的情況而改變。

## 加入結果與解決方案

最通用的方法是先做出功能導向的傳統路線圖，再加入高階目標、結果，並警告解決方案可能會改變。在採取這種做法時，如果解決方案的改變會影響合作伙伴團隊（例如，從大規模發表全新的行事曆畫面改成修復既有產品的一個小 bug），你就要廣泛地傳達這個改變，以免大家圍繞著最初的解決方案制定計畫。

如果解決方案的高級形態（high-level shape）對公司很重要，這種方法特別有效，例如，在有大量的合作關係時。如果你目前使用功能導向的路線圖，這種方法也是最容易採用的方法，其他的方法需要更多高層的支持，以及變動管理。公司主管通常需要大致了解產品團隊正在做什麼，對他們來說，結果通常太抽象了。

## Voice of the Customer

在我職業生涯的大部分時間裡，在建立產品路線圖時，我會單獨與第一線團隊和業務團隊合作（團隊的數量不少）。我會收集他們最重要的請求清單，然後運用我自己的判斷力，和我所理解的公司策略，來決定如何合併這些清單。我花了很多精力向支援團隊解釋為什麼我沒有優先修改他們所依賴的腳本，有時我會懷疑自己是否被充滿魅力的銷售人員過度影響了。

有一天，Asana 的商務負責人 Chris Farinacci 興奮地跟我分享了一個想法：如果讓業務主管從第一線團隊和業務團隊收集優先事項，並排列它們的優先順序，做成一份清單，那會怎麼樣？業務主管較接近商業策略，所以知道如何平衡來自各個管道的回饋。當我製作路線圖時，我仍然可以使用我的判斷力，不一定要遵循這個排序清單，但是，我們會與頂級客戶和市場需求保持一致。

因此，「Voice of the Customer」流程誕生了[2]。它對我們所處理的工作以及跨部門的信任和士氣都造成巨大的影響。

### 如何開始

如果你想為你的產品啟動 Voice of the Customer 流程，第一步是與那一個產品的頂級客戶或業務主管搭檔，那個人將負責該項產品。這樣做的好處在於，他們對於「產品團隊如何解讀業務團隊送來的需求」有更多的策略控制權，因為他們決定了「Voice of the Customer」清單的最終排名。第二個好處在於團隊的士氣和責任感，你可以讓業務團隊的每個人看到他們的最高優先事項在清單裡面的位置，並且知道那些選擇是由組織內部與他們關係密切的人做出來的。

一旦業務主管加入團隊，並且挑選一個人來執行流程，你就會與那個人密切合作，以確保你得到的結果盡可能有用。

給你一些建議：

- 協調時間，讓產品團隊能夠及時獲得他們的計畫週期的最終請求清單。
- 確保運作流程的人能夠和業務團隊和產品團隊順暢地溝通，並且在兩者之間進行傳譯。你可以推薦曾經與你合作愉快的同事。

---

2 關於 Voice of the Customer 流程的詳情，見 *https://www.codementor.io/blog/how-to-build-a-productroadmap- the-asana-way-2kvo8z70dm*。

- 與運行流程的人一起處理「過於解決方案導向」或「沒有深入研究以滿足客戶需求」的請求。分享你曾經使用的技巧，並舉例說明為什麼既有的框架有誤導性。
- 你不但要查看最終的清單，也要查看之前的步驟，這包括各個團隊提出來的清單、計算出來的排名，以及業務主管進行的修改。如果你看到意外的事情，那就提出問題。
- 再次檢查清單有沒有包含業務團隊的所有優先事項。有時，有利於未來客戶的工作（例如進入一個新市場）或有利於內部團隊的工作（例如改善計費基礎設施）是高優先順序的，卻被清單忽略了。
- 制定產品計畫之後，讓公司知道這些計畫與 Voice of the Customer 排序清單之間的關係。讓大家看到你正在處理他們的多少首要任務，好讓他們信任產品計畫，並滿意地認為他們在這個過程中的投資是值得的。
- 有耐心地面對困難。身為一位產品人員，有時你會不小心忘記並非所有人都有能力決定優先順序、發現潛在需求，並將這些需求與產品工作聯繫起來。我曾經多次遇到，在會議結束時，在第一線服務客戶的同事臨時提出一份全新的首要工作，因為他們之前沒有意識到，那些工作其實是相關的。

把這項責任交給別人來承擔也許有點奇怪，但這樣做可以大大地改善產品和業務團隊之間的關係。隨著時間的過去，業務團隊的人將更有能力將客戶的回饋轉換成有用的產品見解，你也能夠將他們當成有用的合作伙伴，並依靠他們。從更大的角度來看，你並沒有交出太多的控制權，因為你仍然能夠使用自己的判斷力來設定路線圖。

## 重點提要

- **制定長期的路線圖，即使它會改變：**有些人擔心自己被困在一個長期的路線圖中，但適當的溝通可以防止這種情況的發生。路線圖非常重要，因為它可以讓你看到你的計畫能不能盡速帶你到想去的地方。它為你和公司提供長期規劃所需的資訊，包括招聘更多的人員，或調整財務計畫。
- **排列工作的優先順序需要判斷力：**不要期望有一個神奇的公式可以幫你完成艱難的工作。每一項工作的成本和收益都是重要的輸入，但是你也要考慮投資的整體平衡、不同專案之間的依賴關係或協同作用，以及第一線面對客戶的團隊的看法。

- **將路線圖視為一個平衡的投資組合**：你不需要拿蘋果與橘子做比較，例如試圖釐清加入新功能比較重要，還是處理工程債務比較重要。當你的工作追求的是互相競爭的目標，或是有不同的風險 / 回報時，你要考慮你想在每一種目標投資的比例。
- **再三確認路線圖是否符合願景和策略框架**：路線圖就是讓你朝著願景前進的方法，如果它們不相符，那就一定有什麼問題。也許是你的策略框架忽略了重要的基礎設施投資，或跨團隊承諾，或是你要對非策略性工作說「不」。

CHAPTER 18

# 團隊目標

想像一下：這一季快結束了，有一位工程師跑到你面前，興奮地分享她的工作。她花了幾週的時間重做文字編輯器，現在它可以處理項目符號清單和 emoji 了。

好棒！你喜歡那些改善，但是…她本該做的現金化實驗呢？公司的收入一直不理想，你們真的需要一場勝利。「沒問題」她說，她會在下週的黑客松之後開工。

下一週？她怎麼能如此冷靜？她為什麼可以認為處理她自己的專案，而不是執行路線圖上的專案是 OK 的？原來，她聽到公司增加顧客滿意度的新舉措，想要幫忙，她沒有意識到現金化實驗更重要。

人們經常因為追求錯誤的目標而遇到問題。

有一次，我發現自己與設計師陷入一個驚人的分歧中——關於要不要再花兩週的時間來改善設計。我們都無法理解對方的觀點，直到我們意識到，我們的目標是互相衝突的：我想要啟動一個小型的 beta 程式來驗證客戶的需求，但是她想要將視覺效果提升到符合品質標準，以便全面推出產品。

還有一次，我們的成長團隊設定了「將採用率提高 5%」的目標，並在這個季度進行了有野心的實驗，但最終失敗了。當我們與其他公司的成長 PM 交流時，我們意識到我們的錯誤，原來我們把所有雞蛋放在同一個籃子裡，而且迭代速度不夠快。我們在下一季設定了進行 10 次實驗的目標，並看到更多的成功。

> 身為一位 PM，你很容易誤以為所有人都很容易明白何謂「正確的工作」，因為 PM 整天都在思考路線圖和策略。然而，雖然團隊的設計師和工程師已經在幾個月之前的策略簡報中看過路線圖了，但他們會忘記大部分的內容，你要用一種工具來將長期策略和路線圖轉換成更具體的東西，從而推動日常的決策。

團隊目標就是這種工具。

一旦團隊目標（也稱為 OKR 或承諾）被寫下來、分享以及核定，它就會成為團隊的指路明燈。在一個健康的團隊文化中，大家會**真心**希望實現目標，而且會努力工作來實現它們。目標可以讓團隊朝著共同的成功指標前進。

## 設定團隊目標的重要性

設定團隊目標並且與公司的其他成員分享是一項公認的最佳實踐。它的好處包括：

- 強迫團隊思考工作的目的。
- 支持跨團隊的溝通、協調和統一。目標代表一套共同的優先事項，可以讓你快速地了解人們正在進行的工作。
- 為反省和學習建立一個錨定點。如果你不寫下你的意圖，你就無法知道你何時超越或未實現它們。
- 幫助團隊做出更好的取捨和決策。
- 推動許多人完成工作並發表產品，而不是無止盡地進行迭代。
- 幫助產品主管確保團隊朝著有戰略價值的結果努力。
- 為成功的樣貌建立明確的期望。

正如 Yogi Berra 所說的：「如果你不知道你要去哪裡，你就會走到別的地方。」

# 責任

## 設定團隊目標

身為 PM，你要確保你的團隊設定與策略和路線圖一致的目標。設定目標是一個合作的過程，你要讓團隊覺得目標是他們自己承諾要實現的，不能讓他們覺得目標是你強加給他們的。

團隊的任何人花費大量時間執行的工作都必須有助於目標的實現。

這些工作包括計畫中的產品工作和工程投資，以及可能需要人力的任何職務（例如，保持網站正常運行）。你通常不會幫每一個人該做的內部職責設定目標，例如進行面試，或是隨叫隨到的輪值，除非你要調整一份工作（例如進行更多的面試…等）。

目標應該要 S.M.A.R.T.：Specific（明確的）、Measurable（可衡量的）、Achievable（可達成的）、Relevant（有關的）與 Time-Bound（有時限的）。

- **明確的**：你打算做什麼？它成功時會帶來什麼影響？你的目標不能只有產品發表，你還必須加入結果，例如整體用戶黏著度、功能黏著度，甚至內部利害關係人的滿意度。
- **可衡量的**：你怎麼知道你是否達成目標？成功的具體標準是什麼？你可以加入多個標準，來幫助你的團隊了解重要的事情是什麼。
- **可達成的**：雖然你想要設定遠大的目標，但是它要切實可行。這一條原則也適用於團隊承接的目標，你是否承接了太多工作？
- **有關的**：這個目標對你的團隊或公司策略有幫助嗎？如果你實現了目標，你會對團隊的表現感到滿意嗎？目標的用辭有沒有說明你**為什麼**要這麼做？
- **有時限的**：目標一定要綁定日期。日期可能是季末，也可能是發表日期。

可能的話，讓你的目標或評分過程更有彈性。目標的精神比目標的實際措辭更重要。只要大家對目的有一致的看法，不需要糾結於措辭和技術細節。

## 好的目標與不好的目標

我們用一些例子來看看如何實踐運用 SMART 目標。

內部發表

- **不好的**：建立內部的產品儀表板（期限為季末）。
- **好的**：建立一個可以幫助有效地替換舊腳本的內部產品儀表板，如此一來，我們就可以在下一季刪除舊腳本，並提高開發速度。評測的方法是讓 Ops 團隊進行檢查（期限為季末）。

穩定性與安全性

- **不好的**：讓 app 既穩定且安全。
- **好的**：在第一季達到 99.9% 的正常運行時間，而且沒有安全漏洞。

成長團隊

- **不好的**：用戶成長率翻倍（期限為季末）。
- **好的**：以提高用戶成長率為目標進行 10 次實驗，至少有一次獲得有統計意義的勝利（期限為季末）。

功能發表

- **不好的**：發表 < 功能名稱 >（期限為季末）
- **好的**：在季末發表 < 功能名稱 >，在發表 1 個月後，讓 NPS 增加 5 點[1]。

好的目標可以讓團隊專注在正確的工作上。藉著提前規劃，你可以確保團隊的每個人對於成功的定義都是相同的。

## 確保目標的實現

你是否曾經在一季結束的前一週，突然發現你忘了一個目標？也許它是製作新的產品文件，或是舉行一個公開的簡報，也許你的團隊有一些想要解決但沒有解決的工程債務。這種感覺很不好。

當你設定目標時，你要設定一個檢查目標的節奏。有些目標會在每次的團隊會議上討論，有些目標只需要每月考慮一次。設定提醒工具，這樣你就不會忘記它。

當你的團隊開始落後一個目標，或看起來無法實現它時，你可以做很多事情來幫助團隊。首先，讓你的主管和其他利害關係人知道這件事，然後，考慮一下你的選項。

1 它是淨推薦分數（Net Promoter Score），它是用這個調查問題的答案來計算的：「你推薦這項產品的可能性有多大？」

你可以用這些方法來讓目標重回正軌：

- 和你的隊友或其他 PM 討論解決方案。三個臭皮匠勝過一個諸葛亮。
- 在你的團隊裡面重新安排，看看能不能暫停一個低優先順序的專案，好讓你安排更多人手來處理這個問題。
- 移除其他職責。你可以幫助隊友請求減少面試的工作量，或其他活動的工作量，以幫助他們專注於落後的目標。
- 要求更多的資源。你可以向另一個團隊借人、將部分工作交給另一個團隊、找一個承包商，或是購買第三方軟體來幫忙。

如果這些方法都沒有效果，那就看看你能不能重新協商目標，讓它更符合現實。

## 成長實踐

### 在你的目標裡加入反指標

假設你的團隊的目標是增加新用戶註冊量，如果你只用這個標準來衡量成功，有時即使你實現目標了，你卻對用戶或公司造成不良影響。

如果只要有人註冊，你就給他 50 美元，雖然這個策略可以讓註冊人數激增，但是裡面有很多人是為了領錢來註冊的，他們不會回來使用產品，領導層應該不喜歡這種事情，他們真正的目標，是在不損害客戶取得成本（CAC）或降低客戶保留率的情況下增加註冊量。

> 反指標是你必須關注的健康指標，它是用來確保你沒有產生沒必要的副作用，例如上述案例中的 CAC 和客戶保留率。最好的反指標會與你的目標和你考慮的解決方案類型有關。

例如，假設 Zoom 想要改善影片品質來增加整體客戶保留率。因為改善影片品質可能會增加頻寬，頻寬的增加可能是一個問題，所以他們將頻寬的使用量視為反指標，或是將網路頻寬較低的客戶的客戶保留率當成反指標。於是，他們將目標寫成「在不增加頻寬使用量的情況下，改善影片品質 X%」。

若要想出反指標，你可以自問：「有沒有什麼手段雖然可以實現目標，卻對用戶或公司不利？」

## 使用目標來激勵你的團隊

好的目標有很強的激勵效果。多數人都喜歡實現他們的目標，如果他們認為實現目標會產生影響力，他們會加倍努力。完成承諾要做的事情的感覺很棒。另一方面，將大量的精力投入與目標無關的事情也會讓人心灰意冷。而且，當人們認為他沒有機會實現目標時，他可能會完全停止工作。

你可以利用人類心理學來激勵你期望的行為。

當你和團隊一起制定目標時，你要考慮以下幾點：

- **注意你的目標所帶來的激勵效應**。當大家努力實現目標時，他們會試著抄捷徑嗎？加入標準，以正確的方式來引導他們。例如，規定在啟動後的一週之內沒有 P0 bug。
- **將小工作結合成一個目標**。例如，如果你的團隊需要執行 10 個實驗，你可以將這些實驗整合成一個目標，這可以讓團隊專注在更大的影響力上，而不是陷入單一實驗中。
- **將大專案分成多個目標**。例如，如果你必須先使用 beta 程式來驗證解決方案，才能設定發表日期，你可以圍繞著 beta 程式建立一個目標，並且等到完成 beta 目標之後，再建立發表目標。這可以建立值得慶祝的中間階段里程碑。
- **為不同類型的工作建立不同的目標**。設計師喜歡「邊做邊清理」，在設計新功能時，重新設計它附近的部分。工程師不喜歡被其他事情干擾並偏離主要目標。有一種簡單的解決方法是讓團隊圍繞著一個額外的目標，在本季度之內進行一些設計面的改善，這可以讓人覺得所有的工作都是有意義的。

記住，目標的範圍應該符合團隊的偏好。有人喜歡有野心的目標，以保持動力，有些人喜歡比較溫和並且可實現的目標，因為他們討厭失敗。不要假設每個人都和你有相同的偏好，也不要假設所有人對目標的看法都是相同的。

## 選擇目標

我們知道目標必須是可衡量的，但是該如何決定目標的高低？你要將目標設成提高 10%，還是提高 100%？

一方面，你可能想要設定一個非常低的目標，讓你的團隊可以輕鬆地完成它，並超出預期——承諾不足，交付有餘。另一方面，你可能想要設定一個雄心勃勃的目標來激勵團隊取得更大的成就。

當你設定目標時，你要考慮公司需要你的團隊做什麼、你的團隊能實現什麼，以及這些目標將如何影響決策。

## 公司需要從你的團隊得到什麼

公司不一定會主動告訴 PM 該做什麼。重要的資訊（例如下一輪籌資的時間、投資者預期的成長率，或是每月的財務狀況）通常只有領導層知道。

如果你不確定，那就問吧！

## 什麼是可以實現的

為了釐清什麼目標是可實現的，你通常要拿你規劃好的工作與已知的基準進行比較。

如果你正在規劃重新設計，那就看看上一次重新設計是如何影響指標的，然後從那裡開始做起。如果你正在努力改善客戶保留率，那就看看其他的工作造成什麼不同，然後根據經驗，猜測這項工作可能的結果。

工程師會隨著經驗的累積而越來越擅長評估成本，PM 也會越來越擅長評估影響。

## 目標如何影響決策

無論如何，你都要決定你究竟要設定高目標，還是設定低目標。

如果你設定高目標，你可以鼓勵團隊思考創新的解決方案，並且明確地告訴團隊，唯有優先考慮這個目標，他們才能成功。你也可以要求額外的資源來實現你的宏偉目標。但是，如果你沒有達到目標，團隊可能會士氣低落，你可能會在組織中失去信任。

如果你設定較低的目標，你就能管控人們的期望，而且當你超過目標時，你可能會給人留下深刻的印象。但是，你的隊友可能在達成目標時就不想繼續努力工作了，依他們的性格而定。

# 概念與框架

## OKR

目標與關鍵成果（Objectives and Key Results）是一種流行的目標設定格式，通常稱為 OKR[2]。

當你撰寫 ORK 時，**objective** 是你的目標或意圖。它們通常寫成使命宣言風格，也許沒有具體的數字目標。objective 可能寫成「改善新用戶的體驗」、「成功發表產品的第 2 版」或「實現 90% 的收入成長」。

為了避免人們不清楚達成目標的可能性，如果 objective 是團隊正在努力，但可能無法實現的積極目標，你可以將它標為「渴望達成的（aspirational）」，如果 objective 是團隊承諾要達到的，並且期望 100% 達到，你可以將它標為「已承諾的（committed）」。至於未標記的 objective，很多公司希望團隊能達成大約 70%。

每一個 objective 都有 3 到 5 個 **key results**（**關鍵結果**），它們是有助於實現該目標且可衡量的里程碑。key results 類似「在 10 月 1 日前，將用戶引導完成率從 50% 提高到 75%」、「在每次衝刺都進行一次實驗」或「在第一季維持 99.99% 的正常運行時間」。

許多公司會在組織中建立多個等級的 OKR，每一個等級的 OKR 都為它上一級的 OKR 作出貢獻。事實上，團隊的 objective 往往是它上面那一級的 OKR 的 key results 。

在每一季結束時，團隊會對他們的 OKR 進行量化評分（例如從 0.0 到 1.0），並且與更大的團隊分享結果。評分的方式可能使用簡單的加權平均值、主觀判斷，或是在建立 OKR 時定義的複雜公式。

2 關於 OKR 的細節，請參考 *https://www.whatmatters.com/*。

## 重點提要

- **使用團隊目標來推動跨團隊合作，並強化策略的執行：**當你和其他團隊一起工作時，配合彼此的目標可以幫助你們對共同工作的優先順序取得共識。在做出艱難的取捨時，你要想一下它們將如何影響團隊的目標，進而影響團隊朝著願景的發展。
- **光是發表新產品不一定能成功：**目標為你創造一個焦點，讓你可以反省工作的執行狀況，以及未來如何改善。確保你的目標符合你想追求的利益，而不是一個讓你不計一切代價實現的不良誘因。

# 領導技能

個人心態

協作

不動用權威的影響力

溝通

激勵與啟發

所有權心態

輔導

與其他部門共事

# PART F

# LEADERSHIP SKILLS

# F 領導技能

如果你的隊友都是機器人，領導他們是很容易的事情，他們會按照你的吩咐做事，你不用擔心冒犯他們，而且他們會有條不紊地評估所有的選擇。但是我們不是和機器人相處，他們是活生生的人類。

真人有情緒，真人會抄捷徑，受到激勵的真人會把工作做得更好，而且，就算你覺得自己是無敵的，你也是人，領導能力包括管理自己的心態。

- **個人心態**（第 252 頁）教我們如何克服那些可能阻礙偉大 PM 的心理陷阱，我們將學習成長心態、成熟度、無我和冒牌者症候群。
- **協作**（第 260 頁）將教我們如何與隊友和伙伴共事。我們將學習如何化解衝突、心理安全感和個性差異。
- **不動用權威的影響力**（第 269 頁）就像它聽起來那樣。我們將學習利害關係人管理，以及如何推動決策。
- **溝通**（第 278 頁）教我們如何避免誤解或誤傳。我們將學習書面對話、現場對話、會議和簡報的最佳實踐。
- **激勵與啟發**（第 287 頁）教我們如何保持團隊的積極度。我們將學習內在動機與外在動機，以及在關鍵時刻該怎麼做。

- **所有權心態**（第 294 頁）教我們如何為團隊和產品負全責。我們將學習如何填補空白，並在你的產品團隊之外做出貢獻。
- **輔導**（第 301 頁）將教我們如何輔導他人。我們將學習學徒制、支持學員，以及給予回饋。
- **與其他部門的共事**（第 315 頁）將深入討論如何與設計師、工程師和高層共事。我們將了解他們關心什麼，以及如何與他們建立信任關係。

這些章節的觀點深受美國科技公司文化的影響，在其他文化中，優秀的領導力可能全然不同。Erin Meyer 的 *The Culture Map* 對文化的差異做了很好的說明。

CHAPTER 19

# 個人心態

Patrick 不太確定他的第一份 PM 工作會面臨哪些問題，但他有信心解決那些問題。對他來說，事情一向都很容易解決。

他的第一個專案是改善使用率不高的指標儀表板，對他來說，這份差事真是太簡單了，它的問題再明顯不過了。他的 PM 朋友都在討論一家儀表板新公司，他認為，讓他的團隊使用新技術來製作儀表板可以改善結果。

儘管比較有經驗的隊友警告他不要依賴外部供應商，但是他把這些擔憂拋到九霄雲外，他認為，他們只是太懼怕風險了。公司不是一直在說，他們想要勇於承擔巨大風險的人嗎？他起草了第一版的計畫，讓工程師們開始著手工作。

第一次發表進行得很順利，但幾個月後，他收到了儀表板公司寄來的 email——他們快倒閉了，他們的新儀表板將在三個月內停止運作，使得團隊不得不重新製作它，這真是一場災難。那天晚上，Patrick 輾轉難眠，他很氣那家公司，並且覺得自己很委曲。

他不是壞人，在很多方面，他的心態很符合典型的新 PM，許多新 PM 在加入時都展現十足的自信（其他人則恰恰相反）。然而，如果沒有經歷一些重大的路線修正，他就無法從錯誤中吸取教訓。他必須練習成為一位好的領導者，不僅是為了別人，也是為了自己。

# 責任

## 成長心態

Satya Nadella 在擔任微軟 CEO 的前六年改變了公司的文化，讓公司的市值增加了逾 1 萬億美元，他是怎麼做到的？藉著接受成長心態的理念[1]。Satya 解釋道：「我們從無所不知的文化，進入無所不學的文化。」

「成長心態」的意思是，你相信自己的才能是可以透過努力和堅持而不斷成長的。相較之下，具有定型心態的人認為，他們的才能幾乎已經固定了（或缺乏才能）。

為了理解它們的差異，想一個你擅長的事情，它也許是你小時候的數學考試，或是幫孩子的生日做一個超酷的汽車蛋糕，或是鐵人三項運動，或是向高層做簡報。你是怎麼看待它的？

- **成長心態**：「我很努力工作，也學了很多，也很注意我在做什麼 / 我看了無數個教學影片，慢慢地、仔細地學習 / 我努力訓練，並確保自己有充足的睡眠 / 我研究了如何與高層交談 / 如果我徵求更多回饋，我下次一定可以做得更好。」
- **定型心態**：「我很擅長做這種事，數學對我來說太簡單了 / 我的手藝很好 / 我是運動員 / 我很擅長上台演說 / 我已經很會做這件事了，所以不需要在這方面下功夫了。」

仔細觀察，成長心態的解釋都是選項，它們是你可以做的事情。相較之下，定型心態只是你**是**什麼。如果你做得好，那是因為你很**擅長**它，如果你做不好，那是因為你不擅長它。

發明這個術語的 Carol Dweck 發現，擁有較多成長心態的人比擁有較少成長心態的人更成功，她也發現，成長心態是可以培養的[2]。

成長心態很重要的原因有兩個：

1. 它鼓勵人們投資那些會讓他們成功的工作。
2. 它鼓勵智力面的謙卑和永續學習。

---

1 關於這個轉變的詳情，見 *https://qz.com/work/1539071/how-microsoft-ceo-satya-nadella-rebuilt-thecompany- culture/*。

2 書名為 Mindset: The New Psychology of Success

那些擁有定型心態的人（或者更準確地說，那些**還沒有培養成長心態的人**）可能會逃避挑戰或困難的工作。假如答錯一道數學題就代表你不擅長數學，你自然會選擇你不會答錯的簡單問題。

為了提升成長心態，你要特別留意會觸發定型心態的情況。你可以將「我不會做」改成「我還不會做」。你可以告訴自己，無論如何，你都會把事情做好。

你也要注意團隊的這個方面，你要藉著不繼強調和讚揚學習來培養他們的成長心態。你當然可以讚美一個人的才華，但你也要讚美他們的辛勤和努力。

## 拋開自我

在關於如何成為一位偉大的 PM 的訪談中，你會發現有一個令人驚訝的字眼一再出現：「無我」，為何它令人驚訝？如果你認識 PM，你會覺得 PM 很自負。從某種意義上說，你必須多為自己著想，才能覺得自己有立場帶領團隊，況且，PM 有一個花俏的頭銜，很多人都喜歡因為他自己的成就，而獲得稱讚。

問題是，過於自我往往會讓人無法做好產品管理。如果你獨攬所有的稱讚，而不是轉而稱讚你的隊友，你就錯過一個激勵隊友的好機會。如果你認為自己太優秀了，不應該把時間浪費在處理資料上，或是關注專案管理的細節，你的團隊就會承受負面影響。如果你拒絕了一個好主意，只因為它不是**你的**想法，你會得到很糟糕的結果。如果你自我意識太強，別人會認為你「難以管理」，這將阻礙你的發展。

你要反過來稱讚隊友的成就。為了推出偉大的產品，你要樂意在任何需要你的地方出現，即使那是繁瑣的資料解析，或填補 QA 的空缺。你要歡迎任何回饋，甚至批評。承認你的錯誤。

> 暫時假裝一下你不在乎自己是對的、不在乎自己有最好的想法，或不在乎自己得到誘人的升遷。做對團隊最有利的事。**拋開你的自我意識**。

把自我放在一邊不代表你的出色工作不會得到認可。事實上，當你讓大家注意別人的成就時，團隊就會開始把你當成一位領導者，因為這就是領導者的行為。話雖如此，你可以（也應該）讓你的主管知道你做了哪些工作（見第 448 頁），這樣才能讓他更了解你的隱性貢獻。

### 知識謙虛

最優秀的 PM 有一個明顯的矛盾：他們非常聰明，但是他們總是願意接受自己可能做錯了。這種特質被稱為知識謙虛，它是成為偉大 PM 的關鍵。

具備優秀的產品意識的 PM 可能有 60% 的時間會想出完整的、最好的想法，但如果他們既固執且傲慢，他們就會有 40% 的時間會錯過更好的想法或更好的迭代，在這個過程中，他們可能還會疏遠同事，並扼殺他們的創造力。

另一些 PM 最初的想法往往不是最好的，但是因為他們不太確定自己一定是對的，他們會質疑自己的想法，並從隊友那裡尋求更好的想法。他們會仔細聆聽回饋，而不是反射性地捍衛自己最初的想法。藉著引發更多想法和回饋，他們可以想出更好的結果。這種做法還有一個額外的好處：他的隊友更有參與感，這會提升他們將來的產量[3]。

> 知識謙虛與成長心態密切相關，這種人相信總是有更多事情需要學習，即使事情的進展很順利。知識謙虛不僅對你的團隊有好處，對你自己也有好處。

諷刺的是，你對一個主題的閱讀量和研究越多，你就越難保持知識謙虛。在參加一門「最佳」框架課程之後，你很容易相信：在考試中能夠讓你得到 A+ 的答案，在現實世界中**一定**也是正確的答案。這些試題和框架（甚至包括本書介紹的這些）當然都是過度簡化的。

幸運的是，只要你能克服「我要獨占所有好點子的功勞」這個自我意識，「假裝做到，直到真正做到為止（fake it till you make it）」的方法在知識謙虛的幫助之下就可以奏效。即使你不認為自己的想法還有需要改善的地方，你也可以藉著接受「自己可能是錯的」來配合你周圍的人，聽取他們的回饋，以及探索替代方案。如果你不過分執著自己的想法，那麼相信周圍的人想到的比你還要**多**對你很有幫助。隨著時間的過去，管理團隊和交付產品的經驗會讓這種謙虛變成真的。

## 成熟

成熟對領導者來說很重要，它會讓人覺得你是一位負責任和英明的人。成熟可以建立信任，吸引尊重。

若要有效地帶領團隊，你不僅要成熟，也要**有成熟的行為**。請注意這些個人素質[4]：

---

3 這也是在招聘時制定「禁止混球（no jerks）」政策如此重要的原因之一。混球本身可能是好員工，但是他們會影響同事的士氣。降低團隊士氣的員工不是好員工。

4 John Cutler 用這一則 tweet 展開一場精采的對談：*https://twitter.com/johncutlefish/status/1221196549771808768*。

- **尊重專業知識**：經驗不是萬能的，不要在做過某件事情一次之後，就表現得彷彿你知道一切。努力讓自己更熟練，並且留意你的技巧如何透過反覆操作而成長。
- **留意背景脈絡的存在（以及認知你可能不知道一些背景）**：不要一投入新情境就假設你發現了別人看不到的完美解決方案。謙卑地多問，確保你了解目標和限制。
- **看到細節**：切勿輕視重要且複雜的問題。雖然 PM 新手可能會用非黑即白的答案來解決問題，但是隨著你的進步，你會發現大多數的情況都有複雜的取捨。
- **自制**：偉大的領導者不會衝動行事，他們會讓別人先發言，而且不會打斷別人，他們不會反射性地採取行動，而是會讓一些事情自行解決。
- **外交**：你必須能夠在不引起緊張的情況下獲得共識和認同，這一點在和跨部門的利害關係人合作時特別重要。
- **判斷力**：Ashley Fidler 說過：「判斷力是為特定的情況制定合適的計畫，以及培養直覺，知道怎樣做才是有效的。」
- **培養健康的文化**：身為一位領導者，你要對自己的行為如何影響別人負責，如果你喜歡抱怨、八卦，或是助長分別你我的文化，你就是在挑起麻煩。
- **守口如瓶**：職位越高，接觸的訊息越敏感。不要分享敏感訊息，也不要吹噓自己知道機密訊息。
- **適當的社會行為**：注意社交規範。不要在公司郵件或聊天頻道上表現輕浮，即使是隨興的或雜七雜八的主題也是如此。不要在工作活動中大量飲酒。
- **控制情緒**：哭泣、叫喊、悶悶不樂或過度熱情，都會令人不自覺地認為你能力不足。但是這不意味著你不能表現出**任何**情緒，悲傷、壓力、興奮或沮喪都沒關係，只要不失控就好。
- **承認錯誤**。你的權力和影響力越大，你的選擇就越複雜，你犯錯的機會也就越大。你要有承認錯誤的勇氣，這可以讓你看起來更強大，而不是更弱小。
- **改變主意**。固執己見、堅持自己是對的，對你的團隊、公司或你自己都沒有好處，它會讓你看起來很幼稚。利用更好的資訊來改變你的想法，並在適當的時候做出妥協。

特別注意，成熟可能被**理解**成一種偏見。在多數工程師都穿短褲和 T 恤的科技公司裡，很多年輕女性都覺得要穿西裝外套才能被重視（很多女性領導者這樣跟我說過，我自己也這麼做過），這種事情是沒必要的。

如果你正在輔導一位 PM，不要用模糊的語氣跟他說：他必須更成熟。即使你的出發點是好的，這種說法也讓人覺得帶有偏見，而且不討喜——這像是責備他太年輕（可能還會讓他認為你在責備他是女性）。而且，它不具可操作性。

你應該說出你的感覺，闡明你想看到的行為，以及你想看到的品質。在提出你的回饋之前，你一定要確保它是公平的、沒偏見的。

### 沉著

沉著是在壓力下保持冷靜。出現問題時，PM 要保持冷靜，理性思考。

我曾經對自己能夠在壓力下工作感到自豪。當工作堆積如山時，我可以從一個團隊跑到另一個團隊，快速地做出決定，並下達指令，我覺得休息就是認輸。幸運的是，有一位同事把我拉到一旁，親切地告訴我，團隊成員可以看出我的壓力，而且我讓他們很痛苦。**好一記當頭棒喝！**

你的情緒會影響團隊的士氣。試著注意你何時有壓力，休息一下。從長遠來看，睡得好、吃得好、健身和練習靜心禪修都有幫助。

保持冷靜可以讓你看起來是一位自信和有能力的領導者。它向人們傳遞一個訊號：你掌控了一切，做好準備，迎接下一個挑戰。這可以幫助他們專注在自己的工作上。

## 成長實踐

### 不要讓冒牌者症候群阻礙你

冒牌者症候群（Impostor syndrome）就是你的腦海有個聲音告訴你：「我不配擁有現在的地位，雖然我很幸運得到這個職位，但大家遲早會發現我不夠格。」不是每個人都聽過這種聲音，但它極其常見，即使是在最成功的人裡面也是如此。

對付冒牌者症候群最重要的技巧就是，你要明白它很常見，你要知道，你**感覺**自己冒牌者，並不代表你**真的是**冒牌者。除此之外，和值得信賴的導師共事也很有幫助。

注意不要讓冒牌者症候群阻礙你的發展。特別注意這些情況：

- 因為害怕自己顯得很蠢，而不問重要的問題。
- 不去申請你已經準備好的升遷或職位。

- 拒絕在會議上發言，因為你不確定自己是否真的有價值，特別是與其他「更令人印象深刻」的演說者相較之下。
- 為了把事情做到完美而花太多時間工作，導致睡眠不足。

如果你正在輔導冒牌者症候群的患者，可參考第 313 頁的「指導有冒牌者症候群的人」，以獲得如何克服這種症狀的建議。

### 建立內在力量與信心

有些工作有「正確的答案」，例如程式可以運作、病人被治癒了、學生學會了…等。把工作做得很好，讓周圍的人開心是很令人滿足的事情。

在產品管理中，特別是在從事更複雜且高度不確定的工作時，你沒有明確的正確答案。你要做出艱難的決定，需要進行大量的取捨和風險評估，你可能永遠不知道相反的選擇會不會比較好。通常有人會不滿意你的選擇。隨著你的進展，你會聽到更多抱怨，聽到的讚美越來越少，即使你的工作非常出色[5]。當事情變糟時，你要承擔責任，當事情順利時，你會把所有功勞都歸於你的團隊。這就是這項工作的本質。

除此之外，隨著你的進展，你會承擔更多的責任，空閒時間卻越來越少。你必須習慣使用快速而簡陋的方法（也就是快速雛型設計）來處理大多數的事情，即使你知道，如果你有更多時間，你可以拼湊出更好的東西。

對此，最好的建議是，你要意識到不明確性是很自然的一部分。如果你無法讓所有人開心，或是無法把作品修整到完美的境界，請將它視為「你正在解決困難的問題和重要的問題」的象徵。

## 概念與框架

### 戲劇三角與移到線的另一邊

Conscious Leadership Group 出版了許多與成長心態密切相關的書籍、影片與現場培訓課程。他們用一條線來比喻在那條線的下面（封閉、抵抗心態和努力證明自己是對的）和上面（開放、好奇和致力於學習）之間的區別[6]。

5 想想 Facebook 或 Gmail 上次的「重新設計」，幾乎全世界都在抱怨！也許它們的設計一年比一年糟（可能有些人會這麼說），也許重新設計都伴隨著一些妥協，因為你不可能讓所有人都滿意。

6 關於 Conscious Leadership Group 的詳情，見他們的網站 *https://conscious.is/*。

如果你的同事把事情搞砸了，讓你必須幫他擦屁股，因而憤憤不平，其實此時的你就是用那條線下面的觀點來看待事情，接下來，你會很自然地進入「戲劇三角（drama triangle）」，在裡面編一個故事，故事中的每一個人分別扮演英雄、受害者或反派的角色，在這種心態下，你只想指責別人，還有證明自己是對的。進入這種心態一段時間不一定是壞事，只不過它無法讓你解決問題或進步。

> 你可以待在那條線的下面一段時間，我們都需要處理自己的情緒，事實上，即使是誇大戲劇三角裡面的角色的好壞程度也有所幫助，它可以幫助我們發洩情緒，也可以幫助我們辨識戲劇三角的模式。

但是，當你做好準備，打算開始解決問題的時候，移到線的上面對你會有幫助[7]。

移到線的上面之後，你可以回顧最初的衝突。也許你會問自己：「他們原本應該怎麼做？」或是：「我應該做哪些不一樣的事情？」這可以幫助你從經驗中學習，並找出好的解決方案。

## 重點提要

- **你的情緒和心態會影響你的團隊**：你的團隊能夠感受到你的壓力。當你糾結於誰對誰錯時，問題將更難解決。如果你懷疑自己，你可能無法問出重要的問題。如果你對自己的知識過於自信，你可能不願意學習新資訊。請投資自己。
- **成熟主要是放慢腳步、集中注意力，以及尊重他人**：雖然指責別人不成熟往往帶有一些偏見，但成熟是一種真正的領導技能，它不僅僅是意味著「變老」。向值得信賴的導師尋求誠實的回饋。
- **每個人都有疑惑的時候**：PM 的責任是處理沒有正確答案的艱難決策。你沒辦法知道你是否做了正確的選擇，你也不會因為你的工作而獲得到太多讚揚，但是這不代表你犯了錯或不夠格，這只能代表你的工作很辛苦。你的職位越高，你面臨的難題就越多，把它當成你進步的標誌！

7 但是，考慮一下，你是否真的願意移到線的另一邊，或者，你是否仍然堅持自己是對的。

CHAPTER 20

# 協作

當 Maya 加入團隊的時候，Kim 已經引起很大的麻煩了，簡單地說，其他 PM 都不喜歡和她共事。

Kim 很複雜，她有很多缺點，也有很多優點。雖然她有敏銳的產品意識…但那往往會變成尖銳的批評。她是行動導向的人，想幫助其他團隊…但她的做法是把負責人推到一邊。她的工程師都很喜歡她…但是她卻把一位才華橫溢的設計師逼到辭職。最終，她的態度不僅妨礙了她自己的升遷，也阻礙了公司的成功。

Kim 也會質疑 Maya 的決策和反駁她的意見，Maya 也被她的做法嚇到。其他的 PM 顯然採取一種有效，但未必健康的方法來對付 Kim：逃避，他們不邀請她參加會議，不會和她分享他們的工作…等。

Maya 和她的團隊無法採取這種做法，他們必須與 Kim 的團隊緊密合作。Maya 下定決心和 Kim 發展健康的關係。

於是 Maya 和她進行了一次友好的交流。在那次對談中，Maya 意識到 Kim 過去一直被草率的決策所困擾，而且很難信任新同事。Kim 非常在乎她的團隊，想保護他們不犯任何錯誤。

經過深入的了解之後，Maya 蓄意和 Kim 建立信任感，並發展有效的工作關係。Maya 會提早展示她的作品，並解釋她的理由。當 Kim 對 Maya 的專案提出負面的回饋時，Maya 會感謝她，並提出一些後續問題，以了解她在乎什麼。他們會定期去咖啡廳聊天，偶爾還會一起吃午飯。當 Kim 的大型專案發表時，Maya 為她買了一包她最喜歡的糖果來慶祝。

Maya 了解（而其他 PM 不了解）的是，說「好吧，這是**他們**的錯」是不夠的，一個巴掌拍不響，如果雙人舞蹈跳不成，你就有責任修正它，無論對方多麼固執、暴躁或不可靠，PM 都要設法和他順利合作。

# 責任

## 把別人視為伙伴

幾乎所有的協作技能都可以歸納成一種心態：平等地對待與你共事的每一個人，把他們當成有價值的伙伴 —— 就像他們是團隊的成員一樣。他們包括你的工程師、設計師、用戶研究員、資料科學家、安全和基礎設施人員、銷售和客服人員、市場行銷，甚至法律和財務團隊。

當你讓別人覺得自己是團隊的一分子時，他們就會和你一起幫助團隊取得成功。如果你像對待障礙或僕人一樣對待別人，他們就會把精力轉移到包容他們的其他團隊。

將人當作伙伴來對待的方法包括：

- 在產品生命週期的早期讓人參與進來，讓他們有機會影響產品的發展方向。
- 了解他們關切的事情，並認真看待它。
- 讓他們參加核心團隊會議，或定期舉辦伙伴會議。
- 說「我們的發表」，而不是「我的發表」。
- 邀請他們參加發表慶祝活動。

如果你發現你的「伙伴」在你的團隊中經常悶悶不樂，可能是因為他們沒有覺得被視為伙伴。回顧上面的清單，與他們進行討論，問問你可以怎麼改善。

## 建立心理安全感

> 根據研究，心理安全是高績效團隊最重要的因素之一。心理安全就是相信自己不會因為犯錯而受到懲罰或羞辱。

許多 PM 會在無意間削弱團隊的心理安全感，那些 PM 喜歡指出問題並提出建議（提出問題通常比稱讚別人做得好要容易很多），但有時這會讓人覺得你高高在上或自視甚高。他們可能會過早放棄一些點子，或是讓檢討會變成一場推卸責任的遊戲。

調查一下你的團隊的心理安全性（也許可以用匿名的方式），如果它是個問題，那就處理它。如果你的壞情緒一直在影響到團隊的其他成員，那就該停停了。

## 和平地解決衝突

衝突是工作的一部分。如果你從來沒有遇過衝突，那就代表你沒有處理過任何重要且複雜的事情，或是你太擅長處理衝突了，以至於你不覺得有衝突。

衝突發生的原因是每個人都有不同的目標、偏好和解決問題的想法。擅長合作的人能夠及早發現這些分歧，並與對方合作，以適合所有人的方式解決這些分歧。

- 在更高層次找到你們有共識的地方，然後從那裡開始往下做。
- 假設別人是有能力的，並且有好的動機。
- 不要讓事情持續惡化。
- 不要指責或怪罪別人[1]。

如果有必要，你甚至可以請你的導師或主管協助化解衝突。你不想當抓耙子，但是這總比讓問題一直拖下去，導致大家徹底不溝通還要好。

**讓刻薄的人輔導你**

Niffer Nan 提出一種將對手變成盟友的大絕招。她曾經和一個新的工程主管共事，那個人似乎處處阻撓她，而且整體而言，很不尊重她。

她沒有產生抵抗心態，而是請他為她加強新領域的技術知識，並定期徵詢他的建議。後來他開始罩她，並且成為她最大的支持者之一。

人們通常喜歡被當成專家來尊重，這種方法可以迅速地化解權力鬥爭。

1 Marshall Rosenberg 的書籍 *Nonviolent Communication* 深入探討這個主題。

# 成長實踐

## 抽出時間與同事交流

將別人視為活生生的人會讓你更容易與他們共事，一旦你喜歡他們，與他們共事又會更容易。當你打下友誼的基礎時，你就創造了一個緩衝區，可以保護彼此的關係，免受誤解破壞。當你覺得和你一起工作的人是朋友時，你的工作會變得更有趣，壓力也會更小。

如果你和合作伙伴在同一間辦公室工作，你們可以一起吃午飯，或是喝下午茶，你們可以在公共區域相遇時停下來聊天，如果你願意，你們甚至可以在工作之餘出去玩，參加一些活動，例如桌遊之夜、足球隊、一群人一起看電影，或團隊聚餐。

即使你遠端工作，你仍然有機會增進感情。在會議的前幾分鐘問問他們週末過得怎麼樣，建立一個聊天頻道來分享無厘頭的迷因梗，在工作週結束時，舉辦一個「視訊歡樂時光」來放鬆和聊天，當你們在市區碰面的時候，留一些娛樂時間，或是一起去參加會議。請參考第 188 頁的「遠端工作」。

許多公司都會留一些預算，用在「士氣活動」或「戶外活動」上，例如壽司製作課、陶藝課或室內跳傘。看看你能不能為你的團隊每季安排一次活動。人們往往喜歡學習做一些新的事情，或是進行有點競爭性的活動[2]。

> 今天和你一起工作的人可能是你未來的人際網路的基礎。你的同事可能會創辦自己的公司，或是被你招聘來加入你公司的人。

別忘了和 LinkedIn 上的人聯繫，在你離開的時候，分享你的私人 email 地址！

## 優化長期關係

除了讓當前的專案有最好的成果之外，你也想要隨著時間的過去獲得偉大的結果。

2 當你安排活動時，你要注意團隊的需求和生活方式。如果你把活動安排在下班後，有小孩的人可能很難參與，如果有一些隊友有生理障礙，户外攀岩可能不是最好的選擇，如果你要購買隊服，考慮一下隊友們穿起來是否舒服。千萬不要讓參與者在一個鼓舞士氣的活動中覺得被排擠、被忽視，或成為別人的負擔。

從這個角度看事情，你會更容易在人際關係和妥協方面進行投資。你可能不同意設計師或工程師的觀點，最後卻覺得不值得與他們爭論。你可能正在猶豫要不要讓隊友承擔你自己可以做得更好的工作，但是從長遠來看，培養他們的技能是有好處的。

這項建議甚至可以用在極端的狀況。你可能想要迫使你的團隊努力交出了不起的成果，或是將團隊從災難中拯救出來，但是這樣做可能對你的聲譽造成無法挽回的傷害。

## 概念與框架

評估一個人的個性有各式各樣的方法，每一種方法都有它們的優缺點。

基本上，這些評估方法都試圖為我們歸納出一個核心的特徵，或是以某種方式來將我們分門別類。然而，現實的情況卻複雜得多。

例如，大部分的人都不是百分之百的外向或內向，而是介於兩者之間。或者，他們的報告指出他們的某些特質有很高的分數，但是他們用來評論自己的樣本卻是不平衡的。或者，他們會在工作中表現出一種特質，在家裡表現出另一種特質。

這些方法都非常凌亂，但我們還是擁抱它吧！

> 儘管人格評估本身不準確，但它還是有價值的。它可以鼓勵我們更深入地反思我們自己和我們的隊友，並理解人們有何差異。

以 Myers-Briggs（MBTI）評估為例。的確，心理學家對它的有效性爭論不休（因為爭論太大了，所以本節不介紹這種方法——對不起，MBTI 的粉絲們！），但是它仍然可以讓外向的人認識到，儘管團隊士氣活動會讓他們充滿活力，但有些人在參加這種活動之後，需要一個安靜的空間來充電。

我們將從這個角度介紹這些框架。這些都不是唯一正確解，但是它們都有其實用價值。

### BIG 5

Big 5 不試圖將你歸類為一個小族群，也許那是為了得到最好的結果。

它會幫你評估五個屬性的分數，每一個屬性都獨立於其他屬性。許多研究人員認為它們是性格的核心元素。

- **自律性（Conscientiousness）**：它與克制衝動、自律和堅持到底有關。對產品管理和許多其他角色來說，自律性通常是一種正面的特質，分數較低的人可能不可靠，可能會拖延，或是不懂得組織他們的工作。
- **外向性（Extraversion）**：雖然很多外向的人都很健談，社交能力很強，但並非所有人都如此。外向性和與之對應的內向性指的是你如何獲得你的精力。你在好友聚會結束時會覺得精力充沛嗎？還是覺得筋疲力盡，需要好好休息一晚來充電？成功的 PM 可能是內向的，也可能是外向的，或是介於兩者之間。
- **親和性（Agreeableness）**：親和的人往往重視與他人相處的時刻，他們會考慮別人的感受，表現出更多利益社會（prosocial）行為。低親和性的人可能會讓人覺得喜歡爭論、不合作、好勝，或者，就是讓人有點討厭。高親和性會讓你更受歡迎，但親和性太高也被視為缺乏領導力。
- **神經質（Neuroticism）（或情緒不穩定性）**：這基本上是在衡量你的情緒反應有多強烈。高神經質的人容易有壓力、悲傷或憤怒。這個分數太高可能會影響一個人的職業生涯。這個分數低代表你的情緒比較穩定、比較放鬆。
- **經驗開放性（Openness to Experience）**：高分的人比較願意接受開放的想法。他們通常富有想像力和彈性，並且樂於嘗試新方法。聽起來不錯吧？不幸的是，他們也被視為難以捉摸，或是他們可能會冒**太多**風險。「沒那麼開放」的人或許不太願意接受新想法，但他們的懷疑主義和實用主義也有好處。

雖然我們很想說「所有特質本身都沒有好壞」這種陳腔濫調，但是這種說法其實不正確，至少對 PM 來說不是。實際上，高自律性應該比低自律性好，低神經質應該比高神經質好。

我們可以說，即使是「好特質」在極端的情況下也有負面影響，這些特質的任何一個程度都有成功的領導人。

你可能有弱點，所有人都是如此，重點在於，你要想一下哪些特質可能會阻礙你，並想想如何減輕或管理它們。

## 九型人格

「希望別人如何對待你，那就那樣對待別人」這一條金科玉律是錯的，因為它假設每個人都想獲得相同的對待，但事實並非如此。

在我第一次參加領導力培訓課程時，我驚訝地發現很多人都喜歡事先想好他要說的話，而不是邊說邊思考。我以為每個人都像我一樣，可以立刻加入談話。我意識到，我曾經不小心排斥某些人。

這個經歷讓我很想知道，對於別人，我的哪些假設可能也是錯的。

我發現在工作中對我最有用的模型是九型人格[3]。它定義了九種人格類型，每一種類型都源自不同的核心慾望和恐懼。

若要從九型人格受益，你不必相信它是「真的」，你只要學習人們如何用各種方式看待這個世界，就可以更了解同事了。

你可以問同事，他們認為自己是哪一種人，然後看一下如何與他們那種人共事。九型人格可以幫助你避免按到別人的情緒按鈕，並學會欣賞他們的長處。

下面是這些類型概要[4]。請注意，人們通常不是 100% 屬於任何一種類型。

### 第 1 型：改革者

第 1 型也稱為完美主義者，他們有很高的標準。他們很難接受不完美的事情，往往願意付出額外的精力，讓工作符合自己的品質標準。你要欣賞他們的節操，如果他們過於挑剔，不要放在心上。

### 第 2 型：熱心助人者

第 2 型很有同理心，非常重視人際關係，他們很難拒絕別人，而且很有動力幫助周圍的人。花時間和他們建立真誠的關係，並且認同他們幫助你的方式。

### 第 3 型：成就追求者

第 3 型也稱為實踐者，他們的工作效率很高，而且富企圖心。他們可能缺乏耐心，或競爭心態過強。他們的動機通常是實現目標和取得成果。他們樂於接受各種賞識和認可。

3 關於九型人格的詳情，可參考 *https://en.wikipedia.org/wiki/Enneagram_of_Personality*。

4 完整的九型人格超出本書的範圍。你可以到這些網站進一步學習 *https://www.enneagramworldwide. com/*、*https://theenneagramatwork.com/* 與 *https://www.enneagraminstitute.com/*。

### 第 4 型：個人風格者

第 4 型認為自己是獨一無二的，他們不喜歡平庸的工作，喜歡遠大的目標或卓越的成就。你要欣賞他們的創造力，幫助他們看到工作背後的意義和目的。

### 第 5 型：博學多聞者

第 5 型也稱為觀察者，他們深思熟慮、擅長謀略，可以孤獨面對挑戰。他們的動機往往是深入了解複雜的系統。給他們時間好好想事情，向他們徵求意見。

### 第 6 型：謹慎忠誠者

第 6 型能夠預見問題，並創造解決方案。讓他們陷入麻煩的事情包括他們過於多疑的個性，以及規則的改變。他們的動機是做好準備，喜歡質疑一切。盡早且經常與他們分享資訊，別對他們提出的問題感到不快。

### 第 7 型：享樂主義者

第 7 型富有想像力且樂觀，很難保持專注和堅持到底。他們的動機是探索新想法。你要讓他們進行腦力激盪和分享他們的想法。

### 第 8 型：挑戰者

也稱為保護者，第 8 型的人很果斷、足智多謀，他們往往具有攻擊性，可能會製造衝突而陷入麻煩。他們的動機是快速行動，以及擁有自主權。不要逃避他們的直率，當他們挑戰你的時候，將之視為他們想要提前找出問題。

### 第 9 型：和平主義者

也稱為調解者，第 9 型的人尋求和諧，想讓大家團結起來，他們的挑戰是自滿和拖延。他們擅長帶領大家和平地解決有爭議的決定。花時間和他們建立融洽的關係，不要催促他們，鼓勵他們分享自己的需求。

## 重點提要

- **良好的人際關係可以讓工作更輕鬆，從長遠來看可以帶來更好的結果**：在你的職業生涯中，你會多次和同一個人共事，所以認為眼前的專案比你們之間的關係更重要是短視的做法。投資你的人際關係，有不同的意見時，以尊重對方的方式表達。
- **從共同的目標開始解決衝突**：在工作中，你和同事至少會有相同的公司使命。透過重申你們的共同目標，你們可以解決衝突的核心問題，避免你們覺得你們在敵對的團隊裡。
- **並非所有人的動機都和你一樣**：別人的性格不同不代表他們更好或更壞，他們只是與你不一樣。不要僅僅因為別人的互動方式和你不同，就認為他們有不好的意圖，或沒有想法可以和你分享。保持開放的心態，以別人希望被對待的方式去對待他們。

CHAPTER 21

# 不動用權威的影響力

PM 這個角色對科技界以外的人來說可能非常難以理解，「工程師不需要向你報告工作狀況是什麼意思？」他們驚訝地問道：「你不能告訴他們該怎麼做嗎？」

坦白說，我最初也一樣困惑。我以為，如果不透過權利來要求隊友，他們可能會拒絕做任何工作，整天玩接龍遊戲。我很快意識到我的恐懼是沒有根據的，我的隊友們和我一樣渴望推出讓顧客滿意、幫助公司成功的偉大產品。而且，雖然整天玩接龍很吸引人，但是他們也有他們自己的老闆監督他們。

我了解到的是，我和隊友以及合作伙伴有大致相同的高階目標，他們**希望**我了解客戶，仔細考慮產品決策，並在徹底了解他們的限制和關注點之後，提出讓產品成功的方向。他們不**一定**要聽我的，但我可以讓他們**願意**聽。

這就是在不動用權威的情況下發揮影響力的精神，也是 PM 工作的核心部分——無論 PM 是實習生、應屆畢業生還是資深 PM。

- 你不能讓高級工程師花時間去開發一個功能，只因為你開了口。
- 你不能讓法律團隊同意承擔額外的風險，只為了讓你推出產品。
- 你不能讓設計師改變按鈕文字，只因為那是你的觀點。

而且，如果你**試圖**命令周圍的每個人，這種關係很快就會機能失調，甚至不復存在。

你可以改成這樣做…

- 或許你可以帶著高級工程師一起拜訪客戶，讓她親自看看客戶多麼喜歡這個功能？

- 也許你可以在專案開始時，邀請律師參加團隊會議，好讓他們對你的團隊有歸屬感，進而願意協助發表產品？
- 也許你可以和設計師分享你的事實和框架，這樣你的意見就不「僅僅是意見」？

你完成每一件事都是因為你說服了別人配合你的計畫，你說服了隊友配合你的產品決策，你說服了高層為你的團隊提供資金，並批准你的發表。他們不會只因為你說了什麼，就去做什麼。

幸運的是，即使你不是別人的上司，你也可以用很多方法發揮影響力。事實上，你會發現，即使你**是**別人的直屬上司，你也要使用這些技能。發號施令不是健康的目標實現方式。

真正的領導是讓人們**願意**追隨。

## 責任

### 建立關係

許多文化對人際關係的建立有複雜的觀點，為了友誼？這當然很好，為了建立人際網路？呃！感覺起來很膚淺，甚至有點下流，很像推銷員左右他人的手段。為了建立連結？不太正派！

實際上，它們都是同一個概念的不同面向：**關係**。我們很容易認為（尤其是在職涯早期），最好的想法就應該勝出，認識誰並不重要。

事實上，大家只是沒有足夠的時間、精力和信任感，所以無法像對待自己認識的、喜歡的人那樣去對待每個人。這不能說他們會以糟糕的方式對待陌生人，而是他們可能會鋪上紅地毯熱烈地歡迎朋友。

> 良好的工作關係會讓一切變得更容易。信任你的隊友可以讓你不用花太多時間為自己的決定辯護。合作伙伴更願意幫助你，或承擔風險。導師會花時間分享建議，招聘經理會把你帶入他們的團隊。

在 Google 的一次大型發表會上，我第一次見識到關係是多麼重要。當時我按照發表清單做事，並且為了獲得每個合作團隊的批准而填寫了表格。有一個基礎設施團隊告訴我，我還要等一個月，才能讓我的更改在所有的系統中推出，我的發表要延期了！

我把這個壞消息告訴我的主管，他說：「我認識那個團隊的人，我來跟他們談談！」你瞧，基礎設施團隊其實可以快速地追蹤我們的更改，讓我們準時發表。我當時甚至不知道有快速追蹤的可能。

建立這些工作關係很簡單，你不需要成為同事最好的朋友，只要友善地尊重同事就可以了。如果你已經和某人一起工作了，你可以透過喝咖啡或喝茶來認識彼此，或者只是在園區中散散步。如果你想要多認識你公司的人，你可以考慮加入一個小組或社團，比如多樣性和包容性小組、運動隊伍或其他共同興趣社團。

## 建立信譽

信譽是 PM 的關鍵。如果大家相信我們的判斷，他們就願意被我們影響。當我們要求他們做事時，要讓他們相信我們知道自己在說什麼，而且符合他們的最佳利益。

信譽也可以幫助你贏得自主權。無論你的工作有多出色，如果別人不信任你，上級就不會讓你承擔更多責任或獨立工作，他們很怕幫你收拾爛攤子。

建立信譽需要時間。比任何事情都重要的是，身為 PM，你的信譽來自偉大的產品和成功的發表。但是，除了做好你的工作之外，你也可以用一些方法來更快速地建立信譽：

- **闡明你的框架**：讓人們理解決策背後的理由可以讓他們放心，因為你的決策過程是合理的。
- **掌握自信的甜蜜點**：如果你讓人覺得沒有自信，別人也不會信任你。另一方面，如果你表現得過於自信，你就會失去信譽。
- **做你承諾過的事情（並且讓他們知道）**：可靠性是贏得信譽的好方法。寫下你的計畫，並且在實現時慶祝一下。

請注意，信譽與資歷有關。資歷淺不是不能贏得信譽，你可以，但是你的信譽是與初級 PM 的期望水準相比的。非常資深的 PM 有時也會缺乏信譽，如果他們沒有達到（或超過）那個資歷的期望水準的話。

## 推動決策

工程經理最常抱怨 PM 的事情是 PM 無法很好地推動決策。他們的意思是，有些 PM 會把每一個決定都告訴 CEO，或者，有些 PM 會把人召集到一個房間裡，卻不引導對話。讓他們困擾的是，PM 會讓決定懸而未決好幾天或好幾週，或者，他們會單獨行動，把隊友擱在一邊。

有幾個關鍵因素可以很好地推動決策。

### 承擔做決策的責任

優秀的 PM 會主動地識別需要做出決策的地方。他們不會拖延決策或希望別人來帶頭。

即使別人有更多專業知識，PM 也要扮演積極的角色，擁有他自己的觀點。

> 聽取專家的意見，在白板上寫下論點，尋找遺漏的資訊或矛盾之處。在必要時，自己做研究。找出別人用哪些標準來做決定，然後和大家一起討論如何平衡那些標準。

你一定要花時間了解別人知道什麼和想什麼。如果他們知道一些你不知道的事情，他們就沒有道理相信你的決定。你要讓大家覺得你們屬於同一個團隊，朝著共同的目標努力。

你要負責理解和歸納所有不同的觀點，並且勇敢地做出艱難的決定。

### 得體地表達你的決定

藉由共識來做決定聽起來很棒、很公平，其實很糟糕。如果你堅持討論到所有人都同意，那一場討論往往會持續到遠遠超過收益遞減的地步，你們會一直爭論到精疲力竭，誰能爭論得最久，誰就是贏家，無論那項決策的好壞。

你應該判斷何時討論已經夠久了，然後堅定地說出你的決定。如果你說得不夠直接，大家可能不會意識到你在陳述一項決策，而非只是分享一個想法，如果你太堅決，別人可能會覺得你很獨裁。

這是平衡兩者的方法：

> 為了迅速行動，我想做出決定了。這是一個產品決策，屬於 PM 的範疇，所以接下來我想要採取（你的決策）並繼續前進，大家同意嗎，還是有沒有人想要交給上級決定？

這種方法可以奏效的原因是：

- 強調做出決定的重要性，而不是繼續討論。
- 闡明為什麼你是做出決定的人。
- 說清楚這是一個決定，而不僅僅是一個想法。
- 問大家同意嗎，並且提供一個不同意的選項，避免感覺起來很獨裁。
- 將籌碼從「繼續和我爭論」提升到「向我們的老闆反應」，來防止不重要的分歧。

如果你擔心在開會之後有人殘留受傷的情緒，你可以把那些人拉到一邊單獨溝通。這樣做的目的是為了緩和關係，讓他們知道你聽到了他們的意見，並且避免他們再次提出反對意見。

### 迅速行動

浪費太多時間做決定，往往比做錯誤的決定更糟糕。有一種陷阱稱為分析癱瘓症，意思是一個人陷入過度思考和分析之中，永遠無法做出決定。

優秀的 PM 需要在資訊不完整的情況下做出決策。他們要展現良好的判斷力，針對容易撤銷的決定迅速採取行動。他們明白舉棋不定會傷害團隊。

有時，你要向上級反應，以快速地做出決定。

在你向上級反應之前，務必先做好功課：

1. 釐清需要做出的決定。
2. 確定利弊和互相衝突的目標。
3. 儘量讓大家一致同意哪些目標比較重要。

當你交給上級決定時，最好的做法是讓他決定哪個目標比較重要，而不是決定具體的解決方案，這種做法之所以比較好，不僅是因為你的上級比你更了解如何決定目標的優先順序，他們通常也不夠接近細節，因此不適合做出具體決策。他們可以提供背景脈絡，有了背景之後，你就可以做出好的決定。

## 成長實踐

### 選擇合適的時間分享你的想法

好想法可以在正確的時間產生巨大的影響力，但是在錯誤的時間可能被視為一種麻煩。

請謹慎地規劃工作週期和產品生命週期，以掌握正確的時機

例如，如果你想要提出來的點子涉及新團隊的成立，也許你不適合在公司的旺季即將來臨時做這件事。如果你在夏季快結束、新工程師即將加入公司之前提出這個想法，或是在大專案結束時提出這個想法，你可能比較容易成功。

或者，如果你想要讓行銷團隊承擔一些額外的工作，你可以了解他們做計劃的時間，在那個時候說服他們採用你的想法。

### 讓人們參與創作，以獲得他們的支持

人類有一種心理作用：他們比較重視自己創造的東西。你可以善用這個心理作用，讓利害關係人參加產品、流程和計畫的創造過程。

以下是讓隊友參加，但仍然可讓你對最終的決策保留足夠影響力的技巧：

- **召開早期啟動會議**。人們喜歡盡早加入團隊，因為如此一來，他們就可以決定方向，而且他們的想法不致於太晚提出。你不需要在早期就做出任何決定，如果大家的想法與你預期的有很大的不同，你仍然有時間重新磨合。
- **組織會議，以獲得你想要的訊息**。組織問題和主題，以引導人們提供你想要的回饋和解決方案。
- **主持腦力激盪會議**。腦力激盪是徵求意見，但不一定要使用它們的好方法。關於如何進行一場精采的腦力激盪會議，見第 102 頁的「腦力激盪」。

- **把光環讓給別人**。也許你想要先分享你的想法，因為這樣你就可以得到別人的稱讚，但是，如果你讓別人認為那個想法是他自己想出來的，你將獲得更多影響力。
- **自己起草解決方案，或是組一個小很多的群組來起草**。收到所有人的意見之後，通常由你自己或是和一個迷你小組一起提出實際的解決方案草案比較有效率。盡量利用他人的貢獻。
- **將它當成團隊解決方案**。在整個過程中，你要說這個解決方案是整個團隊的，而不僅僅是你自己的。使用「我們的」而不是「我的」，讓所有人都有歸屬感，以及整體成功的自豪感。

別忘了，本質上，幾乎每個人都希望被認為自己是重要的、有影響力的，利用這一點，讓人們有這種感受。

### 建立跨部門的信任感 ⚡

產品團隊可能會有優越感，會鄙視銷售、客服或行銷等其他部門。這會引起不信任，因為那些部門會認為產品團隊根本不了解業務是如何運作的。

隨著職業生涯的發展，有一件越來越重要的事情：你要認識到，你代表的是整個公司，而不僅僅是你的團隊。你必須贏得高層團隊的信任，有個好方法是贏得那些向高層報告的部門主管的信任。

如果你花時間去了解其他部門，了解他們在乎什麼，他們就會把你視為盟友，對你的解決方案就不會抱持懷疑態度。問他們哪些事情對他們來說最重要，看看他們以前和 PM 合作的經驗是否造成任何顧慮。然後，分享你的團隊正在做的事情，你甚至可以舉行 Q&A 會議，或是在他們的全員會議上，展示你的團隊正在進行的工作。

## 概念與框架

### 利害關係人管理

很少字眼像「利害關係人管理」如此讓 PM 膽顫心驚。你必須和來自各種背景，有各種目標、經歷和風險承受能力的人打交道，他們每一個人都可能阻礙你的進展。你要用某種方式取悅他們，讓他們了解你的日常工作。

與他們打交道時，採取結構化的方法很有幫助。

### 第一步：深入了解利害關係人和他們的目標

先了解每一位利害關係人的來歷。盡量了解他們的優先事項、目標和恐懼。

人事經理和主管通常擔心的是產品之外的目標，他們擔心哪些事情可能影響招聘、士氣或財務。經營部門擔心的是管理一個龐大的銷售或客服團隊的相關事項。

如果你不明白他們的目標或關注點，問問你自己：「我必須相信什麼，才能解決這些事情？他們在哪些情況下是對的？」答案往往直接指向可以驗證假設的資料分析或用戶測試。

在這個過程的後期，當你試圖做出決定時，帶領大家討論你在這個步驟得到的目標。

### 第二步：釐清決策者和其他角色

如果你擔心有很多人認為自己有決策責任的話，釐清誰是決策者會讓你感到害怕。但是在實務上，這一步很關鍵，最好坦誠地處理它。

除了決定一位決策者之外，決定小組成員的角色也很重要。有其他人會提出阻礙前進的回饋嗎？其他人都只是顧問嗎？你可以用 DACI/RACI 模型來將它公式化：

- **Driver / Responsible**（誰負責）：運作流程的人
- **Accountable / Approver**（誰批准）：最終的決策者，或必須同意最終決策的人
- **Consulted**（諮詢誰）：參與決策過程的人，會進行雙向溝通
- **Informed**（告知誰）：被告知最新進展的人，只有單向溝通

這個步驟可能涉及一些談判，你想告知的對象可能比較想被諮詢。你可以請教你的主管，或是已經在公司待了一段時間的 PM，他們知道哪些人很重要，必須納入，以及公司對那些人的期望。

### 第三步：解釋流程和溝通計畫

在管理利害關係人時，有一個經常變調的地方在於，他們不太確定時間表，以及他們不知道何時可以得到最新資訊。制定計畫可讓你贏得信任，並且避免許多問題。

當你有個長期執行的流程時，你一定要制定狀態更新計畫，讓大家知道何時可以收到最新狀態，例如，每週一次，或是每兩週一次。如果你可靠地進行溝通，你就可減輕追蹤他們的狀態的負擔。如果計畫有任何重大變化，一定要及時通知大家。

關於如何撰寫優質的狀態報告，請參考第 135 頁的「撰寫優質的狀態報告」的技巧。

### 第四步：讓每位利害關係人都覺得自己的聲音有被聽到

解決不確定的事情之後，利害關係人管理的下一個大問題是：他覺得他的話沒有被聽進去。感覺被聽進去和真的被聽進去是不一樣的，你要將你聽到的事情講給利害關係人聽，直到他相信你完全理解他說的話為止[1]。

有一個很好的方法是在房間裡四處詢問每個人的想法，同時做筆記，讓他們看到你寫下他們的觀點，讓他們確認你寫下來的東西是準確的。

在利害關係人管理中，誤傳很常見，因為利害關係人來自團隊外部，比較沒有共同的背景，你的用詞可能和他們不同。你可以用你自己的用詞來反映你聽到的內容，以確保你的理解是正確的。

## 重點提要

- **在你試圖影響別人之前，先了解他們關心什麼：**一旦別人相信你理解他，並關心他的需求，他就願意被你影響。了解他們的工作、目標和擔憂，對他們做出反應。這是說服他們「你的想法對他們也有好處」的基礎。
- **聆聽你的隊友，但不要總是等待共識：**讓團隊成員參與產品決策是件好事，但有時你要挺身而出，做出決定，即使你們還有分歧。有時，你真的需要所有人的全力支持，但通常你可以鼓勵人們為了速度而聽從你。
- **時機很重要：**團隊有計畫週期，在正確時機說服團隊考慮新計畫比較容易。有時，你可以提前種下想法的種子，醞釀它數月或數年，直到大家願意接受它。不要在早期聽到「不」就失去希望。

1 如果你喜歡爭辯或「唱反調」，你可能遇過這種情況。有人提出建議時，你就會提出所有的問題。你有聆聽他們嗎？當然有，要不然你就不會批評那個想法了，但是他們有覺得被聆聽嗎？那可不一定。感覺被聆聽和被聆聽是不一樣的。

CHAPTER 22

# 溝通

我和 CTO 第一次開會時，他只談了 10 分鐘就走人了。「如果你是這麼想的，我想我們就不用談了」他說，象徵性地甩門而去。不妙！

這對我來說是一個巨型的諮詢專案，可以改變一家大型公司的招聘流程。我（Gayle）做了一些初步的「評估」工作來評估專案是否合適，包括審核一套招聘資料，並提出我的建議。我的工作一直都很順利，直到審批過程的最後一步。

基本上，我和這位高層對於一個重要的哲學觀點（對他來說）有不同的看法。人事經理要我說明一項決定的理由：錄取一位沒有學位但經驗豐富的工程師。我不明白這有什麼好解釋的。我寫了一條意見，大意是「這件事有那麼重要嗎？那位人選有 20 年的工作經驗，所以，學位基本上一點都不重要。」

CTO 不同意並質疑我的觀點。

「Google 會這樣做嗎？」他問。

「我想會吧」我回答。（事實上，我知道的確會，我在那裡認識很多沒有學位的同事。）

「他們才不會」他嗤之以鼻。然後，他說了開頭的那句話，掉頭就走。我們的會面到此結束。

但這是必然的結果嗎？更重要的是，這個局面還能挽救嗎？

他的部屬（顯然站在我這邊，而且已經習慣他的暴走）提出一些建議。CTO 很尊敬 Google 這種公司，如果你說他們不重視學位是對的，那就證明給他看，你可以堅持你的立場，但是要用資料來證明。

最後，這種做法挽救了這個專案，這也是我第一步應該做的事情。

人事經理要求的理由是我忽略的線索：有一些關鍵決策者一向重視學位。這個問題必須正面解決，而不是透過我隨意寫下的意見。此外，影響 CTO 的方法不是證明「學位沒那麼重要」，而是要迎合他「向 Google 看齊」的渴望。

我們之間沒有誤傳（miscommunication），我們都明確地說出相信的事情，但我們還是出現了溝通錯誤（communication error）。

> 「溝通」不是只要讓對方理解你的想法就可以了。溝通是理解對方的價值觀，並從他們的語言和行為中發現線索。溝通是量身打造你說的話，並積極解決潛在的脫節問題。溝通是用他的價值觀來說服他，而不是用你自己的價值觀。

## 責任

### 了解對方在想什麼、關心什麼

假如你可以給別人一種神奇的藥劑，讓他們可以看到你的大腦，知道你知道的一切，閱讀你的所有想法，那麼它是完美的溝通工具嗎？

不是

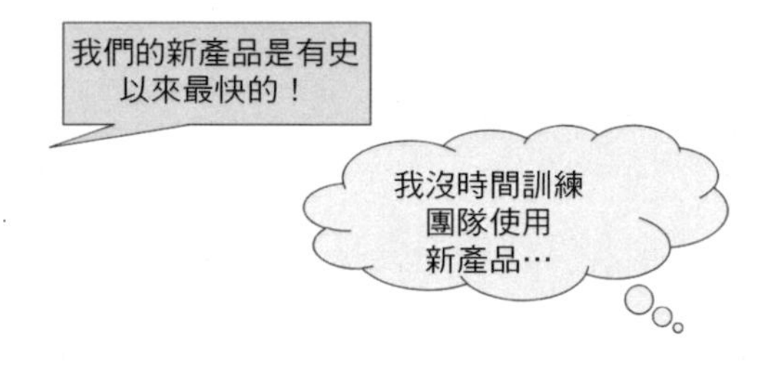


溝通不是把你的想法傳給別人，事實幾乎恰恰相反。清晰的溝通，就是理解別人的想法，並設法縮小他和你的想法之間的差距。

例如，假設你試圖說服高層對你想要建構的新產品進行投資，你提出大量的證據來證明它會帶來很多收益，但是你的計畫被否決了。為何如此？

問題可能是因為你不了解高層的目標和關心什麼，也就是說，雖然你收集了詳細的資料，但他們根本不在乎那些東西，他們可能比較關心用戶的成長，而不是收入，或者，他們可能沒有合適的銷售人員可以銷售你的產品。

有效的溝通可以直接處理對方的目標和他關心的事情。

試著想想對方在想什麼。猜猜他們會同意什麼，會懷疑什麼。試著預測他們關心的事情，和他們可能問你的問題。如果你不確定，那就直接問他們！

### 清楚地說出你想說的事情

清楚的溝通始於清楚的思維。如果你不清楚自己在說什麼，別人也會一頭霧水。

以下的方法可以幫助你釐清思路：

- 製作圖表和表格。
- 試著用幾種不同的方式來組織想法，例如按類別、按因果關係、按優先順序，或按問題。
- 試著將你的想法分解成更小的部分，讓它們變得更簡單。
- 尋找最重要的重點。
- 慢慢思考。

把你的想法濃縮成三個重點通常很有幫助，如果你很難做到，這可能代表你對自己的論點還不夠了解。

## 成長實踐

### 為你的對象與目標量身打造溝通方式

在你開始之前，你要知道自己為什麼要發言、寫郵件或做簡報。你想要得到什麼回應？

如果你的老闆請你發出一封郵件，你一定要搞清楚你的目標是什麼。如果你不發問，你可能會猜錯。

溝通的細節很重要。例如，如果你發送最新狀態的目的是幫助大家為團隊所做的工作感到自豪，你可以在結束時這樣寫：「下次看到 Amy、Bob 和 Charles 時，別忘了和他們擊掌慶祝一下！」如果你的主要目標是鼓勵全公司測試產品，你可以在開頭寫道：「這是產品發表前的最後一次回饋機會！」

你可以向受眾提供哪些資訊，讓他們樂意給你好的回應？

- 你是否需要改變他們對某件事的看法，或者解決他們的一個擔憂？
- 他們是否需要了解你的想法與他們的目標之間有什麼關係？你可以從他們相信的事情開始，一步一步地說明你的結論是怎麼推導出來的嗎？
- 模板或具體的指示對他們有幫助嗎？例如「分享你認為最能減少工單數量的五種功能。」
- 他們會不會有抵抗心態、覺得被管太細、被批評或不被尊重？你可以更仔細地闡述這個訊息嗎？

當你撰寫郵件時，別忘了，你的郵件可能不會被仔細閱讀，對方會快速地瀏覽它，所以你要讓他一目了然！你可以使用項目符號、粗體（但不要用太多）、標題…等。

## 及時發現誤傳

任何人都可能發生誤傳，但有些人經常被誤傳困擾。任何人都可能看錯字，或是在同事有不一樣的解讀時驚訝不已，這都是經常發生的事情。但有些人無法及時發現問題，進而導致很多挫折。

無法意識到自己溝通失敗的人，往往只會聽到他們想聽到的，或聽到他們預期聽到的，他們會忽視看過的線索。

擅長溝通的人能夠預測他周圍的人會有什麼表現，並留意任何意外狀況。Anna Marie Clifton 解釋道：「如果有人的回應和我預期的不同，這可能代表我不太理解他們，或是有人不明白我們溝通的內容。」

以下是減少誤傳的技巧：

- 注意非語言訊號，例如語調、面部表情和肢體語言，觀察別人是否同意、不同意或疑惑。
- 別忽視奇怪的問題或措辭，因為它可能是誤解的跡象。
- 試著預測對方會有什麼行為，注意他們有沒有異常行為。
- 如果你原本以為對方會抗議某項變動，但是他們看起來沒有問題，那就再次確認。

- 定義你在共用的術語表裡面使用的關鍵術語。
- 用不同的措辭來重述你聽到的事情。
- 用書面來跟進口頭協議。

如果你發現自己經常被人誤解，你可以向值得信賴的同事或導師徵求建議。也許那是因為你用了罕見的措辭，或是你的語氣很難用書面來傳達。

### 把談話引導到正確的話題上

下次當你的溝通進度停滯不前時，退後一步，看看你們是不是在爭論錯誤的事情。

假設你正在和設計師爭論一個按鈕的位置，你希望持續顯示按鈕，但設計師希望它在游標跑到上面時才出現。這聽起來像是一場關於視覺效果的爭論，但事實上，這應該是一場與目標用戶的可發現性（discoverability）需求有關的對話。

微小的意見分歧有時代表有待解決的深層問題。工程師對一個小小的視覺變化大發雷霆的原因，可能是他覺得自己在浪費時間，因為主管一直在改變他批准過的設計。

問問自己：「這次談話到底是為了什麼？」，然後將談話轉向更基本的問題。

## 概念與框架

### 書面溝通的最佳實踐

使用好的開場白

- 在郵件的標題欄**使用**明確的關鍵字，準確地描述內容，幫助別人判斷他們要不要盡快閱讀郵件，例如「下一次產品審核是什麼時候？」
- **不要**使用神秘的標題，例如「你一定猜不到接下來會發生什麼…」這看起來很像垃圾郵件。
- 在聊天時，**不要**在開始時說「Hi」或「可以問一個問題嗎」，直接問問題就好了。如果需要，你可以說「現在只有你看著你的螢幕畫面嗎？」或者「我有一個問題需要立刻知道答案，你在嗎？」

保持簡短且一目了然

- **要**使用項目符號來避免個別的觀點在一段話裡面被忽略。

- **要**使用標題和其他類型的格式和標籤來幫助別人了解和導覽你的文章。
- **要**在最上面提供一個 tl;dr 或執行摘要[1]。
- **不要**將不重要的細節或額外的解釋放在主要流程裡面。你可以將它們放在附錄或後續意見中。
- **要**使用圖片、雛型或圖表來強化重要的想法。
- 根據公司文化，**要**利用表情符號和幽默感來鼓勵大家閱讀你寫的內容。雖然文字很難傳達語氣，但光是使用簡單的 :) 都有實際的幫助。
- **不要**讓幽默掩蓋了你要傳達的意思。

明確地發出行動呼籲

- **要**明確地表達你希望別人做什麼，以及什麼時候做。
- 取決於你的公司文化，**在**別人的行事曆上面指派工作或邀請他參加活動，以確保他不會錯過他應該採取的行動。
- **要**告訴大家可在哪裡給你回饋，例如在文件的意見裡，或是在私人訊息中。
- **要**建立模板或表單，以確保你收到的回應符合所需的格式。
- **不要**把請求藏在長 email 的結尾。把它放在開頭，讓對方繼續閱讀以了解細節。你必須知道進行即時溝通的時機。
- 如果大家開始互相發送長篇 email，互相誤解或爭吵，你一定**要**轉而進行現場對話。
- 當你花了很長的時間構思如何打出你想要說的內容，尤其是你不知道如何正確地表達語氣時，你**要**轉而進行即時溝通。
- 當你需要快速回覆時，你**要**使用聊天工具，或直接去他的位置找他，例如網站斷線了，或是同事還沒看到你的訊息就下班回家了。
- 如果你不希望聊天訊息或電子郵件出現在報紙的頭版，那就**不要**發送它。我們當然不能在任何地方做非法的或不道德的事情，但書面交流很容易被斷章取義。

磨練你的技能

- 在發出重要的內容之前，**要**讓導師檢查一下。
- 如果出了差錯，在事後**要**檢討自己寫的東西。

1 tl;dr 是「too long; didn't read」的縮寫，但它有點像「摘要」的同義詞。

書面溝通是非同步的，因為寫作者可以自己找時間來撰寫和發送訊息，而閱讀者可以在方便的時間閱讀訊息。如果你可以接受時間上的延遲，書面溝通是尊重大家時間的好方法，它也可以記錄你說過的話。

## 即時對話的最佳實踐

尊重別人的心流狀態

- **不要**走到別人桌前，在他們還在做重要的事情時打斷他們。
- **要**看一下對方的行程表，盡量不要安排占用大量時間的會議。

不要漫談

- 在多數情況下，**要**先想好該說什麼再開口。
- 在輔導別人時，如果你要展示你的思考流程，**要**把你的想法說出來。

有些人喜歡在即興的談話中來回拋出想法，有些人認為這會打斷他們。了解你的隊友最適合哪一種做法。

## 舉辦會議的最佳實踐

為每次會議設定目標和議程

- **要**提前寄出議程。
- 當你的會議有很多人的時候，**要**為每個主題安排正式的議程並設定時段。
- **不要**讓會議過長。需要的話，安排一次後續會議。

安排會議記錄員

- 在開會時，**要**讓一個人做會議記錄。
- **不要**不公平地分配責任。讓大家輪流，避免一直讓某人負責做記錄[2]。

讓會議格式符合目標

- **讓**決策會議的規模小一點。六個人以下是最好的規模。
- **考慮**將大家分組，讓更大型的會議更有效率。確保每個人都有機會分享他們的想法。

---

2 很多女性都有被指派為團隊「秘書」的經驗，而且她們被持續指派這項工作。所以，你要特別關心那些做了大量會議記錄的人們或群體。

- **要**在開會前發送資訊，好讓大家提前準備他們的想法。
- **不要**認為每個人都可以自在地加入討論。
- **要**主動讓每個人分享問題或顧慮，例如在辦公室裡詢問大家的意見。

如果你不需要開會，那就避免開會

- 如果可以非同步分享資訊，那就**不要**開會。
- 在可能的情況下，**要**讓會議在 30 分鐘內結束，而不是 60 分鐘。

注意開會的成本。讓 10 個人開一小時的會議，可能會讓公司損失相當於幾千美元的時間，這值得嗎？

## 簡報的最佳實踐

令人放鬆

- **要**找到一位演說榜樣。不是每一種風格都適合每一個人，所以你要找到一位讓你覺得放鬆，而且真實存在的模仿對象。你可以在 Ted Talks 找到很多很棒的演講者[3]。
- 在演講前**要**和聽眾聊聊天，讓自己放鬆。友善地聊聊你的週末計畫可以讓你覺得你是在向朋友簡報，而不是向陌生人或可怕的主管簡報。
- **要**提前到場，確保喇叭和投影機都沒有問題。
- 在重要簡報之前一定**要**練習。

清楚

- **要**清楚地說明你報告的資訊的含義和要點。想像一下，有人在你說完每一件事之後，問你「那又怎樣？」的情況。例如，雖然對你來說，「大部分的人都在早上使用產品」是顯而易見的事情，但是你要講出來讓聽眾知道。
- **要**確保你的簡報速度和內容對聽眾有用。當你向一個小團隊做簡報時，你可以規劃一個簡短的簡報版本，如果有人想了解更多，你可以使用後備的投影片來說明細節和解釋。如果你要在一大群人面前演講，你可以先對著一小群人演練，並徵求他們的回饋。

---

3 你可以在 *https://www.ted.com/* 瀏覽 TED 演說。

- **不要**埋伏筆。也許你想要營造期待感，在最後才揭曉最終建議，千萬不要這樣做。如果你的聽眾不知道最終的建議，他們就很難跟上你的思路、吸收資訊、提出正確的問題。

使人們參與

- **要**展現你的活力，讓人覺得你很開心。做簡報是一種特權。當你聽起來對你報告的內容充滿熱情時，你的聽眾應該也不會覺得無聊。
- 不要在投影片上寫滿文字，或是直接唸投影片上的文字，尤其是你的簡報需要有娛樂性的時候。你可以用演講筆記（speaker note）來提醒自己該說什麼。如果你照著投影片唸，聽眾將很難集中注意力。試著在你的投影片裡面多用圖片和一些關鍵字。
- **要**分享例子、別人說過的話、趣聞，故事可以幫助聽眾理解和記住你的觀點。如果你說得很抽象，聽眾可能不知道如何解讀你說的話，此時使用具體的例子很有幫助。
- **別**怕說笑話。聽眾有時會在長時間的演講中恍神，幽默感可以重新引起他們的注意力。

大多數人在演講時都很緊張，但隨著次數的增加，你會越來越輕鬆。如果你想快速地獲得演講經驗，可以考慮加入當地的國際演講協會（Toastmasters）俱樂部[4]。

## 重點提要

- **縮小你和別人的想法之間的差距**：為了更好地溝通，你要清楚地模擬別人知道什麼，以及別人在想什麼，試著預測他們的問題，想想他們需要什麼資訊或幫助，才能接受你的想法。
- **牢記你的目標**：你的溝通一定要有目的。如果你想讓別人採取某個行動，你就要透過溝通來讓他們清楚、輕鬆地採取行動。
- **尊重別人的時間**：大型的會議或簡報很容易占用所有人幾十個小時或數百個小時的累計時間！提前計劃，制定議程，如果可能，跳過或縮短會議時間。冗長的 email 也一樣。就小範圍而言，在一個人「進入工作狀態」時打擾他會中斷他的工作流程，降低他的工作速度。

4 如果你是大學生，考慮加入你學校的辯論社，或是擔任助教，指導學生。

CHAPTER 23

# 激勵與啟發

Steve 應該是第 20 位向我推薦泡棉滾輪的人，當我說我沒有用過它時，他驚訝地說：「沒有泡棉滾輪的話，我不知道怎麼活下去！」。

在他之前，有 19 個人對我說過，它可以緩解我的慢性肩痛——用滾的可以處理這個症狀，用壓的可以處理另一個問題，我不是不相信他們，只是它從來沒有被列在第一優先事項。

但是 Steve 的個人經驗和熱情，將滾輪的重要性提升幾名，我當天就購買它了。

坦白說，Steve 其實是我的醫生。他**其實之前應該**給我一張圖卡，上面寫滿理由、細節和好處的。但是根據他的理解（也許是來自醫學界多年來試圖改變抗拒改變的病人的經驗），那些理由不一定足以鼓勵我們購買。若要激勵（motivate）別人（這是醫生和領導者都必須做的事），有時你要**啟發**（*inspire*）別人。

> 有些善於激勵和啟發他人的領導者是坦率且富有魅力的，有些是真誠且身先士卒的，有些很少說話，以至於當他們有話要說的時候，每個人都會安靜下來，側身傾聽。

回想一下別人讓你對一個想法充滿期待的時刻，你可能會發現他們有各式各樣的風格。要成為一位偉大的領導者，你不需要模仿特定的風格，但你要想辦法讓你周圍的人**願意**跟隨你。

# 責任

## 讓你的隊友保持積極性

人不是機器人。知道如何激勵團隊，你將從團隊中獲得更多。如果他們關心工作，而且認為這可以幫助他們所關心的隊友，他們就更會努力工作。士氣非常重要。

激勵的方法有很多種，能夠激勵一個人的方法，不一定能夠激勵另一個人。有些人的動機是工作的目的和影響，有些人期待學會並精通技能，有些人則渴望打敗競爭對手。了解每個人的動機可幫助你建立一個成功的團隊。

如果你不確定一個人的動機是什麼，你可以問他們這些問題：你為什麼來這家公司？你最喜歡工作的哪個部分？什麼事情讓你充滿期待？

## 啟發高層和公司的其他員工相信你的團隊的工作 ⚡

你帶領的團隊代表公司的一項重大投資。

當人們相信你的團隊走在正確的軌道上，而且能夠產生巨大的影響力時，很多好事就會發生，你會更容易要求你需要的資源，你和團隊會得到應得的認可，整個公司會對未來充滿期待，員工留職率也會提高。

你最好的啟發工具就是你的願景、你的業績和你的熱情。向公司的其他部門強調你的團隊有更高的工作目標和成功目標。自願在其他職能或部門的團隊會議上擔任簡報嘉賓。如果你可以偶然遇到高層，就和他們分享你的電梯遊說，如果你沒有機會遇到他們，那就要求與他們進行一次簡短的會面。

## 為你的團隊招募新成員 ⚡⚡

隨著你的進步，你將負責吸引工程師、設計師和 PM 加入你的團隊，在小公司，這可能包括遊說外部人選，在大公司，你可能要遊說內部人員調到你的團隊。

留意你想要合作的人，向他們介紹你的團隊，分享你的願景，並試著讓他們充滿期待，他們知道你為什麼選擇他們，為什麼你認為他們是很好的搭檔，了解他們關心什麼，告訴他們可能說服他們加入的所有事情。

關於說服外部人選的更多資訊，見第 367 頁。

## 成長實踐

### 建立你的內在信念

激勵別人最好的方法，就是你真正相信你正在做的事情，並且真的相信你正在鼓勵別人做對他們自己有利的事情。

有些人太謙虛了，以致於看不到自己的工作多麼出色。試著想想為什麼你會選擇你現在的團隊和工作，或者至少想想你為什麼沒有跳到另一個團隊。假裝你是一位有遠見的領導者，想想他們會說什麼來激勵人們，試著問問你的隊友或導師：他們會如何啟發你的團隊。

> 切記，成長有很多面向。就算你的工作有一些問題或瑕疵，也不代表它沒有瑕不掩瑜的優點，有時你要暫時把「關注風險」這副 PM 眼鏡拿下來。

如果你真的不能建立起內心的信念，也許這意味著你該換到新團隊或帶領新產品了。

### 用激勵的方式讓團隊在最後期限之前完成，但要謹慎

有時候你會意識到，除非所有人都投入其中並加倍努力，否則就無法在最後期限之前完工。你可以激勵團隊迎接挑戰，但是你必須謹慎地做這件事，否則你會創造出怨恨和倦怠，得不償失。事後你的團隊需要時間恢復元氣，因為你向未來借用能量，這是必須償還的。

#### 釐清現在值得埋頭苦幹的原因

如果你的隊友認為你只是為了你自己的利益，他們會非常生氣，但如果你對他們說：產品發表會給客戶帶來多大的幫助、延期會損失多少收入、履行他們的承諾，或滿足外部限制（例如會議日期）…等，他們可能會被說服。

如果可以，說明這些原因和大局的關聯。你們有沒有財務計畫、募資里程碑或競爭壓力，讓你們面臨緊迫的現實情境？你的理由越有說服力，團隊就越有機會全心投入。

你也要仔細確認，讓團隊加把勁是不是真的有意義。發表日期真的重要嗎？你可以把範圍縮小嗎？也許比較好的做法是反省一下哪裡出了問題，下次再解決它。

### 用正確的方式請求

請求的方式會影響結果。

誠實地面對問題。如果團隊落後的部分原因是你造成的，你必須承認這一點。你可以將問題描述成新資訊，這樣聽起來就不會讓你覺得你在責怪誰了，例如「我們發現身分驗證系統比原本想的還要複雜」。分享你正在做的事情，以確保這種事情不會再發生。

把隊友當作解決問題的伙伴，試著一起想出解決方案。強調產品發表屬於整個團隊，它是所有人的責任。例如：「我一直在尋找成功發表產品的方法，目前看來週末發表是最好的方案。有人有其他想法嗎？」

### 設法讓額外的工作更有趣

很多人認為，他們最棒的團隊時光，就是所有人一起努力工作的時候。如果做得好，它會變成一種革命情感。

這些建議可以讓你們的深夜或週末工作時間更有趣：

- 大家一起訂餐，也許是一起吃晚餐，或只是訂一些好吃的東西
- 舉辦友誼賽
- 送一些有紀念意義的東西，例如 T 恤或貼紙
- 放音樂（如果團隊的工程師喜歡的話）
- 事後找點樂子
- 讓人們做他們感興趣的事情

建議你和你的團隊一起工作，即使 PM 的工作不是阻礙發表的原因。要求工程師加班到很晚卻沒有做出同樣的犧牲，通常會引發抱怨。

## 概念與框架

### 內在動機與外在動機

考慮這個場景：

**幫兩位朋友的故事**

你的朋友 Shana 來找你幫忙，問你這個週末能不能抽幾個小時幫她搬家。她知道這會給你帶來不便，她想給你 20 美元作為報酬。

你算了一下，工作幾個小時賺 20 美元？「不了，謝謝」你說。

她很驚訝，因為你上個月免費幫了 Kari！

「好吧，」Shana 回答「那我不付你錢如何？這樣可以嗎？」

不可以。問題出在哪裡？

問題出在動機。動機有兩種，它們的效果不一樣。**外在動機**是因為獎勵或懲罰等外在因素激勵而做某件事，**內在動機**是因為個人的好處而做某件事，例如，因為他們覺得好玩、覺得與目標有關，或喜歡挑戰。

對任何需要創造力的工作來說，內在動機比外在動機有效。為了內在動機而工作的人在工作時比較靈活、有毅力和創造力。外在動機只適合沒有太多內在動機，而且非創造性的工作上，例如尋找新廠商（sourcing）或寄送大量的招聘 email，但即使如此，你也要確保他們的外在動機是充分的。

行為經濟學家發現一項令人驚訝的事實：外在激勵因素（例如獎勵和懲罰）很容易將內在動機變成外在動機，更糟糕的是，當你停止獎勵時，內在動機不會回來。

這正是 Shana 的問題所在。她的外在激勵因素抵消了讓你「幫忙」的內在動機，而且那個外在因素不足以讓你幫她忙。唉！

Daniel H. Pink 在他的 *Drive: The Surprising Truth About What Motivates Us* 一書中分享了幾個例子：

- 當孩子聽到畫畫可以獲得獎勵時，他們在有空時畫畫的次數比沒有聽到畫畫有獎勵的孩子還要少。獎勵把畫畫這種有趣的事情變成一種工作了。
- 如果幼兒園向太晚去接小孩的父母收費，太晚到校接小孩的人數會增加，因為父母沒有「內疚」這個內在動機了。
- 如果捐血可以獲得小額報酬，人們捐血的可能性會變得小得多，因為報酬玷污了這種利他行為。

身為一位領導者，你要謹慎地避免外在動機意外地削弱隊友的積極性。修復 bug 的獎勵、承諾在交付產品之後提供獎勵，甚至過度討論薪酬，都可能降低人們的內在動機。

> 有一個解決辦法。事先沒有預料到的意外獎勵似乎不會傷害內在動機。「用甜甜圈來創造驚喜」這種 PM 界的老把戲仍然是很棒的激勵手法。

Pink 的研究發現有三種東西可以增加內在動機：自主感、進步感和目的感。

## 自主感

讓人們自己作主，不要管太細，自然就可以讓他們更有動力，如果他們覺得方向盤被別人掌控，他們就很難感受掌控一切的滿足感，因而失去動機。

創造自主感的方法有：

- 告訴人們該做什麼（你想要的結果），而不是怎麼做。
- 把人們當成平等的隊友一般對待。如果其他隊友需要加班，你就陪他加班。問他你能幫什麼忙，不要因為他犯了錯而責怪他。
- 在設定目標、制定策略和計畫時，讓所有團隊成員參與。
- 舉辦黑客松，讓人們可以做他們想做的任何事情。

## 進步感

進步感可以讓人成長。人們喜歡看到自己越來越好、發展技能、學習，以及解決越來越大的問題。

提升進步感的方法有：

- 設定團隊目標，一起回顧進展。
- 舉行回顧會議，討論你下次希望在哪方面做得更好。
- 讓人們進行可以挑戰智力並且讓他們感到興奮的專案。
- 欣賞他們的技能，並提供運用那些技能的新機會 —— 例如，鼓勵人際取向（people-oriented）的團隊成員規劃團隊異地工作。

## 目的感

目的感就是人們認為工作是為了服務比個人更偉大的事情。人們會被完成有意義的事情激勵。

為了加強目的感，你可以：

- 建立團隊的願景。見第 15 章：願景（第 207 頁）。
- 把握每一個機會，提醒他們的工作與更大的目標之間的關係。你要想到，人們可能會忘記願景和策略，你要不斷提醒他們，重複、重複、重複提醒。
- 讓大家看到你自己的工作熱情。
- 帶著你的工程師和設計師親自去見客戶。

有些人需要用一種重要的目的來驅動：歸屬動機，也就是用歸屬感來激勵。會被歸屬感激勵的人喜歡溫暖且牢固的人際關係。他們努力工作是為了支持自己的團隊。

為了支持歸屬動機，你可以：

- 製造團隊凝聚的機會，例如異地工作或聚餐。
- 舉辦派對來慶祝里程碑的達成，例如產品發表。
- 創造團隊規矩，例如在星期五一律穿某種顏色的衣服、在新同事的桌上放一些零食，或是在結束會議時一起喊隊呼[1]。

別忘了：開心的隊友就是有生產力的隊友。

## 重點提要

- **設法提升隊友的自主感、進步感和目的感：**雖然這種做法會在短時間內降低速度，但是當人們能夠自由地做出重要的決定、能夠花時間改善自己的技能、能夠理解團隊的策略和願景時，團隊可以實現更多成就。
- **先啟發自己，再啟發別人：**最佳啟發手段就是你發自內心的熱情。即使現在的專案不是你最喜歡的，你也要花時間了解專案的目標，和它可以為用戶解決哪些痛點。如果你仍然被卡住，那就和產品主管聊聊*他們*為何那麼熱情。
- **雖然團隊可以用衝刺的方式在重要的截止日期之前完工，但是這種做法會付出昂貴的代價：**越能真正地激勵他們，你就越成功。如果衝刺是你的錯誤造成的，你要承認那個錯誤。設法讓衝刺變成一種有趣的團隊凝聚體驗。

1 在 Asana 有人用笑的方式喊隊呼，這種做法很快就傳開了。

CHAPTER 24

# 所有權心態

如果你在學校做過小組專案，你應該遇過這種事情。你被分配到一個小組，除了你之外還有三四個人——或者，你是從剩餘的有限人選中選出他們的。

在專案進行兩週之後，陳同學失蹤了。雖然你在課堂上看過他（他總是在上課十分鐘之後才拿著星巴克咖啡匆忙地進入教室，所以很難不看到他），但不知何故，他從不參加小組會議。至少 Bethany 很老實，她說，他要參加游泳訓練，還要打工，剩下來的時間沒辦法做太多事，「不管結果怎樣都沒關係」她說，彷彿那是一種施捨。Aarti 想要幫忙，但顯然她有點脫節，你找出一小部分獨立的工作讓她做，並祈禱她一切順利。

現在只剩下你和你的好朋友 Tobin 了。這種情況很慘，但你能怎麼辦？向教授抱怨嗎？「不關我的事」教授會說「請自己想辦法。」

也許教授真的不在乎，也許她真的想不出介入的好辦法，或許她認為這可以讓你做好進入現實世界的準備。無論是在校園還是公司，你都必須**自己想辦法**。

這就是所有權心態。它在現實生活中和在學校裡一樣重要。

你要肩負全部的責任帶領團隊邁向成功。你必須願意把手弄髒，做任何需要做的事情，即使那些工作沒有被列在你的求職說明中。你要站出來，發揮領導作用，讓其他人能夠專注在自己的工作上。像擁有者一樣做事不僅能夠幫助你的團隊，也表明你已經做好準備，可承擔更多的責任。

# 責任

## 填上空白

Sage Kitamorn 在職業生涯早期曾經負責一項產品，該產品有專門的測試人員，但沒有關於如何用測試結果來改善品質的策略。在他的組織裡，沒有人認為這是他的責任。

Kitamorn 看到這個問題，並採取行動：

> 我決定設計一份清單，列出如何確定產品版本的好壞。我與測試人員一起建構了可重複使用的腳本，並確保我們想到了所有的流程。起初，我懷疑自己是否越權了，但很快地，整個團隊都看到了更高品質的好處。身為 PM，我的責任是為了創造偉大產品而做任何事情。

產品管理基本上是一個「填空」角色。如果有任何事情是必須做的，而且還沒有人在做，PM 就要承擔責任。有時這種缺口很明顯，例如，沒有用戶研究員。有時這種缺口似乎要由其他人填補，但他們沒有意識到應該如此、沒有時間，或沒有技能。

當你站出來填補一個本該由別人填補的空缺時，可能會發生尷尬的情況。在理想情況下，你可以透過你們的共同目標來將它變成一種伙伴關係。如果不行，你就要衡量這個問題的重要性值不值得冒著惹惱他人的風險。如果你不確定，那就問你的主管。

## 對完整的用戶體驗負責

雖然你的職稱是*產品*經理，但你也要負責確保所有非產品合作團隊的成功。這句話不是叫你不要信任其他團隊，或是你要對他們管得很細，而是你要設定檢查點，以確保每個人都獲得他需要的東西，以及確保一切正常進行。

- 當你和產品行銷部門合作時，確保訊息符合你所追求的利益和目標受眾，並確保所有的支援素材在發表日之前都可以準備好。
- 當你和銷售人員合作時，你要了解他們如何銷售你的產品，並確保他們擁有可幫助他們有效銷售的一切，也許包括談話要點、demo 腳本，或可以讓 demo 更吸引人的功能。

隨著你的職涯發展，你會希望更了解產品工作的相關因素。例如，了解如何調派資料科學家，以確保團隊獲得所需的支持。

### 主動分享團隊的進展、挑戰和成就

身為 PM，你要確保利害關係人知道你的團隊正在做什麼。如此一來，當工作順利開展時，他們可以和你一起慶祝，如果不順利，他們可以提供幫助。

就像 Slack 的現金化主管 Jules Walter 所說的：

> 很多人在遇到困難時害怕告訴主管，即使那個工作確實很困難。如果你不讓高層知道你的問題，你的團隊就無法獲得他們需要的資源，或他們應得的認可。

獲得認可不僅僅對你的自我很重要，如果領導者感受不到團隊出色的工作表現，他們在指派專案和分配資源時，就不會考慮這件事。

但是，如果你把團隊的成就告訴領導者，未來你就會被委以更重要的工作，以及更大的自主權。

此外，團隊的士氣也會因為這種認可而提升。當你的隊友知道自己的努力獲得賞識之後，他們會更有動力，進而引導他們在未來取得更大的成就。

## 成長實踐

### 為別人找出解答

當你剛進入一個團隊時，別人會問你很多你不知道答案的問題，你可能很想要告訴他們可在哪裡找到答案：可以問哪位工程師、可以在哪裡找文件…等。畢竟這可以節省時間，不是嗎？何況，這可以讓他們學會自己找答案。

當你擔任指導別人的高階職位時，鼓勵他們自己找答案是說得通的，但是，在同事問你這位團隊的 PM 時，這種做法並不合適。PM 是跨部門的聯絡點，你可以用另一種方式看待這些問題——將它們視為一種訊號。有人問你這個問題，是因為他們認為它重要，而且他們認為你知道答案。

你應該使用 Dare Obasanjo 推薦的這句話：「雖然我不知道答案，但是我會查一下，然後回覆你。」它可以讓你維持領導地位，並且扮演指路人，即使你還不知道答案。

## 自己鑽研細節

身為一位 PM，你會得到很多摘要形式的資料。營運總監可能會給你一份十大客訴清單。你可能會幫最常用的功能做一些資料分析。但是，這些摘要不一定都能述說事情的全貌。

身為 PM，你要深入研究資料，仔細檢查結論，確保你沒有將任何事情視為理所當然。你要理解資料，這樣你才能為它辯護，並建立自己的觀點。

Apple 的地圖資料團隊經理 Beth Grant 分享了一個關於深入挖掘細節導致重大影響的故事：

> 當時我們在為 Maps 建構建築物圖層，我們發現檢查電腦標記的圖像的運作（operation）端花費太長的時間了。根據經驗，我們知道編輯的工作量應該比我們看到的少 10 倍才對，於是我們開始懷疑是否需要改善電腦建構的建築物。
>
> 我們決定深入研究細節，看看他們到底做了什麼改變。我們發現編輯指令有 bug，而不是軟體。當我們檢查一些編輯者的工作案例時，我們發現很多編輯動作並未造成明顯的視覺影響。例如，有大量的剪輯記錄都是用放大的方式將建築物的一個角落推進幾厘米——這個距離在最終產品中根本看不出來。它完全改變了我們接下來的步驟，我們最終沒有修改電腦的演算法，而是改變了編輯器的指令，以減少低影響力的編輯操作。

有時，PM 害怕閱讀資料，因為他們認為看完它們需要花很多時間。然而，Grant 知道，她只要深入研究資料的一個樣本就可以獲得很多見解。如果她沒有仔細檢查細節，也許她會把團隊的時間浪費在一個沒必要的軟體修改上面，而不是進行對所有人更好的操作性修正。

## 為更廣泛的 PM 團隊和公司做出貢獻 ⚡

隨著職業生涯的發展，你會從肩負功能團隊的成功責任，變成肩負整個產品，甚至整個公司的成功責任。你的所有權心態的範圍擴大了。

如果你對人事管理有興趣，這種範圍的擴大尤其重要。隨著你的管理職位越來越高，公司會期望你為更廣泛的組織做出越來越多的貢獻，同時你的產品工作也會越來越少。即使你是 IC，它的最高職位也必須對你的直屬團隊之外的組織造成影響。

以下是可以讓你做出貢獻的幾個例子：

- **把你學到的事情整理成教材，讓同行學習**。你可以分享你設計的模板、安排訓練課程，教你學到的東西，或者制定一個流程來消除煩惱。做這些事情不需要任何許可，你只要把東西寄給其他的 PM，請他們告訴你那些資料有沒有幫助即可。
- **自願做枯燥的工作，藉機參加更高級的會議**。高層的會議可以讓你深入了解公司領導人的想法。你通常不能參加這些會議，但有時你可以藉著自願做會議記錄或準備資料來另尋門路。
- **做一些沒有人在研究的策略探索工作**。如果你想要成為新團隊的領導者，最好的方法之一就是成為能夠發現需求並最早進行探索的人。例如，你可以研究如何對付競爭對手，或追求新用戶。
- **做高層真的需要有人承接的粗活**。這件事很微妙，因為你不希望把很多時間花在不會獲得賞識的事情上。你要伺機而動，等待真正有價值的事情。
- **和你想要跳槽過去的團隊一起工作**。有時候你可以和你喜歡的團隊一起做一個小專案。你可以了解你是否真的喜歡他們，你也可以讓他們看到你的能力。
- **領導 PM 團隊或部門流程，並對它進行改善**。自願帶領黑客松、安排產品審核會議、主持入職培訓會議，或承擔影響大量人員的其他責任。戴上你的「產品發現帽子」，看看如何讓它變得更好。

完成額外的工作的確需要額外的時間和精力，但這些內部貢獻可以對你的影響力造成倍增效應。讓隊友更有效率可以發揮槓桿作用，不可思議地提升你的價值。

## 概念與框架

### 表現得像一位擁有者是什麼意思？

有一天，William 意外地聽到產品 VP 和他的主管正在談論他的專案，那個專案是新的網站導覽功能。他的主管正在說明這個專案的進度和挑戰，為什麼 VP 不直接和 William 討論？

問題出在 VP 沒有將 William 視為團隊的領導者，這意味著，他的主管不僅要浪費時間回答導覽專案的問題，他說的答案甚至不是最新的進展，更糟糕的是，William 錯過了從 VP 那裡直接聽到回饋的機會。如果 William 明確地表示他負責導覽專案，VP 可能會直接來找他。

以下是展現所有權的例子：

<u>對所有的成功因素負責</u>

- **未展現所有權**：只專注完成自己的責任，不確保其他的事情都有照顧到。
- **未展現所有權**：把不好的結果推給別人，並聲稱那不是你的錯。
- **展現所有權**：仔細確認涉及發表的團隊都在履行自己的職務。
- **展現所有權**：在經歷每件事情之後反省你能學到什麼，以及就你個人而言如何推動更好的結果，即使問題表面上是別人的錯。
- **展現所有權**：為你的產品感到驕傲，保持追求品質的動力，即使這需要很長的時間。

<u>發現需要做的事情，並且去做</u>

- **未展現所有權**：找藉口，說自己有遵守規則，做了該做的一切。
- **未展現所有權**：等別人給你指示。期待別人帶頭。
- **未展現所有權**：默默地接受你認為不正確的決定。跟隨共識，沒有自己的觀點。
- **展現所有權**：不指望劇本（playbook）是完整的。根據你自己的判斷來幫助別人。填補空缺。

<u>成為團隊的主要代表</u>

- **未展現所有權**：經常將團隊的問題丟給別人。
- **展現所有權**：學習如何回答利害關係人提出的問題，或自己找到答案。
- **展現所有權**：主動發送關於團隊工作狀態的最新訊息，免得別人發問。

當你表現得像一位擁有者時，你就在向周圍的人發出一個訊號，告訴他們一切都在你的掌控之下，你是他們可以依賴的對象。

## 重點提要

- **身為一位 PM，沒有事情「不是你的工作」**：你的責任是推出成功的產品，提供完整的客戶體驗。如果出現缺口，或許是因為沒有合適的角色，或許是因為最合適的人沒有把工作做好，你就有責任填補那個缺口。展現親切的態度，運用外交手腕，不要讓你的產品失敗。
- **如果人們不把你當成團隊的領導者，你就會被忽視**：當公司高層或其他人想要對你的團隊提出問題、機會、想法或回饋時，他們會和展現所有權心態的人交談，也就是能夠回答他們的問題，或能夠將他們的訊息傳給正確對象的人。如果他們不相信你是那個人，你就會被排除在有價值的對話之外，最終只能從二手管道聽到重要的訊息。
- **負責整個產品團隊或跨越整個公司的流程可以證明你已經有擴大責任的能力了**：產品管理的高階職位需要肩負整個組織的責任。協助整個組織（而不是只有你的功能團隊）的活動看起來是額外的工作，也許會分散你的注意力，但它對你的職業生涯來說非常重要。

CHAPTER 25

# 輔導

恭喜你找到一份夢想中的工作，在 *Shoeless Socks*（個人化襪子訂送服務公司）擔任 PM 主管。在你工作的第一天，你滿心期待徹底改革令人振奮的襪子宅配產業！

你的 CEO 把你拉到一旁，告訴你，因為人員出差、缺少有經驗的 PM，以及奇怪的公司文化…等零零總總的事情，所以沒有人可以指導你。「別擔心」她說「你會找到方法的。」

突然之間，前方蜿蜒的道路佈滿了尖刺和障礙。

在第一天，你花了四個小時試圖尋找團隊的戰略文件，而不是花一個小時討論團隊的優先事項。在第二天，你按照優先順序整理收到的 bug，最後卻發現它是過時的清單。你覺得你花了好幾天與好幾週的時間在做錯誤的事情，或重造輪子，或只是試著釐清**如何**做某件事。

在第一個月結束的時候，你已經被所有沒意義的錯誤和超低工作的效率搞到筋疲力盡、心灰意冷。事情不該是這個樣子的！

在你第一年結束時，你可能辭職了——或者，也許你改變了周圍的事情，避免同樣的情況發生在下一任 PM 身上。

即使是對有經驗的 PM 來說，少量的入職指導也可以大大地提高他們的工作效率。他們只要能夠提出幾個問題，就可以節省幾個小時的時間。定期回饋可以讓他們保持在正確的道路上。如果導師夠優秀，他可以藉著讓學徒專注在最重要的發展領域上，以改變他們發展軌跡。

> 進行輔導雖然需要花費時間，但卻有難以置信的影響力。提高其他 PM 的品質和效率是對公司的整體成功做出貢獻的強效方法之一。當你成為導師時，你的影響力將超出你直接管理的團隊，擴展到你的學徒所領導的所有團隊。

雖然輔導是所有 PM 的重要技能，但它對人事經理和想成為經理的人尤其重要。輔導實習生或 APM 是成為管理角色的墊腳石。當然，實習生其實是訓練員工的管理技能的小白鼠，但實習生可以獲得專屬的資源，接受指導和建議。導師可以學到管理技巧的某個關鍵層面，而且不必為別人的長期職業生涯承擔沒必要的責任，這是雙贏的局面。

#### 尋找輔導的對象

當你想要開始輔導別人時，最簡單方法就是做志願者。你可以讓你的主管知道你想要輔導一位新員工或指導一位暑期實習生。

如果你無法這樣做，你可以尋找你的學徒。留意尋求幫助的人，並主動回答他們提出的任何問題。你不需要把自己限制在 PM 上。如果你的團隊成員有興趣學習關於產品管理的知識，你可以讓他們貼身觀察你的 PM 工作。

亦見第 29 章：教導和培養（第 351 頁）。

## 責任

### 向你的學徒介紹公司與產品

當你指導團隊的某個人時，你要確保他們學會有助於他們成功的資訊。

如果可以，寫一份入職文件（onboarding document）。你可以連結一些書面或影片素材，以便充分地利用面對面的指導時間。

在指導團隊的新成員時，你要涵蓋這些主題：

- **公司及團隊宗旨**：一定要讓他們知道使命、願景和目標。讓他們知道最重要的事情，好讓他們知道必要的背景脈絡。
- **客戶見解（customer insight）**：他們應該從哪些基本的見解開始？你剛來的時候遇到什麼讓你吃驚的事情嗎？有沒有可能讓他們尷尬的地方？

- **產品 demo**：即使學徒在加入公司之前用過你的產品，他們也可能只熟悉其中的一小部分功能。當你向他們展示產品時，談談與那樣產品有關的決策及其原因。
- **行銷 / 競爭環境**：有哪些關於目標用戶或主要競爭對手的事情是他們應該知道的？產品的定位是什麼？你欣賞競爭對手的什麼地方，或是擔心他的什麼地方？公司想要擴展的熱門市場是什麼？
- **工具和溝通管道**：公司使用哪些儀表板和工具？你安裝了什麼軟體？你將哪些網頁加入書籤？你在哪些郵寄名單、群組或聊天頻道裡面？
- **流程和變通方法**：團隊遵循什麼流程？有沒有有模板或培訓？有沒有可以跳過的步驟，或大家經常使用的變通方法？有沒有潛規則？
- **關鍵人物的小八卦**：哪些重要人士是必須認識的？如何討他們歡心，並且避免得罪他們？和他們共事時，有什麼需要特別了解的事情？例如聯繫他們的最佳方式？哪些人被視為最好的導師和管理者？
- **任何陷阱或隱患**：有沒有容易出錯的事情？有哪些錯誤是他們應該避免的？有沒有你個人犯過的錯誤可以提醒學徒？
- **有趣的事情**：分享可讓工作更開心的事情。哪間房間藏有巧克力？風景優美、安靜的工作場所？有沒有讓大家分享有趣迷因的聊天頻道？

除了新人必須知道的資訊之外，你也要不斷地與學徒分享背景脈絡。如果你分享策略性會議或高層會議的重點，學徒會很欣賞你。

## 以學徒制來輔導

與分享知識同樣重要的是，輔導別人的最佳做法是在工作時進行訓練（on-the-job training）。PM 的工作有很大一部分是處理突發事件，所以你要透過實際的工作來展示如何處理它們。

你可以使用這些技巧：

- **貼身學習**：讓他們觀察你在各種環境之下的工作實況，他們可以參加你的會議、在你處理收件匣的時候坐在你旁邊、觀察你和設計師一起檢查新雛型。你可以叫他們過來，告訴他們你是怎麼使用資料工具的。如果他們的辦公桌可以移到你旁邊，他們就有更多突發性的貼身學習機會。

- **結對工作**：讓他們加入你正在進行的工作。說出你的決定，詢問他們的想法，一起寫白板，讓他們帶領某些部分，在必要時修正他們。當你讓他們參加比他們的工作還要高階或更具策略性的工作時，結對工作的效果特別好，可以揭開下個階段的神秘面紗。
- **結對處理他們的工作**：幫助他仔細思考他的決定，在他的文章分享出去之前檢查它。讓他們在你面前演練簡報。
- **反向貼身實習**：在會議或演說中觀察他們，並寫下建議，在結束後與他們分享。指出他們做得好的地方、他們需要改善的地方，以及下一個關卡是什麼樣子。
- **隨時協助**：成功的導師與失敗的導師的關鍵差別在於，他們的學徒能不能經常向他們尋求協助。定期安排一對一時間，讓他們可以問你任何他們想問的問題。如果他們沒有問你很多問題，你要主動了解他們的情況，並向他們保證，他們的問題絕對不會造成你的困擾。

在工作中訓練是非常有價值的，因為它可以讓你教導不容易表達的專業知識和方法，可讓他們透過觀察來吸收那些知識。

## 給學徒回饋，幫他們成長

身為導師的你可以用獨特的角度來觀察學徒的優缺點。

你要設定節奏，定期提供回饋與進行教導。如果 PM 非常資淺，你可以在每次開完重要的會議之後，聽取他們報告會議狀況。隨著他們的經驗越來越豐富，你可能要在每次或每四次一對一面談時，留下一點時間來討論他們的成長機會，而不僅僅是策略性問題。提早養成這個習慣，當你不得不分享負面回饋時，這種安排會讓你更容易進行。

在你思考究竟要分享和強調哪些回饋時，把焦點放在能夠幫助他們成長和進入下一個階層的首要事項上。確保他們對於成長的模樣有清楚且正面積極的看法。

你可能會反射性地叫學徒繼續把工作做好即可，但是，如果學徒達到並超過他們當前的階級該做的事，你就要針對他們的升遷進行教導了。你要強化他們做得好的事情，但也要分享他們在更高階時應該知道的回饋，這不僅可以幫助他們更快速成長，也能防止他們認為還沒有獲得升遷對他們不公平。

## 為你的學徒收集同儕的回饋 ⚡

同儕的回饋可以幫助導師和學徒從多個角度看待問題。如果你從很多人那裡聽到同一個回饋，那個回饋將更有力，也更難以忽視。

許多公司都有正式的同儕考核週期，但它們的頻率可能無法滿足學徒的需求。你可以非正式地收集同儕的回饋，例如偶爾與他們的主要合作對象碰面，或是收取書面回饋。

注意，很多人不喜歡寫負面的事情，如果你不夠謹慎，有時會錯過一些問題。你可以加入明確的多選題，例如「他們是否走在成功的道路上？「是」、「是，但有一些要注意的地方」，還是「否」？」你也可以讓他們匿名回答，或是與他們面談，以便閱讀他們的肢體語言。

你可以用幾種方法讓同儕向你的學徒提供回饋。你可以直接分享那些回饋，也可以選出關鍵的建議（同時不違反你答應的匿名）。你也要分享你對那些回饋的看法，以免他們把焦點放在錯誤的事情上（也許可以先讓他們自己釐清主題）。

## 當一位靠山，而非只是導師 ⚡⚡

若要對一個人的職業生涯造成重大影響，你要做的不僅僅是向他們提供建議而已，你也要利用影響力來幫助他們獲得應得的認可和機會。

幫助你的學徒讓別人看到他們出色的工作，與公司領導者分享他們的成就，公開慶祝他們的成功，讓所有人都知道他們的貢獻。考慮寫封信給他們的主管，表揚他們做得特別好的事情。

為你的學徒尋找好的就業機會。有會議邀請你演說時，把上台的機會分享給他們。推薦你的學徒參與重要的專案。讓學徒知道別人對他的肯定。

如果你是人事經理，這種支持更是重要。聘請你信任的人，提拔他們，讓他們執行重要的專案，讓他們在會議上台，或是給他們其他的職業機會。身為一名管理者，最棒的支持往往是意識到有人已經為一個巨大的機會做好準備，並鼓勵他抓住這個機會，即使他還不知道他已經做好準備了。

# 成長實踐

## 輕鬆地給予發展型回饋

定期分享下列的回饋類型。

### 正面回饋

正面的回饋分享起來很有趣，而且在很多方面都很有幫助：

- 提升信心
- 幫助人們感覺到被賞識
- 讓他們更了解自己的哪些工作領域是有價值的，以及為什麼
- 「強調他們的行為」可以強化你想要經常看到的行為
- 強化人際關係，如此一來，在有需要的時候更容易指出問題

有些 PM 會說他們只想聽建設性的回饋，不需要正面的回饋。但是在實務上，如果你給他們的回饋大多是建設性的，他們就會開始失去信心，或是漸行漸遠。你應該給出較多正面回饋，而不是建設性回饋。

你提供的正面回饋越具體，對方就越能吸收你的回饋：

- **基本**：「很棒的發表！」
- **中等**：「你透過仔細的測試來抓到問題，做得很好！」
- **高級**：「你透過仔細的測試來抓到問題，做得很好！你做出來的這些測試腳本就是很棒的執行案例。客服團隊會感謝你為他們節省很多工單。」

### 小糾正

小糾正是「在工作中學習」的回饋類型，當學徒嘗試新事物，或承擔延伸專案時，可能會收到這種回饋。例如，他們送出來的狀態更新太長了，以致於難以閱讀，或者，他們用令人費解的方式回答高層的問題。

若要充分發揮小糾正的效果：

- 當場給予小糾正（或在事後盡快私下分享）。

- 如果你的學徒喜歡得到很多回饋，試著定期分享「你做得好的五件事，和你可以做得更好的兩件事」。
- 從「你覺得結果如何？」展開對話，給他們反省的機會，並讓他們開始自己注意問題，這是解決問題的第一步。
- 如果你的學徒覺得沒什麼問題，但你發現問題，你可以溫和地指出：「你有沒有發現，那個銷售員好像很難過？你覺得她問這些問題是什麼意思？」
- 如果可能，告訴學徒運用技巧把事情做好的案例。
- 特別注意，如果他們有更重要的事情需要注意時，不要進行小糾正，以免他們不知所措或分散他們的注意力。

別忘了，與你的學徒建立正面的關係可以讓這種糾正更容易。

### 「下一階」的回饋

對追求卓越的人來說，「照你做事的方法繼續做下去就好了」不是令他滿意的答案。

即使一個人已經步上正軌，只要用更多時間來完成工作就可以獲得升遷，他仍然可以把一些事情做得更好。

想像他們被升職，公司對他們有更高的期待，那是什麼情況？此時你會給他們什麼回饋？也許他們可以更快完成同樣品質的工作，或是更快預料問題，或是設定更遠大的目標。

你要使用鼓勵的語氣來表達他們做得很好的訊息。「那個簡報太棒了，身為一位APM，你有很強的溝通技巧！如果你想了解下一個職等是什麼場景，試看看能不能在一半的時間內，傳遞相同數量的訊號。」

## 給出負面回饋 ⚡⚡

有時，你會發現學徒的績效問題已經超出「在工作中學習」的範圍了，而且需要糾正。你的目標是在維持關係的同時，提供他們需要的資訊，然後最大限度地提高他們堅持到底和改善的機會。

取決於問題的嚴重程度、你多快發現問題，以及你和學徒的關係密切程度，你有幾種公式可以使用。如果你遇到很嚴重的問題，你一定要先和你的主管討論。

## 別使用回饋三明治

也許你聽過有人推薦以「回饋三明治」來傳達批評性建議：先說一件正面的事情，再提出批評，再說一件正面的事情[1]。

乍看之下，它似乎有用，但是在實務上，它往往會帶來傷害。我的意思不是說照著這個順序來溝通一定沒有幫助，而是說，這種做法往往會用廉價的恭維來掩蓋批評，反而適得其反[2]。

看一下這個回饋：

> Brian，關於那次簡報，我很喜歡你開場說的笑話，但你好像沒有充分地準備，因為你沒有調出使用數據，也沒有報告錯誤率，令人難以做出決定，不過，我們最後還是做出一個不錯的決定了，謝謝你舉行這場會議！

Brian 應接受哪個訊息？雖然你希望他聽到：「嘿，多做一些準備。」但實際上可能會發生以下兩件事之一：

1. 他的確聽到批評了（讚！），但他忽略正面的事情，他認為你的讚美只是為了批評，所以你的正面鼓勵收效甚微，只是讓人覺得有點虛偽。
2. 正面的稱讚掩蓋了負面的回饋。他沒有意識到這其實是重要的回饋，因為人們往往會過度放大他在對話中聽到的第一句話和最後一句話。

如果你經常使用回饋三明治，Brian 確實會從中學到東西，但不是學到你想讓他學的東西。他會學到，你的讚美只不過是批評的敲門磚，下次你恭維他時，他會準備聽你說他哪裡做錯了。

你可以用更好的方法。

## 處理初犯

當你看到初次發現的問題時，你可以採取一種輕量級的方法：

1. 如實指出問題。
2. 問問他們的看法，避免先入為主地指責他們。

---

1 有人使用更華麗的術語，包括「BS sandwich」或「sh*t sandwich」——我們不想幫這些術語背書。

2 Adam Grant 的這篇很棒的文章「Stop Serving the Feedback Sandwich」提供了更多背景（以及資料的連結）：*https://www.linkedin.com/pulse/stop-serving-feedback-sandwich-adam-grant/*。

3. 強調它很重要。

4. 讓他們想出解決問題的計畫。

舉個例子：

> **導師**：嘿，Brian，我注意到你今天開會前沒有準備使用數據，也沒有查看錯誤率，怎麼會這樣？

有時他們會給你很好的答案，自己承擔責任：

> **Brian**：其實我也覺得很糟糕。我本來打算在今天早上做這件事的，但是我在產品中發現了一個 P0 bug，所以花了整個上午，幫工程師修正它。下次我絕對不會在最後一刻才做這件事。
>
> **導師**：很好，為這些會議最好準備很重要，謝謝你明白這件事！

比較常見的情況是，他們需要你幫忙規劃：

> **Brian**：對啊，我本來打算在今天早上做這件事的，但是我在產品中發現一個 P0 bug，所以我花了整個上午，幫工程師修正它。
>
> **導師**：有時的確會這樣。但是，為高層會議做好準備真的很重要，否則我們會浪費他們的時間，並且傷害我們的信譽。你認為怎樣才能確保這種事不再發生？
>
> **Brian**：噢！我不知道這件事那麼重要，如果遇到緊急情況，我想，我可以把會議往後延。
>
> **導師**：往後延可能會延誤你的整個行程，你覺得提前幾天準備資料如何？
>
> **Brian**：這個做法很好，我會照做，謝謝！

### 處理行為模式

如果問題演變成可能影響績效的模式，你要採取更正式的做法，如同所有負面回饋，你要私下告訴他。

這是正式做法的例子：

1. 問他能否給他回饋

2. 說明問題，指出兩個例子，實話實說，並說明問題造成的影響。

3. 強化你的回饋的積極意圖

4. 讓他分享他的想法

5. 想出解決方案，並規劃後續行動

舉個例子：

> **導師**：嗨 Brian，我想給你一些回饋，現在有空嗎？
>
> **Brian**：有。
>
> **導師**：我注意到一個問題，就是你沒有為開會做好準備。你在兩週前的高層簡報上沒有提供使用數據，昨天在跨部門伙伴會議也沒有提出議題。不做好準備會浪費別人的時間，也會突顯你的執行能力不足，我跟你說這些是因為我相信你，並且希望你成功，你怎麼想？
>
> **Brian**：我以為不需要議程了，因為這是第二次伙伴會議。
>
> **導師**：寄出議程很重要，這樣你就可以確保該來的人都有來，也可以確保會議充分利用每個人的時間。昨天我們沒有時間更新銷售資訊，也沒有機會討論怎麼合作，所以你還要開一次會，但是這本來是可以避免的。
>
> **Brian**：的確
>
> **導師**：好，我們來想一個繼續前進的計畫，你認為該怎麼做？
>
> **Brian**：我可以在開會前先跟你確認一下，以確保我做了足夠的準備嗎？
>
> **導師**：可以，你下次開會是什麼時候？
>
> **Brian**：星期五
>
> **導師**：好，我們可以在星期四檢查一下你的準備工作。到時見！

為了提供更多幫助，SNP 的培訓小組提供了關於如何提出有力回饋的培訓[3]。

## 獲得針對你的輔導的回饋

獲得關於你的輔導的回饋很重要，原因有二。第一，它可以讓你知道你需要改善。第二，它可以幫助讓別人知道你的指導做得很好。

---

3 SNP 見 *https://snpnet.com*。

師徒指導是私下進行的，因此，除非你刻意想讓別人知道，否則你的主管和升遷委員通常不會知道這件事。如果你在問題發生之前就發現問題，你的主管可能不會知道你做了什麼。

你要讓你的主管知道你的學徒所面臨的挑戰，並且請他針對你的做法提供回饋。你可以請學徒撰寫書面回饋，讓你在績效考核中使用。多數學徒都不肯分享批評性回饋，所以你可能要請主管收集匿名回饋，以了解全貌。

## 引導你的學徒自己找出解決方案

身為導師，你要協助學徒自己找到解決方案，而非僅僅是給出建議，或告訴他們該做什麼。你要問問題，而不是給答案。

你的責任是幫助學徒獨當一面，讓他們學會如何建立自己的思維模式和框架，以及擺脫「只有一個正確答案」的校園心態。他們必須學會如何自己解決問題。

你可能會發現，有人來尋求建議時，你很難不脫口說出「正確」的答案，在此給你一些建議。

- 在分享你自己的想法之前，練習詢問「你試了什麼？」、「你想怎麼做？」或「你認為我們應該做什麼？」
- 別認為你知道唯一的正確答案，試著培養求知慾。
- 問一些廣泛的、開放式的問題，來闡述你的思考過程，例如「當你安排優先順序時，你會考慮哪些因素？」、「有哪些優劣權衡？」、「以前哪些做法對你有效？」、「你可以在哪裡找到資料？」或「你覺得他們會有什麼反應？」
- 有時沉默是好幫手，保持沉默，直到他必須回答為止。
- 問比你想到的答案還要抽象一點的問題，例如「有沒有辦法讓人們更容易理解資訊？」，而不是「要不要加一張圖表？」
- 如果你真的很想給建議，可以先問：「你想知道我在那種情況下會怎麼做嗎？」讓他們有決定是否接受建議的自主權。

有時候你會不小心直接給出建議，這很正常，留意這些時刻，並反省為何如此，隨著時間過去，你會發現你比較不會直接給建議了。

### 改善你給出發展型回饋的方式 ⚡

當你向某人提出發展型回饋（developmental feedback）時，你要幫助他們排除雜音，告訴他們應該關注什麼。你要用外部的觀點來告訴他們哪裡做得很好，哪裡需要改善。

以下的練習可以幫助你提供發展型回饋。

- **想像你和他們是同一國的**。如果他們不相信你和他們是同一國的，他們就會拒絕你的回饋。確保你的回饋不是為了批評或抱怨，而是為了看到他們成功。
- **私下給予回饋**。這一點應該很容易理解，不要當著別人的面給另一個人回饋。
- **讓他們明確地知道應該從你的回饋中獲得什麼訊息**。例如，當美國人不得不發表負面評論時，往往會輕描淡寫地給出回饋（導致美國聽者會下意識地「強化」負面回饋）。這種調整（或缺乏調整）可能導致人們嚴重地誤解訊息。告訴他們是否該對回饋感到滿意，還是那是個嚴重的問題。
- **客觀地分享**。分享你看到的事實和你的感受，而不是指責和批評。你可以用「我個人的理解是…」開頭，來說出你的假設或猜測，這有助於化解抵抗心態。
- **要具體，並分享其影響**。無論是正面的回饋還是反面的回饋，你都要提出具體的例子，並解釋為什麼那些例子是好的或不好的。強調他們的行為造成的結果。

關於如何提供每一種類型的回饋，請參考第 306 頁的「輕鬆地給予發展型回饋」。

## 概念與框架

### 回顧與評論工作

儘管「評論（critique）」聽起來像「批評（criticism）」，但你不應該輕率地指出你不喜歡的一切。評論是分析工作和評估它距離目標還有多遠，這個詞通常代表針對設計進行回饋，但這個概念也適用於審核規格、簡報或任何其他作品。

針對學徒的工作提出回饋是最好的輔導方法之一。藉著解釋你的回饋背後的原因，你可以幫助學徒建立他們的心理模型和框架。

你可以用這些方法針對學徒的工作提供回饋：

- **再次確認他們的目標**。在評論時，你要根據目標來評估工作，所以你要確保你們的目標是相同的。即使目標很清楚，「詢問」這個動作也有提醒的作用。
- **使用「我喜歡」、「我希望」與「我很好奇」**。使用這種表達方式可以幫助你在對方沒有抵抗心態的情況下進行回饋。例如：「我很好奇是不是只要使用圖示，就可以讓目標夠明顯了。」
- **加入正面的強化**。讓他們知道哪些部分運作得很好，並表揚他們做得特別好的地方。
- **將它變成一個教學時刻**。分享有助於對方吸取教訓的故事或背景脈絡，解釋你的思考框架和思路，在他們不同意或有問題時，留點討論的空間。
- **指出他們不用做那麼多的事情**。因為評論會產生意想不到的副作用，它會迫使人們追求完美。同樣重要的是，你也要告訴他們哪裡可以抄捷徑或不必做到那麼完美，以加快速度。
- **給他們犯錯的空間**。如果可能，給他們空間，讓他們自己做決定，自己學習。與其強迫他們接受你的解決方案，不如規劃檢查點和方法，讓他們自己驗證他們的想法是否可行。
- **注意犯錯的模式**。犯錯的模式可以讓你知道需要在哪裡投資更多培訓和指導。

關於給予產品工作的回饋，請參考第 91 頁的「給予很好的產品回饋」。

## 指導有冒牌者症候群的人

冒牌者症候群（第 257 頁）是指一個人認為自己的成功純屬運氣或意外，害怕被拆穿一切都是一場騙局。對他來說，導師是很重要的角色，因為他自己可能沒有發現這個症頭[4]。

如果你的學徒看起來沒有自信，說自己出色的工作沒那麼好，似乎不願意接受你認為他可以勝任的機會，或是花太多時間去修整已經做得夠好的工作，你就要懷疑他可能有「冒牌者症候群」了。

4 冒牌者症候群特別「嚴重」的人尤其難以認出自己的這種症頭，雖然那些人知道他們覺得自己不夠格，但他們認為那就是自己不夠格，他們不會想成「我是夠格的，但我覺得自己不夠格，所以我一定有冒牌者症候群。」他們單純地認為「我不夠格。」

這幾個技巧可能有幫助：

- 告訴他們冒牌者症候群的概念，讓他們知道許多（可能是大多數）成功人士都有這種感覺。只要幫這種心理狀態加上一個標籤，就可以幫助一個人了解「我覺得不夠格」不一定意味著「我不合格」。
- 幫助他們看到自己的長處和他們做得好的工作，讓他們知道，他們做出來的某些選擇不是每一位 PM 都會做的。徵求同儕的回饋，讓他們直接從同事那裡聽到自己做得真的很好。
- 設定誠實的期望。讓他們知道犯哪些錯是正常的，以及你期望他們學到哪些資訊，而不是學習已經知道東西。
- 為他們缺乏自信而裹足不前的道路點亮路燈。當他們低估自己所做的研究，或浪費時間準備太久時，提醒他們。
- 幫助他們找出快速意識到恐懼或消除恐懼的方法，例如和信賴的導師分享他們的工作草稿。
- 願意承認自己的不足之處，並成為榜樣。確保你的工作文化能夠讓大家安全地發問和學習。見第 261 頁的「建立心理安全感」。
- 坦率地告訴他們**真正的**成長機會在哪裡。

別忘了，冒牌者症候群非常普遍，各種經驗階級都有。

## 重點提要

- **優秀的導師會提供資訊、指導學徒和給予回饋**：有些事情聽別人說時學習效果最好，有些事情要用觀察的，有些要動手做，有些則要聽別人是怎麼做的。不要局限在這些技巧之中的一兩個。
- **如果你不習慣提供回饋，那就提前計劃**：有很多方便的句子、模板和方法可以幫助你進行回饋。先想一下如何在師徒關係的初期給予回饋，如此一來，當你遇到棘手的回饋時，你就做好分享的準備了。
- **為了發展學徒的技能，你要幫助他們自己找到解決方案**：PM 必須學習如何自己找出解決方案才能獨當一面。不要總是倉促地給出建議，為學徒留一點空間，讓他們可以仔細地考慮自己的選擇。

CHAPTER 26

# 與其他部門共事

PM 經常被稱為「產品的 CEO」，雖然這種比喻會導致各式各樣的問題，但是產品管理的確很像 CEO，他們都是一個巨大的跨部門角色。身為 PM，你要和公司的每個人一起工作，與各種人共事的技巧是重要的成功因素。

無法和其他角色成功地共事的 PM 往往會發現他們的職業生涯停滯不前。如果工程師和設計師不喜歡與你合作，你將很難招募和留住團隊成員。如果主管不喜歡和你共事，他們就不太容易冒出提拔你的念頭，不是嗎？因為提拔你代表他們會*更常*看到你，並且讓你有更大的影響力。

但我說的不僅僅是討高層歡喜（討喜度是必要條件，但不是充分條件）。與工程師、設計師或高層有效地合作，就是關於如何利用你們每個人的最佳技能和見解，創造出色的工作。

雖然在面對各種職位時，待人處世的方法都是一樣的（畢竟人就是人），但我們要給你一些具體的建議，告訴你如何與設計師、工程師和高層共事。

## 與設計師共事

產品設計師通常負責從用戶體驗的角度解決問題。在健康的關係中，PM 和設計師是緊密的合作伙伴，他們會分享想法和回饋，最終信任彼此的判斷，並願意接受彼此的決定。

如果雙方的關係沒那麼健康，事情將變得很糟糕。設計師經常抱怨 PM 的事情有 [1]：

- **關注商業價值，而不是客戶價值**。優化指標在某種程度上是好事，但是，很多以實驗來測量的指標都忽略了糟糕的用戶體驗帶來的長期危害，此外，設計師的動機傾向幫助用戶，而不是達成數字目標。
- **把設計師當成只懂編輯像素的人**。設計師不喜歡有人拿線框圖（wireframe）叫他們「把它變漂亮」，他們想聽到問題，而不是被指定解決方案。
- **依賴個人偏好**。優秀的設計與你（或高層）是否喜歡配色無關，而是該設計是否滿足其目標，以及是否滿足真正的用戶。
- **貢獻不足**。每位設計師都期望 PM 要提供某些東西，但不幸的是，他們的期望不一定與 PM 的預期相符。
- **對產品的了解不夠深入**。設計師會從 PM 那裡了解更改產品的某個部分會如何影響其他部分。忽視這一點可能會導致嚴重的錯誤，或令人挫折的對話。
- **不重視好設計**。在優秀的設計中，細節很重要，一致性也很重要。如果 PM 將細節視為可有可無的，或是在發表日前的最後一刻砍掉設計工作，那就證明他們並不重視設計。

幸運的是，有一些技巧可以促進強而有力的正面關係。

## 直接討論如何共事

因為 PM 和設計師的角色有許多重疊的地方，而且合作密切，所以，你一定要與每一位共事的設計師直接討論彼此希望如何合作。問他們欣賞或希望 PM 做哪些事，並分享你欣賞或希望設計師做哪些事，如此一來，你們之間的關係可能會有很大的不同，這一點與設計師的經驗尤其有關。

以下是你可能要討論的話題：

- 你會用每日檢查表來檢查設計師的設計，還是讓他們在可接受回饋時主動聯繫？你可以看到他們循序漸進地進步嗎？
- 他們喜歡在最初聚在一起集思廣益，還是先安排自己的時間，獨立思考問題？
- 他們希望你怎麼與他們分享你的想法？他們可以接受你給他們線框圖嗎？

---

1 對此，Laura Klein 整理了一份詳細的調查研究：*https://www.usersknow.com/blog/2019/9/12/product-team- mistakes-part-1-communicating-company-amp-user-needs*。

- 在描述問題和限制時，他們喜歡聽到多細的程度？
- 他們會告訴你他們曾經考慮過的其他方向嗎？
- 他們的設計何時該使用真的客戶資料，何時可以使用 *lorem ipsum*（隨機假文）？
- 設計師最早會在哪個階段考慮加入用戶引導和空狀態？
- 設計師會設定並分享他們自己的時程嗎？

如果你不習慣這麼直接地溝通，這種對話可能會讓你不太舒服，但它可以避免在以後的關係中出現不一致的期望。

## 把你的設計師當成合作伙伴

當你將設計師視為可信賴的合作伙伴而不是一種資源時，PM 與設計師的關係才能發揮最佳效果。

你要盡可能地與設計師分享完整的背景脈絡，並將它納入目標設定和策略中。在做出影響設計的決策時，讓他們有發言的機會，即使你的公司文化沒有要求你這樣做。讓他們對你的 spec 提出回饋，或是在解決有挑戰性的問題時分享他們想法。邀請他們參加相關的會議，讓他們報告自己的設計。

在意見相左時，聆聽他們的觀點。雖然你要試著找到適合每個人的解決方案，但是在他們的專業領域中，你也要聽取他們的意見。

最重要的是，盡力理解彼此的思路。解釋你為什麼要做出某些決定，並試圖理解他們的目標和框架。

## 告訴設計師你的問題，而不是你的解決方案

身為 PM，你要負責定義問題，並確保解決方案是成功的。你的職責不包括堅持採取某個解決方案。

定義問題是需要真正下工夫的，客戶或內部的利害關係人通常會在要求功能時指定特定的解決方案，你洗澡時想到的點子往往也是一種解決方案。你要分析他們的請求和想法，以找出真正的痛點和目標。除了客戶的痛點之外，你也要設定背景和需求，例如時間範圍、工程限制、學習目標和各種需要設計的案例。

一般來說，你可以用線框圖來描述想法，但不能強迫設計師使用你的解決方案，或指望他們只要「美化」你的線框圖。通常你要先讓設計師自己去探索，再和他們分享你自己的想法。

如果你和設計師對正確的解決方案有不同的看法，你要從問題的角度來闡述你的不同意見，提出目標和原則方面的回饋，而不是提出解決方案。幫設計師留出空間，讓他們想出另一個能夠滿足所有需求的解決方案。

如果你希望你的公司有優秀的設計師，你就要創造一個讓他們願意留下來工作的環境。嫻熟的設計師喜歡探索棘手的問題，想出有創意的解決方案，並發表他們引以為豪的完美產品。如果你剝奪他們的自主權，他們就不想和你共事。

## 從用戶利益出發，而不是從商業利益出發

正如 Julie Zhuo 在「How to Work with Designers」中所指出的，設計師通常會從用戶的角度思考問題，他們的動機是透過他們的工作來協助人們[2]。PM 通常有同一種「以客戶為主」的目標，但我們的語言經常把焦點放在指標或商業成功上，聽在設計師的耳裡，它們可能是無情的，甚至自私的。

設計師有時認為，PM 比較想要實現短期指標目標，而且是為了讓公司的領導層覺得東西看起來不錯，而不是真正創造可幫助用戶的東西。

當你和設計師交談時，盡量從客戶利益的角度溝通，而不是從商業利益的角度。例如，別說「我們需要增加收益」，而是說「我們要讓想使用付費版本的用戶能夠找到它」。

## 提高你的品質標準，不要採取誘導轉向法

沒有什麼事情比發表低品質的作品更容易失去設計師的信任，例如，PM 原本同意了一項設計，但由於工程進度落後，PM 又堅持砍掉設計。或者，PM 說設計工作將在一個永遠不會到來的「V2」版中完成。

為了處理這種情況，有一種公平的方法是在進行設計時討論關於範圍的問題，並且讓設計師參與改變範圍的決策。你可以考慮砍掉用例或功能，但不能不對設計進行精修。如果你不能保證，那就不要說你會在發表之後做設計工作。

2 見 Julie 的報告：*https://medium.com/the-year-of-the-looking-glass/how-to-work-with-designers-6c975dede146*。

PM 和設計師的品質標準經常略有不同，但如果它們之間的距離太大，因而導致同樣的問題反覆發生，PM 和設計師的主管可能好好協調這個問題。

### 適當地投入資源來解決設計債務，與改善設計系統

就像工程基礎設施有時會到達擴展極限或過時一樣，隨著設計趨勢的發展，設計系統可能會因為新功能的加入而變得雜亂無章，或開始顯得落伍。

Laura Klein 在針對設計師的調查中發現，造成 PM 和設計師關係緊張的主要問題是「一次要改變產品多少程度」[3]。PM 覺得設計師經常想把主要的設計變更和一個小功能綁在一起。設計師覺得 PM 只想增加功能，不關心設計的改善。

如果設計的改善程度很小，你可以將多個專案結合在一起，在製作新功能的同時改善設計。有些團隊喜歡在專案中保留一些緩衝時間，好讓他們可以在過程中改善設計。

有時將工作拆成兩個獨立的專案比較好，用一個專案來發表新功能並完成最初的目標，用另一個專案來改善設計，使用它自己的成功標準。這可幫助團隊將設計工作視為真正有價值的工作，而不是一種範圍蔓延。如果設計工作的優先順序夠高，你可以將它排在新功能之前。

在建構路線圖時，與設計師討論他們想要修正哪些「設計債務」。你可以想一下應投入多少百分比的時間，再讓設計師為該部分的工作決定優先順序。

## 與工程師共事

工程師的責任是創造技術性解決方案，並長期維護它們。在健康的關係中，PM 和工程師是合作伙伴，一起提出快速、可擴展、創新，而且不會拖慢將來開發的解決方案。

### 將工程師視為伙伴

與工程師合作最重要的原則就是將他們視為合作伙伴，並尊重他們。你要讓他們參與整個產品流程，可能的話，從早期的產品發現階段就開始。與他們分享完整的背景脈絡，讓他們理解工作背後的目的和理由。邀請他們拜訪客戶或參加用戶研究會議，讓他們獲得第一手的用戶體驗。請他們分享想法，並認真對待他們所關心的問題。

3 關於這項調查更多資訊，見 *https://www.usersknow.com/blog/2019/10/8/product-team-mistakes-part-2-selecting-estimating-and-prioritizing-features*。

不要把你的工程師當成只會寫程式的人，不能對產品發表任何意見。如果他們抗拒工作，不要認為他們很懶惰，你要設法理解他們的理由，如果理由是技術性的，你一定要深入地了解，並找出可行的解決方案。如果他們的理由圍繞著產品的選擇，花時間與他們討論，並取得共識，你可能要分享更多背景脈絡，讓他們知道你是怎麼做出這些決定的。

讓工程師明白他們在製作什麼，以及為什麼要製作它，他們的工作才能做到最好。

## 理解並尊重技術限制

當工程師出於技術原因而拒絕你的設計時，通常會提出一個很好的理由。如果你忽視他們的擔憂，他們很快就不會尊重你。

你不需要為了了解技術限制而成為電腦科學專家，用你的產品知識來溝通。例如，你可以問他們，但是產品的其他部分或其他產品有你想要的功能，它們之間有何不同？

關於如何處理技術限制的更多資訊，請參考第 8 章：技術技能（第 105 頁）。

## 不要幫你的工程師壓時間

如果你的團隊需要提出日期，你要讓工程師同意那些日期。在理想情況下，你可以讓工程師自己承諾日期，然後由你在這個基礎上加入一些緩衝時間。

幫你的工程師壓日期是不尊重他們的行為，這意味著只要你要求他們，他們就要用你想要的速度工作，這是在剝奪他們的自主權。

許多 PM 都會低估工程的實際時間。除了寫程式之外，工程師還要編寫測試程式、設定基礎設施和管理部署行程。即使是寫程式也可能比你預期的要長，因為這要考慮各種極端情況，以及連接系統的不同部分。

## 尊重他們的流程

工程是用創造性的方法來解決問題，所以「在電腦前面花費的時間」和「完成專案的速度」之間沒有直接的關係。

工程師大多數的工作都是在心流狀態（state of flow）下進行的。任何干擾，例如在他們的座位旁邊停下來問個問題，或是在一個比較長的工作時段中安排一個會議，都可能會迫使他們轉換環境，導致他們需要很長的時間來恢復生產力。你要盡量避免這種情況。

另一方面，他們的生產力也可能突飛猛進。有時，工程師需要出去走走。不要因為你的工程師好像在偷懶而覺得不開心——他們可能需要精神上的休息來恢復精神。

與此相關的是，不要像沒經驗的新 PM 一樣，魯莽地改變工程流程，例如單方面舉行衝刺計畫，或站立會議。與工程師一起討論出程序改善方案。

### 避免浪費他們的工作

想像一下你花了整整一週的時間準備一場簡報，卻突然發現那一場簡報被取消時的感覺。你會很難過，因為你的所有努力都白費了。不幸的是，這種不該發生的情況卻經常發生在工程師身上，他們可能已經完成某些東西，卻發現設計或需求發生變化，讓他們不得不從頭開始。

你要清楚地知道哪些產品決策已經定案，哪些決策可能會改變。如果事情可能在測試程序或 A/B 測試之後改變，你要先告訴工程師，如果他們可以預料變化，他們或許可以用抄捷徑或以更靈活的方式來設計程式。

盡量在工程工作開始之前鞏固計畫。對雛型進行易用性研究。向重要的利害關係人徵詢早期回饋。避免在最後一刻做出令人意外的決定。

## 與高層共事

高層也許令人敬畏，但是當你和他們共事時，你會更了解他們，與他們相處得更自在。

關於高層，記住以下幾點：

- **他們的時間非常有限**。高層的說話方式往往既唐突且直接，他們不見得會解釋動機，當他們覺得時間被別人浪費時會不耐煩。他們可能會在你做簡報時，叫你跳過一些內容，或是為了談論他們所認為的重要的事情而偏離整個流程。因為他們不想浪費時間。
- **他們非常依靠信任感**。為了節省時間，高層比較喜歡依靠他們信任的人，例如其他經理。他們會快速地決定你的可信程度。如果你對自己說的話沒有自信，或是犯了草率的錯誤，你很快就會失去他們的信任。
- **他們專注於大目標**。除非你的專案有很大的發展潛力，否則那對他們來說沒那麼重要。他們可能會鼓勵你想得更大、追求瘋狂的想法，即使那些想法對你的團隊來說好像不太實際。

- **他們著眼於大局**。你的工作只是大局的一小塊拚圖。他們關心的是在所有專案之間進行優化，而不僅僅是在你的專案中。這就是為什麼他們會堅持一致性、共享的基礎設施，以及經得起考驗的資料模型。
- **他們知道許多你不知道的背景**。他們對所有部門的業務情況都瞭如指掌，他們知道有哪些舉措即將實施，他們可能有關於競爭威脅、收購或重大交易的秘密資訊，他們知道董事會成員在擔心什麼。有時他們的想法聽起來是隨口說說的，但其實與背景有關。
- **他們的工作涉及艱難的決策**。高層知道他們無法取悅所有人，雖然他們關心你的士氣，但也不怕讓你失望，這可能會讓他們對不良的行為失去敏感性，導致他們遇到不如意的事情時表現粗魯。
- **他們不希望你盲目服從命令**。也許他們的話聽起來是要你服從他們，但通常這是一種誤解，雖然高層認為他們是對的，但他們也希望你能理解他們的目標和關注點，並提出更好的解決方案（如果有的話）。

PM 和高層之間的關係在很多方面都與工程師和 PM 之間的關係很像。這兩種關係都有一個人知道比較廣泛的背景脈絡，另一個人比較接近實際的工作，並負責完成任務。想一下你希望工程師怎麼和你共事，裡面有很多做法也適合在你和高層共事時使用[4]。

## 為你尊重的創始人和高層工作

創始人和高層塑造了公司的文化和方向。

如果你不相信他們，或是與他們的方法不一致，你會面臨一場艱苦的戰鬥。如果你的主管很優秀，你可能會被保護一段時間，但如果那位主管離開，或是被他們的上級阻撓，你就會處於險境，你不太可能取得太多職業發展，也許還會承受無謂的情緒壓力。

這方面有個特別重要的案例是初創公司的產品負責人（或是如果你是產品負責人，那個人就是創始人）。許多 PM 都驚訝於產品負責人對每一個設計決策的參與程度，如果你從根本上尊重他們，這種情況可以透過一些討論、溫和的勸說來解決，並讓他們以為那是他們的想法。如果你不尊重他們，你可能會激怒他們，進而陷入僵局。

4 這不是要你認為你的地位比工程師高。這個類比只是為了幫助你對高層的觀點有同理心。

## 尋求理解

高層的想法被置之不理的情況出奇地普遍。他們可能認為高層脫離現實，或過度執著自己的想法。有時，PM 會聲稱高層不理解產品的最佳實踐。

即使那種想法有些是真的，但如果你認為高層只是毫無意義的障礙，你就是在給自己挖坑。也許他們的想法表面上很奇怪，但是那通常是因為他們從較高的角度來看問題。即使他們的想法與你手頭的工作沒有直接關係，但它們往往是針對大局很有價值的見解。

### 理解高層

Noah Weiss 是 Slack 的產品 VP，他曾與他的團隊合作，對完整客戶體驗進行了大規模的調整，包括首頁、產品定位、團隊建立畫面，以及用戶引導流程。他提醒 CEO Stewart Butterfield，這個很有野心的計畫很花時間：「這個計畫不會很快見效，成長曲線不會那麼快改變。」

Butterfield 神秘地回答：「你反過來想了，如果你改變文化曲線，成長曲線也會隨之變化。」

Weiss 不太明白那是什麼意思，但會議結束了，他只好暫時放在一邊，也許它沒有聽起來那麼深奧。

第二天早上，Weiss 突然「靈光乍現」，明白了 Butterfield 的意思！為了承接一個這種規模的專案，他必須改變團隊製作產品的文化。「如果不改變文化，我們就無法下這個賭注。如果我們不下這個賭注，我們就無法在年底達成成長目標。」

把重心放在改變文化上，可為團隊注入活力。以前所有人都想要製作更多雛型、進行更多用戶測試，並且把注意力放在有凝聚力的體驗上，但他們覺得沒有獲得許可。現在他們獲得授權了。這種方法非常成功，以至於 Slack 的各個團隊都採用了這種方法。

當你從高層聽到一個想法時，抓住機會深入挖掘。如果你不同意那個想法，帶著「我可能漏掉了什麼，能否請你解釋一下我的理解錯在哪裡？」的心態和高層交談。

## 驗證高層的想法

高層對出人意料的點子往往有強烈的感覺。不要對那種想法置之不理，也不要盲目地往前衝，而是要採取中間路線，找到一種方法來驗證它。

你可以試著驗證一下，即使你堅決反對那個想法。你們之間有一個是錯的，而那個人通常是你。

即使你喜歡他的想法，你仍然要進行驗證，就像你處理團隊中的任何想法那樣。即使高層喜歡那個想法，你也要在投入好幾個月的工作時間之前，先用真人來測試那個概念。發表成功的產品是你的責任，你不能因為高層要求你做那個專案就撇開這個責任。

## 做好與高層開會的準備

高層會快速地評價一個人，你絕對不能毫無準備地出現在他們面前，這會引起他們的不滿。

在你向高層展示工作之前，考慮和你的主管或導師一起預演一下。想好你要說什麼，並預測可能出現的問題，留意粗心的錯誤，確保你已經查看了任何既有的重要資料。

如果可能，提前把你的資料寄給他們，並詢問他們是否有任何問題，這可以讓你有時間尋找答案，避免在會議中被指責。如果他們問一個你不知道答案的問題，跟他們說：「我會查一下，然後給你答覆。」

## 保護你的團隊免於驚擾

有時，高層會在大廳裡攔住你，要求你開始做一些事情。他們通常不會要求你的團隊放下一切，全力執行新想法。即使這的確是他們的意圖，身為 PM，你有責任釐清這是不是正確的決定。

高層考慮的通常是新工作的緊迫性和優先性。你要負責計算停止眼前工作的機會成本。切換背景的代價很高，何況當團隊無法發表他們一直在做的東西時，他們會感到心灰意冷。

在多數情況下，你可以將他的想法移到下一個計畫週期中考慮，或是在眼前的專案結束之後開始。但是，有時你會發現高層是對的，暫停眼前的工作來利用新的見解或機會是值得的。

當你確定自己想出正確的決定之後，你要聯繫高層，讓他們知道。他們可能完全不介意你把這個想法放在下一季的考慮清單上，或者，他們可能會提出更多理由，讓你早點執行。

## 不要把「因為高層這麼說」當成你的理由

當我是新 PM 時，我曾經告訴我的團隊，我們必須加入一個新功能，因為 VP 叫我們這樣做。我以為這可以激勵大家，製作 VP 想要的東西不是可遇不可求的機會嗎？顯然我的工程師們不這麼認為，這個消息傳到我的主管耳裡。我的主管邀我坐下來，解釋為什麼這是糟糕的方法。

現代的科技公司（尤其是在美國）不會將階級當成做一件事的充分理由。員工不認為高層比他們更了解自己的工作。

> 如果你要提高士氣和參與度，你就要讓每個人都了解工作的目的。如果你只告訴他們「某位高層想要這樣做」這個理由，他們就無法理解自己的工作目的。

你一定要了解高層關心一項工作的原因，並與團隊分享那些原因。你甚至不必說這份工作是高層主動要求的，除非你認為這樣說能激勵你的團隊。

## 別捨棄他們的想法，而是要以它為基礎

高層通常是藉著做好自己的工作爬上那個位置的，他們不一定能明確地表達自己的思路，但他們有很強的直覺，而且那些直覺往往是正確的。

如果你跟他們說他們錯了，他們應該不會相信你，他們會認為你不考慮他們的想法是固執己見。

為了避免這種情況，不要把他們的意見想成「他們的想法」vs.「你的想法」。你應該將他們的想法當成你的想法的基礎，這可以巧妙地繞過自我意識或抵抗心態，幫助你們合作前進。

如果他們寫了一個你不同意的產品策略，看看裡面有多少可以在你的新版本中使用。也許…

- …在早期的幾個重要的里程碑之後，他們的舊策略就變成一個計畫的「第 8 個部分」。
- …你可以保留同一組功能並重新組合它們，或是讓那一組功能維持原樣，並加入新功能。

- …在引言（intro）裡面有些句子可以直接使用。你可以告訴他們你喜歡這個策略，然後重新組織它，再稍微補充一些東西。

如果他們在設計審查期間提出一個糟糕的想法，那就模擬那個想法和一些好的想法。你可以告訴他們，你喜歡他們的想法的哪些地方，不喜歡哪些地方，然後感謝那個想法啟發你想出更多好的解決方案。例如：「我喜歡「讓它更視覺化」的想法，所以我嘗試了你在背景中使用照片的想法，並試著在頂部加入一些插圖。」

如果你遇到沒有幫助的會議或流程，那就把你的提議說成「稍微調整一下他們的規劃」，即使你的修改其實很大。如果你能自願為這些調整負責，而不是要求他們承擔責任，那就更好了。

我有一位部屬成功地對我採取了這種方法：

> 我很喜歡你每週舉行一次團隊會議。現在大家有很多議題，我認為提前擬定議程可能比較好。如果你願意，我可以負責收集議題。

我非常感謝他的主動，他的說法讓我更願意接受幫助。

## 重點提要

- **把你的同事當成合作伙伴，而不是資源**：創造成功的產品和公司需要所有部門和專業人員一起合作。如果你讓他們參與決策並重視他們的想法，你會得到更好的結果，尤其是設計與工程人員，但也包括用戶研究、資料科學和市場行銷等角色。
- **了解他人的工作**：你對同事的職責、流程、目標和擔憂了解得越多，你就越能與他們成功地合作。許多 PM 犯錯的原因是他們不明白對方為何有某種想法。
- **來自高層的指示只是一個起點**：當高層要求你建構一個功能時，他並未授權你跳過產品的最佳實踐。不要將他的想法置之不理，但也不要急著去實現它。就像你不會僅憑片面的問題承接客戶的要求一樣，你要研究高層的要求，了解他的潛在需求。

# 人事管理技能

成為人事經理

新領導技能

教導和培養

成立團隊

組織卓越

# PART G

# PEOPLE MANAGEMENT SKILLS

# G 人事管理技能

PM 的職業階梯分成管理者和個人貢獻者（IC）兩條路。IC 是透過影響設計人員和開發人員來建構產品，而 PM 經理（PM Manager）則是透過影響和培養團隊中的 PM 來建構產品。

在這幾章，你將學習如何培養偉大的 PM、建立偉大的團隊和創造偉大的產品組織。

- **成為人事經理**（第 331 頁）將幫助你了解自己要不要進入管理層，如果要，如何邁出這一步。你將了解這個角色的一些驚奇的層面，以及公司如何選擇新經理。
- **PM 經理的新領導技能**（第 340 頁）將教你如何適應權威的位置。你將學習如何評估工作，讓人們負起責任，溝通策略，以及成為領導團隊的一員。
- **教導和培養**（第 351 頁）將教你如何幫助團隊成員發展技能和成長。你將學習個人發展計畫、指派專案和評估績效。
- **建立團隊**（第 363 頁）將教你如何聘請優秀的 PM。你將學習如何設計面試流程，說服吸引人選，如何尋找人選。
- **組織卓越**（第 381 頁）將教你如何設計一個良好運作的產品組織。你將學習產品流程、團隊文化和組織設計。

這幾章只介紹人事管理的皮毛。若要更深入了解，我們推薦 *The Making of a Manager*（Julie Zhuo 著）、*The Manager's Path*（Camille Fournier 著），與 *High Output Management*（Andrew S. Grove 著）。

CHAPTER 27

# 成為人事經理

「你是產品經理？你管多少人？」因為這個問題我聽過太多次了，所以我已經有一個固定的答案了，「我管的是*產品*，不是*人*。」我會這樣回答。

但是這個問題仍然影響著我，它巧妙地暗示了「管理人員」才代表真正的成功。我走錯路了嗎？我喜歡我的產品，我也喜歡在 Asana 發揮影響力，但難道我要跳槽到一家快速成長、高流動率、一兩年後就可以升為經理的公司嗎？我這個 PM 是不是比選擇那條路的朋友更糟糕？

快速變成人事主管讓我有很大的壓力，但回想起來，我很慶幸我沒有改變原本的想法。雖然最終我依然踏入人事管理領域，但是擔任 IC 的那幾年是我職業生涯中最有趣、最有影響力、最有收獲的幾年。隨著公司的發展，當人事經理變成我最能夠擴大影響力的途徑，但是這個角色也伴隨著一些利弊得失。

## 你真的想成為一名人事經理嗎？

當你剛開始工作時，你很容易認為經理就是「主管」，他們在某種程度上的確是，他們通常有一些額外的決定權，以及聘請和（如果需要的話）解僱員工的權利。

但是正如那句名言所說的：「能力（權力）越大，責任越大。」

當你踏入管理職位時，你要為你所做的決定對別人負*更多*責任，你必須影響工程師、你的部屬，和較資深的管理者。你的部屬不會莫名其妙地服從你，即使他們服從了，用權力來控制通常會適得其反。

這一切都說明，人事管理是一個複雜的角色，雖然有些人喜歡，但不是所有人都喜歡。請謹慎地考慮你是不是真的想做這種改變。一般人很容易被它附帶的「聲望」吸引，如果它不適合你，那就果斷地取消念頭吧！但是如果你覺得合適，或你只想嘗試一下，那就去做吧！

## 你或許不要當人事經理的理由

### 人事管理可能令人心力交瘁

身為人事經理的你所做的決定對你有很大的影響，與產品決策不同的是，那種決策再也不「僅僅是軟體」而已，你現在要為別人的生計負責，你要負責考核別人的績效，決定誰能加薪，誰不能，可能還會面臨解僱別人的場面。

這些都是極其困難卻很重要的決定。我們很容易將失敗的 A/B 測試當成一種學習經驗，卻很難用同一種心態來看待部屬的失敗。

### 人員管理可能很孤單

人們會以不同的態度對待主管，尤其是當人們在那個人已經成為主管才認識他時。你可能會發現，團隊對你的歡迎程度不如 IC，你可能不會被邀請參加下班後的活動，或者，即使你被邀請了，別人和你說話的方式可能會比較拘謹。這會讓工作變得更不好玩，尤其是在你沒有別的主管可以談心的時候。

### 你無法百分之百誠實

身為人事經理，你會知道一些不能與他人分享的秘密或私人資訊。例如，如果你得知某人將在幾週後離開公司，你可能要在不做出解釋甚至暗示的情況下重新分配工作。

有時你要執行你不同意的政策變更。身為經理，你不適合向部屬抱怨這個變更，無論你同意與否，你都要負責讓你的團隊執行它。你可以和你自己的主管討論你的反對意見，但是當你面對你的團隊時，你要支持公司的決定。

### 你要透過別人來完成工作

PM 已經是透過別人來完成工作的角色了，但是依靠別人來完成你自己可以完成的工作更有挑戰性。很多時候，你知道你可以做得比團隊的其他人更快速且更好，但你必須克制衝動，教導他們，而不是告訴他們該做什麼。你要給他們空間，讓他們按照自己的方式做事，犯自己的錯誤。

### 你必須讓別人失望

經理的成功之道不是讓部屬開心就好了，你的責任是達成出色的業績，幫助公司成功。對公司最好的決策，對你的部屬不一定是最好的決策。有時 A 部屬想做的事情可能與 B 部屬衝突。

你可能被迫在分配專案人員或分配伸展機會時做出艱難的決定。你要考核別人，並在他們沒有達到預期的績效時告訴他們。你可能無法給部屬他們想要的加薪（甚至是你想給他們的加薪）。為了提升產品品質，你可能要加入減緩團隊速度的流程。

### 你要投入很多時間，參加很多會議

當你是 PM 時，你會隨著經驗的累積和技能的提高而變得越來越有效率，以前需要花一週完成的 spec 現在只要兩個小時即可完成，有些決定只要花幾分鐘，而不是花好幾天，你可以立刻發現易用性問題，而不需要進行易用性測試，你的工作和生活更加平衡，可以利用額外的時間來處理新的挑戰。

人員管理沒有那麼大的可擴展性。當然，你可以更快做出決定，更有效地解決棘手的情況，但是，無論你是多麼優秀的經理，你都不可能縮短每週 30 分鐘的 1:1 會議的時間，而且你要為每一位部屬安排一場這種會議。你也要參加別人的會議，以掌握跨公司的背景，以及分享你的團隊正在做什麼。如果你的團隊正在徵人，你每週要花幾個小時面試求職者。你的行事曆上的大多數時間都會被會議填滿，那些會議不會因為你的進步而進行得更快。在某些方面，你的工作品質與你投入的時間有直接的關係。

### 你要負責流程

大多數的 PM 不喜歡流程，他們比較喜歡自動自發，而不是制定規則。身為一位經理，你要負責建立流程，讓你的組織順利運行。而且，你在組織中的職位越高，領導流程就越是你的工作的基本部分。

有些經理渴望進入管理層是為了把日常的執行工作拋在腦後，事實上，執行工作仍然是主管工作的主要成分。你只是從幫助單一團隊把工作執行好，變成確保多個團隊把工作執行好。

### 招聘變成工作的重要部分

如果你抱怨面試要花很多時間，或是你不喜歡和求職者交談，你應該不想聽到經理會花多少時間在招聘上。有些人喜歡招聘，但也有很多人不喜歡。

在一家成長中的公司中，你可能每週至少要花 8 小時在招聘上。擅長建立團隊的人可能每天都會與潛在對象進行咖啡面談，你會花很多時間說服潛在對象，但大多數的面談都不會成功。你可能會去參加就業博覽會，或是在會議上發言，希望找到合適的人選。

## 你不需要當經理就可以指導別人

很多人說，他們之所以想當經理，是因為他們喜歡指導別人。如果你真的喜歡指導別人，你不需要當經理就可以做到。事實上，很多人雇用領導教練，在沒有「上級部屬關係」的情況下進行指導。

在很多方面，以非經理的身分指導別人的效果比較好，這樣你就可以 100% 專注在幫助別人成長上面，不會有商業利益衝突，你更容易給出支持性的回饋，而不是批判性的回饋。

如果你想獲得「先試用再付費」的管理體驗，你可以找機會正式指導一位實習生或 APM。這些導師關係可以幫你決定要不要成為一名經理。

你通常是那個人的主要聯絡人，負責幫助他制定成長計畫，給出績效回饋，並撰寫評論[1]。

## 當經理不一定是提升職業發展的最佳途徑

一般來說，就職業發展而言，公司比職位更重要。如果你不想當經理，你仍然可以升為一個高級 PM 或 principal PM。你也可以考慮教練、顧問和創投的角色。

當你在大公司工作時，你可以從同事那裡學習最佳做法，並發表有重大影響力的產品。你往往會建立更強的聲譽，為將來開啟更多選項。

## 要獲得高薪不一定要當經理

如果你關心薪水，你最好在大型科技公司擔任 IC，而不是在小公司擔任經理。你可以搜尋 levels.fyi 之類的工具，看一下不同公司的薪水範圍。

1 注意，各家公司執行實習流程的做法互不相同。但是，在許多公司裡，實習生的「導師」基本上就是他們的經理。

## 你想成為人事經理的原因

### 有更大的影響力

當經理的主要原因之一是，你可以和一個團隊一起發揮比你自己本身更大的影響力。

大多數的產品都是由數十名或數百名工程師組成的團隊設計的。為了負責製造這種規模的產品，你必須成為一名經理，甚至是經理的經理。

### 有更大的戰略影響力

身為經理，你要負責制定整體願景和戰略，來指導部屬團隊。

此外，身為經理，你要為旁系或上層戰略作出貢獻。你會被邀請參加更高階級的會議，在那裡分享你對公司發展方向的想法。你將參與更高階級的決策。

### 擴展你的視野

如果你沒有當過經理，你可能會覺得他們的行為難以理解，甚至覺得他們沒有能力，你可能很難與經理共事，因為你不明白他們關心什麼，或如何做出決定。

擔任經理可以讓你看到另一面。你會得到很多經驗和背景，來幫助你理解那些令人疑惑的行為。當你面對同樣的情況時，你會發現額外的限制、目標和其他資訊，讓原本你以為的「正確的方法」變得沒那麼正確。這種更寬廣的視野可以幫助你做出更好的決定。

### 支持別人和建立良好的團隊有很大的利益

基本上，管理是一項以人為本的工作。你要支持別人，幫助他們成長，你要把人們聚在一起，想辦法充分活用他們的技能，你要說服人才加入你的團隊，你要找機會幫助你的團隊創造更好的結果。

建立強大的團隊很重要，也很有影響力。

### 培養管理技能需要時間，盡早開始是有幫助的

如果你已經指導過實習生或 APM，而且確信以後你想當經理，你可能要在職業生涯的早期傾向人事管理。

與產品技能不同的是，你無法在可預見的時間內學會人事管理技能。你要按照部屬的行程來招聘、解僱、教導和晉升他們。你必須花很多年的時間來累積豐富的經驗，經年累月之後，你才會覺得人事管理問題是日常工作的一部分，才會知道如何自信地處理那些問題。

## 如何成為人事經理

你必須在正確的時間同時遇到三件事才能成為人事經理。

### 組織需要一名新經理

公司不會只因為某人有出色的表現就讓他當經理，只會在有人需要被管理的時候增加管理者。

加入快速發展的團隊可以提升你迅速成為經理的機會，這種公司終究需要一個人來管理許多 PM。另一種機會是當現任經理離職的時候，但這種事情應該是沒辦法預測的。

### 你的資歷夠深，而且表現得夠好

大多數的公司都有衡量員工夠不夠格成為經理的最低標準。除了符合這個資格之外，你也必須是一名頂尖的執行者。

升為管理者的確切標準取決於具體的情況，如果 PM 團隊迫切需要一位新經理，這個門檻可能比較低，如果團隊中有非常資深的 IC PM，這個標準可能比較高。

管理層很不喜歡沒有達到標準的 PM 想要成為人事經理，那些 PM 經常忽略關於如何改善他們的做法的回饋，因為他們錯誤地認為 PM 技能對擔任經理來說並不重要。

例如，PM 可能會說他們不需要改善他們的執行能力了，因為他們只要讓一位部屬為他們執行就可以了，這種想法是錯的，經理的執行能力必須比 IC PM 更強，因為他們需要協調多個產品團隊來交付成果，以及管理更多工作。

當經理有了部屬之後，他仍然會繼續使用產品、執行、戰略和領導技能。在許多公司裡，第一線的經理仍然是功能團隊的直接 PM，同時還要肩負新的管理職責。如果經理的直接部屬休假了，他就要介入工作。經理也要使用這些技能的進階版本來促使他的所有團隊取得成功。此外，在自己的工作崗位上表現平平的 PM 無法讓人相信他們有能力教別人如何表現出色。

## 領導層認為你對人事管理有興趣（而且擅長這件事）

你不能天真的以為你的主管會因為你的出色表現，而用管理職位來獎勵你。你要圓融地讓你的主管知道你想要當人事經理，並詢問有哪些技能是不足的，需要努力加強。

此時溝通技巧很重要，因為你不能激怒推薦你的人。有一種很簡單的方法是將你和經理的對話設定成規劃未來：「我希望以後可以當人事經理，我需要提高哪些技能，才可以在機會來臨時做好準備？能不能請你幫我想一下，如何讓我掌握這些技能？」不要把這場對話變成「你認為自己已經擁有多少技能」的爭論。

你也可以用這種方式請教你主管的同事們，他們的觀點將會比你的主管更公正。請教他們，並按照他們的建議去做，可以加強你們之間的關係，並將他們變成推薦者。

你可以用這些方法來告訴別人你可能是一位優秀的經理：

- **指導實習生和 APM**。將它當做管理職位面試。安排部屬的優先排序，教導他們、支持他們，並確保他們願意再次接受你的指導。如果他們的表現確實有問題，一定要和你的主管一起解決這個問題。
- **贏得其他 PM 的尊重**。當領導層決定下一任經理時，他們會注意其他的 PM 願意向誰報告。
- **贏得上司的同事以及其他主管的尊重**。無論決定升遷的人是你的主管還是委員，其他領導人的意見都很重要。不想和你共事的領導人可能會阻礙你的升遷。
- **自己解決衝突**。經理常常要幫助他的部屬解決衝突。展現這種能力的最佳方法就是不需要別人幫助就能解決自己的衝突。

如果你還在猶豫要不要向主管或經理的同事請教這件事，想一下為何如此，也許是你真的還沒有準備好，畢竟，沒有人**真的**一出生就準備好了。但也許那只是冒牌者症候群讓你裹足不前（第 257 頁）。

**人事經理的共同特質**

當領導層考慮提拔某人擔任人事經理時，他們可能會尋找一些特質。

- 挺身相助
- 能力強
- 積極主動
- 有彈性
- 懂得完成工作
- 與隊友一起創造很好的工作成果
- 會管理時間
- 與經理的關係很好

- 受到整個公司的領導層的尊重
- 容易管理
- 很少發生人際衝突
- 自己解決問題
- 沉著面對壓力
- 願意做出艱難的決定
- 優秀的判斷力
- 考慮周到
- 擅長溝通
- 與高層相處融洽
- 歸功他人
- 慶祝隊友的成功
- 對自己的能力有信心
- 樂於招聘
- 樂於輔導
- 被譽為好導師
- 寬容對待學員
- 被隊友視為領導者

整體來說，他們在尋找能夠幫助擴大規模的人，希望他有能力接管團隊的一部分，從而節省領導層的時間和精力。

## 關於擔任人事經理的迷思

以下都**不是**可讓一個人擔任人事經理的原因。

- **在公司最資深**。經理不是由等待最久的人依序替補的，它是由最好的候選人擔任的，不一定是最資深的人。
- **面試**。大多數的公司將內部員工晉升為管理職時，都不會進行面試，而是由主管或主管的主管選擇最合適的人選，並提供這個職位給他。公司決定不進行內部晉升時，才會開放這個職缺給外部人選。但是，也有些公司願意讓員工申請內部管理職位。
- **風頭會蓋過你的主管**。你不是在和主管競爭他的工作。你可能會被升到與主管同一級，或是在主管離職時補上他的空缺，但即使是在這種情況下，你的主管的推薦也是有用的。

別忘了，想升遷就要讓別人願意提拔你。你是因為優秀的表現從人群中脫穎而出，而不是因為你擠掉別人。

## 管理以前的同事

當你第一次擔任人事經理時，你可能會管理以前的同事。這種場面對每一位親歷者來說都有點尷尬，所以你一定要在轉換角色時圓滑一些。

對你的老同事來說，這可能是一個敏感的時刻，他們可能也想成為經理，認為你受青睞是不公平的，他們可能不認為你的職位比較高，也許還會讓你知道他們的感受。

別因為這種事而失去信心，你能雀屏中選不是沒有原因的。

這些方法也許可以幫助你順利地度過這段時間：

- 不要擺出一副老闆的樣子。你可以繼續把老同事當成同事，尤其是在剛開始的時候。
- 如果你打算改變與他們互動的方式，你要多花一點心思解釋一下，以免讓人覺得你在耍威權。
- 與此同時，你要劃下明確的界限，不允許任何不尊重的行為。如果他們忽視你的請求，你要立刻解決。
- 與上一任經理完整地交接，了解同事的個人發展計畫、他們的工作進度，以及關於他們過往表現的任何重要資訊。他們快要加薪或升遷了嗎？記得取得以前的考核結果。
- 和他們談談第一個月的職業目標。這可以確立你的新角色，並確保你不會拖到為時已晚。

但是，實際的場面通常沒有 PM 想像的那麼尷尬，你的同事通常會認為你的升職是應得的，他們也會為你感到高興。

## 重點提要

- **人事管理可能遠遠不如表面上那麼有趣**：PM 往往有遠大的目標，將人事管理視為重要的里程碑，但是成功的 PM 職業生涯並不是只能走這一條路。在 IC 職位待久一點可能更有成就感，也不會那麼累。
- **你必須是一位經驗豐富的、成功的 PM，才有資格成為管理者**：許多 PM 在職業生涯中，太早準備進入管理角色，這會讓他們無法專心培養重要的技能。不要忽視你的 PM 技能。
- **如果你對人事管理有興趣，那就告訴你的主管**：不要假設你的主管知道你想要什麼。進行一場前瞻性的談話，這樣他們就會開始注意你，並開始提供有用的回饋。

CHAPTER 28

# 新領導技能

「幫你獲得這次成就的方法無法讓你獲得下一次成就。」這是我們從產品主管那裡聽到的，關於進入管理層的一句老生常談。[1]。

Priyanka 是一位深受愛戴、注重結果、努力工作的 PM，她關心團隊中的所有人，懂得與他們攜手合作，解決任何問題。她似乎是管理層的最佳人選，但是她成為主管之後，很快就遇到問題了。

在擔任 PM 時，她願意不惜一切代價，做出成功的產品。她會仔細地檢查每一個細節，參加每一場用戶訪談，並且分類每個 bug。在擔任經理時，她試著保持同樣密切的參與度，卻有人抱怨她管太細了，導致較優秀的 PM 試著跳到其他團隊，希望在那裡享有更多的自主權。

在她的管理之下，苦苦掙扎的 PM 過得不太好。當她擔任 PM 時，如果事情出錯，她會小心翼翼地不責備隊友。在擔任經理時，她不會讓別人承擔責任，畢竟，他們一直以來都是榮辱與共。遺憾的是，在考核績效的時候，他們卻很驚訝地被告知他們沒有達到預期的績效。

她與其他主管共事時，問題更多。人們喜歡她擔任 PM 時支持自己團隊的方式，然而，在領導層的戰略會議上，她因為抗議一個重要的改變而被說成缺乏遠見，那個改變會取消她的團隊的一個專案。

1 見這篇優秀的文章 *https://www.reforge.com/blog/crossing-the-canyon-product-manager-to-product-leader*。

在很多方面，PM 經理的成功和 IC PM 的成功是一樣的，兩者都藉著帶領一個團隊來生產偉大的產品。在擔任 PM 經理時，你只不過是透過另一群人員來做事，本書的 F 部分（第 250 頁）介紹的領導技能同樣很重要。

不過，正如 Priyanka 所體會到的，在某些方面，人事管理需要新的、不同的領導技能。你的官方角色會改變你與同事的關係。你的範圍擴展到更多團隊、更多策略，和更長的時間範圍。若要在新職位上取得成功，你要培養自己的部屬，讓他們接手你的舊職責，這樣你才可以繼續擴大自己的工作範圍。

## 責任

### 將你自己視為領導團隊的一員

身為人事經理，你很容易把注意力往下移，企圖成為部屬們最好的主管。你會想到以前的經理、回憶你喜歡他們的什麼，不喜歡什麼，並且想要讓部屬喜歡你。你想要保護他們免受不愉快的指令影響，在衝突中為他們辯護，並且絕不在他們的專案進行到一半時改變計畫。

這些做法在理論上很好，但是管理工作遠遠不止讓部屬給你好評。身為管理者，你要和其他領導者一起創造整個公司的偉大成果，比起部屬，你對上級的責任更多。

有時你不得不改變部屬的計畫，浪費他們的工作，有時你會要求你的團隊暫時放下眼前的目標去幫助另一個團隊，你可能要在部屬面前為公司的政策辯護，即使你本人也不同意那個政策。

若要成功，你要加強與公司其他領導者的關係。如果你曾經與其中一位領導者發生衝突，現在要不計前嫌，站出來解決這個問題，這對你的兩個團隊都有好處。

#### 你是在代表公司發言

一旦你成為經理，你就處於一個權威的位置，你說出來的話比以前更有分量。

想像一下，你正在參加公司的女性員工團體的會議，大家正在討論管理團隊的新成員是個男人。「我一點都不意外」你說：「這家公司只提拔男性。」如果你是 IC，這句話只是在抱怨公司過去的做法，但是，當你是經理時，在場的人可能會解讀成你承認有性別歧視。在那個房間裡的某位部屬可能會控告公司，說她的老闆告訴她只有男性才能升遷。

這不是叫你容忍不好的做法，而是叫你不要在 IC 周圍隨便說話，尤其是在你的部屬附近。即使是同事之間友好的調侃，當說話的人是決定你薪水的人時，那些話也會變得很可怕。

## 讓人願意負責 ⚡

身為管理者，你要培養團隊的責任感，也就是說，你要確保你的部屬遵守承諾，如果他們沒有兌現承諾，你要請他們解釋原因，並採取措施，在下一次做得更好。這不代表你要懲罰沒有準時發表的部屬，而是你要認真地看待錯誤，並從中吸取教訓，讓事情在下次能更順利地進行。

Five Whys 程序（第 83 頁）是培養團隊責任感的好方法。當你遇到 OKR 沒有達成，或出現其他問題時，你可以用 Five Whys 詢問 PM，並讓他向你報告他學到什麼事情，以及他們正在採取哪些措施來避免問題再次出現。這些公式化的步驟可避免對話流於無益的指責，並有利於未來的學習。

更廣泛地說，你可以讓部屬解釋他們的行動和思考過程。制定一個流程來確保部屬對產品發表進行回顧性分析。當你發現意外的事情時，你要繼續跟進。詢問他們是否正在實現他們的每一個目標，如果他們偏離正軌，問他們打算怎麼重新回到計畫中。

## 為團隊制定策略 ⚡⚡

身為經理，你要依靠別人執行你的策略。你要設法將策略分成許多部分，好讓多位 PM 可以同時執行它。下面是幫助經理執行策略的一些技巧：

- 在撰寫策略時，說明公司的高級策略與你的團隊的策略之間的關係。例如，公司有十個優先事項，由你負責其中的一個並為它撰寫策略，你可以將它分解為五個計畫，並將每個計畫分配給一個團隊。
- 有意識地思考如何讓團隊在你的策略之上發展。為他們創造空間，讓他們可以開闢自己的策略，同時與你的目的保持一致。
- 將你的部屬視為策略中的利害關係人，讓他們在最終版本確定之前發表自己的意見。強調他們打算做的任何事都必須與戰略有關，如果有什麼遺漏，他們應該說出來。
- 釐清事情的輕重緩急，尤其是與你的同事和你的主管有關的事情。如果高優先順序的工作落後了，也許你可以從負責低優先順序工作的團隊調派一些資源。確保團隊明白哪些工作是高優先順序的，以及為何如此。

要進一步了解策略，請閱讀 E 部分：策略技能（第 194 頁）。

## 讓團隊與策略保持聯繫 ⚡⚡

只建立策略是不夠的，你也要確保團隊了解和依循策略。小誤解可能導致重大的問題，例如浪費工作、弄錯優先順序、不一致的產品決策，降低士氣。

你要比你想像的還要頻繁地重複提醒策略。把握每一個機會說明事情和策略的關係。在做決定時，說明你根據策略的哪個部分。提醒團隊他們的專案與策略之間的關係。在你們慶祝勝利時，談一下策略造成的影響。

OKR（第 246 頁）很適合用來說明策略與執行之間的關係。你要考核每一個團隊的 OKR，直到你滿意為止。你要確保他們有足夠的企圖心，能夠朝著你所負責的公司目標前進。

## 考核與批准工作 ⚡⚡

在你職業生涯的早期，你要把你的工作結果拿給別人批准，現在你扮演另一個角色，你是負責確保團隊產品品質的人。

你要授權你的團隊並確保品質。你帶領的 PM 是他們領域的專家，比你更接近研究、客戶和問題。另一方面，你可能有更多的經驗、判斷力和大局觀。

身為一位經理，你要審核的工作比你當 IC 時還要多，除了設計和產品之外，你也要審核早期 spec 和策略。當時你向設計師和工程師提供回饋時的最佳實踐此時仍然適用：

- 設定目標，定義成功是什麼樣子。你的團隊要負責解決問題。
- 根據原則來給出回饋，而不是根據個人喜好。
- 審核工作，以確保它符合成功標準。

注意，身為管理者，你的話更有分量。別人可能害怕反駁你的想法，也可能將你的一句無心的評論理解成直接命令。Do、Try、Consider 框架（第 348 頁）可以幫你釐清意圖。

### 讓自己淡出

授權永遠是一項重要的技能，但是在當 IC 時，在你的工作範圍內，你可以授權的事情是有限的。身為管理者，你越能有效地授權，你就越能專注在更高層次的責任上。

第 185 頁的「學習如何做好委託」的建議也適用於這裡的情況，但是現在你有更多彈性。

務必考慮這些選項：

1. 教導和訓練你的部屬，讓他成長，有能力肩負更大的責任。
2. 聘請能夠承擔這些責任的新人。
3. 對「錯誤」更寬容。

許多領導者把責任抓得緊緊的，因為他們不相信別人可以把工作做好。一旦他們累積的責任越來越多，他們就會變成瓶頸，拖累數十人，甚至數百人。你可以先將「可容忍犯錯」或「可以挽救」的工作授權出去。

## 成長實踐

### 建立支持網路

管理職可能很孤單，因為你的部屬把你當成「老闆」，但是你的經理希望你可以獨立。你可能會驚訝地發現，週末沒有人找你出去玩，別人和你說話時更謹慎了。你不能公開談論你所面臨的挑戰，因為那些挑戰往往不能公開。

管理也是一種情感負擔。你的部屬可能會在 1:1 時哭出來。當他們不能做他們想做的專案，或是沒有得到自認為應得的加薪時，他們可能會生你的氣。你會聽到部屬在他們的私人生活中面臨的困境。你會覺得自己要對團隊的人負責，有時這會讓你輾轉難眠。

你可以刻意地認識其他導師和同儕，如此一來，當你需要幫助或同情時，你就不會感到孤獨。尋找可以和你公開交談的人——例如，公司的其他經理或專業教練。你可能也要找一些和你面臨相同挑戰的人、一些經驗比你多一點的人、一些經驗比你豐富得多的人。

## 維持可靠性

當你擔任經理的時候，你不需要大張旗鼓地宣稱自己是老闆。

如果你的部屬認為你是可靠的，而且可以和你互動，你就可以建立信任感，並對他們產生最大的影響。若要做到這一點，有一種方法是公開你自己的失敗和掙扎。

## 設定道德底線

有些管理者太想要當一位樂於助人的好老闆，以致於沒有設定重要的、健康的底限。他們會花幾個小時聽員工抱怨新政策，或者在員工忽視他們的回饋時自責不已。他們可能會幫部屬的無禮或不尊重找藉口。

這種放縱往往會適得其反。首先，它占用了你原本可以善用的時間和精力，其次，這會鼓勵部屬的不良行為，最終會限制他們的職業發展。

> 當你對部屬感到失望時，那就代表你要劃定界線了。

你可以限制一個話題的討論時間，結束已經超出界限的會議。你可以告訴部屬：他們沒有為自己的問題負責、對策略推委得太超過了、不尊重別人，或是不願意接受回饋。

用這種方式來保護自己可能會讓你覺得不舒服，你可以想像你在幫團隊的其他人劃定界限，而不僅僅是為你自己。你也可以寫下並分享一份文化清單，讓你在劃定界限時有理可循。

## 避免管太細

對工作負責不代表你要鉅細靡遺地管理。優秀的 PM 都不想被管太細，所以如果你想建立強大的團隊，你就要讓部屬有自主權。

身為管理者，你可以想想你能夠容忍哪些錯誤，或是哪些與你的做法不同的解決方案，如果答案是「全部都不行」，你就不得不鉅細靡遺地管理。

你要考慮讓團隊自己學習：

- 易用性測試和小型 A/B 測試可安全地進行實驗。
- 被易用性測試和小型 A/B 測試驗證過的作品通常不需要太多額外的審核就可以送出去了。

- 對於容易復原的變動，你可以在發表之後評估成功與否，看看那個變動是不是必要的。
- 通常許多解決方案都是可以接受的，不一定要用絕對最好的那一個。

如果你卡住了，切記，你可以告訴他們解決方案應該實現**什麼**目標，但不能告訴他們**如何**做。

## 注意速度 ⚡

身為管理者，你的許多決策都會影響團隊成員的工作速度。

你可以透過聘用人才、好好地訓練部屬、制定產品原則、建立設計系統、盡早驗證想法來提高開發速度。

如果你在繼續前進之前，先讓團隊回去進行更多次迭代，團隊的速度就會降低。這可能是 OK 的，畢竟，當你朝著錯誤的方向前進時，無論走得多快都無關緊要了。

然而，當你要求進行更多次迭代時，你要注意你造成的拖延。除非你認為迭代改善的程度值得用拖延來換，否則不要做出這種要求。

## 確保部屬對他們的工作有充分的自主權 ⚡⚡

你要確保團隊成員對他們的工作有充分的所有權和責任感，即使你是最終負責人。若非如此，你就無法擴大你的影響力。

Approaching One 的負責人與產品主管 Adam Thomas 這樣說：

> 你不可能比團隊的 PM 更知道狀況，因此關於工作本身的傳統建議通常都是沒有用的。你的工作是幫助他們做出更好、更快的決定，並遠離干擾。

具體的做法是透過發問。假設他們已經知道並掌控了一些事情，別要求：「你要了解競爭對手是怎麼處理這個問題的。」，而是問：「我們的競爭對手是怎麼處理這個問題的？」。

透過問問題來驗證他們的假設。例如，你可能會問：「有多少人使用了這個功能？」，如果你認為它對決策很重要的話。或是：「那個分析有區分活躍與不活躍帳戶嗎？」，如果你認為他們可能錯誤地沒有把不活躍的帳戶排除在外。

盡量把部屬當成問題的負責人，把自己當成顧問。即使你知道的比他們多，也不要讓他們依賴你的知識，而是要讓他們獲得自己的知識。

## 留意有廣泛影響或長期影響的決策

如果決策的後果超出團隊的責任範圍，你就要介入其中，此時，你可能要要求進行額外的驗證，在極端情況下，你可能要否決一項決策。

以下是決策可能超出團隊範圍的情況：

- **難以復原**：這個決定會影響公司的聲譽嗎？在發表之後進行更改的代價會不會太高，以致於團隊無法在不耽誤其他目標的情況下自行更改？
- **長期代價**：大多數的團隊都可以制定三個月的計畫，一旦超出這個範圍，他們就無法判斷未來計畫的可行性。例如，他們可能說他們可以在一年內將一個解決方案改成更有可擴展性，但可擴展性的需求已經迫在眉睫了。
- **跨團隊影響**：當一個團隊的決定會影響另一個團隊時，你可能要介入其中。這通常會發生在有依賴關係時。
- **一致性**：團隊可能會做出對他們自己而言有意義的決策，但是對用戶來說，那些決策將導致不一致的、令人困惑的體驗。工程師可能想要建立自己的基礎架構來針對他們自己的使用情況進行優化，但是從更高層次的角度來看，這並未妥善地運用工程時間。

再次強調，授權給你的團隊和委託工作給他們是有價值的，但是，在特定的時機或地點，你也要介入其中。

## 故意創造透明度

管理界有時非常神秘。你要私下與部屬一起討論他們的成長領域。你要參加機密的高層會議。你會知道新的計畫和優先事項。你大部分的時間都花在你不能公開談論的工作上。

這種保密有一些弊病。你的部屬可能會認為你什麼都不做，這會影響他們對你的尊重程度。此外，當秘密涉及決策的背景時，團隊可能會做出狀況外的決定，或搞不懂為何收到一個要求。你可以刻意地創造透明度，來抵消這種保密性：

- **每個月發送優先事項清單**。裡面可能是較高層次的要點，並且做了適當的匿名以保持隱私。通常，你只要讓部屬知道你正在做多少不同的事情就可以贏得信譽了。這份清單可幫助人們在一項計劃開始時，在他們還有時間發揮影響力的時候，與你進行溝通，也可以讓人們了解你目前沒有在處理哪些事情。

- **和部屬談心事**。什事情讓你徹夜難眠？你期待什麼事情？盡量多說，讓他們了解你。
- **可能的話，讓部屬參與你的工作**。如果你正在制定策略，向部屬徵求意見和回饋。如果你要做一場高風險的簡報，在團隊前先演練一下，這可以讓他們一窺你的世界，並從你樹立的榜樣中學到很多東西。
- **將高層會議的背景分享給你的團隊**。有一個很簡單的方法是將你的團隊會議安排在經理團隊會議之後，讓你在記憶最清晰的時候分享出去。你當然要保密，不過這些會議有很多內容都與你的團隊有關，而且不是機密的。

透明度不一定都是可以提供的，但是在可以的時候，它能夠建立信任感、尊重和公平感。

## 概念與框架

### 用於產品回饋的「Do、Try、Consider」框架

Asana 的 Do、Try、Consider 框架是很好的方法，可以在授權團隊的同時，確保一致性和高品質的結果。它可以讓批准者清楚地知道如何在不被誤解的情況下，提供強制性和非強制性的回饋[2]。

**Do**

強制性回饋

很少使用

「Do」回饋適合在品質造成的影響或系統造成的影響超過團隊負責的範圍時使用。

- 找出解決方案，在下一個里程碑之前完成它
- 如果有新的資訊出現，與利害關係人聯繫
- 通常需要幾分鐘、幾小時或幾天

**Try**

要求探索下一步行動

例如繪製一些選項或查看程式碼，以評估某些事情。在進行探索之後，授權團隊決定是否改變路線。

- 與利害關係人分享探索結果，並讓他們知道你的決定
- 通常需要幾分鐘或幾小時

**Consider**

分享想法或另一種思考方式

在簡單地思考並做出回應後，團隊有權接受或不接受回饋。

- 想一下回饋並提出回應，回應可以是即時的，也可以之後用書面提出
- 通常需要幾秒鐘或幾分鐘

2 我也在 *https://medium.com/@jackiebo/do-try-consider-how-we-give-product-feedback-at-asana-db9bc754cc4a* 發表一篇關於這個主題的文章。

在這個框架下，當你給出回饋時，你要清楚地說明它是「do」、「try」還是「consider」。這三種回饋類型都明確地指出回饋的意圖，以及團隊該如何回應。

- **Do**：強制性回饋。團隊要找到一個解決方案，並在下一個里程碑之前實現它。團隊要聯繫利害關係人，讓他們知道工作已經完成或出現任何意外。很少使用。
- **Try**：要求進行探索性的工作，例如提出一些選項，或查看程式碼，以評估某些事情。在進行探索，並且和利害關係人分享之後，團隊有權決定他們要不要改變路線。
- **Consider**：分享針對問題的想法或另一種思考方式。在簡單地思考並做出回應後，團隊有權接受或不接受回饋。

如果你要在團隊中使用這個框架，你要先介紹這些概念，在使用框架時，一定要告訴他們你在使用它。部屬可能要在你使用幾次之後，才能真正理解你期望的回應類型。你們很快就會習慣這些術語。

## 校訂框架

曾經在 Stripe、Google、Twitter 和其他公司工作過的產品主管 Shreyas Doshi 解釋道，在擔任經理時，最重要的改變之一，就是從創作性工作變成校訂性工作（editing work）。

若要成為好的校訂者，你要**意識到**你的工作已經從創作者變成校訂者了。身為產品領導者，你要建立一個能夠自我管理的強大 PM 團隊，為此，你要給他們發揮判斷的空間。這是你擴大影響力的唯一辦法。

對於那些覺得需要證明自己配得上這份工作的經理來說，轉變為編輯心態特別困難。他們可能會覺得批評團隊成員的決定只是為了驗證他們自己的技能。你應該帶著好奇心來處理這個問題，例如，「告訴我你想用這個來解決什麼問題。」

下一部分是對所有的粒度（granularity）進行校訂，從產品策略到像素。此時，你要讓團隊知道，你打算校訂他們的工作。你打算對工作提出適當的意見，並評價工作成功與否。許多 PM 不知道他們主管的工作到底是什麼，你要向他們解釋，對你來說，什麼叫做成功，如此一來，他們就可以理解為什麼你要校訂他們的作品。你要清楚地指出哪些地方需要徹底修正，哪些是可做可不做的，這除了可以表明你的意圖之外，也可以指出哪些專案是最重要的，以及 PM 應該把最多時間花在哪裡。

最後，在實際校訂時，採取這些步驟：

1. **聆聽並提出問題**：在發表意見之前，先提高自己的理解力。
2. **重新定義問題**：PM 的想法是不是太局限了？他們是不是擔心一個障礙，但你知道你可以解決它？他們是否關注錯誤的問題？
3. **探索其他方案**：詢問他們考慮過哪些替代方案，並進行討論。如果他們在評估選項時漏掉了什麼，讓他們知道。如果他們沒有考慮過替代方案，請他們考慮一下。
4. **指導或委託決策**：你要表明你的哪些回饋是他們可以考慮的、哪些是強烈建議的、哪些是沒有商量餘地的。

遵循這些步驟可讓你為團隊開創空間和指出方向，讓他們可以完成出色的工作

## 重點提要

- **你的團隊是領導層團隊**：身為經理，你的主要負責對象是整個公司，不是向你報告的人。多數時候，對你的團隊最有利的事情，就是對公司最有利的事情，但你不能因為害怕讓部屬不高興，而不去做正確的事情。
- **用策略來領導**：指導團隊的主要手段是透過你制定的策略。如果你專注在建立正確的願景、目標和原則上，你就可以授權團隊去執行工作。這可以避免你管太細。
- **從創作者變成校訂者**：你要認識到，你的工作已經不是做決定了，而是建立環境和審核工作。團隊的 PM 是他們的工作的負責人。清楚地讓他們知道你的回饋是強制性的還是非強制性的。為他們保留空間，讓他們發揮自己的判斷力。
- **讓自己淡出**：身為經理，最佳的進步方法是教導和訓練部屬承擔越來越多你現在的職責。當他們成長為你現在的角色時，你就有更多時間去承擔更高層次的責任。

CHAPTER 29

# 教導和培養

Phil Jackson 是公認有史以來最偉大的籃球教練之一，他帶領過 Dennis Rodman、Kobe Bryant 和 Shaquille O'Neal 等球員贏得 11 次 NBA 總冠軍 [1]。

教導明星球員並不容易。那些球員已經是全世界最好的球員了——崇拜他們的球迷每天都在提醒他們這件事。雖然他們依賴自己的團隊，但他們也希望個人的偉大成就獲得認可。他們的運動和許多其他運動一樣，讚揚侵略性和競爭力，激昂的情緒經常導致沒必要的犯規，和糟糕的團隊合作。

對 Jackson 來說，教導這些明星意味著他必須制服那些伴隨著「卓越」而來的「自我意識」，他不僅要設法讓他們更卓越，也要激勵他們聽他的建議，有時，後者才是最棘手的部分。

Jackson 發現 O'Neal 最大的障礙是分心。Jackson 對他說：「聽著，如果你聽我的，你會拿到 MVP，聽我的，你就會贏得冠軍。」Shaq 同意之後，Jackson 要他別再發行饒舌專輯了，並且叫他減少商業廣告，做他叫他做的所有事情。把注意力放在球賽讓 Shaq 迎來他的籃球生涯最好的時光 [2]。

1 Phil Jackson 寫了三本關於他的教練生涯的書：Eleven Rings、Sacred Hoops 與 The Last Season。

2 關於這段對話的詳情，見 *https://bleacherreport.com/articles/2892349-shaquille-oneal-says-phil-jackson-told-him-no-more-albums-limit-commercials*。

Jackson 利用「Bryant 想擔任隊長」這個目標來指導他與隊友的關係。「你是怎麼和隊友相處的？」Jackson 問道，Bryant 說他不和隊友來往。「那就不會有什麼好結果了。」Bryant 聽進去了[3]。

> 這就是教導和培養的含義，它是關於了解如何創造一個常勝軍，它是關於了解人們的目標，建立信任感，讓他們願意接受你的教導，它是關於選擇正確的回饋、做法和指導，讓人們學會他們需要的技能，以擴大他們的責任和取得成功。

第 25 章的技能：輔導（第 301 頁）是進行教導和培養的重要基礎。然而，身為經理，你有額外的責任，教導不是只要讓部屬以他們想要的方式成長就好了，你也要指出他們哪些方面需要成長，以及評估他們的表現。

## 責任

### 設定期望 ⚡

PM 是一種「釐清需要做什麼，然後去做」的角色，所以設定明確的期望並不容易。有時在設定期望之前，你要先釐清該為部屬做些什麼。

解決這個問題的方法是根據結果設定期望。你可以從最明顯的結果開始：「你的團隊即將動手和實現的目標。」你也可以加入「哪些事情可能出錯」的期望，讓部屬知道哪裡有「出乎意料」的機會。你要盡量圍繞著具體的 PM 技能設定期望。例如，如果你有一個職業階梯，你可以要求他們在特定的時間內符合某些類別的標準。

### 即使你不是考核者，你也要檢查他們的工作成果 ⚡

PM 需要製作文件、做簡報、寄 email，召開會議，他們也要負責設計產品、擬定發表計畫和確保整體的品質。檢查作品可以讓你知道部屬的表現如何，以及他們哪裡需要改善。

如果你原本就負責審核他的某項工作成果，你很容易就可以看到成果，但如果你想要看他的其他工作成果，你就必須想出一個辦法。PM 有時不喜歡被檢查所有的工作成果，因為他們害怕被管太細，或者，有時他們只是因為太忙而忘記。

---

3 關於 Bryant 與 Jackson 之間的關係，詳見 *https://www.sportscasting.com/kobe-bryants-relationshipwith-phil-jackson-transcended-basketball/*。

你一定要在一開始就讓對方預期你的參與。你要在讓他更獨立之前進行比較嚴密地監督，而不是等到他出問題再提升監督的嚴密程度。在專案開始進行之後取消他的獨立權一定會讓他產生剝奪感，這種做法要保留到他們真的表現不佳時才使用。

你要具體地指出你要檢查他們的哪些工作成果，以及他們應該讓你做哪些決定。他們要把「FYI」的對話都轉發給你，讓你了解情況嗎？與他們討論怎樣才會讓他們更獨立，是否有特定的時間點或里程碑？

可能的話，用一個組織結構來規定你要看他們的哪些工作成果，例如，PM 經理可以審核他的 PM 的工作成果嗎？

## 一起制定個人發展計畫 ⚡

與你的每一位部屬一起制定他們的個人發展計畫，這個計畫包括他們的職涯目標、他們的長處、他們的挑戰，以及他們想要做什麼工作。

做法如下：

1. 讓他們寫下自己的目標，並自行評估技能。這些資訊都可以讓你了解對他們而言何謂成功，讓你可以根據他們的興趣來安排工作。
2. 看了他們的目標和自我評估之後，拿他們寫的和你自己對他們的評估做比較，包括技能以及他們如何提升能力。
3. 選擇最重要的 2 到 4 個領域，讓他們把重心放在上面，超過這個數量只會讓人分心。
4. 根據你的報告制定計畫，他們的里程碑或可交付成果是什麼？你會怎麼衡量進步程度？這個討論可以幫助你和部屬對於何謂成功有一致的看法。

定期檢查，確保下列事項的一致性：他們認為自己做得如何、你認為他們做得如何，以及他們的目標與實際的職業進度是否相符。你應該相信，當他們實現目標時，他們就可以走上加薪或升職的軌道（或擺脫糟糕的情況），如果你不相信，那就想一下他們還需要什麼，並且與他們一起修改計畫，以幫助他們實現目標。

## 為部屬尋找機會來擴展他們的技能 ⚡

身為管理者，你可以把好的機會介紹給部屬，推薦可以幫助他們成長的工作，把你得到的機遇讓給他們，問問其他經理有沒有適合他們的工作，讓他們負責一些能夠稍微擴展能力的事情，讓他們知道你信任他們，支持他們。

## 根據經驗來決定專案範圍 ⚡⚡

為部屬選擇專案不僅僅是決定他們要開發哪些功能，你也要為他們提供背景脈絡，並且為你的期望設定指導方針。在許多情況下，只要改變這些指導方針，你就可以根據不同的經驗和技能水準調整同一個工作的範圍。

在決定給予多少指導 vs. 給予多少自由時，你最好從比較嚴格的一方開始，在他們贏得你的信任時再放寬限制。放寬很簡單，給部屬更多自主權會讓他們很高興。但剝奪自由困難多了，因為他們會不高興，甚至會忽視你對他們的控制。你可以先讓他們知道這個框架，免得他們擔心你會持續鉅細靡遺地管理。

以下是如何適當地設定專案的指導方針。

| | |
|---|---|
| **實習生** | 完整的指導，使用精心製作的要點來讓他們執行，例如「採訪這三位利害關係人，以了解他們的需求。」在他們開始工作之前先討論每一項工作，並經常檢查。確保專案可以綽綽有餘地在實習結束之前完成，而且那個專案即使失敗也沒有關係。不要讓他們執行容易產生爭議的專案。 |
| **第 1 年的 APM** | 分享完整的背景脈絡，包括專案的動機、要研究的關鍵領域和要探索的潛在途徑。讓他非常明確地知道可交付成果，並拆成詳細的步驟（例如，「研究」、「spec」、「審核會」）和預計的時間表。經常檢查。如果專案可能出現需要上級定奪的爭議，別讓他們做這種專案。選擇即使嚴重延遲或未實現目標也無妨的專案。 |
| **第 2 年的 APM** | 分享完整的背景脈絡，讓他們參考你希望他們採取的步驟，但你可以讓他們自己安排時間表，等完成後再檢查。鼓勵他們在需要你的幫助時求助。警告他們有爭議的區域，並支持他們通過那些區域。選擇有容錯空間的專案。 |
| **更有經驗的 PM** | 列出問題、目標與任何限制，然後讓他們想出「怎麼辦」。根據你對他們的信任程度，以及專案的規模、複雜性和關鍵性，讓他們繼續進行適合他們的專案。 |

如果專案可以幫助部屬稍微擴展他想提升的技能，那就再好不過了，但有時，你不能如此奢望，因為你們有重要的工作要完成，而且無人可替代。

如果你需要縮小複雜的專案，你可以採取以下的方法：

- 清楚地讓他們知道，這個專案的範圍比你希望他們做的還要大。這可以讓他們了解為什麼他們的自主權好像比以前更少。

- 讓他們負責專案的某個階段，例如運行 beta 程式，或讓專案從 beta 進入正式發表。
- 讓他們清楚知道，他們要草擬最複雜的部分，而且要經過你的批准。
- 更頻繁地進行檢查和工作會議，以指導他們工作。

如果你不知道怎麼辦，先從小範圍開始，以後你可以隨時擴展它。

## 成長實踐

### 與你的部屬建立牢固的關係

常言道：「人們辭掉的不是工作，而是主管。」你和部屬之間的關係會大大地影響他們的參與度和成效。

你自己必須有積極的動機才能建立牢固的關係。信任你的部屬，並且與他們站在同一邊，這樣說不是要你忽視他們的問題，或是為他們糟糕的表現辯護，你和他們對談應該是為了幫助他們成功，而不是一種發洩挫折的管道。

務必優先指導你的部屬。你要將指導他們當成你的主要責任，而不是讓你分心或隨機出現的義務。定期舉行一對一會議（1:1），不要取消會議或遲到。事實上，無論如何，跳過 1:1 通常是管理不善的象徵。

### 留下專門的輔導時間

1:1 很容易讓人把注意力集中在戰術問題上，卻不注意其他事情。

為了避免這種情況，有一種做法是每四次 1:1 就進行一次教導，你也可以在每一次 1:1 時，花一些時間來教導。

這可以讓你的部屬清楚地知道你在教導他，並讓他感激你。如果你的教導比較細，而且難以察覺，你可能會驚訝地發現，你的部屬認為他們沒有從你那裡得到足夠的教導。你可以為你分享的框架和方法想一個名字或吸引人的標語，這可以讓他們覺得在學習有用的東西。

## 讓他們知道主動與你溝通是他們的責任

PM 都是自動自發地工作，所以他們特別難以管理。你很難意識到他們正在做哪些工作，或他們做得有多好。你可能也不太容易在必要時介入，以進行糾正或教導。

為了有效地管理，你要讓部屬主動與你溝通，你要強調，透明地溝通和建立信任感是他們的責任。工程經理 Kate Matsudaira 是這樣說明的：

> 這意味著一個隱性的契約：我會給你自主權和獨立性，但你有責任告訴我你的狀態和資訊[4]。

你可以用下面的模板來讓你的部屬分享他們的工作：

> 現在我遇到 < 目前的挑戰 >。我 < 已經這樣處理它了 / 正在用這種方式處理它 / 正在思考怎麼處理它 >。你有什麼想法嗎？

這個模板可以讓部屬保有他們對情況的自主權和擁有權，同時可以幫助你了解工作的複雜性，並讓你有指導的機會。

## 向部屬的同儕與伙伴徵求回饋

為了全面了解部屬的工作情況，並找出他們最重要的成長領域，你要從他們的合作伙伴那裡取得回饋。

同儕的回饋（或 360 回饋）非常有用，但你不能只仰賴不常進行的官方考核，你應該與部屬的主要伙伴見面，並每隔幾個月詢問他們。這些面談可以幫助你了解在書面回饋中看不到的細節。

PM 通常會非常認真地看待同儕的意見，所以同儕的回饋是很有用的工具。他可能不接受你說他的合作方式有問題，但他應該不會否認隊友的意見。

另一種彈性的資訊來源是其他的管理者，與他們保持同步，看看他們的部屬有沒有關於你的部屬的評論（無論好壞）。如果你透過這種方式知道一些事情，你要委婉地跟進，因為那種回饋是二手的。

## 制定計畫來消除隱性偏見

隱性偏見就是所有人都有的下意識假設，如果沒有察覺，這種偏見可能會導致不公平的情況。

---

4　完整的文章在第 51 章：自主性與認同感的矛盾（第 578 頁）

幾乎沒有人願意以偏概全（但願如此），但它可能在無意識的情況下發生。例如，有一家大型科技公司為了增加多樣性而制定了一條規則：在每一輪面試中，女性至少必須占 40%。這聽起來是不錯的想法，但是很多職位都只有 20% 的女性員工。最終，他們召募到多很多的女性員工。更糟糕的是，升遷不考慮招聘的情況，導致女性的成就更低。雖然那家公司有很好的想法，卻造成不好的結果。

**給讀者的練習**

閉上你的眼睛，想像有一位成功的 PM 主管在一群興奮的觀眾面前推銷一個新產品。那位 PM 長怎樣？如果你不認識很多不同種族和性別的偉大領導人，你可能會不小心忽略那些不符合你心目中偉大 PM 形象的人才。

在進行教導和培養時，你要特別留意偏見。很多時候，隱性偏見並不是對一個少數群體過度嚴苛，而是姑且相信和你類似的人，給他們第二次機會。你應該試著讓所有人都享有這種特權。

想一下你有沒有一直抱持期望，你會不會用潛力來評價某些人，卻用成就來評價另一些人？你會不會認為不合作對一些人來說是小問題，但是對其他人來說卻是大問題？

你也要想想你的期望是不是真的**合適**。即使你對所有人都抱持同樣的期望，你可能也有偏見，例如：

- 有位人事經理非常喜歡從小就會寫程式的人，認為這是熱情的象徵。猜猜誰比較有機會很早就會寫程式？比較年輕的求職者，以及來自富裕家庭的求職者。
- 有些人事經理對求職者履歷中的空窗期不以為然。猜猜誰可能有空窗期？婦女（因為懷孕和生育），以及（自己或家人）遇到嚴重醫療問題的人。
- 有位經理很重視員工的自信心，在與高層開會時，比較喜歡讓有自信的員工參與，但是他是怎麼判斷自信心的？那位經理沒有意識到，他把低沉、洪亮的聲音視為有自信的表現。為了參與這些引人注目的任務，他的男性員工往往表現出極大的自信。

這些期望最終都會產生偏見，儘管它們都不是有意的。你不但要公平地**期望**所有人，也要做到**真正的**公平。

除了你的期望之外，你也要仔細檢查你所提供的伸展機會，因為它們都是個人發展的重要領域。Google 的工程總監 Mekka Okereke 建議用試算表來記錄你提供給每一位部屬的伸展機會，並附上他們自認的群體類別，例如族裔和性別，然後檢查這張試算表，看看伸展機會的分配狀況。它有沒有與你預期的一樣？如果沒有，你就要努力縮小差距[5]。

隱性偏見是既複雜且模糊的問題，但它是很重要的問題，我們在此只能介紹皮毛，但我們鼓勵你在這方面進行更多研究，並且聯絡在這個領域提供進一步培訓的顧問。注意，任何人都可能有隱性偏見——即使是針對他們自己的「群體」。

## 概念與框架

### 薪酬和晉升

身為管理者，了解公司的薪酬和晉昇機制是你的責任。你可以向周圍的人詢問官方規則和潛規則，以便協助你的部屬完成這些流程。可能的話，你可以和一位待在公司的時間比你久、職位與你類似的經理交朋友。

不同的公司有不同的流程和指引，以下是一些注意事項：

- 薪酬和升遷的決定是怎麼做出來的？經理對這個決定有多大的影響力？經理的建議是否經常被採納，或被駁回？
- 最有影響力的因素有哪些？同儕考核有多重要？員工在管理者之間的能見度有多重要？重大發表或發表結果有多重要？需要哪一種「證明點（proof point）」？
- 有哪些限制？有沒有配額、預算、最低任職時間指引或其他因素？這些限制有多靈活？提議破例的最佳方法是什麼？
- 有哪些規範？每年有多大比例的員工會被升遷或加薪？典型的頻率是多久？典型的規模是多少？在薪酬中，薪水和股權占多少百分比？進修津貼多久發放一次？
- 其他經理會不會分享他們如何決定部屬的階級和薪酬供你參考？
- 有沒有關於升遷的文件或指引？關於貴公司的薪酬，有沒有具競爭力的資訊？招聘團隊能幫你了解市場行情嗎？

5 Okereke 在 *https://twitter.com/mekkaokereke/status/1218947464377450496* 解釋這個程序。

整體而言，薪酬是一門藝術，也是一門科學。你要累積大量的經驗，才能感覺適當的加薪幅度和頻率。以下是需要考慮的因素：

- **市場行情**：你會再花多少錢僱這個人？如果他跟你說，雖然他喜歡你的團隊，但另一家公司願意給他更高的薪酬，你會再加多少？與你的公司類似的公司會給他多少薪水？
- **訊號**：你想針對這個人的表現和價值給出什麼訊號？也許相對於市場行情，他們的薪酬已經很高了，但你還想幫他們加薪，以表達你對他們的重視程度，以及代表他們的價值對公司來說有所增加。
- **加薪的時機和規模**：人的價值和技能會持續提高，但加薪的時間點是分散的。有時久久做一次大幅度的加薪比較好（加薪的金額會讓人感覺更充實）。有時經常做小幅度的加薪比較好（讓他們感受持續的進步）。
- **比較**：與團隊的其他人相比，這個人的地位如何？價值最高的人獲得的報酬也是最高的嗎？不幸的是，你很難做到完全一致，但你可以朝著正確的方向前進[6]。如果你有預算，你應該把更多的預算分配給最優秀的部屬，而不是平均分配。

有時經理會像菜市場的討價還價那樣看待薪酬，想要盡量少付一點。這麼做通常會讓他們後悔，員工最後會發現他們的工資太低，導致你失去你的明星員工——最終讓你損失更多。

## 處理績效不佳問題

在進行管理時，並不是所有的事情都是美好的。有時你會遇到績效不如預期的 PM。

這可能有很多原因：

- 雖然團隊的每個人都喜歡他，但是他無法推動決策，讓團隊在原地打轉。
- 他們可能是天才混球（Brilliant Jerk），雖然有很棒的想法，卻讓周圍的人都想走人。
- 他們看起來很有潛力，但他們不會聽你的回饋，或遵照流程。
- 他們可能真的很努力，但是處理複雜問題的能力沒有進步。
- 他們在一年之前曾經是出色的員工，但在過去的幾個月裡失去了工作熱情。

---

6 有些人是因為市場行情或面試表現很好而獲得較高的薪酬。人的表現會隨著時間而波動。大多數的公司都不會調降薪水。

你可以先想一下這種情況的根本原因，然後自問以下的問題。

### 我相信可以扭轉局面嗎？

有些糟糕的情況是可以挽救的，但你要相信自己的直覺。如果你真的認為那個情況都是因為一些重大的誤解，而且你的部屬很想解決問題，你就很有機會讓事情回到正軌。如果你因為不想承認失敗而維持現狀，你只是在延長痛苦的情況。

有時候，你會想像在一個平行宇宙中，有一位經理可以挽救局面。如果你能讓時光倒流，重新開始，或許你可以解決問題，但事情實在經過太久了，以致於現在解決不了。雖然你可以隨著時間的過去，慢慢地培養自己的管理技能，但現在，你要對自己的處境抱持現實的態度。

### 我有沒有針對問題給出明確的回饋？

針對嚴重的問題明確地回饋有兩個好處。首先，你可以確保沒有誤解。其次，你可以讓團隊的其他人放心，如果他們有被解僱的風險，他們會先知道。

解僱一名員工會影響其他員工的安全感，尤其是當他們覺得那次解僱是因為錯誤的決定或衝突造成的時候。每當有一位員工被解僱，其他員工就會開始懷疑自己會不會成為下一個人。藉著使用明確的語言給出早期的警告，你可以向其他團隊成員保證，萬一他們遇到問題，他們不會措手不及。

但願工作的不順利不會讓人感到意外，儘管員工可能沒有意識到它已經嚴重到這個地步。此時清楚地說出：「沒錯，事情已經到了這個地步了」是很有幫助的。

舉一個說這種話的例子：

> 你現在的表現不像這個職位該有的樣子，我要在接下來的 30 天之內看到重大的改善，否則我不能讓你繼續留在公司的這個職位上。

然後你可以為你想要看到的改善以及具體做法制定一個計畫。

### 他們真的想要改善嗎？

解決績效問題的唯一途徑是當事人真的想要改善。

一般情況下，績效不佳是員工心不在焉的症狀，你可以和他們談談，看看能不能找出心不在焉背後的原因。有沒有一個可以解決的根本原因？

> 如果他們不想改善，他們就不會改善。你可能在覺得他們沒有符合你的期望之前給過好幾次回饋了[7]。他們可能會否認這個問題，或產生抵抗心態。他們可能會說問題不在自己身上，並試圖把責任推給別人。在這種情況下，情況不太可能會好轉，你要盡快安排讓他們離職。

另一方面，如果他們把你的回饋聽進去了，並開始行動，為問題承擔全部責任，這就是一個好跡象。如果他們感謝你的回饋，並開始計畫如何處理它，他們可能會扭轉局面。

### 有沒有不同的職位可以讓他們成功？

有時績效不佳是因為他不適合當前的職位。你當然不想把問題推給別人，但如果你相信他們在另一個職位有更好的前途，那麼與其完全失去他們，將他調到那個職位更有意義。

也許讓他和另一群人一起工作，或是將他調到另一個文化的團隊，他的表現更好。也許讓他向有更多共同點的導師學習會讓他進步。如果你將他調到 PM 團隊內的其他職位，你也可以讓他們重新開始執行一個有著更嚴格期望的專案，這樣你就可以讓事情順利進行。

### 你的時間和精力最適合用在哪裡？

身為管理者，你可能想要花時間和精力去挽救績效不佳的部屬，不幸的是，這通常意味著你把注意力從可能帶來更多好處的部屬身上移開。把你的時間花在最好的部屬上可以得到更好的效果。

想像一下最好的情況：你用額外的精力幫那個人回到正軌了，此時，他們會成為你團隊中最優秀的人嗎？他們會比你原本可以僱用的替代者更好嗎？

與表現不佳的人打交道很累，對你來說很辛苦，對那個人的隊友也一樣。很多管理者都說：「他們太晚解僱業績不佳的員工了」。

### 所以呢？（如何放生）

也許你已經意識到，無論出於什麼原因，那位掙扎的員工都必須離開，怎麼處理？

---

7 如果你沒有經常給他們這種回饋，為什麼不？這對你的管理能力來說是一個危險的訊號。

在美國、歐洲和許多其他地區，解僱員工有重大的法律問題[8]。沒有把事情處理好會讓你面臨官司。

此時，你要找別人幫忙，通常是你的主管和人力資源部門。比較大的公司可能已經建立了一個程序，你要了解它。

這個程序可能包括績效改善計畫（PIP）和法律文件。如果你在小公司，這個程序可能沒有那麼正式，只要一次談話，一些遣散費，就可以讓他們走人。

由於公司文化和法律限制，這些政策在不同的公司可能有很大的差異。在你明白怎麼做之前，先不要炒魷魚。在理想情況下，你應該提早收集這些資訊。

## 重點提要

- **與你的部屬建立牢固的關係**：讓他們相信你把他們的利益放在心上。不要跳過 1:1。不信任你的人無法接受你的指導。
- **管理 PM 特別困難，因為他們的自主性很強**：除非你收集資訊並鼓勵部屬將他們的挑戰告訴你，否則你無法知道部屬的表現如何。
- **讓部屬清楚地知道他們最需要在哪些領域成長才能實現目標**：人們不太擅長聽取發展型回饋。了解你的部屬想要實現什麼目標，選擇適合他的工作，然後讓他們了解哪些領域是最需要關注的。這一點在他們表現不佳時特別重要。
- **指派可以培養他們的技能的專案**：PM 主要是透過工作來成長。如果可能，為部屬指定可以稍微或中度發展其能力的專案或團隊。
- **給部屬應得的報酬和升遷**：表揚你的部屬並讓他們得到應得的認可需要事先做一些工作，花時間了解系統，尋找你需要的資訊，以便闡述你的理由。

8 如果員工是在美國僱用的，他們的書面文件可能會說他們是「at-will」，並明確指出，員工基本上可以在任何時間以任何理由被解僱。雖然這種做法在技術上是正確的，但是這無法排除員工因為你的一些不當行為（實際上的，或感覺上的）而告你的可能性。這就是為什麼法律面的影響很複雜。

CHAPTER 30

# 建立團隊

至少我能理解這種情況的諷刺性，即使我舉辦過幾十次面試官培訓，但我仍然覺得自己的面試流程實在太混亂且太隨性了，我（Gayle）顯然沒有按照我給成千上萬人說過的建議來做事。

我不會仔細地看著手機螢幕上的資料，有時，我只要花幾分鐘就可以知道對方不符合基本資格，為什麼在打電話**之前**沒有發現這件事？即使是遇到優秀的求職者，我也不確定我到底是正確地評估他們，還是只是他們剛好符合我的「口味」。

我當然可以自我辯護，說這並不是開發者或 PM 的工作（我的專長），因為我正在幫我的兩個兒子聘一位保姆。但這兩種職位召募流程都一樣，不是嗎？（某方面而言）

正如我在培訓課程中對數千名學員說過的：「任何一種面試都與兩件事有關：訊號和求職者體驗。」我的保姆面試過程至少要有點類似技術人員的招聘過程。

我修改並公式化我的過程。從現在開始，求職者都會收到一份篩選問卷，和一份關於我們家人和這份工作的資料。如果雙方覺得彼此合適，我們就會透過電話，結構性地評估溝通能力、問題解決能力和設計能力等訊號。

好吧，我說「問題解決能力和設計能力」是半開玩笑的，但有一半是真的。巧合的是，我想評估的訊號**在**某種程度上是與招聘技術人員相似的：

- **溝通**：你能不能用西班牙語和英語流利地溝通？
- **問題解決**：你會怎麼處理行為問題和紀律問題？
- **設計**：你可以為我的孩子設計一些有趣的活動嗎？以免他們整天都在玩樂高。

現場面試？這又是另一個故事了。我喜歡在旁邊觀察保姆和我的孩子是怎麼相處的。姑且不論好壞，這可以讓我六歲的兒子有機會接替我的位置。

「唸給我聽」兒子說，在這位驚訝的面試者到達不久後給她一本書。

書唸到一半時，他叫她不要讀了，因為接下來他想要畫畫。顯然，她已經通過讀書評估了，但是他想要確保他們有時間評估畫畫和奔跑。如果所有面試官都能遵守如此嚴格的時間表就好了！

「你覺得她怎樣？」我在她離開之後問兒子，他想了一下「滿分 10 分的話，我給她 7 分。」顯然，他也發明了一個數字評分系統。

也許他聽了太多我的工作電話，但是他直覺地理解到，面試不僅僅是確認你喜不喜歡求職者，它也要評估你需要什麼（區分哪些是可訓練的，哪些不行），然後根據這些訊號來評估求職者。使用結構可以幫助你做這些事。

## 責任

### 發現並吸引對象

招聘過程有一個幾乎和行銷漏斗一樣的漏斗，只不過它不是從察覺到購買，而是從察覺到僱用。

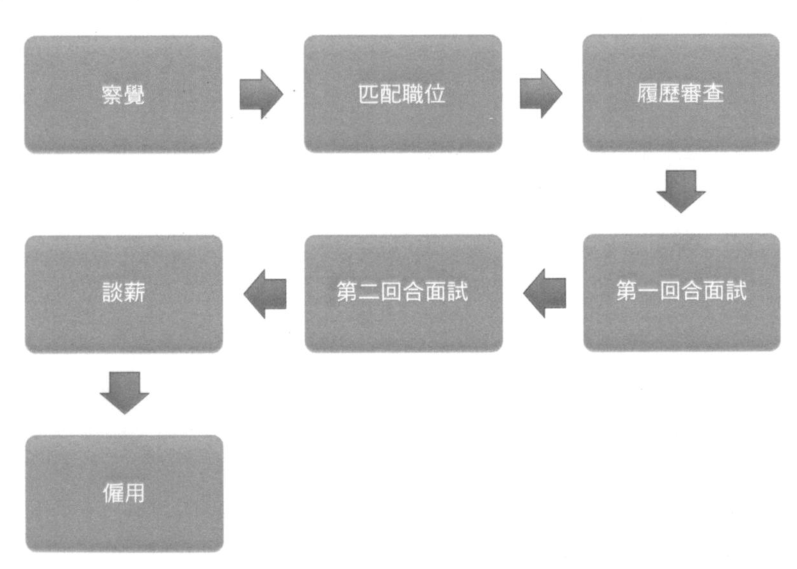

公司可以專心提高每個階段之間的轉換率，但即使招聘漏斗運作順暢，你也要投入大量的時間和精力。聘請一位 PM 平均需要面試大約 55 位合格的求職者[1]。如果你有 20% 的回應率，你可能要接觸 275 個人才能聘請一位 PM。

當你招聘時，考慮一下能夠幫你找到優秀人才的方法，以及能夠幫助優秀人才找到你的方法。對於前者，你可以搜尋求職網站，請員工推薦，參加就業博覽會，接觸你欣賞的人。對於後者，你可以透過寫作、建立人際網路、舉辦活動，或是在會議上發言來建立自己的聲譽。

### 公平有效地評估人選 ⚡

身為人事經理，你要決定你將尋找什麼特質，並想出一個評估品質的程序。你要決定你的風險承受度，因為聘請不良員工的代價是很高的，但有時承擔風險可以得到回報。

你要一視同仁地對人選提問、提示和評估問題，以得到一個清晰、準確的訊號。你要做一些練習，才能從他們事先想好的答案聽出真相。

關於面試過程的詳情，見第 373 頁的「設計 PM 面試流程」。

## 成長實踐

### sourcing 和讓員工推薦許多人選 ⚡

推薦（由員工推薦朋友、以前的同事或其他關係）是很好的管道，他們可以提供人選的額外資訊，可以幫你省下許多時間，還有什麼方法比推薦更好嗎？

可惜的是，你無法長期依賴推薦，否則你的人選就不夠多，而且你會錯過很多優秀的人選。

事實上，許多 PM 都很喜歡目前的工作，但也願意為了更好的機會而跳槽。你的工作是說服這些「被動」的求職者，你的角色對他們來說是一個很好的機會。如果你可以在一位對象開始冒出跳槽的念頭的時候找到他，你就有可能在他們進入市場之前聘請他們。接觸你不認識的人稱為 sourcing。

招聘是一種數字遊戲，透過個人外尋（personal outreach）有很好的效果。

---

1 每次聘請一位 PM 需要多少合格的求職者來自 *https://resources.workable.com/blog/qualifiedcandidates- recruiting-metrics*。這個網站也有其他的統計數據。

很多人都同意來一場非正式的咖啡面談，即使他們並未積極地尋找新工作。透過練習，你可以從這些聊天中培養出積極的人選。試著設定你每週想進行幾場介紹性會議。

雖然你無法將會議的安排流程自動化，但有一些方法可以優化你的外尋。你可以使用模板、合併列印（mail merge），或是讓招聘人員用你的 email 地址寄送訊息。如果招聘人員以你的名義發送，你一定要檢查那封訊息，再次確認名單，確保他們不會意外地寄給你認識的人。

如果你的人際網路不夠多樣化，你可以刻意地用一些時間來尋找少數群體人選，例如聯繫 SWE（Society of Women Engineers，女性工程師協會）或 NSBE（National Society of Black Engineers，全國黑人工程師協會）等組織。

## 模板

如果你羞於與人接觸，這裡有一些模板可以幫助你踏出第一步。請調整它們，讓它們符合你的說話方式：

- 你好，記得我們在 [ 我們相遇的地方 ] 見過面嗎？我現在是 [ 公司 ] 的 PM，我很喜歡這份工作。我們正在徵才，我會想到你，是因為 [ 原因 ]。你有興趣聊一下 [ 或喝咖啡 ]，了解更多資訊嗎？
- 你好，我是 [ 公司 ] 的 PM，我們正在招聘 [ 職位 ]。我看到 [ 別人放在網路上的相關內容 ]，發現你應該是很適合的人選。你有興趣聊一下 [ 或喝咖啡 ]，了解更多資訊嗎？
- 你好，我們公司正在招聘 [ 職位 ]，我覺得你很適合。我知道你應該很喜歡在 [ 他的公司 ] 工作，但我還是很想把握機會交流一下。
- 你好，我們公司正在招聘 [ 職位 ]，我想你應該認識一些適合這個職位的人。你可以幫我想一下聯繫對象嗎？
- 你好，我只是想確認你有沒有看到我的訊息。如果你不感興趣也沒關係，我只想確保這個訊息沒有消失在你的收件匣裡。

廣泛撒網當然很好，但你也要確保職位與人選是相符的，別找資深的 PM 來做初階工作。

## 學習如何成功地說服人選 ⚡⚡

身為經理，你要說服人才加入你的團隊。基本上，這是一種推銷，你推銷的東西就是職位。這可能發生在早期，當你說服一位被動的人選參加面試時，也可能在面試的尾聲，當你試圖說服別人接受你的 offer（薪資報價）時。

很多 PM 最初都不喜歡「說服」這個說法，他們可能會認為「說服」感覺起來很「業務」、不真誠或自吹自擂，幸好，優秀的說服方法都不是這麼做的。

在一次好的說服過程中，你會了解別人關心什麼，然後讓他們知道為什麼這個職位適合他。你會充分地發揮真誠的熱忱，你可以誠實地說出這個職位的缺點，同時分享為什麼那些缺點不會阻礙你接受這個職位。

下面是一個好的說服過程。

> **員工：**謝謝你今天和我交流。我知道你現在沒有積極地找工作，但我很想了解你的情況，以及你理想的職位有什麼元素。
>
> **人選：**嗯，雖然我喜歡我的工作，但有時我覺得在小公司裡可以學得更多，發揮更大的影響力。
>
> **員工：**這很有道理，也是我來這裡的主要原因。我很開心我可以和客戶見面，直接從他們那裡聽到我們的產品對他們有多大的幫助。而且，我們只有三位 PM，所以每個人都負責產品的很大一部分。關於學習，我們有定期的午餐學習會，但我認為讓我收獲最大的是每週與創始人的 Q&A。…
>
> **員工：**關於這個團隊，你還想知道什麼？…
>
> **員工：**你覺得這個職位與你的其他選項相較之下如何？
>
> **人選：**我喜歡它，但我在想，我似乎比較想要開發朋友和家人都在使用的消費型產品。
>
> **員工：**這很合理。我的想法是，就是因為我們的客戶沒有獲得很好的服務，才讓我們有機會給他們的生活帶來巨大的改變。如果我們不開發這個產品，他們就只能選擇糟糕的產品。我很喜歡發揮這種影響力的機會。

在這段聊天過程中，你可能會得到一些訊號（第 375 頁），讓你知道那位人選不太適合那個職位。如果他不適合那個職位，坦白一點沒關係。事實上，坦白地說出原因是一種很有效的技巧，因為這說明了你誠實磊落。對他們來說，與其接受這個職位卻在三個月後發現自己被誤導，不如在一開始就拒絕這個職位。

### 在 close 人選時，親自接觸 ⚡⚡

當你在 close（成交）人選時，最佳做法是親自聯繫他。你要了解每一位人選的價值觀。

雖然薪酬顯然是很重要的因素，但人們在做決定時，也會考慮許多其他因素。他們關心公司成功的機會、公司發展的速度，以及自己將如何學習和成長。他們也會在意自己對產品有多大興趣，是否喜歡這個團隊，以及如何融入團隊。

在 close 人選時，最有效的做法就是親自聯繫人選，並且讓其他團隊成員也和他聯繫，讓他們知道你喜歡他們，想和他們一起工作。你甚至可以邀請他們花更多時間和團隊在一起，或是根據他們在面試中提到的興趣，送一份適合他的禮物。

說到底，每天和你一起工作的人對你的幸福感有很大的影響。這可以幫助他們了解你和你的團隊，讓他們知道與你共事會多麼開心。

## 概念與框架

### PM 的原型：建造型、調整型、創新型

Notejoy 的創始人兼 CEO Sachin Rekhi 提出三種 PM 原型，可以幫助你建構團隊[2]。

#### 建造型（Builder）

- **說明**：建造型能推動既有產品的路線圖，以建造更實用、可用和愉快的體驗。他們喜歡為現實世界的人們解決真正的問題。傳統的功能 PM 通常是建造型。
- **超能力**：客戶同理心、不帶情感地決定優先順序，為了細節埋頭苦幹。

#### 調整型（Tuner）

- **說明**：調整型會堅定不移地專注在一個北極星指標上，並盡其所能地推動那個指標。他們喜歡看到他們的工作造成可測量的影響。成長 PM 與現金化 PM 通常是調整型。
- **超能力**：善長分析、以假設為導向，喜歡推動指針。

2 *https://www.sachinrekhi.com/3-types-of-product-managers-builders-tuners-innovators*。

### 創新型（Innovator）

- **說明**：創新型的任務是為一項全新的產品找到適合它的產品 / 市場。他們會根據假設採取一些方法來驗證和迭代幾乎每一個產品策略的維度。他們喜歡站在新技術的前端。新公司和新產品開發團隊的 PM 通常都是創新型。
- **超能力**：對產品的直覺力、對市場的理解力，以及對不明確性的適應力。

不同的團隊需要不同類型的 PM，當你啟動招聘流程時，你要考慮哪種原型最適合你的需求。

## 優化訊號和求職者體驗

面試（不只是針對 PM，也針對*任何*角色）可以歸納成兩個目標：訊號和求職者體驗。也就是說，當我們考慮該要進行多少次面試、該讓哪些員工參加面試、要問哪些問題、要制定什麼流程時，我們要優化訊號和求職者體驗。

### 訊號

訊號是我們從潛在對象得到的資訊，這些資訊是*形容詞*，甚至比表面的*事實*更重要。「訊號」可能是他們表現出來的主動性、強烈的職業道德，或是對用戶有深刻的見解。注意，訊號都有一個頻譜範圍，幾乎都不是非有即無的。

我們要藉著分析求職者的工作經驗、他們對問題的回應、他們的行為以及其他「事實」來提取訊號。我們要觀察他們做了什麼或說了什麼，然後問自己（通常也問他們）*為什麼*。我們要深入解讀訊號：

1. 發生了什麼事？
2. 為什麼發生？
3. 這對他們來說代表什麼？
4. 這對他們的工作表現有什麼影響？

我們來看一個例子。

**文化價值觀的衝突**

PM 求職者 Ravi 正在解釋他的團隊為什麼決定自動匯入用戶的聯絡人，雖然說出這件事會破壞求職者體驗，甚至危及團隊的隱私。

「坦白說，為了錢」Ravi 告訴你「匯入聯絡人可以增加 10% 的收入。」

你有點嚇到，這種手段與你公司的核心價值觀相悖，你們的核心價值觀首重隱私，第二重視用戶體驗。也許 Ravi 不太適合你們？

但你沒有忘記繼續深入了解。沒錯，在「事實」上，他優先考慮金錢利益，卻犧牲了隱私和求職者體驗。（上面的第 1 個問題：發生了什麼事？」

你問 Ravi 為什麼決定這麼做，他解釋道，當時他公司的首要任務是增加收入，他繼續告訴你，他向高層們表達了他對於公司只關注這件事的擔憂，但上級的指示很明確：考慮到公司的財務狀況，收入是第一位。（這解釋了第 2 個問題：為什麼發生？）

現在你的重點有點不同了。「訊號」不是「這位求職者把利益放在用戶前面。」而是，這位人選會根據公司的優先事項做出決定，而且會主張他認為正確的事情。（第 3 個問題：這對他們來說代表什麼？）

這預測了他們的工作績效如何？（第 4 個問題）這預測了他應該會尊重你的公司決定的用戶相關優先順序。

（但是，你最好也用產品設計問題來評估他們貫徹執行的能力。）

注意「這個人選不優先考慮用戶」是怎麼演變成「這個人選會優先考慮用戶」的。

無論是在面試中還是在聽取報告中，深入探究都是一項非常重要的技能。我們幾乎不會接受對方的第一反應，我們會問一些後續的問題來了解他們為什麼那樣做，好讓我們可以評估這說明了什麼。

當你設計面試過程，或是考慮你想聘請誰的時候，考慮一下訊號。你想評估的核心訊號是什麼？它可能包括「資料分析」或「利害關係人管理」等特質。

通常你可以列出一個包含 5 到 7 個核心訊號的清單，如果你的清單比這長得多，你就很難找到符合這些條件的人選，或是不得不降低其中的一些標準。

## 求職者體驗

求職者體驗是求職者對公司、人員和整個面試過程的體驗（即反應、解讀和感受），在某種意義上，它是訊號的相反，訊號是公司對求職者的了解，而「求職者體驗」則是求職者對公司的了解。

當然，喜悅感（求職者是否喜歡這個人和這個過程）是求職者體驗的重要成分，但不是全部。例如，如果求職者認為他們的面試官很親切，但技術能力不足，這其實不是一個「好的體驗」，他在離開時不會說：「我想加入這家公司。」

求職者體驗會影響：

- **接受 offer 與否**：有正面體驗的求職者比較可能接受 offer。如果求職者拒絕你的 offer，即使你確定他是優秀的人選也是枉然。
- **口碑**：如果你是一家大型的品牌公司，社交媒體和新聞很喜歡傳播關於「我在 ___ 面試的感覺很不好」的故事。如果你是一家規模較小的公司，雖然你不太可能出現在新聞中，但任何負面的訊息都可能在網路搜尋結果停留很長一段時間，將可能的人選拒於門外。你要讓你的求職者，**尤其是**那些你沒有聘請的人，在離開的時候，能為他們的體驗說些好話[3]。
- **訊號**：當人們覺得開心和受到支持時，他們會把事情做到最好。當他們不開心時，他們的創造力會下降，犯更多的錯誤，並隱藏自己的想法。當求職者有正面的體驗時，你就更能夠評估他們。不好的體驗會造成偽陰性。

好的體驗，就是讓求職者離開時認為他遇到人、流程和問題都是有組織的、公平的、討人喜歡的。這些層面可能是重疊的，例如，缺乏透明度的流程可能會讓它看起來既不公平**且**雜亂無章[4]。

當你在評估你的面試官、問題和過程時，注意這些要素：

- **有組織**。這個流程應該是有組織的，而且有合理的長度（不要太長或太短）。招聘人員 / 經理反應迅速。面試官為面試做好準備。流程和期望都是透明的，每個人都能說到做到。

---

3 已被你聘請的人是你的員工，他們不大可能在網路上談論你公司的負面訊息。從這個意義上說，沒有被錄取的求職者（無論是因為你沒有提出 offer，或是他們沒有接受 offer）就是創造「口碑」的人。

4 事實上，如果一家公司沒有明確説明面試是怎麼進行的，原因通常是他們根本就沒有組織好。他們不會告訴求職者面試過程會發生哪些事，因為公司還不知道，他們只是且戰且走，這不是好事。

- **公平。面試**問題讓人覺得有意義，並且有適當的複雜性。不製造大意外，求職者知道那一天會發生什麼事。求職者覺得他們有合理的機會可以展示自己的技能。你的問題對求職者來說是合適的，不會讓人覺得太淺或太深。

- **令人愉快**。面試官既熱情又親切，願意支持求職者，在需要的時候提供幫助和指導。求職者不會被催促，有機會思考。求職者離開時，可以了解職位、公司和團隊。面試官都做好了準備。面試官很投入，表現出積極的聆聽態度，不被電腦或手機分心。

求職者體驗也包括被拒絕的時候。沒有人喜歡聽到自己不擅長溝通，如果你要告訴某人他們技術水準不夠，不適合這個職位，最好那是無可辯駁的。如果招聘人員想要在面試之後給出回饋，那就用事實說話，例如他們的哪些分數較低，而不是評論他們的能力[5]。

## 什麼是好的流程

有效率的流程可以用合理的成本來成立正確的團隊。更具體地說，這意味著：

- **將偽陽性最小化**：偽陽性就是不正確的「yes」，在招聘的情況下，這代表糟糕的招聘。偽陽性較低意味著你建立了一個優秀的團隊。

- **將偽陰性最小化**：偽陰性就是不正確的「no」，在招聘的情況下，這代表我們拒絕了優秀的人選。偽陰性較低意味著被我們拒絕的人的確是糟糕的人選（換句話說，這代表我們可以發現好的人選並聘請他們）。

- **提高成本效益**：招聘流程不但要聘請合適的人選，也不能讓公司花太多時間。部分的成本效益取決於流程：它耗時多久？有誰參與？求職者通過面試的各個階段的頻率為何[6]？成本效益的另一個重要因素是偽陰性——拒絕優秀的員工意味著你要花更長的時間來招聘。

- **短期與長期**：招聘不僅僅是為了找出**目前**最合適的人選，也是為了打造未來的公司或團隊。你要考慮團隊的需求將如何演變，以及團隊需要哪些成員。你現在和以後需要哪些技能和背景？如果你想要建立一個多元的團隊（希望你能做到）這件事就不能拖延到某個「晚些時候」才做。

---

5 大多數公司在面試之後都不會給予任何回饋，但大多數求職者都會很感激收到回饋，因為那是他們可以改善的地方。

6 我（Gayle）曾經擔任一家公司的顧問（優化招聘流程），這家公司有 90% 的求職者可以通過電話篩選，成功通過的求職者還要進行 5 個小時的現場面試。基本上，公司打 1 個小時的電話，只能為將來節省 30 分鐘。如果他們完全跳過電話篩選，他們的流程會「更便宜」！

在上一節，我們討論了訊號和求職者體驗的目標。比較好的訊號可以改善偽陰性和偽陽性，從而提高成本效益。比較好的求職者體驗會影響成本效益，如果求職者不喜歡我們，或不喜歡我們的招聘流程，我們就要花更長的時間，才能找到願意接受 offer 的人。

許多公司認為偽陰性比偽陽性好，並依此設計流程。也就是說，他們寧願因為流程的失誤而拒絕好的人選，也不要接受不好的人選。一般來說，表現不佳的員工越難解僱（或風險越大，或破壞性越大），你就要越謹慎地處理偽陽性。

## 設計 PM 面試流程

如果你的公司還沒有好的 PM 面試流程，你要建立一個。

一般來說，你要仔細想想流程的每一個步驟如何影響偽陽性、偽陰性，以及你的團隊花在面試上的時間。你也要想一下核心訊號是什麼，以及如何創造良好的求職者體驗。

把面試流程做好可以將它變成你的競爭優勢，可以讓你的團隊找出並聘請其他公司錯過的 PM 人才。

以下是關於如何設計 PM 面試流程的指引。

### 針對你想要找到哪一種 PM 取得共識

產品管理基本上是一個空白角色，所以你想尋找的技能與既有團隊的優勢和不足有關。為了招募你需要的 PM，你一定要討論你的目標。

你要和參與面試的人，以及和 PM 共事的人一起討論，並取得共識。PM 在團隊成員真正需要他們時才能發揮最好的表現，所以獲得他們的認同很重要。

你要考慮的問題有：

- 你想要找一位非常資深的 PM，讓他在一個廣泛的範圍內推動流程、戰略和路線圖，還是你想要剛踏入社會，與創始人或另一位 PM 合作的人？
- 你需要具備卓越的設計品味、敏銳的商業洞察力、強大的分析能力、有遠見的戰略，或深厚的技術專長的人嗎？以上哪些對你的團隊來說是最重要的？
- 你需要的是能夠迅速上手並擁有專業知識的人，還是可以投資時間培養的通才？

- 你的團隊有哪些具體的不足是你希望交給 PM 填補的？
- 在你的公司文化中，有哪些軟技能對成功來說特別重要（例如為內向的人保留空間，迅速辯論各種想法，對特定的問題類型充滿熱情）？
- 你想聘請哪一種 PM 原型（第 368 頁）？
- 有哪些需求是可以靈活變通的？

小心不要在你的清單中列出太多事項。你尋找的屬性越多，你的求職者庫就越小。你必須放棄一些東西，通常不是你的時間就是你的標準。

### 找出很難教會的特質（因此需要在面試中評估）

經理們，問自己一個問題：對一位新員工來說，合理的「暖身」時間是多久？也就是說，當你聘請一位新 PM 時，他們在第一週一定不會有什麼成效，那麼他們需要多久才能真正地發揮作用[7]？

大多數人會說 4 到 12 週之間的時間。很好！

這意味著，如果你需要一項重要的技能，但你可以在一兩個月之內訓練一個人，那麼你就沒有必要在求職者中尋求這項技能。擴大你的求職者池，聘請一位比較好的人選，並訓練他（第 302 頁）。

如果求職者從未做過 A/B 測試，但有很強的分析能力，他們可以快速學習基礎知識。也許他們無法立刻看出控制方排除了季節性的差異，但這是很容易學習的概念。如果他們沒有聽過最簡可行產品，但他們擅長決定優先順序，他們自然會想出辦法。不要聘請可以自己訓練出來的人！

在這方面，有一個有趣的隱含意義在於，工作機會幾乎都不會要求「基本技能」。如果技能是基本的，它通常是可以學習的，因此，它不應該成為工作的需求，你只要教新員工那項技能就可以了。如果你的面試問題與基本技能有關，那就提前讓求職者知道你將詢問哪些概念，讓他們在面試之前可以學習。給求職者準備的機會可讓你獲得更好的訊號[8]。

---

7 是的，你要在每一次有職缺時問自己這個問題！

8 這裡有一個需要注意的地方。有時，缺乏技能本身不是問題，但考慮到這位求職者的背景，他缺乏技能或許是個危險的訊號。例如，如果一位資深 PM 不知道什麼是 A/B 測試，即使他可以學習它，你應該也會很擔心，他還缺少哪些基本知識？

另一方面，「心態」和「一個人可以看到哪種資訊」都無法在工作中快速學會。雖然當人們有意願時可以在一段時間之內學會這些技能，但身為一名人事經理，如果他們還沒有那些技能，我就無法指望他們可以快速進步。這些能力包括客戶同理心、優良設計的意識、產品直覺、產品思維、學習心態、毅力、能與別人良好協作、有效溝通、注重細節、快速掌握複雜的概念。如果你需要具備這些特質的員工，你就要在面試時評估他們。

雖然有些技能可以透過工作經驗來磨練，但它們都需要花時間指導。雖然你可以讀一本書來學習那些技能的基本技巧，但它有太多細節和複雜之處，所以你必須親身經歷幾次之後，才知道何時適合使用哪一種技巧。此外也有一些技能，人們很容易就知道他「應該」做什麼，但是那些事情令人害怕，以致於大多數人在嚐到苦果之前都不會去做（例如學會盡早展示你的工作成果），這包括許多 PM 程序：在衝刺階段與工程師和設計師共事、撰寫 spec，領導跨部門會議，以及將想法整合成引人注目的策略。

如果你已經有經驗豐富、很想要指導別人的 PM，你可以藉著召募高潛力但缺乏 PM 經驗的新人（例如應屆畢業生或想跳到產品管理的人）來建立一個偉大的團隊。

## 設計一個可以檢驗你要的所有技能、經驗以及特點的面試流程

為每一個需求設計一個可以讓你取得訊號的面試步驟。有些需求非常重要，所以要在多個地方評估。

例如

| 訊號 | 在哪裡評估 |
|---|---|
| 過往的經驗 | 履歷、簡報、現場行為面試 |
| 產品技能 | 家庭作業、電話面試、現場 PM 面試（包括策略）、現場設計面試（包括線框圖和易用性） |
| 分析技巧 | 電話面試、現場工程師面試、現場分析面試 |
| 溝通技巧 | 全部 |

### 履歷審核和求職信

在召募高階職位時，這個程序通常只是快速地瀏覽一下，看看他們是否具備你需要的經歷。但是，對於初階職位，這個階段可讓你評估大量的訊息，包括溝通、領導力、產品經驗。請小心無意識的偏見——如果你只想要找一流大學學歷的人，你就會忽略很多有才華的人。

有一種評估履歷的方法是列出一份你關心的「優秀象徵」清單，並且只讓具備其中一兩項的人進入下一階段。例如良好的學業成績平均點數、當過助教、當過住宿顧問、參加過大學運動代表隊、有創業經驗、當過學生幹部、拿過獎學金、很棒的求職信、在頂級學校就讀，或在頂級公司待過 [9]。

### 家庭作業

家庭作業是有爭議的。贊成這種面試的人認為，這種面試比高壓面試更能代表真正的 PM 工作，而且這種面試能讓公司擴大招聘範圍，可以考慮沒有精英證書的求職者。反對這種面試的人認為，要求無限制的「免費工作」是不公平而且有偏見的，尤其是有些求職者可能找別人幫忙。

如果你選擇家庭作業，你要注意以下幾點：

- 設計一個能在 30 - 60 分鐘內完成的任務（調整電話面試的問題也可以）。用 beta 測試來檢驗它，以確保它真的不需要花好幾個小時。切記，有些求職者會投入額外的時間，但你想要看到的是他們能夠在規定的時間內確實完成的任務（而且花費額外的時間不會加分）。明確地指出你期望的時間。
- 不要設計與你的產品直接相關的作業，如果你這麼做，他們會覺得你試圖從他們那裡獲得「免費的工作」。即使你沒有這種意圖，給人良好的感覺也很重要！
- 考慮讓求職者結合電話面試和作業。他們可以看到作業，但不需要提前準備任何東西。
- 讓求職者清楚地知道你想要評估什麼，以及不想評估什麼。例如，他們應該花更多的時間在研究、產生創意或清楚的溝通上嗎？事先說明他們能不能向朋友徵求意見，還是要獨自完成 [10]。
- 考慮提供能夠幫助求職者更快速且更穩定地完成作業的素材——答案模板、研究素材、螢幕截圖、答案範例…等。如果你的作業只是測試「能不能在網路上找到一個好的模板」，這就不是個好作業。
- 如果你已經對求職者的技能足夠了解，或是不想冒著他們退出流程的風險，那就考慮跳過這個作業。

---

9 在這裡要小心無意識的偏見。來自特權階級、有學識的家庭的學生有支持他們就讀頂級學校的資源，以及教他們寫出好的求職信的人際網路。這就是為什麼要對一個人展現優秀能力的方式保持開放的心態，不要只想看到特定的展現方式。

10 不要在無意間讓某些求職者處於不利地位。如果你允許他們請教朋友，你會讓認識 PM 的求職者獲得優勢，讓年輕的男性求職者更有利，因為他們可能認識科技界的朋友。

- 評估作業有沒有幫助。有多少人通過作業的考驗？在這些人裡面，有多少人通過下一階段的面試？評分者有沒有給出一致的分數？是否值得付出代價？

檢視所有優缺點再決定是否值得在面試過程中加入家庭作業。

### 介紹性簡報

介紹性簡報（intro presentation）很適合用來取代在面試開始時要求對方「介紹一下你自己」。它可以是 15 分鐘的 APM 求職者簡介，也可以讓有經驗的求職者用 45 分鐘介紹過去的專案。你可以調整提示來了解你想要了解的特定領域。

簡報可以讓求職者有個展現自我的機會，也可以讓 1:1 面試官更好地管理時間。

要注意的是，職位較低的求職者由於缺乏經驗，公開演講的技巧可能比較弱。如果公開演講對這個職位來說很重要，你也可以將它當成一種考慮因素。但你也要知道，演講是求職者可以透過實戰大幅提升的技巧，尤其是在公司的支持之下。

### 產品設計問題

「能不能說出一個你喜歡的產品？」或「你會怎麼改善 Google Maps？」這種問題也許有點可怕，因為它們有各種方向的答案，而且會讓你難以當場想出後續的問題，或難以知道他們的想法到底好不好。

為了避免這種情況，你要提前想好你的提示和後續的問題。留意時間，並引導面試，以確保問題涉及你想涵蓋的重要領域，例如，讓他們在白板上畫出來。如果你覺得你聽到的答案排練感太重，你可以請他們提出另一個產品或想法。

在這些問題中，有一個測試他們的技巧是「你不能幫一位和你自己不一樣的人設計產品？」你可以要求他幫特定族群設計一款產品，例如幫視障人士設計鬧鐘、幫兒童設計 Uber，幫老年人設計 Photoshop，幫卡車司機設計 Spotify…等。如果他熟悉那些群體，他可能會有優勢，造成你的誤判，所以你要對問題進行 beta 測試，以確保它不需要專業知識就可以很好地回答。

為了測試產品思維，你可以提示求職者思考目標（針對 APM），或看他們能不能不需要提示即可想出目標（針對資深求職者）。如果求職者問你目標是什麼，那就反過來問他們：「他們認為目標是什麼」。如果求職者排斥設定自己的目標，或是有很多困難，那就是他們沒有產品思維的訊號。

當求職者開始提出實際的解決方案時，你可以看看那些解決方案與目標有沒有關係。當你讓他們決定優先順序時，他們有沒有選擇最能幫助實現目標的事情？如果他們被靈光一閃的想法吸引，卻說不出為什麼它比有影響力的想法更好，那就是他們沒有產品思維的訊號。

### 分析性問題

若要評估分析性問題的解決能力，最好的問題就是從你公司的實際經驗中，找出很需要分析技能的情況，並用它來設計假想的場景。

下面是可以想出好問題的實際經驗：

- 分析混合實驗的結果。
- 找出讓指標巨幅下滑的 bug。
- 從兩個產品方向中選擇一個。
- 創作一個演算法。
- 在有技術限制的情況下，想出替代辦法。

請你尊重的 PM 試著回答你的分析性問題，以確保它不是充滿陷阱的問題，你也要用各種方法調整自己，有時關鍵的見解在事後看起來非常明顯，但是在面試中很難察覺。你的問題必須讓你能夠評估對方解決問題的過程，而不是要求他有「靈機一動」的時刻。

### 行為問題（「告訴我關於…」）

PM 有一個麻煩的地方在於，你很難將他們的貢獻從團隊的其他成員中獨立出來，他們可能很幸運，加入一個偉大的團隊，但不是推動成功的因素，或相反的情況。

行為問題可以讓你深入了解他們過往的職責範圍和獨特貢獻。你可以談談他們考慮過的替代方案，以及他們在了解更完整的情況時遇過什麼阻力。

你可以藉著詢問過去的專案是如何開始的，以及他們為什麼做出各種決定來了解產品思維。如果他們曾經協助決定目標（不僅僅設定數字目標或特定的衡量方式，而要真正地決定想要解決的問題），並且曾經做出支持這些目標的決定，這就代表他們有良好的產品思維。如果他們只選擇明顯的目標，或他們的理由是「我想嘗試這項新技術」，他們應該沒有產品思維。

當你問這些問題時，把「訊號」放在心中的第一位。你想評估的核心屬性是什麼？問一個可以幫助你評估的問題，然後繼續深入探索，直到達到目的。

### 測試軟技能

軟技能可以暗中評估，也可以明確地評估。

- **明確地評估**就是透過行為問題。你可以問他們如何處理衝突、如何影響資深經理，或如何讓利害關係人支持一個想法，他們回答之後，你通常可以繼續問關於他們為什麼採取那種方法的問題，或是可以評估訊號的其他問題。
- **暗中評估**是透過觀察他們的行為。例如，你可以在他們回答設計問題時，反駁他們的想法，看看他們如何應對。問他們為什麼不使用另一種方式來設計，看看他們對你的建議的開放程度，他們有防禦心嗎？會不會敷衍了事？還是他們會考慮？

採取這種做法要很小心，在某種程度上挑戰求職者或許有幫助，但你要確保在過程中保持友善和支持的態度。

### 別問陷阱題

很多 PM 面試問題都會意外地變成刁難的問題。雖然求職者認為你在測試他們的分析能力，但你其實在尋找客戶關注點（customer focus）。這些刁難問題會讓你誤以為求職者不具備某項技能，但他們其實誤解了你的問題。

避免誤解的方法是先告訴他們你想從這個問題中知道什麼：「我想了解你如何 debug 問題。」另一種方法是仔細地定義你想要聽到的答案類型，要問：「為了做出決定，你會問什麼問題？」而不是問：「你會怎麼做？」

有些面試官會埋「陷阱」，在問題中隱藏關鍵資訊，以測試求職者會不會在解決問題之前先問問題，這種問題很有挑戰性，且往往適得其反。人在面試時有不一樣的表現，尤其是當他們猜你想要讓他們踏入陷阱，或是害怕在面試官面前顯得無禮時。

怎樣才能知道求職者懂不懂得適當地提問呢？試著扮演角色來提問題，別問：「你會怎麼建構 <功能請求>」，而是問：「假如我是銷售員，要求你建構 <功能請求>」並選擇一個對方必須先問問題的實際場景。另一種了解他們懂不懂得發問的方法是使用直接的行為性問題，例如「你有沒有遇過，有人要求一個東西，最終卻發現那不是他想要的？你該怎麼釐清？」

### 為你的問題寫出評分標準

寫好問題清單之後，為了確保公平，你可以制定一個評分標準，它可以幫你快速地判斷面試者處理問題的表現，也可以幫你在多位回答相同問題的人之間進行比較。

這是一個評分標準的例子：

| | 優 | 劣 |
|---|---|---|
| 創造性 | 至少提出三個截然不同的想法。 | 所有想法都只是同一個主題的簡單變體。 |
| 設計 | 盡早展示產品的價值。 | 迫使用戶在開始使用產品之前填寫太多資訊。 |
| 協作 | 對面試官的問題和反駁都認真看待。 | 當面試官質疑他的設計時有防備心。 |

不過，不要讓評分標準妨礙你的分析。例如，你想看到面試者提出三個不同的想法，但是你有沒有給他們機會想出三個？你要分析求職者做了什麼，以及為什麼。也許求職者的想法都是同一個想法的變體，其實是**因為**你引導他們走上一條特定的道路。

## 重點提要

- **招聘是一個數字遊戲**：你可能要接觸一百個人以上才能聘請一個人。你挖掘人才的地點會大大地影響你的人選池和最終聘用的人。為了創造多樣化的團隊，你要向各種人才推銷你的工作，並且與他們的交流。你會花大量的時間來招聘和改善招聘流程，做好心理準備。
- **堅持找到你要的人才**：PM 有許多不同的長處、興趣和技能，有些技能很容易教導，有些則需要大量的投資。釐清你需要哪種類型的 PM，以及你想要評估哪些技能。
- **確認你要在面試程序的各個環節中尋找哪些訊號**：面試程序的每一個步驟都要刻意設計，你要以一致的方式來評估。提前規劃，以確保你可以評估你想評估的每一件事，並得到足夠的訊號。注意刁鑽的問題，或需要太多內部知識才能回答的問題。
- **他們也會選擇你**：面試是雙向的，找工作是一種沉重、有很多情緒的過程。你把職位推銷得越好、越努力 close 人選，他們決定加入的機會就越大。

CHAPTER 31

# 組織卓越

有一年，我在 Asana 的主管向我提出這個挑戰：「我希望你把 PM 團隊變成一台順暢運轉的機器。」我們的團隊一直以來都做得很好，但我們有點僅憑直覺、不按計畫做事。

我們的團隊只有少數幾位 PM，我們一直讓所有人用他們最喜歡的方式做事。這種運作方式基本上沒什麼問題，除非兩個 PM 碰巧處理產品的同一部分。例如，有一次，有位 PM 加入一個新的白金方案功能，同時，另一位 PM 重新設計 UI，刪除了該功能的入口點…糟糕！我不能只將團隊視為一群人了，而是要開始把它視為一個組織。

當你進入管理高層時，你要負責設計結構和流程，以幫助你的組織順暢運行。事實上，許多 PM 雖然可以朝著他們想要的任何方向儘快地執行，卻無法為整體帶來最高的速度和最好的結果。

## 責任

### 建構你的團隊文化

身為團隊的領導者，你必須刻意創造你想要的文化。

你想強調哪些價值觀和成就？你希望人們如何互動？你如何表示認可？你會提供哪些培訓？你將如何促進團隊凝聚？

大多數公司都會保留一些預算用在文化建立活動上。或許你可以舉辦特殊的培訓活動，帶團隊參加會議，外出參加有趣的活動，或是購買禮物送給團隊。

領導力培訓對團隊文化來說是一項巨大的投資，你可以獲得專屬的團隊凝聚時間，並學習新的共同技能。在 Asana，每一位員工都會完成 Conscious Leadership 培訓，它為我們的合作創造了一種共同的語言[1]。九型人格工作坊（第 265 頁）也是認識彼此，以及了解如何更好地合作的好課程。問問你周圍的人推薦哪些工作坊。

文化的另一個重要成分在於你們如何表達嘉許和欣賞彼此。你可以設立獎項，表揚當月表現出團隊價值的人，或是邀請表現傑出的 PM 在團隊會議上分享他們的故事。你可以考慮混合公開和私下的嘉許形式。

## 為你的團隊提供他們需要的資源和支持 ⚡

身為經理，在幫助團隊順暢運作時，你要確保團隊的每個人都得到他們需要的東西。他們需要資金來購買測試設備嗎？還是需要專屬的資料科學家？還是需要用戶研究員更多的支持？他們是不是與銷售團隊關係緊張，因而分心？他們能不能從合作團隊那裡得到他們需要的一切？

你必須注意這類的機會。你的 PM 也許認為按照過往的方式來做事就可以了，但是你要花時間想想理想的關係和資源是什麼樣子。不要坐等你的上級發起變革，你要積極地利用你和其他經理的關係，讓你的團隊更順暢地合作。

## 建立產品流程 ⚡⚡

大多數團隊的產品生命週期都類似第 15 頁的「產品生命週期」所介紹的發現、定義、設計、開發、交付、報告。這些階段都是加入培訓、模板、指引或審核的機會。

你要在每一個程序中考慮產品品質、團隊自主和迭代速度之間的平衡。比較繁重的程序可以在一定程度上提升發表之前的品質，但它們也會阻礙發表之後的迭代和改善。緊密合作的小型團隊可能只需要一到兩次「必要的」審核，具有更多跨部門工作或經驗不足的 PM 的大型團隊可能需要較多次審核。

以下是一些可以考慮的程序。

### 用戶研究報告

這種報告通常不是正式的審核，但是對產品負責人來說，這是了解團隊所發現的問題、詢問其他問題，以及針對未來發展方向給予早期回饋的良機。這種審核是功能團隊讓領導者在發現階段中參與的方式之一，可讓領導者更有機會支持團隊的決定。

---

1　課程的詳情，見 *https://conscious.is/services/trainings*。

- **時機**：在發現階段的尾聲，或是在任何重大的新用戶研究之後。
- **帶領者**：用戶研究員。
- **參與者**：產品領導者（產品負責人、設計負責人、研究負責人、產品工程負責人）、功能團隊。

## spec 審核

spec 審核是另一種設計前的審核，可以幫助你在計畫的早期，仍然很容易做出改變時，取得大家的共識。在這個階段，產品領導者可以了解團隊已經完成的發現工作，以及他們提出的方向。spec 審核也可以是一種團隊活動，它可以讓 PM 審核彼此的 spec，並且向彼此提供回饋。

你要刻意地規定如何提供回饋：

- 你希望 PM 關注支持性回饋和建設性回饋嗎？
- 他們要提供大量的回饋，還是只要提供會影響他們的團隊的回饋？
- 你是在尋求關於 spec 格式的回饋，還是只是內容？
- 你鼓勵人們辯解他們的觀點，還是只要分享出去即可？
- 回饋要寫成文件中的意見，還是在會議中分享？

你也要明確地規定 PM 何時可以在 spec 審核之後繼續前進。他們需要獲得批准嗎，還是在聽到回饋之後，可以自由地選擇繼續前進？經理會不會讓他們知道他們需要迭代？

spec 是加入模板的好地方。你要讓模板維持簡短，以免人們習慣性地忽略一些小節，但是如果使用得當，那些小節可以提示人們經常被忽略的領域，例如國際化。

- **時機**：在定義階段的尾聲
- **帶領者**：PM
- **參與者**：產品領導者（產品負責人、設計負責人、研究負責人、產品工程負責人）、功能團隊、其他 PM

## 設計審核

設計審核是一個麻煩的程序，因為在現代軟體公司中，設計幾乎都不會在明確的時間點定案。你要讓 PM 和設計師緊密合作，以決定要展示什麼作品、在何時，以及擬真程度。通常你可以每週舉辦一次「設計評論（Design Crit）」，讓設計師彼此展示作品，並提供無約束力的回饋。

確保團隊清楚知道自己在設計程序中的位置，以及他們想要什麼回饋。在早期，他們要展示概念性的想法，例如流程圖，或解決方案的幾個可能的方向。在中期，他們要展示低擬真模型或線框圖來討論互動設計。在晚期，他們要展示接近最終視覺效果的高擬真度設計。

- **時機**：在設計階段期間。
- **帶領者**：設計師
- **參與者**：產品領導者（產品負責人、設計負責人、研究負責人、產品工程負責人）、功能團隊。

### 工程設計文件審核

工程師通常會執行這個程序，但如果你沒有這個程序，你要促使你的工程同事實施它。這種審核相當於 PM 的 spec 審核，在這個程序中，工程師要從技術的角度分享他們將如何解決問題，公司的其他工程師可以指出可能的替代方案、注意事項，或他們漏掉的問題。

- **時機**：接近開發階段的開始。
- **帶領者**：工程師
- **參與者**：PM、其他的工程師

### 實驗結果回顧

如果你的團隊會運行 A/B 測試，你就要召集資料科學家和工程師一起分析結果。團隊通常需要大量的經驗才能在結果中發現模式，所以，你可以安排一個固定的小組來觀察所有的結果。

- **時機**：在 A/B 測試運行得夠久，具有統計意義之後。
- **帶領者**：資料科學家、工程師或 PM
- **參與者**：資料科學家、資料科學負責人、PM，與實驗密切相關的其他 PM 或工程師。

### 發表審核

如果你的團隊是由獨立的資深 PM 組成的，你可能只需要做發表審核，它可以讓你確保品質，並在外界發現重大問題之前抓到它們。

你做的發表審核紀錄越多，PM 就越能預測你的反應，並自行發現問題。

你要考慮的事情有：

- 團隊該為發表審核準備什麼？你會親自試用產品嗎？他們要不要將產品設為初次使用狀態？
- 你會問哪些標準問題？
- 在什麼情況下你會駁回發表？你會要求什麼類型的更改？你可以忽略哪些不完美的地方？

在理想的世界裡，發表審核不僅僅是品質控制檢查點，它也是一次指導機會，可讓團隊吸收公司的價值觀和產品理念。

- **時機**：在交付階段的尾聲，大概在發表前一週。
- **帶領者**：PM
- **參與者**：產品領導者（產品負責人、設計負責人、研究負責人、產品工程負責人）、功能團隊。

## 制定產品規劃程序 ⚡⚡

圍繞著每一個單獨的發表程序有一個更大型的規劃程序，這個程序決定了你們要處理哪些問題，和追求哪些目標。規劃程序指導了跨越多個團隊和專案的決策，包括將要成立哪些新團隊，以及每一個團隊的目標是什麼。

規劃程序通常每年或每季舉行一次。按照日期而不是產品生命週期的某個階段來安排規劃，可以確保你定期退後一步，評估自己是否走在正確的道路上。人們很容易陷入日常工作中，而忽略了更大的前景，例如，何時該改變優先順序或工作重心。

在規劃時，結合由上而下與由下而上的程序可以獲得最好的效果，可讓整個公司的 IC 擁有最廣泛的創意，並且站在新趨勢的最前線，也可讓公司和產品領導者獲得最廣泛的背景脈絡，有機會運用最強大的戰略思維來綜合各種想法與權衡利弊。

與規劃的「由下而上」部分同樣重要的是，你要設計一個明確的結構才能充分發揮效果。在領導團隊之外的人不會自動知道何時可以分享想法、該分享什麼想法，或如何有效地提出理由，他們可能也很難從日常職責中抽出時間來做長遠思考。

你可以採取這些方法：

### 向全公司公布規劃時間表

很多人都很想一起規劃產品的未來，只是不知道何時可以分享自己的想法。

試著公布一個時間表，說明何時可以提交提案、何時進行討論、何時進行每個階段的批准和溝通，這可讓大家在定案之前有機會做出貢獻。

### 考慮用「W 框架」來規劃

W 框架可幫助資訊在領導者和團隊之間流動[2]。

它包含 4 個步驟：

1. **背景**：由領導者向團隊分享高階策略。
2. **計畫**：團隊提出計畫來回應。
3. **整合**：領導者整合成一個計畫，並與團隊分享。
4. **同意**：團隊做最後的調整，確定同意，然後開始行動。

這種反覆的討論可確保所有參與者都同意計畫。

### 公開募集請求

人們可能因為獨特觀點而提出偉大的想法和見解。你可以分享一個模板或表單，以確保大家用最有幫助的方式提出想法。

### 與你的團隊一起舉辦戰略日

為了幫戰略規劃分配專屬的時間，你可以舉辦一個場外戰略規劃活動，向團隊的所有人徵求意見。

---

2 W 框架的詳情見 *https://firstround.com/review/the-secret-to-a-great-planning-process-lessonsfrom-airbnb-and-eventbrite/*。

讓資淺的成員參加規劃過程可以收集更多想法，並且讓他們接觸可幫助他們成長的戰略性工作。

## 成長實踐

### 有效地使用最後期限 ⚡⚡

設定最後期限是有爭議的做法。支持它的人認為，它可以幫助團隊更快行動，做出必要的權衡，並且有助於協調大型活動。反對它的人認為，它會讓人失去動力、降低品質，讓人拖延問題，降低團隊的整體速度。

在規劃程序中，在截止日期之前有意識地做出決定非常重要，因為這可以避免溝通錯誤和不協調。你絕對不希望產品團隊認為某個日期只是粗略估計出來的日期，但銷售團隊卻認為它是一個堅定的承諾。

以下是各種程度的範例：

- 設定幾個「絕不改變」的日期。例如，舉辦一年一度的大型會議。
- 讓每一個團隊與主管一起設定自己的日期，並讓他們知道錯過日期的後果。例如，得到很慘的績效考核分數。
- 讓每個團隊設定自己的日期，如果他們錯過日期，要求團隊舉行檢討會。
- 不設定任何日期。團隊可以估計事情何時完成，但那些估計不是承諾。

具體的最佳方法因工作類型、公司需求和個人而異。用日期來施加的壓力越大，就越有機會產生你不想看到的副作用，例如為了準時出貨而降低品質、因為加入太多緩衝期而導致工作變慢，或耗盡精力。另一方面，日期可以帶來非常實用的明確性和限制，幫助你設定決策的優先順序。

如果沒有日期，團隊可能會分心處理不斷出現的其他工作。他們可能會因為工作的重要性不太明顯而處理次要的專案或沒必要的功能。有固定的期限之後，他們就要考慮承接額外的工作會不會讓他們超出那個期限了。截止日期可讓 PM 更容易拒絕額外的工作，因為它可讓所有人知道 PM 可以處理的工作量是有限的。

身為領導人，你要密切關注你的團隊，找出最適合他們的方法。

## 有效地安排人員 ⚡⚡

安排人員就像破解魔術方塊，你的每一步移動都會影響其他部分，當你移動一個地方時，其他的地方就會被移出原位。你必須在更廣泛的背景之下思考每一步。

在分配團隊人員時，你也會遇到麻煩的取捨和限制。你要幫 PM 找到最適合他的工作與隊友，同時要找出對每個團隊和每個人最好的平衡點。

你可以把最重要的工作安排給最優秀的人，或是平均分配人才。你要評估你的安排可以讓每個人伸展多少能力，以及有沒有缺口需要增加更多支援。你要考慮部屬是否獲得可讓他們持續參與工作，並幫助他們成長的機會。最重要的是，為了減少可預見的人際衝突，你也要考慮個性。

當你分配人員時，你要考慮到所有人，即使你顯然只要調度一個人就可以解決問題。如果你只懂得調動剛結束專案的人，你就無法做出更具戰略性的調度。

在決定該讓誰在各個團隊或專案中工作時，請考慮以下因素：

- 那項工作的伸展程度如何？
- 團隊的其他成員有多資深？有沒有人可以站出來帶領？
- 團隊有沒有資源不足的任何領域（例如，設計、資料科學、用戶研究），以及它怎麼與 PM 的技能搭配？
- 工作有多重要？
- 工作和團隊的結構能不能支持師徒制？
- 他們有多想加入團隊，以及他們有沒有獲得想做的專案？
- 這與他們的成長計畫有什麼關係？

人員分配是一種權衡問題——怎麼做對公司最好，怎麼做對個人成長最好？就短期和長期而言，如何安排最好？在兩個團隊之間，怎樣做最好？

也許你很幸運，讓每個人都進入他們最喜歡的團隊，但這種事情不是經常發生。你要負責解釋為什麼你要這樣分配人員，並讓他們對自己的團隊充滿期待。你要將工作與他們將會學到的技能和職業目標結合在一起。

# 概念與框架

## 橫向任務

Google 的 APM 計畫有一個非常有價值的部分，稱為「horizontal task（橫向任務）」。採取這種做法時，公司高層會列出一系列的業務問題、專案與責任，APM 可以自願承擔其中的任何一個「橫向任務」。雖然這些任務本身通常既耗時且枯燥，但是它們可讓 APM 接觸高層、參加高級會議，以及接觸 APM 在變得更資深之前無法接觸的戰略。

以下是很好的橫向任務案例：

- 在高層會議做記錄。
- 負責高層會議的行政工作。
- 為董事會準備投影片。
- 收集每週產品指標。

橫向任務是很棒的雙贏手段，它可以讓高層從額外的幫助中受益，也可以讓 PM 從接觸高層中受益。考慮在你的公司加入橫向任務！

## 組織設計

隨著組織的發展，你要開始考慮如何分工。當公司的規模較小時，你可能有一組分散的團隊。但是隨著公司的發展，你可能需要一個較精密的階層結構，將團隊分成不同的部門。

以下是你要開始進行長期組織設計的跡象：

- 當人們從一個專案跳到另一個專案時，花大量的時間在新領域上。
- 團隊做出短視的產品決策。
- 團隊不願意進行長期投資。
- 團隊規模大得讓你必須下放管理權。

你可以用很多方法來組織長期運行的團隊。許多公司會同時使用其中的許多選項。例如，它們可能在較高層根據產品來組織團隊，然後在產品團隊中，根據用戶類型來組織團隊。或者，他們可能會根據目標來組織團隊，但也會根據工程基礎程式（engineering codebase）來組織一些團隊。很多公司每隔 1 到 3 年就會重組一次。

為了說明這些選項，我們假設有一家社交媒體公司 DogTok，它的作品可讓狗主人分享他的狗影片。我們將探討這家公司可能會怎樣，以及他們如何加入一項新功能：「Bark Translation」，這個功能可以在影片中幫狗吠聲上字幕。

以下是組織團隊的常見方法：

### 根據產品

- **它是什麼**：為公司的每一個產品指派一個團隊或組織，也許還會安排一個服務團隊，讓它負責讓多項產品使用的組件。
- **範例**：DogTok 決定將 Bark Translation 做成它自己的 app。他們將成立一個新的部門，該部門有自己的總經理，和負責 app 的各個功能的團隊。
- **好處**：根據產品劃分組織可產生明確的邊界，通常可讓每個產品自主運行。
- **缺點**：可能很難讓不同的產品有一致性。
- **對誰有效**：需要成立多層組織的大公司。不需要進行跨產品合作的獨立產品。
- **如何讓它生效**：除非產品非常小，否則你通常要在各個產品團隊裡面採取另一種組織方式。

### 根據短期專案

- **它是什麼**：在小型組織中指派個別的短期專案，例如「Twitter 匯入功能」或「行事曆畫面」。
- **範例**：如果 DogTok 根據短期專案來組織，領導團隊會決定下一步要做什麼，他們會根據人員有空與否、他們的興趣和技能，將每一項工作分配給一個小型的臨時團隊。DogTok 會讓一個團隊在 1 月建構用戶引導體驗，讓另一組人員在 8 月進行 A/B 測試。領導團隊會成立一個「Bark Translation」團隊，負責建構整個功能，並將它整合到既有的影片播放器中。DogTok 會在發表它之後，開始建構另一個功能。
- **好處**：領導層可以明確地指定該做哪些工作。在小型的初創公司中，創始人可以非常明確地知道他們想要建立什麼，所以不需要將選擇權下放。
- **缺點**：這種單一專案的方法會讓人們無法對產品和工程進行長期思考，導致工程債務的累積，和產品專業知識的缺乏。它也會延長人們花在低生產力的「暖身」狀態上面時間，包括專案本身，以及學習和新隊友合作。

- **對誰有效**：因為它會讓領導層思考大部分的戰略，所以通常比較適合由初級 PM 領導的團隊。
- **如何讓它生效**：如果你要按照專案來組織團隊，你要花更多精力向團隊表達你的期望。你要讓他們了解選擇這個專案的戰略理由，以及你希望從中得到什麼。明確地告知：他們要多麼嚴格地遵守最初的專案想法？他們要自己做研究嗎？他們可以考慮其他的解決方案嗎？你希望看到哪一種早期驗證？

## 根據工程基礎程式

- **它是什麼**：傳統上，許多團隊都是按照工程基礎程式（engineering codebase）來組織的，他們會讓每一個團隊負責產品的一個部分，那些部分都可以對應到程式版本庫（code repository）裡面的特定檔案與資料夾。
- **範例**：如果 DogTok 根據工程基礎程式來組織，他們會幫每一個組件和基礎設施（infrastructure）成立一個團隊。在基礎程式裡面的每一個檔案都有專屬的團隊，DogTok 會讓一個團隊負責排名演算法，一個負責搜尋方塊，一個負責評論方塊…等。想出 Bark Translation 的人會試著說服影片團隊將那個功能加入他們的路線圖。
- **好處**：工程師可以在他們的領域中累積專業知識，你可以清楚地知道誰負責 bug、設計決策、程式品質，以及長期維護基礎程式。因為每一個組件都有一個明確的負責人，所以它可以避免 PM 冒犯彼此的領域，或做出互相衝突的更改。
- **缺點**：基礎程式通常無法對應到特定的客戶、用例或問題，因此很難發起有影響力的變更。你很難為團隊找到最優先的工作，你也不容易找出可用程式來解決重要客戶的需求。有時對部分的基礎程式來說最重要的工作，對公司整體來說卻是最不重要的。更糟糕的是，很多重要的客戶問題都不能只用部分的基礎程式來解決，而且這種組織方式會讓人們在解決這些問題時，增加許多摩擦的機會。
- **對誰有效**：如果基礎程式的某個部分需要深厚的技術專長，這種組織方式對這些團隊來說應該是最好的。在大多數公司中，根據基礎程式來劃分團隊是合理的做法，但你要謹慎地採取這個選項。如果你沒有夠多的行動工程師可以分配到各個團隊，你可以成立一個中央的行動團隊。基礎設施團隊通常是根據他們所維護的系統來組織的。

- **如何讓它生效**：這種組織方式需要更高級的戰略領導層，以確保團隊有適當的人員可以滿足公司的優先事項，以及指導他們進行高影響力的戰略工作。

## 根據用戶類型

- **它是什麼**：如果你的產品有許多類型的用戶，而且他們有不同的需求，例如管理員和知識工作者，或汽車司機和機車騎士，你可以成立多個團隊，讓每個團隊為他們的用戶類型改善產品。
- **範例**：如果 DogTok 按照用戶類型來組織，他們會幫狗主人成立一個團隊，幫觀賞者成立一個團隊，幫廣告客戶成立一個團隊。每個團隊的 PM 都會花大量的時間和他們的用戶交流，以了解他們的需求，以及如何增加他們的使用次數，然後為團隊建立一個路線圖。Bark Translation 功能源自狗主人的對話，所以會交給狗主人團隊負責這項工作。
- **好處**：當 PM 負責特定的用戶類型時，他們可以成為那些用戶的專家，也可以評估解決哪些問題可以對那種用戶造成最大的影響。他們可以跨越產品的多個部分設計整體的解決方案。
- **缺點**：根據用戶類型來組織有一個缺點在於，許多 PM 可能對產品的不同部分該往哪個方向發展有互相衝突的想法，例如，該在首頁上突出顯示哪些功能。
- **對誰有效**：當你有不同的客戶類型需要長期服務時，這種組織的效果很好。許多公司都有一個專心服務 IT 管理員的產品團隊。
- **如何讓它生效**：你要設法緩解衝突，例如，將有爭議的區域交給一個團隊負責，或是仔細地審核和協調被提出來的變更。

## 根據用例（或問題）

- **它是什麼**：當產品有多個重要的用例時（例如建立並使用內容），你可以讓各個團隊分別負責改善他們的用例。通常每一個用例都與產品的幾個部分緊密相關，例如，負責內容發現的團隊可能要負責搜尋 UI。根據用例而不是產品區域來制定團隊章程可以鼓勵團隊在產品的任何地方尋找最佳解決方案，這可以產生更好的、更有影響力的解決方案。
- **範例**：如果 DogTok 是根據用例來組織的，他們就會成立影片創作、探索、用戶引導和現金化團隊。影片創作團隊可能發現，當他們加入特別的影片編輯功能時，用戶會上傳更多影片，這導致他們想出 Bark Translation，於是 DogTok 又成立了這個團隊。

- **好處**：「根據用例來組織」有「根據用戶類型來組織」的許多好處，它也可以讓領導層更靈活地決定該讓團隊解決哪個類型的問題。PM 可以成為他們的用例的專家，你可以鼓勵他們在預先定義的範圍內找出最有影響力的問題並處理它。
- **缺點**：隨著公司優先順序的改變，根據特定用例來成立的團隊可能會被頻繁地調整。例如，公司針對「內容發現」或「資料匯出」投資了一年之後，認為這些用例已經做得夠好了，決定重新分配人員，來處理更緊迫的問題。與此相關的是，處理新發現的問題通常要成立新團隊，它的成本可能超出預期。
- **對誰有效**：根據用例來組織在較小的組織中很有效，因為成立團隊的領導者非常了解問題和用例的優先順序。
- **如何讓它生效**：尋找 MECE（mutually exclusive, collectively exhaustive，彼此獨立，互無遺漏）用例，以避免分歧，或 PM 互相干擾。也許你也要成立一個「特別行動」團隊，負責處理不適合既有用例的高優先短期專案。

### 根據目標

- **它是什麼**：如果你的組織正在追求幾個不同的目標，而且你有資深的產品領導人，你可以根據目標來組織團隊，例如採用、現金化，或新用戶成長。在這個模式裡，團隊有一個關鍵成功指標，他們可以考慮非常廣泛的想法來推動這個指標。例如，Facebook 的成長團隊要負責國際擴展，甚至讓網際網路遍及世界的更多地區，但他們也要負責比較傳統的成長專案，例如改善用戶引導體驗。
- **範例**：如果 DogTok 根據目標來組織，他們會幫這些目標成立團隊：增加既有狗主人的上傳量、增加影片的瀏覽量、提高新觀眾的使用度，以及改善現金化。負責增加上傳量的團隊發現，人們喜歡藉由上傳影片來探索有趣的疊加畫面效果，於是決定開發 Bark Translation。
- **好處**：讓團隊有明確的任務，並且能夠以他們認為最好的方式解決問題。領導層非常清楚他們想要的結果，同時可將「如何（how）」交給較接近問題的 PM 們處理。這種模式也鼓勵領導團隊採取良好的戰略做法，他們要思考哪些目標是重要的，以及目標的相對優先順序。
- **缺點**：如果高層不允許團隊選擇他們自己的方法，這種模式可能會錯誤地授權給團隊。如果團隊沒有能力選擇好專案，它也會造成壓力，並且浪費精力。

- **對誰有效**：當你有優先順序大致相同的高階目標，而且有強力的資深 PM 時，這種模式的效果最好。例如，如果你有四個同等重要的高優先目標，你可以成立四個團隊，但是，如果其中一個目標比其他目標重要得多，你可能希望讓三個團隊努力處理那個目標，所以你要用不同的方法來劃分各個團隊的工作內容。
- **如何讓它生效**：明確地讓 PM 知道他們有多少自主權，以及何時要將計畫交給你審核。你可能要廣泛地教他們制定好的路線圖，以及哪些類型的風險是「好的」風險。

## 重點提要

- **結構可以協助你擴展**：如果做得好，每一位 PM 都可以獲得他們需要的自由，可以擁有一個重要的領域，並且可以朝著遠大的目標快速前進。他們也可以獲得必要的保護，讓團隊在戰略上保持一致，防止多餘的衝突或工作浪費。留意可能讓你難以交付完整解決方案的團隊結構。
- **組織是你的產品**：身為產品領導人，組織的品質就是你的交付標的。投資你的團隊文化，培養你的團隊人員，尋找系統性的機會，以改善團隊創造產品的方法。

# 職涯

職業階梯

職涯目標

職業成長技能

延伸學習

除了 PM 之外

# PART H

# CAREERS

H

# 職涯

如果你剛找到你的第一份 PM 工作，你可能很難想像你的職業生涯在接下來的幾十年會怎麼發展。有一些 PM 藉著在公司內部升遷而成長，有一些 PM 透過跳槽而成長，還有一些 PM 決定跳到產品管理之外的職位。

在這一節，我們將學習如何設定和實現職涯目標。

- **職業階梯**（第 399 頁）將介紹 PM 的職業生涯發展情況。你將了解職業階梯中每一階的工作，以及如何進入下一階。
- **職涯目標**（第 435 頁）將解釋職涯目標的重要性。你將了解各式各樣的潛在目標，並學習一些可視化練習，以協助你發現哪些目標對你來說很重要。
- **職業成長技能**（第 442 頁）教你如何將自己的成就轉化為職涯晉升。你將學習如何與主管合作，選擇正確的公司和團隊，以及如何處理糟糕的情況。
- **延伸學習**（第 478 頁）將教你成長為產品領導者的其他方法。我們將討論課程、教導和 MBA 計畫。
- **除了 PM 之外**（第 480 頁）討論除了產品管理之外的流行職涯選項。我們將學習一般管理、創投和公司創始人等角色。

請注意，我們只提供職涯建議，你不一定要遵循它們。本書希望成為你的工具和教材，幫你找到和創造最適合你的職業發展路徑。最終，你要試著「優化」你的生活，有時這意味著你要爭取「更大更好」的工作，有時更好的工作對你來說是提供更好的工作 / 生活平衡、更好的地理位置，或其他因素。

CHAPTER 32

# 職業階梯

我第一次真正思考自己的職涯發展是在全職工作的第一年之後。當時我是微軟 SharePoint 團隊的 PM，公司要求我在自我考核中寫下我的職涯目標。當時我想，寫下「CEO」是不是野心太大了。我看了一下職業階梯文件以尋求提示，但是當時我只負責幾項功能，有什麼能力「為產品線制定策略」？

我渴望成長和學習，但我不明白我要學習什麼。我的功能都設計得很好——這還不夠嗎？很多人說，我將會透過在職經驗來成長，但這聽起來非常模糊，也不令人滿意。我的主管和隊友們不斷地分享有用的建議，但我覺得如果我知道該關注哪些領域，我可以成長得更快。

後來，在 Google，我遇到類似的絆腳石。當時我以為一切都很順利，直到我錯過了一次升遷機會。顯然，升遷委員對我的策略性不足表示擔憂，而且我的團隊有一個重要的專案還沒有發表。儘管對現在的我來說，當時無法升遷的原因很明顯，但不知為何，當時我並沒有意識到那些事情那麼重要。

我糾正了那些錯誤，這個事件為我上了寶貴的一課：盡早考慮你的職業發展路徑，並且了解下一個職等需要什麼能力。

這就是職業階梯的作用，它可以處理這些問題：

- 公司是如何決定你的薪水的，以及什麼時候會加薪？
- 他們是如何決定誰可以獲得新專案，誰可以成為管理者的？
- 在公司擔任初級或高級 PM 意味著什麼？

職業階梯的細節因公司而異，但基本概念通常是相同的。

## 職等與梯子

就像梯子有階級一樣，職業階梯也有階級。你會從職業階梯的底層開始，隨著職業生涯的進步和獲得越多經驗和技能，被晉升到更高的職等。

### 職等

你的職等是你的公司為你指定的分類，它代表你的資歷多深，以及公司希望你做的工作範圍和等級。有一些公司的職等直接對應到「Senior」或「Director」等頭銜，但有些公司的一個頭銜包含多個職等。這些職等可能是半機密性的。例如，在微軟，新的大學畢業生 PM 可能從 59 級開始。雖然你和你的經理知道你的職等，但是別人不知道。你可能被晉升到第 60 級，但你的公開頭銜保持不變。

即使你的公司沒有頭銜，幕後也可能有某種形式的職等。上升一級相當於獲得升遷，通常會伴隨著加薪。

### 職業階梯

職業階梯是公司記錄在案的途徑，描述了一個角色在每個職等應具備的技能和能力。

但是，職業階梯不是完整的評分標準。公司會根據你的自主性、你能處理的工作範圍，還有你能發揮的影響力來決定你的職等，階梯是領導層描述這個信任背後的思考過程的最佳方法。許多 PM 把職業階梯當成檢查表，而不是指導方針，這會讓他們偏離正道。

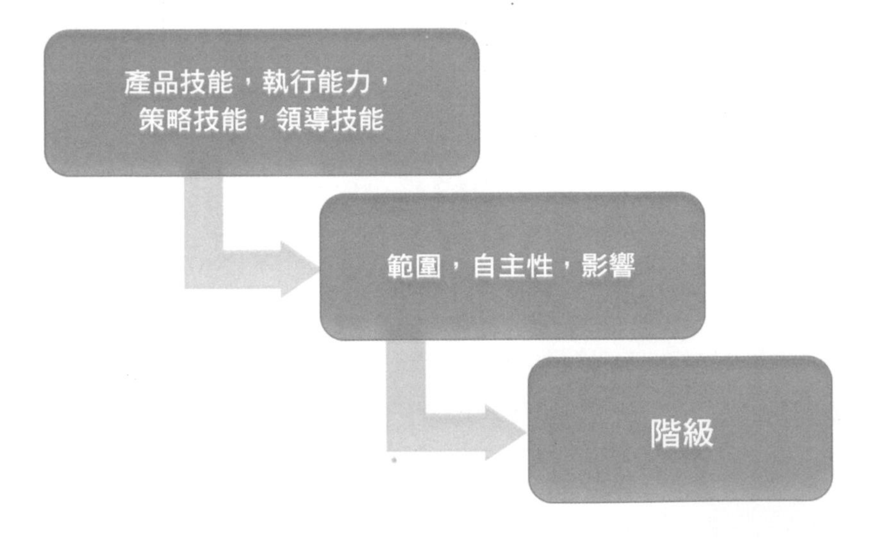

你的技能是評估職等的主要元素，但它們不直接決定你的職等。如果你在帶領團隊時，需要一流的執行能力來完成一項重要的合作案子，但裡面沒有困難的產品工作，那麼即使你的產品技能不出色，你也可以獲得升遷。如果你的技能都很優秀，但是你的專案因為超出你的控制範圍而被取消了，你很有可能無法被升到下一個職等[1]。

這一章要詳細討論 PM 職業階梯，並說明每個職等的核心品質。

## 典型的階梯

各公司的職等不盡相同，但大多數公司的階梯大致上都和下圖一樣。職等對應的工作、職等數以及年資會因公司而異，但職責的進展都是一樣的[2]。

| IC 路徑 | 管理者路徑 | 典型經歷 | 關鍵職責 |
|---|---|---|---|
| APM | | 0-4 年的經驗。 | 學習 PM 的基本工作。在一些公司中，它可能是個輪值計畫。 |
| PM 1 & 2[3] | | 3-8 年的經驗。 | 交出有影響力的成果。 |
| 資深 PM | | 5 年以上的經驗 | 制定團隊戰略，決定團隊工作的優先順序。 |
| Principal PM | PM 主管 | 產業專家 / 管理 3 人以上。 | 透過策略和指導，讓一個 PM 團隊交出傑出的作品。 |
| | 總監（Director） | 經理的經理。 | 建立高級框架和流程，推動產品團隊的策略和組織卓越。 |
| | 產品負責人（Head of Product） | 領導層。 | 在公司的跨部門範圍推動策略、管理和組織卓越。 |

PM 職位會隨著你的升遷而有明顯的變化。初階職位的重點是推出偉大的產品，中階職位是產品策略，高階職位的重點是組織卓越。

1 在實務上，專案被取消的原因很少超出 PM 的控制範圍。發生這種情況時，你要集中精力，快速且平穩地轉移到下一個重要領域。

2 *http://levels.fyi* 有各個公司的職稱和薪酬的最新比較。

3 在 APM 和 Senior PM 之間的階級通常直接稱為「PM」，但為了清楚起見，我們將它稱為「PM 1 & 2」，來區分這個階級與 PM 整體角色。

| | 推出產品 | 產品策略 | 組織卓越 |
|---|---|---|---|
| 學習 | APM | PM 1 & 2 | PM Lead |
| 知到怎麼做 | PM 1 & 2 | Sr.PM | Director |
| 專精 | Sr.PM | PM Lead / Principal PM | Head of Product |

因為有這些變化，PM 的職業發展往往是蜿蜒的模式，而不是一條直線。

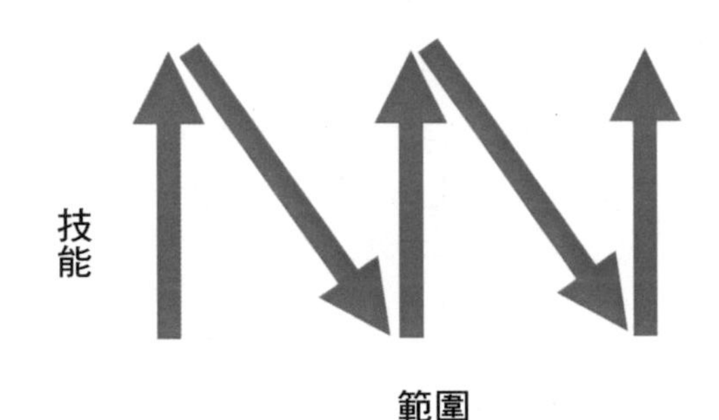


改自 Shreyas Doshi 的範圍與影響力矩陣[4]

每次你的範圍增加時，你就會再次從專家變成新手。學習新工作需要時間，在擅長一份工作這麼久之後，再次覺得自己能力不足會產生不安全感，但是你可以將擴大範圍當成接下一份新工作，並且保持學習心態。

職業發展的蜿蜒模式也解釋了為什麼新 PM 很難理解資深人員為何如此優秀。PM Director 發表一項功能的能力可能不會比 PM 2 好多少，但是他的策略規劃技能比 PM 2 好很多。

## 進步

各個職等升到下一階的速度是不一致的。在你的職業生涯剛開始的時候，你可能會每一到兩年就被升職，但隨著你的進展，升職的時間會越來越久，升職的難度也會越來越高。

只要有足夠的時間，大多數的 PM 都可以（也應該）晉升為 Senior PM。Senior PM 是能力很強的獨立貢獻者。如果你長時間停留在 PM 1 而沒有成長，可能是因為你的公

4 範圍與影響力矩陣：*https://twitter.com/shreyas/status/1055718675678814208?s=20*。

司認為你需要太多監督了。當你到達 Senior PM 之後，如果你覺得繼續升遷不符合你的職業目標，你就不需要繼續往上爬，維持在 Senior PM 可以讓你擁有百分之百健康且幸福的職業生涯。

> 除非你已經證明你具備一個職等的技能，否則就不會被升到那個職等。每一個職等的説明都是為了到達那個職等需要表現出來的技能，而不是在那個職等畢業時學到的技能。在很多情況下，你要在較高的職等上工作至少六個月之後才會繼續升遷。

職業圖的「降一級」層面會讓很多新 PM 覺得灰心，但是，一旦你明白 PM 的職業發展不是只要把產品管理工作做得越來越好，你就能理解為何如此。很多升遷其實代表責任的改變，就如同服務生不可能被晉升為廚師，除非他們證明自己會做菜，PM 也不可能被晉升為 Senior PM，除非他們證明自己能夠持續地研擬產品策略。

若要升到比 Senior PM 更高的職位，你不只需要技能，也要符合適當的業務需求。例如，如果公司不需要人事管理者，你就不會被升為 PM Lead。如果公司不需要你的產業專業知識，他們就不會僱你為 Principal PM。

## 範圍、自主性與影響力

無論是在公司內部還是跨公司，PM 職涯進步的象徵，都是增加範圍、自主性和影響力，它們代表你提供的價值。

範圍、自主性與影響力有相互提升的關係。

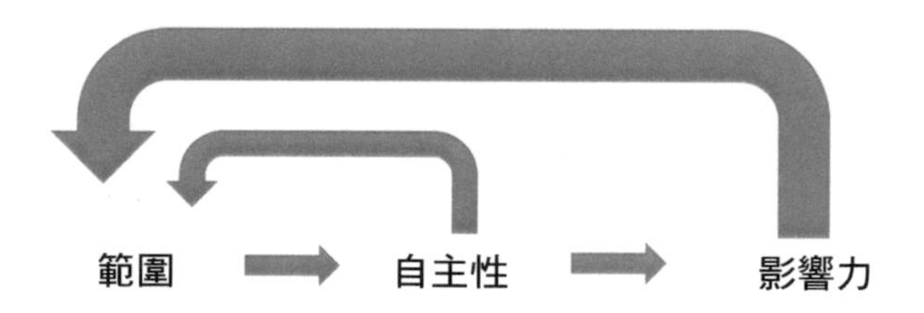


範圍是決定你能產生多大影響力的主要因素。如果你正在開發一個小功能，你也許可以推動一些對你的團隊而言很重要的區域性指標，但無論你將那個功能做得多好，你都不太可能推動整個公司的關鍵指標。

你無法直接選擇範圍，因為公司會把你分配給你的專案或團隊。為了擴大範圍，你要先展現適當程度的自主性，以及交付可靠的成果（產生影響）來贏得信任，接下來，你要在找到一個範圍更大的機會。

你也無法完全控制自己的自主程度。身為一位新 PM，你可能會受到很多監督，你要藉著成功地執行專案和產生影響來贏得更獨立地行動的權利。

> 一個人之所以能夠快速地發展他的職業生涯，通常是因為他們會利用機會，以超乎尋常的速度擴大自己的範圍、影響力或自主性。

他們可能會加入一家快速發展的公司，取得超乎預期的業績，或展現不凡的進取心。

## 範圍

範圍通常是指職責的規模和複雜度。PM 職涯進步的重要關鍵之一，就是能夠處理越來越大的範圍。

世上沒有萬無一失的方法可以確定範圍，但你可以考慮下列的幾個因素：

- **產品的負責範圍**。你負責一個功能、具有多個功能的區域、橫跨這些功能的策略、整個產品，還是一組產品？
- **團隊大小**。管理更多的工程師和設計師通常意味著更大的責任，但是有時並非如此，有些團隊比較大只是因為工作較繁重。
- **複雜度**。當工作有較多跨團隊合作、較低的錯誤容忍度、較不明確的客戶需求和更困難的取捨時，工作通常有較大的範圍。
- **潛在影響力**。相較於一個只有 1000 個用戶的完整產品，一個有 100 萬個用戶的小功能的範圍可能更大。與只能帶來少量收益的功能相比，能夠帶來大量收益的功能有更大的範圍。與維護一個舊產品相比，創造有企圖心和創新的產品或許有更大的範圍。

範圍在某種程度上是主觀的。當你考慮多個工作機會時，你要自己評估哪一種範圍比較大。

## 自主性

自主性是你**被授予**的獨立性，以及你表現出來的獨立性。你要知道何時以及如何徵求意見。

你在一個專案中獲得的自主性程度，對專案的難度有很大的影響力。

如果你有一個適合交給 Senior PM 處理的專案，你可以藉著提供更多指導和降低 APM 的自主權來縮小那個專案的範圍，讓 APM 處理。降低自主權可能是設定限制條件、提供流程和時間表、經常檢查、提供更多回饋，以及反覆檢查決策。

同樣地，如果你被指派一個 Senior PM 等級的範圍，但是你需要很多協助或指導，你就無法以 Senior PM 的身分處理它。有冒牌者症候群的人可能會尋求原本不需要的幫助，過度自信的人可能認為自己不需要幫助，但他們的主管認為事實並非如此。你必須有自知之明，才能知道自己處於哪種情況。

參考第 448 頁的「確保你的主管知道你的工作情況如何」來了解如何高自主性地分享你的進度與徵求意見。

## 影響力

影響力是你帶來的積極成果。

> 就像 Chaim Gross 所解釋的：「產品管理是一個「打擊」工作，你要偶爾打出安打，才能成為優秀的 PM。」到頭來，你這位 PM 的聲譽主要取決於你交付的產品。

這個公式可以簡單地說明影響力：

> 改善的意義有多大 x 有多少人體驗到這個改善

不同的人關心不同類型的影響。有些人的動力是發表影響數百萬人的小改善，有些人則想要對少數人的生活造成實在的影響。有些人喜歡創造更好的娛樂形式，有些人則喜歡關注健康或教育。人們之所以跳槽，往往是因為他們認為自己在新職位可以發揮更大的影響力。

在一家公司裡，你的影響力通常是由你設定的目標以及你實現和超越這些目標的表現來評斷的。當你讓領導層相信你能夠設定遠大、符合戰略的目標並實現它時，領導層就認為你有很大的影響力，如果你沒有給領導層留下這種印象，他們可能無法意識到你的影響力有多大。

**PSHE 框架**

Lane Shackleton 想從 YouTube 的銷售員轉職為 PM，產品 VP Shishir Mehrotra 給他一個專案來讓他證明技能：可跳過的廣告。這個專案已經被擱置好幾年了，因為銷售團隊很討厭它。

Mehrotra 安排一個劇本。問題（*Problem*）是他們曾經試圖將新的廣告格式放入 AdWords 的方式。解決方案（*Solution*）是用另一種方式把它放入 AdWords。怎麼做（*how*）是與 AdWords 團隊開會。Mehrotra 希望 Shackleton 執行（*Execution*）那個劇本。

三週後，雖然 Shackleton 與 AdWords 團隊溝通過了，但他帶回一個不一樣的消息。他告訴 Mehrotra：「我認為我們的問題是不同的，我們的問題出在品牌上。」他繼續解釋道，雖然「可跳過的廣告」對用戶來說是一種價值主張，但是對真正的客戶（購買廣告的廣告商）來說是一種負面的價值主張，他們不希望用戶跳過他們的廣告。

所以 Shackleton 決定改變主意。他想出 TrueView 這個名字，這個新名字強調了廣告的價值主張——當廣告真的被觀看時，廣告購買者才需要為廣告付費。這個新品牌與 Google 的目標「製作更好的廣告」相符。藉著這個改變，銷售團隊開始喜歡這種新的廣告形式，它也成為他們最受歡迎的產品。

Mehrotra 提倡的 PSHE 就是 Problem、Solution、How 和 Execution。PSHE 是一種職業發展框架。上級告訴 Junior PM 問題、解決方案、關於「如何」執行的指示，然後期望他們好好地執行劇本。隨著他們的成長，他們可以想出一個粗略的解決方案，並想出 'how'。接下來，他們要學習如何接受一個模糊的問題，提出解決方案。在他們職業生涯的最高職等，他們可以選擇一個不明確的空間，並決定要解決的問題。

**問題**：給他們一個不明確的空間之後，他們可以決定將要關注的問題，然後想出解決方案。

**解決方案**：他們可以處理不明確的問題，並想出解決方案，然後執行它。

**如何**：給他們一個問題和粗略的解決方案之後，他們可以想出如何執行和完成它。

**執行**：給他們問題、解決方案和 'how' 指示之後，他們能夠執行。在 Shackleton 的案例中，他在一開始收到問題、解決方案和 'how' 指示，但他藉著質疑他收到的問題，並找到一個更好的問題來展示他的進階技能，這給 Mehrotra 留下了深刻的印象，將 Shackleton 轉職為 PM，並在幾年後，聘請他在 Coda 管理產品。

## 職等

與大多數其他的職等指南不一樣的是，我們不將這個指南視為評分標準，規定每一個職等需要哪些技能。如果你的公司有這種評分標準，你可以從裡面找到關於產品領導層重視哪些技能的暗示，但它們通常令人困惑，那些評分標準往往使用毫無幫助的主觀詞彙，或是使用具誤導性的要點，無法一體適用。它們可能有一些在實際的工作中不太重要的類別，它們通常只是描述你已經被指派的範圍，例如「為一個產品領域制定策略」。

> 事實上，PM 技能無法直接對應到職等。
>
> 你的職等是用你的範圍、自主性和影響力來決定的。獲得晉升的方法是在你當前的範圍內展示你的自主性和影響力，並且讓上級相信你可以在更大的範圍中一展長才。

在接下來的指南中，我們將介紹每個職等的典型範圍、自主性和預期影響，以及你可以在當前的職等上做什麼事情，來證明你已經為下一個職等做好準備。

注意：各公司的頭銜沒有統一的標準。特別是 *Group Product Manager*（*GPM*）這種職稱在不同的公司有不同的名稱，也許比較像「*PM Lead*」或「*Director*」。為了清楚起見，我們不使用那種詞彙。你可以在 *levels.fyi* 尋找與你的公司對應的職等。

### 助理 PM（APM）

處於 APM 職等的人員還在學習產品管理的訣竅。

有些公司有正式的 APM 計畫，包括輪職（每 6-12 個月調換團隊）、官方指導、訓練教材和社群建設。有些公司會直接聘請新畢業生進入團隊，而沒有 APM 計畫。

#### 典型的範圍、自主權和影響

- **範圍嚴格的專案**：問題定義得很清楚，導師可能知道解決方案的樣子。
- **低風險的專案**：即使專案延遲或失敗也不會對公司造成太大傷害。
- **少量的工程師**：可能只負責少數工程師，或一位工程師的部分時間。
- **實習指導**：導師會提供劇本，並指導學徒完成劇本。導師可能會告訴他們該做什麼，並仔細檢查他們的工作。

- **沒有太多自主權**：任何可能產生巨大影響的事情都會被審查。
- **對區域指標的影響**：一般情況下，產品發表都是為了改善功能等級的指標，而不是像「黏著度」或「客戶保留率」這種的全域指標。

## 若要從 APM 升到 PM 1

如果 PM 把事情做好，從 APM 升到 PM 1 很簡單。這次升遷往往與你在這個職位待多久比較有關，而不是你的表現的細節。有 APM 計畫的公司通常會在第一年之後，將 APM 1 升到 APM 2，第二年再將 APM 2 升到 PM 1，只要他們沒有任何績效問題。

在大多數公司中，APM 不太可能提前升到 PM 1，即使他們符合 PM 1 的標準。因為公司喜歡讓整個班級一起完成 APM 計畫。提前晉升通常要符合 Senior PM 的標準，這是非常罕見的情況。

以下是邁向 PM 1 需要的關鍵元素。

### 了解如何獨立經歷產品生命週期

APM 要學習 PM 工作的基本知識。為了升到 PM 1，你要證明在不需要指導的情況下，知道在產品生命週期的每個階段需要做哪些日常工作。

- 當你被分配到一個團隊時，你明白自己該做什麼嗎，還是要問主管？
- 你能啟動一個新專案，並遵循產品團隊的流程嗎？
- 你知道什麼時候該做產品發現，以及如何獲得你要的資源嗎？
- 你可以有效地使用 spec 審核和設計審核嗎？
- 你可以召集跨部門團隊來發表功能嗎？

當你第一次經歷產品生命週期的每個階段時，你會有很多問題，可能需要很多支持，但是接下來會越來越容易。多數人要經歷至少兩回合完整的產品生命週期才能成為獨立的 PM 1。

經常進行發表的團隊可以提供額外的練習和機會來證明你的獨立性。當你準備展示你的獨立性時，不要問你的經理你該做什麼或怎麼做，而是要**告訴**他你的計畫。雖然提出問題和保持學習的心態是很棒的事情，但發問時，你的語氣應該是「我很想知道你的觀點」，而不是「請告訴我該怎麼做，我很迷茫！」

如果你發現你的團隊的產品生命週期很長，或是你沒有機會在產品生命週期的所有階段工作，你可能要更積極主動一些。問一下你的主管或他的同事：經驗有限會不會影響升遷。找機會補上沒有經歷過的階段，例如透過一個周邊專案。也許你會發現發表次數少對內部升遷來說不是什麼問題，但即使如此，這可能會讓你更不容易被其他公司聘用。

### 成功地發表功能

這是所有產品和執行技能發揮作用的時刻。

升遷到 PM 1 通常不需要明星級的發表，但你要設計合理的功能並發表它們，而且不能出現重大問題。事實上，上級指派給你的工作通常不會有成為明星的潛力。

通常你只要發表一個讓人們使用的簡單功能就可以了，即使它不會明顯地推動指標。然而，如果你的功能從未發表，或因為草率的後勤工作而漏掉重要的步驟，這就可能是個問題了。

有一種衡量成功的方法是：你是否實現了團隊的目標和 OKR。如果團隊讓 APM 負責重大的挑戰，這可能會導致緊張的局面。好的 OKR 通常要推動重要的指標，但有時這件事無法單純透過功能工作來完成。

如果你想要在產品工作上冒險，請確保你、你的主管和團隊的其他成員都完全同意。如果你的主管信任你所做的工作，但實驗失敗了，你仍然處於不錯的局面。反過來說，如果你的實驗造成損失，但你的主管從未接受這個想法，它可能會阻礙你的發展。基本上，若要升到 PM 1，比較重要的因素是展示你可以按照別人的策略建構產品，而不是設計自己的策略。

### 在你的功能團隊中成為領導者或平等的合作伙伴

如果你加入一個有強大的工程師和設計師的團隊，也許你想要退下來讓他們來領導，有時在這種情況下的 PM 會淪為榮譽記事員，負責安排會議，然後讓別人做決定。

高度合作的幕後領導 PM 與忽視領導責任的 PM 有時不容易分辨。你可以想一下你的隊友認為你最大的貢獻是什麼，如果答案全部都是行政工作，那就有問題了，如果他們不知道你是如何影響產品和策略的，他們就不會支持你的提議，他們甚至可能會因為你對團隊的貢獻不如別人而怨恨你。

> 在幕後領導的偉大 PM 或許很謙遜，但他們改善成果的程度足以讓隊友看到，如果你喜歡低調，你就要讓你的工作為自己說話。

如果你是在幕後領導的 PM，確保你的主管了解你的貢獻。跟他報告你的團隊面臨的挑戰，以及你是怎麼解決的。也許你可以邀請主管參加你的會議，看看你的低調風格如何發揮作用。

### 獲得優秀的同儕考核成績

同儕考核對 PM 來說非常重要，因為從某種意義上說，我們唯一的目的是讓我們的團隊成員更有效率，就這方面而言，我們的隊友是最適合評價我們的表現的人。

如果你的工程師和設計師覺得他們的工作不需要你也可以做到，那就有問題了。同儕考核是主管判斷 PM 在團隊的成功中占了多少功勞的主要手段。假如有一個產品團隊有弱的 PM 和強的工程師，而另一個團隊有強的 PM 和弱的工程師，從表面看，你不一定可以知道誰承擔了較多的責任，但這種差異可以用同儕考核來揭露。

有些 PM 認為：「把這次發表做好非常重要，即使激怒隊友也無所謂。」不幸的是，一旦你意識到你要再次與這些隊友合作時，這種理論就會崩塌。當人們拒絕與你再次合作時，你多「正確」都沒有用了。

### 處理績效考核中的任何不足

績效考核和經理回饋有一個麻煩之處在於，你不一定知道哪一條建設性的回饋在指出你的能力不足（阻礙你前進的績效問題），哪一條只是建議，告訴你如何做得更好。如果你不確定，可以直接問。

> 感謝你感我這些回饋，可以告訴我，哪些是我最需要解決的問題嗎？

當然，所有的回饋都是值得解決的，但能力的不足才是最重要的。

## PM 1 與 2

PM 1 與 PM 2 很像非常優秀的 APM，他們了解公司的策略，可以成功地管理上級交辦的專案。如果他們有很好的背景，他們可以在功能級別上提供出色的結果。他們可以直接做出路線圖決定。

在這個職等，PM 可能承擔在執行或合作方面更複雜的專案。他們也可能同時執行多個專案。

PM 1 和 PM 2 傾向嚴格遵守流程和框架，他們知道如何非常有效地執行那些步驟，但他們並未深入理解為什麼有那些步驟。因此，他們無法判斷該強調什麼、何時可以跳過一些步驟、何時可以不按照流程工作。

例如，當 PM 1 和 PM 2 做簡報時，訊號雜訊比通常很低，因為他們不知道哪些細節是最重要的。當他們開始了解更多背景之後，他們就能更準確地預測問題，並調整自己的簡報，提前回答問題。

### 典型的範圍、自主權和影響

- **擔任團隊的 PM**：PM 負責團隊的所有專案，而不是被指派單獨的專案。這通常相當於負責部分的產品或用例。
- **在支持之下建立路線圖**：與他們的主管一起選擇專案並為團隊建立路線圖。
- **在有限的支援之下執行專案**：知道如何管理團隊，並在整個產品流程中推動工作。
- **團隊的必找之人**：人們將 PM 視為可以回答團隊及其專案的任何問題的人。他們相信 PM 了解整個背景，並且可以提供準確、有用的答案。
- **努力影響全域指標**：也許他的發表只能推動功能指標，但他的目標是推動全域指標。

### 從 PM 2 升至 Senior PM 的方法

晉升為 Senior PM 可能很有挑戰性，他既要掌握產品生命週期的日常工作，也要對產品策略做出新的貢獻。

#### 成功地執行越來越複雜的產品發表

雖然 PM 1 和 PM 2 可以出色地完成某些類型的專案，但 Senior PM 必須知道如何處理幾乎任何類型的產品工作，並帶來有意義的影響力。

較複雜的專案可能有：

- 更多跨部門利害關係人
- 更大的產品變化
- 更重要的行銷時刻
- 更艱難的得失取捨
- 較不直觀的客戶需求
- 更多不明確性
- 可能會讓客戶反感
- 更長期的投資
- 外部的合作伙伴
- 更少犯錯的餘地
- 更高的高層審查
- …等

在這個職等，「成功」不僅意味著你要帶領團隊順利完成發表並實現目標，也意味著這項工作在某種程度上具有戰略重要性。你也要自信地在高層會議上展示你的工作成果，並與公司領導層進行建設性的討論。前面章節中的所有技能都會在這個職等發揮作用。

這並不是說為簡單的問題建立簡單的解決方案是不對的。你的很多日常工作可能涉及簡單的解決方案，不將它們過度複雜化代表你有很好的判斷力。但是，如果你只能做簡單的工作，你就無法證明你的資歷。隨著技能的提高，你自然會被指派更複雜的專案，但如果情況不是如此，你就要積極主動地尋求它們。

### 為戰略性工作挪出時間

當你承擔起戰略責任時，你的專案工作量不會減少。你要透過學習如何更有效地運行專案和增加能力來挪出時間。

這可能意味著你要更快寫好 spec，也可能意味著你的第一次提議就非常好，所以不需要太多次迭代。當你建立自己的直覺之後，也許你可以透過有根據的猜測來節省研究的時間。你也可以藉著向隊友提供清晰的背景來節省時間，從而減少需要糾正的誤傳。當你獲得越來越多經驗，以及實踐 PM 技能之後，你就會看到這些效率的提高。

> 為戰略性工作挪出時間非常重要。解釋為什麼時間不夠的藉口有無數個，但克服他們是成為 Senior PM 的關鍵因素。

關於時間管理的其他建議，見第 13 章：把事情做完（第 171 頁）。

### 在複雜的決策中，展現細緻入微和結構化的思維

初級 PM 有時會在未留意決策的複雜性或得失利弊的情況下直接處理解決方案。

他們可能只關注自己團隊的目標，卻忽略了跨部門的利害關係人傳達的其他目標。例如，他們可能會發表一種功能，卻沒有意識到它會導致客服部門回答問題的時間大幅增加。當有人告訴他們這件事時，他們可能會天真地忽視這個投訴，因為他們沒有考慮客戶滿意度和營運成本的影響。

你越資深，你就越有機會面臨正確答案為「視情況而定」的決策。你要認出這些決策，並以結構化的方式進行推理。這並不意味著你要花幾天來做出每一個決定。透過練習和增加專業知識，你可以在幾分鐘之內開展你的思考過程。

當你朝著這個方向努力時，你可以用提升過的合作技能來彌補一些能力的不足。你可能只要向利害關係人詢問他們的擔憂即可，不必自己去注意複雜之處。

### 比公司的其他人更了解你的產品領域和客戶需求

當你進行產品審核時，你應該讓產品領導人了解你的客戶。這種深刻的知識和洞察力是成為更有價值的 PM 的重要成分。

> 當你成為專家時，你和產品領導人之間的關係就會從學生 / 老師變成同儕，並且讓你獲得你需要的信譽。

學習關於客戶的新見解除了直接的好處之外，也可以幫你找到新的戰略機會，你在研討會上隨意聽到的一句話，可能會讓你想到一個全新的提議！

### 制定優秀的目標，有策略地安排工作優先順序，在你的團隊中展示戰略技能

即使你加入了一個已經有既定戰略的團隊，你仍然可以透過撰寫團隊目標和決定工作優先順序來展示你的戰略技能。

確保你的目標與整體的產品戰略清晰地聯結。留意潛在的衝突或利弊取捨，並在目標中解決它們。清楚地說明你希望讓產品成功的機制。例如，如果你不確定新功能主要是為了贏得新客戶、增加既有客戶的黏著度，還是讓既有客戶更滿意，那就代表你對這項工作進行的戰略思考還不夠。

然後，確保你的團隊選擇的工作與這些目標相符。如果你的目標是贏得新用戶，你應該優先考慮用戶獲得、行銷和新用戶體驗。不要讓低優先順序的工作排擠最重要的專案。

最後，當你和人們談論你的團隊計畫時，參考這些戰略選擇。確保團隊的每個人都理解你的選擇背後的戰略原因。讓產品領導層知道你考慮過的利弊得失。這不是在自吹自擂，如果別人不知道你做了戰略思考，他們就會認為要自己做戰略分析。

### 積極地在你的範圍內創造和宣傳長期戰略

最適合開始撰寫戰略的地方就是你自己的團隊。即使你的團隊只處理一個定義明確的專案，你也可以提前計畫團隊的下一步。擬定一個激勵人心的願景，並且與公司的其他人分享。告訴你的團隊成員還有其他人為什麼你的團隊的工作很重要。

當你進入一個新的團隊時，你可能被交付一個專案來開始工作，但你很快就要掌握主動權，決定要製作哪些產品、要解決哪些問題、要追求哪些目標。

關於建立策略的詳情，見 E 部分：策略技能（第 194 頁）。

### 為更高層級的戰略討論做出貢獻

為了升到 Senior PM，你要表現出你對高層的戰略有很好的判斷力。這件事不容易，因為你可能還沒有獲邀參加戰略討論。產品主管應該不會在走廊攔住你，問你公司下一步應該進入哪個市場。你可能會在定案之後才收到戰略。

這就是你要發揮創造力的時刻。

儘量閱讀和吸收既有戰略的相關內容。向你的主管和跨級主管詢問目前的戰略討論情況，和有待解決的問題。

尋找哪些地方與你的見解有關。看看有沒有任何有待解決的問題可能是新研究（例如競爭性分析）可以幫助解決的。

一旦你有了有用的、相關的東西可以貢獻，設法讓它容易理解，並且把它交給合適的人：

- 在 1:1 裡，與你的主管討論它
- 直接寄給那個人
- 參加高層的 office hour
- 在黑客松提出來
- 安排會議
- 在餐廳接觸你的對象

了解年度計畫節奏，並在事情定案之前，在週期的開始安排你的貢獻。如果你的想法沒有產生影響，請教你的主管，了解原因。

> 新想法可能需要很長的時間才會被納入戰略，尤其是在你還沒有多少可信度時。你可能需要播種一段時間，才能讓人們開始接受你的想法。如果你確定它很重要，不要放棄。

分析和堅持可以幫助你進入下一個層次。

## Senior PM

Senior PM 有很強的能力與戰略眼光。當他們被交辦一個不明確的問題領域時，可以迅速找出最重要的問題來解決，並推動工作，以產生實際的效果。他們知道何時應該質疑上級交待的方向，而不是把它視為固定不變的。

Senior PM 會採取細緻入微的觀點和整體的觀點，知道事情有不同的觀點和複雜性。他們不會認為自己已經知道正確的答案了，也不認為別人都很蠢。他們可以觸及問題的核心，即使合作伙伴有互相競爭的目標和優先順序，Senior PM 也可以推動與他們的一致性。他們很快就可以切中要點。

Senior PM 可為團隊制定戰略和路線圖，藉著提升戰術工作的效率來節省時間。他們創造的路線圖可以平衡多個目標，例如取悅客戶、贏得市占率和增加收入。他們會宣傳他們的工作，讓他們的團隊得到應有的認可。他們可以實現偉大的目標。

### 典型的範圍、自主權和影響

- **獨立管理一個或多個團隊**：具備效率和時間管理技能，能夠管理更多團隊，並有時間做戰略性的工作。
- **解決沒有正確答案、複雜和不明確的問題**：可以看出困難的取捨，以及互相競爭的優先事項，即使它們還不太明顯。能使用細緻入微的判斷、結構化的思考和強大的合作能力，來推動決策的一致性。
- **在完整的流程中，推動產品的成功**：確保所有的部門（包括行銷、銷售和客服）互相合作，以交付客戶和公司所需的結果。
- **在有限的支持下，推動團隊戰略和路線圖的一致性**：根據客戶見解和商務見解，建立遠大的願景，並決定實現該目標的路徑。考慮互相衝突的優先順序和複雜的權衡取捨，想出一個好的策略。決定該關注哪些問題。
- **所屬領域的內部專家**：他是整個公司領導層的合作伙伴而不是學生。他比任何人都了解客戶和業務，並能提出新的見解。
- **發揮具戰略意義的重要影響力**：建立對公司目標而言重要的結果，並對公司的成功做出有意義的貢獻。

### 從 Senior PM 升為 PM Lead

PM Lead 是第一級的人事主管。

見第 27 章：成為人事經理（第 331 頁）來了解成為人事主管的詳情。

## 從 Senior PM 升為 Principal PM

升至 Principal PM 的情況很罕見。若要成為 Principal PM，你不但要把工作做得很好，你的工作也要出類拔萃，難以取代。Principal PM 是 IC（個人貢獻者）PM 職涯路徑的巔峰，到達這個職等意味著你是這場賽局的佼佼者。

### 成為公認的產業專家

Principal PM 有一個比較客觀的標準是：他們是所屬領域公認的專家。除了成為你公司裡學識最淵博的人之外，被公司之外的人認可你是某個工作元素的權威專家也有幫助。

雖然你可以用很多方法提高你的外部知名度，例如在會議上發言，但成為專家更重要的因素是建立更深厚的專業知識和尊重。產業專家通常是發明了新方法、在標準委員會任職，以及指導社群人員的人。

### 與你的主管和其他的公司領導者建立深厚的信賴感

你要得到你的主管和公司領導者的支持和提拔才能升為 Principal PM。

與管理者角色非常相似的是，Principal PM 頭銜通常代表公司信任你，所以願意讓你接觸敏感資訊，以及參與高層的討論。領導者在邀請新人進入這個信任圈時通常很謹慎。

### 貢獻與影響整個公司

雖然 Principal PM 有他們自己的團隊，但他們也要對整個公司做出貢獻。他們通常是其他 PM 的導師，可能指導整個公司的團隊進行大型專案，例如安全性或開放原始碼策略。

### 找出需要 *principal* 等級技能的任務關鍵型 *PM*

不是每家公司都需要許多 Principal PM。Senior PM 已經有很強的能力了，所以 Principal PM 在大多數的專案或團隊中不一定可以做得更好。在 Senior PM 就可以勝任的情況下，聘請或將某人升為 Principal PM 會讓公司付出太多薪水。

若要成為 Principal PM，你必須找到這種機會：你的技能值得公司付你這個代價，而且你是不需要直屬主管的監督就可以有效工作的 IC PM。通常這種機會就是必須做得非常好的少量產品工作。

## PRINCIPAL PM

Principal PM 是 IC PM 的職業發展路徑的顛峰。他們負責的工作事關重大：整合被收購的公司、監督重要的合作伙伴關係、負責指導大額貨幣投資決策…等。他們承擔的專案是公司不會信任並交給多數其他 PM 去處理的種類。

### 典型的範圍、自主權和影響

- **負責最重要、最複雜的工作**：負責非常關鍵且錯誤容忍度很低的工作。
- **建立他們自己的範圍**：發現新機會，向公司推銷願景，並組建自己的團隊去實現它。推動跨部門合作，以取得他們需要的資源和伙伴關係。推動從「想出點子」到「執行」的過程。
- **改善 PM 團隊的品質**：擔任其他 PM 的導師。成為公司價值觀的榜樣。塑造 PM 團隊文化。
- **最高級的自主性**：在不需要監督的情況下完成出色的工作。從零開始創造成功的策略。不需要依賴他們的主管排除障礙、建立聯繫，或推動一致性。被公司信任，代表公司進行跨公司談判。
- **業界專家**：為公司帶來獨特的專業知識，通常根據多年的經驗。
- **為公司提供最大的影響力**：在公司最有影響力的部門交付成果。

## PM Lead

PM 管理的最高階職位有時稱為「PM Lead」或「Group Product Manager」。PM Lead 通常扮演球員教練的角色，他們既管理其他 PM，也負責管理他們自己的功能團隊。他們通常擁有有限的權力可以自行批准小型的發表和決策，但他們和團隊的大部分工作都要通過更高等級的產品審查。

有時，PM Lead 要管理一個產品領域中的所有 PM，並負責統一的策略，但並非總是如此。PM Lead 也可能只負責管理和指導他們的部屬，但不需要對他們的工作負全責。

### 典型的範圍、自主權和影響

- **Senior PM 的所有工作**：PM Lead 不僅要做 Senior PM 的每一件工作，也要做得更快，挪出時間處理其他職責。

- **管理 1 到 5 位 PM 部屬**：負責管理、教導和培養一些部屬。通常管理較低職等的 PM，例如 APM。
- **擬定或影響部屬的策略**：負責確保每個團隊的戰略都與更高級的戰略保持一致。可能會也可能不會擬定統一的戰略讓他的 PM 依循。
- **學習人事管理的快竅**：他們的主管會支持他們進行人事管理，並參與重要的決策，例如晉升和績效管理。
- **透過發表和培養人員來發揮影響力**：除了他們自己負責的產品發表之外，他們也要藉著培養直屬部屬，以及確保他們成功地發表，來發揮影響力。

## 從 PM Lead 升至 Director

從 PM Lead 升至 Director 是很大的一步。如果公司需要更多管理者，他們也許願意讓一些人擔任 PM Lead，但是他們不會將某人提拔為 Director，除非他們想要讓那個人加入產品領導人團隊。

### 專心讓更大的組織成功，即使這對你的團隊來說是不利的

在前面的職等中，PM 大多會與他們的工程師和設計師團隊保持一致，他們會擔心無法實現發表目標，試圖保護團隊不受管理層的突發奇想影響。

若要進入 Director 職等，你要先改變心態。你不能只想讓自己的團隊更好，而不考慮對其他團隊有什麼影響。你可能要派一個團隊的工程師幫助另一個團隊完成一次重要的發表。如果這意味著你的團隊可能會錯過一些目標，你必須清楚地傳達你的取捨，但你仍然要提倡你認為對公司整體而言最好的事情。

這種轉變需要信心和勇氣。你要對你的工作與人際關係有安全感，才能冒險不做可幫助你的團隊的事情。你要接受一些隊友對你的選擇感到憤怒。你可能需要一段時間才能適應這種轉變。

### 在公司內部建立信任和深厚的關係

當你被提拔為 Director 時，其他 Director 和公司領導人就變成你的同儕。你會與他們密切合作，制定戰略，實施新流程，解決問題。這種關係越穩固，你能完成的事情就越多。

你提前建立的人面越廣，你就越容易證明你具備必要的領導技能。如果你經常與公司的人發生衝突，這可能會變成阻礙你升遷的理由。

### 表現出優秀的產品、商業和戰略判斷力

隨著你的升遷，你擔任評審的權力也會增加。你必須展現出色的判斷力才能被上級授與這個權力。

你可以用很多方式來展示你的判斷力：

- 透過你做出來的決定，以及你如何解釋這些決定。
- 透過你的回饋。
- 透過你在會議中的發言。
- 透過你的直接部屬的工作品質。

你要提升自己的判斷力，直到你的主管願意讓你取代他們參加考核會議。

關於如何提升判斷力，見 C 部分：產品技能（第 36 頁）以及 E 部分：策略技能（第 194 頁）。

### 建立高職能團隊

你可能會驚訝地發現，部屬的愛戴對晉升為 Director 沒有多大的幫助，最重要的是建立高績效的團隊。雖然士氣是其中一個元素，但招聘、指導和培訓以及適當地調派人力也是很重要。

想了解如何建構高績效的團隊，見第 29 章：教導和培養（第 351 頁）與第 30 章：建立團隊（第 363 頁）。

### 推動卓越經營

Director 必須能夠推動卓越經營（operational excellence）。在既有系統中工作之餘，你也要展現出你可以改善這個系統，例如加入新的流程或培訓。許多 PM 都逃避這部分的工作，但是隨著你的升遷，這部分的工作會變得越來越重要。

詳情見第 31 章：組織卓越（第 381 頁）。

### 建立創新和有影響力的多團隊戰略，並確保它們成功

為了升為 Director，最重要的功績是為多個團隊制定策略並確保它們有好結果。

在擔任 Senior PM 時，你會幫自己擬定策略，那種策略是重要的規劃和溝通工具，但說到底，「發表成功」與「策略成功」之間沒有太大的不同。如果你沒有把策略寫清楚，你只要記得自己的意圖就好了。當時你不會用策略來擴大影響力。

但是 Director 要對其他 PM 執行的策略負責，風險更高，溝通變得更加重要。

## PM DIRECTOR

PM Director 是產品或大型產品領域的策略與經營首長。他們不是團隊的 PM，他們要藉著培養底下的團隊並盡力協助他們成功，來發揮影響力。

### 典型的範圍、自主權和影響

- **管理幾位 PM 或幾位 PM Lead**：負責管理特定的產品或產品領域的所有 PM。
- **推動創新和具影響力的策略**：完全負責制定一個能夠贏得市場的路線。了解生態系統，預測市場的發展方向。影響高級策略。
- **建立一個高績效的團隊**：招募人才加入團隊。指導和培養 PM 來提升他們的技能。刻意營造文化，讓人們能夠茁壯成長，把工作做到最好。
- **負責他們自己領域中的所有工作**：審核產品工作。建立產品原則。確保團隊有好的目標或 OKR。
- **在上級支持之下卓越經營**：改善流程並消除障礙。與他的主管和工程主管合作，組織團隊和調度人員。找到創意的方法來使用或增加資源，以完成最重要的目標。
- **透過他們的團隊發揮影響力**：負責提供影響力，該影響力相對於團隊規模具有高投資報酬率。

### 成為 Head of Product

成為 Head of Product（產品負責人）的途徑往往與之前提到的途徑不一樣。對這個職位而言，人際關係和聲譽很重要。公司想要一位已經知道如何做這項工作的人，很多公司會透過獵人頭公司來招聘 Head of Product，而不是從內部提拔，或發表招聘訊息。

當你成為 PM Director 之後，以下是成為 Head of Product 的幾條途徑：

- 與 CEO 和其他高層建立高度的信任關係，然後在職位空出來的時候接下它。你的目標是成為 CEO 或現任的 Head of Product 的戰略顧問。證明你的獨立執行能力。
- 從受人推崇的公司的 Director 跳到另一家比較小或比較不知名的公司的 Head of Product。
- 建立良好的聲譽，並與獵人頭公司或風險投資公司的招聘人員合作。

公司在招聘 Head of Product 時，通常會尋找以下特質：

- **經歷**：你是否處理過產品、管理、戰略和組織等方面的廣泛挑戰？你管理過設計師和工程師，或擔任過 GM（總經理）嗎？你有令人印象深刻的成功記錄嗎？你有公司想要的專業技能嗎？
- **理念**：關於如何面對這些挑戰，你有沒有強大的框架？你的理念與公司的價值觀一致嗎？
- **自主性**：你可以完全獨立地管理你的產品組織嗎？你是否已經不需要學習如何管理 IC 與經理了？你能不能主動創造團隊需要交付的策略、流程和結構？
- **合得來**：你能不能和管理團隊的其他成員合作？他們信任並尊重你嗎？你的工作風格和 CEO 合得來嗎？你能不能補上管理團隊的重要空缺[5]？
- **聲譽**：以前的同事、經理和部屬對你有什麼評價？公司應該會透過任何一種人際關係尋找幕後（秘密）的參考資訊。

## Head of Product

與本章的其他職位相較之下，Head of Product 是非常不同的職位。

從 CEO 和其他高層的角度來看，Head of Product 是高層團隊的一員，也是 CEO 的顧問。他們會與高層團隊的其他成員進行跨部門合作，推動整個公司的戰略和經營。他們是受人尊敬的領導人，而不是只要負責處理產品問題，或只是產品組織的代表。

從部屬的角度來看，Head of Product 是產品組織的最高領導人，這個產品組織包括 PM、設計、用戶研究，可能還包括工程部門。Head of Product 負責推動整體的產品願景和戰略，決定組織的結構，分配預算和人員，並建立流程，他們要審核和批准產品工作。

### 典型的範圍、自主權和影響力

- **推動高階產品戰略**：為公司的所有產品制定戰略。決定實現戰略的組織結構。
- **影響公司戰略**：影響全公司的決策，例如設定薪酬目標、開設新的辦公地點、收購公司、修改公司的組織結構（改組）、招聘其他高層，和設定財務目標。他代表產品組織的觀點，也是高層團隊其他成員的思考伙伴（thought partner）。

5 評估是否合得來是出了名的充滿偏見，但我們不能自欺欺人地假裝這不是高層招聘他的重要因素。

- **推動整個產品組織的卓越經營**：招聘與培訓 IC 和管理者。在必要時制定規則和指引。建立產品文化。找出產品組織的不足或障礙，並克服它們。完全獨立自主。從經驗中知道如何處理任何情況。負責產品組織預算。
- **負責所有產品工作**：可能會審核所有的產品工作，或只審核最重要的部分。確保產品的品質和一致性。
- **在公司層面上發揮影響力**：與高層團隊的其他成員合作，為公司的整體成功負責。負責公司層面的成功指標，包括收入和成本。

## 在實務上的職等

我們來看一些例子，以了解不同職等的人如何以不同的方式處理問題。

### 場景 1：顧客抱怨 app 很難使用

客戶經常寫信給客服，抱怨 app 很難使用。這種投訴是客服部門最常聽到的三大問題之一，有時這些抱怨也會出現在社交媒體上。

*APM*

APM 的主管會在 1:1 時提出這個問題，並說：「我想讓你在下一個專案解決這個問題。」

APM 回答：「OK，我該怎麼做？」

主管草擬一個讓他遵循的劇本大綱。

> 關注：PM 從上級知道該做什麼，以及該怎麼做。

*PM 1 或 2*

PM 的主管會在 1:1 的時候提出這個問題，並說：「我想讓你在下一個專案解決這個問題。」

PM 回答：「好的！我會研究這些投訴，找出最重要的易用性 bug，然後修正它們。」

PM 要求客服和用戶研究部門針對最重要的問題進行細分，然後閱讀一些投訴。PM 按照每個問題的回報次數來排序它們，並將這份清單交給他們的團隊。因為處理第二個項目的成本特別高，所以將它從清單中刪除。

幾個月後，團隊解決了前五個問題中的四個。客戶很滿意具體的改善，但易用性仍然是客服收到的投訴的前三名。客戶仍在社交媒體上抱怨。客戶保留率沒有明顯提高。

> 關注：雖然 PM 想出他們自己的途徑，但是把範圍限制在易用性 bug 上。

*Senior PM*

Senior PM 的主管在 1:1 時提出這個問題，並說：「我想讓你在下一個專案解決這個問題。」

PM 回答：「好的！我立刻去做。」

PM 要求客服和用戶研究部門針對最重要的問題進行細分，並且閱讀許多投訴。他們發現前五名的問題只佔投訴總數的一小部分，許多投訴都沒有固定的形式，而且都不是只和某個特定的易用性 bug 有關。他們與用戶研究員一起安排一些用戶訪談。

通過客戶訪談，PM 意識到易用性問題似乎與「客戶的用例」和「產品最初的設計目的」不符有關。PM 建議進行大規模的重新設計，產品領導人表示同意。

一年半之後，重新設計完成，易用性投訴降為客服問題清單的第五名。客戶保留率上升 10%。

> 關注：PM 分析資料以找出更大的機會，導致明顯的改善。

*Principal PM*

Principal PM 一直在調查潛在的新市場。他發現，最有前景的方向之一，就是進入一個已有數家「易用」競爭對手的領域。他們知道目前有客戶抱怨 app 太難用，決定研究看看如何解決這個問題。

Principal PM 採取與 Senior PM 一樣的步驟來找出投訴的根本原因。他們除了考慮進行大規模的重新設計之外，也考慮收購一家易用競爭對手，或全面轉向一個不同的市場。最後，Principal PM 建議對 app 進行窄範圍的重新設計，並建立一個白金方案附加產品，以獲取新目標市場的價值。

一年後，重新設計完成，易用性投訴降為客服問題清單的第五名。用戶獲取率上升 5%，客戶保留率上升 5%，收入提高 10%。

> 關注：PM 發現了機會，並考慮了一組延伸選項。他將「易用性工作」與「進入新市場」這個策略目標結合起來。

*PM Lead*

PM Lead 負責新用戶採用（new user adoption）的產品倡議（product initiative），並定期與銷售、客服、用戶研究人員面談，以了解與採用有關的最大阻礙和機會。幾年來，易用性一直是這些面談的熱門話題。

在年度計劃週期中，PM Lead 決定解決易用性問題。他進行跨部門合作，設定願景和戰略，讓產品更容易使用。這種策略平衡了短期的成功（例如修正易用性）和長期的投資（例如重新設計）。

PM Lead 向高層團隊展示這個願景和策略，並要求提供執行該願景所需的 PM、工程和設計資源，高層團隊同意了，並為明年的工作提供了資金。

PM Lead 與他的經理一起將工作分配給團隊中的 PM。在接下來的一年中，PM Lead 支持每位 PM 的工作。

再經過一年，正如預期的那樣，重新設計仍在進行。與此同時，專注於小勝利的團隊已經能夠提供穩定的改善，讓客戶開心，讓客服團隊滿意。

> 關注：PM Lead 指出機會，建立一個戰略願景，要求資源，並建立一個平衡短期和長期目標的路線圖。

*Director*

Director 的 PM 參加 1:1 面談，說他們想要藉由重新設計來處理易用問題。

Director 告訴他們，公司的戰略目標是國際化和增加收入，並指導 PM 在這個背景之下考慮重新設計。在這個提示下，PM 意識到他們提出的重新設計可以進行調整，來讓產品更容易國際化。他們也注意到，他們提議的重新設計可能會降低白金方案功能的醒目程度，並提出一個測試計畫，以確保收入不會下降。

透過 30 分鐘的談話，Director 將 PM 引導至一個對公司更有價值的方向，可防止重複的工作，以及防止收入意外地下降。這種對話之所以有效，是因為主管招募了有才華的 PM，投資他們，賦予他們權力，並讓他們了解公司戰略的最新情況。

> 關注：Director 能夠以一種善巧的手法對產品造成巨大的影響，這是因為他們已經建立強大團隊和制定策略，讓 PM 可以自行延伸。

### 產品負責人（*Head of Product*）

Head of Product 與公司最大的客戶通過電話之後，回想他提到的數十個話題。有一句隨口而出的話突然出現在 Head of Product 的腦海：這位客戶提到，為了學習如何使用這款 app，他要花 4 小時來訓練新員工。這位客戶對他建立的訓練課程感到驕傲，卻不認為它是個問題，然而 Head of Product 非常震驚。

他們從過去的經驗中知道用戶引導時間是多麼寶貴，並意識到如果他們可以將用戶引導時間減半，它就會變成一種競爭優勢。

在與相關的 PM Director 的 1:1 面談中，Head of Product 提到這場對話，並詢問團隊要不要改變策略，盡快解決這個問題。Director 同意了。

當 Director 制定計畫時，Head of Product 意識到當前的經營流程會導致一個孤立的解決方案。若要真正改善用戶引導時間，他們要採取跨部門的辦法，納入行銷、客服、用戶研究和資料科學等部門。Head of Product 與每個部門的領導人合作，並提出一種統一的方法，這需要改變團隊的合作方式。

這種統一的方法生效了，團隊交付一個整合的解決方案，從而在客戶取得漏斗（customer acquisition funnel）中，做出巨大的改善。

> 關注：Head of Product 有一種「第六感」，可以查覺哪些回饋是最重要的，並使用組織性的解決方案來改善產品結果。

## 場景 2：PM 覺得「程序」太多了

有些 IC PM 一直抱怨公司有太多「程序」，它們會拖慢執行速度。

### *APM*

APM 在團隊會議上說：「程序實在太多了，它們拖慢我們的速度。為什麼我們不能跳過審查，像 Google 那樣進行 1% 實驗呢？我剛剛看了一篇部落格文章，它說，所有的規格都只能寫成一頁以內。」

> 關注：PM 提出問題與解決方案，但不夠圓融。雖然他們拿權威來背書，卻不了解背景脈絡，也沒有考慮他提出的解決方案適不適合團隊（例如，他們的產品可能沒有足夠的用戶可以進行 1% 實驗）。

*PM 1 或 2*

PM 在 1:1 中提出這個問題，他說：「編寫這些冗長的文件，以及將作品拿給三位不同的評審需要花很多時間，即使專案很小也是如此。能不能修改這個程序？我聽說有些公司會跳過小型專案的 spec 審查。」

> 關注：PM 巧妙地提出問題，並提出合理的解決方案。

*Senior PM*

Senior PM 自作主張地將程序調整成他們認為合適的方式。他們跳過 spec 模板中的一些小節，將幾個審查合併起來，甚至在沒有任何審查的情況下發表了一些小規模的更改。他們會在產品發表之後再向主管報告這些改變，並認為「請求原諒比徵求許可容易」。幸運的是，他們的判斷力很強，幾乎不需要請求原諒。

> 關注：PM 不讓其他的事情阻礙他或拖慢速度，他在調整規則時展現出良好的判斷力。

*Principal PM*

Principal PM 的工作通常與標準產品程序無關，所以這對他們來說不是問題。

*PM Lead*

當 IC PM 發牢騷時，PM Lead 會指導他們如何有效地使用流程和模板。

> 關注：PM Lead 的重心是引導人們執行系統，而不是改變系統。

總監（*Director*）

因為 Director 每季都會與部屬們確認他們對 PM 團隊的看法，所以可以主動發現這個問題。透過與團隊交談，他們可以了解程序的哪些部分造成最多問題。

Director 深刻了解程序的每個部分的意圖和目標，所以能夠想出一些小規模的調整方法來加快過程，而且不影響任何品質審查。他們會與 Head of Product 一起檢查，以確保變更是可接受的，然後推廣到整個 PM 團隊。

> 關注：Director 會主動尋找問題，並以系統性的方式解決問題。

### 產品負責人（*Head of Product*）

Head of Product 會從年度參與度調查中發現這個問題。他們會與 PM 單獨會面，聽取他們的想法和建議。然後，他們會聯繫其他的 Head of Product 人際網路，聽取他們的經驗，了解他們做了什麼，以及哪些做法可行，哪些不可行。

透過調查，他們發現做一些基礎設施和組織方面的變更可以讓程序更快、更簡便，讓大家更容易執行小型的實驗、將產品和行銷設計審查時間表同步化，以及建立一個工具來評估受特定更改影響的用戶數量。他們與跨部門夥伴合作，以獲得廣泛的認同，並且讓大家期待修訂後的程序。

這次的更改讓產品的所有功能都能夠更順利地發表。

> 關注：Head of Product 發現了根本原因，並透過組織變革和投資基礎設施來解決它們。

## 場景 3：年度規劃

年度規劃時間到了，這是 PM 影響產品未來發展方向的機會。

### *APM*

上級會發給 APM 一份專案簡介或一頁報告（1-pager），讓他們寫下一種未來可能的功能。他們寫出上級交代的功能，以及他們覺得很酷的兩個額外功能。

> 關注：PM 有點隨興地提出功能，根據哪些東西看起來很酷或很有趣。

### *PM 1 或 2*

PM 在過去的一年裡一直在思考公司應該做哪些事情。他們會和主管一起撰寫一份引人注目的簡介，特別專注在他們自己的團隊最有可能解決的領域上。

> 關注：PM 為他們的團隊提出相關的建議。

*Senior PM*

在規劃週期的一個月之前，Senior PM 與他們的團隊成員一起為團隊創作遠景、戰略和建議路線圖。這個願景描繪了一個很有企圖心的未來，可為客戶的生活帶來切實的改變，可能也會對公司的成功指標（例如客戶保留率）造成重大的影響。這個策略已經得到初步研究的支持，PM 也已經和高級領導人分享了這個策略。

PM 會隨著年度規劃週期的進展提倡他們的策略，並確保他們的想法在領導層中處於首位。他們會小心翼翼地代表客戶和隊友的需求。當他們更了解公司如何擬定戰略之後，他們會將關鍵的想法和詞彙放入他們自己的戰略文件中。

> 關注：PM 建立了一個產品策略並提倡它。他們在更高的層面上進行規劃，而不是僅僅用功能清單來進行規劃。

*Principal PM*

一年來，Principal PM 一直在獨立研究潛在的戰略方向，在考慮多種選擇之後，他們認為最有機會的方向是建立戰略合作伙伴關係，以加強流通性。他們已經為這個合作關係建立了願景和戰略，提供了強有力的執行觀點，不僅包括產品，也包括法律、金融、銷售、合作和行銷。

> 關注：PM 建立了一個全方位的、跨職能的、超越產品工作的戰略。

*PM Lead*

當 Head of Product 詢問 PM Lead 時，他們會粗略地規劃下轄團隊次年的工作內容，然後與團隊中的每一位 PM 合作，提出規劃流程中的文件。

> 關注：PM Lead 主要將工作下放給團隊中的 PM，並指導他們完成程序。

總監（*Director*）

Director 在年度規劃中扮演積極的角色，他們會與 Head of Product 密切合作，為下轄團隊的工作和所需的資源製作戰略提議。他們會閱讀 PM 提交的所有專案簡報和戰略文件，並與財務部門一起估計員工人數的成長。他們提出的投資組合會平衡公司的各個關鍵目標，並且刻意搭配低風險與高風險計畫。他們會與業務團隊攜手合作，以確保那個投資組合可以滿足銷售和行銷等團隊的業務需求。

關注：Director 以整體的視角確保年度計畫的可行性和戰略的一致性。

### 產品負責人（*Head of Product*）

Head of Product 與公司領導層一起修訂公司目標，並解決任何重要的戰略取捨。同時，他們建立了一個鼓舞人心的長期願景，將被提出來的工作結合起來，成為一個連貫的主題。

當 Director 分享他們的建議時，Head of Product 會進行審查，以確保這項工作有足夠的企圖心，並且在戰略上保持一致。Head of Product 也會與其他高層持續溝通，與他們取得共識再提出最終計畫。Head of Product 在公司的重要目標的大背景之下審核計畫，那些重要目標可能是籌資、達成收入目標，以及公司願景進度。

關注：Head of Product 會制定公司戰略，從公司的角度來規劃並確保公司的成功。

## 職等如何影響你的職涯

我在微軟擔任第一個 PM 職位大約一年之後，微軟開始在內部目錄（internal directory）中顯示員工的職等。

在那之前，我的導師教我在收到陌生人的 email 時，數一下他距離 billg（比爾蓋茨）多遠。我會打開組織圖，看看在他們和比爾蓋茨之間有多少管理者，據此評估他們的聲望。與來自下方的要求相比，我會比較認真地對待來自組織圖高層的要求。

我採取這種粗略的假設，並將它用在我的隊友身上，顯然，用這種方法來猜測人事經理比猜測 IC 更好。那 IC 呢？當時我假設年資越久越厲害。我的潛意識認為工作職等就像學校成績，少數人可能會留級或跳級，但學生通常會與他的同班同學一起升級。

我看到顯示出來的職等時有點驚訝！有一些 IC 的職等比一些經理還要高！而且年資相同的 PM 也有很大的差異。

至少這讓我踏實多了，因為這些職等看起來與我心目中的好 PM 相符，讓我更有信心選擇榜樣。

職等不是一種花俏的頭銜，它會影響職業生涯的方方面面，從人們對你的期望，到你從事的專案，再到你能賺多少錢。

以下是你的職等將如何影響你的職業生涯，就短期和長期而言。

## 薪酬

職等是薪酬的最大因素。每一個職等都對應一個薪酬範圍（該職位的薪酬範圍），這個範圍通常只有主管知道。這個範圍可能有一些重疊的地方，所以比你高一階的人可能賺得比你少。這些範圍沒有 100% 的強制力，但一般來說，員工被僱用時的起薪會在這個範圍內（可能不包括簽約金），他獲得的加薪也會讓他維持在這個範圍內。

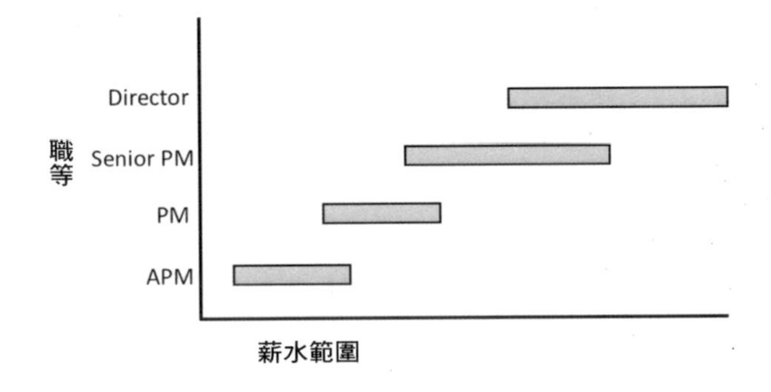


如果你目前的薪酬在這個範圍的底端，你可以藉著保持良好的工作成果獲得加薪。如果你的薪酬在這個範圍的頂端，你可能無法獲得加薪，即使你表現出一貫的良好表現。你要升到下一個職等才能增加薪酬。

主管為你加薪的過程比讓你升遷的過程容易得多。如果你有機會爭取更高的職位，這可為你的將來爭取更多的加薪（假設你可以在更高的職位上符合期望）。

所以，如果你正在談判一份新工作，你可能只會獲得小幅度的加薪。如果你想要獲得更大幅度的加薪，你可能要談判更高的職位，有時這是可行的，但你要證明自己可以處理更大範圍的工作、有更多自主性，以及能夠發揮更大的影響力。然而，你將在下一節看到，高職位不一定是件好事。

## 期望

職等會影響主管的期望。你的績效考核成績與他對你的職等的期望有關。你的考核結果究竟是「超出預期」還是「低於預期」取決於他對你的期望。如果你超出預期，你就能得獲得升遷。

不幸的是，如果你經常達不到期望，你應該不會被降職，而是會被解僱。這就是為什麼爭取更高職位不一定是好事。不恰當的晉升會讓你失敗。

## 專案分配

當管理者為專案或團隊招募人員和調度人員時，他會了解那個職位需要哪個職等。他會問這種問題：「APM 可以勝任這個職位嗎？不行，因為他要經常跨團隊合作，所以這個職位至少要讓 Senior PM 擔任。」

在大公司裡，這件事是正式進行的，招聘人員會幫每一個職位寫下一個職等或最低職等。但是在小公司裡，這件事是非正式進行的；你的老闆可能認為你還不適合一項專案。

## 升遷的壓力，以及何時停止

有些公司有正式的「要嘛升遷，要嘛走人」政策：你要在固定的時間內晉升到一定的職等（例如在兩年內完成 APM 計畫），否則就會被要求離開公司。但是比較常見的情況是非正式的升遷壓力。擔任兩年的 PM 1 可能沒什麼問題，但如果你三年後沒有升遷，主管可能想要把你的名額讓給成長速度更快的人。

幸運的是，升遷的壓力不會在整個職業生涯持續存在。一旦你到達 Senior PM，通常停在那個位置不會危及你的工作。Senior PM 是團隊中有價值且獨立的成員。你的主管應該喜歡團隊中有一位樂於持續開發偉大產品的人，不會將 IC 視為他影響更大範圍的墊腳石。

停在 Senior PM 不代表你不能繼續提升技能了。如果你決定不爭取未來的升遷，你仍然可以改善你的技巧、做得更有效率，以及交出更好的產品。到了某個時刻，你的薪水會接近範圍的頂端，而且你只會隨著市場價格的上漲而獲得加薪，但是到那個時候，你應該會得到一份不錯的薪水。你可以把多餘的時間和精神放在其他的興趣上。

### 人事經理

每家公司通常都有一個將員工晉升為管理職的最低職等。公司必須知道你在開始指導別人工作之前，可以把你自己的工作做好。

和你的主管談一下你的職業目標是件好事，但如果你在基本技能和影響力還沒到達最低水準就想要成為人事主管，你就顯得不夠成熟或傲慢。主管通常很客氣，不會直接說：「你還不足以擔任人事主管。」

第 446 頁的「與你的老闆一起實現你的職業目標」會教你用展望未來的方式，在職業生涯早期表明對人事管理的興趣。

## 在僱用過程中決定職位

你的最初職位是在面試和僱用過程中確定的。

你面試的職位可能有一個固定的職等，或者，招聘經理可能會在面試時試圖決定你的職等。在面試時，他們會了解你擔任過的角色、怎麼處理問題，以及主動帶頭 vs. 需要提示的程度。招聘經理和招聘人員也會根據你以前的經驗和你想要的薪酬範圍初步為你設定一個職位。

以下是一些考慮因素：

- **PM 的年資**。世上沒有一種標準的方法可以評估不擔任 PM 時的經驗算不算數，但是與產品有關的工作，例如工程、設計，或產品行銷都可以算成一半的年資，或完全算數。其他的工作通常不會被算入年資，例如銷售或經營。
- **你以前的職等或職稱**。如果你在一家大公司工作過，招聘經理和招聘團隊可能知道如何解讀這些職等。許多大公司都有（秘密的）圖表，詳細描述如何將一家公司的職稱轉換成他們公司的職稱。
- **你的職稱的發展軌跡**。對招聘經理來說，不知名的公司的職稱意義不大，但如果你在一家公司裡面從 APM 到 PM 到 Senior PM 再到 Director，這個經歷就很有分量了。
- **你以前的工作範圍**。招聘經理會評估你以前的工作範圍對新公司的意義。你曾經負責多少策略，別人又負責多少？你的團隊有多少工程師？你和多少位 PM 共事？

- **你要求的薪酬範圍**[6]。如果招聘經理想要招聘特定的職等，他可能會問你期望的薪水範圍，以確定你們的期望是否一致。
- **你在面試中處理問題和回答問題的方式**。第 402 頁的圖表介紹了「學習」、「知到怎麼做」到「會教」的等級，包含推出產品、產品策略與組織卓越領域。如果你可以自信且正確地回答問題，那就說明你「知道怎麼做」。如果你也分享了你的框架，以及你怎麼向其他 PM 解釋這些概念，這就證明了你「會教」。

為了確保你的職等被正確地評估，你要瞄準特定的職等，根據那個職等的期望，介紹你的經驗、期望薪資，並且在面試中表現出相應的能力。例如，如果你要面試 Director 職等的職位，在介紹你過去的經驗時，你要強調戰略、跨團隊框架和教導。你要和招聘人員討論你希望擔任的職等，以確保你在面試的職位符合你想要的職等。

較小的公司的職稱和職等沒有被標準化，所以你要主動問問題，並仔細評估。你可以觀察報告階級圖與權益成分（equity component）來估計職等。不要想當然爾地認為，身為公司聘請的第一位 PM 就可以自動成為 Head of Product，你要直接詢問自己是否屬於高層團隊的一員、你是否負責建立 PM 團隊、以及他們會不會聘用職位比你高的人。

> 有時你可以在收到 offer 之後協商更高的職位，但你要小心，如果你和面試你的人一起工作，而且他們發現你的水準比他們當時推薦的還要高，他們可能會對你的工作特別挑剔。這會讓你更難讓人留下好的第一印象。

另一方面，女性和其他少數團體在招聘過程中往往處於弱勢地位，可能導致他們的終生收入低非常多。在這種情況下，與值得信任的導師共事會有幫助尤其是了解公司的人，或招聘主管（見第 467 頁「與可以指導你、可能幫助你的人建立真誠的關係」）。

6 請注意，美國很多州的法律都禁止雇主詢問求職者目前的薪水。但是，他們可以詢問你想要的薪水範圍。

## 重點提要

- **你的職等決定了你的資歷**：薪酬、期望、專案分配以及有沒有擔任人事經理的資格，都與職等有關。職稱可以對映到職等，但即使你的公司沒有職稱，它也有職等的概念。
- **只把工作做好不足以讓你升遷**：在 PM 職業階梯中，中高階職等的責任不是管好功能團隊和交付產品，中階要將焦點轉移到產品戰略上，而高階要再次轉移焦點到組織卓越上。每次轉移焦點時，你都會覺得自己又變成一位新手。
- **範圍、自主生和影響能力定義了每個職等**：雖然職等指南可能敘述了每一個 PM 職等的工作、能力和技能，但是職等不是直接用這些事情來決定的。你不需要核對指南裡面的項目，完全做到它們也不一定可讓你升遷，你要把注意力放在擴大範圍、提升自主性和影響力上面。

CHAPTER 33

# 職涯目標

談到職業建議一定要很小心。我知道在這一本介紹職業發展的書裡這樣說有點奇怪，這很像醫生說：「吃藥要小心！」事實上，兩者的確很像，而醫生的確會經常這麼說，他們應該是最適合這麼說的人。

我可以叫大家到技術中心尋找更偉大的工作，或去一家迅速成展的公司，雖然這種建議不一定是錯的，但它們卻迴避了關於職業目標的更大問題。

我喜歡告訴別人：雖然我可以提供職業建議，但我無法提供生活建議。在電腦遊戲中，你只要得到最多分數或賺到最多錢就可以到達最高等級，但是生活不是電腦遊戲，生活的目的是開心、有影響力、為世界創造美好，還是…我不知道，你又是怎麼想的？

## 搞清楚什麼才是重要的

仔細思考自己的職業目標可讓你打開機會的大門，朝著更有益的方向前進，也可以讓你有意識地決定把時間用在哪裡。以下哪些項目對你最重要？

金錢

- 賺夠多錢來讓自己過得舒適。
- 賺夠多錢去幫助別人（你的家人，做慈善…等）。
- 賺夠多錢提前退休。
- 賺越多錢越好。

### 個人關係

- 致力於自己熱衷的產品或問題。
- 做一些令人興奮的工作。
- 創新與發明。
- 製作你朋友與家人使用的產品。

### 學習

- 成為一個良好運作的團隊的一員，在那裡吸收最佳實踐法。
- 不斷學習新技能。
- 接受新的挑戰，拓展自己的極限。

### 自主性、範圍和靈活性

- 扮演一位具有極大自主權的角色。
- 在成長的過程中保持選擇的開放性。
- 成立自己的公司。

### 幫助世界

- 製作對用戶造成巨大影響的產品。
- 處理重要的問題。
- 透過你的工作為世界帶來正向的改變。
- 做出讓數百萬或數十億人使用的產品。

### 團隊

- 在工作時間合理、工作 / 生活平衡的團隊中工作。
- 加入有趣且關係緊密的團隊。
- 加入聰明的人組成的團隊。
- 在一家能建立良好人際關係的公司工作。

### 被外界認同

- 得到響亮的職稱。
- 讓別人欣賞你的技能和成就。

- 成為公認的專家。
- 成為著名的公開演說家。
- 在著名的公司工作。

職業成長

- 負責越來越大的工作範圍。
- 在公司的職業階梯盡可能地往上爬。
- 跳到新的角色（人事經理、創投、產品指導、董事會成員、總經理…等）。
- 在不同類型的公司工作（初創公司、大公司、成長階段…等）。

你的社會和文化背景可能會認為，像「學習」這類的因素是「好」的，像「被外界認同」這類的因素是「不好」的。不要被文化的成見阻礙了！

事實上，至少在某種程度上，幾乎所有人都想賺錢，並且希望別人認為他是重要的和成功的，這是一種十分正常的驅動力。所以，如果這些動機對你有用，那就用它，明明有動機卻假裝沒有動機對自己沒有任何好處[1]。

## 視覺化練習

職業目標比較像願景而不是承諾。它們不會把你綁死，而是會激勵你做出關於未來的決定。就像產品願景一樣，職業目標也要經過測試和驗證。雖然你設定了一系列的目標，但時間、經歷和生活環境可能會改變那些目標。請對這種改變保持開放態度。

在開始制定目標或更新它們時，花一點時間深入思考，做一些想像練習。你至少要花一個小時來開始行動，但你可能會花一週以上的時間來精修你的想法。

當你做這些想像練習時，別忘了，想出來的目標不只一個也沒關係，你的目的是釐清哪些目標吸引你，哪些不吸引你。

### 天才區

Gay Hendricks 在他的 *The Big Leap* 一書中介紹了在自己的「天才區（zone of genius）」工作的概念。很多人把大部分的時間花在他們很擅長而且有價值的「卓越區（zone of

1 與此同時，想一下你為什麼在乎被認同，也許放寬一些「被認同」的需求，你就可以找到一份更有成就感的工作。

excellence）」上，卻覺得不滿足。但是當你在自己的「天才區」工作時，你不但會非常卓越，**也會**感覺很棒。你會進入工作狀態，忘記時間，感覺自己很有活力、很充實，那裡是你發揮獨特才能的地方。

為了找到你的天才區，Hendricks 提出了四個問題供你思考：

- 你最喜歡做什麼事？（因為你實在太喜歡做這種事了，以致於可以長時間工作，不會感到疲倦或厭倦。）
- 什麼工作會讓你覺得不像是在工作？
- 在你的工作中，什麼事情能帶來最大的「充實滿足 / 時間」比值？
- 你有什麼獨特的才華？你有什麼獨特的能力，當它被徹底發現並投入工作時，可以為你和你的公司帶來巨大的價值？

寫下你的生活中，讓你真正感到滿足和自豪的十個案例。究竟是什麼因素讓每一次案例都如此特別？哪些層面令你滿足？找一位朋友或導師分享它，並找出其中的模式。尋求外部的觀點很有幫助，因為你的天才區對你來說太直觀了，以致於你可能根本沒有發現你的獨特天賦。

## 想像你的理想工作

以下的提示可以幫助你想像理想的工作：

- 你喜歡什麼挑戰？
- 你喜歡使用你的哪一項優點？
- 你對什麼充滿熱情？
- 如果你的錢已經多到不必工作了，你會做什麼？
- 你會怎麼改變你現在的工作，來讓它做得更好？
- 如果你不能在現在的公司工作了，你想做什麼？
- 你崇拜誰？誰是你的榜樣？你想效仿他們的哪些方面？你想做什麼與他們不一樣的事情？
- 想像 3 年、5 年或 10 年之後，你想做什麼？

你也可以翻到第 36 章：除了 PM 之外（第 480 頁），來了解產品管理之外的角色。

## 參考與權衡優劣

接下來我們進入細節，你可以問自己下面這些問題。如果你不確定其中一些問題的答案，你可以試著與不同公司和不同職位的人交談，以更加了解他們。

### 你比較喜歡處於哪個階段的公司？

處於早期階段的公司可能尚未找到適合其產品的市場定位，它與處於成長階段、正在擴大規模的公司或成熟的公司感覺起來非常不同。

你能容忍多少風險？你比較擅長發現偉大的想法，還是比較擅長發現重要的細節？你比較喜歡創新，還是擴大規模？你喜歡每一項工作都做一點，還是喜歡和專業的行銷人員、銷售人員和研究人員一起工作？

### 你喜歡特定類型的產品，還是，你最想去可以發揮最大影響力的地方？

有一些 PM 清楚地知道他們想要開發哪種類型的產品。他們知道自己想要開發一種音樂 app，或協助醫事人員的軟體，或開發者平台。有些人則對任何類型的產品都保持開放態度，也對廣泛的客戶問題充滿熱情。

你的動機是對很多人產生一點點影響，還是對少數人產生很大影響？你比較想要減輕痛苦，還是帶來快樂？你渴望尖端的創新嗎？你比較喜歡在用戶研究中展現的影響，還是在財務指標中出現的影響？

### 你需要多少薪水才能覺得安心？

大公司的薪酬往往很高。有 7 年經驗的 Senior PM 可能賺得和醫生一樣多，卻沒有讀醫學院帶來的債務。如果金錢是你很大的動機，你或許不需要像想像中那麼努力，你可以在網路搜尋薪資資訊，以便了解各種職等的平均薪資。

如果你想提高薪酬，公司的類型和規模通常比職等還重要。大公司的薪水往往比小公司更多。盈利性公司的薪水通常比非盈利性公司更多。現代科技公司的薪水往往比傳統公司更多。

即使在類似的公司之間，薪酬理念也可能大相徑庭。有一些初創公司的薪水上限較低，主要用股權來支薪，有些公司則非如此。另外，你也要注意生活成本和所得稅，因為它們對你的實際（淨）薪資有很大的影響。

### 保持開放的選項有多重要

如果你想要廣泛接觸不同的團隊，你就要花更多的時間來成長和學習。這可能會讓你更久才能交付大量的價值，但是以後你也許能夠處理各式各樣的情況。

### 你是「為了工作而生活」還是「為了生活而工作」？

你想要把工作當成興趣，還是需要時間來支持工作之外的興趣？

有些團隊希望你長時間工作，週末也要待命上班。有些團隊在白天結束就打包下班，直到第二天早上才會想起工作。與團隊文化格格不入可能會讓你很難受。

團隊文化的其他方面對你來說也很重要並值得考慮。有些團隊的同事是親密的朋友，會在週末一起出去烤肉，有些團隊雖然很友善，但是會把工作和私人生活分開，有些團隊在上班時很愛聊天，有些則保持嚴格的專業性，埋頭工作。

### 你將來和現在的風險承受能力如何？

一些生活事件，例如請假旅遊、成家，或是在另一半回校讀書時支持他們，都可能是你願意承受多少風險的重要因素。

好好地檢視一下你的資歷、儲蓄和風險承受能力，你也許會發現，現在是冒險的最佳時機。或者，你可能會做出比較安全的選擇，好在將來可以冒險（或放鬆）。

## 制定個人發展計畫

當你忙於工作時，你很容易將個人發展放到次要位置，在某種程度上，這是應該的，你的職業生涯最重要的目標通常是發表成功的產品，而不是寫部落格。話雖如此，你也要確保自己不要過於埋頭苦幹，而忘了投資自己。

你可以在實現職業目標的路途中，大致列出一些重要的里程碑，然後，為接下來的 6-12 個月選出幾個里程碑，將它們變成具體的計畫。

你可以做哪些事情來實現這些里程碑？你可以考慮一些行動項目，例如：

- 分析競爭對手的產品，並向你的團隊展示你的發現。
- 為你的產品領域建立長期的願景。

- 與三位你有興趣的業內人士進行咖啡面談。
- 寫一篇關於你的團隊如何進行實驗的部落格文章。

寫下你的計畫（包括日期），並付諸實施。設定鬧鐘，提醒自己在最後期限到來時，重新檢視這些里程碑。

## 重點提要

- **花時間反思一下職業目標**：你不需要做出任何承諾，但是潛在的目標可能比你最初想像的要廣闊得多。清楚自己的目標之後，你就可以做出更好的選擇來實現它們。
- **投資自己**：制定個人發展計畫，並努力實現幾個里程碑。你的行動項目可能與你目前的工作直接相關，也可能是探索新的道路。但是，請記住，發表成功的產品是 PM 職業生涯最重要的元素。

CHAPTER 34

# 職業成長技能

Andrew 在考核評語中看到的回饋讓他很難過，他的主管說：「他必須更努力地讓全公司知道最新狀態和調查結果。」但是這種自吹自擂令人覺得既做作且政治化。他為什麼要浪費時間去討好別人呢？為什麼他的老闆不欣賞他努力完成的工作？

我也很希望能夠告訴你，他根本不需要那樣做，你只要努力工作，交出很棒的產品，你就可以獲得升遷了。你只要聆聽用戶的聲音、處理資料、激勵開發人員、與行銷和銷售人員合作、擴展你的範圍、自主性和影響力就可以了。

沒錯，以上所述都是重要的因素——但願已經夠了。但是，就像最好的求職者不一定會被錄取一樣，最好的員工也不一定會被晉升，這兩個群體都有偽陽性和偽陰性。

Andrew 的主管給了很好的建議。PM 的影響力頂多只有他的信譽所及的範圍。如果表現得體，全公司的人都樂意收到關於哪些人把工作做得很好的額外訊息。當他開始舉辦學習午餐會，並讓更多人知道最新狀態之後，他會驚訝地發現同事們開始不會先入為主地怪罪他，並且更願意幫助他的團隊。

## 與你的主管共事

你的主管對你的職業生涯有很大的影響。如果沒有主管的支持，你幾乎不可能獲得升遷和加薪。好主管可能成為你的靠山（sponsor），幫你尋找機會、擴大你的影響力、提升你的技能。

## 主管都是人

你的主管和你一樣都是人。我知道，有時他們看起來像上帝，有時…剛好相反。但切記，他們都是凡人。

他們和別人一樣，也會有同樣的偏見、錯誤、情緒和缺點。他們有較多的經驗與權威，但這不代表他們做的事情都是對的。即使是最優秀的主管，他的情緒也很容易被影響。

他可能有哪些缺陷？

- 不先問你，就假定你不想接受有挑戰性的新任務。
- 不告訴你工作落後了，因為他們不想進行不愉快的談話。
- 他們忘記或沒有注意到你的一些成就。
- 他們把不討喜的工作丟給任勞任怨的人去做。
- 他們討厭你抱怨不喜歡的工作。
- 他們有壓力時不想理你。
- 當你和他們分享改善他們的工作的想法時，他們會幫自己辯護。

一旦你意識到主管也是人，你就可以找到與他們一起實現職業目標的最佳辦法。你可以用你已經掌握的合作和客戶同理心技巧來「向上管理」。

> 警告：雖然所有的主管都有同樣的問題，但你不應該沒底限地容忍糟糕的主管。關於糟糕的情況，見第 468 頁的「糟糕的情況」。

## 同情主管的心態

如果你把職業視為一項產品，你可以把主管視為你的客戶。你越能了解你的經理，你就越容易建立牢固的關係，進而得到你想要的支持和幫助。

如果你還沒讀過 G 部分的人事管理技能（第 328 頁），那就回頭看看那個部分來了解人事管理工作是什麼。你會看到主管面臨的一些挑戰，公司對這個角色的一些期望可能會讓你很驚訝。

你也要了解你的主管。

- 他們的目標是什麼？
- 他們有什麼禁忌？
- 什麼事會讓他們睡不著覺？
- 他們的領導哲學是什麼？
- 他們是九型人格的哪一型？
- 他們最喜歡的管理書是哪一本？
- 他們最重視的專案是哪一個？
- 他們熱衷哪些 side project？

你可以將每一次互動都當成一次客戶研究機會。為什麼他們要如此努力地推動那一項改變？他們為什麼加入那個新程序？他們提出的策略背後有哪些假設？他們稱讚了哪些 PM？為什麼？

一旦你真正了解並同情你的主管，你和他們的關係就會改善。你更能夠理解他們的問題和建議，他們也會覺得你理解他們。你更容易交出令他們滿意的工作成果，讓他們更有機會認為你的表現超出預期。

**人事經理的一天**

經理的工作可能與你想像的截然不同。這是他們典型的一天：

我今天的第一場活動是招聘會議。我要再聘請三位 PM 來支援不斷壯大的團隊，但是為了找到對的人，我已經花很多時間了。我們討論了人才管道的情況，並一起想出幾種尋找更多人選的途徑，也許我們可以舉辦一次聚會。我這週安排了三次咖啡面談，有四位人選會來公司（我會面試他們，此外還會面試一些行銷負責人與資料科學負責人的人選）。招聘人員說，有一位 PM 的面試回饋速度很慢，導致一些延誤。我必須與她聊一下。

接下來，我與其中一位 Direct 部屬進行 1:1。他談到他對設計師覺得很失望，很幸運的是，設計師的主管已經告訴我這個失望是雙向的。我想指導他改善合作能力，同時幫助他在將來發現和解決類似的問題。我們討論了一些場景，並讓他想像設計師的觀點。他意識到自己可以對這種情況做出什麼貢獻，並提出一些解決問題的想法。過幾天我會跟他確認一下事情的進展如何。

我們的下一個話題是關於他的實驗結果，這個實驗進行得非常順利，他計畫在進行一些小修改之後推出它。他需要我的批准才能推出，我想要加強他的出色工作。我在心中檢查他的計畫有沒有前幾項重大風險，並確認他是否適當地降低那些風險。我批准了他的計畫，並指出他早期做的一些選擇幫助了這個計畫的成功。

在最後一個話題中，我告訴他一個新機會。我們需要一個人負責跨部門流程，我認為這份工作可以讓他成長很多。跟他說這件事讓我有點緊張，因為如果他不想做，我就要找別人了。他接受了，還好！

接著我急忙參加管理團議，我的主管和他的所有直屬部屬每週都會聚會一次，這是我們保持同步，並了解新的戰略計畫、公司風險或其他影響產品團隊的主要議題的時刻。我們這些管理者也會互相幫助，解決所有人遇到的問題。

有一個團隊可能會錯過一個重要的發表日期，我們討論了各種幫助他的策略：調更多人到他的團隊、幫助團隊成員分擔額外的工作，或尋求更多外部指導。我建議我的一個團隊承擔一些額外的工作，並記錄下來，與 PM 一起跟進，看看他們能不能做到。我的團隊的 PM 必須改變一個截止日期來承擔額外的工作，但從宏觀的角度來看，這樣做也許是值得的。

下一個話題是關於新的競爭對手。我們討論了它的優缺點，以及我們能不能從它那裡學到什麼、我們是否該改變計畫。我們認為應該派一位 PM 研究它。經過快速的討論，我們認為其中一位主管的團隊中的一位 PM 是很好的人選，因為他需要機會來證明他的戰略技能。

開完會之後，我終於有 30 分鐘的空檔了！我檢查我的收件匣，快速回答一些問題：分享舊研究的連結、對一些公告的文字提供快速的回饋、檢查另一份報告的利害關係人清單，以及祝賀一個團隊的發表成果。我沒辦法看完所有的郵件，但我會快速瀏覽清單，確保我回覆了所有可能被延誤的人。

今天的午餐要和產品行銷負責人開會，我們每月一起吃一次午餐，在過程中，我們只會分享想法，維持牢固的關係。她擔心我們沒有充分地計劃 9 月的發表。我知道有幾個團隊可能會在那個時候發表產品，所以我們談了一下權衡取捨。我打算稍後把這些想法告訴團隊。

午餐後是辦公時間，有團隊要報告他們的工作。有兩個團隊在設計審查中帶來他們的設計，我深入研究專案的目標，以確保團隊致力於解決最有影響力的問題。當團隊展示他們的雛型時，設計經理、工程經理和我使用 Do、Try、Consider 框架來提供回饋[1]。我們想要確保產品有高品質，但不會指定解決方案，或要求過多迭代。第一個團隊的成果看起來很棒，我們的回饋都是「Consider」。第二個團隊投入大量的工作

1 Do Try Consider 框架的詳情在第 348 頁

在設計上，但是對於用戶願意花在流程上的時間有不切實際的期望，我們要求他們「Try」，來驗證流程的長度，或想出較短的流程。

我的下一個會議是季度業務審查會。我主要是旁聽這一場會議，以研究協助團隊做出更好決定的環境。我在這裡聽到我們的行銷和銷售管道是怎麼運作的，以及接下來的計畫是什麼。我們有一個環節落後進度了，這幫助我了解昨天銷售人員在利害關係人會議上提出的一些問題。我把關鍵資訊記下來，交給我的團隊。

今天的會議終於結束了。我有幾個 spec 要審查，接下來，我用剩下的時間來準備下週要給業務團隊的願景簡報。

不幸的是，一小時後，一位部屬告訴我一件讓我大吃一驚的事情。他們剛才發現，本來要在兩天內發表的功能中，有一個嚴重的 bug，看來他們不得不改變發表時間了！我很感激他們如此迅速且冷靜地告訴我問題。我們討論了各種選項（直接改變發表日期、安排一個變通辦法、縮短一些推出流程來盡快修好 bug），並定出一個溝通計畫。我會提醒其他的主管，PM 也會向利害關係人發出官方訊息。

在那之後，我只剩下一點時間完成願景簡報。在上週，上級批准我增加員工人數來支援一個目標遠大的路線圖，但公司大多數人還不知道我們的新願景。這個簡報的目的是激勵全公司的員工，讓他們了解明年將如何增加收入和擴大市場。我一直和我的設計同事一起工作，很感恩的是，當我在處理那個嚇人的 bug 時，她一直在修改簡報。看起來我們差不多搞定了。

該回家了！

## 與你的老闆一起實現你的職業目標

好主管願意支持你的職業抱負，但你要主動分享自己的目標，並尋找自己的機會。尤其是在更高階的職位上，你要帶頭尋找可能的延伸專案，並決定要承擔哪項工作。不要以為你的主管知道你的職業抱負，也不要以為他們會幫你找到讓你不斷進步的工作類型。你要說出來！

### 一個錯誤假設的問題

有一位 PM 發現主管沒有邀請他向客戶做簡報。他的主管認為他對簡報沒興趣，因為他有妥瑞（Tourette）症候群的慣性抽搐動作。PM 告訴他的主管他想要公開演講。他解釋道，當他處於「演講者模式」時，抽搐動作就會消失，而且他真的很喜歡公開演講。藉著與主管溝通，他釐清了錯誤的假設，並獲得他想要的成長機會。

當你和主管討論職業目標時，他可能會覺得不舒服，不要讓對話變成一場爭論。如果你因為他沒有提拔你而表現失禮，或對他過度批評，他可能會對你懷恨在心。

為了避免這種情況，你要將對話設定為放眼未來：

> 我希望以後成為一名 Director，我應該關注哪些層面，以便在機會來臨時做好準備？

如果你的職業生涯剛剛起步，你可以建議他一起想想如何培養這些技能。如果你的職位比較高，你要展現你的資歷該有的準備，自己提議如何培養和表現所需的技能。把這場談話當成伙伴間的談話。

如果你的主管說你缺少一項你自認為已經擁有的技能，不要爭辯，你要討論如何展示這些技能。保持好奇心，接受指導，並對他的回饋保持開放的態度。

別忘了：你的經理會選擇投入時間和精力的地方；如果他們認為你會聆聽他們的意見，並向他們學習，他們就更有可能認為你是值得投資的對象。

這就是為什麼這種方法如此有效。這可以減輕主管的壓力，而且不會強迫他們做出承諾，與此同時，你也說出你的意圖，展現你想學習的意願。如果有很好的伸展機會出現，他們就知道你對它有興趣。

## 靠山

靠山與導師不一樣。導師的工作是幫助你發展技能、給你建議，靠山則是支持你，幫助你往上爬。靠山可能會推薦你升遷，聘請你擔任更重要的職位，或是介紹他們的人際網路。他們是信任你的人，可以給你機會往上爬。

最適合當靠山的人選通常是你的主管或更上級的主管。他們離你夠近，所以知道你的能耐，他們的職位也夠高，所以可以獲得機會。然而，並不是每位主管都是很棒的靠山，有些人沒有人脈，有些人不怎麼推薦別人。你要找到一位好的靠山，努力建立關係，確保他們知道你想要什麼。

**請求你想要的**

你可以直接請求一個人當你的靠山。

Bangaly Kaba 曾經成功地使用了這個方法。當他和主管討論職業發展時，他的主管問他：「在職業生涯中，你關心什麼事情？」他答道：「對我來說，最重要的是我要走在明確的道路上，朝著這個職位與這套範圍前進。我認為，我需要支持才能到達那裡，你能不能當我的靠山，或能不能告訴我該怎麼到達那裡。[2]」

明確地說出目標發揮效果了。

就像導師一樣，有時，這種關係會自然地成形，有時，明確地要求是有效的。

## 成為老闆的親密戰友

學習 PM 技能的最佳手段之一就是觀察他們如何工作。尤其是策略技能，如果沒有很好的榜樣就很難學會。幸運的是，很多人喜歡有位工作夥伴，無論是引發更多想法的思考夥伴，還是只是一位做筆記和整理投影片的抄寫員。無論如何，你都可以坐在搖滾區，看著他是怎麼完成工作的。

問你的老闆，他們有什麼工作要做，問他們是否需要幫助。也許你可以幫董事會準備一份啟動簡報或投影片。把它想成給他們的幫助，並且確保你的「幫助」不會幫倒忙或越幫越忙，例如，讓他們陷入不想遇到的長時間爭論中。

為了讓這些機會來到你身邊，你可以開始注意你的老闆在做什麼，並想一下你會怎麼處理它。你要注意事情的發展，如果他們提出需求，你就有實用的想法可以分享。

## 確保你的主管知道你的工作情況如何

在第 355 頁，我們從主管的角度討論了管理 PM 的挑戰。

如果你不主動與主管溝通，你就會陷入以下兩種不好的情況之一：

1. 你的主管會開始緊盯你的工作。

2. 你的主管不知道你在做什麼，你的好工作也得不到好評。

萬一發生這種情況，你可能會責怪你的主管，但責任（以及解方）在你身上。你要知道，你的主管不會讀心術，因此，你必須主動地與他們分享你的工作，如果你不這樣做，你的主管要嘛無法給你自主權，要嘛無法履行自己的職責監督你的工作。

2 完整的訪談見第 40 章：Bangaly Kaba（第 504 頁）

PM 的很多工作都是私下進行的，或是在幕後進行的，所以除非你告訴主管你所面臨的挑戰，否則他無法知道。如果你提早讓主管知道潛在的問題，他們就不需要自己去尋找團隊的問題。如果你讓他們了解最新情況，他們就可以向公司其他人展示你的工作，並分享你的團隊需要的背景。

當你和主管討論你的工作時，請記得這三個目標：

1. 推銷你的技能和成就。

2. 告訴你的主管他們的工作需要的資訊。

3. 徵求回饋意見和建議來改善你的工作。

這些目標適用於每一種溝通，無論你的訊息是好的、壞的還是中立的。如果你將這些目標結合起來，你就可以推銷自己，而不會顯得傲慢或惹人不快。

為了結合這三個目標，有一種簡單的方法是使用這個包含三個部分的模板：

### 這是發生的事情：< 目前的挑戰 >

提供他們需要知道的背景，你可以說設計師錯過了截止日期、令人驚訝的 A/B 測試結果，在腦力激盪會議中浮現的好想法、你發現的阻礙發表的漏洞、銷售團隊的新要求，或任何其他有趣的工作。不要只報告基本狀態，你要將狀態與最新的發現、挑戰或驚奇的細節整合起來。

### 這是我 < 已經 / 正在 / 正想要 > 處理它的方法

推銷你的技能和成就，有時，你會覺得自己的處理方法很聰明，並感到驕傲，有時你有失落感，但你可以承擔問題的責任，並分享你在哪裡卡住了。分享你的計畫可以讓主管以合作伙伴的身分和你一起工作，並且看到你的技能。否則，他們可能會建議一個你已經想過的解決方案，並且錯誤地產生「你不知道該怎麼辦」的印象。如果你在沒有任何計畫的情況下尋求幫助，你可能會被視資歷很淺，或潛力很低的人。

### 你有什麼想法嗎？

邀請他們分享建議。這個邀請可以把背景設在成長與學習上面，淡化第二部分的自我推銷因素。這可以讓你的主管更容易給你原本不想說的回饋，如果你看起來不想接受回饋，他們可能會覺得強行給你回饋不太舒服。說這句話也可以讓他們有說：「這聽起來很棒！」的機會。

## 抱負和自我推薦

當 PM 太強調個人抱負時，主管可能會不高興，這可能會讓人覺得你打算犧牲別人的利益來獲得成功，而不是與你的團隊合作。對於一個高績效的團隊來說，每個人都要把團隊放在第一位。如果你太專注在下一次的升遷上，你可能會把眼前的工作做得很糟。

這會讓你陷入兩難：

- 如果你忽視自己的抱負，試圖「相信系統」，你可能會錯過成長和晉升所需的機會。
- 如果你逼得太緊，你的主管可能會認為你自以為是、沒有耐心或自私。

當然，你最關心的是你自己，如果工作不適合你，你會辭職。但是，太過明目張膽會被視為一種威脅，可能會破壞你和主管以及團隊之間的關係。

### 解決之道

可以的話，儘量以對團隊或公司有利的角度提出你的要求。詢問如何提高你的技能，而不是開口閉口都是升遷。解釋你可以用更大的團隊為客戶提供什麼價值，主動幫主管承接一些報告，以減輕他們的負擔。

Sheryl Sandberg 在 *Lean In* 分享了她是如何從團隊利益的角度來積極地談判薪資的：如果她為 Facebook 談判，Facebook 就可以從她強大的談判技巧中獲益。藉著討論她能夠公司做些什麼，她在不製造任何敵意的情況下，討論她想要的薪水。

### 例外

然而，每一條規則都有例外，有時毛遂自薦是有幫助的，尤其是在明確地討論職業生涯時。

若是如此，在你提出要求之前，最好可以先讓你的主管站在你這邊，支持你的成長。讓這場對話保持前瞻性，避免對方進入抵抗心態。

想像一下，你的公司正在舉辦一場大型會議，你想成為籌劃委員會的一員。你發現高層要求主管們推薦他們團隊中的人選，但你卻沒有被推薦。

> **別這樣**：「真不敢相信你竟然沒有推薦我加入會議籌劃委員會！」
>
> **要這樣**：「我喜歡你的建議。我們可以再確認一下我的職業發展嗎？太棒了！我發現最近有一個會議籌劃委員會，我認為這對我來說是一個很好的發展機會。我們能不能聊一下，然後看看你能不能推薦我參加？」

運用你的判斷力，注意主管的反應。對於一些主管，你必須採取更低調的做法。

## 從回饋中學習

回饋對職業發展非常重要，因為它是為你和你的情況量身打造的建議。每位經理、團隊和晉升委員注重的東西略有不同，所以你要用回饋來找出彼此的落差。

### 注意、評估、改善

諸如「你要更果斷」或「更以客戶為中心」這類的回饋令人覺得難以採取行動。你可以將它分成三個步驟，讓它具有可操作性。

1. **注意**你應該使用那個技能的機會。收集案例，請同事指出它們。請教別人是怎麼認出這個時機的。
2. **評估**哪裡出了問題，以及為什麼。根本原因是缺乏信心嗎？你是否優先考慮其他事情？有某種行為模式嗎？
3. **改善**這個問題。想出一個解決根本原因的計畫。

當你執行這些步驟時，你往往可以發現真正的問題與當初的回饋所暗示的非常不同。

### 徵求回饋

從同儕、主管以及主管的同事那裡獲得直接的回饋是快速成長的最佳途徑之一。不幸的是，很多人不好意思給你真正需要聽到的回饋。

為了獲得對你的工作有幫助的回饋，你要讓別人願意和你坦誠交流。這裡有幾種做法：

- **主動尋求回饋**。徵求匿名的 360° 報告（包括來自同事、部屬、經理和跨部門合作伙伴的回饋）是很好的方法，可以讓你全面、誠實地了解自己的工作情況。你可以使用 Google Forms 等工具為自己製作一份 360° 報告。

- **讓別人知道你正在下功夫的領域**。如果別人知道你意識到自己需要在哪方面下功夫，他們就更容易將它指出來。例如，「我希望能夠更清楚地溝通，如果我說的話有不清楚的地方，能不能告訴我，讓我可以用另一種方式解釋？」
- **將請求說成「高一階的職位會怎麼做？」**當你問別人你哪裡可以做得更好時，你往往會聽到：「沒有啊，繼續這樣做就好了。」如果你問：「如果我的職位高一階，你希望我做什麼不一樣的事情？」，它可以讓人們想出原本想不出來的新回饋。
- **不要表現出抗拒回饋的樣子**。擺出開心的（或中立的）表情，感謝別人的回饋。注意，如果你想要問具體案例，語氣不要聽起來像「證明給我看啊！」如果你下意識採取防禦姿態，別人就不會再給你回饋，甚至認為你沒有成長的心態。盡可能帶著真正的好奇心去接受回饋。
- **尋找寶石**。即使你不同意別人的回饋，它裡面通常也有一些有用的東西值得學習。他們會有不同的觀點，是因為他們知道了什麼，還是不知道什麼？如果他們的看法是不對的，你該怎麼確保他們將來可以準確地認知事情，從而讓他們相信你？
- **注意回饋中的文化差異**。當美國人說：「你喜歡插嘴應該是想多聽一些意見吧」時，他的意思通常是：「不要那麼沒禮貌，多聽聽別人說什麼！」美國人往往會淡化負面的回饋，但是其他文化可能比較直接。如果你和不同文化的人共事，花時間學習別人的回饋風格。切記，嚴厲的回饋可能沒有惡意，而溫和的回饋可能比表面上糟糕得多。
- **跟進**。如果回饋是可操作的，在你解決問題之後，記得與對方交流，這可以讓對方知道你認真地看待他的回饋，並且已經解決了問題，也可以讓他們不會對你留下負面的印象。

記住，給出回饋和接受回饋一樣不舒服。你的同事們可能會擔心講話「刻薄」會損害你們的關係，尤其比你資淺的人。你要讓他們知道你感激並重視他們的回饋。

## 與主管的同事建立關係

不要低估主管的同事對你的職業生涯的影響。他們可以為你的工作提供新的視角，為你的計畫提供資源，以及支持你的升遷。這些關係在公司重組或主管離職時尤其重要。

那麼，你該如何建立這些關係？Google 的產品管理總監 Aaron Filner 分享了一些建議：

> 人們有時低估了發送時事通報、狀態更新和產品發表狀態的價值，它們被閱讀的次數比一般人想像的還要多。你一定要製作它們，來讓距離你的專案比較遠的人了解你做了什麼，以及它為何有趣。
>
> 在進行專案時，團隊間的任何互動或合作都是讓領導人留下印象的機會。它提供一個主動接觸他們的藉口。如果你主動徵求意見，人們通常願意參與。

當你建立這些關係之後，你也可以尋求建議。人們通常很樂意提供建議，你主管的同事也可以從局外人的角度給你建議。

## 選擇正確的時間與地點

如果你和事業有成的 PM 交談，你會反覆聽到在正確的時間出現在正確的地方對他們有多大的幫助，雖然這往往是運氣使然，但你也可以有意識地選擇你的公司和團隊。

### 名聞遐邇的公司

想想那些「超酷」的科技公司。我說的不是你所認為的那些擁有最好的技術或文化的公司，而是*普羅大眾認為的*那些很酷、有選擇性或令人印象深刻的公司，例如，頂尖大學的頂尖畢業生們爭先恐後地想要進入的公司。

從長遠來看，在「名聲」最響亮的公司工作可以帶來很大的幫助，這會不會太膚淺，甚至不公平？的確。儘管如此，在履歷上有那些公司的名稱，對你有很多幫助：

1. **學習**：你可以從一家成熟的公司學到很多最佳實踐。你不需要重新發明輪子，也不可能養成壞習慣。你可以獲得很好的指導，建立一個強大的人際網路。
2. **名聲**：那個公司名稱會幫你打開未來的大門。一旦你在頂尖的科技公司工作過，你通常會得到電話面試的機會，至少很多科技公司都是如此。請注意，這一點與公司的*聲望*比較有關，而不是公司的*規模*。有些公司的規模很大，但是無法賦予太多威信，但是有些中小企業賦予的聲譽可能與「超酷」的頂尖公司相當。
3. **薪酬**：大型知名公司傾向支付較高的薪酬，有時甚至高達業界平均水準的兩倍，如果你還在還學貸，這會造成很大的不同，可以幫你存更多錢，讓你可以在以後的職業生涯中承擔更大的風險。

這不意味著你**必須**為一家大型知名公司工作，也不意味著對你的職業目標或整個人生來說，這絕對是個正確的決定。但我們鼓勵你考慮在職業生涯的早期加入一家知名公司，即使你的長期目標偏向創業。

## 迅速成長的公司

迅速成長的公司通常是職業發展的最佳場所。

雖然在一家小型初創公司起飛之前加入它是件不得了的事情，但你不需要預知能力。顧名思義，迅速成長的公司會聘用很多人，所以你很容易發現那些公司。你可以關注科技新聞，四處打聽，了解熱門公司的情況。如果你認識招聘人員或經理，你可以問問他們，哪些公司搶走他們的人選。

快速發展的公司對你的職業生涯有很大的幫助，因為隨著公司的發展，你的責任會越來越大，新的機會也會出現。你對產品的了解和你建立的信任感，可以讓你承接原本沒有資格擔任的工作。事情發展得越快、你待得越久，你獲得的新經驗就越多，學到的東西也越多。

然而，你也要有心理準備，這些公司可能會經歷成長的陣痛期，它們的快速成長會導致一定程度的機能失調。它也可能演變成一家你「不認識」的公司，變成一家與你當初期待加入的公司全然不同的公司。

## 初創公司

選擇初創公司的風險比選擇大型或中型公司大得多。

例如，有人加入了一家熱門的初創公司，但這家公司破產了，因為它提供服務的成本超過客戶願意支付的價格。有人發現，由於優先清算權，當公司以 1 億美元的價格出售之後，他的股權是 0 美元。還有人看到她的初創公司在道德醜聞之後解散。

雖然我沒有神奇的公式可以幫你選出優秀的初創公司，但以下幾點是你要考慮的：

- **創始人**：他們成功過嗎？你信任並尊重他們嗎？你認為他們有道德嗎？你認為他們聰明嗎？你信任他們嗎？你有沒有共同的人脈，可以讓你知道更多他們的情況，並提醒你一些危險訊號？
- **團隊**：團隊成員的素質如何？你認為這些人可以在競爭激烈的市場勝出嗎？你願意讓這些人加入你的人際網路嗎？你喜歡和他們一起工作嗎？

- **公司使命和產品**：你相信他們的使命嗎？你認為他們的產品能贏得市場嗎？他們的產品是不是解決了夠多人所面臨的實際問題？你願意花好幾年的時間成為這個領域的專家嗎？如果有證據支持，公司會不會改變方向？
- **競爭**：競爭對手是誰？為什麼這家公司比競爭對手更容易成功？市場是否已經過度飽和？
- **商業模式**：公司該怎麼做才能盈利？公司能否以客戶願意支付的價格吸收客戶並提供服務？你認為這種商業模式會成功嗎？
- **投資者**：有沒有信用良好的投資者投資該公司？該領域的專家相信該公司的未來嗎？

你要像投資者一樣觀察初創公司，畢竟你準備投入你的時間、情感和職涯發展。如果你不願意投資它，也許它也不適合加入。

## 初創公司的第一位 PM

初創公司的第一位 PM 或產品負責人往往無法成功。許多 PM 會發現這個職位與當初想像的完全不同，然後憤然辭職。有產品意識的創始人幾乎都不會把控制權交給新 PM。沒有產品意識的創始人幾乎都無法接受文化變革，但有時文化變革是做出好產品的必要過程。如果你希望工作順利進行，你就要保持務實的心態，接受即將到來的挑戰和你的自主權不如預期。隨著時間的過去，這個角色可能帶來巨大的回報，但你不可能在第一天就按照自己的喜好來塑造一切。

Solv 公司的產品負責人暨 Hired 公司的前產品負責人 Gemmy Tsai 建議，你要與初創公司的創始人明確溝通，了解他們對這個職位的期望，以及這個職位可能如何發展，看看這個職位是否符合你的需求。然後，按捺住立即制定新策略的衝動：

> 建立信任感的最佳方法就是證明你有執行力，這要先建立信任基礎，之後再分層處理大型的策略工作，因為決策權是他們最不願意放棄的東西。

以我自己作為 Asana 的第一位 PM 的經驗來看，我把我的成功歸功於我與產品聯合創始人 Justin Rosenstein 牢固的工作關係。我們的優勢和劣勢相輔相成，即便如此，我也經歷了坎坷的過程才學會不要拒絕他的想法，而是在那些想法的基礎上繼續延伸。雖然我在較大的公司可能成為領域的專家，但是在 Asana，我的視野深度永遠無法超越 JR，因此，我並未試圖掌控產品決策，而是設法添加產品價值。這種策略幫我建立信任感，讓我和公司一起成長。

## 選擇正確的團隊

即使在公司內部，你的團隊也非常重要：

- **要**：了解哪些團隊有好主管。
- **要**：尋找會讓 PM 快速升遷的團隊。
- **要**：執行公司的重要計畫。
- **要**：在職業生涯早期與週期快的團隊合作。
- **要**：考慮加入工作結果可衡量的團隊，例如成長和現金化團隊。
- **要**：在升至更高職位時，能承擔範圍夠大的職責。
- **不要**：加入可能被取消的專案。
- **不要**：加入政策不良的團隊。
- **不要**：低估「處理內部問題的團隊」的潛力。在高能見度的情況下，通常有進行重大改善的空間。

若要爬到更高職位，選擇具備正確範圍的團隊特別重要。Aarti Bharathan 是 PayPal 的 Senior Director，他在接手一個規模巨大的專案後，從 GPM 晉升為 Director：

> 我的跨級主管告訴我，他有一個關於所有賣場平台的問題。我說我會想辦法。我從零開始做出一個全新的產品線。

在此之後，所有人都明白，Bharathan 值得升遷。

## 在正確的時間前進

一個角色的職業成長途徑往往是 S 形的。你會先爬升，然後有一段加速成長期，在裡面學到很多東西，產生重大影響，最終收益遞減。

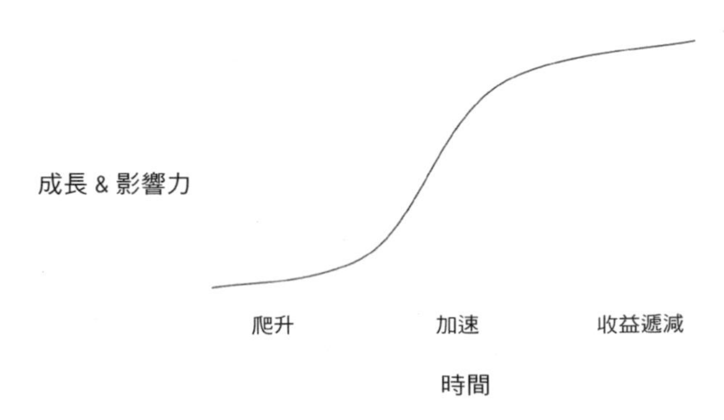

如果你和主管有很好的關係、你的能力迅速成長、你學到很多東西、你相信你的產品、你的公司現況很好，留在原本的公司通常是合理的選擇。在交出有意義的東西並且在看到結果之前就離開公司是很不智的決定。

另一方面，如果你在同一個職位上做了很多年，到別處工作也許會讓你發展得更快，賺到更多的錢。你要考慮一些因素：

- 你在公司待得越久，雖然你的機構知識（institutional knowledge）會成長，但你從外部經驗中獲得的價值卻會減少。
- 在快速成展的公司裡，你的角色可能會不斷成長和變化。
- 隨著公司市值的增加，你每個月被授予的股權價值可能會大幅成長[3]。
- 主管通常不會密切關注你的薪酬是否符合市場行情。

如果你想知道自己能不能賺更多的錢，你可以去其他公司面試，看看你現在的公司會不會還價。但是，在你這樣做之前，先評估一下你公司的還價文化。有些公司堅決反對還價，認為既然你想離開，求你留下來也是枉然。

在收益遞減的時間點轉換角色或公司會產生重疊的 S 曲線，而且成長也會快得多。

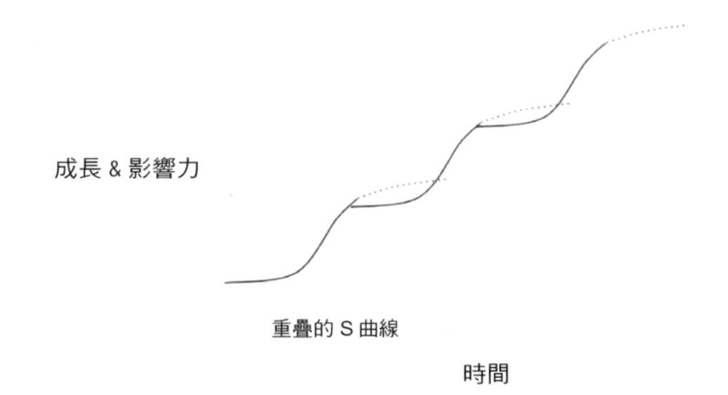


重疊的 S 曲線

如果你不確定你是否處於收益遞減期，你可以問你信任的導師。有時，你確實進入高原期了，但有時，它代表有價值的「成長邊緣」，也就是你正處於重大成長的邊緣。

無論你選擇何時繼續前進，你一定要留下良好的紀錄。科技業的圈子很小，你可能會在某個時刻再次和前同事共事，請為自己留一條退路。

---

3 雖然從情感上來說，假設初創公司的股權價值是零可能是合理的，但如果你在比較 offer 時這樣想，那麼加入初創公司對你的財務而言永遠都沒有意義。

## 談判

當你收到 offer 時，事情還沒有定案，因為公司預期你會跟他們談判。也許你害怕談判，因為公司每天都在談判，但你很少做這種事。幸運的是，你可以找到有很多可用的資源和資訊、可依循的腳本，甚至可以和談判專家合作。

提前熟悉這門技術是件好事，因為這樣你就知道如何處理「爆炸型 offer」這種陷阱了。你可以研究一下：

- Candor 的薪資談判全方位指南[4]。Candor 是協助談判薪資的公司。
- Haseeb Qureshi 的談判薪資的十大法則（第 584 頁）。

談判是很有用的技能，它的價值甚至超出了具體的 offer。以下是幾個幫助你起步的小技巧：

- 最簡單的談判方式就是拿出有競爭力的 offer。可能的話，安排你的面試時間，讓你可以在同一個時間點前後收到所有的 offer。
- 了解對方提供的職位等級，並研究該等級的薪酬範圍。如果你的等級太低，使用他們的職位說明中的具體事實來試著協商職等。
- 不要在收到 offer 時立刻接受它，讓他給你一段時間做決定。時間站在你這邊。
- 保持禮貌和熱情：「我真的很想把這件事做好！我相信我們可以找到雙方都可以接受的條件。」只要你保持合理的友好態度，你就不會搞砸你的 offer。
- 簽約金通常是薪資談判中最容易處理的部分。如前所述，薪資通常與你的職等有關，你可能要爬到更高的職位才能獲得大幅度的加薪，但你可能還沒有準備好（或別人認為如此）。另一方面，簽約金通常與你的職等無關。

最重要的是，做就對了。有些人太執著於尋找「正確」的談判方式（「我該寄 email 還是打電話？」「我該對這個 offer 表現出興奮的態度還是憂慮？」…等），以致於完全不行動。開始試著談判比遵守每一條談判建議重要得多。

如果你仍然踏不出第一步，那麼就這樣想吧：一次「不舒服」的溝通至少可以讓你賺幾百美元，往往是幾千美元，用膝蓋想都知道該怎麼做。

所以，拿起電話，或者寫封 email，或是請別人幫你寫封 email，然後按下傳送。採取行動。

---

4 Candor 的技南在 *https://candor.co/guides/salary-negotiation*。

## 說出數字

這是一個熱門的問題：在談判時，你要不要先出價？

大多數人的答案都是不要，讓對方先出價！因為你應該不想太早攤牌吧？不妨先看看對方怎麼想！

但是，有一些研究有不同的看法。正如 Wharton 談判學教授、*Give and Take* 一書的作者 Adam Grant 在他的 WorkLife podcast 中所說的[5]：

> 第一次 offer 就像船錨，它為這次談判設下了一個圈套，讓你很難從中逃脫。有一項針對談判實驗進行的分析指出，在第一次報價時每增加 1 美元，最終協議會增加大約 50 美分。

在談判時，先出價的人通常更有利。如果你很驚訝，考慮一下這個假想的場景。

**你要買一台二手車…**

想像你要買一台二手車。賣方的開價是 2 萬美元，但你的預算是 1.5 萬到 1.7 萬美元。怎麼處理？

最有可能的情況是，你會拒絕他，並在心中暗自盤算，夠幸運的話，他會降到將近 1.7 萬美元。你本來盤算的價格範圍的最高價變成你的樂觀目標了，你中計了！

如果你先開出 1.5 萬美元，他們就會從你的報價開始估算。

但是這種技巧適用於**你的**薪資談判嗎？這就是問題的癥結所在。

很多求職者都不知道自己的價值。如果你先出價，你**可能**幫公司錨定一個較高的數字，**或是**降低自己的身價，**或是**提出不切實際的要求。

這就是為什麼很多人建議「打安全牌」，避免先出價。如此一來，你只要將公司的報價往上加即可[6]。

---

5 你可以在 *https://www.ted.com/talks/worklife_with_adam_grant_the_science_of_the_deal/transcript* 閱讀（或聆聽）全文。

6 當然，這意味著公司已經把你的薪資錨定在一個較低的數字上了。

這種兩難的問題沒有明確的答案。最好的辦法是做好調查，充分了解一般的薪資水準，以避免低估。但如果你做不到這一點，你可能要等公司給出一個價碼[7]。

或者，你有另一個選項，Adam Grant 建議：「有一種簡單的解決辦法，那就是錨定一個範圍」。範圍可以創造迴旋餘地，讓你有機會提高薪資，萬一它是不切實際的要求，也可以將薪資調降。

### 透過研究來保護自己

如何避免低估或高估？盡量了解公司（或類似它的公司）的薪資。但是千萬不要過度依賴 Glassdoor 這類的網站來取得薪資資訊，你可以將它們當成起點，但是它們的資訊通常相當不準確。

獲得這些資訊的最佳手段通常是直接**詢問你的友人**！的確，我們知道在很多文化中詢問別人薪水是沒禮貌的舉動，但是根據我們的經驗，人們仍然願意分享它。發問的訣竅是先承認這種情況很尷尬，然後解釋為什麼你想知道，然後發問。真的！

如果以上所言聽起來令你害怕，請鼓起勇氣，很多科技公司對於特定的職等都預設了一個薪水範圍，即使你報出一個低於那個範圍的數字，他們通常也會把它提高到那個範圍。畢竟，這不僅僅是為了讓你加入，也是為了留住你。薪水太低的工作往往留不住人。

## 優化考核週期

我總是能夠猜出我的朋友的 perf time。你可能想問，什麼是 perf time？perf time 是大家停止工作（和社交），進行可怕的**績效考核**的時刻。

它被視為必要的邪惡。沒有人**喜歡**它們，但我們都明白，它是必要的。很多科技公司採取「360° 同事考核」的程序，這意味著員工不但會被主管考核，也會被同事考核。這其實上是一個很好的政策，因為你的同事可能看到你的主管看不到的績效。但是，它也可能會讓評論的數量增加 5 倍，這也意味著即使是 IC 也無法擺脫撰寫評論的負擔。

績效考核帶來的一絲慰藉在於，它是績優者符合資格獲得加薪或升遷的時刻（那應該是你吧？）。

7 請注意，你和公司通常在不同的時間點報價，你通常在公司問你希望獲得多少薪資的早期階段提出報價，公司通常是在給你 offer 時提出報價。

在大多數公司裡，績效考核是正式績效或薪資考核的一部分，每季度、每兩年或每年進行一次。考核的步驟可能是：

1. 在考核季開始時，你要寫一份自我考核，並請同事幫你寫回饋。
2. 你的主管閱讀這些報告，然後寫一份主管評估報告。
3. 根據公司的不同，你的主管或委員會會給你一個績效評分，例如「大幅超出預期」，然後決定是否將你升遷。
4. 如果薪資是考核的一部分，你的經理會建議加薪，並交給上級批准。
5. 你和主管面談，閱讀他們寫的書面評論，了解了你的績效評分，並開始為下一次考核擬定個人發展計畫。

在小公司裡，這個過程可能沒有那麼結構化。

你要找出優化考核週期的甜蜜點。太關注它們會帶來沒必要的壓力、惹惱你的同事，並消耗原本可以研發更好產品的精力。

## 由主管裁量 vs. 由委員會裁決

晉升和加薪可能由你的主管裁決，也可能由委員會裁決，兩者會造成大不相同的結果。

### 由主管裁決

如果你的主管是裁決者，我的建議非常簡單。

- 大力投資你和主管的關係。
- 和你的主管討論你的職業生涯。了解他們想要看到什麼表現，以及超出預期的情況是怎樣。分享你的職業目標。
- 務必讓你的主管知道你完成的卓越工作。見第 448 頁。
- 偶爾和你的主管確認自己是否在正軌上，是否專注在正確的事情上。
- 如果你的主管沒有給你有用的發展回饋，你可以向主管的同事尋求額外的指導。
- 了解哪些主管會快速地提拔部屬。

切記，如果你和主管的關係不好，你就很難升遷或加薪。你要自行決定是否修復這段關係，或是否乾脆離開。

### 由委員會裁決

當晉升和加薪是由委員會（通常是更高職位的主管和你的主管的同事）來處理的時候，你的回饋和評估「資料包」就很重要。公司可能讓不認識你的人審查你和與你同一職位的 PM 的資料包，將他們當成基準來評論你的表現。

以下是你要記住的建議：

- 加強與資深團隊成員的關係，他們的回饋比資淺的同事更有分量。
- 加強和主管的同事之間的關係，以及在他們心中的聲譽。如果他們熟悉你的工作，他們可能會在委員會裡幫你說話。
- 詢問已經在公司待了好幾年的主管，了解一下委員會想從你的資料包中看到什麼。
- 在自我考核中仔細說明你的技能和成就，讓不認識你的人相信你正在邁向下一個階段。
- 向同事徵求回饋時，請他們說出你需要展現的技能。你可以提出你希望他們實現的成就或解決的挑戰。
- 讓你的主管成為你的盟友，協助你的職業發展。這樣問或許可以獲得誠實的回饋：「委員會可能認為我缺少哪些能力？我該怎樣獲得那些資歷？」

雖然委員會會增加考核週期的成本，但可以減少過程中的偏見和隨機性，因為它不是一個人就可以控制的。

## 時機

可能的話，儘量在考核週期之前交付重要的專案。即使你的進展一切順利，如果你的工作還不能交付，主管或委員會通常會以此為藉口，將你的升遷或加薪延後到下一個週期。

如果你正在處理的專案必須橫跨多個考核週期才能推出，那就和你的主管密切合作，擬定中間的里程碑，並討論在每一個里程碑「大幅超出預期」是什麼樣子。

## 目標與 OKR

目標與 OKR（目標與關鍵成果）是最客觀的績效評量方式，達成它們對你的績效考核有很大的影響。但是，在設定它們時，你必須考慮微妙的平衡。

當你設定 OKR 時，確保你的主管同意它有足夠的企圖心。不要在你實現目標後，你的主管卻說它太容易實現了。

了解你的主管或升遷委員對達成與未達成 OKR 的感受。有些人非常重視達成它，在這種情況下，你不能設定太多 OKR，或設定太難達成的 OKR。有些人比較會考慮背景脈絡，即使你沒有達成偉大的 OKR，只要你做好工作，他們就不會對你有意見。

## 自我評估

你的主管在撰寫他的主管評估時，經常會從你的自我評估看起。你可以用你的自我評估來彰顯你的成就，並且儘量以最好的角度來描述你的工作。當他們猶豫究竟要給你多少分時，你的自我評估就是一個轉折點，可讓他們給你較高的分數。

如果你的公司有職業階梯，參考你鎖定的位階。你可以為每項技能建立一個標題，並使用職業階梯上的敘述來指出你的成就。你也可以使用上一次主管考核裡的成長機會來做同一件事。寫下你是如何解決和改善每一個成長機會的。

當你撰寫你完成的工作時，解釋它的挑戰性和重要性。說明你和你的團隊實現的偉大成果。引用你的願景或行銷素材的敘述來解釋為什麼它很重要。

如果你被要求進行自我評估，你要自豪地寫，但要誠實。你要知道自己是否過度誇大或低估自己的成就，並做出相應的調整。但是調整也要適度，不要調整過頭（因為害怕誇大而低估自己）。

## 同事回饋

雖然同事可以提供讓你成長的回饋，但是績效考核應該不是提供這種回饋的好時機。批評性的回饋私下請教就好，你要讓官方回饋成為一份積極正向的報告，指出你的隊友多麼喜歡和你共事，以及你對團隊的貢獻有多大。

試試下面的方法，從你的同事那裡獲得更有力的績效報告：

- 在考核週期之前，問問你的同事，你要怎麼成為更好的 PM，並在解決他們提出的問題之後跟進。

- 在這一年中，讓你的團隊知道你在私下為他們做哪些工作。在站立會議（standup）上，你可以讓團隊知道你正在進行簡報、拜訪客戶、開戰略會議、進行跨團隊協調…等。
- 讓同事知道你希望他們寫什麼，例如「能不能請你提到我做過的 A/B 測試分析？」或「我希望強調我的客戶洞察力，能不能請你分享一些這方面的例子？」請他們說出公司的 PM 職業階梯中提到的技能（第 399 頁）。同儕考核可能很緊湊，其實很多考核者很喜歡看到這些線索。
- 在合理的範圍內，選擇你認為會給你好評價的人。然而，你不能忽略任何重要的人，例如你的工程主管或設計主管。
- 在考核週期結束後，針對任何負面的回饋，跟進那位同事，並告訴他你打算怎麼改善它。

以上所言不是要你讓同事都回饋美好的景象。每個人都有需要發展的領域，你要格外注意在你的評論中提到的任何問題。

**撰寫別人的同事回饋**

同事回饋是「記錄在案」的文件。你寫的同事回饋會影響隊友能不能加薪或升職。用案例來分享他們所做貢獻，以及你欣賞他們的地方，可以幫助他們的主管或晉升委員會更了解他們的能力。

這是最簡單的部分。比較麻煩的部分是如何提供「有待改善的領域」。

雖然公司本質上明確地要求大家提出批評，但文化規範往往讓你採取不同的做法。例如，美國人傾向給出直接的正面回饋和間接的負面回饋，也就是說，美國人傾向「淡化」他們的負面情緒——尤其是在這種書面文件中。

在許多公司裡，同儕考核通常是相當正面的，甚至比個人的表現還要正面。所以解讀書面回饋是一項挑戰，有些主管可能會在字裡行間解讀任何細微的批評建議，甚至連缺乏熱情都會被視為嚴厲的回饋。有些主管不會仔細閱讀，可能會漏掉指出嚴重問題的文字。多數人傾向關注與他們的印象相符的回饋，而忽略與它互相衝突的回饋。

我們的建議是「了解你的受眾」。了解公司的回饋文化，並使用相應的語氣，這不是不誠實，或誤導別人，事實剛好相反，如果主管認為大家都會淡化負面回饋，為了讓老闆有準確的印象，你就要這麼做。主管可能會直接把你的回饋告訴你的同事，所以在下筆的時候注意這一點。

## 建構人際網路

Buzz Bruggeman 是一位了不起的人際網路專家，他在 15 年前轉行，從房地產律師變成科技企業家，並且搬到 2,700 英里之外的新城市，當時他在那裡只認識 6 個人。但是現在，他有一份令人印象深刻的科技和商業領導人聯絡名單，重點是，他不是只收集名片，而是與他們都建立了真正的關係——友誼。

秘訣是什麼？他是如何建立這個人際網路的？他不是透過發送數百個 LinkedIn 請求（這無法讓你走太遠），也不是砸很多錢給初創公司讓大家想認識他。

他的秘訣很簡單，先下工夫舉辦很多活動，向很多人介紹自己，並努力建立關係。

還有（重點來了），他的付出遠遠超過他的索取，他希望發揮作用。大家都喜歡且欣賞他，相信他既善良且誠實。

在現實世界中，人際關係很重要。求職者可以利用他們的朋友和朋友的朋友來找到重要的職位。招聘經理可以使用他的人際網路來尋找優秀的人選。每個人都可以利用他們的人際網路獲得額外的指導，或獲得小問題的答案。

在你的人際網路中的人際關係通常涵蓋一個非常廣泛的範圍，從可以幫助你解決小請求的熟人，到可能推薦你未公開的機會的死黨。

但是，人際網路就像一片花園，無法在一夜之間養成，你採取的每一個行動都會種下一顆種子（有時還要撒一些除草劑），而且需要溫柔且持續地照料。

若要進一步了解如何建立有效的人際網路，可閱讀 Jules Walter 的*內向的人如何建立人際網路*（第 575 頁）。

### 提出小要求來廣泛地聯繫

我收過很多 email 要求我提供某些領域的建議或幫助，它們有些來自朋友，有些來自熟人，也有很多來自陌生人，這些 email 不會影響我，這並不是說我會回覆每一封信件（真希望可以），而是他們幾乎都不會干擾我[8]。所以問就對了！

主動聯繫已經和你建立某種關係的人，可讓你更容易得到回覆，他可能是朋友的朋友、你的校友，或是在一個共同團體裡面的人。（陌生人也可以，但是你收到回覆的機會比較低，特別是當他們是大忙人時。）

8 在很罕見的情況下，我會覺得被打擾了：當對方表現得彷彿我欠他們一個回應一樣時。例如，曾經有一個人說：「我會再給你兩次回應的機會」（不然咧？）。還有一個人（完全陌生）要求我在這個星期一或星期二提供三個可以會面的時間，但我根本沒有答應與他見面！

如果你在找工作，問他們是否願意和你簡單地聊一下，讓你更了解他們的公司。在結束談話時，你可以問他們是否願意幫你送出履歷，這對你們倆都有幫助，因為如果你被錄取了，他們通常會獲得推薦獎金。

但是，不同的公司和個人對「遠距離」的推薦抱持著不同的態度，你要特別注意這一點。有些公司鼓勵這種推薦，認為有**一些**關係總比沒有好，但有些公司希望推薦者能夠真正證明你的能力。但問一下也無妨。

有些學校和組織也有郵寄名單、聊天頻道或討論群組，你可以在這些地方尋求聯繫。如果你有興趣加入小型的初創公司，你可以在群組裡面詢問有沒有可接觸的初創公司。如果你剛開始進行一項國際化專案，你可以詢問有沒有人有該領域的經驗。

為了使冷外聯（cold outreach）更有效，你可以考慮：

- **提供相關資訊**。很多人會先寫 email 詢問能不能問對方問題，但問就對了！先那樣問不會讓收信者非得回覆你不可或問你更多資訊（或允許你發問），這也會大大降低獲得實用幫助的機率，因為這相當於指望對方回應*兩次*，而不是一次就好。
- **保持簡單**。多達 2,000 字的 email 會迫使收信者四處尋找問題，不但浪費時間，往往也會被忽略。你讓他們做的事情越多，他們就越不可能在有空時去做（可能永遠不會有空）。
- **要具體，而且不是可以用 Google 找到答案的問題**。問非常廣泛的問題不但沒有善用你的時間，也沒有善用對方的時間，例如「你是怎麼推出產品的？」這個主題有**太**多話要說了，尤其是對專家來說。如果你可以寫一本關於該主題的書，也許你應該**找**一本關於該主題的書才對（或至少是一篇部落格文章）。
- 要有禮貌，並懂得感激。親切地對待他人通常可以得到相同的回報。展現禮貌和感激之情，尤其是在你真的獲得回應時。

說了這麼多，重點是要記住，即使你完美地做了一切，很多人仍然會忽略你的請求。被大多數人拒絕是無妨的，甚至是在意料之中的。只要有一個人回應就有很大的幫助！

如果你沒有任何人脈，你可以網路上搜尋「PM 社群」或「PM 人際網路」。地區性的 PM 群組也是很好的起點。有一些群組的成員主要是渴望成功的 PM，或是貼滿毛遂自薦的貼文，有些群組有極有用的指導和資源。找到第一個群組之後，你可以（慎重地）詢問周遭的人，以找出最有幫助的群組。

進入這些群組之後，盡量幫助別人。保持親切與體貼。別人會慢慢地認識你，即使只是「噢！我記得這個名字！」，你的人際網路都會開始成長。

## 與可以指導你、可能幫助你的人建立真誠的關係

如果你要在事業上獲得更大的提升，和能夠當你的擔保人和願意幫助你的人建立真誠的關係是非常有價值的。這些人可能是曾經和你共事過，對你評價很高的人，也可能是和你建立了長期關係的人。

有一種特別需要尋求的關係：值得信賴的導師，也就是當你需要誠實的建議時，可以尋求幫助的人。例如，在聽到嚴厲的負面回饋之後，你可能會向值得信賴的導師求助，確認那個回饋究竟是與你的技能有關，還是代表那個職位不適合你。這些值得信賴的導師通常是你尊敬的人，他們與你的工作有一定的距離，所以你不會擔心他們別有用心，也不會擔心你的坦誠以告會對你不利。如果你找不到完美的、值得信賴的導師，你也可以向你的朋友尋求建議。

當你建立真正的關係時，你通常會發現這種關係是互利的。你可以向他們尋求建議，或者看看他們是否知道好的工作機會，他們在發現機會的時候會聯繫你，或是請你幫助他們認識的人。

要建立這些關係，你可以看看 Jules Walter 的文章：內向的人如何建立人際網路（第 575 頁）。

## 當人際網路出現問題時

Buzz（在第 465 頁曾經介紹）應該是我所認識的最厲害的人際網路建構者。那最糟糕的又是誰？我們姑且稱之為「Fred」好了（我們沒必要公開羞辱任何人。）

諷刺的是，Fred 就是因為太在乎人際關係了，才讓他變得如此糟糕。他非常重視自己的職業目標，只會在別人有利用價值時，才和他們發展關係。

這種做法非常適得其反，首先，別人會看穿他的虛偽，並且因此討厭他。其次，也是更重要的一點，他無法準確地預測一個人的「用途」。身為一位技術 PM，他可能會解僱他遇到的博士，卻沒有意識到那個人可能認識對他有幫助的人。

> 簡而言之，你要建立一個多樣化的人際網路，並且樂於助人，無論是對待比你更有經驗的人，還是對待經驗不如你的人。保持開放的心態，不要把每個人都當成邁向更好前途的墊腳石。

不要像 Fred 那樣。

## 糟糕的情況

你已經看到這本厚書的後面了（還是你有跳過一些內容？嘿！我沒辦法知道）。我們很想向你保證：從現在開始，你的前途將一片光明，你會獲得最好的工作、遇到超棒的主管，得到很好的升遷，最終，正確地發展你的職涯，無論那是什麼。

不幸的是，生活不一定如此，你會犯錯，而且只要你還在**嘗試**，你就在冒險，也就是將自己置於可能失敗的道路上。不只如此，有些事情根本是你無法控制的。

好消息是，即使是最大的石頭絆倒你了，你也可以重新站起來，事實上，經過這種事件的人往往過得比以前**更好**，因為他們學到教訓了、成長了，或者，這個挫折是不幸中的大幸，是捲土重來的好時機。

### 可恢復和不可恢復的情況

任何糟糕的情況在技術上都可以恢復，但代價是什麼？如果你讓自己陷入長期的、慢性的壓力中，你將會精疲力竭。正如產品和領導力教練 Becca Camp 所言：「你會開始懷疑自己是否真的適合這份工作，並對自己失去信心。」當你身處困境時，你很難知道究竟該堅持下去，還是乾脆放棄。

Camp 說，如果與工作無關的人際關係被影響，那就代表你該脫離這種局面了。在朋友和家人的支持下忍受艱難的工作是一回事，失去這些支持是另一回事。最艱困的局面莫過於一個人孤軍奮戰了，找一些可以提供建議，並讓你可以發洩情緒的導師、教練和社群。

> 當你處於糟糕的情況時，你要保持理智。要嘛故意留下，要嘛故意離開。「你不欠任何人任何東西，也沒有人會來救你」Camp 說。

例如，如果你決定留下來，因為你想要學習如何推出產品，你就要集中心力保護自己免受壓力的影響。你可能會意識到，你自己的問題正在讓情況逐漸惡化，但是你可以做出選擇，看是要在目前的職位中解決那些問題，還是在一個沒那麼水深火熱的環境中解決它們。Emily Nagoski 的書 *Burnout* 提到許多關於「渡過壓力週期」的資訊，例如透過慢跑、尋求安全或休息。

Camp 發現一種模式：許多糟糕的情況之所以發生，都是因為那個人真的不滿意自己的工作。他經常不自覺地自毀長城，因為那個角色並不適合他。這不是說你一定要對你的工作充滿「激情」，而是你要想一下你希望在工作時有什麼感覺。有些人可以在節奏快、透明度高、有很多審查的文化中茁壯成長，有些人則喜歡更多的空間和自由。有些人無法容忍容易分心的管理者，有些人則無法容忍任何事情都喜歡爭論的管理者。Camp 說：「你必須注意會讓你無法正常工作的事情」。

何時該留下與何時開離開沒有正確的解答，你要誠實面對自己，評估你願意付出多少努力來修復這種情況。

- 你有多少安全網？
- 你希望留下來可以得到什麼？
- 你想逃離無謂的忠誠或羞愧感？
- 這個角色真的適合你嗎？

我們都是不斷成長和學習的人，所以換一條路是沒問題的。

## 主管的問題

與主管和睦相處對職業發展非常重要。所以，如果你和主管的關係出問題了，你要嘛盡快解決，要嘛就離開。

需要注意的是，雖然有很多問題是可以修復的，但並非所有問題都可以。如果你的問題是無法修復的（無論是誰的錯）最好的辦法通常是離開。

### 可修復的問題

可修復的問題往往來自誤解、疏忽或文化差異。這種情況也會在你的主管還在發展自己的技能時發生。如果你從根本上尊重你的主管，他們也同樣尊重你，你的問題應該可以解決。

最常見的問題是「不喜歡對方的回饋方式」還有「管太細」。

#### 不喜歡對方的回饋方式

許多主管對於「在大庭廣眾下回饋」和「關於工作的爭論」不太敏感，他們習慣說出自己對產品決策的看法，卻沒有意識到 PM 會把它當成針對性的批評。但是並非所有人都習慣這種公開的批評。有些人會在第一次聽到主管不同意自己的意見，或是在大庭廣眾前開他們玩笑時嚇到[9]。

9 如果你是那個「開別人玩笑」的人，小心別越線了。有時，人們不願意承認他們受傷或覺得尷尬，因為他們害怕承認這種感覺會顯得「軟弱」。

這是一種可修復的文化差異，可以從雙方著手解決：

1. 你可以想一下，公開回饋是否真的代表他的不尊重或失望？主管通常只會在對部屬評價很高的時候，才會在公開場合反駁他，他們不知道你可能對自己的定位沒有信心。
2. 你可以讓主管知道你的感受，並要求他給予更多私下回饋。如果你得到對方的道歉和支持性的回應，事情就好辦了！如果他們變得具有防禦性，讓緊張的情況升級，也許你是時候離開了。

指出誰對誰錯不一定重要，最重要的是這種情況可否解決。

### 管太細

當主管還沒有學會如何讓部屬主動溝通時，經常會陷入管太細的情況。如果你正面臨這個問題，最好不要直接告訴主管你覺得自己被管太細了。你要先想一下你有沒有主動溝通，你能不能在主管對你發號施令之前，搶先告訴他你的計畫？如果這樣做沒有效，你可以告訴他們，你打算如何贏得他們的信任，好讓你更獨立地工作，並詢問他們有沒有建議。

整體而言，如果主管還沒有看到你已經成功地處理某種類型的挑戰，他緊盯著你是洽當的做法。但是，如果你覺得主管想要壓過你，或是無法給你建設性的回饋，告訴你需要發展哪些技能來贏得信任，情況就沒那麼樂觀了。

### 被排斥

有些人的問題是，他們的主管把他們排除在重要的會議或決定之外。當主管不認為部屬的參與有價值時，通常就會出現這種情況。如果你們的關係很穩定，你可以問他能否讓你參加。

如果你的主管在乎房間裡的人數，或是認為你的資歷不夠深，所以不能參加會議，你可以在開會之前和之後與他們密切地合作，以確保他們可以正確地代表你的團隊，並向你傳達回饋。隨著時間的過去，你的主管可能會認為，乾脆直接讓你參加會議比較有效率。

### 無法彌補的問題

如果你的主管不相信你，或是不想在你身上投資，那麼任何問題都很難修復。在你的職業生涯早期，從糟糕的第一印象中扭轉形勢可能比較容易，大多數的主管都預期 APM 從錯誤中成長。但是，隨著你的升遷，一旦他們把你歸類為「潛力低」，你就不太可能改變他們的想法了。不信任你的主管是不會推薦你升職的，甚至可能會漠視你的成就。

你要確定主管究竟是不相信你，還是在給你真實、嚴厲的回饋。有時，最好的主管是願意告訴你殘酷的事實，並給你成長機會的人。

- 你相信主管在支持你嗎？
- 你覺得他們站在你這邊嗎？
- 他們認為你可能克服這些挑戰嗎？

如果是這樣，那就代表你的處境很好。但如果你認為他們已經放棄了你，或列舉你的缺點只是為了證明他們的觀點是對的，那麼這個問題可能無法解決。

另一種無法彌補的問題是，你的主管欺負你、輕視你、對你大吼大叫，或騷擾你，除非他們願意，否則這種主管是不會改變的，你應該尋找更好的環境。想要在這種情況下繼續待下去的人通常要花好幾年的時間才能恢復過來。如果你待太久，你可能會開始相信這是一種適當的對待方式，並對自己的技能失去信心。

最後，有時你們的問題只是你和主管不對盤。管理者都有缺點，有些缺點對你沒有影響，甚至可能給你帶來發光發熱的機會（例如讓你可以站出來提供幫助）。有些缺點讓你無法忍受。並不是每個人都會被同一件事情困擾，所以即使你的主管有很好的管理名聲，他也可能不適合你。

## 是時候繼續前進了

當你確定問題無法修復之後，你就要做出選擇了。

內部調動是很好的選擇，因為你可以向周圍的人請教，了解哪些主管比較好。你的現任主管可能會阻止你調動，所以你要試著安撫他，並且在調動時保持低調。

你的越級主管或與你關係密切的其他高層可能是很好的盟友，但不要強迫他們選邊站。你應該和他們分享你的情況，盡量不要抱怨，並尋求建議。有些人可以幸運地把事情的經過告訴人力資源部，但有些人會面臨報復[10]。留意這種風險。

如果這些選擇都沒有用，你可以離開這家公司。你可以在保持既有工作的同時，面試新的工作。這樣做有很好的原因：如果你還在職，別家公司就可以體諒你不請目前的

10 HR 有很多人，而且多數人都很好。但如果你要求 HR 做某些會給公司帶來風險的事情，或你說的事實在某種程度上是一種流言，或是它會危害到更資深的員工的工作，你就要注意了。正如一句老生常談：「HR 是為公司工作的，不是為你」。

主管當你的推薦人[11]。但是，如果你先離職，而且不讓主管做你的推薦人，新公司可能會在意這件事。

當然，你不一定可以在離職前找到新工作。當你在面試中談到前任主管時，保持外交手腕，如果你抱怨他，他們可能會懷疑你也有問題。

## 負面的績效回饋與績效改善計畫（PIP）

考核時間到了，Carla 驚訝地發現，她的成績是「低於預期」。她當然知道，她是因為犯了幾次錯誤而得到這個結果的，但是她沒想到會這麼嚴重。這種情況還能挽回嗎？

有時可以，有時不行。

產品總監 Shannon Boon 說：

> 關鍵在於，你要知道公司和主管究竟是想幫你成長，還是想把你踢出去。有時這是你需要的當頭棒喝，如果你從好奇心和成長的角度出發，事情就能解決。有時這其實是在告訴你，這個職位或這家公司並不適合你，這個評論可以讓你對自己的才能產生寶貴的見解。有時這可能是政治性的，你應該找一家更好的公司。

當你試圖釐清原因時，考慮以下因素：

- PIP 是具體且可操作的嗎？
- 你有沒有得到主管的支持和指導，還是它們都不復存在了？
- 你覺得這個職位適合你嗎？
- 你信任你的主管和公司的其他領導人嗎？

如果你覺得 PIP 的問題很正常，那就對自己誠實一點[12]。有人說：「沒有人可以從 PIP 復活。」這種說法當然有點誇張，但它有一定的道理。PIP 通常用來處理慢性問題，也就是你已經知道、已經試著修復，但沒有成功的問題。有什麼事情**真的**不一樣了嗎？如果沒有，考慮一下你想要等著被炒魷魚，還是現在就自願離開[13]。

---

11 請注意，美國的很多大公司都禁止員工為現任和前任員工寫推薦信。在你辭職之前，你可能要了解一下公司的政策。

12 如果員工有位好主管，他在收到 PIP 時通常不會感到意外。

13 沒錯，有些人真的選擇了這條路。他們可能會做最後的努力來解決問題，但也接受可能被解僱的事實。雖然在他們心中，被解僱是件很「丟臉」的事情，而且會毀掉一些後路，但至少他們可以獲得一些資遣費。

這不是要打擊你，而是鼓勵你在繼續前進之前，誠實地反省。最安全的計畫是去其他公司面試，即使你還在試圖解決問題，並脫離困境。這可以讓你有一個後備計畫。

收到 PIP 或負面績效回饋還能夠恢復過來並且在職位上取得成功的人，都是因為他們從回饋中學到一些重要的東西。雖然他們感到害怕和難過，但他們並未否認那些回饋。

考慮這些場景：

**下降的指標**

有一位 PM 盡職地報告了指標下降的情況，並解釋資料科學團隊不知道指標下降的原因。PIP 讓她知道，她要對這些指標負責，主管希望他追蹤問題，寫一份明確的報告，並提出解決方案。

當她意識到自己的職責所在之後，她開始展現出強大的分析能力，讓事情重回正軌。她繼續擴大她在公司的範圍，承擔了更有挑戰性的專案。PIP 沒有打敗她。

這是另一個故事：

**只是玩笑**

另一位 PM 很驚訝地聽到他的團隊認為他是混球，而且他的工作正處於危險之中。他的主管告訴他具體的例子，他很震驚！

很多例子都只是他跟隊友開玩笑，他不知道他們那麼當真，但現在他知道為什麼那些玩笑不好玩了。在另一個例子中，他意識到自己給團隊施加了太多壓力，要求他們在最後期限之前完成工作，並希望他們做得更好。

這位 PM 擬定了一個向隊友道歉，以及確保問題不會再發生的計畫。最初幾週，他的隊友都很謹慎，但兩個月之後，他們的關係比以往任何時候都更好了。

如果你不同意負面的回饋，你就不可能採取可讓主管滿意的方式來處理它。如果你在公司有其他的強大人脈，你可以試著使用他們來請求調到比較適合你的團隊。但是，你要提出一個強有力的理由來說明為什麼你的「績效不佳」只會在目前的團隊發生。

無論你對這些回饋有什麼感覺，它都是一個很好的訊號，可以在你以後找工作時幫助你。檢討已經發生的事情，並設法避免將來再次發生那些問題。例如，如果你的能力不足以勝任現在的職位，你可能要找一個較低階的職位，或可獲得更多指導的職位。如果你無法在無章法的領導之下成長，那就找一家有強大領導能力的公司。

PIP 不是職業生涯的死刑。即使你被解僱了，或離開公司了，你也可以繼續尋找一個更適合你的職位，在那裡茁壯成長。但可以肯定的是，有一些 PM、經理和高層在經歷 PIP 的考驗之後，取得事業上的成功，儘管他們都不太會公開談到這段歷史。

## 專案失敗了

PM 通常對他們的專案投入很深的感情，專案的失敗會對他們個人造成打擊，因為這不僅僅讓他們錯過職業發展的機會，也是一種損失，更不用說會打擊他們的自尊心。

專案失敗的原因很多，有的在你的控制範圍之內，有的不在你的控制範圍之內。也許高層團隊在你的專案發表之前取消了它。或者，雖然它發表了，但顧客劣評如潮，或許因為一個很嚴重的資料遺失 bug。也許是…一場全球性的疫情[14]影響了你的客戶群。

失敗的專案不一定是一場災難。你從失敗中學到的東西，通常可以讓你知道如何在下一次成功。

關鍵在於，你要承擔失敗的責任，並從中吸取教訓。從失敗中吸取教訓的好處是，你永遠都不會忘記那些教訓。

你可以問自己這些問題。

### 哪裡錯了？

無論問題是你的錯還是別人的錯，試著想出為什麼專案會失敗。也許你很想盡快忘記這個專案，假裝它從來沒有發生過，但如果你不從中吸取教訓，你可能會犯下同樣的錯誤。

Arjun Ohri 曾經在 Microsoft iPod 的競爭對手 Zune 擔任 PM，當時他對產品的品質與社交功能很有信心。Zune 比 Spotify 還早提供無限的音樂訂閱服務，它提供了個性化的、精心規劃的、可分享的播放清單。當產品失敗時，他覺得很困惑，他努力了解哪

14 2020 年 11 月的 Gayle 與 Jackie 向未來的讀者問候！

裡出了問題，最終意識到若要成功，他就必須同時具備偉大的產品、推銷、分銷和時機。這種理解促使他去讀 MBA，最終他成功地創辦了自己的公司。

當你探索這個問題時，別忘了這是為了你自己的利益，而不是為了指責你的團隊。指責別人不會讓你看起來更好，但是你要表現出：你深刻地了解組織環境是如何導致錯誤的。

### 你原本可以採取哪種不同的做法？

如果錯誤屬於你的責任範圍，這只是一個簡單的回顧。也許你會發現，你可以做更多的客戶研究，先從一個較小的實驗開始，或是推動更多的跨部門合作。你可能會了解到，你要更頻繁地與團隊進行確認。

當問題是別人的錯時，這個問題也一樣重要。如果你可以回到過去，你個人如何避免這個糟糕的結果？也許專案從一開始就注定會失敗，所以，你以後會避免那些依賴未啟動的基礎設施的專案，或是避免那些高層之間不懂得互相溝通的團隊。

### 有什麼做得好的亮點工作嗎？

雖然專案失敗了，但有時它還是有一些有前景的地方，它們可以當成下一次迭代的指引。

當 Burbn 這個定位 app 失敗時，它的創始人開始研究分析數據。雖然大多數的指標看起來令人失望，但裡面也有一個亮點：用戶分享了很多照片，他決定轉而製作照片分享 app，他稱之為「Instagram」。

## 失敗的公司

世上很多人討論如何搭上一飛衝天的順風車，卻很少人討論如何在一家停滯不前或瀕臨破產的公司裡面往上爬。有時，資深人員的跳槽會開啟很大的機會。

如果你還在職業生涯的早期，而且你有一張安全網或強大的人際網路，你可以待在一家正在衰退的公司，因為你可以接觸到高階職責，近距離觀察難處理的商業決策，這些經歷可以幫你快速成長。

如果你的職位比較高，實現真正的成功非常重要，最好不要留在你認為不會成功的公司。如果公司在一個月之後關門大吉了，即使你發表了一款很棒的產品，你也不會獲得太多名聲。

如何判斷一家公司快要倒閉了，還是已經走過困難的時期，即將破繭而出？不幸的是，我們沒有萬無一失的方法可以判斷。許多初創公司都瀕臨資金枯竭的邊緣，在最後一刻，它們要嘛進行另一輪融資，要嘛被收購，要嘛破產。你要運用你的商業知識，並且權衡你的風險承受能力。

如果你決定離開，別忘了，有一天你可能還會和這些同事一起工作。維持工作關係的最佳方法之一，就是在離開之前讓團隊充分地預先知道。你可以待上四週，以確保交接順利進行，而不是在離職前兩到三週才通知。你可以和主管一起擬定一些談話重點，誠實地說明你為什麼要離開，但又不傷害隊友的士氣。

## 倦怠

因為 PM 承擔著產品的整體成功責任，所以他們特別容易倦怠。

許多 PM 都強忍著壓力或睡眠不足，因為他們不想讓團隊失望，或是不小心漏掉一個失誤。他們可能會覺得縮減規模就是承認失敗。

強忍壓力的壞處往往超過好處。隊友會發現你有壓力，進而讓**他們**感到壓力。當你睡眠不足時，你的工作效率也會降低。

你要考慮以下幾點：

- 做好基本的事情。睡好、吃好、運動、休假。
- 減少並排除有壓力的責任（例如，放棄一份困難的報告）。
- 在你的日常計畫中增加更多的休息、散步和自由時間。
- 換一個新的團隊或角色，重新開始。
- 與教練或治療師（therapist）一起工作。

你值得幸福。如果你想要有個長久且富有成效的職業生涯，你就要安排一個可持續的步調。

如果壓力不是問題，比較大的問題是失去動力，請勿只是試著「堅持到底」，你其實是缺乏毅力。你應該花點時間去反省一下，也許可以找一位專業的教練來指導你分析。是因為公司？團隊？團位？僅僅因為你幾年前制定了一個目標，而強迫自己去實現那個目標，從來都不是個好主意。

### 關於換公司的一般性建議

身為 PM，別人會用你的成功紀錄來評估你。在一個漫長的職業生涯中，兩三次失敗不算什麼問題，但連續失敗兩次就會引人注意。當你應試未來的工作時，很多招聘經理認為一次糟糕的經歷只是意外，但連續兩次就會讓他們開始懷疑。[15]。

如果你因為一次糟糕的狀況而離職，考慮在下一步選一個風險較低的工作。如果你可以選一家以優秀的管理者著稱的公司，或是和你信任的人共事。選擇一個對你來說伸展性較小的角色。如果你成功勝任下一個角色，你的不良紀錄就會迅速褪去。

最後，別忘了，科技界很小，你可能還會和老同事共事，你的新主管可能是舊主管的朋友。和你喜歡的同事保持聯繫，並且永遠不要說你不喜歡的同事的壞話。

## 重點提要

- **你和你的主管以及他們的同事之間的關係是關鍵所在：**他們能夠為你找到很好的機會，並且在你成長的過程中推薦你。他們可以針對你需要改善的地方提出真誠的建議。試著和他們建立牢固的關係。請他們協助你發展職涯。別忘了，他們也是容易犯錯的人，而且他們有自己的興趣和動機。
- **在正確的時機選擇正確的地方：**在職業生涯的早期加入一家成熟的公司通常可以讓你受益良多，因為你可以在那裡學習最佳實踐。接下來，快速成長的公司往往可以提供讓你快速成長的最佳機會。初創公司也許很棒，但是它也可能因為各種原因而失敗。注意你的成長何時出現收益遞減。當你獲得新工作的 offer 時，為你的薪資進行談判！
- **建立你的人際網路：**強大的人際網路在任何時刻都很有用，在你職業生涯的後期尤其重要。在你的人際網路裡面的人可以幫你找到很好的工作機會，有時它甚至是沒有公開的工作機會。此外，隨著你在一家公司內的升遷，在那家公司內部可讓你學習的人會越來越少，發生這種情況時，你建立的人際網路可能是接受指導和建議的最佳來源。
- **如果你和老闆或公司的關係不好，你可以試著解決它，但是通常你該找一份新工作：**目前工作不適合你通常有潛在的原因，所以你可以抓住機會找到更好的工作。很多人都希望可以在自己精疲力竭之前，盡早脫離糟糕的處境。

15 也不是所有的招聘經理都是如此。有一些招聘經理自己經歷過糟糕的情況，他們會相信你所說的：「你不得不離開」。如果你曾經不得不快點離開幾家公司，那就找這種招聘經理。

CHAPTER 35

# 延伸學習

產品管理是不斷變化的領域，永遠都有新的東西需要學習。許多優秀的 PM 會透過 Twitter、部落格和電子郵件時事通訊來分享他們的見解。產品領導者會在聚會和產品會議上，分享他們來之不易的經驗教訓。你可以加入 Facebook 和 Slack 的產品社群，與其他的 PM 聯繫。

關於最新的優質資源清單，請參考我們網站的資源網頁：CrackingThePMCareer.com。

除了這些免費的資源之外，以下是一些值得考慮的付費資源：

## 課程

在職業生涯的早期，或當你開始進行一項新的專業時，參加課程可以幫助你獲得信心，並熟悉產品工具。如果你的公司沒有很強的產品導師，這些課程特別有用。

多數課程的教材都可以在網路上免費找到，由於課程費用應該用公司的培訓預算支付，對於在課程環境中學習效果較好的人來說，那些課程是很好的選擇。

然而，並非所有課程都是一樣的。問一下別人，看看他們是否認為課程善用了他們的時間，以及最有價值的部分是什麼。

## 教練

當你晉升到更高的職位，並發現自己陷入困境時，個人化的輔導特別有用。教練可以提供新的視角來幫助你進步。

有一位產品主管發現自己陷入了團隊留職率的問題，他和他的教練一起研究之後，把原因鎖定在他的部屬覺得無法與他溝通上，他們在深入了解之後發現，他在發生衝突時不想說話，在深入反省之後，他意識到衝突勾起他的童年記憶。發現這一點之後，他對工作中的衝突有不同的看法，開始和部屬建立更好的關係，進而改善了他的團隊留職率。

產品和領導力教練 Becca Camp 表示，她最常給出的建議都與自信有關：

> 一個人之所以有自信，是因為他願意體驗所有情緒，自信其實是「願意體驗和看到結果」的副產品。如果事情不如預期，不要害怕或感到難過。如果你能夠很坦然地將失敗視為一種資訊，將停滯視為真正的敵人，很多事情都會變得容易些。

適合你的教練才是好教練，請利用許多教練提供的免費電話，看看你們合不合得來。

## MBA

進入產品管理領域後，念 MBA 最大好處的就是提升學歷。參加一個受人尊重的 MBA 計畫可以擴大你的人脈，發現更好的工作機會，尤其是如果你的履歷上沒有一流的大學或科技公司的話。

MBA 計畫提供了一個結構化的環境，可讓你在那裡學習商業基本知識和鍛練領導技能，這些技能都很有用，但你不僅要支付學費，也要付出兩年薪資的機會成本。

CHAPTER 36

# 除了 PM 之外

雖然有人大學畢業就進入產品管理領域，並且打算在整個職業生涯中持續做這項工作，但是對很多人來說，這只是他們職業生涯的過程，也許他們在工作幾年後進入產品管理領域，然後在 2 年、5 年或 20 年之後轉行。

的確，產品管理的美妙之處在於，它結合了許多不同的、可在其他領域使用的技能，雖然這個特性會讓工作變得複雜和不明確，但也提供很多「下一步」的選擇——如果你選擇這樣做的話。

下面是一些比較常見的選擇。

## 總經理

雖然有人說 PM 就像一位迷你 CEO，但總經理（GM）才是真正的迷你 CEO。總經理不僅要負責產品團隊，也要負責業務部門內的業務團隊，還要負責產品整個過程的成功和盈利，包括涉及行銷、銷售、合作伙伴和其他團隊的入市（go-to-market）戰略。

如果你是一位有商業頭腦的 PM，喜歡透過跨部門的工作將產品推向市場，那麼你應該想要成為總經理。另一方面，如果你把大部分精力放在產品願景和設計上，不喜歡經營層面，那麼總經理可能不適合你。

關於從 PM 到 GM 的職業發展路徑，請參考第 537 頁的 April Underwood 的 Q&A。

## 創投

創業投資（VC）公司會從有限合夥人（LP）那裡募集資金，然後投資一個公司組合。當投資組合中的公司被收購或首次公開發行（IPO）時，有限合夥人就能從中獲利，他們期望能獲得最初投資金額的數倍。創投通常會向投資組合中的公司提供建議，也許在公司的董事會中占有一個席位。

創投公司有許多不同的角色：

- **普通合夥人 / 常務董事：**頂尖的交易專家。他們會籌募資金，對於打算投資哪些公司有最終決定權，而且會成為董事會成員。他們在自己的領域中，通常已經有企業家、高層或專家的經歷。
- **分析師、助理和負責人：**初級交易專業人士，他們會尋找公司，進行盡職的調查，撰寫備忘錄，計算資產負債表。他們會提出建議，但不做最後的決定。分析師和助理通常會在幾年後離開公司，進入被投資的公司工作。
- **經營伙伴：**一般來說，經營伙伴不會決定該投資哪些公司。他們會用自己的專業知識來支持投資組合公司或創投公司。
- **常駐企業家（EIR）：**這是為期 6-12 個月的職位，可以領取薪水或津貼，探索創業想法，並發展新的企業。VC 公司會嘗試與 EIR 建立穩固的關係，希望提供資金給初創公司。

Hunter Walk 是 Homebrew VC 的合夥人，也是 YouTube、Google 和 Second Life 的前產品負責人，他分享了 PM 如何知道自己是否想成為 VC：

> 熱愛目睹未來被建構出來，熱愛沉浸在思想的流動之中，近距離感受打造產品的熱情。

另一方面，如果你想要親手建構產品，不喜歡管理利害關係人，或是你喜歡緊密的回饋和學習週期，VC 可能不適合你。在 VC 裡，你要等很多年才知道決策是好是壞。VC 公司的晉升機會也很有限，合夥人職位很少，而且很難獲得。

Walk 也說明了花時間選擇合適公司的重要性：

> 有些公司緊密合作，有些公司孤軍奮戰。有時你與每家公司密切合作，有時你只要寫一張支票就好了。有些公司正努力重建自己，有些則運作順暢。當你要做出一個長達 20 年的選擇時，你要稍安無躁，培養關係，以便做出正確的選擇，而不是只看眼前向你招手的職位。

如果你對這個領域感興趣，Brad Feld 和 Jason a. Mendelson 的 *Venture Deals* 是一本不錯的書。

若要進一步了解創投這個 PM 途徑，請參考第 514 頁的 Ken Norton Q&A。

## 天使投資人

天使投資人將自己的錢投資在非常早期的初創公司，這種情況只會在他們有錢可以投資，並且認識創業者時發生。如果他們真的有那筆錢，這是一個龐大的股權獲益機會，也是一個支持他們信任的創業者的機會。

如果你喜歡聽取非常早期的想法，並且與多家公司接觸，你可能會喜歡擔任天使投資人。如果你不喜歡冒險，它可能不適合你。

若要了解更多關於從 PM 到天使投資人的途徑，見 April Underwood（第 537 頁）和 Oji udeue（第 533 頁）的訪談。

## 創始人 / CEO

成立公司應該是經理們最常見的願望。這也是個自然的選擇，因為你已經習慣領導團隊、關心用戶和建構產品了。

身為公司的創始人，你有很大的彈性可塑造自己的角色。你可能會承擔產品主管的角色，讓共同創始人負責經營的工作。或者，你可能負責經營，並負責尋找辦公場所、支付帳單和聘請銷售團隊。

大多數的創業者都認為這個角色壓力巨大，並主張，除非你認為只有你能成功地解決你想解決的重大問題，否則不要嘗試這個角色。他們說，他們曾經在沒有人相信他們會成功的情況下，掙扎很長的一段時間，並且不斷質疑自己。他們也談到為其他員工的生計負責，和退還投資者資金的重要性。他們會想起那些惡夢般的董事會成員，那些人比任何老闆都不好相處。他們感嘆他們必須處理沒人願意做的工作。他們會讓你看一下剛冒出來的白頭髮。

另一方面，有些連續創業者很喜歡這個角色，並且不斷渴望重頭開始。他們通常會與優秀的合夥人合作，那些合夥人都能夠平衡自己優勢和劣勢。他們不會輕易失去鬥志。他們會從自己的第一家初創公司中學到一些東西，並渴望再次運用那些經驗。

若要進一步了解從 PM 到創始人的途徑，請參考 Sara Mauskopf（第 510 頁）與 Sachin Rekhi（第 522 頁）的訪談。若要進一步了解 PM 到 CEO 的途徑，請見 Teresa Torres（第 528 頁）的訪談。

## 特助

特助是高層的「左右手」，他們是高層的親密戰友，幫助高層擴大規模。特助通常會代表高層參與許多專案，並直接領導一些「特殊專案」。

這個角色會因為不同的公司、不同的高層而有很大的不同。他們的工作包括：

- 改善團隊流程
- 推動公司流程
- 管理投資者關係
- 研究戰略計畫
- 準備董事會投影片
- 運行分析
- 協調跨部門舉措
- 召開重要會議
- 起草講稿
- 幫助高層安排時間的優先順序

如果你對特助感興趣，這個角色必須與高層的期望相符，而且雙方必須配合地很好。有些人擔任這個職位是為了廣泛地接觸戰略，卻發現自己的主要工作都是安排會議和做筆記等行政工作。除了職責本身之外，為一位你尊敬的、與你關係融洽的主管工作也很重要。

如果你想要更全面地了解企業，特助這個職位應該是一個很棒的職業發展方向。在擔任特助時，你會參加公司的高層會議，看到產品領域的大局。這個職位可能會幫助你成為總經理，也可能讓你成為戰略經驗更豐富的 PM。如果你喜歡跨部門協調，而且具備人際交往能力以及和高層共事的信心，你應該會喜歡特助這個角色。

Jennifer Conti-Davies 在職業生涯中曾經兩度從產品管理層晉升為特助，她建議藉著擔任特助來拓展自己的技能。

> 從一位「把所有的心力都集中在產品上面」的角色轉換成「用系統觀點看待整個組織」的角色是一個嶄新的變化。在擔任特助時，你會得到不同的戰略優勢，這最終也會讓你成為一位更好的 PM。

如果你還在職業生涯的非常早期，特助可能不太適合你。若要成為一名優秀的特助，你要具備足夠的能力、信心和自主性。許多剛踏入職場的人在高層面前都很害羞，或是缺乏足夠的聲望來發揮他們所需要的影響力。你可能不喜歡這份工作的另一個跡象是：你很喜歡擔任 PM 時的所有權和責任感。在擔任特助時，你通常是工作的貢獻者，而不是負責人。

## 產品教練和顧問

產品教練和產品顧問是既可以活用你的 PM 專業知識，同時也可以讓你獲得獨立性的途徑。教練可能透過一些挑戰來教授新技能或指導別人。顧問會介入並填補 PM 或產品負責人在公司中的角色。

如果你喜歡多樣性，正在尋找更好的工作 / 生活平衡，你可能比較喜歡教練或顧問。如果你真的想要親自動手並負責結果，這種工作可能不適合你。許多教練和顧問都是獨立運作的，需要自己搜集潛在客戶資料和進行商業營運，並非所有人都適合這種工作。

若要進一步了解從 PM 到教練的途徑，見 Teresa Torres 的訪談（第 528 頁）。

# 產品領導人 Q&A

DYLAN CASEY

BRIAN ELLIS

OSI IMEOKPARIA

BANGALY KABA

SARA MAUSKOPF

KEN NORTON

ANUJ RATHI

SACHIN REKHI

TERESA TORRES

OJI UDEZUE

APRIL UNDERWOOD

# PART I

PRODUCT LEADER Q&A

# 產品領導人 Q&A

進入或離開產品管理領域的途徑不是只有一條。這個領域需要的技能太多樣化了，以致於任何一個大學學位或職位都無法為你做好充分的準備。另一方面，你從這個職位獲得的技能可以用在很多職業上。

在這一章，我們選出一些傑出的產品領導人，介紹他們曲折的職業發展路徑，以及金玉良言。你將聽到這些人的經驗談：

- **Dylan Casey**（第 490 頁），他從職業自行車手轉型為產品領導人，將分享如何改變團隊。
- **Brian Ellin**（第 497 頁），氣候運動家，他將他對環境的熱情變成一份工作。
- **Osi Imeokparia**（第 500 頁），科技產業的老鳥，帶來政治和社會變革。
- **Bangaly Kaba**（第 504 頁），企業家，創造了世界上最成功的一些社交媒體網路。
- **Sara Mauskopf**（第 510 頁），公司創始人與 CEO，分享如何創辦自己的公司。
- **Ken Norton**（第 514 頁），產品負責人和企業家，分享他對創投職業生涯的看法。
- **Anuj Rathi**（第 518 頁），印度最大的食品外送賣場的產品 VP，激勵著印度的下一代 PM。
- **Sachin Rekhi**（第 522 頁），創始人兼 CEO，分享他媒合產品與市場的方法。

- **Teresa Torres**（第 528 頁），產品教練，將分享她為什麼從 CEO 變成產品教練。
- **Oji Udezue**（第 533 頁），產品領導人和天使投資人，將分享如何評估自己的職業發展。
- **April Underwood**（第 537 頁），Slack 的前任 CPO，將分享她是如何成為 CPO 的，以及為什麼發表產品不僅僅是將程式碼放入產品中。

希望你和我們一樣喜歡他們的想法。

CHAPTER 37

# DYLAN CASEY

DYLAN CASEY 是高盛公司（Goldman Sachs）工程部的產品長。他曾經領導 Fair、Yahoo、Path 和 Google 的產品管理團隊，他也是 Google+ 團隊的創始成員。此外，在 Google 時，他是 Realtime Search 和 MyTracks Android app 的領導人。Dylan 是 Kleiner Perkins 的產品委員會成員，以及 FishBrain 和 RewardStyle 的顧問。他也是 WEDŪ 的聯合創始人和董事會成員。Dylan 在踏入科技業之前是一名職業自行車車手，曾經參加 2000 年奧運會，並獲得四次全國冠軍。

他的社交媒體帳號是：@dylancasey

## 你是怎麼從自行車領域跳到產品管理的？

我曾經是 US Postal Service 團隊的職業運動員，Lance Armstrong 是我的隊友，我用一種非傳統的方式成為 Google 的 PM。加入 Google 是因為我在正確的時間出現在正確的地方，以及關注周圍的機會而形成的一場完美風暴。

在 2003 年，當我進入 Google 參加面試時，我告訴他們：

> 你看，我有成功完成大事的紀錄，而且我有一套完成這種事情的方法。我認為這一套方法也適合 Google。

我很早就知道，我可以從有條不紊地做事以及準備重大日子或重大事件的過程中，獲得許多個人滿足感。當我踏入 Google 的大門時，我的心理狀態就像在比賽日出場，並且在壓力之下力求表現時那樣。

## 你在 Google 做了什麼？

我在 Google 任職時，在任何產品裡面使用 Google 的產品或品牌都要經過我的批准。隨著 Google 越來越受歡迎，這個工作也逐漸壓得我喘不過氣，我意識到我沒有善用時間。所以，我提出一個建議，在裡面說明為什麼我們要將系統程式化，它得到了批准了。突然之間，那就像是：「好吧，現在你有資源和機會去做這件事了，把它做好。」

有一個特別的請求來自 CEO，那是一個和電影達文西密碼合作的機會，因為那是一部電影，而且 Marissa Mayer 為公司進行電影宣傳，所以她也被說服參與。我們一起討論該怎麼做，並決定成立一個團隊。我用內部電影郵寄名單寄出一封電子郵件，邀請想和我們一起工作的人在上午 10 點到會議室來。

最終，我們使用 Fibonacci 序列等元素，創造了一系列與達文西密碼的背景有關的謎題。因為當時 iGoogle 對我們來說是一個非常重要的戰略重點，我們知道這是建構它的好地方。我們發表它，並獲得了巨大的成功。

當時，Google 不太擅長在特定的日期發表重要的東西——當時只要按下開關，一切都必須正常運轉。Sony 投入了數百萬美元來行銷，所以在它發表的那一天，它就必須成功。

Marissa 發現我很擅長帶領團隊做一些未明確定義的事情，並且在發表日如期交付，所以邀請我加入她的團隊擔任 PM。那是我的職業生涯關鍵時刻。我只是抓住機會，自告奮勇，說服了一群人加入我的任務，然後一切都成功了。

## 你是怎麼轉到人事管理的？

當時公司號召員工，如果你想開發 Android app，公司會提供時間、資源和幫助，來讓你做那件事。我報了名，並且找了幾位有興趣和我合作的工程師。

我們製作了一個稱為 My Tracks 的 app，它使用 Google 的自訂地圖產品 My Maps 作為後台，用手機來追蹤和記錄使用者去過哪裡。使用者通常會在徒步旅行、滑雪和騎自行車時使用它。它變得非常流行，最終變成官方產品，被納入 Google Maps 團隊。

從那以後，我的事業開始成長。我的角色從個人貢獻者變成人事管理者。

> 對我來說，最有挑戰性的部分是，在擔任 PM 時，我基本上掌握了所有的細節、數字、路線和願景。但擔任人事管理者時，我什麼都不知道。這是一個艱辛的轉變，因為以前我可以掌握所有細節，並且覺得很自在，現在我必須學習如何依靠別人。

## 在 Path 擔任產品負責人是什麼情形？

我在 Google 認識 Dave Morin，當時他創辦了一家名為 Path 的公司。我以前做過即時搜尋，曾經利用 Twitter 的 firehose 建立一個索引，它可以回答諸如「在 101 的流量」這類的即時查詢。我逐漸習慣將「社交」當成一種訊號。

Path 是一個非常親密的社交網路，因為它是 100% 的行動產品，我有一個願景：真正提高網路關係的擬真度。當我加入 Path 的時候，它只有 20 個人，我是第一位 PM。

我覺得 Path 是活生生的、小型的創業經歷，當時迎接我的是一大堆混亂的事情。它沒有 Google 的共享語言或共享的營運機器。我必須從零開始建構所有的東西。

> 我學會絕對不要說：「我們在 X 公司就是這樣做的。」你要做的只有閉緊嘴巴，其實我在加入新公司的一個月之內什麼都不說，只是靜靜地觀察，吸收公司裡發生的一切。

## 你把時間都花在 Path 的哪些地方？

我知道我加入的是一個已經確定願景的組織，我的工作實際上是為公司帶來秩序。

> 身為產品負責人，我了解這與產品路線無關，而是與處理問題有關。

因為我太專注在旅程的最終結果了，以至於我沒有自尊或信心去思考：「我是產品管理者，我應該能夠做出所有這些決定。」

我重新組織了我們的合作方式。我幫助團隊建立了第一組 OKR，因為我需要 OKR，再建構路線圖。我經歷了各種不同的過程，為接下來的工作奠定基礎。然後我聘請幾位 PM，後來又聘請了一個資料科學團隊。我們找出一個讓設計、產品和工程團隊合作的方式。

## 你從那次經歷中學到了什麼重要的事情？

當你開始從一個團隊擴大成一群功能團隊時，擁有共同的語言和規矩非常重要。關於產品審核或設計審核，我們希望有一個定期和可預測的場所，讓大家可以用它來進行溝通。

歸根究底，我們陷入了一個困境。我們以為讓社交網路越小而且越緊密，就會產生越好的體驗，但是這種想法與「用最快的速度成長」背道而馳。對我們來說，這是一場難以處理的衝突。

最終我清楚地認識到，我們不會得到我們想要的結果，所以我開始四處尋找解方。

## 你在 Yahoo 當平台 VP 的時候是什麼情況？

就在我打算離開 Path 的時候，Marissa 加入 Yahoo 擔任 CEO。我想和她再次合作，所以我去了 Yahoo。她告訴我，她很清楚我應該在哪一種團隊工作。我以為，既然我從 Path 跳過來，她應該會讓我加入行動 app 團隊或某種社群專案。但我大錯特錯！

她讓我加入一個平台組織，這個組織是在所有產品垂直架構（product vertical）底下運作的，當時我根本不了解它。我是行動、社交、直接接觸消費者的典型產品 PM。她只是搖了搖頭，笑著說：「不，不，你會做得很好的。這個團隊需要很多指導和領導，你很擅長這些事情。」

當我進入這個團隊時，我發現這個團隊基本上每天都在消防演習模式下運作，他們只是在進行臨時性的開發、臨時性的產品規劃，和臨時性的道路規劃，在同一天裡，會有 15 位利害關係人說他們想要完全不同的東西。這種模式最終研發出不太好的產品。我的團隊非常不開心，我也有一群同樣不開心的利害關係人，因為他們認為平台組織正逐漸邁向失敗。

## 你是怎麼在混亂中帶來秩序的？

我花了大約六個月才真正想出一個明確的計畫。我需要一段時間的觀察才能真正知道該做什麼。在 Yahoo 這個案例中，我們必須非常、非常清楚地知道，我們為什麼是一個團隊。我們的目的是什麼？我們的使命是什麼？

這些事情不僅要弄清楚，更重要的是要讓每個人都知道並理解。有句格言說，除非你說了十次，否則那件事就不會成真。我說一百遍，然後再說一百遍。

事實上，雖然你可能對計畫和路線圖非常清楚，但別人並非如此。我們把它寫在牆上、白板上、印在 T 恤上，因為它對團隊來說太重要了。我們非常清楚我們的使命是什麼，我們也非常清楚我們支援與服務的對象是誰，有時對象是另一個產品，有時對象是我們自己的用戶。我們非常清楚如何衡量它，並且知道我們是否做得很好。我們該怎麼知道在一季之中做的事情，是否真的完成了該為客戶的業務或用戶做的工作？

我告訴團隊，如果他們做的事情與白板上的十個優先事項沒有直接關係，那就別做了。這個策略讓所有人都更能夠決定自己如何度過一天。

另一個重要的部分是與組織的其他成員交流。作為一個平台團隊，我讓每個人都採取一種開發者關係心態：「你要進入 Yahoo 的內部生態系統，宣傳我們的平台在做什麼，以及它為什麼對使用它的人很重要。」我養成了一個習慣，在週五進行一天「巡訪日」，我會在大樓裡面四處走動，和使用我們的產品的人交流。

## 團隊的反應如何？

對團隊來說，最困難的改變之一，就是不在恐懼之下工作。他們是一群習慣失敗的人。為了改變他們，我說：「不！不！你要改變心態，想著今天要怎麼勝出，我們來冒一些險，我們要放膽做。」

為此，你必須快速取勝。你要表現出進步，贏得公信力。最簡單的方法就是真的去做。你要非常清楚你要做什麼，以及你要怎麼做。然後提醒每一個人，反覆提醒他們。

例如，我們每週五都會開一場稱為「demos and drinks」的會議，這個會議有幾個不同的目的。展示（demo）讓所有人展示他們正在做的東西，可以展示進度，讓人們有機會在過程中獲得認可。它提供合作的機會，也強迫大家做一些事情。我會說：「嘿！我知道你在做某件事，我想要在星期五看一下它。」

它也讓我們有機會提醒大家：「還記得我們說過要做這件事嗎？這裡有個例子，我們其實已經做過了。」我們養成一個非常重要的習慣——慶祝所有的小勝利。人類往往不認可微小的成就，原因也許是怕被認為自大自滿，也許是我們認為那些成就不夠偉大。我們團隊會瘋狂地慶祝那些微小的勝利，我認為這種儀式有一個很好玩的副作用就是——我們建立了信用，特別是作為一個領導團隊。

從很多方面來說，這是我做過的，對我個人最有益的工作。我們最初的狀態是如此糟糕，這個工作影響了整個團隊的人，以及他們每天的工作。我們扭轉了這個局面。

## 在 Yahoo 之後發生什麼事？

隨著時間的過去，顯然華爾街沒有給 Yahoo 足夠的時間來扭轉公司的頹勢。我意識到這是進入職業生涯的下一個篇章的機會。我離開了那家公司，不知道接下來要去哪裡工作。我花時間仔細思考了一下，並且和我的所有朋友和人脈談談。我參加了數不清的公司的面試。

最後，我加入 Fair，擔任產品長。當時那裡一片混亂，但也非常快速地成長與採納建議。從產品表面來看，我對它很感興趣，因為它提供了一個大規模顛覆現況的機會，Fair 是一家企圖顛覆汽車銷售和汽車金融的公司。

## 你在 Fair 做了什麼事？

一開始，我花了很多時間讓一些事情就緒，例如職業階梯、績效考核及晉升流程、招募和組建團隊的流程，以及組織和管理團隊的方法。我和高層團隊一起擬出公司的 OKR，然後用它來為我的團隊擬定自己的 OKR，它最終成為績效考核的基礎。

我從根本上相信，把這些東西定義好，團隊就能順暢運作。如果沒有定義好，他們就會花時間想：「我想要發展自己的事業，我該怎麼獲得回報？別人會怎麼評估我的工作？」而不是如何做出偉大的產品。基礎真的很重要。

這也是根據過去的教訓進行修正的機會，也就是要非常清楚地知道我們在做什麼、一定要用日期來溝通，而且，如果我們即將過期，那就積極地溝通這件事。看到這些做法真正幫助每個人前進和發展是很棒的體驗。

與此同時，在工作之餘，我和前隊友 Lance Armstrong 一起為耐力運動員建立一個社群。「suffering has a purpose」這個想法一直激勵著那些運動員，他們通常都信奉這句奇特的短語。我在業餘時間幫助他成立了一家名為 WEDŪ（we do）的公司，這個公司名稱是「今天誰要騎 100 英里？」的答案。它才剛起步，但已經非常成功了。

最近我加入 Goldman Sachs 擔任 CPO。我在 Yahoo 的工程師同事也加入它成為 CTO，我想要和他再次合作已經有一段時間了。我的職業生涯和我所做的改變都有一個共同的特點：一直都有一位我信任的人。

## 你對想要事業成功的 PM 有什麼建議？

「一切在於人」雖然是一句老生常談，但真的如此。

在我職業生涯的早期，甚至在我還是一名運動員的時候，人際關係就很重要了。依賴這些關係不僅是為了成功，也是為了生存。我最開心的回憶以及我未來最期待的事情，都是「我會和誰共事？」

我在人際關係下了很多工夫。例如，我會去參加公司的社交活動，問一下別人正在做什麼，以及面臨什麼挑戰。問這些事情可以讓你知道很多的事情。只是跟別人說你在做什麼不會讓你學到東西，因為你已經知道自己在處理的事物了。

CHAPTER 38

# BRIAN ELLIS

**Brian Ellin** 是 Ride Report 的城市產品負責人。他的經歷包括 Medium 的產品主管，Twitter 的高級 PM，以及 Janrain 的 PM。他熱衷於建構平台，以促進創造力、鼓勵人們學習、合作、熱愛生活和行善。他的興趣包括城市交通（urban mobility），以及透過全球經濟的系統性減碳來應對氣候變遷。

twitter：@brianellin

## 你是怎麼進入產品管理工作的？

我主修計算機科學，在 2002 年畢業後，我搬到 Oregon。我透過 Craigslist 認識一位企業家，並加入他的新公司 JanRain，成為他的第二位工程師。當時，我在尋找有趣的工作，學習如何建構和發表人們想要使用的軟體。

我在 JanRain 工作了 8 年，嘗試並發表了許多不同的東西。最終，該公司為際網路身分識別和 OpenID 協定建立一個平台產品，並取得一些成功。

我在 JanRain 工作時，曾經和 Google、Yahoo、Facebook 等合作伙伴開會，了解他們的需求以及他們的願景。當我在做這些事情的時候，我會接觸到他們正在開發的產品，那些令人難以置信的產品激勵我轉職為更接近消費者的產品角色。

我在 2010 年搬到 San Francisco，加入 Twitter 的平台團隊，擔任 PM。我們的目標是讓 app 開發者、網站和發表商花更少錢做更多事。我們研發 API、widget 和平台產品，讓用戶可以輕鬆地將內容分享回 Twitter、關注帳號，以及用 Twitter 來建構內容。我們的工作是讓更廣泛的離網受眾使用最好的 Twitter，所以這是個非常有趣且令人期待的工作。之後，我加入 home timeline 團隊。

四年後，我已經準備好做一些不同的事情了。在 Twitter 工作之初，我很喜歡與 Ev Williams 合作，也很喜歡他在 Medium「致力於提升網際網路上的好想法和好言論」的這個使命。我有幸遇到那個團隊，他們很體貼，是我想要相處與學習的對象。我以第二位 PM 的身分加入 Medium，針對平台的每一個部分協調整個組織的合作。

## 為什麼你會關注氣候變化？

有了兩個小孩之後，我和妻子決定搬回 Oregon 州的 Portland。我加入了一家初創公司，擔任產品負責人。有一天，我遇到了塞車，當時我正在聽 Steward Brand 的有聲書 Whole Earth Discipline，裡面有一節是關於在 2050 年，必須做到哪些事情，才能防止氣候變化最糟糕的影響，那是個極端的情況。我挺起背，想著：「為什麼大家不關心這個主題？為什麼大家不在他們的能力範圍內採取行動？我現在就要解決這個問題。」我決定開始進一步了解它。

我看了很多書，其中一本是 Paul Hawken 的 *Drawdown*。

> 這本書為剛開始思考氣候變化問題的人，針對氣候變化的影響量化了一百種不同的解決方案。它提供了一個框架來思考有待解決的問題。有些氣候變化造成的影響不是那麼明顯。

人們往往會想到改開電動汽車來緩解，但此外還有 15 到 20 件事情可以造成更大的影響，例如冷藏技術。因此，我製作了一個龐大的 Airtable 試算表，裡面列出許多行業和公司，並試著用我自己設定的影響分數來為每個公司評分。

身為一名終身的自行車通勤者，和積極的運輸服務倡導者，我的公司 Ride Report 是一個非常適合我的選擇，因為我們正在建立一個平台，幫助城市官員實施可持續的交通政策。我們目前的工作重點是共享單車和機車，未來還會增加更多連網車輛，涵蓋電子商務宅配、叫車…等業務。城市可以嘗試各種新政策，例如建立有保護設施的自行車道，或是讓電動車享有更多交通優先權，然後研究這些政策對塞車、安全、公平通行和氣候污染有什麼影響。

我們公司的使命是盡速轉型為永續的高效交通系統，我對此非常期待，因為它與我的個人使命（為後代子孫改善氣候）有直接的關係。這種關聯讓我更有信心地工作，相信我的精力被引導至我真的在乎並知道會帶來影響的問題上。

## 你對想要事業成功的 PM 有什麼建議？

我的第一條建議是，釐清你的使命是什麼，然後找到符合你的使命的公司。

> 如果你找到的職位具有你深信不疑的使命，你就會獲得更多滿足感，你的工作會更有趣，你會更喜歡它、學到更多。

我鼓勵大家花大量的時間去思考和尋找它。

特別是身為一名高級領導，與上級保持一致非常重要。它不僅能激勵你自己的工作，也能激勵你周圍每個人的工作。

> 如果你對某個使命或某個你認為必須存在的成果有強烈的感覺，我鼓勵你去追求它。幾乎任何一種你可以想到的成果都有一些機會。

我一直很關注環境和氣候，但我從未想過，我可以把我的產品技能應用在這個領域上。真希望我能早點知道，這樣我就可以利用我的個人熱情，將它當成一個職業機會來探索。

CHAPTER 39

# OSI IMEOKPARIA

Osi Imeokparia 是 Chan Zuckerberg Initiative（CZI）的 VP，目前正帶領 Justice & Opportunity Initiative 的技術團隊。在加入 CZI 之前，她是美國總統候選人希拉蕊的產品長。在從事慈善和政治活動之前，她是 Google 的產品負責人，負責 Google 的 AdWords 和 DoubleClick 等廣告技術平台。她的產品職涯始於一家由創投支持的消費者初創公司，之後在 eBay 擔任產品職位。

## 你是怎麼進入產品管理工作的？

我在 Stanford 大學時，參加了 Mayfield Fellow Program，這是一個與 VC 合作、為期 12 個月的創業專案，它為我打開產品管理的視野。我在畢業時加入一家初創公司。

透過閱讀，以及反覆從錯誤中累積經驗，我學到很多東西，但我的同事和我都是 PM 菜鳥，我以為自己還沒有深厚的技能基礎，所以在公司快要破產的時候，我決定去 eBay，因為我知道那裡有非常優秀的 PM。

## 在 eBay 裡是什麼情況？

我驚訝地發現，我知道的東西其實比冒牌者症候群模式下的我所認為的還要多。我在初創公司已經學到很多東西了，但我不知道，因為當時沒有人給我正面的鼓勵，告訴我，我做的是對的。

在 eBay，我可以看到自己的進步，我也可以從了不起的同事那裡學習。當時的工程 VP 執行一項行程極其緊迫的運維發表，我們要在 23 家公司裡面同時發表幾十種語言。

後來我離開了，因為我想住在 New York。我很幸運地開始在 Google New York 辦公室工作。我的第一份工作是廣告技術，在 Google 工作的近 10 年裡，我在廣告技術領域做了 7 年半。

## 在 eBay 擔任 PM 與在 Google 有什麼不同？

當時，eBay 和 Google 處理產品的方法截然不同。

eBay 比較像是以業務驅動的產品管理法，你可以撰寫業務案例，與業務伙伴合作來找出實際的收入機會。

在 Google，我們的合作大多是尋找有趣的技術問題。在 Google，技術和工程是決策和發表產品的核心。

另一個重要的區別在於，eBay 是一家消費公司，但是我和 Google 廣告團隊、DoubleClick 獲取團隊以及更大型的代理產品中執行的工作都是在管理企業產品。

## 多說一點你在 Google 的經歷以及之後是怎麼繼續前進的？

在 Google，我最終發現自己的角色是「維修人員（fix-it person）」，那是可以充分發揮我的作用的地方。當時我特別注意高層需要人手協助處理哪些產品，這就是為什麼我最終進入了 Double-Click 獲取團隊，進而帶來一個巨大的機會，帶領一個廣告服務。帶領廣告團隊的另一個原因是我在 New York，而不是在 Mountain View，因為我在一個分散的辦公室裡，所以我的附加價值就是填補需要填補的地方。

我在 Google 負責的最後一個產品是在一個稱為「help out」的自治單位裡面製作的，我們試圖在 Google 內部建立一個新的消費者品牌，雖然最終失敗了，但它是一個絕佳的機會，不僅讓我成為產品領導人，也成為團隊領導人。

最後，在 Google 工作了大約十年之後，我在 2015 年離開公司，加入希拉蕊・克林頓的競選團隊，擔任產品長。

## PM 在政治選舉裡面負責什麼事情？

它和我以前做過的任何事情都不一樣，但同時，它也像我以前做過的所有事情。

最讓人驚訝的是，你在商業產品管理中用過的很多技巧，都可以在政治競選活動中用來交付產品。你只是在比較嚴格的時間限制之下做這件事，而且施加的控制更少，這既讓人吃驚，也讓人感到解脫。

那次經歷讓我大開眼界，原來我們 PM 的很多技能都可以用在各種領域。特別是對我來說，我發現最吸引我的問題是「我該如何在公民技術和社會影響領域運用產品管理技能？」

這也是我現在加入「Chan Zuckerberg Initiative（CZI）的原因。

## 介紹一下你在 CZI 的工作。

我目前帶領司法與機會倡議（justice and opportunity initiative）的技術團隊，這項倡議涵蓋三個主要的領域：刑事司法改革、移民改革和住房負擔能力。我們與方案專案和領域專家密切合作，以創作和理解「改革理論」，以便在這三個領域產生影響。

例如，我們改革刑事司法的理論可能是：廢止監禁是重要的長期結果，幫助我們最快實現這個目標的槓桿是了解檢察官如何在這個系統中做出決定，進而改變檢察官的決策文化和做法。領域專家要找出改革的策略和理論。我身為技術領導者的工作是釐清如何利用技術來支持改革理論、擴展改革理論，或是讓更多人接受、理解和認識改革理論。

## 社會影響工作與其他的 PM 工作有何不同？

社會影響工作有幾個不同的地方。

按照我們在 Chan Zuckerberg 的展望，我們的原則非常注重制度改革。改變有 50 年歷史的刑事司法行為是一條很長的弧線。你今天投入的工作，在五到十年之內，可能不會有可衡量的結果。這種工作的節奏和回饋迴路與商業產品管理極其不同。

當你處理社會影響時，你是在處理弱勢群體。你面對著權力、包容和排斥的動態變化。你必須仔細考應如何展開對話、如何處理伙伴關係，以及如何為沒有發言權的人出聲。這個工作關注的事情和擔任 AdWords 儀表板的 PM 時關注的事情非常不同。

這項工作與我以前做的工作有很大的不同，但是就像參與競選活動那樣，令人驚訝的是，它們會用到很多相同的技能。產品管理有一件很棒的事情是，你學到的技能可以一直使用，它們也可以用在許多不同的領域。我覺得可以靈活運用技能很有意義，你可以出現在許多不同的場合，並發揮影響力。

## PM 如何知道社會影響工作是否適合他們？

試了才知道。你可以在業餘時間與非營利組織合作。你一定可以找到非營利組織和他們需要幫助的事情。很多人很難想像他們可以到哪裡幫什麼忙，但需求永遠都在。這是一個非常有趣的市場失衡現象，應該有人解決才對。

非營利組織和社會影響領域非常需要具備技術技能的人，尤其是產品管理技能。找一個你有興趣的問題，打電話給解決這個問題的組織。在 99% 的情況下，他們都需要具備技術技能的人填補空缺。

讓人們在社會影響領域和商業領域之間流動是有好處的、有影響力的、有必要的。最好可以讓專業人士在這兩個領域之間順暢地流動。他們可以獲得強大且豐富的專業經驗，因為這兩種問題空間是全然不同的。如果沒有工程師和技術人員創造出像 Stripe 和 AWS 這樣的產品，我們就不可能實現社會影響工作成果。這是一種共生關係。

## 對於想要發展事業的 PM，你有什麼建議？

絕對不要覺得自己太優秀而不願意做某些事。無論你的工作經驗有多豐富，或是你在一家公司待了多長時間，你都不應該覺得那不是你的工作。當你在管理層時，如果有必要，你應該捲起袖子，把事情做好。這可能會幫你開闢一條意想不到的道路。

例如，在 Google，我曾經幫助一些領導者制定了路線圖流程。我的工作基本上就是填寫試算表，這似乎不是我的職位該做的事情，但是，我讓自己變成有用的人，這讓我有機會為 AdWords 開發更大型的代理產品。

CHAPTER 40

# BANGALY KABA

**Bangaly Kaba** 是 Reforge 的常駐高層，也是 Sequoia Capital 的投資探子。他曾擔任 Instacart 的產品 VP、Instagram 的成長負責人、Facebook 的高級 PM，和 DirectTV 的高級經理。他對商業模式的創新和成長充滿熱情。

twitter: @iambangaly

## 你是怎麼進入產品管理工作的？

我是因為自行創業而進入科技領域的，這個機會讓我了解技術生態系統，我必須自己學習寫程式，向別人推銷我的願景和夢想，並且真的去開闢一條道路。在職業生涯的初期，我必須證明我的可信度，創業為我打開了大門，因為人們認為我的產品既有趣且優雅，但我始終無法找到產品市場契合點。

在創業失敗後（這在矽谷很常見，但幾乎不會有人提起），我聯繫人脈尋找下一份工作。因為他們認識我本人，而且知道我的創業理念的背景，所以我向他們詢問我接下來在科技領域該怎麼做。

關於換工作，有一件大家心照不宣的事情是，你要找到一個安全的落腳點，可以在那裡學習並提升技能、獲得到基本的舒適感，以及領取一份薪水。當時有位商學院的朋友在 DirectTV 的數位創新實驗室（ DLab）工作，他建議我投履歷到該公司。

於是我加入 DirectTV，在一個 30 人的小組中協助創造新產品，開始思考媒體消費（media consumption）的未來。那個實驗室很適合我，它很像一家初創公司，但它也讓我可以整理我在自己的初創公司中學到的東西。

> 在初創公司裡面，很多時候你只能憑感覺做事，無法真正地考慮流程和最佳做法。

在 DLab，我花了一些時間寫下我打算如何領導產品團隊、如何看待資料視覺化，以及我的領導風格會是怎樣。

> 我的重點是在結構化的環境中進行良好的跨部門溝通，以及釐清如何成為資料和設計部門的好伙伴。我相信 PM 很擅長資料視覺化，以及透過資料來說故事。

## 你是如何在成長團隊中找到自己的定位的？

有一位大學的朋友把我的履歷交給 Facebook 的內部推薦工具，我通過了非常嚴格的面試程序。我原本只打算在那裡待兩年（然後加入了另一家初創公司），但最終我在那裡待了 4 年半。我選擇從事成長（growth）方面的工作，因為當時 Facebook 建立了第一個消費產品成長團隊，我知道在那裡可以學到每一家科技公司最終都需要的技能。

> 你的職業生涯會帶你到各個地方，但是你的最佳策略就是依靠公司的優勢。如果你的公司有某個世界級的優勢，你也要讓自己的那個技能變成世界級的。你可以把這個能力當成跳板，讓你的職業生涯開始起飛。

產品管理是一項非常需要高 EQ 和高技能的工作，但是人們很難理解各種產品管理角色之間的差異。如果你可以為自己創造越大的利基，你就越容易被錄取，也越受歡迎。

舉例來說，在一家擁有超過 10 億位用戶的公司裡，只有少數幾位 PM 擔任過領導職位，我是其中一位，這就是我的利基。

## 你為什麼從 Facebook 成長團隊跳到 Instagram？

我在 Facebook 成長團隊工作了兩年，這個工作很有挑戰性，它令人費盡心力，而且當時他們不注重人員的發展，我感受不到支持，我覺得自己以 1,000 英里的時速奔跑，卻沒有任何進步。那是我的職業生涯中影響深遠的時期，因為我必須想出一個框架來思考我要不要離開，以及為什麼我應該離開。

> 有一天，我突然大徹大悟了。我在一個地方造成的影響力，等於我的個人能力乘以環境。

我的個人能力就是我的溝通力、執行力、戰略思考能力、跨部門團隊工作能力…等的乘積，而環境是主管的支持、資源、範圍、評價的公平性…等的乘積。

如果環境因素是零，我再怎麼努力都沒有用，我的淨影響力仍然是零。釐清這件事之後，我和自己進行一次誠實的對話，問自己能夠在多大程度上改變這些環境因素。

後來我決定離開 Facebook 團隊找別的工作。之所以選擇 Instagram 是因為它可以讓我在同一家公司裡面使用同樣的基礎設施和溝通工具，同時可以讓我研發另一種新產品。當時我認為那個產品很受歡迎，爆發的時機已經成熟了，但它的規模還很小，而且需要找到對的人。

很多人認為我做了一個糟糕的決定，因為當時 Instagram 以「設計優先」聞名，創始人只不過是勉為其難地成立一個成長型組織。事實證明，它對我來說是一個非常幸運的機會。

創始人非常注重設計，而且特別重視為客戶做正確的事情，這讓我成為一位更好的 PM 和產品領導人。反觀 Facebook 則有著「為了發展而不擇手段」的歷史和名聲。

Instagram 的創始人不想為了成長而犧牲產品的品質。如果在我眼前有兩個選項，一個選項的用戶體驗比較差，但每年會增加 1000 萬名每月活躍用戶數量，另一個選項的體驗好很多，但只會增加 700 萬名，我會選擇後者。為了提供更好的體驗，我們付出 300 萬名用戶的代價。

> 我相信，長遠來看，這種決策（根據產品原則，以及用戶需要完成的工作）一定會帶來回報，因為這種產品會讓人覺得更用心，也比較不像垃圾軟體。
>
> 這種決策會導致好成果的另一個因素是，它可讓團隊規模很小，而且沒有壓力。有點違反直覺的是，小團隊實際上允許我們與迫使我們專注在真正重要的內容上。

我們沒辦法做好所有的事情，只能把少數的事情做得非常好。在我工作的地方，如果你沒有完美地執行工作，那麼任何事情都不會成功，你必須從頭到尾完美地執行。我可以把時間花在人們身上，也可以花時間改變流程和文化，不用擔心創始人質疑我們為什麼成長得不夠快。

## 你在 Instagram 是怎麼帶領成長團隊的？

成長實際上是一組產品，它們的重點對象就是所謂的臨界用戶（已經知道產品，也許做過一些操作，但還沒成為忠實用戶的人）[1]。他們不是超級用戶，而是正在努力理解產品的人。為了幫助他們，你必須在產品的每一個步驟解決用戶的痛點。

當我加入時，團隊剛發表一個新的註冊流程，並打算進行下一個工作。為了說服他們這些計畫必須改變，我讓他們知道還有太多工作需要完成。我們最終在 18 個月的時間裡非常努力地提高註冊率。我告訴大家如何站在臨界用戶的角度思考每一步。

我解釋了製作 logging（記錄）的重要性。我們一起討論每一個步驟流失的用戶，也討論了實用與美觀的區別。我協助建立了強化的溝通架構，讓我們可以從我們發表的產品中學習。

在進行改善之前，進入註冊程序的用戶只有 65% 完成註冊，我們將它提升到 95%，對每天有 150 萬人進行註冊的產品來說，這是一個龐大的數字，我們讓初次體驗產品的人多了好幾個數量級。除了這個重大改善之外，我們也對註冊流程、啟動流程以及針對新用戶和回鍋用戶的核心流程做了許多重要的改善。

這次經歷真是太美妙了。對我來說，這是在著名的公司裡面的標誌性勝利，證明我們有能力在一家公司中達成一個里程碑。

> 對於職業規劃，我建議人們尋找能夠贏得標誌性勝利的條件，這件事比獲得一個好頭銜還要重要。

在那次勝利之後，我們的產品有很好的表現，也帶來很多機會。於是我告訴高層，由於缺乏資源和人員，我曾經放棄太多機會，因為我提出充分的理由，我們獲得了需要的人手，從那時起，我的工作範圍自然地擴大了，我變成一位人事管理者。

我不想讓它看起來像是一件自然發生的事情。我當然必須表揚自己，以獲得別人的認可。每個月與主管見面討論職業發展以及個人和團隊的進度是非常重要的事情。我也會明確地指出我們在哪些限制之下完成工作，以免別人低估挑戰的難度。

例如，我在 Instagram 的第一年，我們成長了近 50%，這比任何人預期的都好。我的上半年考核有反應這一點，但我的下半年考核卻沒有，雖然我們在下半年做得更好。而且，我是在休了六週的育兒假，並且在安排團隊以免召募新員工的期間完成的。

---

1 Kaba 在 Andrew Chen 的部落格上發表了一篇訪客貼文來延伸這個主題，網址在 *https://andrewchen.co/the-adjacent-usertheory/*。

人們對於完成這些事情所需的努力有明顯的分歧。我和周圍的人有不同的看法，但這對我來說是很好的教訓，讓我知道擁有共同的清晰度和一致性是多麼重要。

## 為什麼你離開 Instagram？

當創始人離開 Instagram 時，身為領導人的我必須決定是否願意做出長期的承諾。我覺得，如果我在 Instagram 待的時間比創始人待的時間還要長，我就要感謝我的團隊，讓我能堅持到底。我已經建立了一個偉大的團隊，即使沒有我也可以完成工作，我有一位明確的繼任者，也有一個非常強大的團隊和流程。我覺得我已經最大限度地利用在 Facebook 的時間了。

我後來轉到 Instacart 擔任產品 VP，因為我覺得這是一個很好的機會。Instacart 吸引我的地方在於，他們有一個巨大的市場，而且他們是戰略領導者。不幸的是，我在 FB Inc 工作了多年，沒有照顧好自己的身體，我已經精疲力盡了。我應該在轉換職位的期間休息一下才對。在 Instacart 工作了一年之後，我決定花點時間關注自己的健康，以及陪伴孩子（由於 COVID，這段時間比我想像的長很多！）。

## 對於想要發展事業的 PM，你有什麼建議？

在職業生涯的早期，你要圍繞著產品意識學會大量的技能、建構具有明確的用戶價值的東西，並以簡單有效的方式為用戶完成工作。

為了做到這幾點，你可以和厲害的思考者一起工作，讓他們逼你從第一原則出發進行思考：將機會分解為其原子單位、決定優先順序並有效地執行、將產品範圍縮小到真正重要的內容，以及融入工藝感和愉悅感。基本上，你必須能夠打開一張大畫布，釐清如何思考、確定正確的部分，並提出一個有意義且與眾不同的解決方案。你要一次又一次地這樣做，且需要的幫助越來越少。

職業生涯中期的 PM 有兩件事很重要：一個是創造偉大的戰略並讓它獲得認同的能力，一個是跨部門影響力。

跨部門影響力實際上與建立關係和建立強大的溝通管道有關。它與求職時的人際網路有很多重疊的地方。每一家公司都有很多事情是在幕後完成的。如果我要為 Instagram 的發展制定一個新策略，在沒有獲得一些認同或進行早期思考之前，我不會直接把策略送給創始人和每個人。你必須了解如何獲得正確的提示，這樣才不會到了做最終簡報時，才試著了解會議室裡的人們的好惡。

## 幫你成為領導人的因素有哪些？

對我最有幫助的事情就是找一位高層教練。

雖然找到適合你的溝通風格和行事風格的人很重要，但高層教練的價值在於他們見多識廣。有個問題在於，你越資深，你看到某些類型的問題的節奏就越不穩定。教練可以協助你發現模式並帶著你穿越它。

我也會和教練就職業發展方面進行合作，我會像和主管合作那樣，討論我想要達成什麼目標，並且分解實現目標的步驟。

> 你會遇到很多挑戰，尤其是在產品這種行業中，了解某些情況的細微差別，以及擁有共同的文化背景是很有幫助的。

我指導過很多有色人種和女性，教他們如何在自己不屬於多數群體的情況下駕馭這種情況。擁有一位了解這些動態，並且能夠坦誠以對的教練是很有幫助的。例如，以不過度批評的方式提供回饋和表達擔憂是很常見的挑戰。

> 另一個挑戰是找到一位靠山。尋找靠山的概念就是找到一位和你很像的人。我的經驗是，我必須主動尋求支持[2]。

有一次，上級在跟我討論職業發展時，問我：「你在職業生涯中最在乎哪些事情？」這開啟了我尋求支持的對話，我說：「對我來說，走在通往這個位階和這個範圍的道路上非常重要。我認為我需要支持才能做到。你願不願意做我的支持者，或是你能不能幫我想一下怎樣才能做到。」你必須明確地設定目標，毛遂自薦，才能有所突破，進入管理層。

---

2 關於尋找靠山，見第 447 頁的「靠山」。

CHAPTER 41

# SARA MAUSKOPF

**Sara Mauskopf** 是 Winnie（winnie.com）的 CEO 與共同創始人，winnie.com 是一個日托和學前教育賣場，曾經協助數百萬名美國家長。Sara 有消費技術和產品管理背景。在成立 Winnie 之前，她是 Postmates 的產品總監，在此之前，她在 Twitter、YouTube 和 Google 擔任產品領導職務。她畢業於麻省理工學院，獲得計算機科學和工程學位。她有三個孩子。

twitter: @sm

## 你是怎麼進入產品管理工作的？

我在 MIT 學習計算機科學，在我畢業的那個年代，最酷的事情就是在 Google 工作。當時有很多人尋找工程職位，但我沒有上過太多需要撰寫大量程式的課程，所以不確定能否通過工程職位的面試。我修了很多數學和理論計算機科學的課程。當時，Google 正在招聘一位橫跨產品管理和合夥人管理的職位，我參加了面試，並且得到那份工作。於是，我搬到 California，開始為 Google 工作。

我意識到，比起合夥人管理，我比較喜歡這份工作的產品管理方面，所以在 Google 工作 3 年之後，我開始尋找真正的 PM 職位。當時我是 Twitter 的忠實用戶，我的一些朋友也從 Google 跳到那裡。

當時 Twitter 為內部工具團隊招募 PM 職位。我認為這是擔任 PM 的絕佳起點，因為它的風險比較低，我為公司開發工具，不是為數百萬名用戶開發工具，這是一次很棒的經歷。

> 成長中的公司有較多空懸的職位和機會。

有一天，負責產品的 VP 離職了，我開始尋找一個可以從事核心產品工作的團隊。我找到一位經驗豐富的 PM，他願意幫我，說我可以和他的團隊一起工作。當新的產品負責人到職的時候，我已經在開發核心產品了。

> 我學到的是，如果你能找到人，並與他們建立關係，他們就會幫助你。尤其是當你努力工作、有能力、夠聰明時，他們就會給你機會去嘗試。你要把握那些機會來證明你自己。

最後，我在 Twitter 做了四年的 PM。我和公司一起成長，管理團隊。

## 為什麼你離開 Twitter？

我的 Twitter 職業生涯非常棒，原本我升遷得很快，後來，我突然停止以那個速度升遷了。我去問一位高層為何如此，他告訴我：「你的確很好，但你還不是世界級的。」這句話對我是個打擊，我當時想：「哼，你只提拔男生提任 Director，這些職位都沒有女性…因為你認為…男性才有資格成為世界級的人才。」所以我離開了。

我加入 Postmates，擔任他們的產品負責人，向 CEO 報告工作，我從零開始組建自己的產品團隊。我和 CEO 交流了好幾個月，主要是以產品的忠實用戶的身分。我發現，如果我很真誠，真的喜歡一項產品，或尊重一個人，當我直接聯繫他們時，他們至少會給我幾分鐘的時間。

我一直在尋找這種機會：團隊規模必須小到讓我有機會擔任產品領導人，但又不致於小到讓公司幾個月之後就會倒閉。我想要一些工作保障和一些與公司有關的品牌聲望。我也很想和可靠的員工一起工作。

Postmates 具備以上的所有條件。我目前的公司 Winnie 的共同創始人、工程負責人，還有一位銷售人員都來自 Postmates。他們都是很棒的人才，我很高興能再次與他們合作。

## 為什麼你想創辦自己的公司？

在 Postmates 工作沒多久之後，我懷了我的第一個女兒。我休了大約一年的產假，我不希望女兒對我的生活或職業抱負造成任何影響。

當然，和許多其他父母一樣，我不知道接下來會面對什麼情況。我仍然很想回去工作，但我想要解決的問題不一樣了，我期望的工作環境和文化變了。我想要用有限的時間、用最好的狀態來工作，然後回家，把工作完全拒之門外。Postmates 最忙碌的時刻是晚上和週末，那正是我最不想工作的時間。

與此同時，我和一位同事交換意見。因為我們都是陷入煩惱的在職父母，也都必須平衡所有事情，於是我們一拍即合。我們意識到有一個機會可以真正解決這些問題。在 2016 年 1 月，我們決定辭職，成立 Winnie。

> 我從未想過自己會成為公司創始人。激勵我採取行動的因素是，當時沒有一家公司解決這個問題。

家長很難找到符合期望的托兒機構（例如日托和幼兒園），而且許多機構連網站都沒有。有多餘名額的機構難找到家長。這個機會太大了，以致於我根本想不出不做的理由。我覺得我和我的共同創始人剛好站在「科技」和「幼保」這兩個問題的交叉點上面。如果我們不做，我們就會錯過一個巨大的機會。

## PM 怎麼知道他適不適合創辦公司與擔任 CEO？

> 現在我是 CEO，我知道這個職位與 PM 根本不能相提並論。

事實上，我在 Winnie 甚至不處理產品。我的共同創始人是產品長，有時我甚至在用戶看到產品的改善之後，才看到它是怎麼改善的。有時，我的產品背景甚至阻礙我想出解決方法——我指的是關於建構團隊的解決方案，而不是關於產品的。

> 我對 CEO 這個角色的看法是，他一直為公司的下一件事努力工作，並且一直在想下一步該做什麼。

目前我把所有的時間都花在銷售、經營和行銷上，並且試圖釐清有哪些團隊負責管理這些關鍵但比較新的職能。

在這些工作投入夠多時間之後，我開始知道，我究竟要在實際的人身上進行投資，或根本不需要這樣做。我有 50% 的工作時間花在我最終認為不值得花任何時間的工作上，它們是公司裡最不重要的事情。其餘的 50% 工作時間則是實際上該做的工作，必須交給某個職位負責，我們必須聘請那種人，或是以某種方式完成那些工作。

我認為，如果大家真的知道當一位公司創始人是怎麼一回事，那就不會有那麼多人想去嘗試。這個角色真的很有挑戰性。但畢竟，現在我也不想用我的時間去做任何其他事情。我現在處理的問題以及我造成的影響力給我很大的動力。

## 你認為一位成功的創始人應該具備什麼條件？

> 成功的創始人和不成功的創始人之間通常只有一個關鍵的差異：能否堅持不懈。

新公司經常會遇到「絕望的低谷」，在那種情況下，所有跡象都在說服你放棄，你的錢用完了，你沒有員工了，所有事情都不對勁。你會看到很多跡象告訴你這件事已經不可能再做下去了，你一定要有一絲絲的動機告訴你：「再試一次吧！再堅持一段時間吧！」有時，那一絲動機就是成功與失敗的分水嶺。

除了開公司之外，獲得名聲和財富的方法還有很多，更簡單、更不用動腦的方法太多了。

## 對於想要發展事業的 PM，你有什麼建議？

其中一項建議是獲得核心的 PM 工作之外的經驗，因為它們會讓你成為一位更好 PM。回覆支援申請，參加業務拜訪，這會擴展你的大腦，讓你成為更好的 PM，最終在你想做的任何工作中做得更好。

了解公司的財務狀況。當我在 Google 和 Twitter 這種大公司工作時，我完全沒有花時間去關心它們的財務狀況。事實上，在做 CEO 時，我花了大部分的時間來確保銀行有足夠的資金可以讓公司維持夠長的時間。這些經驗對你的事業發展很有幫助，也可以建立別人看不到或想不到的人脈。

勇於挽起袖子幹髒活。雖然你會覺得有些工作配不上你，但有時它們是很棒的經驗。

最後，把更多注意力放在人上面，而不是在結果上面。專心思考如何幫助每天與你共事的工程師和設計師們成功，專心思考如何幫助其他的 PM 成功。這不僅僅關係著你的成功，也關係著你如何幫助別人成功。

CHAPTER 42

# KEN NORTON

**Ken Norton** 是 Figma 的產品總監。在此之前，他是 GV（原為 Google Ventures）的高級經營合夥人，他在那裡領導投資經營，並為 GV 的投資組合公司提供產品和工程支援。他的經歷包括 Google 的集團 PM，JotSpot 的產品 VP，以及 Yahoo 的產品管理領導人。Ken 寫了很多關於產品管理技巧的文章。他的經典文章 *How To Hire a Product Manager* 已經成為一代 PM 的腳本了[1]。

kennorton.com | twitter: @kennethn

## 你是怎麼進入產品管理工作的？

我以工程師和公司創始人的身分開始我的職業生涯。當時我是 Snap 創始團隊的一員。在 NBC 投資 Snap 之後，它成為 NBC Internet，我被提拔為 NBC Internet 的 CTO。我在那裡建立了 News.com 和 Download.com 等網站。雖然我的職稱是 CTO，但這個職位也要負責許多所謂的產品管理的工作，我要負責產品戰略規劃、公司技術指導和管理。

後來我想回去創業，所以我和別人一起創辦了 Grand Central Communications，這是一家早期的雲端整合平台初創公司。後來我去 Inktomi 帶領搜尋產品戰略。當 Yahoo 收購 Inktomi 時，我成為搜尋產品的高級產品管理總監。

三年後，我又想去小公司工作了，於是加入 Jotspot，擔任產品 VP。後來 Jotspot 被 Google 收購，我們的產品被併入 G Suite，成為 Google Sites 與 Google Docs。

1 Ken 的文章在 *https://www.kennorton.com/essays/productmanager.html*。

在 Google 擔任 PM 期間，我曾經是 Google Mobile Maps、Google Calendar 與 Google Docs 的產品主管。我是 Google Apps 的早期成員，最終 Google Apps 變成 G Suite。這個經驗非常有價值，因為我幫助企業的業務從早期的 beta 狀態成長為數百萬名企業用戶。

## 你是怎麼進入 Google Ventures 的

我在 Google 工作很長一段時間之後，開始考慮回去初創公司領域，但我仍然非常喜歡 Google 的文化和員工。跳到 Google Ventures（GV）是很棒的選擇，因為我可以更接近初創公司，同時成為 Google 平台的一員，可充分利用 Google 所擁有的一切。

如果不是因為 GV，我應該不會踏入創投界。傳統的創投環境對我來說沒那麼有吸引力。GV 結合了機會、運氣和時機，是非常獨特的組合。

## PM 在創投界的表現普遍良好嗎？

> 產品人可以成為偉大的投資者，因為我們天生對這個世界抱持著通才的看法。投資需要從許多不同角度看待問題，你必須充分了解業務的成長、產品市場契合度、技術和產業的發展方向。

大多數跳到創投的 PM 都變成投資者，但也有其他有趣的角色。有些創投（包括 GV）有非投資者的經營伙伴，他們會與投資者一起幫助被投資的公司。他們有時會幫早期階段的公司找到契合市場的產品。對於後期的公司，他們可能會從經營的方向，協助考慮如何進入市場、建構團隊和流程。

另一個角色是為那些正在考慮創業的人準備的。你可以走常駐企業家這條路，花時間在一家創投公司協助他們考慮這個產業，幫助他們發展觀點，以及提出圍繞著某個機會的論點來幫助他們。你可以利用自己的專長幫助他們做出投資決定，也許接下來會開創自己的事業。

## PM 如何知道創投公司的某個職位是否適合自己？

創投並不適合所有人。你一定要知道擔任純 PM 和在創投公司工作之間的不同。

首先，創投是孤獨的工作，你不會和團隊合作，只能依靠自己。

第二，PM 習慣對自己的產品負責。在創投業，你離重要的決策只有一步之遙，這是有充分理由的。

> 曾經有來自產品領域的人犯了一種錯誤——表現得好像他仍然是 PM 一樣。他們要嘛試圖經營產品，要嘛表現出「swoop and poop」的行為，也就是過度介入產品的決策，卻又消失不見，把時間花在其他公司上面。這會分散公司的注意力，讓公司只能隨機應變。

身為一位創投人，你是別人資本的管理者。你的首要任務是確保資本可以賺錢。當你的公司需要你的時候，你要成為他們的資源。你可能會在某一天幫他們聘請一位銷售 VP，在隔天幫他們聯繫另一位 CEO，開啟合作關係，隔兩天又幫他們募集下一輪資金。你必須扮演多用途的瑞士刀。

> 長期的前景是 PM 面臨的難題之一。長期來看，退出才是真正重要的事情，你往往需要花 5 到 7 年的時間才知道要退出。

你覺得可在短期內衡量的事情都不是真正重要的事情。十年後沒人在意你的投資組合裡有沒有一個令人驚異卻失敗的殺手級產品，真正重要的是它是不是一項好投資。最終衡量你的標準是你能不能讓 LP 拿回他們的錢[2]。

## 對於想要發展事業的 PM，你有什麼建議？

運氣是很重要的部分。在一家公司爆炸性成長之前加入那家公司的人可以目睹他們的事業蒸蒸日上。雖然這種感覺很棒，但也有很多不確定性。

> 如果你是早期階段的 PM，我建議尋找一位正在成長的品牌公司，它可以提供很多成長的機會，你會更快速地學習，因為你會面臨擴展和成長的挑戰，你周圍的人可能都是可以學習的人才。而且，這些人會在其他地方繼續做偉大的事情。他們會成為你日後的職業生涯的人脈。

2 LP 是有限合夥人（limited partner），也就是拿錢出來投資的個人或機構。

彈性也是很重要的部分。真正優秀的 PM 會發現重要且必須完成的事情，並主動領導它們。我看過有人說：「嘿，我們的客戶體驗很糟糕。我自願成立明年的客戶體驗團隊，因為那是成功的最大關鍵。」你必須能為不屬於你的工作做出貢獻。如果你對 PM 的工作抱持僵化的看法，你就會錯過快速成長的公司獨有的許多最佳機會。

隨著你的升遷，你必須考慮你要往哪裡發展，以及你所採取的行動是否與你五年後的目標有關。人們有時會太在乎引人注目的產品或頭銜而偏離正軌。PM 往往會與產品陷入愛河，而忽視了公司的文化，忽視了能否圍繞著該產品發展業務，忽視了還有沒有足夠的資金可以繼續建構產品。如果你來自 Google 或 Facebook 這類的公司，也許隨便一家公司都願意給你 VP 的頭銜，但你的影響力可能不如你現在做的事情。

CHAPTER 43

# ANUJ RATHI

**Anuj Rathi** 是印度最大的餐點外送賣場 Swiggy 的產品 VP。他在 Swiggy 負責為消費者和餐廳合作伙伴提供收入和成長產品，也負責公司的新產品。他曾與印度電子商務公司（Flipkart 和 Snapdeal）合作，為它們的購買體驗進行產品管理，他也曾經與 California 的 Walmart.com 合作，負責多管道供銷。

twitter: @anujrathi

## 你是怎麼進入產品管理領域的？

在 2005 年，我是印度理工學院坎普爾分校的化學工程畢業生，我一直很想在網際網路上為消費者創造一些東西。我在幾家初創公司擔任前端工程師，對消費者有深刻的同理心。

大約在那個時候，Flipkart 在印度成立，像 Amazon 一樣銷售書籍。當我面試時，CEO 說他認為我能成為一位很棒的 PM。我以為擔任 PM 代表我不能建構產品了，所以我拒絕他，但他堅持錄取我，這就是我意外地成為 PM 的經過。我就此一帆風順。

當我加入 Flipkart 時，所有人都沒時間瀏覽所有的用戶流程，並且掌握所有細節之間的關係。所以，我把自己視為兩個角色：

- 連接所有領域的流體（fluid）。領域包括商務、工程、領導、戰略…等。
- 電子商務主題專家。

當時，印度還沒有真正的 PM，所以我們之中有一些人決定為印度的產品管理定下基調。雖然公司借鑑了矽谷的理念，他們卻沒有借鑑矽谷的文化。創始人和 CEO 企圖以親力親為的方式管理事情，不懂得信任 PM。

> 在印度，當 PM 仍然有點難度，因為你不僅要發展自己的職業生涯，你也要培養他人對產品管理的信任，並教導他們應該期待 PM 可以提供什麼。

## 為什麼你會去 Walmart Labs 與 Snapdeal？

我跳到 Walmart Labs 是因為，雖然 Flipkart 很棒，但我想要見識全球規模的公司。我曾經帶領 Store Services，包括從線上到離線的所有業務，或是從離線到送貨上門的業務（例如 Pharmacy、Photos 或 Tires）。這是一個有龐大收入潛力的大商機。我認為如果你只是在尋求影響力的話，它的確很棒。但在當時，它不是快速發展的好方法。我還年輕，我想產生巨大的影響，不想再等了。

我很擅長電子商務，所以當時我加入了 Snapdeal。它是印度最有前途的初創公司之一。它的發展趨勢暴起暴跌。

我以助理 VP 的身分加入，負責買方體驗。最初我有幾個 PM 部屬，後來我將團隊擴大了好幾倍。

帶領 PM 團隊是很大的責任，你的戰略決策必須是合理的，你要考慮所有的替代方案，並解釋為什麼你決定以某種方式來部署資金和人力，或為什麼你要優先處理別人的專案。你要讓別人理解你的思路並接受它，這樣他們才能向自己的團隊解釋。

> 對我來說，成功不僅關於製作產品，也關於培養優秀的 PM。我認為，印度初創公司若要做出偉大的消費產品，他們的領導人必須先培養出偉大的 PM。

## 為什麼你會去 Swiggy？

離開 Snapdeal 之後，我加入 Swiggy，它是餐點外送 app。當我加入時，它的規模還非常小。我做電子商務已經有很長一段時間了，我原本認為送餐比以前的工作還要簡單。

送餐複雜的地方在於，你不但要即時配對買家、賣家和送餐員，它也有數以百萬計的產品組合。你的商品容易腐敗，隨著時間的過去，它會逐漸變質。你可能想吃披薩，但最終買到的卻是意大利麵。最成功的平台不僅能夠提供你想買的東西，也能夠提供平台需要銷售的東西。

我喜歡這個平台。這個問題會讓我在接下來的十年裡一直維持興趣。

## 你對印度的產品管理有什麼看法？

在 2016 年之前，很多產品公司的領導人都來自非技術公司。他們不知道什麼是產品管理，甚至不懂軟體開發，所以 PM 要花很多時間影響領導人，並說服他們相信產品管理的價值。傳統的領導人很容易發揮自己的優勢，卻忽視技術的部分。我看到有些 PM 對此感到沮喪，於是搬到了美國的公司。

但是，自大約 2016 年以來，情況發生了變化。很多優秀的產品人員已經開始在這裡定居。這裡的市場非常龐大，潛力無窮。印度的挑戰很複雜，這裡有 25 種不同的語言、各種年齡群體、基礎設施方面的挑戰、詐欺…等。身為產品人，你必須解決這些很有挑戰性的問題，這非常令人興奮，但也有點難度。

> 我深信，印度創業生態系統的發展必須仰賴非常、非常優秀的產品領導者，他們必須獨立自主，而不僅僅是複製另一個產品，或接受商業需求。

我想打造一個人才教育體系，用這個教育體系來訓練出能夠打造另一種人才教育體系的人才，他們創造出來的人才教育體系能夠訓練出強大、獨立的產品思想家。當我和 Swiggy 的 PM 共事時，我不只是為了 Swiggy 而訓練他們，我也希望他們能夠協助整個創業生態系統的發展。

## 對於想要發展事業的 PM，你有什麼建議？

如果你是處於早期階段的 PM，想想未來五年你會是什麼樣子。不要目光短淺。當你思考你想從事什麼行業時，你可以規劃出你需要發展的技能，以及哪些公司或人可以幫助你實現這個目標。

產品管理有三件很重要的事情：

1. 要有足夠的勇氣和熱情。有了勇氣，你就有好奇心，和不放棄的精神。
2. 優秀的書面和口頭溝通能力，以產生適當的影響力。你要運用你的溝通能力來代表你的產品、你的公司和你的利害關係人。
3. 辨識和解決問題。產品管理不僅僅是聯繫工程師和設計師，它的目的是解決問題。

> 在職業生涯中期，你可以決定你究竟要成為一位專家，還是一位通才。如果你想成為通才，你就要確保你是一位通才，擁有足夠的專業知識來解決整個產業的問題。

例如，電子商務有七個主要領域，包括搜尋、評論和支付。你可以花六個月的時間深入研究每一個領域。當我們每一季考核團隊的 PM 時，我希望看到他們有深入鑽研某個領域。

身為 PM，你要同時具備創造力和科學精神。

你要把觀察到的事情分解成它為什麼發生以及如何發生，從而產生深刻的見解。一個見解可以產生多個假設（我如何利用這個見解來改變行為？）各個假設可以透過不同的實驗或發表來驗證。實驗會導致更多觀察。這是一個迴路！

你要考慮人類的心理和習慣。一旦你遵循這個流程，久而久之，你會開始了解你的業務或產業特有的模式。

> 身為產品人，你要了解系統如何運行，以及如何讓系統運行得更好，並成為頂尖高手。你要不斷改善你的框架，因為所有其他的事情都會圍繞著它發展。

CHAPTER 44

# SACHIN REKHI

**Sachin Rekhi** 是 Notejoy 的 CEO 和創始人，Notejoy 是一個為你和你的團隊設計的合作型筆記 app。在進入 Notejoy 之前，Sachin 曾經創立 Connected（個人關係管理公司）和 Anywhere.FM（網路音樂播放器，後來被 imeem 收購）。他也曾經是 Trinity Ventures 的常駐企業家，以及 LinkedIn 的銷售解決方案產品領導人。Sachin 曾經在微軟、Paetec Communications 和 Goldman Sachs 擔任行銷、產品管理和工程職位。

SachinRekhi.com

## 你是怎麼進入產品管理工作的？

我在 University of Pennsylvania 學習計算機科學，並在 Wharton 商學院獲得商業學位。我原本打算花幾年的時間做軟體工程，然後進入創業領域。

我是在和微軟的招聘人員交談時，第一次聽到 PM 這個職位的。我發現，對於軟體，我最喜歡的部分是建構真實問題的解決方案，所以，我決定在微軟做 PM 實習，然後加入微軟，成為全職 PM。

## 你是怎麼離開微軟，進入創業領域的？

我一直把微軟當成一個學習的地方，可以在那裡學習軟體是怎麼開發出來的，這是為了做更好的準備，創辦自己的公司。如果你直接去創業，你就會空轉，不去做該做的事情。我曾經在 imeem 看到這個情況，他們沒有任何 bug 排序流程，只有一個收取 bug 的 email 地址。我一向建議想創業的人先在成熟的科技公司工作兩年。

當我還在微軟的時候，我經常和一群朋友一起討論創業的想法。有一天，有一位朋友跟我提議一起開公司。當時我剛被晉升，不想離開，但是他告訴我，無論我要不要加入，他都要開始做一些事情。我知道找到合適的共同創始人是成立公司最重要的事情，所以我做出艱難的決定，離開微軟。

我們當時根本不知道要成立什麼公司。我們和來自 Amazon 的第三位朋友一起坐在一間房間裡提出各種想法，我們把最好的想法告訴 Y Combinator 的 Paul Graham，他認為那個想法很糟糕，但他喜歡我們這個團隊，所以給了我們兩週的時間，讓我們提出另一個新想法。

當時（在 2006 年，在 Rdio 和 Spotify 出現之前）我們發現，如果你要在辦公室裡面聽音樂，你有兩個選項，第一個選項是幫 iPod 裝上耳機，即使你坐在一個大螢幕前面。另一個選項是使用像 Pandora 這類的服務，但它不是你自己的音樂。我們的想法是，何不把電腦裡的所有音樂都上傳到網路上，然後用一個強大的網路音樂播放器來播放？這就是 Anywhere.FM 背後的理念。

我們最後將 Anywhere.FM 賣給另一家音樂公司 imeem。

## 在 imeem 是什麼情況？

我到 imeem 時，發現雖然他們與四大唱片公司都簽有協議，但最大的挑戰是他們的價格高得令人卻步。我們損失的錢比賺到的多得多。我意識到，如果我們不想出現金化的辦法，公司就會倒閉。即使他們讓我們擔任功能 PM 和 UI PM，但我仍然告訴他們我真的很想解決現金化問題，否則我們就會遭受滅頂之災。

我們最後創造了一種全新的音訊廣告格式。它是在 Spotify 之前問世的，當時所有人都在做橫幅廣告。我們製作了一個音訊廣告單元，在橫幅廣告的頂部放一個 8 秒的音訊廣告。這是一種產品創新。但是我們在銷售它時遇到踢皮球的現象。

我們去拜訪所有典型的行銷廣告代理商，但是數位部門要我們去找廣播部門，廣播部門又叫我們去找數位部門，我們不知道怎麼銷售它。最後我們想到，我們可以把它重新命名為 rich media banner，這樣就可以把它賣給數位部門了。我最終建立了一條價值數百萬的收入線。不幸的是，我們的現金化做得太少，太遲了。最後，imeem 被賣給 MySpace 音樂，但是這次的退出算不上一場勝利。

## 為什麼你會去 Trinity Ventures？

我想再開一家公司，但這次我想更周到地考慮。Trinity Ventures 有一位創業投資家建議我加入他們，並將我的創業想法想成常駐企業家。

我在 Trinity Ventures 提出一個框架，我將它稱為產品市場契合度的八個假設[1]。這是我用來判斷每一個想法是否值得追求的框架。

1. 你的目標客戶是誰？
2. 你要解決什麼問題？
3. 你的核心價值主張是什麼？
4. 你的戰略差異是什麼？
5. 你的競爭對手有誰？
6. 關於吸引顧客，你的入市行銷策略是什麼？
7. 你如何現金化？
8. 你的北極星指標是什麼？

我會幫每一個創業想法寫出 1-2 頁這些問題的解答。

> 這個框架非常重要，一直陪伴著我，即使是在更大的公司裡建構功能也是如此。這可以幫助 PM 在前期更具戰略眼光。

我就是執行這些程序想出 Connected 的點子的。Connected 的有趣之處在於，它結合了我喜歡的生產力工具，以及我和 imeem 的銷售人員共事時發現的事情。我發現，有能力完成大交易的銷售人員天生就注重人際關係，當我們去紐約出差的時候，他們會查詢 iPhone，邀請別人喝酒敘舊，他們會把這種敘舊變成商業面談，再變成銷售。

我們的想法是製作一種聯絡人管理工具，它不僅能將聯絡人維持在最新狀態，也能幫助你建立更好的關係，並維持那些關係。

1 Sachin 對此的延伸說明在 *https://www.sachinrekhi.com/a-lean-alternative-to-a-business-plan-documenting-yourproduct- market-fit-hypotheses*。

## 你是怎麼進入 LinkedIn 的？

在推出並運行 Connected 大約一年半之後，LinkedIn 和我們洽談收購。原本他們說，他們會把我們當作初創公司，不會介入我們，但後來的發展遠非如此。LinkedIn 只有 1800 人，但它的經營方式比較像微軟，而不是初創公司。

> 我和共同創始人 Ada 改變我們的風格，讓它變得更像微軟。在不動用威權的情況下影響別人很重要，管理高層非常重要，管理所有的利害關係人超級重要。

這最終讓我們成功了。隨後，LinkedIn 進行了一系列收購，但不幸的是，那些收購都沒有那麼成功。

## 你從中學到什麼教訓？

> 我們的最大收獲是，小型初創公司的創始人必須在大公司工作過，才有機會讓它成長為一家大公司。「我們會把你們視為大公司內部的初創公司。」其實是無法維持的。

最後，我指導了一群來自其他收購公司的 PM，教他們如何有效地執行行政工作，例如取得資源、減少繁文縟節，以及如何吸引不同類型的人。

當我在 LinkedIn 的時候，我一直告訴他們，我們應該直接尋找專業的銷售人才。我和一些工程師開始進行一個小專案，並在場外向一位高層展示它。

LinkedIn 看到我們的專案，表示我們要積極地推出它。所以我們將團隊從 8 人擴大到 500 人，包括 400 名直接銷售人員。在我任職期間，它的營收成長到大約 2 億美元。我從一位 IC PM 變成一個部門的總經理，並且管理公共的損益。每週我都會和 CFO 見面，如果我們的預測值與實際值相差 10%，他就會嚴格地質詢我。

## 什麼啟發你成立 Notejoy？

雖然我擔任 LinkedIn 部門總經理的表現很好，但對我來說，它給我的回報不如我在第一線工作時的回報。所以，即使我很出色，但我想回到源頭，開一家公司。

我和太太 Ada 一起成立 Notejoy。我們能夠合作無間的原因是我們有互補的技能。我負責帶領產品、設計與工程，她負責帶領成長、分析、行銷、法律、財務、會計、經營和其他一切事務。我們明確地分開角色和責任，發揮很好的效果。

Notejoy 的靈感來自我在 LinkedIn 的經驗。我們發現，人們把工作做好需要的資訊有 90% 存放在 email、Slack 或他們的腦袋裡。有太多機構知識（institutional knowledge）流失了。我們想要建構一個從專案開始執行就能使用的工具，並且能夠和你一起擴展到團隊協作場景。這個理論已被證實可行了，現在我們有團隊在各種用例中使用我們的產品。

回到創業的本源真是太有趣了。我喜歡這份工作的原因是我的工作每天都不一樣。我關心的是現金化、用戶獲得和核心功能開發。我每一天都會和客戶交流，做很多客戶支持工作。我非常喜歡它。

## PM 怎麼知道創業與擔任 CEO 是不是好前途？

CEO 有很多面向是典型的 PM 無法體驗到的，其中一項是損益責任。你必須對成本非常敏感，例如人事和伺服器成本，CEO 負責掌控最終預算。另一個很大的區別是，CEO 是事實上的銷售負責人，客戶希望與 CEO 交談。

很多 PM 告訴我，他們很不喜歡被迫花很多時間在行政管理、不動用威權影響別人和協調會議上。如果你是這種人，我認為你不會喜歡擔任 CEO，因為你要扮演巨大的協調角色，這是無法擺脫的責任。

> 我喜歡 CEO 這個角色有很大一部分的原因是你會深刻地了解自己喜歡什麼、不喜歡什麼，以及你擅長什麼、不擅長什麼。在一開始，你必須做所有的事情，但你很快就會意識到自己的優勢和熱情所在，並在身邊建立一個合適的團隊來真正解決問題。

很多人把成立公司和傳統的創投路線混為一談。很多創業者以為他們擁有自主權，但一旦你接受資金並成立董事會，董事會成員將比你遇過的任何老闆都要糟糕。

Notejoy 是 100% 自力的，雖然我們曾經有募集資金的機會，但我們選擇自助程序，這改變了創業者的意涵以及經營公司的方式，可以讓公司更符合我們的價值觀，例如，產品必須符合我們的品質標準才能發表，我們也可以用我們認為合理的速度發展公司。

## 對於想要發展事業的 PM，你有什麼建議？

首先，你要意識到，PM 有很多不同類型的角色，接下來，你要確認你適合哪一種。

- **建造型**是典型的功能 PM，負責為既有的產品開發新功能，以取悅最終用戶。建造型 PM 要與客戶溝通，並取悅客戶，事實上，它與客戶體驗有關。
- **調整型 PM** 是優化 PM，很像成長或現金化 PM。他必須更嚴謹地分析，並且以更快的速度進行 A/B 測試，這個工作與指標比較有關。如果你喜歡擔任建造型 PM，你應該不喜歡擔任調整型 PM。
- **創新型 PM** 的工作是為新對象建立全新的產品。創新型有很多不確定性，他的專案可能會失敗，對象也許是錯的。很多人試著擔任創新型 PM，卻發現他們比較喜歡擔任可獲得更多明確勝利的建造型。

即使你希望擔任創新型 PM，你也要從建造型 PM 做起。

> 在職業生涯的早期取得一些成就很重要。我見過在三家沒沒無聞的初創公司工作過的 PM，他們都很難在更大型的公司擔任 PM。除非創新型 PM 曾經做出成功的產品，否則創新型角色對聲譽沒有什麼幫助。

在職業生涯的早期，我建議你在 Facebook、Dropbox 或 Airbnb 這種大公司嘗試這三種職位，如此一來，每隔 18 個月你就有很多機會可以調動職位，嘗試不同的東西。

另一個維度是消費者 vs B2B。消費者 PM 最終要看圖表與資料，B2B PM 最終要和許多客戶交談，並與他們建立關係。我發現 B2B 比較接近取悅客戶的理念。

最後一個維度是公司的規模。在小公司裡，你要自己做很多事。在大公司裡，你有 UX 編寫者、UX 研究員、產品行銷者，你會花更多的時間在協調上。

我認為很多人說他們想要當資深 PM 或團隊 PM，卻沒有真正搞清楚他們喜歡什麼。雖然他們最終獲得資深職位，卻不喜歡自己的工作。

CHAPTER 45

# TERESA TORRES

**Teresa Torres** 是 Product Talk 的產品發現教練。她幫助團隊從客戶訪談中獲得有價值的見解，進行有效的產品實驗，並讓產品為客戶和企業創造價值。在成為教練之前，Teresa 大部分的工作都在草創期的網際網路公司帶領產品和設計團隊，她的經歷包括 AfterCollege 的產品 VP 和 Affinity Circles 的 CEO。她也在 Become.com 和 HighWire Press 擔任產品和設計職務。

ProductTalk.org

## 跟我們介紹一下你和你的職業發展路徑

我的工作是產品發現教練。這個職位的意思是，我會與團隊合作，透過不斷地探索，例如定期訪談、快速建立雛型和定期進行實驗等方式，做出關於該建立什麼內容的決策。

我在 Stanford 大學上過設計課，並且接觸過人機互動（HCI）。在 22 歲時，我進入商界，相信商業是以人為本的，應把目標放在解決客戶問題上。

在大學畢業後，我從事互動設計師的工作。就技術而言，我的第一個職稱是應用軟體開發人員，但我是因為 HCI 背景而被僱用的。那是我第一次接觸混合型角色。

我的下一份工作是職業生涯非常關鍵的轉折點。我是一家草創公司的第十名員工，那家公司是我透過 Craigslist 發現的。

> 我最初擔任前端開發人員和設計師，後來轉到設計和產品管理的角色。我剛加入時，對主管說，我想和客戶交流，以確認我們該做什麼，產品管理 VP 對我印象深刻，於是開始讓我參加高層會議，從此之後，我可以取得第一手的財務資料，也參與了併購談判。

在我的第三家公司，我被聘為用戶體驗總監，但在加入公司三週後，我意識到他們非常需要產品領導人，所以，我成為他們的產品總監。我總是扮演著介於用戶體驗和一點點工程之間的角色。

從那時起，我加入的公司大都是處於早期階段的初創公司。我在很年輕的時候，就已經了解商務活動和初創公司是怎麼運作的了。我 30 歲就已經是產品 VP 了，在 32 歲，我成為初創公司的 CEO。

## 你是怎麼成為 CEO 的？

我成為 CEO 的關鍵是多數人都想不到的。當時我以總監的身分加入公司，在九個月後，負責產品的 VP 離職了。他曾經幫我與 CEO 建立關係，因為當時我在進行戰略產品以及定位工作。所以，當他離開後，我就成為產品 VP。

我加入高層團隊，發現他們非常不協調。我們的銷售負責人想走一條路，我想走另一條路，工程負責人想走第三條路。

雖然當時我喜歡那份工作，但後來，那種不協調的情況嚴重得讓我不想繼續待在那裡。我去找 CEO，告訴他我需要休息一段時間。我去旅行六週，在回程的飛機上，我寫了兩三頁筆記，內容是公司必須改變哪些事情才能讓我繼續在那裡工作。回公司後，我和 CEO 討論這個問題，他同意我的意見，並提拔我為經營 VP。

僅僅六個月之後，我們就遇到 2008 年經濟大崩盤了。我們的公司即將破產，我本來想要向 CEO 辭職，因為公司付不起我們兩個人的薪水。但就在那一天，他把我拉到一旁，告訴我他要辭職了，並打算向董事會推薦我接任。

## 當 CEO 是怎麼回事？

接下來的兩年半是我一生中最辛苦的一年，但也是收穫最多的一年。我的意思是，當時我過得很慘，非常不好玩。

人們對這個頭銜抱太多期望了，但我認為他們不知道這個頭銜伴隨著大量痛苦的責任，你要對人們的薪水負責，6 個月以來，我都不知道能不能付得出下個月的薪水。

> 此外，有些人認為 CEO 必須做所有的決定，事實並非如此，帶領團隊很難，管理董事會也很難，而且有很多爭權奪勢的事情，很多人以為老闆沒有老闆，才怪，老闆有很多老闆。與創投之間的爭權奪勢簡直是一場惡夢。

但是，在這兩年半的時間裡，我學到了比我職業生涯的任何其他時期都要多的東西。

在離開那家公司時，我徹底筋疲力盡。我休了 14 個月的假，然後開始做顧問，因為我還沒有做好找繼續工作的準備，但我需要收入。

## 什麼事情激發你成為產品教練？

在做了一段時間的顧問之後，我在另一家初創公司找到一份產品和設計負責人的工作。我在那裡待了 13 個月就意識到我再也不想創業了。CEO 和董事會之間有很多勾心鬥角，我看過創投最糟糕的影響。我看過一些董事會成員不考慮公司的最佳利益，只考慮他們身為股東的個人利益。我也看過一些董事會成員堅持己見，不願意進行戰略討論。

我花了一些時間寫下我喜歡的所有事情，和我不想要的所有事情，我意識到，儘管我喜歡研發產品，但我不喜歡進入高層團隊，協調工作。我也不喜歡以局外人的身分做產品工作，因為這會讓我和公司互相依賴。而且，我不想被別人依賴，因為這會阻礙他們邁向成功。

> 我意識到，我一直在公司裡看到同樣的問題：產品團隊沒有花足夠的時間和客戶在一起，以及他們不知道如何改變。於是我決定專心做全職教練。

我決定，我不為公司執行戰略或研究工作，而是教他們怎麼去做。有一些公司邀請我為他們做研究，為了將這些諮詢需求轉換成混合的諮詢 / 指導需求，我跟他們說，如果他們願意派一位 PM 跟著我一起工作，並學會以後自己做，我就同意。

最後，我開始非常慎重地寫作。我本來就有在寫部落格了，但我故意改變文章內容，以吸引那些知道自己需要提升團隊卻沒有時間的產品負責人。我開始談論產品管理的未來，以及未來會是什麼樣子。我寫了哪些技能是必要的，以及人們應該關注什麼。

從那時起，我的部落格開始完全圍繞著發現（discovery）和持續發現（continuous discovery）。

自從我開始寫作之後，我開始收到入職指導的邀請。我收到的第一封 email 只有兩句話：「你寫出我的團隊正在拚命解決的很多問題，你可以指導我們嗎？」這封信是 Hope Gurion 寫的，目前她是產品領域的思想領袖和顧問，現在我們的業務已經合併了。

## PM 怎麼知道當教練對他來說是不是好的發展？

> 我喜歡把指導（coaching）和訓練（training）分開。訓練有一種專家 / 教師模式：「我來教你做事的方法」，我認為這種模式不太適用於指導。指導模式比較像是「我們來一起創造對你有用的東西。」教練有一種謙卑的態度，這與教書是非常不同的。

如果你想知道你是否擅長指導別人，你要先問問自己，你能在多大程度上放下自我。「僕人式領導」這個詞最近越來越流行，雖然它有點術語化，但我覺得它背後的概念的確很好。如果我與一個產品團隊合作，身為教練，我的職責就是盡我所能地為他們服務。

這與傳統的思維模式「我把我的一套方法傳授給你」非常不同。

指導需要一些技巧，例如保持距離、幫事物命名、詢問有力的問題，你要真的幫團隊找到前進的方向，而不是引導他們。

離開產品角色之後，我很懷念和工程師共事的時光，我也懷念團隊合作的感覺。但是，我把教練課程當成一種產品，並且已經到了可以和別人合作的程度。

教練有一個好處是，我可以排除所有不喜歡的事情。我不需要和董事會打交道，不需要應付高層團隊，不需要銷售人員。我只要一個支持我的管理員。我的生意很簡單，而且它剛好是我想要的工作方式。

## 對於想要發展事業的 PM，你有什麼建議？

> 花一點時間釐清你喜歡什麼、不喜歡什麼。不要只是在公司的階梯往上爬，不要只是追求更多的金錢和更大的頭銜。

我知道對我來說，說這些話很簡單，因為我曾經是 CEO，但我的確有幾次這種血淋淋的經歷。你很容易以為自己想要某樣東西，但是當你得到它之後，卻發現它根本不是你想的那樣。在你浪費 20 年去追求還不確定真的想要的東西之前，先和扮演那些角色的人談談，試著搞清楚情況。例如，我知道有很多產品負責人都很想念產品工作。

> 另一個建議是，勇敢地創造你想要的角色。

擔任顧問比較容易做到這一點，但你也可以在組織裡做到。願意主動出擊的人做這件事的能力將超乎他的想像。

CHAPTER 46

# OJI UDEZUE

**Oji Udezue** 是 Calendly 前產品 VP，負責產品管理、設計和內容戰略。在此之前，Oji 是 Atlassian 通訊部門的產品負責人，帶領 Hipchat 和 Stride 的產品戰略。他也在 Spiceworks 和 Bridgewater Associates 擔任產品領導人，他是在微軟從事產品工作十餘年之後加入該公司的。Oji 在 2013 年創辦 Intermingl，它是一款行動雲端網路 app。在他的空閑時間，他是 Kernel Fund 的管理合夥人，該基金在非洲投資初創公司，他也是 Quitch 的董事會成員。

ojiudezue.com | twitter: @ojiudezue | medium: @okosisi

## 你是怎麼進入產品管理工作的？

我在奈及利亞出生，父母是中產階級，在我 15 歲的時候，我父親幾乎失去所有財產，從那時起，我下定決心照顧好自己。我在大學做了很多實習，有一次在一家非常有趣的公司，他們希望我持續為他們編寫軟體，並支付我在當時非常昂貴的一筆錢——足以支付我和我弟弟的學費，以及校外住宿的租金。

從此之後，我知道我可以在奈及利亞賺很多錢，但我覺得我必須離開，這樣我才能在世界上留下自己的功績。我很努力，考了 GRE，錄取幾所學校。但是，在收到錄取通知後，美國大使館拒絕我去美國。這幾乎讓我徹底崩潰。

我決定提前為第一個學年募集資金，說服所有的家人和朋友支持我的未來。我帶著募來的錢回到大使館，終於有人認為我沒有問題了，給我學生簽證。在第一學期結束後，我獲得全額獎學金，並在 USC 獲得了碩士學位。

碩士畢業後，我去一家初創公司工作，然後去了微軟。在微軟，我一開始做的是高端企業支持，我很喜歡這份工作，但它不是我真正想做的事情。

> 我知道轉到產品管理職位很難，所以我選擇一個與客服端合作的產品，觀察它的缺點，寫出解決方案，然後將它貼到微軟的內部工具網頁。它實質上變成我的履歷，讓我成為 PM。

## 你在微軟的工作狀況？

我以 PM 的身分加入 Windows 和 Windows Live 的一些複雜專案。在職業生涯中，我曾經與 Office、搜尋和 Microsoft Research 合作，並且取得 12 項專利。我曾經因為產品沒有獲得市場青睞而非常惱怒，轉而學習行銷，學習如何把產品的故事說好。我曾經管理一個行銷團隊兩年，並在哥倫比亞大學和柏克萊大學獲得 MBA 學位。

我在微軟面臨的大問題是：

> 如何證明自己可以解決任何技術問題？如何證明自己可以做到真正的原創？

我申請專利是為了用它來盤點我的原創性。我一直設法用某種方式來證明自己可以在世界上留下印記，證明自己可以像世界上最好的創新者一樣富有創新精神。

最初，當我選擇團隊時，一切都與問題有關，問題越難，越有原創性，我就覺得越有挑戰性，思考得越多。有一次，我在洗澡的時候想出一個全新的方法來解決一系列問題，我推薦了這個想法，最後讓公司花了 2000 萬美元來支持它。

> 後來，當我更成熟之後，我在選擇團隊時，變得比較注重人選，我想找信任的人、可以跟我共事的人、可以支持我和我的職業生涯的人。我需要支持者的原因是，我看過一些很好的管理者，但也看過一些糟糕的、延誤我的職業生涯的管理者。

為了建立人際關係，我在微軟創辦了一個稱為 Africans（非洲人）的社群。我意識到，除了微軟的黑人群體之外，我也希望身旁有了解非洲經驗的人。到美國生活讓我失去所有的人際網路，這是當初沒有想到的缺點。

## 什麼事情啟發了你的下一步？

在我微軟生涯的末期，避險基金 Bridgewater Associates 強力邀請我，當時我已經在微軟待了 10 年，再也感受不到創新了。

在 Bridgewater 待了一年多以後，我決定成立一家公司，這個想法已經在我的腦海裡醞釀了一段時間。我覺得自己準備好了，當時也是正確的時機。我的公司維持了兩年半，後來它失敗了——雖然我可以繼續堅持不懈，但我意識到底層的商業模式不會成功了，我也沒有足夠的時間和金錢來擺脫這個困境，於是我結束了公司。

大約在我開始創業的同時，我建立了一個超級天使集團，它稱為 Kernel Fund。我透過微軟的 Africans 認識很多技術專家，我知道有一群核心人員一直在尋找投資非洲的機會。所以，基本上，我結合那個興趣，制定如何與人合作的規則。我在工作日經營我的公司，在週末參與創投。

> 我喜歡平衡我的機會成本，先下定 100% 的決心，再做想要完全投入的事情。

創投運作得很不錯，我們有一些很好的投資。我們很幸運。

我的公司倒閉後，我搬到 Austin。我先加入一家比較小的公司，後來找到一家我想一輩子待在那裡的公司，Atlassian，它感覺起來很像一個家。他們請我領導整個通訊部門的產品，包括 HipChat、Stride 和其他的一些東西。

我擔任這個職位是因為「人」，也因為它與我的很多專業知識息息相關。在我的職業生涯中，我一直在研發某種形式的合作工具。三年後，我們把那個業務轉讓給 Slack。

後來我在收件匣裡面發現了一個機會，進入 Calendly。它是一家快速發展的公司，幾乎是白手起家，而且已經開始盈利了。對我來說，公司的成長和股權的上升都很有趣。這是一家很棒的公司，基本上可讓我打造自己的夢想團隊。

## 對於想要發展事業的 PM，你有什麼建議？

> 我認為你要先了解自己。剛起步的 PM 很難做到這一點，因為當我們年輕時，我們通常會非常樂觀地以為我們是什麼、我們擅長什麼、我們不擅長什麼。但隨著時間的過去，你要試著理解什麼會讓你快樂，你擅長什麼，以及你認為你可以在哪些方面做得更好。

在早期，升遷取決於上級的批准，你要了解他們想要什麼，審慎地找出答案，如果它與你擅長的事情有關，試著做到最好。設法排除任何反對你迅速升遷的意見。

例如，在我職業生涯的早期，我不擅長撰寫每週紀錄，雖然我喜歡這份工作，但我討厭寫紀錄。我的主管說：

> 寫紀錄是你的工作，你沒有持續地做紀錄所以你無法升遷，你必須非常努力地把紀錄做好，這樣別人就不會阻礙你了。

我認為在職業生涯中期，你應該和支持你的人一起工作。現在升遷不僅僅關乎你的能力，也關乎那些能推動你前進的人。

在職業生涯的後期，講白一點，尋找能夠讓你富有的機會。尋找可以幫你免於工作的事情，如果可以的話。

我總是叫年輕人用三要素來引導事業：

- **第一個要素是品牌**。它是由你工作過的公司決定的，對我來說，它是微軟、Atlassian、Bridgewater 的經歷。大家都認識這些品牌，人們對曾在這些公司工作過的人有某種期望。擁有這些經歷非常重要。如果你是移民、如果你是女性、如果你是黑人、如果你是權力動態的局外人，那就更重要了。
- **第二個要素是聲譽**。它與你有關。你曾經發表什麼？你製作過什麼？你在 Twitter 上說了什麼？你在 Medium 上說了什麼？你在 LinkedIn 上說了什麼？別人為什麼認識你？他們為什麼要支持你？那是你自己的東西，你必須守護它。
- **第三個要素是錢**。

擁有完美的三要素通常就會有不錯的事業。

CHAPTER 47

# APRIL UNDERWOOD

**April Underwood** 是 Local Laboratory 的創始人兼 CEO，她也是 #ANGELS 的共同創始人。她擔任過 Slack 的產品長和 Twitter 的產品總監。她是 Zillow Group 的董事。

twitter: @aunder

## 你是怎麼進入產品管理工作的？

我在德州長大，那裡遠離軟體開發世界和矽谷，但我一直對計算機很有興趣。我曾經在電腦輸入我收集的棒球卡的所有參考資訊，好讓我不需要翻遍收藏冊就可以知道我擁有哪些棒球卡。

當我上大學時，我從來沒有想過要選擇計算機科學，我是透過兼職的技術支援工作愛上寫程式的。我自學程式，好讓我更容易瀏覽訓練指南，以免自己打電話。

大學畢業後，我開始了職業生涯，在 Travelocity 當軟體工程師，與 Yahoo 和 AOL 等網站合作和整合。透過這段經歷，我接觸了矽谷的一些公司，並開始詢問關於合作協議和產品選擇的問題，這些都是 PM 會問的問題。

我想成為 PM，但上級說我需要 MBA 學位，於是我申請了商學院。在我提出申請之後，Travelocity 給我一個不需要 MBA 就可以擔任 PM 的機會，我接受了這個機會。幾個月後，當我收到 Haas (Berkeley) 商學院的錄取通知書時，我決定無論如何都要繼續深造。後來，當我從商學院畢業並加入 Google 時，市場發生了變化，公司說我不可能擔任 PM，因為我沒有計算機科學學位。

你一定要知道這件事：

> 這個角色一直在改變，尤其是在職業生涯的早期，你可能會聽到很多你不適任 PM 的原因。在尋找 PM 工作時，你要找一家合適的公司，發揮正面的影響力，培養經驗，直到別人不再質疑你到底能不能當 PM 為止。

很多人都需要練習幾次。到了某個時間點，你要休息一下，之後就更容易找到機會了。

在 Google 的那些年裡，我毛遂自薦從技術計畫經理轉為 PM，甚至在一個秘密專案兼職當 PM。現在回想起來，我拼了老命地想要證明公司應該為我破例一次，讓我回到在 Travelocity 攻讀 MBA 之前的職位。最後，我離開公司，去一家草創期的公司擔任 PM，這家公司對擔任 PM 的資格沒有那麼講究。

幾個月後，有一位在 Twitter 工作的朋友打電話邀請我，我很喜歡那個產品，無法拒絕。這是一個位於技術變革（即行動 app）和文化變革的交叉點的工作機會，它讓大家可以在網路上以不同的方式表達自己。我加入了 Twitter 擔任 PM，負責 tweet 按鈕和其他平台產品。

## 你的職業發展的主要驅動力是什麼？

> 說到職業發展，在我職業生涯的早期，我必須追求自己想要的東西，我追求更多的機會，我要求在房間裡做某些事情，我承接沒人要求我做的工作，我主動找人討論升遷的機會或下一份工作。

其中一個機會是在 Twitter，當時我們意識到，我們需要有人來管理新成立的業務開發團隊。我們與 Google 和微軟等公司達成了合作協議，這實際上是一種產品操演（product exercise），我們試著為共同用戶解決什麼問題？我們如何做到那一點，同時又能滿足各個組織的商業目標？

所以，我轉而進行這項工作，後來又回到傳統的產品管理角色，負責建構廣告 API，最終帶領大部分的廣告和資料 PM 團隊。

## 你是怎麼進入天使投資的？

離開 Twitter 後，我和五位前同事創立了 #ANGELS，開始做天使投資。我們看過有些男性同行有幸以天使投資人的身分參與他們感興趣的公司的成長，我們認為我們也可以建立保護傘，獲得交易的機會。

> 這是我職業生涯的轉折點，我把它當成一個投資組合，而不是「這就是我的工作，我要為這個工作付出了 200% 的精力。」我開始考慮涉獵各個不同的領域，以及如何同時運行它們。

## 你是如何加入 Slack，並成為財務長的？

我在做天使投資的時候遇到 Stewart Butterfield，他是 Slack 的 CEO 和創始人之一。我最終以平台負責人的身分加入 Slack，當時 Slack 有大約 150 名員工。這是一個總經理的角色，對 Stewart 和我來說，這個機會可以讓我們了解彼此，並評估彼此能否建立富有成效的工作關係。

我用工作中學過的所有技能建立了這個平台，那些技能包括工程和業務開發。我帶領一個優秀的團隊，圍繞著一個 API 開發平台策略。對於一個平台來說，僅僅向世界發表功能是遠遠不夠的，你需要一個業務開發團隊來讓最大的公司願意合作並加入，你需要一個業務開發團隊，與最大的公司合作，讓他們參與進來。你需要一個「開發人員關係」團隊，協助開發更廣泛的生態系統，並幫助人們了解技術的可行性。你需要平台行銷團隊，和能夠幫你將這些資訊傳給最終客戶的人。

在我加入公司 6 個月後，我們發表了 Slack app 目錄，在當週稍晚，Stewart 邀請我擔任產品 VP。在一個由產品創始人帶領的公司裡，創始人和產品負責人往往無法融洽地配合。平台負責人的角色可以讓我們知道一起工作會是什麼情況。在接下來的三年裡，我以 VP 的身分管理產品組織，最終成為產品長。

## PM 如何知道產品領導職位是否適合他們？

喜歡產品 VP 或 CPO 角色的人都喜歡進行內部溝通和領導，以幫助整個公司了解什麼事情才是重要的，以及原因何在。它們可以幫助人們了解公司做出的選擇。他們不但可以傳達一條途徑，引導人們在組織的每一個階級做出正確的決定，也可以建立一個治理架構，讓大家可以快速且明確地做出決定。

> 諷刺的是，在擔任管理投資組合的高級領導人時，你必須從那些讓你達成目標的技能中退一步，例如對你正在解決的問題表現出難以置信的熱情，並願意不惜一切代價讓它成功。

高層必須在情感上與「what」保持一定的距離，確保人們對於「why」保持一致，並讓他們了解如何在組織內完成工作。

優秀的 PM 和優秀的產品領導人之間的另一個區別是：後者會越來越適應跨部門的工作，並且善於與業務或銷售同事取得共識。產品領導者必須自在地扮演這個角色，定義入市戰略，甚至是站上講台發表產品。你可能從未在 IC PM 職業生涯中用過這些技能，然後，在突然之間，它們就變得超級重要。因此這個轉變可能會有點困難、有點辛苦。

> 這就是 CPO 之路。身為高層，你通常要明確地溝通、具備一定的領導魅力，讓人們願意加入你的組織並追隨你，你也必須謙虛地面對組織的問題，正面解決它們。

## 誰是天使投資的最佳人選？

如果你喜歡接觸還在研究早期想法的團隊，而且和他們在一起工作讓你充滿活力，你就會喜歡這個工作。我經歷過那種狀況，也經歷過相反的狀況。很多時候，那些想法只是想法，甚至連產品都不是。這個工作和擔任 CPO 完全不同，CPO 每天都面對真實的事物，客戶、業務和產品都是摸得到的。

## 誰適合當總經理（GM）？

在我看來，總經理是最好的工作之一。它可以讓你真正負責不同職能之間的運作。

> 我一直認為，將程式碼投入生產環境不是正式的發表。發表是讓客戶真正了解它是什麼，以及他們為什麼需要它。除了行銷之外，你可以用很多不同的方式做到這一點。

總經理比較像是商業模式的產品領導者，而不是創造技術願景或產品願景的人。但是，成果出眾的公司能建構優秀的產品、具備知識和能力，也非常努力地打入市場。

### 對於想要發展事業的 PM，你有什麼建議？

> 最基本的事情是承擔責任，為上級明確交待你做的事情建立一個超越它且令人信服的願景，讓人們願意將希望寄託在上面，對我來說，這就是領導力。話說完了。

如果你只做別人要求你做的事情，那就代表你現在的位置就是你在組織圖上該待的位置。

快速成展的公司是發展職業生涯的最佳場所，因為裡面隨時都有新的工作機會出現，而且每個人的工作都會越來越大。這種公司會有很多人事調動，有調動就有機會。

## 對 PM 來說，何謂成長？

我認為成長有三條軸線。

首先，你要認出你負責的部分的**鄰接物**（**adjacency**）。你要為產品找出未被開發的新機會，擴大或擴展你已經在做的事情，久而久之，你就有點像是幫自己升職，因為你說服公司投資更大的東西。

第二（這比較像 GM 途徑），找出**組織除了建構產品之外，還要做哪些事情**，才能提高那個投資的 ROI。建議你要知道如何幫你永遠不會承接的工作撰寫工作 spec。當你需要行銷伙伴時，寫一份清楚地說明你需要哪些事物的行銷 spec，然後用那份 spec 來進行溝通，甚至自己列出一份想要交談的候選人名單。有時，你最終會成為僱用他們的人，此時，你又獲得一次新體驗了。

第三是**建立跨部門聯結**。特別是在企業商務活動中，你要花時間對客戶進行銷售、成交他們，在他們不高興的時候安撫他們。花時間與銷售團隊相處也同樣重要。你要真正理解他們外出銷售和行銷產品的感受，即使仍然有一些差距。

> 願意面對這些現實，並且與銷售人員一起工作的 PM 可以建立信任感。接下來你就可以成為解決方案的推動者，而不是工程資源的把關人，後者是一種陷阱，會讓 PM 在組織中處於艱困的地位。

# 附加資訊

PM 角色的類型

獲得一份 PM 工作

內向的人如何建立人際網路

自主性與認同感的矛盾

談判薪資的 10 大法則

# PART J

ADDITIONAL READING

# J 附加資訊

關於產品管理的知識非常多，但願我們已經介紹大部分重要的資訊了。但根據你的背景和目標，下面的一些資訊可能對你很有用：

- **PM 角色的類型（第 545 頁）**：本章介紹不同產業的 PM 都在做什麼，以及你需要哪些技能。我們將討論消費者、B2B、電子商務、賣場、遊戲、平台與基礎設施、內部團隊、硬體和物聯網、成長和現金化、機器學習 / 人工智慧 / 資料、初創公司、受監管的行業、非科技公司、政府和社會影響機構。
- **獲得一份 PM 工作（第 560 頁）**：本章將介紹哪些經驗對獲得產品管理職位有幫助，以及如何在面試中表現出色。
- **內向的人如何建立人際網路（第 575 頁）**。這篇文章是 Jules Walter 寫的，它告訴我們內向的人（或是每個人）如何建立真誠的人際關係。
- **自主性與認同感的矛盾（第 578 頁）**：在這篇文章中，Kate Matsudaira 介紹在自主工作時衡量貢獻的挑戰。
- **談判薪資的 10 大法則（第 584 頁）**：Haseeb Qureshi 解釋了爭取更好薪資的核心原則。

CHAPTER 48

# PM 角色的類型

產品管理最棒的事情之一，就是它非常適合通才型的 PM。許多 PM 在接下每一個新工作時，都會切換成不同類型的 PM 角色，從消費者到企業，從電子商務到賣場，從成長到機器學習，從大公司到初創公司。

切換類型很受歡迎，因為這些 PM 類型使用的技能幾乎是相同的，而且這些技能通常比專業知識更能夠推動成功。此外，切換類型實際上是**正面的**，因為許多重大貢獻都來自交叉授粉：將某一種類型的團隊提出的想法用在另一種類型的團隊裡面。

這個「通才」規則有一個例外出現在你有幸成為一位頂尖的專家時，也就是當你是一個專業領域中擁有最佳經歷的人之一時。例如，iPhone app 商店在 2008 年開張時，帶來行動 app 的新時代，當時具備幾年行動經驗的 PM 變得非常受歡迎。

有鑑於此，我們將深入研究各種 PM 角色有何不同，以及對每一種角色而言特別重要的技能。

## 消費者

### 它是什麼

消費者 PM 通常是大家聽到產品管理時，第一個浮現在腦海中的角色。他們為大眾使用的產品開發用戶直接使用的功能，例如 Spotify、Instagram、Reddit、YouTube、Google Maps、Yelp 或 TikTok。許多 PM 都選擇扮演消費者角色，因為他們喜歡那個產品。

### 你要做什麼

消費者 PM 關注的成功指標通常是測量黏著度的指標，也就是讓人們開始使用產品，並持續使用產品。他們可能用每日活躍用戶數量（DAU）或每月活躍用戶數量（MAU），甚至 DAU/MAU 的比值來追蹤大規模且不斷成長的用戶群的使用量增加頻率。娛樂產品通常使用「花費時間」指標，例如收聽時間。PM 可能也會使用特定領域的使用指標（usage metric）或交易指標，例如發出去的訊息量，或用戶寫的評論量。

### 你需要什麼

對消費者 PM 來說，產品技能尤其重要，例如以客戶為中心、設計和創造力。直接接觸客戶的產品往往有激烈的競爭，消費者會選擇價格吸引他，而且設計符合他的喜好的產品。消費者 PM 必須不斷地考慮用戶、他們有什麼問題，以及如何幫助數百萬名用戶解決這些問題。

強大的產品直覺、客戶研究能力和資料分析能力可以幫你確保產品為「沉默的大多數」服務，避免被「大聲的極少數」誤導。對消費型 app 來說，每天在論壇上發言並經常要求功能的少數用戶（聲的極少數）與其他用戶（沉默的大多數）的需求和用例是不一樣的。大聲的用戶希望你為他們的小眾用例提供花哨的功能，但是改善易用性與提供容易使用的功能比較可能幫助典型的用戶。優秀的消費者 PM 可以透過觀察資料來發現並提倡大型的產品機會[1]。

當你的目標用戶是一般人時，每一個人對於你該做什麼事情都有他的意見。你的點子不會缺乏，但決定優先順序和說「不」的能力非常重要。工程師和設計師往往會主導消費型產品，所以你也要用一流的合作和領導能力來發揮影響力。

## B2B

### 它是什麼

企業對企業（Business-to-business，B2B）產品專注於銷售軟體給企業、學校或工作人員，這種產品包括 Adobe Creative Cloud、Asana、Dropbox、Google AdWords、Gusto、Jira、MailChimp、Microsoft Office、Salesforce、Shopify、Slack、Square、Workday、Zendesk 和 Zoom…等。

1 這並不意味著你絕對不需要注意重要的小規模用户群體的需求，例如有影響力的用户。我的意思是，切勿將愛好發言的人和不主動發言的人視為同一種人。

### 你要做什麼

雖然 B2B 產品通常沒有消費型產品的知名度和聲望，但它們是擔任 PM 的好地方。你要開發一個讓別人覺得有價值的產品或服務，並且讓他們為此付錢給你。擔任這種 PM 時，了解客戶想從你的產品中得到什麼以及確定你是否提供真正的價值比較簡單。除非你的目標客戶是工程師或設計師，否則團隊通常重度依賴 PM 來了解客戶需求。

B2B PM 重視的成功指標通常是衡量收入的指標：讓人們付費，並繼續付費。這可能是用年度經常性收入（ARR）、你的功能協助完成的新交易，或活躍的白金用戶來衡量的，他們會特別注意客戶保留率和流失率。更細一點看，PM 經常關注功能的黏著度。

### 你需要什麼

在擔任 B2B PM 時，你一定要考慮多種用戶，購買或管理軟體的人與使用軟體的人通常有不同的需求。偉大的產品必須考慮所有的用戶。PM 有時只關注購買者想要使用的東西，最終設計出糟糕的軟體，造成終端用戶的痛苦。不要當那種 PM ！

戰略技能對 B2B PM 特別重要，例如市場分析，以及了解商務模型。PM 要釐清如何完成交易、打敗競爭對手、擴大市場，以及在許多互相競爭的優先事項之間平衡地投資。與一些消費者 PM 不同的是，B2B PM 不能忽視現金化。

Skydio 的資深產品管理總監 Mike Ross 解釋道：

> 我的工作有兩個面向。一個面向是快速推出產品並取得回饋：推出優質產品，快速地為它們劃定適當的範圍，然後開始迭代。另一個面向是影響管道（pipeline）、想方設法賣給更多對象、盡我所能地為產品建立最大的市場，這包括與處於邊界的人交流，了解彼此的差距在哪裡，然後縮小差距，讓我們可以繼續發展。

優秀的 B2B PM 會花大量時間和客戶打交道，尋找客戶需求和商業機會之間的關聯。

## 電子商務

### 它是什麼

電子商務公司會在網路上銷售商品（通常也會在現實世界中寄送貨品）。這種公司包括 Amazon、阿里巴巴、Flipkart、Walmart 和 Zappos 等網站。

### 你要做什麼

許多現代科技公司都不斷地發明最佳實踐法，但電子商務公司的基礎是供應鏈管理。

Walmart 產品管理 VP Rahul Ramkumar 解釋道：

> 電子商務的支柱是供應鏈——你可以擁有漂亮的網站、奇妙的體驗、接受訂單，但最終，你都得履行訂單，按時交貨。如果沒有把這些事情做好，買方就不會給你第二次機會。

除了研究供應鏈之外，他也建議你加入輪班計畫，讓你可以花時間管理商品銷售、回應支援申請，或加入與客戶的訂單有關的團隊，以獲得全方位的視角。如果你做不到，他建議在組織裡面尋找導師。

電子商務公司的主要成功指標通常是成功的訂單。在成功的訂單之前有一個轉換漏斗：造訪網站、瀏覽產品、把它加入購物車、結帳，最後購買。

### 你需要什麼

電子商務 PM 的頂級技能因不同的部門而異，但他們往往具備執行的能力。電子商務是一個複雜的系統，裡面的所有部分都必須一起運作，一旦出錯可能導致嚴重的後果，因為通常你要處理實體商品和金融交易。

## 賣場

### 它是什麼

雙邊賣場產品連接了買家和賣家或服務供應商，這種產品包括 Uber、Lyft、DoorDash、Airbnb、Etsy、Ebay 與 Alibaba。

### 你要做什麼

賣場的買方 PM 通常是消費者或電子商務角色，賣方 PM 通常是 B2B 角色。然而，大賣場的 PM 一定會考慮供需之間的相互作用，許多新功能都需要買方 PM 和賣方 PM 一起完成。

賣場 PM 會注意關於賣場整體健康狀況的成功指標：供應、需求和成功的交易（例如預訂或銷售）。

### 你需要什麼

戰略技能，例如商務意識和合作技能（尤其是在不同團隊之間）對賣場 PM 非常重要。

## 遊戲

### 它是什麼

雖然以前的桌機和主機遊戲沒有 PM，但較新的線上遊戲和手遊，特別是免費遊戲，卻有 PM。這種遊戲包括 Farmville、Candy Crush、精靈寶可夢 GO、憤怒鳥、英雄聯盟，以及要塞英雄。現在大多數遊戲都有線上元素，即使是傳統的遊戲工作室也會聘請 PM。

### 你要做什麼

遊戲公司的 PM 通常會關注玩家長期價值的成功指標，例如黏著度和現金化能力。吸引玩家回到遊戲中很重要，所以 D1 和 D7 客戶保留率（也就是在第一天和第一週之後有多少人回到遊戲中）等參數非常重要。現金化能力可以透過每日活躍用戶平均收益（ARPDAU）來衡量。手機遊戲主要透過廣告來獲取新用戶，所以要比較「長期價值」和「每次安裝成本（CPI）」這兩個指標。

成功的免費遊戲從一開始就會考慮商業模式——它不像消費者 app 那樣，可以先建立一個龐大的用戶群，再想辦法現金化。遊戲的類型會影響現金化策略的種類，例如付費免除等待時間、付費購買裝飾道具、或付費購買更強大的角色。

PM 要與遊戲設計師合作，一起找出核心遊戲（core game），以及遊戲 PM 所說的「metagame」。核心遊戲就是遊戲的動作，例如 candy crush 的顏色搭配，metagame 則是所有的周邊元素，例如進展和遊戲經濟。

遊戲的壽命通常比最初的開發時程長很多，所以大多數的遊戲 PM 都不會發表全新的遊戲，而是在遊戲發行後，負責優化和改善遊戲，這種工作稱為即時運維（live operation）或 LiveOps 階段。遊戲 PM 會不斷進行改善，從添加新內容，到創造新的玩法，再到優化首次體驗。PM 會花費大量時間分析資料，了解新功能的運行情況。如果你還不了解 SQL，你應該盡早學習它。

### 你需要什麼

創造一款遊戲需要很多人合作：美術師、遊戲設計師、UI 和 UX 設計師、工程師…等。有些公司有專門的專案管理者，但對於沒有這種角色的公司來說，運用專案管理來讓所有人保持一致的目標非常重要。

除了出色的分析能力之外，優秀的遊戲 PM 還要具備哪些條件？豐富的遊玩體驗！正如同 Pocket Gems PM VP Brian Shih 所分享的：

> 如果你想要真的做好遊戲設計，我認為第一件事就是去玩 1 萬個小時的遊戲，再花 1,000 個小時去玩前 10 名的遊戲，並且真正地了解它們。以玩家的角度感受各種系統帶來的共鳴，並獲得得可供借鑒的參考。

如果你喜歡遊戲，成為遊戲 PM 應該是美夢成真。

## 平台與基礎設施

### 它是什麼

平台 PM 負責開發讓別人用來建構產品的基本元件，例如 API、UI widget 或基礎設施組件。這個平台可能是讓內部使用的基礎設施（客戶是同一家公司的產品團隊），或是讓外界使用的基礎設施（提供一個基礎給其他公司的開發人員在上面構築）。

平台和產品之間的關鍵差異在於，產品直接解決一組已知的用例，平台則是讓其他團隊解決他們的用例。

### 你要做什麼

身為平台 PM，你至少要考慮兩層客戶：使用平台的開發人員，以及被他們服務的終端用戶。這種間接的關係也添加了不確定性：產品團隊可能會改變他們的目標，或是未能充分傳達他們的背景。

平台 PM 通常試圖衡量平台的健康程度，例如使用該平台建構出來的成功產品的數量。在理想情況下，團隊也可以衡量該平台為產品建構團隊帶來的好處，例如開發時間的減少，或關鍵成功指標的增加。平台或基礎設施 PM 的另一項重要工作是為團隊定義正確的成功指標。

### 你需要什麼

因為你的客戶是開發人員，所以你的技術能力（例如寫程式的背景）可能很重要。正如同消費者 PM 要在 UI 中發現易用性 bug 那樣，平台 PM 也要在 API 中發現易用性 bug。技術能力也可以幫助他們猜測平台可能發生什麼事情，以及了解機會和限制。

為了真正了解用例，以及選擇準備發表的功能組合，產品技能對平台 PM 來說非常重要。沒有 PM 的平台團隊往往會發表一組對映內部程式結構的 API，但那些 API 不一定能支援重要的用例。例如，可能有設計不良的 API 無法使用關鍵的物件，或需要太多往返，以致於速度無法滿足用例。

管理平台產品有一項重要的經驗法則：想出你希望用那個平台建構出來的三個產品，並圍繞著它們進行設計。至少想出一個可以確保平台能夠發揮效用的產品，然後從它延伸出三個產品，以突顯平台必須夠靈活才能夠支援的領域。

戰略技能對平台 PM 也很重要，你必須根據產品將來可能需要的內容規劃長期路線。大多數的線上軟體都可以透過更新來定期修正問題，但平台的錯誤（尤其是會讓外部用戶看到的錯誤）通常無法輕易修復。如果你的更改無法回溯相容，那麼用你的產品做出來的產品將會崩潰。

## 內部團隊

### 它是什麼

內部團隊的 PM 開發的產品是讓公司內部的其他人使用的，產品的使用者包括基礎設施團隊，以及幫公司的銷售人員、資料科學家、客服和行銷人員建構工具的團隊。他也可能開發支援公司主要工作的工具，那些工具的使用者可能是包括房地產公司的房仲、金融公司的金融顧問、醫療保健公司的宣傳者，或新聞業的記者。

### 你要做什麼

身為內部團隊的 PM，你要和你的客戶（其他團隊）、高層和公司的其他人員密切合作。團隊的領導人和團隊支援的內部對象之間通常有某種緊張的關係。

例如，你可能會要求所有產品團隊都改用同一個基礎設施，但每一個產品團隊都將這項轉換視為無意義的負擔。你可能正在建構一項工具來幫助營運團隊做出決策，但是他們擔心你的工具完成的那一天，就是他們失業的那一天。你建構的自動化工具可能帶走所有簡單的工作，讓營運團隊只剩下有壓力的工作。

你的工作是理解這些衝突，開發適當的解決方案，處理內部客戶的擔憂，以及推出解決方案。

### 你需要什麼

利害關係人管理和關係建立是內部 PM 的重要技能。優秀的內部 PM 會直接處理緊張關係，並且強烈地關注他的內部客戶，而不是盲目地服從高層的命令。他們會了解內部團隊的需求和恐懼，並提出解決方案，即使那是 PM 通常不做的事情，例如在營運團隊的工作被自動化之後，建議他們可以做哪些新工作。內部 PM 會在內部說他們的產品的好話，以幫助團隊了解轉換的好處。

戰略技能對內部團隊也很重要。內部團隊經常面對幾十位利害關係人在心血來潮的情況下提出的需求，他們還會三不五時改變心意，而且總是有各種怒火需要撲滅。這讓你很難發表任何東西，也很難判斷你的作品是否真的成功。為了幫助團隊脫離救火員模式，你可以擬定明確的任務，並使用它來決定工作的優先順序。

## 硬體與物聯網

### 它是什麼

硬體 PM 的工作重點是建構和交付實體產品，而物聯網（IoT）是結合了硬體和軟體的產品，包括 iPhone、Sonos 揚聲系統、Nest 攝影機和 Fitbit 追蹤器等產品。

### 你要做什麼

硬體 PM 比較依賴雛型測試和早期雛型的內部回饋，而不是 A/B 測試。雖然 PM 也可以和客戶一起測試多個雛型，但這種做法很難快速迭代。精準地預測可能出現的錯誤非常重要，因為這樣你才可以準備好正確的後備雛型。

在執行面，硬體有固定的產品開發週期，包括從初始概念到大規模生產的各個階段。硬體 PM 必須了解每個階段、它們為時多久，以及在各個階段裡面進行哪些類型的更改比較容易或比較困難。Syng 的 PM 總監 Laide Olambiwonnu（曾經 Ring 與 Sonos 任職）解釋道：

> 你要對每一次建構的目標和目的抱持著非常嚴謹的態度。這可以讓你有效地決定優先順序，並確保你從每一次的建構中獲得最大的利益。

硬體 PM 有很多層面是軟體 PM 絕對不會遇到的。硬體 PM 經常拜訪生產產品的工廠或供應商，這種拜訪對你而言是好是壞取決於你多麼喜歡旅行。硬體 PM 也要負責產品的包裝，以及考慮開箱體驗和永續包裝等問題。

對於 IoT，Daniel Elizalde 寫道：

> 物聯網需要新一代的 PM，他們必須有能力將物聯網的五個技術層級放入產品戰略和路線[2]。

在他的框架中，五個層級是設備硬體、設備軟體、通訊、雲端平台和雲端應用程式。

## 你需要什麼

與軟體相較之下，硬體需要大量的時間和金錢來生產，這意味著你要具備戰略技能（預測技術的發展方向）、準確的產品直覺（因為你無法進行大規模的 A/B 測試）和出色的執行能力（因為在產品發表之後，問題就不容易解決了）。

如果你正在開發一款即將在三年內發表的硬體，你必須準確地預測未來，以免產品快速過時，為你帶來許多困擾。例如，有一些硬體產品使用耳機插孔連接 iPhone，但是當 Apple 在 2016 年取消耳機插孔後，那些產品只能尋找替代 iPhone 的產品了，真糟糕！

Olambiwonnu 分享了她是如何持續注意並決定採用哪些組件的：

> 像 CES 這類的會議很有幫助，我也會注意大公司的組織部落格，以及訂閱他們的 email 訊息。掌握他們接下來的路線，以確保我使用的組件可以被製造商長期支援。

掌握最新潮流和技術可以幫助你開發出很有現代感的硬體，且既不過時，也不過於前衛。

2 Elizalde 在 *https://danielelizalde.com/iot-primer/* 解釋這個論點。

# 成長與現金化

## 它是什麼

很多公司都有成長（growth）PM，他們的工作是獲取新用戶，或是從新用戶現金化，而不是建構新功能。成長 PM 可以處理產品的所有部分，但通常專注於註冊或購買等關鍵流程。

## 你要做什麼

成長 PM 關注的是 Bangaly Kaba 所謂的臨界用戶，也就是已經知道某款產品，也許還曾經嘗試使用它，但沒有成功地變成忠實用戶的人[3]。

Kaba 寫道：

> 我們的觀點是，對成長團隊來說，不斷定義臨界用戶是誰、理解他們遇到什麼問題、同理臨界用戶，最終解決他們的問題是非常重要的。

成長 PM 通常直接負責成功指標，例如收益或活躍用戶數量，並透過 A/B 測試來衡量成功與否。

## 你需要什麼

分析性問題解決能力、資料洞察力，以及執行技能對成長 PM 特別重要。分析性問題解決能力可以幫你提出假設，以及問出正確的問題。資料洞察力可以幫助你評估機會和分析實驗結果。當你用實驗來測試假設時，完美地執行實驗特別重要，否則你就不知道得出某種結果究竟是因為假設是錯的，還是因為執行得不好。

取決於公司的成長和現金化情況，你可能要為成長團隊建立正確的文化。領導能力也很重要，因為你要了解很多習慣和價值觀。

---

3 關於臨界用户的更多資訊，參考 *https://andrewchen.co/the-adjacent-user-theory/*，以及第 504 頁的 Bangaly Kaba 訪談。

## 機器學習、人工智慧（AI）與資料

### 它是什麼

機器學習（ML）PM 往往是高技術性的角色。PM 要和 ML 系統以及資料科學家合作，藉著運用龐大的資料裡面的模式來開發更好的產品體驗。機器學習可以用來改善廣告效果、將內容個人化、識別圖像、推薦產品…等。雖然所有的 PM 角色都必須重視職業道德，但是在擔任 ML PM 時，提前考慮潛在的危害特別重要。

### 你要做什麼

機器學習 PM 要設法使用資料來解決客戶需求。PM 可能要找出可以用公司的資料來處理的新用例或目標市場。他們可能要研究機器學習演算法的輸出，以確定需要改善的領域。

權衡利弊是他們的工作重點。機器學習模型有很多類型，它們各有不同的優缺點，每一種模型都可以用不同的方式來調整。例如，有些模型可以改善 recall（演算法回傳多少正確的結果），但代價是犧牲 precision（演算法回傳多少不正確的結果）。PM 可能要有能力發現新特徵（訊號），或找出可以改善兩種指標的訓練資料來源。當及時推出產品很重要時，PM 可能會建議使用*更少*資料，以快速地獲得結果。

### 你需要什麼

機器學習 PM 需要了解技術的能力和限制，並深入了解他們試圖處理的客戶或商業問題，以指導團隊做出正確的平衡。

此外，PM 必須習慣查看資料。例如，他們可能要用 SQL 來檢查原始資料的樣子、檢查任何問題，或單純瀏覽資料來尋找靈感。

幸運的是，只要你對數學有興趣，並且願意學習，你不需要回學校學技術。網路上有很多優秀的機器學習和資料科學課程和文章可供學習。

由於這項工作的技術性，PM 必須與工程師密切地合作。通常你可以使用多種不同的技術方法，這些方法的成本和速度，或 precision 和 recall 各有其優劣。

戰略技能也很重要。Rally Health 的產品 VP Laura Hamilton 解釋道：

> 你要制定資料策略，並找出你的護城河是什麼[4]。你該如何處理和擴展它？如果你的產品使用的資料都是可以公開拿到的，它就不是一個值得防禦的業務[5]。

隨著機器學習演算法變得越來越廣泛和商品化，找到好的資料來源和好的特徵已變成更重要的差異化因素。

## 初創公司

### 它是什麼

大多數的初創公司都會讓一位創始人扮演第一位 PM 的角色。隨著團隊規模的擴大，初創公司可能會聘請新的 PM，以協助突破瓶頸，並且讓那位創始人從事更具戰略性的工作。

加入快速發展的初創公司對你的職業生涯來說可能是很好的選擇，因為你會遇到新機會，相較於其他公司，你也更有機會成長為職位更高的角色。但是，許多初創公司都沒有強大的產品領導人可以學習，此外，如果你的初創公司沒有成功，相較於在大公司工作，找到下一份工作的難度比較高。

### 你要做什麼

初創公司的 PM 要身兼多職，並且處理「和創始人合作」與「定義角色」等額外的麻煩事。

對初創公司的 PM 來說，如果創始人非常重視產品，他們之間有著最衝突也最重要的關係。早期的 PM 有時會帶著「我是產品的 CEO」的心態進入初創公司，沒多久之後，就和創始人發生衝突，因為創始人堅持控制產品願景，甚至產品細節。如果初創公司有強大的產品創始人，新 PM 通常要先透過業務的執行和禮貌的建議來證明自己，才能慢慢地被授與戰略職責。

---

4 護城河就是你的永續競爭優勢，例如獨家合作關係。

5 你可以在這個網址看到她談論 ML 的影片：*https://www.linkedin.com/in/lauradhamilton*。

在你加入公司之前，你一定要確定你和創始人有非常一致的想法，否則你會發現自己不想在那家公司待太久。首先，你要確保你們的戰略是一致的，並且都信奉產品願景，然後，確保他們想從你這位 PM 得到的東西與你想做的事情一致。有些人在加入公司後才知道，創始人只希望他們專注在執行面，或是高層會幫每一個功能進行設計層面的調整。

初創公司的早期 PM 有一種常見的挑戰是幫團隊的其他成員適應 PM 的存在。工程師或設計師可能會擔心你剝奪他們的自主權或加入過多的流程，他們可能從來沒有和 PM 共事過，不知道該期待什麼，也不知道何時該讓你參與。你要向所有人展示你可以帶來什麼價值，並且協助調整期望。

### 你需要什麼

人脈對初創公司的 PM 來說很重要，因為你通常不能依靠公司裡面的人提供建議和指導。人脈在你做以前從未做過的事情時特別重要，例如尋找共用工作空間、錄製教學影片、規劃入市行銷活動、聘請用戶研究員、寄出每月時事通訊，或運行社交媒體帳戶。幸運的是，初創公司裡面的人往往非常樂意幫助別人，分享對他們來說有用或沒用的東西。當你遇到困難時，你可以請公司的投資者和顧問幫忙介紹。

執行技巧，特別是創造精實 MVP 和利落地測試假設的能力對初創公司的 PM 非常重要。初創公司的資源有限，你學習得越快，你就能越快做出正確的選擇，讓產品符合市場需求…在你的初創公司耗盡資金之前。

## 受監管的行業

### 它是什麼

在受監管的行業（例如醫療保健、支付或金融服務）中的 PM 角色與其他類型的 PM 非常相似，只是要考慮一些額外的權衡，這些行業受政府法規的約束，可能對產品工作增加額外的要求。

### 你要做什麼

在受監管的行業工作的好處是，你可以對人們生活中非常重要的部分產生重大的影響。這些公司就是因為太重要了才需要監管。

匯豐銀行產品首長 Mariano Capezzani 解釋他喜歡這個職位的原因：

> 我們的業務遍及全球，我們在這裡建立的服務和經驗，豐富了我們在世界各地諸多社區服務的數百萬人的生活。在這裡工作可讓你接觸客戶，以及見到那些客戶面對的人，從溫哥華、墨西哥、倫敦、杜拜到香港、新加坡和澳州。

如果你加入一間正要開始進行數位化轉型的老機構，那裡往往有未被利用的豐富資訊，可以為創新提供巨大的價值和機會。

在受監管的行業中工作需要考慮的因素是你會遇到更多限制，事情往往進展緩慢（通常是因為組織的複雜性）。你可能每天都要和律師一起深入了解法規的細微差別、法律精神和監管環境。你的公司可能有許多利害關係人，以及繁複的批准流程。你通常不能倉促地進行 A/B 測試。

### 你需要什麼

在受監管的行業中，優秀的 PM 不會把法規視為非黑即白的核取方塊，直接丟給工程師，他們會發揮創造力，同時滿足客戶需求和法規。他們對環境有深刻的了解，所以他們具備優秀的判斷力，知道何時可以突破界限，例如，使用電子簽名來取代手寫。

領導能力在受監管的行業特別重要，尤其是在比較成熟的非科技公司中。PM 通常需要說服多位利害關係人來承擔風險或更改流程。他必須協調多個團隊，推動有意義的對話。

## 非科技公司

如果你在軟體或技術公司工作，在你的工作環境中，通常所有人都已經相信「產品管理」和「以客戶為中心的方法」的價值了。當你離開科技業時，你有機會將最佳實踐帶到其他組織，但需要額外的工作。

曾在連鎖酒店擔任高級 PM 的 Alicia Dixon 分享道：

> 我從軟體公司轉到一家將科技視為核心產品的附屬品來銷售的公司。在我學到的教訓中，最重要的是，若要在這種環境中當一位好 PM，你必須擅長告訴別人你在做什麼，以及你為什麼要這麼做。有效地溝通正確的事情是關鍵所在。

在非科技公司工作有一個巨大好處是地點的靈活性。頂尖的科技公司大多集中在少數幾個城市，但非科技公司到處都有。你也可以獲得產品的靈活性——不以軟體為中心的商業活動比以軟體為中心的商業活動多得多。

## 政府和社會影響組織

PM 有時會忽略政府、非營利組織和社會影響組織，但他們可能是很好的工作地點，而且它們可以為你的社區帶來改變。

San Jose 數位服務部門的負責人 Michelle Thong 建議在以下領域「服役：

> 如果你對科技業的工作感到厭倦，想找一份更有使命感的工作，那麼在政府機構工作一段時間會讓你很有成就感。你有巨大的影響潛力，因為你帶領一個對社會有貢獻的組織，透過產品思維來幫助他們獲得更好的結果。你甚至可以長期留在公共或非盈利機構，這會讓你更有能力進行正面的改變。

需要考慮的是，你要忍受大量的官僚主義和審查。當你試圖將一個組織轉變成以客戶為中心時，大多數人往往不想和你站在同一邊。

如果你要更了解關於政府和社會影響工作，我強烈推薦 Cyd Harrell 的 *A Civic Technologist's Practice Guide*。

CHAPTER 49

# 獲得一份 PM 工作

如果你正在尋找一份新工作，這本書可以幫助你深入了解 PM 角色，特別是正確的技能和經驗，讓你達到正確的水準。儘管如此，除了這本書之外，你可能想要找一本關於面試的書來搭配這本書。

我們的第一本合著書籍，*Cracking the PM Interview*，是一本涵蓋面試準備工作的全方面書籍。它提供了許多問題的詳解，例如：你必須具備什麼經驗？如何轉換既有的經驗？好的 PM 履歷和求職信長怎樣？如何掌握面試——評估、行為、案例、產品和技術問題，以及所有重要的自我推銷？

我們無法在這本書中完整地探討這個主題。如果你想找工作並尋求協助，接下來是一些關於如何開始的基本建議。

## 到底誰想成為 PM？

PM 是個不可思議的角色。他們有創造力、有影響力、薪水高，而且能夠平衡工作與生活。你可以使用最先進的技術來工作，創造令人愉悅的東西，並且目睹你的工作造成的影響。你會被視為領導者，而且你會學到對任何領導角色都很有用的技能。

但是並非所有人都適合當 PM。很多人都抱著擔任負責人的夢想進入產品管理角色，但是在看到工作的現實面之後，卻又想要轉換職位。

PM 有影響力，卻不一定有權力。那麼，你怎麼知道產品管理是否適合你？

> 整體來說，能夠開心且成功地擔任 PM 的人，通常都很期待發揮巨大的影響力，這可以平衡掉這個職位的缺點。最終的結果是他們真正關心的事情。

誠實地思考以下的問題，看看你能否成為成功的 PM，最重要的是，你會不會喜歡它。

## 無法親自創造產品會讓你產生什麼感覺？

自己創造產品可讓你得到多少滿足感？為了透過影響他人而產生影響力，你願不願意放棄它？

PM 不需要自己寫程式，也不需要自己做設計，甚至不需要自己提出想法。如果工作進度落後，或是不如你預期的完善，你不能光靠加班去修復它。你必須學習為你影響團隊的方式，以及團隊的成果感到自豪。

此外，當你直接創造東西時，你會得到很多讚美、認可和小勝利。用戶會因為產品的美觀而稱讚設計師，他們會因為好用的功能而讚美工程師，但是 PM 的貢獻經常被忽視。

PM 的影響往往無法被看見，所以你得到的認可或賞識可能會比團隊的其他人更少。你不一定能夠知道自己是否做出正確的決定，所以，即使正確的道路還不明確，你也要向前推進。

## 你喜歡說服別人嗎？

你以為只要做出決定，然後叫別人按照你的指示來做就可以了嗎？很幸運地（或很不幸地），PM 不是這樣當的。

PM 經常被質疑，你要解釋你的理由，並證明自己。你要說服你的直屬團隊，因為他們不會在不認同你的計畫的情況下盲目地執行。你要說服高層和利害關係人，因為如果他們不同意你的選擇，他們就不會調派人員到你的團隊或批准你的路線。全公司的人會告訴你：**他們**認為你該怎麼做，並且抱怨你沒有開發他們喜歡的功能。

你的資歷越高，決策過程就越有爭議。當事情層層上報到你這裡的時候，所有簡單的問題都被解決了。

### 你可以從容地決定優先順序，而不是把每件事做到完美嗎？

追求「完美」對你來說有多重要？把一個只有 80% 品質的作品交出去是什麼感覺？

身為 PM，你永遠有做不完的工作。你只有少量零散的時間，而且會在不同的工作情境之間切換。你會有頻繁的會議和緊急的干擾，很難集中心力完成複雜的工作。你要習慣分享未完成的草稿，做沒有完全整備好的簡報，在資料不完整的情況下打電話。你要在釐清優先順序的過程中找到樂趣。

產品也是如此。如果你多花一個月來加入功能或優化產品，你的產品就會晚一個月讓用戶和企業獲益。擔任 PM 要決定很多事情的優先順序，並且願意說「不」。

## 獲得你的第一份 PM 工作

產品管理當然是一個競爭激烈的領域，對有興趣的人來說，工作機會相對較少。然而，因為這是一個需要多種技能的跨職能角色，所以獲得這個職位的職業發展路徑不是只有一條。擠入窄門的選項有很多個。

### 畢業生 → 助理 PM

成為 PM 的典型方法是主修計算機科學（可以輔修商業或經濟），找到暑期實習機會，然後成為全職的助理 PM（APM）。APM 職位競爭激烈，你必須具備許多優秀的象徵才能脫穎而出：高成績平均積點（GPA）、領導經驗、運動校隊、令人印象深刻的成就、學生創業，或是公司內部員工的推薦。

### 擔任類似 PM 的工作角色 → 職位內調

對工作經驗比較豐富的人來說，這是最常見的方法。你可以依靠既有的名聲，找機會展示產品技能。你可以推薦一個新功能，幫助你的團隊決定優先順序，甚至請 PM 讓你做他的一些工作，不過，請注意，你要在完成你自己的工作之餘做這些工作，不能讓它們耽誤你的既有工作。

### 著名的科技公司 → 小公司的 PM

如果你正在一家頂尖的科技公司擔任非 PM 的職位，但無法內調，或許你可以在一家喜歡大公司經歷的小公司擔任 PM。儘量了解你目前的公司中的產品團隊是怎麼運作的，並吸收他們的最佳做法。

### MBA → PM

如果你無法內調，或是雖然你已經得到 PM 的工作了，但它們不如你的預期，MBA 也許可以為你打開大門。很多公司會直接聘請商學院的畢業生。此外，校友網路經常幫助畢業生在職業生涯的任何階段發現工作機會。當然，繼續深造的代價可能很高，而且需要投入大量的時間。

### 專業知識 → 該領域的 PM

沒有任何 PM 經驗的人很難錄取 PM，但如果你有重要的專業知識，公司（尤其是初創公司）可能願意給你機會。目前已經有人從醫生跳到健康產業初創公司的 PM，從律師跳到法律軟體 PM，或是從教師跳到教育技術 PM。甚至有人因為他是某個 app 的大用戶而找到他的第一份 PM 工作。

### 人際網路 → 在朋友的公司工作

有一條比較罕見的途徑是透過你的人際網路直接成為 PM。它與內部轉職途徑有點相似，都是用你過去的名聲和關係來獲得這份工作。有時，這會讓你在初創公司中擔任唯一的 PM。因此，和公司外面的 PM 建立關係，以獲得你需要的 PM 專屬支持非常重要。

### 冷接觸一家小公司 → 該公司的 PM

直接接觸招聘經理來獲得第一份 PM 工作是一條困難的途徑，但很多 PM 用這種方法來開啟職涯，尤其是他們已經是產品的超級用戶時。採取這種方法時，你要找到經理，找出接觸他們的最佳方式，並提供有說服力的訊息，讓他們願意花時間與你會面。為了降低風險，並增加招聘經理答應見面的機會，你可以要求進行咖啡面談，而不是要求面試。

為了獲得最大的成功機會，你一定要帶著你對 app 的想法和分析與會，這可以展示你的整體產品思考能力，以及你能為公司帶來的好處。

### 被收購的初創公司的創始人 → 母公司的 PM

如果說有一件事比進入產品管理領域還要困難的話，那就是創辦一家公司，然後領導它被收購。這當然不是一條簡單的路線，儘管如此，有很多偉大的 PM 都是從這條路開始的。如果你正在經營一家初創公司，而且想要轉型到產品管理領域，這是一條值得考慮的道路。事實上，即使是失敗的初創公司仍然可以打開產品管理工作的大門，畢竟，公司創始人和 PM 有很多職責是相同的。。

## 咖啡面談（coffee chat）

咖啡面談也稱為「非正式面試（informal chat）」，「資訊性面試（informational interview）」或「我想要更了解公司（I'd love to learn more about the company）」，它是你尋找新工作的秘密武器。即使你已經調查了一家公司的一切，並且決定在那裡工作，但是在提出面試申請之前，最好可以先問一下能否和公司的經理進行咖啡面談。

咖啡面談很有價值，因為對方往往只能處於「說服模式」和「面試模式」之一，很難同時處於兩種模式[1]。在咖啡面談時，他們會向你介紹這家公司，並說服你來面試。他們會站在你這邊，對你的成功很有興趣。他們可能也想要評估你是否符合資格，但是為了讓你提出申請，這件事通常是次要的。

當人們處於說服模式時，他們會分享各種有用的資訊來幫助你通過面試。你可以問他們產品策略、他們面臨的挑戰，以及他們從客戶那裡學到了什麼。你可以問他們想要尋找哪一種 PM，甚至直接問他們面試技巧。在面談結束時，你可以讓他們知道你對面試有興趣，並詢問下一步怎麼做。

如果你已經在和招聘人員交談了，有時他們可能會幫你安排一場咖啡面談。你也可以直接透過社交媒體（例如 LinkedIn、Twitter，有時是相關的 Facebook 群組）、在會議中，甚至藉著猜測 email 地址來接觸公司的 PM[2]。並非所有人都願意來一場隨興的咖啡面談，但有些人願意，尤其是當你很有禮貌，並且引起他們的興趣時。在聯繫別人的時候，請發揮你的判斷力——如果你惹怒了公司的某個人，他可能會影響你日後的機會。

在準備咖啡面談時，你一定要先想好如何推薦自己，這是「介紹一下你自己」這個問題的回答，請簡短地回答，務必強調幾個相關的談話要點（見第 566 頁的「行為問題」）。此外，保持友善和好奇。不要藉著發問來炫耀自己、指出對方的產品的缺陷，或挑戰他們的選擇。

1 有時，這些資訊性的聊天會變成篩選面試，尤其與級別更高的人聊天時。考慮像準備面試一樣，做充分的準備。

2 很多公司使用標準格式的 email 地址，例如 firstname.lastname@company.com。

## 面試問題

面試問題有六個主要的類型，每一個類型的處理方式都不一樣[3]：

1. 定義自己
2. 行為問題
3. 評估問題
4. 產品問題
5. 案例問題
6. 技術問題

成功處理這些問題的關鍵在於練習、練習，再練習。在理想情況下，你要找一位搭檔進行模擬面試，讓他給你誠實的回饋。在面試當天你可能會很緊張，所以你要透過訓練來讓自己更穩健。

如果你要使用某種框架，或包含許多步驟的方法，務必運用你的判斷力，針對具體的問題來調整你的答案。面試官通常會確保你不是盲目地採用某種框架，並能夠應對各種現實的狀況。其中一種表現是將問題從一種類型無縫地切換到另一種類型，或是問一些涉及細節的問題，讓著名的框架無法應付。

關於面試官對這些問題的看法，見第 375 頁。

### 定義你自己（說服）

這些問題是開放式的，例如「介紹一下自己」或「你為什麼想在這裡工作」，這些問題可以給你一個大放異彩的機會，亦或名落孫山，如果你沒有準備好。

準備誠實的答案，證明你非常適合這個職位。預演你的回答，直到你不會在壓力之下語焉不詳為止。

出色的回答不只要解釋你如何從 A 點到 B 點，也要解釋你為什麼那麼做，它們可以幫你的背景增添光彩。例如：「在擔任客服時，我發現自己很喜歡和客戶聯繫，這讓我想尋找一份產品工作。」

3 在 *Cracking the PM Interview* 裡面，每一個問題類型都有詳細的例子和演練。

不過，請注意長度。一般情況下，你的目標是說 2 分鐘左右。在練習時，為自己計時，很多求職者不知道他們其實已經講了 5 分鐘或更長的時間。記住，你不需要解釋你所經歷的每一個細節，這不是你的自傳。你只要提供有助於設定背景和提高錄取資格的資訊即可。

## 行為問題

行為問題有很多種形式。面試官會問你如何應對一個假設的情況，或是問你如何處理某種特定情況的具體細節。他們可能會要求你詳細說明履歷的某一部分。他們注重同樣的兩個因素：你的內容和你的溝通，務必把這兩者都做到位。

在做準備時，想出五個最能夠說明你是優秀 PM 人選的關鍵故事，它們是只要你有機會就會試著融入的情節，這是展現你的「驚奇元素」的時機。

確保你的故事涵蓋下面的五個主題。務必讓你的關鍵故事表現出來的範圍和複雜度符合你的目標職位的水準。選擇最近發生的故事來展現你的技能深度。注意，很多故事可能同時屬於兩個或更多主題，這沒關係。五個主題是：

- 領導力 / 影響力
- 團隊精神
- 成功
- 挑戰 / 衝突
- 錯誤 / 失敗

好故事都有好結構，有一些框架可以幫你做到這一點。很多求職者使用 STAR（情況 / 任務 / 行動 / 結果）或 SAR（情況 / 行動 / 結果）框架，但我們發現很多 PM 問題不適合用這種框架來應對，雖然它可以幫助求職者講述發生過的事實，但是會遺漏很多好事情。

最好的回答是集中在自己解決的問題和自己發現的見解上面。PEARL 框架由此而生。4PEARL 框架由此而生[4]。

### 問題（Problem）

先說明你面臨的業務或客戶問題。提供足夠的背景脈絡，讓面試官知道你的老闆給你的是一個未成型的專案。你要強調最初的問題是多麼模糊，和你經過改善並決定解決的問題之間的差距。

4 我最初是在我的部落格發表這個框架的，我也在那裡舉一個例子，用這個框架來回答問題。這篇文章位於 *https://medium.com/@jackiebo/interview-tips-for-senior-pms-2424f7b7c967*。

將故事描述成問題可以吸引面試官，幫助他們了解為什麼這個故事如此重要。你可以先說明你的完整產品打算解決的大規模問題，然後說出你的故事裡的具體問題。如果這個故事與人際衝突有關，你要先介紹商務問題或目標來設定背景，再敘述人際問題。

### 領悟（Epiphany）

接下來，分享你的領悟或見解。你學到什麼或意識到什麼，進而展開你的行動？你看到哪些別人忽略的事情？這與「顯而易見」的抉擇有何不同？你是怎麼理解它的？它來自客戶研究、資料分析，還是別的東西？

這聽起來類似「所有人都認為我們應該做 X，但基於 Y，我意識到我們應該做 Z 才對。」如果這個故事沒有讓你領悟到什麼，它就不是展現技能的好故事。如果你只是做了一件顯然該做的事情，那麼別人也都可以做到。

### 行動（Action）

行動就是為了實現你的想法所做的工作。保持簡短，把重點放在其他 PM 可能沒有做過，但你做過的事情。你不需要說出流程的每一個步驟，只要說出困難的或巧妙的部分就好了。

給面試官足夠的背景，讓他們了解你的角色多有挑戰性。話雖如此，如果你的挑戰是和別人交往，你要善巧地表達，不要讓對方覺得你太負面，或不擅長與人合作。如果那個故事是別人挑起爭論，你要讓面試官看到你的同理心，以及你了解其原因，這不僅可以展現你的同理心，也比較不會讓人覺得你在指責別人。

### 結果（Result）

結果是快樂的結局。你可以在故事裡面提到挫折和失敗，但你要把它們放在故事的中間。

舉個例子，如果你說的是一場失敗的實驗，那麼你就要在結尾的時候，說明你是怎麼迭代並成功地發表，或是怎麼活用所學，以避免在下一家公司發生類似的問題。如果你得到好的結果，那就說明它們與更大的目標、策略和使命之間的關聯，例如，不要說人們如何喜愛你的功能，你應該說它如何改善客戶保留率。

### 學習（Learning）

最後，說說你學到什麼。你希望早點知道什麼事情？下次會採取什麼不同的做法？你有沒有機會在以後的專案中使用你學到的事情？你希望早點知道什麼事情？

如果你被問到關於負面事件的問題（例如犯錯或失敗），這個部分特別重要。你從中學到什麼，以及如何利用這些經驗把工作做得更好？無論何時，當你被問到負面的經歷時，默默地將這個部分加入問題，還有你的回答中。

好的回答可以傳遞**訊息**，讓面試官知道你是哪種人。你是否**不遺餘力**地突破挑戰？你善於**分析資料**嗎？你有沒有**同理心**——知道哪些事情可以激勵同事？你有沒有創造力，而且能夠找到不俗的解決方法？想一些**形容詞**，也就是你會在「優點和缺點」的清單中找到的東西。

面試官會試圖從你身上提取一個訊號（第 375 頁），讓面試官更容易找到它。

## 估計問題

諸如「美國每年賣出多少披薩？」之類的估計問題百分之百與解決問題的過程有關。一般情況下，面試官並不知道真正的答案，也不關心你是否知道。這是在考驗過程，不是目的。一般情況下，面試官不知道真正的答案，也不會關心你是否知道。這個問題考的是過程，不是終點[5]。

面試官用這些問題來評估你解決問題的能力和量化能力。這些問題可以用八個步驟來處理：

- **第 1 步**：釐清問題
- **第 2 步**：清點你所知道的（或你希望知道的）
- **第 3 步**：想一個方程式
- **第 4 步**：想出邊緣情況或其他的來源
- **第 5 步**：拆解
- **第 6 步**：回顧並說明你的假設
- **第 7 步**：計算
- **第 8 步**：檢查答案，看看是否合理

5 多年來一直有個傳言：Google 等公司已經禁止類似的「腦筋急轉彎」題目。這不是事實。雖然腦筋急轉彎被禁止了，但這些問題不算腦筋急轉彎。

根據您的背景和角色，這些問題可能是技術性的（這個產品需要多少台伺服器？）、商業性的（這個產品能賺多少錢？），或者只是很奇怪的問題（一輛校車能裝多少顆高爾夫球？）。無論主題是什麼，解決方法通常都是相同的。

## 產品問題

產品問題是 PM 面試的核心和靈魂。它直接涉及 PM 的核心工作：設計、建構和改善產品。雖然這種問題可能會以各種形式出現，但有一個關鍵部分是你必須了解和關注的：目標。

產品問題有三種基本形式：

- 「你最喜歡的產品是什麼，為什麼？」
- 為 < 一個族群 > 設計一個 < 產品 >。例如，「為長輩設計一張椅子」或「為孩子設計一個數學 app」。
- 改善 < 既有的產品 >。例如，「如何改善我們公司的登入流程？」或「如何讓更多人使用 Google Maps？」

這三種問題有很多共同點，但它們都需要不同的關注點和方法。

### 最喜歡的產品

面試官經常要求你評論你最喜歡的產品，因為這個問題太常見了，以致於在面試之前不知道如何回答將是一個巨大的失誤。如果你沒有準備這個問題就去參加面試，它可能會決定你究竟是被錄取，還是收到一封委婉拒絕你的 email。

你至少要提前準備五種不同的產品，以免你不知所措，或是當他們叫你選擇一種產品時，你必須從頭開始想起。但是，千萬不要表現得像是背誦一個事先準備好的答案，否則面試官可能會換一個產品，因為面試官想觀察你是如何思考的。

在準備過程中，尋找各式各樣的產品——網站、行動 app 和實體產品。你應該不希望你只準備了手機 app，卻被「你最喜歡的網站是什麼？」這種問題卡住吧？

先說明你為什麼喜歡它，然後展現你的產品洞察力。你至少要說出用例（這是很棒的「PM」語言），以及該產品如何解決這些問題。你要說出那個產品比對手好在哪裡。你也要提出改善產品的想法。

若要真的令人印象深刻，你要更深入地展示非 PM 難以解釋的產品見解。例如，PM 可以談論 Airbnb 為了建立社群意識而做了一些出人意表的事情，以及那些事情如何發揮作用，讓人們願意信任陌生人並分享空間給他們。根據經驗，如果你可以想像非技術背景和非 PM 背景的朋友或家人也可以說出同樣的解釋，那就代表你的回答可能還不夠深入。

## 設計新產品

這種問題希望看到你對於「成功地發表產品的所有因素」具備全面性的看法。通常你要強調你的產品可以贏得的目標用戶，而不是把用戶的範圍縮小到不值得追求的程度。

因為這個問題的答案涵蓋很多內容，所以你要使用白板（或紙張，如果面試室沒有白板的話），它可以讓你有條理地說明，以及向面試官傳達一個結構化的過程。

### 第一步：發問

藉著發問來準確地定義「產品」或「產品的一部分」是什麼，以及用戶是誰[6]。仔細考慮用戶，例如，「孩子」這個詞很寬泛，因為幼童的需求和青少年的需求非常不同。或者，面試官可能要求你為盲人設計遙控器，但那是哪一種遙控器？

有些優秀的面試者也會討論優先事項。我們在優化客戶體驗嗎？賺錢？改善經營效率？

### 第二步：提供結構提供結構

提供問題的結構，最好寫在白板上。你的目標是展現良好的溝通技巧，所以你要列出你會在接下來的幾個步驟中做什麼。這也可以幫助你保持正軌。

### 第三步：討論用戶和用戶分類

我們已經在第一步談到用戶了，但你可以進一步劃分用戶。例如，你可以將遊樂園的客人劃分為持有季票的遊客、重複來訪的遊客和首次來訪的遊客。

有些產品有「隱藏」用戶，在這裡討論一下是很有幫助的。例如，為兒童設計的產品也可能被他們的父母、老師和照顧者使用。

6 有些面試官會故意保留問題的重要部分，以測試你在回答問題之前是否會提問。不要中計了！

做了這些事情之後，你可以問面試官：他們是否希望你為其中一個類別進行設計。如果他們讓你選擇，那就找出痛點（目前系統的問題）最大的那一個。

### 第四步：討論用例和目標

接著討論用戶的行為。他的目標是什麼？他們為何使用這個產品？他們的核心用例是什麼？有沒有任何「意外」的用法是我們必須防範的，例如幼童把玩具放入嘴裡？

優秀的答案通常會深入討論潛在的動機或價值觀。例如，小孩子往往希望自己身軀龐大、受重視，而青少年可能重視獨立性[7]。

### 第五步：目前的痛點

在這些用例中，哪些做得不好？弱點或痛點有哪些？他們目前使用什麼？

有些用例可以用目前的選項解決，有些用例則有很大的痛點。

### 第六步：解決問題

了解用戶是誰、他們的用例有哪些，以及困擾他們的是什麼之後，你可以嘗試解決他們的需求。

特別注意，不要太早將痛點視為無法解決的問題。例如，如果惡劣的天氣狀況是痛點，你**可以**用 app 來解決它。雖然 app 無法控制天氣，但可以提供關於天氣狀況的資訊。

### 第七步：收尾

總結 app 及其核心功能。此時（或更早之前）面試官可能會問你一些後續問題，這些問題通常與實作、優先順序或擴展有關。

如果面試官不同意你的觀點，不用擔心，這很正常。他們可能是真的不同意，也可能想看看你對不同意見的反應。無論如何，你都要考慮他們的觀點，好好想一下，然後根據用戶和我們的優先順序做最好的決定。

---

7 「一概而論」和「刻板印象」之間有某種微妙的平衡。如果你對青少年的價值觀一概而論，面試官應該不會覺得不舒服，但是對性別或種族一概而論可能會讓你陷入麻煩。這件事也和文化有很大的關係，例如，美國對這類話題往往比較敏感。

### 改善產品

改善產品與設計新產品密切相關，但重點可能完全不同。你一定要釐清（或決定）「改善」到底是什麼意思。例如，它可能意味著用戶成長、收入成長、取悅，或做出新用例。記住這一點，調整你的程序來進行特定類型的改善。在你解決問題時，別忘了提出最好的改善方法，而不是隨便的一種方法，或是一些零散的小改善。

在實務上，這意味著你要根據目標評估每個想法，並迅速捨棄沒有機會的路徑。你也要讓面試官看到，你已經全方面地考慮每一個好方法，好讓他們相信你的想法是最好的，而非只是你的第一個想法。當你分割用戶群或問題空間時，仔細檢查沒有被你納入的部分，看看它們是否可能有更大的機會。

## 案例問題

案例問題詢問的是圍繞著提供最好的產品的假設情況。面試官希望看到面試者能夠組織問題、提出適當的問題、表現出強烈的直覺和主動性，並且推動（而不是駕馭）對話。

練習可以幫你解答這些問題，也可以幫助你掌握商業和技術新聞，特別有爭議的話題。你可以關注人們對公司好評或劣評，以及人們認為它們應該改變哪些地方。

你也可以學習一些常見的框架，例如：

- 客戶購買決策流程（第 217 頁）
- 行銷組合（4 P）（第 218 頁）
- SWOT 分析（第 218 頁）
- 五 C（形勢分析）（第 219 頁）
- 波特五力（第 220 頁）

請注意，雖然這些框架提供了有用的概念，但面試官通常不會測試你對框架的了解程度，甚至可能不在乎這件事。不要將框架用在不適合的地方。有時，你可以將這些概念當成解決某個主題的靈感，而不是直接使用它們。不要在不適合的地方套用框架。

## 技術問題

許多公司（包括 Google、Amazon 和微軟）有時會問 PM 面試者程式設計和演算法問題——尤其是比較初階的 PM 面試者。這些問題可能是簡單的程式設計，也可能是較複雜的演算法，演算法問題可能還會叫你寫成程式，也可能不會。

話雖如此，一般公司對開發人員的期望通常比開發人員還要低，尤其是程式語法。很多面試官甚至只要求面試者寫出虛擬碼。

在準備時，你要複習這些內容：

- 資料結構（陣列、雜湊表、樹狀結構、鏈結串列、堆疊、佇列）（第 115 頁）
- 演算法（排序、二分搜尋法、圖搜尋）
- 概念（大 O 表示法、遞迴）

你可以問公司有沒有技術面試，如果有，那是什麼類型（程式設計，系統設計…等）。不必太緊張！很多 PM 都沒有遇過這種面試，就算遇到了，他們的表現往往比預期好得多[8]。這些面試主要是為了了解你的問題解決能力，以及對於基本技術的熟悉程度。即使你的程式技能已經生疏了，但是你被測試的技能可能**其實**很強。

如果你沒有程式設計經驗，擔心這個問題就沒有任何意義了。公司應該不會叫一位不需要寫的程式的人寫程式[9]。

面試官也可能問你一些與程式無關的技術性問題，這些問題可能是關於系統架構設計、解釋技術概念、診斷 bug 或性能問題，或執行與產品有關的技術性工作。這種問題在技術性很強的公司或職位中比較常見，公司想要確認你有正確的經驗。

萬一你在回答時迷失方向，試著解決問題總比放棄好。

8 告訴你一個花絮（或資料？）：經常有人聘我（Gayle）擔任顧問，為初創公司的收購面試做準備。（當大型科技公司考慮收購初創公司時，他們通常會透過面試來評估團隊的技能——對開發人員進行程式設計面試，對 CEO 進行 PM 面試。）如果初創公司的 CEO 有一些程式背景，他們在程式面試中的表現通常比團隊的一般開發人員還好！雖然 CEO 的語法可能很弱，但他們解決問題的能力很犀利。

9 另外，在幾乎不會發生的情況下，面試官會叫不需要寫程式的 PM 寫程式，此時 PM 不太可能做得好。無論如何，你都不需要對你無法控制，而且發生機率不高的事情感到緊張。

## 其他問題

前面的幾類問題應該已經涵蓋你可能遇到的多數問題了，但還有一些問題不屬於這個範圍，至少表面上如此。PM 面試者 Mohit 曾被問過：「如何疏散舊金山的民眾？」這種問題該歸為哪一類？

如果你有疑問，試著快速地解讀面試官**應該**想要評估什麼，他想評估用戶同理心、結構化問題的解決能力、創造力…等？通常這會浮現一條線索，讓你知道怎麼回答這個問題。

接下來，大致上試著這樣做：

1. **提問**。考慮問題的對象、原因、做法、類型。你要先了解問題的限制。例如，當你疏散舊金山的民眾時，你要知道為什麼要疏散、疏散時間多久、疏散對象是誰。

2. **建構解決問題的方法**。把問題組織起來不僅可以幫你找到更全面的解決方案，也能證明你是有條理的人。面試官很喜歡這種人！

3. **解答**。聆聽面試官說的話，在必要時提出問題，但你要假設你處於主導地位。利用你提出的結構來解決問題。如果你有白板或共用的文字編輯器，你可以用它們向面試官分享你的想法。

想一下非常奇怪的問題，例如「說出迴紋針的所有用途。」強迫自己問問題（是給我使用的，還是給別人使用的？迴紋針只有一個還是好幾個，甚至幾百萬個？迴紋針可以調整嗎？例如拗折它、熔化它…等？）。然後找出一個結構（把它分解成只有一個迴紋針的答案、有十幾個迴紋針的答案，以及有數千個迴紋針的答案）然後解決每一個部分。你可以用一個迴紋針來做什麼？你甚至可以進一步細分。

我們無法保證如何解答是對的（畢竟，我們討論的是**不**符合特定模式的問題），但提問，並運用某種結構幾乎都錯不了。

CHAPTER 50

# 內向的人如何建立人際網路

JULES WALTER 著


**Jules Walter** 是 YouTube 的產品負責人。此前，他負責 Slack 的現金化，並在他任職的四年中，為 Slack 的 10 倍成長做出了關鍵貢獻。他是 BlackProductManagers.com 與 CodePath.org 的董事會成員，這兩個組織是他聯合創立的，它們的目的是支持科技界的少數群體。Jules 擁有麻省理工學院的計算機科學學位和哈佛商學院的 MBA 學位。

twitter: @julesdwalt


## 讓任何人建立真正的職業關係

建立人際網路是常見的職業發展建議。強大的人際網路可以幫助你獲得獨特的機會、讓你獲得建議，幫助你成長和處理具有挑戰性的情況。然而，很多人覺得自己沒有多餘的精力、時間或技能，因而難以建立人際關係，尤其是內向的人。

> 他們有時會覺得，建立人際關係需要認識更多人，這不是他們能夠應付的，有的人則覺得他們想認識的人難以接近。

久而久之，我已經學會如何克服這些挑戰，以有效的、實在的方法來發展自己的人際網路，很多朋友和同事都想知道我的方法，它依靠以下的原則，這四條原則可以讓你更容易和新認識的人建立有效的長期關係，而且只要付出相對較少的努力。

## 1. 從低義務性的互動開始

假設你已經發現一位潛在的導師了，例如在會議上遇到一位講師。你認為你可以從他身上學到東西，並且想要和他保持聯繫。

在新關係中，切勿過早要求太多，很多人經常犯這種錯。不要在第一次互動時，就約剛認識的人喝咖啡，也不要坦率地求他當你的導師，你應該詢問他的 email，然後在一天左右的時間之內聯絡他，問他一個可以用 email 回答的快速問題，例如：

> Hi Adam：
>
> 你昨天提到「為產品尋找熱點」，我很喜歡這個觀點。能否請你告訴我一個必須採取這種做法才能問世的功能？
>
> 感謝您，
>
> Jules

問一個快速問題可讓他比較不會忽略你。一旦有新的聯絡人和你互動，即使是透過一封簡短的 email，你就邁出了第一步，可以從這裡開始建立關係。

## 2. 一以貫之，循序漸進

根據新聯絡人的時間選擇一個節奏定期聯絡他，例如每月一次或每季一次。在兩三次互動之後，新聯絡人就會預期你將繼續聯絡他，並開始將這種互動視為關係的開始。一旦你預計以後會和某人繼續互動，你就會開始對這段關係進行投資，這是人的天性。

當你透過快速且週到的交流建立信任感，並且證明你沒有浪費對方的時間之後，你就可以開始要求更多的時間（例如喝咖啡）或是以比較個人的方式（例如 Instagram）來聯繫。

### 3. 具體進行對話

別要求忙碌的人和你「聊聊天」，你要提出具體的要求以及具體的主題或決定，請他提供意見。例如：

> Hi Lawrence：
>
> 我一直在想如何成為優秀的主管，希望能獲得你的建議。例如，如何有效地指導、授權、管理我的時間和精力。
>
> 何時方便接電話？
>
> 感謝您，
>
> Jules

人們通常樂意幫助別人，但不一定願意投入自己的時間。你的要求越具體、越簡潔，他們就越相信與你對談可以善用時間。

### 4. 建立互利的關係

為了維持關係，你要為對方提供價值，通常以非物質的方式。例如，讓導師知道他們的建議如何幫助你，來讓他們知道把時間花在你身上是有影響力的。當我開始指導別人之後，我才意識到，光是知道他們如何使用我的建議，我就可以獲得很大的價值。

> 了解導師的世界，尋找幫助他們的機會。在與導師結束談話時，我通常會留幾分鐘時間，詢問他們的想法，以及我可以幫上什麼忙。這些開放式的問題可以展現真正的關懷，並且創造意想不到的機會來提供價值。

透過這四條原則，我建立了一個很棒的人際網路，包括 Lawrence Ripsher 這樣的導師和朋友，這篇文章是他鼓勵我撰寫的——我們是在幾年前在一次活動上認識的。請告訴我這個方法對你有什麼效果，希望它對你的幫助和對我一樣大。

本文作者是 *Jules Walter*，經授權轉載[1]。

---

1 經授權轉載自 *https://medium.com/@julesdwalt/networking-for-introverts-3544f4287fc1*。

CHAPTER 51

# 自主性與認同感的矛盾

關於軟體團隊文化中的信任和價值的省思

KATE MATSUDAIRA 著

**Kate Matsudaira** 在 Google 擔任 Core Systems 的總監，她帶領一個團隊，負責建構支持 Google 的基礎設施。

在加入 Google 之前，Kate 協助成立了幾家成功的初創公司，這些公司後來被 eBay、O'Reilly Media 和 Limelight 等公司收購。Kate 的職業生涯始於微軟和 Amazon 的軟體工程師和主管。她也是一名主題演説家、出版作家，得過 NCWIT Symons Innovator Award 和 Seattle's Top 40 under 40 等榮譽。

Kate 的個人網站在 katemats.com。

## 誰不希望自己的努力和貢獻得到認可？

在我職業生涯的早期，我希望能相信，一旦你努力工作並創造價值，你就可以得到回報。我很想相信烏托邦式的理想：勤奮、自律和貢獻是在公司晉升的動力。但是我錯了。

你看，剛踏入職場時，我是一位害羞、沒有安全感，但聰明的程式員。我努力工作（幾乎在每個週末），當我沒有在進行專案時，我的休閒活動也是寫程式（其實現在仍然如此），我對我的公司很忠誠，很敬業。

## 我的專案應該論功行賞

有一次，我和另外四個人一起做了一個為期六個月的專案，我覺得就功能和時間而言，我的貢獻是團隊中最高的。所以，可想而知，當團隊的總經理在發表派對上站起來表揚：「Josh 和其他團隊成員的努力工作」時，我有多麼驚訝。

我呆若木雞，心想：幹什麼東西？！為什麼總經理和團隊脫節得如此嚴重？難道我們的主管沒有檢查簽入紀錄，以及被處理掉的問題嗎？Josh 對這個專案的貢獻可能是倒數第二名，為什麼總經理只提到他？為什麼不是我，或是專案中最資深的人，而是那位看起來花了很多時間和我的老闆還有專案的其他人聊天的人？

我們很多人都經歷過這種情況。我們任勞任怨地工作，盡最大的努力按時完成任務，但不知為何，我們被忽略了，被選中的反而是你相信貢獻度遠不及你的人。我們信仰的用人唯才、論功行賞哪裡去了？

## 自主性讓用人唯才不可能實現

快轉到現在。我現在和一個團隊共事，這個團隊有 18 位了不起的技術人員，我的工作是評定他們的績效，但直到最近我才意識到，在很多方面，這項工作幾乎不可能做到。

> 除非我事無鉅細地管理，否則我無法用客觀的、可量化的方式大規模地做這件事。對一個才華洋溢的團隊來說，這種管理方式是難以想像的事情。

如果你還不明白，容我解釋一下（請注意，其中有些方法是可以衡量的，有些比較主觀——但它們都是一般人建議的績效衡量方法）：

- **工作時數**。呃…我很討厭使用工作時數來評估績效。至少對我來說，寫程式就像畫畫，我無法在不想做的時候勉強自己把事情做完。使用工作時數來衡量生產力無法公平地還原開發人員投入的創造力和精神狀態。此外，在高度虛擬的環境中測量時間是幾乎不可能做到的。我喜歡讓團隊成員在家裡工作，或是在他們最有生產力的環境工作（這就是我們有「不開會」日的原因），如何記錄他們不在辦公室的工作時間？計算工作時數和數豆子一樣，這種方法爛透了。別這樣做。

- **程式的行數**。基於許多理由，這是很有問題的做法，理由從「最好的程式就是你沒有寫出來的那些」這句名言，到我曾經為了寫出一行程式而花了三天的時間，但是我也曾經在一天之內寫出一萬多行程式（雖然我得承認，有部分是用剪下與貼上寫出來的）。更何況，有時刪除程式碼是很有生產力的動作。

- **bug 的數量**。品質當然很重要，但是我發現，在其他地方寫出優秀程式的開發者也會寫出一些 bug。這個評估方法有嚴重的缺陷，因為他沒有考慮到，最優秀的開發者也會造成一定數量的嚴重 bug，因為你會委託他們設計和撰寫 app 或系統中最複雜和最關鍵的部分。懲罰造成嚴重 bug 的最佳程式員，無異於獎勵平庸之輩。

- **功能**。功能當然是關鍵所在，因為談到貢獻時，已實現的功能與客戶價值有直接的關係。如果一項功能是很多人一起做出來的，用功能來評估可能會很複雜。製作功能的細節也會嚴重影響開發者投入的工作量和時間，例如，最近有一個專案要在既有的網站加入登入功能，使用插頁式網頁（interstitial page）來實作那個功能只需要幾小時，但是這個設計使用了 lightbox，它會增加一些安全方面的複雜性，讓專案需要多花幾天才能完成。如果你不深入了解實作和權衡取捨的技術細節，用功能來評估也會誤導你。

- **易維護性**。評估和追蹤「編寫可靠的、易維護的程式碼」這種主觀的事情很難，但是辛苦地處理過糾纏不清的舊程式的人都會告訴你，如果你要在生產環境中長期使用它，你就要投入更多時間來提升易維護性。程式員花額外的時間撰寫穩健、易維護的程式通常得不到好處，因為他們的貢獻直到幾年後才會被看見。

- **學習技能與知識**。如何評估花時間學習新技術並且有效地使用它所帶來的效益？或是研究和選擇合適的工具來優化生產力的效益？或是花時間做出審慎且周到的戰略選擇，最終讓專案可行和成功的效益？顯然，這些工作都非常重要，但是在局外人眼裡，同樣的時間似乎可以做更多工作。

- **幫助他人**。很多程式員雖然很優秀，工作表現卻不出色，他們的優秀在於他們可以讓別人變得優秀。只要團隊有這種人，其他人就會變得更好。指導他人和提供無私的幫助對建立與維持高生產力和有凝聚力的團隊非常重要，然而，即使這種人的貢獻是存在的，你卻很難量化這種人的功勞。

當然，你還可以用另外的 101 個層面來判斷一個人的表現——包括他們展示自己的方式（例如良好的態度）、非常可靠，或者他是創新的想法和解決方案的主要貢獻者，但是這些層面幾乎都不是客觀的、具體的事情，難以讓你歸納與評分——而且除非你了解每分每秒的細節，或是對專案進行事無鉅細地管理，否則也很難做到。

### 既然沒有可靠的管理措施可以評估貢獻，你該如何引起上級的關注？

實際上，一言以蔽之：**信任**。

> 信任就像貨幣；當主管授與部屬自主權和獨立性時，代表主管相信他們可以完成被指派的任務，而且可以在過程中做出明智的戰略決策，能夠遠在問題成形之前就主動溝通問題。

他們就像把錢投資在你身上，當投資帶來的回報時，他們會像幸運的投資者一樣，非常開心。然而，信任需要時間、耐心和堅持。如果你無法和主管建立良好的關係，以上所言都毫無意義。如果有人想要投資你，你就要證明你是值得投資的對象。

- 老闆信任你嗎？
- 你的團隊和同事信任你嗎？
- 你有沒有用出色的表現贏得他們的信任？
- 你的同事會如何跟別人描述你？
- 你在公司裡面有多大的影響力？

身為主管，我不只一次表示非常喜歡某位員工，後來卻發現他的同事不怎麼和他來往，或他的同事對他的表現抱有負面印象。在這種情況下，考慮到我對整個團隊的信任程度，集體的意見很容易壓過我的個人偏好。你可以把信任想成一張圖表，連接你和別人的每一條線都有一個權重，在評估績效時，那些權重非常重要。

> 專案、產品、績效和公司的好壞不僅僅取決於產出（output），也取決於它們如何產生產出。

在我的專案中，Josh 做了一件不一樣的事情，他不僅做了他的工作，也確保管理層（我的老闆和總經理）知道我們團隊正在做什麼。現在回想起來，正是因為他，我們的專案才能在人數這麼多的組織中得到認可。當時我很討厭 Josh，但在多年後，我意識到他對我們團隊的貢獻不是只有他的程式，還有他的溝通和**工作方式**。

附帶一提，我認為有些公司的文化可能比其他公司更鼓勵這種做法。Josh 這種人的問題在於，久而久之，他們可能會優化「信任感」，對自己的貢獻產生扭曲的看法（我稱之為「辦公室政治」），這也不好。

有一位非常聰明的朋友告訴我，他加入一家大公司的時候，看到很多非常聰明、能力很強、工作效率高的人，他們都是透過非常引人注目的能力獲得上級的信任。

> 他們在會議上說最多話，他們會打斷別人，他們會在凌晨 3 點寄出冗長的 email，詳述昨天會議中的細節，並且 cc 給一長串看似毫無關係的高層⋯等。他們的老闆喜歡他們，給他們最好的考績。在認識到那些人，並對他們的技倆感到既驚訝且厭惡之後，我們開始清楚地認識到，這種人正是公司文化吸引來的。沒過多久，我們就明白為什麼這家公司的「工作」那麼多，完成的卻很少。

## 如果你是主管，你該怎麼辦？

當我是員工時，我希望別人用我的貢獻來評價我，希望待在一個論功行賞的團隊。我也希望有自主權，能夠擁有實質性的東西，而且沒有人在背後盯著我工作。當我是主管時，我想讓有價值的人獲得他應得的認可和表揚，但我不想事無鉅細地管理，也不想整天做「老大哥」。

這意味著一個隱性的契約：

> 我會給你自主權和獨立性，但你有責任讓我知道你的狀態和資訊。

舉例來說，有一次，有一位團隊成員告訴我，他已經很努力做到最好了，但是，在我看來，他的進度落後他的隊友。當他即將離職時，他把他做過的事情都告訴我。我問他：「為什麼你以前都不告訴我呢？」我本來想建議他把時間花在對公司而言比較重要的其他事情上的。他回答：「我以為你會知道。」不要犯同樣的錯誤。

身為主管，你也要能夠看出部屬是否進步。這意味著你要了解每個人的長處和短處。如果你觀察某人的表現，發現他在某個發展領域有了實質性的進步，那麼這絕對值得肯定。例如，如果你有一位出色的工程師，雖然他不擅長溝通，但他會挺身而出，不僅為專案貢獻了卓越的程式設計能力，也讓其他團隊成員了解不斷變化的風險因素，那麼這些功勞就值得表揚。

你要考慮人們融入組織時的所有因素。問一些好問題，並從公司其他成員那裡徵求回饋，讓所有人都知道你喜歡溝通和掌握進度。

## 你現在可以怎麼做？

所以，我的結論是：如果你想要自主權，想要擁有自己的領域和專案並控制它們，那麼你的工作就是傳遞資訊，並且讓你的團隊成員信任你。

換句話說，你要學習並且做這些事情：

- **貫徹執行**。言出必行，持續兌現你的承諾。
- 如果一項工作花費的時間比你想像的還要長，**主動溝通**，並說明原因。
- **改善溝通技巧**。為了讓別人聽你說話，有時你要磨練傳遞訊息的方式。
- **主動提供資訊**，努力解釋不確定或難以理解的想法和概念。分享你的決定和分流（diversion）的細節。這一點在你犯錯時也很重要，你要在別人自行搞清楚狀況之前讓他們知道，這可以展示你的負責，也可以防止以後的誤解。
- **直言不諱、真實地表達你的感受**。即使你抱持相反的意見，你也要表達你的想法（要尊重並且有技巧地）。
- **不要背著別人聊是非**。如果有人知道你會說老闆、公司領導人或其他同事的壞話，你就很難建立信任感了。
- 在困難的情況下**保持客觀中立**。學習如何在壓力下保持冷靜，像外交官一樣解決衝突，而不是製造衝突。
- **言行一致**。你不但要貫徹執行，也要消除可能的任何雙重標準。
- **學習信任他們**。這是最難的一點，但信任是雙向的。避免先入為主地指責他們，並且學習與他們共事，這可以為你們建立牢固的工作關係。

反過來看，但願你有一位好主管，懂得問你好問題，並花時間了解你的貢獻。如果你的主管不是如此，你一定要和周圍的人分享資訊，例如你的同事、你的老闆和其他利害關係人。

優秀的領導人會讓所有人步調一致，如果你想要獨立，你就有責任讓別人知道你有什麼貢獻。

本文作者是 *Kate Matsudaira*，經授權轉載[1]。

---

1 經授權轉載自 *https://katemats.com/blog/paradox-autonomy-recognition*。

CHAPTER 52

# 談判薪資的 10 大法則

Haseeb Qureshi 著

**Haseeb Qureshi** 是 Dragonfly Capital 的管理合夥人，Dragonfly Capital 是一家以加密技術為主的創投公司。在此之前，Haseeb 曾擔任 Metastable Capital 的普通合夥人，以及 Earn.com（被 Coinbase 收購）和 Airbnb 的軟體工程師。他是一位有效利他主義者（effective altruism），曾經是一位職業撲克牌玩家。

Twitter: @hosseeb

## 談判薪資的 10 大法則

當我在 Airbnb 找到工作的故事傳開後，大家對我的談判如此痴迷讓我非常驚訝 [1]。媒體的報導把我描繪成某種談判高手：有一位老謀深算的前撲克玩家騙倒科技巨頭，獲得一份薪資豐厚的工作機會。

這實在太蠢了，我用「蠢」這個字有很多原因，最主要的原因是，事實上，我的談判技巧沒有什麼特別之處，比我擅長談判的求職者比比皆是，更遑論招聘人員和其他的專業談判人員了。

我的故事之所以如此吸引人，單純是因為大多數人根本不談判，或即使有談判，也只不過是做做樣子罷了。

1 *https://haseebq.com/farewell-app-academy-hello-airbnb-part-i/*。

更糟的是，坊間關於談判的建議大多是無效的，你看到的幾乎都是含糊其辭、長篇大論的勸告：「你一定要談判」、「絕對不要先報價」。除了這兩條建議之外，你基本上只能靠自己了。

我心想：關於談判的有效建議為什麼這麼少？我懷疑，這是因為很多人深信談判是難以教導的技術，它是有些人做得來，其他人做不來的事情，所以沒有人可以真正地剖析它，並讓所有人都能學會。

我認為這種想法是胡扯。談判和任何其他技術一樣，是一種可以學會的技術，我不認為它特別難懂或難以理解。所以，接下來，我要試著解釋為何所有人都可以談判。

先提醒你三件事。

第一，我不是專家，有些人是真正的專家，萬一我的建議和他們的建議互相矛盾，你要認為我是錯的。

第二，談判很難一體適用，因為它與社會動態和權力緊密地交織在一起。適合矽谷的亞裔男性的建議，也許不適合阿拉巴馬州 Birmingham 的黑人女性。種族、性別和政治動態都會和你一起坐在談判桌前。

同時，我要提醒大家，不要過度重視這些因素。因為害怕歧視而不敢談判所造成的傷害往往和歧視本身一樣。

在其他條件都相同的情況下（ceteris paribus）[2]，請積極地談判。

第三：我是第一位承認「談判是很蠢的行為」的人。這項技能對擅用它的人有利，把它當成主軸來贏得獎勵是荒唐的事情。但它也是經濟系統的現實面。而且就像大多數的集體行動問題（ collective action problem ）一樣，我們可能無法在短時間內革除它。所以，在這種情況下，你只能設法提升這個能力了。

好了，接下來就是我的談判指南了。它分成兩個部分，第一部分包括談判流程的概念，如何開始這個流程，以及如何布局，讓自己獲得最大的成功。第二部分是關於談判過程中實際的來回交鋒的建議，以及如何開口要求你要的條件。

讓我們從頭講起吧！

---

2 Ceteris paribus 是拉丁語，意思是「其他條件都相同的情況下。」

## 「得到工作」是什麼意思

在我們的文化中，進入就業市場稱為「找工作」，這是很不幸的表達方式。「找工作」意味著工作是世上的一種資源，而且你試著獲得這種資源，但是實際的情況完全相反，你其實是在出售你的勞動力，讓一家公司標下它。

> 就業其實只是在勞動市場達成的雙邊交易。

和任何市場一樣，勞動市場只能在競爭激烈的情況下正常運轉，這是確保價格公平且合理的唯一途徑。想像你是一位賣西瓜的農民，你會把西瓜賣給第一位同意購買它的買家嗎？還是你會先調查買方市場，看看最佳價格（和商業伙伴）是什麼，再明智地決定賣給哪位買家？

然而，當大家談論勞動市場時，他們會想「哦，有一家公司給我一份工作！我終於放心了！」彷彿獲得工作本身就是一種特權，而公司是賞賜這種特權的看門人。

不要有這種心態。

> 工作只是一筆交易。它是你和公司之間用勞動力換取金錢（和你重視的其他東西）的交易。

這聽起來可能有點抽象，但你絕對要從這個角度來進行談判。

## 談判的作用

談判在試圖達成協議的過程中，是自然的、可以預期的一部分，它也是你有能力和認真的訊號。公司通常會尊重談判的求職者，最吸引他們的求職者都會談判（但有時他們不願意談判，因為他們往往有太多公司可以選擇）。

我要冒著陳腔濫調的風險提醒你：無論如何，你都要談判。無論你覺得自己多好或多不好，你一定不會因為談判而破壞關係。

在我擔任 App Academy 講師的時間裡，在談判過的數百個 offer 中，只有一兩次 offer 在談判時被撤銷。基本上這種事絕對不會發生。而且當這種情況發生時，原因通常是求職者是不合情理的混蛋，或公司內部不穩，只是找一個藉口來取消 offer。

你的心裡可能會有一個聲音：「好吧，我不想抱太高的期望，何況這個 offer 已經夠好了，我應該接受它。」

**跟它說不，去談判！**

或者：「我不想踏出錯誤的第一步，在未來的雇主面前顯得很貪得無厭。」

**跟它說不，談判！**

「但是這家公司很小，而且——」

**叫它閉嘴，談判！**

下一節會詳細說明為什麼這些反對的理由都是胡扯，為什麼它們從根本上誤解了招聘的動態。現在先相信我，你一定要談判。

## 談判的十大規則

我把談判歸納成十大規則。按照出現的順序，這些規則是：

1. 把每件事都寫下來
2. 始終敞開大門
3. 資訊就是力量
4. 永遠保持積極正面的態度
5. 別當決策者
6. 準備替代方案
7. 說出每件事的理由
8. 動機不能只是為了錢
9. 了解他們的價值觀
10. 讓公司有機會簽下你

這篇文章只介紹其中的一些部分，其餘的部分會在第二部分說明。但我會在遇到每一條規則時解釋它。

讓我們從頭開始，試著走一遍談判過程。對多數人來說，這個過程在你收到 offer 時就開始了。

## offer 對談

你剛剛接到電話，因為你的面試很順利，他們經過仔細地考慮之後，決定要你了。他們給你一個 offer。恭喜你！

但先不要太興奮。有趣的還在後頭。

先感謝你的招聘人員，用興奮的口氣，希望這對你不難。在討論細節之前，試著詢問關於你的面試表現的具體回饋，這可以讓你判斷他們有多想要你，也可以讓你知道下次面試可以改善的地方。

接下來開始討論 offer。

## 談判規則 1：把每件事都寫下來。

他們終於給你這份工作的 offer 了，把它全部寫下來。無論他們以後會不會寄書面版本給你，把所有事情都寫下來。即使有些事情和金錢沒有直接的關係，如果它與工作有關，你也要寫下來。如果他們告訴你「我們正在把前端移植到 Angular 上面」，寫下來。如果他們說他們有 20 位員工，寫下來。你要收集盡可能多的資訊。接下來你會忘記很多東西，這些資訊對你的最終決定很重要。

根據公司的情況，他們也會告訴你關於股權的事情。我們會在第二部分討論股權，但你一定要把所有內容都寫下來。

從現在開始，遵守這條規則：你討論的所有重要事情，都必須有某種形式的書面紀錄。一般情況下，在最終交易敲定之前，公司不會寄給你正式的錄取信。因此，你要自己負責在後續的 email 中確認所有的重要細節。

招聘人員滔滔不絕地說出細節，把它們寫下來，噢，有個笑話，先笑一下吧！現在招聘人員說完了，你也問完所有問題了。

招聘人員接下來會說：「你覺得怎樣？」之類的話。

這聽起來是人畜無害的問句，但你的回答非常重要，因為從你隨口說出的很多話都會讓你處於不利的地位。這是你的第一個決策點。

「決策點」就是在談判時，對方想逼你做出決定的時刻。如果他們成功地把你綁在一個立場上，他們就可以關閉談判的大門。當然，「你覺得怎樣？」只是一種微妙的催促，但這句話就是他們嘗試讓你太早做出承諾的開始。

## 這就引出談判規則 2：永遠敞開大門。

在你完全準備好做出一個明智的，深思熟慮的最終決定之前，千萬不要放棄你的談判權力。

也就是說，你的工作就是在不放棄繼續談判權力的情況下，盡量穿越許多這些決策點。對方通常會試圖哄你做出決定，或者把你釘在一個你沒有承諾的決定上。在你真的打算做出最終的決定之前，你要持續使用言語柔術來擺脫它們。

## 保護資訊

現在有一段令人不舒服的沉默，他們的「你覺得怎樣？」彷彿懸在空中。

如果你說「好，這聽起來很棒，我什麼時候開始工作？」，代表你已經含蓄地接受了這個 offer，並且完全關閉了談判的大門，這是招聘人員最喜歡聽到的答覆，按理說，你不應該這樣做。

他們第二喜歡聽到的是：「你可以給我 90K 而不是 85K 嗎？」這也關閉了大門，不過原因不一樣而且比較微妙，這也是大多數人不擅長談判的主因。

**談判規則 3：資訊就是力量。**

為了在談判中保護你的權力，你必須盡可能地保護資訊。

公司不想讓你洞察它的想法，它不會告訴你它的薪資範圍、上一位具有相同經歷的求職者的報價…等事情，它會故意混淆這些資訊，但是他不希望你做同樣的事情。

公司想要成為秘密拍賣會的競標者，但與其他競標者不同的是，它想知道其他競標者的出價到底有多高，然後堂而皇之地利用這些資訊，通常只比第二高的報價多一美分。

沒錯，他們別想得逞。這是一場沉默的拍賣會，為了維持沉默的狀況，你必須保護資訊。

你之所以握有談判的權力，通常只是因為雇主不知道你在想什麼。他們不知道你的其他 offer 有多好，或是你上一份工作的薪水是多少，或是你是如何衡量工資與股權的，甚至不知道你這位決策者有多理性。你的底線是讓他們不確定到底要付出多少代價來簽下你。

當你說：「*能不能給我 90K 而不是 85K*」時，你就讓他們知道怎樣才能讓你簽約了。現在秘密拍賣會又開始了，他們會開出 90K（更有可能開出 87K），而且他們知道喊這個價幾乎沒有風險，因為你可能會接受。

如果你是 110K 以下都不願意考慮的人呢？或者，你是 120K 以下都不會考慮的人呢？如果你是這種人，你就不會要求 90K，當他們提出這個價碼來說服你時，你會請他們不要浪費你的時間了。

如果你保持沉默，**他們就不知道你是哪一類人**。在他們心裡，你可能是這三種人的任何一種。

從這條規則可以知道，你不能向公司透露你目前的薪資。雖然這一條規則有一些例外的情況，但你應該預設有這條規則。如果你必須透露目前的收入，你要把薪資的總價值全部算進去（包括獎金、未給你的股票、即將來臨的升遷…等），並且一定要用這種背景來談：「**現在我的收入是 *[XYZ]*，但我想要找一個升遷至下一個職位的機會。**」

公司會在面試的不同階段問你目前的薪酬——有的公司在面試之前，有的公司在決定錄用你之後。但是你要注意這個時刻，保護好資訊。

所以，在收到 offer 之後，別要求更多錢、股權或任何類似的東西。不要對 offer 的任何具體細節發表評論，除非你是為了釐清一些事情。

什麼都不洩漏，保留你的談判權。

你要說：

> [ 公司名稱 ] 很棒！我真的認為這家公司很適合我，也很開心你們的認同。目前我還在和幾家其他的公司接洽，所以在完成這個過程，並且做出決定之前，我無法討論 offer 的具體細節。但我相信我們一定可以找到一個雙方都滿意的方案，因為我真的很想成為團隊的一員。

像西瓜農民一樣思考。這個 offer 只是第一位在西瓜田停下腳步的商人，看了一眼你的作物，然後聲稱「現在我就要把這些西瓜全部收走，一顆 2 美元。」

這是個大市場，你要很有耐心——畢竟你是個農民。你只要笑著跟他們說：「你會先把他的提議記下來」就好了。

始終保持明確的正面態度非常重要。

## 正面積極的重要性

保持正面積極是第 4 條談判規則。

即使你收到的 offer 爛透了，你也要保持正面與興奮的態度，因為興奮感是談判時最有價值的資產之一。

公司給你 offer 是因為他們認為如果他們付你薪水，你就會幫他們努力地工作。如果你在面試過程中對這家公司失去熱情，他們就會開始懷疑你是不是真的打算努力工作，或長時間待在這家公司。這些因素都會降低你這個投資對象的吸引力。別忘了，你是產品！如果你的興奮度降低了，那麼你販售的產品就會失去價值。

想像一下，你正在和某人談判西瓜的買賣，但談判耗時太長，以至於當你達成協議時，西瓜已經壞了。

公司很怕這種事。他們不希望他們的人選在談判過程中變質。因此，他們會聘請專業的招聘人員來管理招聘流程，並確保他們保持友善。你和招聘人員有共同的利益。如果公司覺得你已經變質了，他們就會突然之間不願意付錢在你身上。

所以，無論在談判的過程中發生了什麼事，你都要給公司留下這些印象 1) 你仍然喜歡這家公司，2) 你仍然很期待在那裡工作，即使數字、金錢或時機還不合適。一般來說，為了表達你的期待，最有說服力的方式，就是重申你喜歡他們的使命、團隊，或他們正在處理的問題，並且真的很期待解決事情。

## 別當決策者

你可以這樣結束對話：

> 我會再研究一下細節，並和我的 [ 家人 / 好友 / 重要人士 ] 討論看看，有任何問題的話，我會和你聯繫。非常感謝你告訴我這個好消息，我會保持聯繫的！

如此一來，你除了在對話結束時，把所有的權力都掌握在自己手中之外，還做了另一個重要的動作：你把其他的決策者拉進來了。

談判規則 5：別當決策者。

即使你不太在乎朋友 / 家人 / 老公 / 母親的想法，一旦你提起他們，招聘人員要爭取的對象就不是只有你而已了，於是，他們的霸凌和恐嚇都是沒有意義的，因為他們無法接觸「真正的決策者」。

這也是客服和補救錯誤時常用的經典技巧，他們會讓對方認為錯的絕對不是電話那頭的人，他們只是混口飯吃的可憐蟲，對方提出的要求不是他們可以決定的。這有助於緩和緊張局勢，讓處理人員可以控制局勢。

如果對方不是最終決策者，你就很難對他施加壓力。好好利用這一點。

OK！

我們拿到第一個 offer 了。發一封後續郵件，確認你和招聘人員談過的所有細節，如此一來，你就有了一份書面紀錄。你只要提到：「為了確認一下我聽到的所有細節都是正確的…」即可。

下一步是利用這一個 offer 去贏得其他的 offer，並且在就業市場上找到最好的條件。

## 贏得另一個 offer

事實上，第一個 offer 是誰給你的，或他們給你多少，都不是重點，只要你得到一份 offer，引擎就開始運轉了。

如果你已經開始和其他公司談工作了（正確的做法應該如此），你應該主動聯繫他們，讓他們知道你收到一份 offer 了，試著建立緊迫感。所有的 offer 都有一個到期日，無論你知不知道它是何時，你可以充分地利用這一點。

> Hello［某某］，
>
> 我只是想要報告一下我自己的進度。我剛才收到［公司］的 offer 了，他們的條件很不錯，但是，我依然很想加入［了不起的貴公司］，想要問一下我們能否達成協議。因為我的時間更少了，能否請您試著加快這個流程？

你要不要說出給你 offer 的公司？視情況而定。如果它是著名的公司或競爭對手，你一定要說出來。如果它是一家沒沒無聞的公司，或不吸引人的公司，你只要說你收到 offer 即可。如果它快到期了，你也要講出來。

無論如何，向你接觸的每一家公司發一封這種信。無論你認為你的催促多麼沒希望或毫無意義，你都要向市場中正在考慮你的所有人發出這個訊號。

其次，如果我還有其他想要申請的公司（無論是透過推薦，還是主動申請），或是已經申請但還沒有收到回覆的公司，我也會發一封類似的郵件。

為什麼要這樣？這難道不會很沒格調，很煩人，甚至不顧一切嗎？

以上都不會，這是最古老的市場刺激法——告訴大家供應有限，並且建立急迫感。需求會滋生需求。雖然不是每家公司都會回應，但很多公司都會。

回應你的公司不會很蠢嗎？

## 為什麼公司在乎其他的 offer

在我找工作的故事中[3]，我提到了 Google 的 offer 如何讓很多公司回過頭來，讓我更快速地通過他們的求才漏斗。很多人對這些公司的反覆無常覺得很失望。如果 Uber 或 Twitch 因為 Google 才和我談，在此之前都不想理我，這說明他們是怎麼招聘人才的？他們合理地評估了什麼，如果有的話？

我認為這種想法大錯特錯，這些科技公司的行為其實非常理性，而且你要明白這一點。

首先，你必須了解公司的目標是什麼。公司的目標是聘請一位能夠發揮高效率，而且可以創造出比成本更高的價值的人。他們怎麼知道誰是這種人？除非你真的聘請他們，否則你無法確定答案，但是也有一些替代方案。血統是最強烈的訊號，如果他們在其他公司做到了，他們應該也可以在你的公司做到。在公司內部有值得信賴的人當他們的保證人通常也是強烈的訊號。

但事實上，幾乎所有其他事情都是微弱的訊號，微弱的意思是非常不可靠。仔細想一下，面試是漫長的、令人汗流浹背的、不舒服的事情，與真正的工作只有一點點相似。面試是不合常理的過程，它無法告訴你一個人能否勝任他的工作。這種困境是無解的。雖然公司可以利用一些比較強烈的訊號，例如聘請某人來做一兩個星期的合約工，但優秀的人選不會考慮這種做法。因此，求職者其實強迫企業承擔了招聘過程中的絕大多數風險。

事實上，通過面試仍不足以證明一個人是個好員工。這就好像你只知道一位學生的 SAT 分數，其他都一無所知，問題完全在於沒有充分的資料可以參考。

沒有人可以解決這個問題，Google 不行，任何其他人也不行。

這就是公司關心你有沒有收到其他 offer 的原因。他們關心的原因是每家公司都知道自己的流程充滿雜訊，而且大多數其他公司的流程也充滿雜訊。但是一位人選有多個 offer 意味著他們有多個對自己有利的微弱訊號，這些訊號結合起來，就會變成一個比任何一次面試都要強烈的訊號。這就像你知道一位學生有很高的 SAT 分數和 GPA，並獲得了各種獎學金。當然，他們依然有機會是蠢才，但可能性少很多。

---

3 *https://haseebq.com/farewell-app-academy-hello-airbnb-part-i/*。

以上所言不代表這些訊號越強，公司的反應就越大，也不代表他們不會過度重視證書和品牌的價值，他們會，但他們關心你有沒有得到其他的 offer 並據此來評估你是完全合乎常理的做法。

解釋那麼多，就是為了叫你讓其他公司知道你已經收到 offer 了。給他們更多訊號，讓他們知道你是有價值的、有吸引力的人選。你要了解為什麼這會讓他們改變是否面試你的想法。

當你繼續面試的時候，別忘了不斷練習你的面試技巧。你收到的 offer 的數量和強度是最終的 offer 最重要的決定因素。

## 關於時機的建議

你要有策略地規劃你收到 offer 的時間點。一般來說，你要盡早先到大公司面試，他們的流程比較慢，而且 offer 窗口比較寬（這意味著他們可以給你更多時間來做決定）。創業公司正好相反。

你要想辦法在同一時間收到盡可能多的 offer，這可以將你的談判窗口最大化。

當你得到一份 offer 時，通常你要向他們要求給你更多的時間來做決定，尤其是在你得到第一個 offer 時，更多的時間是你可以要求的事情中最有價值的一種，它就是你為了獲得最好的 offer 而催促其他公司的時間。所以，做好爭取時間的準備吧！

## 如何處理爆炸型 offer

好傢伙。

爆炸型 offer 就是在 24-72 小時之內到期的 offer。大公司不會提出這種 offer，但它們在初創公司和中型公司中越來越普遍。

爆炸型 offer 爛透了，我和大多數人一樣，對這種做法很不屑。但是我可以理解它。對雇主來說，爆炸型 offer 是在強勁的科技人才招聘市場中生存的天然武器。這些公司都明白他們在做什麼——他們在利用恐懼，約束你還價的能力。

既然初創公司比較難以吸引人才，以及獲得人才，他們採取這種手段也就不足為奇了。我討厭的是它的不誠實。雇主們通常會這樣辯解：「你要花更多時間來考慮的話，那就證明你不是我們想要找的人。」

不要相信這種鬼話，也不要對此感到內疚，他們只是為了提高 close 人選的機會而已。用三天以上的時間來做出攸關整個人生的決定才是深思熟慮的表現。

那麼，如果你收到爆炸型 offer，你該怎麼辦？

爆炸型 offer 會降低你有效地駕馭勞動市場的能力。因此，你只有一件事可以做。除非到期日窗口被放寬，否則就將那個 offer 視而不見。

明確地告訴他們，如果說 offer 是爆炸型的，它對你就毫無意義。

對話範例：

> 我有一個很大的問題，你說這個 offer 在 48 小時之後就無效了，恐怕它對我一點意義都沒有，我不可能在 48 小時內對這個 offer 做出決定。目前我正在完成其他幾家公司的面試流程，可能還要一週左右的時間，所以我需要更多的時間來做出明智的決定。

如果他們反駁你，說這是他們的最佳條件，你就禮貌地回答：

> 那真的很可惜，我很喜歡 [ 你的公司 ]，也很期待加入你們的團隊，但就像我說的，我無法考慮這個 offer。48 小時太不合理了。我的下一家公司對我來說是一個重大的人生決定，所以我會非常認真地看待我的承諾。我必須和我的 [ 外部決策者 ] 好好討論。我不可能在這麼短的時間之內，做出讓我滿意的決定。

幾乎任何公司聽到這種說詞都會讓步。如果他們堅持不讓步，那就勇敢的轉身離開吧。（他們可能不會讓這種情況發生，所以當你走出門的時候，他們會把你抓住。如果沒有，講直白一點，那就去他的。）

我在找工作的過程中遇過幾份爆炸型 offer，每次我都採取這個策略，每一個 offer 都會立刻放寬時間，變得更合理，有的甚至會延長數週。

為了避免誤解，容我強調一下。我想說的是，不要以為讓爆炸型 offer 默默地過期之後，他們還會僱用你。他們不會。為了讓爆炸型 offer 變成可靠的武器，公司必須讓大家相信他們會堅定地履行期限。我的意思是，當他們提出條件時，你要明確地把這個問題提出來。

不要讓公司霸凌你，使你放棄談判的權利。

### 談判的心態

在進入實際的來回交鋒之前，我想要先探討一下身為一位談判者應有的心態。這不但適用於你的談話方式，也適用於你如何看待公司。

不要只用一個面向來評價公司，我的意思是，不要僅憑薪水、股權甚至聲望來評價公司，雖然它們都是重要的因素，但文化契合度、工作的挑戰、學習潛力、未來的職業選擇、生活品質、成長潛力，以及整體幸福感也是重要的因素，它們之中的任何一個都無法完全壓倒任何其他因素。如果有人告訴你「那就選你覺得最開心的地方吧」，這句話與「那就選可以賺最多錢的地方吧」一樣簡陋。這些因素都很重要，你要多方面考慮你的決定。

當你探索不同的公司時，請對即將到來的驚喜抱持開放的心態。

同樣重要的是，你必須知道，並不是所有公司都會以相同的面向來評價你，也就是說，不同的公司想要找不同的技能，你的價值在某些公司可能比較高，也可能比較低。即使是在同一個產業之中的公司也是如此，尤其當你知道一套專門的技術時。

你接觸的公司越多，你就越有機會找到一家認定你的價值比其他公司所認定的還要高的公司，它極可能是你可以談出最好的 offer 的公司。最終的公司可能會讓你意想不到，所以保持開放的心態，並且切記，找工作是一個雙方同時進行的程序。

在這個過程中，你最有價值的事情之一，就是嘗試了解雇主的想法，以及他們的動機。在談判時，了解和你的對手非常重要，下一篇文章會深入探討這一點

但最重要的是：對另一方保持好奇心。試著理解為什麼雇主會有那種想法，同理他們，關心他們想要什麼，並幫助他們實現。

有這種心態可以讓你成為更強大的談判者，相應地，也會讓你成為更好的員工和團隊成員。

在下一節，我將介紹最後四條談判原則。我也會演練實際的來回交鋒過程——如何要求你要的條件、如何提高報價、如何破解公司試圖對你施展的技倆。此外還有許多我很喜歡的談判理論。

## 如何避免破壞你的 offer 談判

你已經知道前 6 條規則了。現在你順利地通過最初的 offer 對話了，你也收到其他公司的 offer，接下來要進行真正的談判了。

當然，這也是一切都會變得非常糟糕的階段。

但是，別擔心，跟著我，我會讓你變成一位超級談判家。（或是一位古怪的億萬富翁談判專家，有時這比較好？）

我們認真一點好了，在這篇文章，我將深入探討整個談判過程，並討論談判 offer 的最後四條原則。

沒錯，讓我們從頭開始。

怎樣才能成為優秀的談判者？

大多數人都認為，若要做好談判，你就要看著對方的眼睛，展現自信，要求大量的金錢。但是如果你想成為優秀的談判者，你要做的事情微妙得多。

## 優秀的談判者是怎麼溝通的？

也許你有朋友或家人因為不接受別人說「不」而臭名昭著，這種人會衝進百貨公司與櫃台主管大聲爭吵，直到成功退貨為止。

這種人看起來總是能夠得到他們想要的東西，雖然他們讓你避之唯恐不及，但也許你應該學學他們，是嗎？

放心，這種人的談判技術其實很糟糕。他們很會刁難別人，挑起事端，雖然有時可以強迫服務人員或值班經理安撫他們，但是，當你和商業夥伴（也就是雇主）談判時，這種談判方式是行不通的。

擅長談判的人是有同理心和合作精神的，他們不會試圖控制你，或發出最後通牒，而是會試著創造性地思考如何同時滿足雙方的需求。

所以，當你針對 offer 進行談判時，不要把它想成買二手車時的討價還價，而是要想像與一群朋友商量晚餐計畫，這可以讓你的情況好得多。

## 把蛋糕切片

卓越和低劣的談判技術有另一個重要區別在於，低劣的談判者傾向認為談判是一場零和遊戲。

想像我們在針對一塊蛋糕進行談判。在零和談判中，如果我多拿一塊，你就少拿一塊，我的任何利益都會造成你的損失。

就蛋糕而言，顯然如此，不是嗎？那工作談判有什麼不同呢？

其實就蛋糕而言並不一定如此，如果我不喜歡角落那一塊，但你喜歡呢？如果我很喜歡櫻桃呢？如果我喜歡刮掉一些糖霜，而你喜歡糖霜呢？如果我吃飽了，你還很餓，而且你願意下次請我吃我最喜歡的蛋糕呢？

當我提出蛋糕問題時，我並沒有說到任何關於櫻桃的事情，或我對角落的好惡。這看起來像是在瞎掰。

但是這的確是優秀的談判者會做的事情，他們會繞過規則，他們會質疑假設，提出意想不到的問題，他們會挖掘並找出大家都重視的核心，並尋找創造性的方法來擴大談判的範圍。

在你考慮如何為了蛋糕討價還價的同時，我在考慮如何讓我們雙方都有超過一半的蛋糕。

不同的談判方幾乎都有不同的價值觀。雖然我們可能都重視同一樣東西，畢竟，我們雙方都關心蛋糕，但我們對它的價值觀不完全相同，所以可能有一種方法可以讓每個人都得到更多想要的東西。

多數進行工作談判的人都認為，他們要像針對蛋糕討價還價一樣頑固地討價還價，卻從來不會停下來問自己——嘿，我真正重視的是什麼？為什麼我重視它？公司重視什麼？為什麼他們重視它？

工作談判有很多方面：薪水、簽約獎金、股票、年終或績效獎金、通勤津貼、搬遷津貼、設備、教育津貼、育兒津貼、額外的假期、延遲上班日期、每天有一小時專門用來健身、學習、冥想或玩紙牌。你可以指定團隊、你的第一個專案、你將使用什麼技術，有時甚至可以選擇你的職稱。

也許你喜歡糖霜，但公司比較喜歡櫻桃。如果你不問，你永遠不知道答案。

保持這種心態。

OK。

讓我們從剛才的地方繼續進行談判吧。你拿到所有 offer 了，招聘人員正熱切地等待你的加入。

讓我們開始談判。

## 電話 vs. email

你要做的第一個決定是：究竟要透過電話還是透過 email 來談判。

打電話不僅是自信的訊號，更重要的是，它可以讓你和招聘人員建立牢固的關係。

打電話可以開玩笑，講笑話，建立關係。你希望招聘人員喜歡你、理解你、同情你，想讓你成功。同樣的，你也要關心招聘人員，了解他們的動機是什麼。

最好的交易是朋友之間達成的交易。用 email 很難交朋友。

但是，如果你對自己的談判技巧沒有信心，你應該試著透過 email 來推動談判。書面的、非同步的溝通可以給你更多時間制定策略，讓你更容易說出不舒服的事情，並且避免感受招聘人員施加的壓力。

話雖如此，招聘人員一定比較願意和你講電話。基本上，電話是他們的主場。他們也很清楚，透過 email 談判比較簡單，但他們不太願意給你方便。他們通常會在 email 中含糊其辭，只想在電話中討論具體細節。

如果你只想使用 email，你就要破解這種做法。談判沒什麼秘密，只要誠實地提出你要的條件就好了。

告訴他們：

> Hi 招聘人員，祝您一切順利！
>
> 回覆您之前的 email：我比較想用 email 來討論 offer 的細節。有時我在講重要的電話時會很緊張，所以用 email 來討論 offer 可以讓我保持清醒的頭腦，以及更清楚地溝通。希望您能接受。 :)

不需要胡謅，不需要扭扭捏捏，只要說出事實，並提出你想要的做法。

誠實和坦率有強大的力量，好好利用它。

（另外，注意我寫的是「討論 offer 的細節」而不是「談判」。絕對不要把你在做的事情說成談判 —— 這會立刻展現敵意，一副打算討價還價的樣子。說成「討論」，他們應該不會反感。）

## 準備替代方案

我之前提到，擁有多個 offer 非常重要。容我重申一次，有多個 offer 是非常非常有價值的事情。

如果檯面上有其他的 offer，他們就知道，萬一談判沒有成功，你只不過是接受另一個 offer。你的談判立場突然變得更加有說服力，因為他們知道你願意撒手退出。

如果你得到一家知名公司的 offer，這種效果更強。如果你收到那家公司的主要競爭對手的 offer，這種效應更是達到巔峰（現在他們真的很想把你從那個巨大且邪惡的競爭對手挖過來）。

這種行為部分來自愚蠢的群體意識（tribalism）。搶奪對手的人才在某種程度上是很合理的做法。無論如何，好好地利用它與你鎖定的公司打交道。

但如果你找不到其他的 offer 怎麼辦？難道談判就完全不復存在了嗎？

非也！擁有其他的 offer 其實不是重點，重點是擁有強大的替代方案。

## 這就是為什麼談判規則 6 是：擁有替代方案了。

談判需要賭注。如果你沒有任何風險，而且你確定對方一定會簽約，你何必讓他們得到更多東西？

你的替代方案就是談判的籌碼。暗示你有替代方案可以讓對方開始思考：你什麼時候會退出談判，以及退出談判的原因何在。你的替代方案也會造成錨定效應，決定你在對方心中的客觀價值。

談判文獻經常將你的最佳選擇稱為 BATNA（Best Alternative To a Negotiated Agreement，協議的最佳替代方案）。基本上，那就是當你轉身離開時，你會做的事情。

我很喜歡 BATNA 這個詞，因為它聽起來很像蝙蝠俠打擊壞蛋的道具。

如果你沒有其他的 offer，你的 BATNA 是什麼？你還有 BATNA 嗎？

當然有。你最佳替代方案可能是「去更多公司面試」或「去念研究所」或「待在你現在的工作崗位」或「去摩洛哥休假幾個月」（我的一個朋友就是這樣，他在加入一家初創公司或是到北非渡假之間猶豫不決）。

重點在於，你不需要另一個 offer 就可以取得強大的 BATNA。

> BATNA 的威力來自 1) 對方對它的感受有多麼強烈，以及 2) 你對它的感受有多麼強烈。

如果你的招聘人員認為去讀研究所是一件很棒的事情，他們就會認為你的替代方案很強，你的談判籌碼就會提高。

即使他們認為念研究所是荒唐的選擇，如果你讓他們相信你絕對有意願去念研究所，他們就要設法讓這筆交易比研究所更有吸引力了。

因此，你要說出你的 BATNA，把它當成談判的背景。（注意：當你提出 BATNA 時，通常你也要再次強調你希望達成協議）。

例如：

> 我也得到［其他公司］的 offer，他們的薪水很吸引人，但我很喜歡［貴公司］的使命，我認為它整體來說更適合我。
>
> 我也考慮回去念研究所，攻讀後現代服飾碩士學位。雖然我很期待加入［貴公司］，也很想加入你們的團隊，但貴公司的方案必須夠合理，才能讓我放棄製作潮牌服飾的生活。

注：如果你還在工作，這是大錯特錯的說法。如果你已經有一份工作，你的 BATNA 通常是待在原來的地方。

這意味著，如果你讓對方知道你不喜歡目前的工作，他們也就知道你的 BATNA 不太行，進而失去和你談判的動力（可能還會認為你是個負面消極的人）。無論如何，你都要強調你現在公司的優點、你的資歷、你的影響力，以及你喜歡目前的工作的其他方面。

你要讓各種選擇看起來幾乎不分軒輊，這樣它們才是強大的 BATNA。

## 對雇主來說，工作談判代表什麼？

我常說，你必須了解對手才能成為成功的談判者。所以讓我們看看，從雇主的角度來看，談判是怎麼一回事。（以科技產業為例，細節依產業的不同而異。）

首先，我們倒帶回去，了解我們是怎麼拿到這個 offer 的。為了填補這個職缺，他們投入哪些資源？

- 在所有合適的管道上撰寫和發表職缺說明（300 美元）[4]
- 審查 100 份以上的履歷（1250 美元）

4 這些數據來自 *https://www.quora.com/What-is-the-average-cost-of-recruiting-an-engineer-in-Silicon-Valley/answer/Rick-Brownlow?srid=tvlO*。

- 大約有 15% 的履歷要用電話來篩選，所以大約有 15 通電話篩選（2250 美元）
- 在這些初步的電話篩選中，大約有 75% 需要進行技術篩選，所以大約有 11 次技術篩選（9000 美元）。
- 大約有 30% 的人通過篩選，可進行現場面試，所以大概有 3 位現場面試。這些現場面試需要 6-7 名員工的協調（10800 美元）。
- 最後，他們提出一個 offer。招聘人員（可能還有行政人員）要花時間打電話給錄取者進行說服和談判（900 美元）

這個流程從開始到結束大約需要 45 天。

他們已經花了 24000 美元向你提供這份 offer（更不用說機會成本了），如果你最終拒絕他們的 offer，基本上他們又要從頭開始了。

這是當你拒絕一家公司時，他們面臨的情況。

你要意識到他們經歷了多大的考驗！

你要意識到你的雀屏中選有多重要！

在一群又一群出現在他們面前的人裡面，你是他們想要的那個人。他們希望你加入他們的部落。他們費了好大的勁才讓你來到這裡，並且找到你。

你卻擔心一旦你和他們談判，他們就會把機會收走？

此外，你要知道，薪水只是聘請你的成本的一部分。除了薪水之外，雇主還要支付你的福利、設備、空間、公共設施、其他雜七雜八的費用，以及就業稅。把所有成本加起來，你的實際工資通常不到聘請你的總成本的 50%[5]。

（這意味著他們希望你帶來的價值，也就是你產生的收益，是你的工資的兩倍以上。如果他們不相信你可以做到，他們根本就不會聘請你。）

以上都在說明：一切都對你有利。雖然你感覺起來不是如此，但事實就是如此。

你應該知道，當你為了「是否該多要求幾千美元」而煩惱時，他們正在屏息祈禱你簽下 offer。

如果你不簽，他們就輸了，失去優秀的人才很糟糕，而且沒有人可以接受自己的公司不值得你來工作。

---

5 你可以閱讀「How Much Does An Employee Cost」，*http://web.mit.edu/e-club/hadzima/pdf/how-much-does-an-employee-cost.pdf*。

他們想贏，他們願意為了贏而付出代價。

然而，你可能擔心：「如果我談成更多薪水，他們不會對我抱更高的期望嗎？我的老闆不會因為我的談判而討厭我嗎？」

**都不會。**

公司希望你創造的績效是你的職位決定的，而不是你談了多少薪水。薪水多了或少了 5000 美元根本不重要。你的主管根本不關心這件事。

別忘了，僱用你的成本有多高！沒人會因為你的績效比預期少 5K 而炒你魷魚，炒掉你並聘請別人的成本比那個 5K 還要多很多。

而且，你的老闆不會討厭你。事實上，在大多數的大公司裡，與你談判的人甚至不是你的老闆。招聘和管理是完全獨立的部門，彼此之間是完全抽象化的。即使你在一家初創公司，相信我，你的老闆已經習慣和應徵者談判了，他不像你那麼重視薪水。

簡而言之，談判比你想像的更容易、更常發生，公司完全願意和你談判。如果你的直覺不是這樣想的，請相信你的直覺是錯的。

## 如何提出第一個數字

我在文章的開始說到，不提出第一個數字是很重要的事情，但有時你無法避免提出，在這種情況下，有很多方法可以讓你提出第一個數字，卻又不提出第一個數字。

如果公司問你「你想要多少薪水？」你可以說：

> 我還沒有想到具體的數字，我比較想知道我的加入對雙方而言是否合適。如果合適，只要薪水有競爭力，我都願意考慮。

聽起來很好。但他們會反擊，

> 了解，但我們想要知道你所謂的「有競爭力」是多少，我要知道值不值得進入面試程序。我們是剛成立的公司，所以我要確保我們對薪資有共識。

這是很強的反擊。但你仍然可以反擊回去。

> 我完全明白你的意思，我也同意達成共識很重要。我心裡真的沒有具體的數字，這完全取決於合適程度和 offer 的成分。我認為當我們決定合作時，才適合擬定合理的薪酬方案。

此時，大多數的雇主都會讓步。但仍然有很小的機率他們會再反擊：

> OK，聽著，你實在很難搞，我們不要浪費彼此的時間了，你願意接受的 offer 是多少？

這是個決策點，他們想要剝奪你的談判力，讓你做出不成熟的決定。

話雖如此，你可能要在此時說出一個數字，否則就可能破壞這段關係中的信任感。（他們提出一個很有道理的觀點，也就是初創公司無法提供與大公司相同的資金，你也不應該期望他們提供。他們可能覺得你沒有意識到這一點。）

但是此時你可以在不實際提出數字的情況下，提出一個數字。

> 好。我知道矽谷的軟體工程師的平均年薪大約是 120K。所以我認為這是一個好的起點。

注意我是怎麼做的。我沒有回答「你願意接受的 offer 是多少」這個問題，只是圍繞著「軟體工程師的平均薪資」這個支點溝通。

所以，如果你不得不給出一個數字，那就用一個客觀的指標來說明，例如業界的平均水準（或是你目前的薪水）。並且明確表示，那只是談判的起點，不是終點。

## 如何要求更多？

假設你已經有一個 offer 了，現在想要提高它。你可以像往常一樣，直接提出你想要多少。以下是你要採取的步驟。

首先，重申你對公司的興趣。你可以簡單地說：

> 我對你們 Evil Corp 正在處理的問題很有興趣…

接著說出為什麼你要求更多。此時有兩個選項：你可以說你現在猶豫不決，提出更好的方案也許可以說服你，或者，你可以更強硬地說你對這個 offer 完全不滿意。具體的做法取決於你有多大的籌碼、這個 offer 比你的 BATNA 弱多少，以及你有沒有其他的 offer（你的談判地位越弱，你就越應該選擇「猶豫不決」）。

無論如何，你都要維持禮貌的態度。

如果你對 offer 不滿意，你可以這樣說：

> 很感謝你們為了提出這個 offer 所做的努力。但有幾件事我不太滿意。

如果你想要含蓄一點，你可以說：

> 你們提出的 offer 很優渥。基本上，現在我在你和 [ XYZ 公司 ] 之間做決定。對我來說，做出這個決定很難，但是如果你們可以讓這個 offer 的一些地方更好，它將更有吸引力。

不要只是說：

> 謝謝你的 offer。我覺得這樣會更好…

這會讓你聽起來非常魯莽，要有禮貌，如果你想要提升 offer，清楚地說出你的感受，這可以建立信任感，並且傳達認真的態度。

假設你想要加薪。現在你有了一個明確的要求，是時候運用規則 7 了：說出每件事的理由。

我們都大概知道談判有個荒謬的兩難：如果你要求更高的薪水，你就會讓人覺得很貪婪。沒有人喜歡貪婪之徒，對不對？那麼，他們為什麼要給貪婪之徒更多錢？

我認為這就是很多應徵者不願意談判的主因，他們不想讓人覺得貪婪，這違背了他們所有的社會制約。然而，在某些情況下，大多數人都可以自然地談判。

具體來說，就是在他們不得不的時候。

如果你必須提高薪水，或者你付不起房租，或者你被迫協商醫療保險來支付醫療費用，你就會義無反顧地談判。不同的地方在哪裡？在於你的要求是有原因的。

這對你自己和談判對象來說，都是一種腦力激盪。你只要提出一個讓你的要求顯得人性化且重要的理由就可以了（任何理由都行），你不貪婪，單純是為了努力實現目標。

理由越無可非議、越令人同情越好。如果理由是醫療費用、償還學貸，或照顧家庭，你會讓他們感動得快要掉下眼淚。我告訴雇主，我會捐出我的收入，因為我把收入的 33% 捐給慈善機構，所以我要積極地與雇主談判，讓自己能夠自給自足。

但說實話，即使你的理由是空洞的、難以激起共鳴的，它也有這種效果。

只說「你可以把薪水往上調嗎？」會令人聽起來彷彿你的動機只是為了錢，但如果你說「我很想在一年之內買房，我們能不能做點什麼，來提高薪水？」，聽起來就突然合理許多了。

如果他們拒絕你的要求，他們就是在暗中告訴你「不行，Jennifer，你不能買房子。我認為你不配。」沒有人願意這樣做。他們想要成為說這種話的人：「好吧，Jennifer，我和總監談過，並且為你爭取到了。你要買新房子了！」

廢話，你之所以需要錢，當然是為了用它來買東西，要不然他們認為你要用錢來買什麼？衛生紙嗎？

我知道這很蠢，的確很蠢，但很有效。

你只要使用這一招，幫每件事找出一個理由，招聘者就更願意幫你講話。

## 宣揚你的價值

在談判時，特別是在提出要求之後，你可以做一件很有效的事情：強調你可以為公司帶來什麼獨特的價值。例如：

> blah blah blah，我想要 X、Y 與 Z。
>
> 我知道你們想找一個人來建立 Android 團隊。我相信我有豐富的經驗，可以帶領 Android 開發團隊，我有信心可以讓你們的行動設備與競爭對手旗鼓相當。
>
> 你認為呢？

你要展現自信，但不要自吹自擂，也不要為自己設定一個具體的指標（除非你非常有信心）。你要主張你在之前討論時說過的事情，重述它，當成溫和的提醒。這可以讓他們回憶起胡蘿蔔，也可以讓他們看到你仍然躍躍欲試，想要帶來價值。

這種做法不適用於每一場談判，尤其是對非常初階的職位而言，因為你很難突顯自己與別人有何不同。但是在你的職業生涯後期（或更專業 / 顧問的角色），這可能是很有價值的說詞。

## 該要求什麼

這就帶來了**規則 8：動機不能只是為了錢**。注意，這條規則的意思並不是「如果你看起來不僅僅是為了錢，你就會獲得更多錢。」

對公司來說，沒有什麼比一個只關心錢的人更令人反感的了。這是假裝不了的事情。

**你的實際動機應該是其他的事情**。當然，你也可以把金錢當成動機，但它只是你想優化的諸多方向之一。你將接受多少培訓、你的第一個專案是什麼、你加入哪個團隊，甚至你的導師是誰，都是你可以協商，也應該協商的事情。

在這些因素中，薪水應該是最不重要的。

你的價值觀是什麼？有創意一點。但是不要在桌上還有很多蛋糕時，對蛋糕的大小錙銖必較。

當然，為了順利地談判，你要了解對方的喜好。你要讓交易對**雙方**都更有利。這就是為什麼**規則 9 是：了解公司的價值觀**。

如何知道？以下有幾條很好的經驗法則。

首先，基於幾個原因，薪水幾乎是最難讓步的東西。

1. 它必須年復一年地支付，所以它會成為公司長期燒錢速率的一部分。
2. 薪水經常是八卦的話題，所以幫某人大幅加薪可能會引起騷動。
3. 薪水往往被薪資範圍嚴格地限制，尤其是在大公司。

所以，如果你想要獲得更多經濟方面的補償，你應該考慮在薪水之外盡可能地爭取。例如，簽約金比薪水更容易讓步，簽約金的優點是只要支付一次即可，它可讓你期待加入（因為大家都喜歡大把現金），而且通常是不公開的。

別忘了，隨著你在公司繼續工作，你一定會被加薪，但你只有一個時間點可以獲得簽約金。

對公司來說，最容易給出的東西就是股票（如果公司有提供股票的話）。公司喜歡給股票，因為它能讓你投資公司，並且讓你們有一致的利益。股票也可以將部分的風險從公司轉移到你身上，並且減少被燒掉的現金。

如果你真的是風險中立的，或是在職業生涯早期，你應該把目標放在多拿股票上。如果你積極地將現金換成股票，你可能會得到預期價值更高的 offer（儘管風險較高）。

## 關於股權的入門知識

如果你已經非常熟悉股權的運作方式，你可以跳過這一節。我想在這裡解釋給完全不懂的人聽，因為有太多人在評估股票的價值時上當了。

首先，你要知道，公司有兩種完全不同的類型：上市公司和私人公司。如果公司是上市的（也就是說，它已經進行了首次公開發行，並在股市上市），那麼它的股票就相當於現金。你通常會得到 RSU（限制性股票單位），也就是你可以在股市購買的股票。一旦你獲得這些股票，你就可以回頭在股市賣掉它們，這就是將它們變現的方式。

如果公司是私人的，事情就變得複雜得多。私人公司通常不會給你股票，而是給你股票選擇權。選擇權就是事先說好以固定的價格購買股票的權利。

要注意的是，當你想要離開公司時，如果你有選擇權，你的人生就會變得非常複雜。你可能要支付一大筆金錢來行使你的選擇權（也就是說，用之前那個固定的價格來買入事先約定的股票，否則就有失去它的風險），但你沒辦法賣掉它。清算選擇權的唯一辦法是公司上市，或是被收購時。但許多公司從來沒有發生這些事情。

因此，選擇權很危險。選擇權比較容易讓你失算，尤其是在稅收方面[6]。

## 股權詭計

很多公司在討論股權時都會耍心機，有幾家公司對我做過這種事情。

其中一種常見的做法是告訴你股票的總價值，而不是年化價值，儘管股票不是每年固定給幾張，或是分成 5 年給予，而不是標準的 4 年。

但最令人震驚的是，有些公司會用荒謬的說法來吹噓股價。他們說：「OK，現在的價值是這樣，但是按照我們的成長速度，一年後的價值將是它的 10 倍。所以，你的選擇權價值其實是數百萬美元！」

不客氣地說，這是肆無忌憚地胡扯，你一秒鐘都不要相信。我遇到幾次這種情況，我沒有立刻放棄那些 offer 的原因是，總會有些招聘人員這樣子亂搞，如果他是主管，我會直接拒絕 offer。

這種愚蠢的行為之所以令人憤怒，是因為一家公司的價值是由投資者決定的。這些投資者會研究公司的財務狀況和成長率，然後**根據公司當前的成長率，以適當的價格進行投資**。換句話說，他們投資的價值已經將 10 倍成長率考慮進來了。投資者不是笨蛋。而且除非你（或你的招聘人員）知道投資者不知道的內幕或見解，否則你要相信投資者的看法。

---

6 詳情見 Scott Kupor 在 a16z 發表的文章：*https://a16z.com/2016/08/24/options-ownership/*。

（更遑論由於特別股、債務和倖存者偏誤，公司的名義價值幾乎都被誇大，但我們暫且忽略這些因素。）

所以，如果公司對你這樣胡扯，你可以反擊，跟他說：謝謝，不過你會用公司的投資者評估的方式來看待股價。

我的意思是，你要保持友善，但不要讓他們強迫你接受這種胡言亂語。

工作不是自殺協議。選擇理性的、透明的公司，可讓你更有機會獲得尊重和照顧。

## 你可以要求的其他事項

為了表示負責，我還想告訴你一些其他的事情。

大公司通常會為搬遷津貼規劃獨立的預算，所以應該很容易爭取到。

你要發揮創意，找出對你特別有價值的好處，也許是要求公司支付你的通勤費用、提供專屬的義工或學習時間、贊助你參加研討會，甚至是慈善捐贈。

不要沒有提出要求就認為任何事情都不可能。

話雖如此，你也不要丟出一大堆要求，如果你提出一連串的變動，雇主很快就會覺得這個談判非常麻煩。儘量不要做出太繁複的變動。

## 談判柔術

招聘人員會哄你儘早結束談判。他們會毫不留情地這麼做。別怪他們——我懷疑他們根本無法控制自己。

你只要不斷打破他們的詭計，在你真的準備做出最終決定之前，不要讓自己因為壓力而結束談判，尤其是不要在有多份 offer 的情況下，因為一家公司的壓力而取消其他的 offer。公司一直很擅長做這些事情，所以，讓我教你像柔術一樣擺脫那些技倆。

以下是你可以逃脫的兩種情況。（它們都是我在談判過程中真正遇過的情況，不過數字和細節都是虛構的。）

### 情境 1：

我要求增加 10K 的簽約金。公司回答我：

> 這對我們來說很難做到，我會努力爭取，因為我覺得你值得，但是除非我的老闆知道你會簽約，否則我就無法去找他爭取。如果我給你 10K，你真的會簽約嗎？

你要警覺：啊，這個人正試著把我逼到一個決策點，並且奪走我的談判能力。

我回答：

> OK，我聽到的是，你必須用你個人的擔保，才可以幫我拿到 10K 的獎金，如果你決定幫我爭取，你有信心拿到那 10K 嗎？

他回答：

> 應該可以，但是這取決於你，Haseeb。如果你真的想加入我們，我就去幫你爭取。但我得確定你會簽約。

很好，是時候施展柔術了。

> 聽起來很合理。但不幸的是，我現在還不能簽約，現在我還不打算做出最終的決定。就像我之前說過的，這個週末我要和家人好好地討論。選擇未來幾年要待的公司是我非常重視的承諾，所以我要確保自己做出一個深思熟慮的決定。
>
> 但既然你有信心獲得額外的 10K 美元，我們先這樣好了：我會假設這個 offer 是 [X + 10K ]，當我考慮最終的決定時，這就是我認定的價值。我知道對你來說，從你老闆那裡爭取這筆錢很難，所以在我決定簽約之前，請你先不要這麼做。

他草草地放棄說服，然後迅速讓公司批准 10K 簽約金。

**情境 2：**

我要求將股票方案提升 20%。招聘經理知道我正在和其他公司談判，於是做出反應：

> 我可以為你爭取這個股票方案，我知道有機會，因為我們有預算。但是在我爭取之前，你要答應一件事。

> 什麼事？

> 我要你向我保證，如果我提高你的 offer，你不會轉過身來，把我們的還價 offer 拿給 [ 競爭對手公司 ] 來提高他們給你的 offer。

此時你應該有警覺：所以，基本上，他們是要求我不要談判了。好傢伙。

> 我想確認一下我是不是了解你的意思。你打算提升我的 offer，但前提是，我要答應你，我不會告訴［競爭對手］你給我什麼條件。是這樣嗎？

> 不是，在法律上我不能那樣做。我的意思是…我的意思是…這樣說好了，我喜歡你，但如果我提高你的 offer，你卻把我們的 offer 告訴［競爭對手］，你就違背了我的信任。

> OK，讓我釐清一下你的意思。如果你給我這個 offer，而我告訴［競爭對手］，我就違背你提高 offer 的背後對我的信任。這樣說對嗎？

> 呃…聽著，這樣說好了，我真心想要幫你爭取這個股票方案，OK？而且，在爭取時，我的頭腦會假設你是我所認為的那種人，你要考慮我們的 offer 本身，而不是把它當成籌碼，回頭喊價。這樣公平嗎？

我點頭了。他爭取到更高的 offer。我繼續談判。避免荒唐的行為。

（萬一他說「是的」，我就會拒絕這個提議。）

## 簽約之路

你不能只是不停地要東西。你要讓公司意識到你的確朝著最終的決定邁進，而不是只想玩弄他們。

你在談判時提出的目標不是為了難倒別人，或令人難以捉摸。你當然要堅持自己的價值，仔細考慮你的選擇，但與此同時，你要尊重並同理和你對話的公司。

不要黑心對待別人，保持開放和溝通。我不斷強調「要誠實」，我是認真的，你一定要誠實。

我一直在強調誠實，你可能會抗議說，這與我之前提到的「保護資訊」原則是對立的。並沒有。沒錯，你要保護可能會削弱你的談判地位的資訊，但你也要儘量針對其他所有事情（也就是大多數的事情）進行溝通。

談判與人際關係密不可分，而溝通是任何人際關係的基礎。

這就引出了**最後一條規則：讓公司有機會簽下你**。這不僅僅是給公司留下你喜歡他們的印象（你一直以來都要這樣才對），更重要的是，你必須讓你接觸的公司都清楚地知道如何贏得你。不要跟他們瞎扯淡，或愚弄他們。清楚且明確地說出你的喜好和期限。

如果公司沒有辦法簽下你，或是你真的不想幫他們工作，那就不要和他們談判，句點。

不要浪費他們的時間，也不要為了你自己的目而玩弄他們。即使那家公司不是你理想中的公司，你至少也要為他們想出一些可讓你簽約的條件，如果想不出來，那就禮貌地拒絕他們。

每家公司都要花錢來面試你，以及和你談判。我並未和每一家提出 offer 的公司談判，如果你問我，我在求職過程中犯過什麼重大的錯誤的話，答案應該是我仍然和太多人談判了（很大的原因是我不相信我的求職會成功）。

## 做最後的決定

好了，是時候做決定了。

（沒錯，你一定要做一個決定。）

此時要記住三件事：

1. 講清楚你的截止日期。
2. 不斷強調你的最後期限。
3. 將你的最終決定當成你的王牌。

在你開始談判時，你不需要設定清楚的期限，因為你可能還不知道期限。但是一旦你進入中間階段，你就要為自己設定一個簽約的最後期限，它可能出於某個理由（或完全沒有理由），不過提前決定一個期限可以讓你更明確、更有力地談判。

我發現「與家人共度週末」的效果很好，因為它有一個額外的好處——把其他決策者拉進來。當公司強迫你提前結束談判時，你可以重新強調這個最後期限。

你要讓公司清楚地知道你什麼時候做決定。隨著最後期限的接近，你的籌碼會越來越多，進而促進談判的進行。

這個期限也可以讓你在推遲決定的同時提高 offer。你的說詞基本上應該是「我想看到貴公司可以提供的最佳 offer。然後，我會進入我的洞穴閉關 10 天，當我出來時，我就會決定加入哪家公司。」這可以給你巨大的力量，避免任何現場決策點或不成熟的承諾。

最終，截止日都會來到。試著將這一天設為工作日（例如，週五或週一），好讓你可以在當天與招聘人員溝通。如果有奇蹟會發生，它就會在那一天發生。

即使只有一家公司在競爭，你也**一定要**等到最後一天再簽約，沒錯，即使你確定你會簽約，即使那就是你夢想的工作。我曾經看過很多次，隨著最後期限的接近，offer 自動提高了，我也看過一位倒下的參與者在第 11 個小時站起來，向你展示聖杯。無論如何，等到最後一天都沒有壞處。

最後，我要傳授你王牌了，你要把它留到最後一刻才打出來，你的王牌是這句話：「如果你可以做到 X，我就簽約。」注意，它不是「如果你給我 X，這個 offer 就更有吸引力 blah blah blah。」別了，是時候做出承諾了。

讓還在聯絡的每一家公司都知道怎樣才能簽下你（除非他們無能為力）。當你提出這個最終要求時，別忘了給個理由，即使理由和之前一樣！

> Hi，Joel，我一直在考慮你的 offer，這對我來說真是難以決定。我喜歡［公司］的每一個人，但有一件事讓我難以接受，那就是薪水。你知道的，我還在努力還清我的學貸，所以現在薪水對我來說真的很重要。如果你可以把年薪提高 10K，我一定簽約。

幸運的話，他們會和你各讓一步，或者，再幸運一些，他們會完全退讓。

還有，我知道有人會問——是的，你說你會簽約，你就要簽約，絕對不要食言。這個圈子很小，訊息會四處傳遞，這種事情有朝一日會反過來咬你一口。（更重要的是，永遠不要出爾反爾，因為你是絕不食言的人。）

告訴其他公司你已經做出最終的決定，感謝他們與你協商。如果你在過程中做得好，他們通常也會感謝你，要你保持聯繫，在幾年後，當你再次進入市場時，再次聯繫你。

就這樣了。你做到了！恭喜你！你還活著吧？

…你還傻傻地坐在那裡幹嘛？

是時候慶祝你的新工作了，傻孩子！（別忘了請杯飲料。）

本文作者是 *Haseeb Qureshi*，經授權轉載[7]。

7 經授權轉載自 *https://haseebq.com/my-ten-rules-for-negotiating-a-job-offer/*。

# 附錄

# PART K

CHAPTER 53

# 必學的金句

大家都期待 PM 有敏捷的思維，但他們往往處於難堪的場面。這裡有一些重要的句子，可以幫助你爭取時間，理解背景，以及架構你的回應。你可以把它們改成你的說話方式！

## 讓各種級別的 PM 使用的金句

| 金句 | 使用時機… |
|---|---|
| 能不能更詳細地說明一下？ | 當你不知道該如何回答，或不了解別人的意思時。 |
| 讓我先考慮一下，再給你答覆。 | 當你處於困境，不知道該如何應對的時候。接下來，如果需要的話，你可以向導師尋求幫助。切記，你一定要積極、主動地和他們討論。 |
| 你為什麼這樣問？ / 你這樣問是因為你擔心…？ | 你遇到沒想過的問題。 |
| 啊，你想要解決的問題是…？ | 別人隨意向你提出功能請求，你想要把他們的注意力引導至問題，而不是解決方案。 |
| 我們現在的首要任務是 ... 我們可以在下一個規劃週期再討論這個想法嗎？ | 幫團隊推掉新工作。 |

| 我現在正在專心處理 < 最重要的事情 >。也許 < 其他人 > 有興趣？ | 幫自己推掉新工作。 |
| --- | --- |
| 讓我們先回到我們的目標。 | 當對話越來越火爆時。 |
| 讓我們把選項列出來。 | 當對話開始繞圈圈時。 |
| 我是這樣考慮利弊的。 | 你必須做出艱難的決定時。 |
| 我們如何驗證這個假設？ / 有沒有低成本的研究方法？ | 當人們做出不同的假設，因而有不同的意見時。 |
| 我的計畫是這樣，有沒有人反對？ | 你想要讓利害關係人參與進來，但你不希望因為等待他們贊成而放慢進度。 |
| 既然我們想儘快行動，我建議我們就照這個決定做了。這聽起來夠好嗎，還是有人想要讓上級決定？ | 當別人對你負責的決定意見不一致時，這麼說可以讓你不需要等待共識即可繼續推進。使用「讓上級決定」可以強調他們通常要聽從你的話，同時，如果他們覺得自己的觀點夠強，也可以讓他們用一種非對抗性的方式來反駁。 |
| 這是我面臨的問題，這是我的計畫，你覺得如何？ | 無論你需不需要主管的幫助都可以使用。它可以展現你的自主性，也為回饋預留空間。 |
| 這看起來有在正軌上嗎？ | 徵求別人對你的工作提供回饋。這句話可以確保人們不會只關注小改變，以及不想直接告訴你是否走錯了方向。 |
| 這是我剛才快速想出來的初期早案。歡迎所有的回饋！ | 分享沒有修飾好的作品讓你很緊張。 |
| 我在想…例如：「我在想，如果內容很多，這個設計是否可行。」 | 告訴別人你認為他錯了，或是他犯了錯誤。這句話可讓你專注在積極的、有建設性的回饋。 |
| 謝謝你的回饋，很感謝你的分享。 | 你收到了回饋或抱怨，需要時間來處理它。儘量真誠地說出這句話，而不是用諷刺的口氣。 |

## PM 主管的金句

| 主管金句 | 使用時機… |
| --- | --- |
| 你打算怎麼做？/ 那麼，你是怎麼想的？ | 他們告訴你一個問題，希望你幫他們解決。即使你最終會幫助他們，這也可以讓他們更明白：他們應該告訴你解決方案，而不僅僅是問題。 |
| 你能説説你是怎麼做出這個決定的嗎？ | 他們似乎做出一個糟糕或令人驚訝的決定。 |
| 你應該已經注意到這件事了… / 你應該已經想到這件事了… | 你想要分享建議，但不想讓他們覺得被管太細。 |
| 我注意到…這是怎麼回事？例如，我注意到發表日期延遲了。這是怎麼回事？ | 你第一次提出績效問題。這種説法可以避免先入為主地指責他們，也可以讓你和他們站在同一邊。 |

CHAPTER 54

# TLAS 與其他縮寫

| 縮寫 | 術語 |
| --- | --- |
| AI | Artificial Intelligence 人工智慧 |
| API | Application Programming Interface 應用程式開發介面 |
| APM | Associate Product Manager 助理 PM |
| ARPDAU | Average Revenue Per Daily Active User 每日活躍用戶平均收益 |
| ARPU | Average Revenue Per User 每用戶平均收入 |
| ARR | Annual Recurring Revenue 年度經常性收入 |
| ASP | Average Selling Price 平均銷售價格 |
| AWS | Amazon Web Services 亞馬遜網路服務公司 |
| B2B | Business-To-Business 企業對企業 |
| B2C | Business-To-Consumer 企業對顧客 |
| CAC | Customer Acquisition Cost 客戶取得成本 |
| CL | Change List 變更紀錄 |
| CLI | Command Line Interface 命令列介面 |
| CMS | Content Management System 內容管理系統 |
| CPC | Cost Per Click 每次點擊成本 |
| CPI | Cost Per Install 每次安裝成本 |
| CPM | Cost Per Thousand Impressions 每千次印象費用 |
| CSS | Cascading Style Sheet 階層式樣式表 |
| CTA | Call To Action 行動呼籲 |
| CTR | Click Through Rate 點擊率 |
| DAU | Daily Active Users 每日活躍用戶數量 |

| | |
|---|---|
| **DDOS** | Distributed Denial of Service 分散式阻斷服務攻擊 |
| **DM** | Direct Message 直接訊息 |
| **DNS** | Domain Name System 域名系統 |
| **EOD** | End of Day 在一天結束的時候 |
| **EOW** | End of Week 在一週結束的時候 |
| **ETL** | Extract, Transform, Load 提取、轉換、載入 |
| **FIFO** | First In, First Out 先入先出 |
| **GM** | General Manager 總經理 |
| **GMT** | Greenwich Mean Time 格林威治標準時間 |
| **GPM** | Group Product Manager 集團 PM |
| **GTD** | Getting Things Done 把事情做完 |
| **GUI** | Graphical User Interface 圖形使用者介面 |
| **GUID** | Globally Unique Identifier 通用唯一辨識碼 |
| **HiPPO** | Highest Paid Person's Opinion 最高薪者的意見 |
| **HR** | Human Resources 人力資源 |
| **i18n** | Internationalization 國際化 |
| **IC** | Individual Contributor 個人貢獻者 |
| **IDE** | Integrated Development Environment 整合式開發環境 |
| **IoT** | Internet of Things 物聯網 |
| **IT** | Information Technology 資訊科技 |
| **JSON** | JavaScript Object Notation JavaScript 物件表示法 |
| **KPI** | Key Performance Indicator 關鍵績效指標 |
| **l10n** | Localization 本土化 |
| **LTV** | Long-Term Value 長期價值 |
| **MAU** | Monthly Active Users 每月活躍用戶數量 |
| **ML** | Machine Learning 機器學習 |
| **MoM** | Month over Month 拿一個月的資料與上個月做比較 |
| **MRR** | Monthly Recurring Revenue 月度經常性收入 |
| **MVP** | Minimum Viable Product 最簡可行產品 |
| **NPS** | Net Reporter Score 淨回報者分數 |
| **OKR** | Objectives & Key Results 目標與關鍵結果 |
| **OOO** | Out of Office 離開辦公室 |
| **perf** | Application Performance 或 Performance Review 應用效能或績效考核 |
| **PIP** | Performance Improvement Plan 績效改善計畫 |
| **PM** | Product Manager 產品經理 |
| **PMM** | Product Marketing Manager 產品行銷經理 |

| | |
|---|---|
| **PPC** | Pay Per Click 每點擊付費 |
| **PR** | Pull Request |
| **PRD** | Product Requirements Doc 產品需求文件 |
| **prod** | Production (or Production Server) 生產（或生產伺服器） |
| **PTO** | Paid Time Off 有薪假 |
| **QA** | Quality Assurance 品質保證 |
| **R&D** | Research And Development 研究開發 |
| **ROI** | Return On Investment 投資報酬率 |
| **SaaS** | Software as a Service 軟體即服務 |
| **SDK** | Software Development Kit 軟體開發套件 |
| **SEM** | Search Engine Marketing 搜尋引擎行銷 |
| **SEO** | Search Engine Optimization 搜尋引擎優化 |
| **SERP** | Search Enginge Results Page 搜尋結果頁 |
| **SLA** | Service Level Agreement 服務級別協定 |
| **spec** | Product Specification 產品規格 |
| **SQL** | Structured Query Language 結構化查詢語言 |
| **SSO** | Single Sign On 單一登入 |
| **swag** | Scientific Wild-Ass Guess |
| **TDD** | Test Driven Development 測試驅動開發 |
| **TLA** | Three Letter Acronyms 三字母簡寫 |
| **ToS** | Terms of Service 服務條款 |
| **UGC** | User Generated Content 用戶產生的內容 |
| **UI** | User Interface 用戶介面 |
| **UTC** | Coordinated Universal Time 世界協調時間 |
| **UUID** | Universally Unique Identifier 通用唯一辨識碼 |
| **UX** | User Experience 用戶體驗 |
| **VM** | Virtual Machine 虛擬機器 |
| **VP** | Vice President 副總 |
| **VPN** | Virtual Private Network 虛擬私人網路 |
| **WOM** | Word Of Mouth 口碑 |
| **WoW** | Week over Week 拿一週的資料與上週做比較 |
| **WYSIWYG** | What You See Is What You Get 所見即所得 |
| **XSS** | Cross Site Scripting 跨站腳本攻擊 |
| **YoY** | Year over Year 拿一年的資料與去年做比較 |
| **YTD** | Year To Date 當年的第幾天 |

CHAPTER 55

# 致謝

身為 PM 需要依靠我們的團隊，本書也不例外。雖然人的言語可以寫成一本書，但是我們無法用言語對一路上幫助我們的所有人表達感激之情。

儘管如此，我們還是要向我們的團隊和利害關係人表示最誠摯的感謝。

- 致 Dylan Casey, Brian Ellin, Osi Imeokparia, Bangaly Kaba, Sara Mauskopf, Ken Norton, Anuj Rathi, Sachin Rekhi, Teresa Torres, Oji Udezue 與 April Underwood：感謝你們分享關於職業路徑和卓越 PM 的想法。你們絕對可以啟發我們的讀者。
- 致 Jules Walter, Kate Matsudaira 與 Haseeb Qureshi：感謝你們讓我們分享你們的傑出著作。我們早就不斷推薦這些文章了，很高興可以把它們納入書裡。
- 致 Bryan Jowers, Christina Green, Drew Dillon, Gemmy Tsai, Gibson Biddle, Kasey Alderete, Katie Holden, Krishnan Gupta, Laura Oppenheimer, Marissa Mayer, Olumide Longe, Steven Sinofsky 與 Yardley Ip：謝謝你對本書的 beta 版提出你的想法和意見。你們的貢獻讓這本書變得更好。
- 致 Aaron Filner, Aarti Bharathan, Adam Grant, Adam Thomas, Adrienne Peterson, Alaina Brown, Alicia Dixon, Anna Marie Clifton, Apurva Garware, Ari Janovar, Arjun Ohri, Ashley Fidler, Becca Camp, Ben Gaines, Beth Grant, Brian Shih, Buzz Bruggeman, Carlos González de Villaumbrosia, Chaim Gross, Dare Obasanjo, Dave Hunkins, Demian Borba, Dian Rosanti, Diwakar Kaushik, Ely Lerner, Freia Lobo, Hunter Walk, Jennifer Conti-Davies, Jennifer Nan, Jerry Sparks, Josh Kaplan, Julia Rhodes, Kamal Manchanda, Kate Bennet, Kathy

Crothall, Katie Guzman, Kunwardeep Singh, Laide Olambiwonnu, Laika Kayani, Laura Hamilton, Lenny Rachitsky, Lesley Kim Grossblatt, Lili Rachowin, Louis Lecat, Mariano Capezzani, Mckenzie Lock, Michelle Thong, Mikal Lewis, Mike Ross, Molli Simpson, Natalia Baryshnikova, Nate Abbott, Neeraj Mathur, Noa Ganot, Noah Weiss, Nundu Janakiram, Rahul Ramkumar, Sage Kitamorn, Sair Buckle, Salahuddin Choudhary, Sam Goertler, Shannon Boon, Sharon Lo, Shirin Oskooi, Shishir Mehrotra, Shreyas Doshi, Shuo Song 與 Tracy Mehoke：感謝你們在訪談和建議中貢獻你的時間和想法。你們的故事讓這本書更加生動。

- 致 Shana Segal, Bethany Powell James, Jay Slaney, Danielle Macuil, Sophia Dalby, Ian McGuire, Anukha Vusirikala 與 Affinity Writing 和 Editing：感謝你們的回饋與建議。你們讓這本書更完美。
- 致 Alex Hood, Annelène Decaux, Diana Chapman, Dustin Moskovitz, Jack Menzel, Johanna Wright, Justin Rosenstein, Mike Morton, PJ Hough, Tom Stocky 與 Yvonne Lopez：你們多年來的指導和支持是非常寶貴的。

最後，感謝我們摯愛的家人。你們的信任讓我們得以繼續前行。

CHAPTER 56

# 索引

## 符號



## A

## B



## C

## D



## E



## F

## G



## H



## I



## J



## K

## L



## M



## N

## O



## P



## Q

## R



## S

## T



## U



## V



## W



## Z

# PM職涯發展成功手冊｜卓越產品經理的技能、框架與實踐法

作　　者：Jackie Bavaro, Gayle Laakmann McDowell
譯　　者：賴屹民
企劃編輯：蔡彤孟
文字編輯：王雅雯
設計裝幀：張寶莉
發 行 人：廖文良

發 行 所：碁峰資訊股份有限公司
地　　址：台北市南港區三重路 66 號 7 樓之 6
電　　話：(02)2788-2408
傳　　真：(02)8192-4433
網　　站：www.gotop.com.tw
書　　號：ACL058900
版　　次：2021 年 12 月初版
　　　　　2024 年 05 月初版六刷
建議售價：NT$880

國家圖書館出版品預行編目資料

PM 職涯發展成功手冊：卓越產品經理的技能、框架與實踐法 / Jackie Bavaro, Gayle Laakmann McDowell 原著；賴屹民譯. -- 初版. -- 臺北市：碁峰資訊, 2021.12
面；　公分
譯自：Cracking the PM Career
ISBN 978-986-502-977-7(平裝)
1. 專案管理
494　　110016553